정석 공업수학 II

제7판

: 2169문제 그리고 해답

HIGHER ENGINEERING MATHEMATICS

강병권 | 권순기 | 김남준 | 김대식 | 김상준 | 김석규 | 김신욱 | 김원태 | 김장우 | 김진배
남세현 | 박헌진 | 손경락 | 유명현 | 이무연 | 이용민 | 이치원 | 이태연 | 전철규 | 정은태
조영태 | 주성준 | 최복록 | 최호림 | 현창호 옮김

JOHN BIRD

홍릉과학출판사

HIGHER ENGINEERING MATHEMATICS, 7/E

– John Bird –

정석 공업수학 II 제7판

: 2169문제 그리고 해답

HIGHER ENGINEERING MATHEMATICS

강병권 | 권순기 | 김남준 | 김대식 | 김상준 | 김석규 | 김신욱 | 김원태 | 김장우 | 김진배
남세현 | 박헌진 | 손경락 | 유명현 | 이무연 | 이용민 | 이치원 | 이태연 | 전철규 | 정은태
조영태 | 주성준 | 최복록 | 최호림 | 현창호 옮김

정석 공업수학 I

차례

차례

Author Preface

저자 서문

***정석공업수학 제7판**은 핵심적인 수학적 내용을 포함하고 있으며, **학사 학위, 전문학사 학위, 그리고 고등 2급 기술검정과 공학전공의 학위 과정을 공부하고 있는 학생들에게 적합하다.**

이 교재는 다음과 같이 **12개의 편리한 카테고리**로 나뉘어 있다: 수와 대수, 기하와 삼각법, 그래프, 복소수, 행렬과 행렬식, 미분학, 적분학, 미분방정식, 통계와 확률, 라플라스 변환과 푸리에 변환.

대수를 이해하는 데 있어서의 어려움이 공학과정 공부를 시작하는 학생들에게 점점 더 문제가 되고 있다. 공학 공부와 관련된 공식과 계산이 많은 것은 피할 수가 없으며, 공학 공부는 대수학을 깊이 있게 이해하여야 한다. 모든 사람이 이용 가능한 웹사이트에 **대수학의 주요 영역을 빠르게 훑어볼 수 있는** 문서를 제공하였으며, 이것은 더 깊은 공부를 위해 필수적이다. 그 영역은 기초 대수학, 단순 방정식, 공식의 변환, 연립 방정식과 2차 방정식 등이다.

이번 7판에는 **새로운 내용**이 추가되었는데, 고유값과 고유 벡터, 변곡점, 2차와 3차 적분, 순열과 조합 그리고 Heaviside 함수의 라플라스 변환 등이며, 이전에 웹사이트에 있었던 부등식, Boolean algebra, 논리 회로, 샘플링과 추정 이론, 유의성 검정, Chi 제곱과 분포 무관 검정 등의 내용은 그대로 포함되어 있다.

본 교재 내용의 주된 목적은 학사 학위와 전문학사 학위 그리고 독학사 공학 프로그램의 이학과 공학 전공 모듈을 성공적으로 이수하는 데 필요한, 근복적으로 해석하고 뒷받침할 수 있는 지식과 기술을 제공하는 데 있다. 이들 내용들은 해석과 모델링과 실제 공학문제의 해법을 위해 학생들이 학사학위와 독학사 학위 수준에서 배운 기술들을 사용할 수 있도록 설계되었다. 또한, 기계 공학, 항공 공학, 전기 및 전자 공학, 통신 공학, 시스템 공학과 제어 공학의 모든 유사분야에서 경력을 추구하는 이들에게 보다 상위의 지식까지도 제공하는 것을 목표로 하였다.

***정석공업수학 7판**에서는 각 장마다 핵심적 정의와 공식, 법칙과 과정 등을 전체 윤곽 처리함으로써 이론을 소개하였으며, **문제 풀이**는 이론을 설정하고 예를 들어 설명하기 위하여 충분하게 사용되었다. 독자들이 답이 있는 문제들을 살펴보고 유사한 문제들을 스스로 풀어봄으로써 실제적인 이해를 할 수 있도록 의도하였다.

Maple, Mathematica, Derive 또는 그래픽 계산기와 같은 **소프트웨어 패키지**의 사용은 이 교재에서의 몇 가지 주제에 대한 이해를 향상시킬 것이다.

이 교재에서 고려된 각 주제는 독자가 BTEC National Certificate/Diploma, 또는 유사한 공학 전공에서 지식을 얻는다는 가정 하에 제시되었다.

***정석공업수학 제7판**은 **공업수학 제7판**의 후속으로 나온 것이다.*

이 교재는 **1020개의 풀이과정이 있는 문제**와 **1900여개의 답이 있는 심화 문제**, 그리고 **269개의 연습 문제**가 있다. **512개 라인의 그림**은 이해도를 더욱 향상시킬 것이다.

1900여개의 **심화 문제**에 대한 풀이과정은 **학생과 교수진들이 무료로 웹사이트에 접속**하여 볼 수 있다.

교재의 맨 뒷부분에는 편리하게 참조하기 위한 **핵심 공식**들이 포함되어 있다.

교재 전체의 중간 중간에 이해도를 체크하기 위한 **20개의 Revision Test**가 있다. 예를 들어, Revision Test 1은 1장부터 5장까지의 내용을 커버하고, Revision Test 2는 6장부터 8장까지의 내용을 커버하며, Revision Test 3은 9장부터 11장까지의 내용을 커버하는 식이다. **교수자의 매뉴얼**은 Revision Test에 대한 전체 해답을 포함하고 있으며, 웹사이트를 통하여 교수자에게 무료로 제공된다.

'예제로 배우기'는 *정석공업수학 제7판의 핵심이다.*

JOHN BIRD
왕립해군대학 해양공학과
HMS Sultan,
전 Portsmouth 대학교
전 Highbury 대학, Portsmouth, UK

John Bird is the former Head of Applied Electronice in the Faculty of Technology at Highbury College, Portsmouth, UK. More recently, he has combined freelance lecturing at the University of Portsmouth with examiner responsibilities for Advanced Mathematics with City and Guilds, and examining for International Baccalaureate Organisation. He is the author of over 125 textbooks on engineering and mathematics with worldwide sales of around one million copies. He is currently a Senior Training Provider at the Royal Naval School of Marine Engineering in the Defence College of Marine and Air Engineering at HMS *Sultan*, Gosport, Hampshire, UK.

무료 웹사이트

http://www.routledge.com/bird

학생들을 위하여:

1. 269개의 연습문제에 포함된 1900여개의 심화 질문에 대한 전체 해답 제시
2. 몇 가지 중요한 대수학 주제에 대한 검토
3. 핵심 공식의 정리 및 제시
4. 교재에 언급된 31명의 수학자와 공학자에 대한 정보 제공

교수자를 위하여:

1. 269개의 연습문제에 포함된 1900여개의 심화 질문에 대한 전체 해답 제시
2. 몇 가지 중요한 대수학 주제에 대한 검토
3. 20개의 Revision Test에 대한 전체 해답이 제시되었으며, 각 테스트는 학생들에게 배포하기 위하여 다운로드 가능. 또한, Revision of Algebra Topics에 제시된 Revision Test에 대한 해답도 포함.
4. 핵심 공식의 정리 및 제시
5. 교재에 언급된 31명의 수학자와 공학자에 대한 정보 제공
6. 교재에 사용된 512개의 그림 모두를 파워포인트에서 사용하기 위한 다운로드 가능

Translator Preface

역자 서문

이 책은 영국 포츠머스에 있는 Highbury 대학의 교수를 역임하고, 현재 영국 왕립 해군대학에 근무하고 있는 John Bird 교수가 저술한 'Higher Engineering Mathematics'를 번역한 교재이다. 이 책의 특징은 우선 방대한 양의 수학적 내용을 담고 있어, 공학도가 접할 수 있는 거의 모든 수학을 포함하고 있는 것이다.

Boolean algebra와 논리 회로, 확률과 통계 부분은 다른 공업수학 교재에서는 볼 수 없는 부분으로서 이 책으로 공부하는 공학도들은 굳이 다른 교재를 다시 찾아볼 필요가 없을 것이다. 내용이 많다 보니 번역도 전국의 여러 대학에서 학생들을 가르치고 있는 25분의 교수들이 공동으로 작업하여 번역을 마쳤으며, 학생들은 참신한 구성을 갖춘 본 교재로 공업수학을 공부할 수 있게 되었다. 즉, 저자 서문에서도 밝힌 바와 같이 이 책 구성의 가장 큰 특징은 많은 예제를 포함하고 있고, 예제마다 풀이 과정이 상세히 설명되어 있어 학생들이 보다 쉽게 공부할 수 있는 점이다. 풀이 과정이 교재에 없는 문제들도 웹사이트에 무료로 해답과 풀이 과정이 제시되어 있어 공업수학을 공부하는 데 어려움을 느끼는 많은 학생들에게 조금이라도 부담을 덜어줄 수 있게 되었다.

25명의 교수들이 정성을 들여 번역한 만큼 보다 많은 학생들이 이 책으로 공부하여 공학에 자신감을 갖게 되고, 우리나라의 공학과 기술 발전에 기여하는 엔지니어가 되어 주기를 바라는 마음이 간절하다.

이 책의 번역과 출판을 기획하시고, 출판을 결정하신 홍릉과학출판사의 사장님과 임직원 여러분의 격려에 감사드리며, 바쁘신 와중에도 번역에 참여해 주신 모든 교수들께 이 자리를 빌어 깊은 감사의 말씀을 올린다.

대표 역자
강병권

Chapter 46

축소 공식

축소 공식을 이해하는 것이 왜 중요한가?

적분이 n차 급수를 포함하는 경우 부분적분을 사용하여 비슷한 적분 형태로 다시 쓸 수 있는데, 이때는 $(n-1)$ 또는 $(n-2)$ 급수를 포함한다. 결과는 재귀 관계, 즉 재귀적으로 시퀀스를 정의하는 방정식이 되며 하나 또는 그 이상의 초기 항이 먼저 주어진다. 더 높은 차수의 항은 이전 항들의 함수로 정의된다. 이는 난해하게 보일 수 있으나 매우 직설적이며 특정 함수의 적분 수행을 위한 또 하나의 기술에 해당한다.

이 장에서는 다음 사항에 대해 공부한다.

- 부분적분이 필요한 경우의 파악
- 함수 적분 수행에 있어서 부분적분의 사용
- 정적분 값을 구하기에서 부분적분의 사용

46.1 소개

부분적분을 45장에서 사용할 때, 적분 $\int x^2 e^x\,dx$에서는 부분적분 사용이 두 번 필요했다. 이와 유사하게 $\int x^3 e^x\,dx$은 부분적분이 세 번 필요하다. 따라서 적분 $\int x^5 e^x\,dx$, $\int x^6 \cos x\,dx$ 그리고 $\int x^8 \sin 2x\,dx$들은 여러 번 부분적분 수행이 필요하다. **축소 공식(Reduction formulae)**은 이와 같은 적분을 결정하는 데 매우 빠른 방법을 제공하며, 이를 다음 절에서 소개한다.

46.2 축소 공식을 사용한 적분 $\int x^n e^x\,dx$ 구하기

적분 $\int x^n e^x\,dx$를 부분적분을 적용하여 풀기 위하여, $u = x^n$이라 하면

$$\frac{du}{dx} = nx^{n-1} \text{ 그리고 } du = nx^{n-1}\,dx$$

그리고 $dv = e^x\,dx$라 하면,

$$v = \int e^x\,dx = e^x$$

따라서 부분적분을 사용하면

$$\int x^n e^x\,dx = x^n e^x - \int e^x n x^{n-1}\,dx$$

$$= x^n e^x - n\int x^{n-1} e^x\,dx$$

맨 오른편에 있는 적분은 좌변의 적분과 동일한 형태이며 차이점은 n이 $n-1$로 대체된 것이다.

따라서

$\int x^n e^x\,dx = I_n$과 같이 하면,

$\int x^{n-1} e^x\,dx = I_{n-1}$

따라서 $\int x^n e^x\,dx = x^n e^x - n\int x^{n-1} e^x\,dx$는

다음과 같이 정리할 수 있다.

$$I_n = x^n e^x - nI_{n-1} \quad (1)$$

식 (1)은 축소 공식 예제이며 이를 통하여 n값을 갖는 적분을 동일한 형태의 $n-1$값을 갖는 적분으로 표현하였다.

문제 1. 적분 $\int x^2 e^x\,dx$를 축소 공식을 사용하여 결정하시오.

식 (1)을 사용하여 $n=2$로 하면 아래와 같다:

$$\int x^2 e^x\,dx = I_2 = x^2 e^x - 2I_1$$

그리고 $I_1 = x^1 e^x - 1I_0$

$$I_0 = \int x^0 e^x\,dx = \int e^x\,dx = e^x + c_1$$

따라서
$$I_2 = x^2 e^x - 2[xe^x - 1I_0] = x^2 e^x - 2[xe^x - 1(e^x + c_1)]$$

즉,
$$\int x^2 e^x\,dx = x^2 e^x - 2xe^x + 2e^x + 2c_1 = e^x(x^2 - 2x + 2) + c$$

(여기서 $c = 2c_1$)

부분적분과 같이, 다음 예제에서는 적분 상수를 마지막 부정적분 단계에서 추가할 것이다.

문제 2. 적분 $\int x^3 e^x\,dx$를 축소 공식을 사용하여 결정하시오.

식 (1)에 따라, $I_n = x^n e^x - nI_{n-1}$

따라서
$$\int x^3 e^x\,dx = I_3 = x^3 e^x - 3I_2$$
$$I_2 = x^2 e^x - 2I_1$$
$$I_1 = x^1 e^x - 1I_0$$

그리고
$$I_0 = \int x^0 e^x\,dx = \int e^x\,dx = e^x$$

그러므로
$$\int x^3 e^x\,dx = x^3 e^x - 3[x^2 e^x - 2I_1] = x^3 e^x - 3[x^2 e^x - 2(xe^x - I_0)] = x^3 e^x - 3[x^2 e^x - 2(xe^x - e^x)] = x^3 e^x - 3x^2 e^x + 6(xe^x - e^x) = x^3 e^x - 3x^2 e^x + 6xe^x - 6e^x$$

즉
$$\int x^3 e^x\,dx = e^x(x^3 - 3x^2 + 6x - 6) + c$$

+ 이제 다음의 예제들을 풀어보시오.

연습 문제 183 축소 공식을 사용한 적분 $\int x^n e^x\,dx$ 구하기

1. 축소 공식을 사용하여 $\int x^4 e^x\,dx$를 결정하시오.
2. 축소 공식을 사용하여 $\int t^3 e^{2t}\,dt$를 결정하시오.
3. 문제 2의 결과를 사용하여 적분 $\int_0^1 5t^3 e^{2t}\,dt$값을 구하고 소수점 3자리까지 정정하시오.

46.3 축소 공식을 사용한 적분 $\int x^n \cos x\,dx$ 와 $\int x^n \sin x\,dx$ 구하기

(a) $\int x^n \cos x\,dx$

$I_n = \int x^n \cos x\,dx$라고 하면, 부분적분을 적용하면:

$u = x^n$라 하면 $\frac{du}{dx} = nx^{n-1}$

그리고 $dv = \cos x\,dx$이면

$$v = \int \cos x\,dx = \sin x$$

따라서
$$I_n = x^n \sin x - \int (\sin x) nx^{n-1}\,dx = x^n \sin x - n\int x^{n-1}\sin x\,dx$$

부분적분을 다시 사용하고, 이번에는 $u = x^{n-1}$이라 하면:

$$\frac{du}{dx} = (n-1)x^{n-2},\ \text{그리고}\ dv = \sin x\,dx,$$

위로부터

$$v = \int \sin x\,dx = -\cos x$$

따라서
$$I_n = x^n \sin x - n\left[x^{n-1}(-\cos x) - \int (-\cos x)(n-1)x^{n-2}\,dx\right] = x^n \sin x + nx^{n-1}\cos x - n(n-1)\int x^{n-2}\cos x\,dx$$

즉,
$$I_n = x^n \sin x + nx^{n-1}\cos x - n(n-1)I_{n-2} \quad (2)$$

문제 3. 축소 공식을 사용하여 $\int x^2 \cos x\,dx$를 적분하시오.

축소 공식 (2)를 사용하면

$$\int x^2 \cos x\,dx = I_2 = x^2 \sin x + 2x^1 \cos x - 2(1)I_0$$

그리고
$$I_0 = \int x^0 \cos x\,dx = \int \cos x\,dx = \sin x$$

따라서

$$\int x^2\cos x\,dx = x^2\sin x + 2x\cos x - 2\sin x + c$$

문제 4. 적분 $\int_1^2 4t^3\cos t\,dt$를 구하고 유효숫자 4자리까지 정정하시오.

첫 번째 단계로 $\int t^3\cos t\,dt$에 대한 축소 공식을 확인하자. 식 (2)로부터

$$\int t^3\cos t\,dt = I_3 = t^3\sin t + 3t^2\cos t - 3(2)I_1$$

그리고

$$I_1 = t^1\sin t + 1t^0\cos t - 1(0)I_{n-2}$$
$$= t\sin t + \cos t$$

따라서

$$\int t^3\cos t\,dt = t^3\sin t + 3t^2\cos t - 3(2)[t\sin t + \cos t]$$
$$= t^3\sin t + 3t^2\cos t - 6t\sin t - 6\cos t$$

그러므로

$$\int_1^2 4t^3\cos t\,dt$$
$$= [4(t^3\sin t + 3t^2\cos t - 6t\sin t - 6\cos t)]_1^2$$
$$= [4(8\sin 2 + 12\cos 2 - 12\sin 2 - 6\cos 2)] - [4(\sin 1 + 3\cos 1 - 6\sin 1 - 6\cos 1)]$$
$$= (-24.53628) - (-23.31305)$$
$$= \mathbf{-1.223}$$

문제 5. 축소 공식을 $\int_0^\pi x^n\cos x\,dx$에 대하여 결정하고 적분 $\int_0^\pi x^4\cos x\,dx$를 계산하여 소수점 2자리까지 정정하시오.

식 (2)에 의하면,

$$I_n = x^n\sin x + nx^{n-1}\cos x - n(n-1)I_{n-2}$$

따라서 $$\int_0^\pi x^n\cos x\,dx = [x^n\sin x + nx^{n-1}\cos x]_0^\pi - n(n-1)I_{n-2}$$
$$= [(\pi^n\sin\pi + n\pi^{n-1}\cos\pi) - (0+0)] - n(n-1)I_{n-2}$$
$$= \mathbf{-n\pi^{n-1} - n(n-1)I_{n-2}}$$

이를 정리하면

$$\int_0^\pi x^4\cos x\,dx = I_4$$
$$= -4\pi^3 - 4(3)I_2 \ (n=4\text{이므로})$$

$n=2$일 경우,

$$\int_0^\pi x^2\cos x\,dx = I_2 = -2\pi^1 - 2(1)I_0$$

그리고 $$I_0 = \int_0^\pi x^0\cos x\,dx$$
$$= \int_0^\pi \cos x\,dx$$
$$= [\sin x]_0^\pi = 0$$

따라서

$$\int_0^\pi x^4\cos x\,dx = -4\pi^3 - 4(3)[-2\pi - 2(1)(0)]$$
$$= \mathbf{-4\pi^3 + 24\pi} \text{ 또는 } \mathbf{-48.63},$$

소수점 2자리까지 수정.

(b) $\int x^n\sin x\,dx$

$I_n = \int x^n\sin x\,dx$라고 하자.
부분적분을 사용하여, $u = x^n$이라 하면
$\frac{du}{dx} = nx^{n-1}$ 그리고 $dv = \sin x\,dx$이면
$v = \int \sin x\,dx = -\cos x$. 따라서

$$\int x^n\sin x\,dx$$
$$= I_n = x^n(-\cos x) - \int(-\cos x)nx^{n-1}\,dx$$
$$= -x^n\cos x + n\int x^{n-1}\cos x\,dx$$

부분적분을 다시 사용하여, $u = x^{n-1}$이라 하면
$\frac{du}{dx} = (n-1)x^{n-2}$ 그리고 $dv = \cos x$이라 하면
$v = \int\cos x\,dx = \sin x$. 따라서

$$I_n = -x^n\cos x + n\left[x^{n-1}(\sin x) - \int(\sin x)(n-1)x^{n-2}\,dx\right]$$
$$= -x^n\cos x + nx^{n-1}(\sin x) - n(n-1)\int x^{n-2}\sin x\,dx$$

이를 정리하면

$$\mathbf{I_n = -x^n\cos x + nx^{n-1}\sin x - n(n-1)I_{n-2}} \quad (3)$$

문제 6. 축소 공식을 사용하여 $\int x^3\sin x\,dx$를 구하시오.

식 (3)을 사용하면,

$$\int x^3\sin x\,dx = I_3$$

$$= -x^3\cos x + 3x^2\sin x - 3(2)I_1$$

그리고 $$I_1 = -x^1\cos x + 1x^0\sin x$$
$$= -x\cos x + \sin x$$

따라서

$$\int x^3\sin x\,\mathrm{d}x = -x^3\cos x + 3x^2\sin x - 6[-x\cos x + \sin x]$$
$$\mathbf{= -x^3\cos x + 3x^2\sin x + 6x\cos x - 6\sin x + c}$$

문제 7. 적분 $\int_0^{\frac{\pi}{2}} 3\theta^4\sin\theta\,\mathrm{d}\theta$를 구하고, 소수점 2자리까지 정정하시오.

식 (3)으로부터,

$$I_n = [-x^n\cos x + nx^{n-1}(\sin x)]_0^{\frac{\pi}{2}} - n(n-1)I_{n-2}$$
$$= \left[\left(-\left(\frac{\pi}{2}\right)^n\cos\frac{\pi}{2} + n\left(\frac{\pi}{2}\right)^{n-1}\sin\frac{\pi}{2}\right) - (0)\right] - n(n-1)I_{n-2}$$
$$\mathbf{= n\left(\frac{\pi}{2}\right)^{n-1} - n(n-1)I_{n-2}}$$

따라서

$$\int_0^{\frac{\pi}{2}} 3\theta^4\sin\theta\,\mathrm{d}\theta = 3\int_0^{\frac{\pi}{2}} \theta^4\sin\theta\,\mathrm{d}\theta$$
$$= 3I_4$$
$$= 3\left[4\left(\frac{\pi}{2}\right)^3 - 4(3)I_2\right]$$
$$I_2 = 2\left(\frac{\pi}{2}\right)^1 - 2(1)I_0$$

그리고 $I_0 = \int_0^{\frac{\pi}{2}} \theta^0\sin\theta\,\mathrm{d}\theta = [-\cos x]_0^{\frac{\pi}{2}}$
$$= [-0-(-1)] = 1$$

따라서

$$3\int_0^{\frac{\pi}{2}} \theta^4\sin\theta\,\mathrm{d}\theta$$
$$= 3I_4$$
$$= 3\left[4\left(\frac{\pi}{2}\right)^3 - 4(3)\left\{2\left(\frac{\pi}{2}\right)^1 - 2(1)I_0\right\}\right]$$
$$= 3\left[4\left(\frac{\pi}{2}\right)^3 - 4(3)\left\{2\left(\frac{\pi}{2}\right)^1 - 2(1)(1)\right\}\right]$$
$$= 3\left[4\left(\frac{\pi}{2}\right)^3 - 24\left(\frac{\pi}{2}\right)^1 + 24\right]$$
$$= 3(15.503 - 37.699 + 24)$$
$$= 3(1.8039) = \mathbf{5.41}$$

+ 이제 다음의 예제들을 풀어보시오.

연습 문제 184 축소 공식을 사용하여 적분 형태 $\int x^n\cos x\,\mathrm{d}x$와 $\int x^n\sin x\,\mathrm{d}x$를 구하시오.

1. 축소 공식을 사용하여 적분 $\int x^5\cos x\,\mathrm{d}x$를 구하시오.
2. $\int_0^{\pi} x^5\cos x\,\mathrm{d}x$의 값을 계산하고 소수점 2자리까지 구하시오.
3. 축소 공식을 사용하여 적분 $\int x^5\sin x\,\mathrm{d}x$를 구하시오.
4. $\int_0^{\pi} x^5\sin x\,\mathrm{d}x$의 값을 계산하고 소수점 2자리까지 구하시오.

46.4 축소 공식을 사용한 적분 $\int\sin^n x\,\mathrm{d}x$와 $\int\cos^n x\,\mathrm{d}x$ 구하기

(a) $\int\sin^n x\,\mathrm{d}x$

$I_n = \int\sin^n x\,\mathrm{d}x \equiv \int\sin^{n-1}x\sin x\,\mathrm{d}x$라고 하자.
부분적분을 사용하여, $u = \sin^{n-1}x$라 하면, 이로부터

$$\frac{\mathrm{d}u}{\mathrm{d}x} = (n-1)\sin^{n-2}x\cos x \quad \text{그리고}$$
$$\mathrm{d}u = (n-1)\sin^{n-2}x\cos x\,\mathrm{d}x$$

그리고 $\mathrm{d}v = \sin x\,\mathrm{d}x$라 하면, 이로부터
$v = \int\sin x\,\mathrm{d}x = -\cos x$. 따라서

$$I_n = \int\sin^{n-1}x\sin x\,\mathrm{d}x$$
$$= (\sin^{n-1}x)(-\cos x) - \int(-\cos x)(n-1)\sin^{n-2}x\cos x\,\mathrm{d}x$$
$$= -\sin^{n-1}x\cos x + (n-1)\int\cos^2 x\sin^{n-2}x\,\mathrm{d}x$$
$$= -\sin^{n-1}x\cos x + (n-1)\int(1-\sin^2 x)\sin^{n-2}x\,\mathrm{d}x$$
$$= -\sin^{n-1}x\cos x + (n-1)\left\{\int\sin^{n-2}x\,\mathrm{d}x - \int\sin^n x\,\mathrm{d}x\right\}$$

즉, $$I_n = -\sin^{n-1}x\cos x + (n-1)I_{n-2} - (n-1)I_n$$

이에 따라

$$I_n + (n-1)I_n$$
$$= -\sin^{n-1} x \cos x + (n-1)I_{n-2}$$

그리고 $nI_n = -\sin^{n-1} x \cos x + (n-1)I_{n-2}$

이로부터,

$$\int \sin^n x \, dx =$$

$$I_n = -\frac{1}{n}\sin^{n-1} x\cos x + \frac{n-1}{n} I_{n-2} \qquad (4)$$

문제 8. 축소 공식을 사용하여 적분 $\int \sin^4 x \, dx$를 구하시오.

식 (4)를 이용하면

$$\int \sin^4 x \, dx = I_4 = -\frac{1}{4}\sin^3 x \cos x + \frac{3}{4} I_2$$
$$I_2 = -\frac{1}{2}\sin^1 x \cos x + \frac{1}{2} I_0$$

그리고 $I_0 = \int \sin^0 x \, dx = \int 1 \, dx = x$

따라서

$$\int \sin^4 x \, dx = I_4 = -\frac{1}{4}\sin^3 x \cos x + \frac{3}{4}\left[-\frac{1}{2}\sin x \cos x + \frac{1}{2}(x)\right]$$
$$= -\frac{1}{4}\sin^3 x \cos x - \frac{3}{8}\sin x \cos x + \frac{3}{8}x + c$$

문제 9. 적분값 $\int_0^1 4\sin^5 t \, dt$를 구하고 유효숫자 3자리까지 정정하시오.

식 (4)를 사용하면,

$$\int \sin^5 t \, dt = I_5 = -\frac{1}{5}\sin^4 t \cos t + \frac{4}{5} I_3$$
$$I_3 = -\frac{1}{3}\sin^2 t \cos t + \frac{2}{3} I_1$$

그리고 $I_1 = -\frac{1}{1}\sin^0 t \cos t + 0 = -\cos t$

따라서

$$\int \sin^5 t \, dt = -\frac{1}{5}\sin^4 t \cos t + \frac{4}{5}\left[-\frac{1}{3}\sin^2 t \cos t + \frac{2}{3}(-\cos t)\right]$$
$$= -\frac{1}{5}\sin^4 t \cos t - \frac{4}{15}\sin^2 t \cos t - \frac{8}{15}\cos t + c$$

그리고 $\int_0^t 4\sin^5 t \, dt$

$$= 4\left[-\frac{1}{5}\sin^4 t \cos t - \frac{4}{15}\sin^2 t \cos t - \frac{8}{15}\cos t\right]_0^1$$
$$= 4\left[\left(-\frac{1}{5}\sin^4 1 \cos 1 - \frac{4}{15}\sin^2 1 \cos 1 - \frac{8}{15}\cos 1\right) - \left(-0 - 0 - \frac{8}{15}\right)\right]$$
$$= 4[(-0.054178 - 0.1020196 - 0.2881612) - (-0.533333)]$$
$$= 4(0.0889745) = \mathbf{0.356}$$

문제 10. 축소 공식을 적분 $\int_0^{\frac{\pi}{2}} \sin^n x \, dx$에 대하여 결정하고 적분 $\int_0^{\frac{\pi}{2}} \sin^6 x \, dx$를 구하시오.

식 (4)로부터

$$\int \sin^n x \, dx = I_n = -\frac{1}{n}\sin^{n-1} x \cos x + \frac{n-1}{n} I_{n-2}$$

따라서

$$\int_0^{\frac{\pi}{2}} \sin^n x \, dx = \left[-\frac{1}{n}\sin^{n-1} x \cos x\right]_0^{\frac{\pi}{2}} + \frac{n-1}{n} I_{n-2}$$
$$= [0-0] + \frac{n-1}{n} I_{n-2}$$

즉, $$I_n = \frac{n-1}{n} I_{n-2}$$

따라서

$$\int_0^{\frac{\pi}{2}} \sin^6 x \, dx = I_6 = \frac{5}{6} I_4$$
$$I_4 = \frac{3}{4} I_2, \quad I_2 = \frac{1}{2} I_0$$

그리고 $I_0 = \int_0^{\frac{\pi}{2}} \sin^0 x \, dx = \int_0^{\frac{\pi}{2}} 1 \, dx = \frac{\pi}{2}$

따라서

$$\int_0^{\frac{\pi}{2}} \sin^6 x \, dx = I_6 = \frac{5}{6} I_4 = \frac{5}{6}\left[\frac{3}{4} I_2\right]$$
$$= \frac{5}{6}\left[\frac{3}{4}\left\{\frac{1}{2} I_0\right\}\right]$$
$$= \frac{5}{6}\left[\frac{3}{4}\left\{\frac{1}{2}\left[\frac{\pi}{2}\right]\right\}\right] = \frac{15}{96}\pi$$

(b) $\int \cos^n x\,dx$

인덱스 규칙을 적용하여 $I_n = \int \cos^n x\,dx \equiv \int \cos^{n-1} x \cos x\,dx$라고 하자.

부분적분을 사용하고, $u = \cos^{n-1} x$라고 하면

이로부터

$$\frac{du}{dx} = (n-1)\cos^{n-2} x(-\sin x)$$

그리고 $du = (n-1)\cos^{n-2} x(-\sin x)\,dx$

여기서 $dv = \cos x\,dx$ 라고 하면

이로부터 $v = \int \cos x\,dx = \sin x$

따라서

$$I_n = (\cos^{n-1} x)(\sin x) - \int (\sin x)(n-1)\cos^{n-2} x(-\sin x)\,dx$$

$$= (\cos^{n-1} x)(\sin x) + (n-1)\int \sin^2 x \cos^{n-2} x\,dx$$

$$= (\cos^{n-1} x)(\sin x) + (n-1)\int (1-\cos^2 x)\cos^{n-2} x\,dx$$

$$= (\cos^{n-1} x)(\sin x) + (n-1)\left\{\int \cos^{n-2} x\,dx - \int \cos^n x\,dx\right\}$$

즉, $I_n = (\cos^{n-1} x)(\sin x) + (n-1)I_{n-2} - (n-1)I_n$

즉, $I_n + (n-1)I_n = (\cos^{n-1} x)(\sin x) + (n-1)I_{n-2}$

즉, $nI_n = (\cos^{n-1} x)(\sin x) + (n-1)I_{n-2}$

따라서 $$I_n = \frac{1}{n}\cos^{n-1} x \sin x + \frac{n-1}{n} I_{n-2} \qquad (5)$$

문제 11. 축소 공식을 사용하여 적분 $\int \cos^4 x\,dx$를 수행하시오.

식 (5)를 사용하여

$$\int \cos^4 x\,dx = I_4 = \frac{1}{4}\cos^3 x \sin x + \frac{3}{4} I_2$$

그리고 $$I_2 = \frac{1}{2}\cos x \sin x + \frac{1}{2} I_0$$

또한 $$I_0 = \int \cos^0 x\,dx = \int 1\,dx = x$$

따라서 $$\int \cos^4 x\,dx = \frac{1}{4}\cos^3 x \sin x + \frac{3}{4}\left(\frac{1}{2}\cos x \sin x + \frac{1}{2}x\right)$$

$$= \frac{1}{4}\cos^3 x \sin x + \frac{3}{8}\cos x \sin x + \frac{3}{8}x + c$$

문제 12. 축소 공식을 적분 $\int_0^{\frac{\pi}{2}} \cos^n x\,dx$에 대하여 정하고 적분 $\int_0^{\frac{\pi}{2}} \cos^5 x\,dx$ 값을 구하시오.

식 (5)로부터

$$\int \cos^n x\,dx = \frac{1}{n}\cos^{n-1} x \sin x + \frac{n-1}{n} I_{n-2}$$

따라서

$$\int_0^{\frac{\pi}{2}} \cos^n x\,dx = \left[\frac{1}{n}\cos^{n-1} x \sin x\right]_0^{\frac{\pi}{2}} + \frac{n-1}{n} I_{n-2}$$

$$= [0-0] + \frac{n-1}{n} I_{n-2}$$

즉 $$\int_0^{\frac{\pi}{2}} \cos^n x\,dx = I_n = \frac{n-1}{n} I_{n-2} \qquad (6)$$

(이는 $\int_0^{\frac{\pi}{2}} \sin^n x\,dx$(문제 10에 있는)에 대한 축소 공식과 동일하며 보통 **Wallis'* 공식**으로 알려져 있다).

식 (6)으로부터

$$\int_0^{\frac{\pi}{2}} \cos^5 x\,dx = \frac{4}{5} I_3, \qquad I_3 = \frac{2}{3} I_1$$

그리고 $$I_1 = \int_0^{\frac{\pi}{2}} \cos^1 x\,dx = [\sin x]_0^{\frac{\pi}{2}} = (1-0) = 1$$

*월리스는 누구인가? **John Wallis**(23 November 1616–28 October 1703)는 영국의 수학자이며 무한소 계산법 발전의 공로를 인정 받았으며 또한 무한대를 위한 ∞ 심볼을 소개한 공로를 인정 받았다. 좀더 자세한 정보는 **www.routledge.com/cw.bird**를 참조하시오.

따라서 $\int_0^{\frac{\pi}{2}} \cos^5 x\,dx = \frac{4}{5}I_3 = \frac{4}{5}\left[\frac{2}{3}I_1\right]$

$$= \frac{4}{5}\left[\frac{2}{3}(1)\right] = \mathbf{\frac{8}{15}}$$

+ 이제 다음의 예제들을 풀어보시오.

연습 문제 185 축소 공식을 사용하여 적분 형태 $\int \sin^n x\,dx$와 $\int \cos^n x\,dx$ 구하기

1. 축소 공식을 사용하여 적분 $\int \sin^7 x\,dx$를 구하시오.
2. 축소 공식을 사용하여 $\int_0^{\pi} 3\sin^3 x\,dx$를 구하시오.
3. 축소 공식을 사용하여 $\int_0^{\frac{\pi}{2}} \sin^5 x\,dx$를 구하시오.
4. 축소 공식을 사용하여 적분 $\int \cos^6 x\,dx$를 구하시오.
5. 적분 $\int_0^{\frac{\pi}{2}} \cos^7 x\,dx$ 값을 구하시오.

46.5 추가 축소 공식

다음에 주어진 해를 제시한 문제는 축소 공식을 사용할 수 있는 적분의 추가 예들을 보여준다.

문제 13. 적분 $\int \tan^n x\,dx$에 대한 축소 공식을 구하고 적분 $\int \tan^7 x\,dx$를 결정하시오.

$$I_n = \int \tan^n x\,dx \equiv \int \tan^{n-2} x \tan^2 x\,dx$$

$$= \int \tan^{n-2} x(\sec^2 x - 1)\,dx$$

$1 + \tan^2 x = \sec^2 x$를 사용하였다.

$$= \int \tan^{n-2} x \sec^2 x\,dx - \int \tan^{n-2} x\,dx$$

$$= \int \tan^{n-2} x \sec^2 x\,dx - I_{n-2}$$

이를 정리하면 $\boldsymbol{I_n = \frac{\tan^{n-1} x}{n-1} - I_{n-2}}$

여기서 $n = 7$인 경우,

$$I_7 = \int \tan^7 x\,dx = \frac{\tan^6 x}{6} - I_5$$

$$I_5 = \frac{\tan^4 x}{4} - I_3 \quad \text{그리고} \quad I_3 = \frac{\tan^2 x}{2} - I_1$$

$$I_1 = \int \tan x\,dx = \ln(\sec x)$$

이 적분은 정석 공업수학 I 403쪽의 문제 9 내용을 참조할 것.

따라서

$$\int \tan^7 x\,dx = \frac{\tan^6 x}{6} - \left[\frac{\tan^4 x}{4} - \left(\frac{\tan^2 x}{2} - \ln(\sec x)\right)\right]$$

따라서 $\int \tan^7 x\,dx$

$$\mathbf{= \frac{1}{6}\tan^6 x - \frac{1}{4}\tan^4 x + \frac{1}{2}\tan^2 x - \ln(\sec x) + c}$$

문제 14. 축소 공식을 사용하여 적분 $\int_0^{\frac{\pi}{2}} \sin^2 t \cos^6 t\,dt$ 값을 구하시오.

$$\int_0^{\frac{\pi}{2}} \sin^2 t \cos^6 t\,dt = \int_0^{\frac{\pi}{2}} (1 - \cos^2 t)\cos^6 t\,dt$$

$$= \int_0^{\frac{\pi}{2}} \cos^6 t\,dt - \int_0^{\frac{\pi}{2}} \cos^8 t\,dt$$

여기서 $I_n = \int_0^{\frac{\pi}{2}} \cos^n t\,dt$ 이면

따라서

$$\int_0^{\frac{\pi}{2}} \sin^2 t \cos^6 t\,dt = I_6 - I_8$$

그리고 식 (6)으로부터,

$$I_6 = \frac{5}{6}I_4 = \frac{5}{6}\left[\frac{3}{4}I_2\right] = \frac{5}{6}\left[\frac{3}{4}\left(\frac{1}{2}I_0\right)\right]$$

그리고 $I_0 = \int_0^{\frac{\pi}{2}} \cos^0 t\,dt = \int_0^{\frac{\pi}{2}} 1\,dt = [x]_0^{\frac{\pi}{2}} = \frac{\pi}{2}$

따라서 $I_6 = \frac{5}{6}\cdot\frac{3}{4}\cdot\frac{1}{2}\cdot\frac{\pi}{2} = \frac{15\pi}{96}$ 또는 $\frac{5\pi}{32}$

유사하게, $I_8 = \frac{7}{8}I_6 = \frac{7}{8}\cdot\frac{5\pi}{32}$

그러므로

$$\int_0^{\frac{\pi}{2}} \sin^2 t \cos^6 t\,dt = I_6 - I_8 = \frac{5\pi}{32} - \frac{7}{8}\cdot\frac{5\pi}{32} = \frac{1}{8}\cdot\frac{5\pi}{32} = \mathbf{\frac{5\pi}{256}}$$

문제 15. 부분적분을 사용하여 축소 공식을 $\int(\ln x)^n\,dx$에 대하여 구하시오. 그리고 $\int(\ln x)^3\,dx$를 결정하시오.

$I_n=\int(\ln x)^n\,dx$라고 하자.
부분적분을 사용하기 위하여 $u=(\ln x)^n$라고 하면,

$$\frac{du}{dx}=n(\ln x)^{n-1}\left(\frac{1}{x}\right)$$

그리고 $du=n(\ln x)^{n-1}\left(\frac{1}{x}\right)dx$

또한 $dv=dx$라고 하면, $v=\int dx=x$

그러므로 $I_n=\int(\ln x)^n\,dx$

$$=(\ln x)^n(x)-\int(x)n(\ln x)^{n-1}\left(\frac{1}{x}\right)dx$$
$$=x(\ln x)^n-n\int(\ln x)^{n-1}\,dx$$

이를 정리하면

$$\boldsymbol{I_n=x(\ln x)^n-nI_{n-1}}$$

$n=3$일 경우

$$\int(\ln x)^3\,dx=I_3=x(\ln x)^3-3I_2$$

$I_2=x(\ln x)^2-2I_1$ 그리고 $I_1=\int\ln x\,dx=x(\ln x-1)$

이는 정석 공업수학 I 429쪽의 문제 7을 참조할 것.
따라서

$$\begin{aligned}\int(\ln x)^3\,dx&=x(\ln x)^3-3[x(\ln x)^2-2I_1]+c\\&=x(\ln x)^3-3[x(\ln x)^2\\&\qquad-2[x(\ln x-1)]]+c\\&=x(\ln x)^3-3[x(\ln x)^2\\&\qquad-2x\ln x+2x]+c\\&=x(\ln x)^3-3x(\ln x)^2\\&\qquad+6x\ln x-6x+c\\&=\boldsymbol{x[(\ln x)^3-3(\ln x)^2}\\&\qquad\boldsymbol{+6\ln x-6]+c}\end{aligned}$$

+ 이제 다음의 예제들을 풀어보시오.

연습 문제 186 축소 공식

1. 적분 $\int_0^{\frac{\pi}{2}}\cos^2 x\sin^5 x\,dx$를 계산하시오.
2. 적분 $\int\tan^6 x\,dx$를 축소 공식을 사용하여 결정하고 이를 사용하여 $\int_0^{\frac{\pi}{4}}\tan^6 x\,dx$ 값을 구하시오.
3. 적분 $\int_0^{\frac{\pi}{2}}\cos^5 x\sin^4 x\,dx$를 계산하시오.
4. 축소 공식을 사용하여 $\int(\ln x)^4\,dx$를 구하시오.
5. $\int_0^{\frac{\pi}{2}}\sin^3\theta\cos^4\theta\,d\theta=\frac{2}{35}$임을 보이시오.

Chapter 47

이중 적분과 삼중 적분

이중 적분과 삼중 적분을 이해하는 것이 왜 중요한가?

이중 적분과 삼중 적분의 공학 응용 분야는 면적, 질량 그리고 힘의 이차원 영역에서의 계산 그리고 체적, 함수의 평균값, 질량 중심, 관성 모멘트 그리고 표면적 계산이다. 다중 적분은 정적분 유형을 한 개 이상의 실변수를 갖는 함수로 확장한 것이다. 여기서는 이중 그리고 삼중 적분값 구하는 방법을 설명하고 이전 장에서 설명한 여러 가지 적분 계산 기술을 마무리 한다.

이 장에서는 다음 사항에 대해 공부한다.

- 이중 적분 계산
- 삼중 적분 계산

47.1 이중 적분

이중 적분 형태를 결정하는 과정은 다음과 같다.

$$\int_{y_1}^{y_2}\int_{x_1}^{x_2} f(x,y)\,dx\,dy$$

(i) $f(x, y)$ 적분을 x에 관하여 구간 $x = x_1$ 그리고 $x = x_2$ 사이에서 수행(여기서 y는 상수로 간주)한다. 그리고

(ii) (i)의 결과에 대한 적분을 y에 관하여 구간 $y = y_1$ 그리고 $y = y_2$ 사이에서 수행한다.

이중 적분을 결정하는 과정으로부터 우리는 가장 내부의 적분에서 시작하여 외부로 수행하는 것을 볼 수 있다.

이중 적분은 곡선 아래 영역, 영역과 질량의 이차 모멘트 그리고 관성 모멘트 계산에 사용된다.

(경우에 따라서 적분 $\int_{y_1}^{y_2}\int_{x_1}^{x_2} f(x,y)\,dx\,dy$은 $\int_{y_1}^{y_2} dy \int_{x_1}^{x_2} f(x,y)\,dx$로 쓴다. 이것은 우측 적분을 먼저 수행함을 의미한다.)

이중 적분 수행 예는 아래 풀이 문제에서 보여준다.

문제 1. 이중 적분 $\int_1^3\int_2^5 (2x-3y)\,dx\,dy$ 값을 구하시오.

아래 과정을 따른다:

(i) $(2x - 3y)$에 대한 적분을 x에 관하여 $x = 2$ 그리고 $x = 5$ 구간에서 수행하며 y는 상수로 간주한다.

즉, $\int_2^5 (2x-3y)\,dx$

$$= \left[\frac{2x^2}{2} - (3y)x\right]_2^5 = \left[x^2 - 3xy\right]_2^5$$

$$= \left[\left(5^2 - 3(5)y\right) - \left(2^2 - 3(2)y\right)\right]$$

$$= (25 - 15y) - (4 - 6y) = 25 - 15y - 4 + 6y$$

$$= 21 - 9y$$

(ii) $\int_1^3 \int_2^5 (2x-3y)\,dx\,dy$

$$= \int_1^3 (21-9y)\,dy$$

$$= \left[21y - \frac{9y^2}{2}\right]_1^3$$

$$= \left[\left(21(3) - \frac{9(3)^2}{2}\right) - \left(21(1) - \frac{9(1)^2}{2}\right)\right]$$

$$= (63-40.5)-(21-4.5)$$

$$= 63-40.5-21+4.5 = 6$$

따라서 $\int_1^3 \int_2^5 \mathbf{(2x-3y)\,dx\,dy = 6}$

문제 2. 적분 $\int_0^4 \int_1^2 (3x^2-2)\,dx\,dy$ 값을 구하시오.

위의 과정을 따른다:

(i) $(3x^2-2)$에 대한 적분을 x에 관하여 $x=1$ 그리고 $x=2$ 구간에서 수행한다.

즉, $\int_1^2 (3x^2-2)\,dx$

$$= \left[\frac{3x^3}{3} - 2x\right]_1^2 = \left[\left(2^3-2(2)\right) - \left(1^3-2(1)\right)\right]$$

$$= (8-4)-(1-2) = 8-4-1+2 = 5$$

(ii) $\int_0^4 \int_1^2 (3x^2-2)\,dx\,dy$

$$= \int_0^4 (5)\,dy = [5y]_0^4 = [(5(4))-(5(0))]$$

$$= 20-0 = 20$$

따라서 $\int_0^4 \int_1^2 \mathbf{(3x^2-2)\,dx\,dy = 20}$

문제 3. 적분 $\int_1^3 \int_0^2 (2x^2y)\,dx\,dy$ 값을 구하시오.

다음 과정을 따른다:

(i) $(2x^2y)$에 대한 적분을 x에 관하여 $x=0$ 그리고 $x=2$ 구간에서 수행한다.

즉, $\int_0^2 (2x^2y)\,dx = \left[\frac{2x^3y}{3}\right]_0^2$

$$= \left[\left(\frac{2(2)^3y}{3}\right) - (0)\right] = \frac{16}{3}y$$

(ii) $\int_1^3 \int_0^2 (2x^2y)\,dx\,dy = \int_1^3 \left(\frac{16}{3}y\right)dy$

$$= \left[\frac{16y^2}{6}\right]_1^3 = \left[\left(\frac{16(3)^2}{6}\right) - \left(\frac{16(1)^2}{6}\right)\right]$$

$$= 24-2.67 = 21.33$$

따라서 $\int_1^3 \int_0^2 \mathbf{(2x^2y)\,dx\,dy = 21.33}$

문제 4. 적분 $\int_1^3 dy \int_0^2 (2x^2y)\,dx$ 값을 구하시오.

이와 같은 적분 구성의 경우에는:

(i) $(2x^2y)$에 대한 적분을 x에 관하여 $x=0$ 그리고 $x=2$ 구간에서 수행한다.

즉, $\int_0^2 (2x^2y)\,dx = \left[\frac{2x^3y}{3}\right]_0^2$

$$= \left[\left(\frac{2(2)^3y}{3}\right) - (0)\right] = \frac{16}{3}y$$

(ii) $\int_1^3 dy \int_0^2 (2x^2y)\,dx = \int_1^3 dy\left(\frac{16}{3}y\right)$

$$= \int_1^3 \left(\frac{16}{3}y\right)dy = \left[\frac{16y^2}{6}\right]_1^3$$

$$= \left[\left(\frac{16(3)^2}{6}\right) - \left(\frac{16(1)^2}{6}\right)\right]$$

$$= 24-2.67 = 21.33$$

따라서 $\int_1^3 \mathbf{dy} \int_0^2 \mathbf{(2x^2y)\,dx = 21.33}$

앞의 두 가지 풀이 과정을 설명한 문제는 다음을 나타낸다.

$\int_1^3 \int_0^2 (2x^2y)\,dx\,dy$ 적분 결과는 아래 적분

$\int_1^3 dy \int_0^2 2x^2y\,dx$과 동일하다.

문제 5. 적분 $\int_1^4 \int_0^\pi (2+\sin 2\theta)\,d\theta\,dr$ 값을 구하시오.

위의 과정을 따른다:

(i) $(2+\sin 2\theta)$에 대한 적분을 θ에 관하여 $\theta=0$ 그리고 $\theta=\boldsymbol{\pi}$ 구간에서 수행한다.

즉 $\int_0^\pi (2+\sin 2\theta)\,dx = \left[2\theta - \frac{1}{2}\cos 2\theta\right]_0^\pi$

$$= \left[\left(2\pi - \frac{1}{2}\cos 2\pi\right) - \left(0 - \frac{1}{2}\cos 0\right)\right]$$

$$= (2\pi-0.5)-(0-0.5) = 2\pi$$

(ii) $\int_1^4 \int_0^\pi (2+\sin 2\theta)\, d\theta\, dr$

$= \int_1^4 (2\pi)\, dr = [2\pi r]_1^4 = [(2\pi(4)) - (2\pi(1))]$

$= 8\pi - 2\pi = 6\pi$ **또는 18.85**

따라서 $\int_1^4 \int_0^\pi (2+\sin 2\theta)\, d\theta\, dr = 18.85$

+ 이제 다음의 예제들을 풀어보시오.

연습 문제 187 이중 적분

이중 적분을 사용하여 문제 1~8의 값을 구하시오.

1. $\int_0^3 \int_2^4 2\, dx\, dy$
2. $\int_1^2 \int_2^3 (2x-y)\, dx\, dy$
3. $\int_1^2 \int_2^3 (2x-y)\, dy\, dx$
4. $\int_1^5 \int_{-1}^2 (x-5y)\, dx\, dy$
5. $\int_1^6 \int_2^5 (x^2+4y)\, dx\, dy$
6. $\int_1^4 \int_{-3}^2 (3xy^2)\, dx\, dy$
7. $\int_{-1}^3 \int_0^\pi (3+\sin 2\theta)\, d\theta\, dr$
8. $\int_1^3 dx \int_2^4 (40-2xy)\, dy$
9. 체적 V의 구역 경계가 곡선 $4-x-y$에 대하여 구간 $x=0$부터 $x=1$ 그리고 구간 $y=0$부터 $y=2$로 정해졌다:

   $$V = \int_0^2 \int_0^1 (4-x-y)\, dx\, dy$$

   V값을 구하시오.
10. 이차 모멘트가 구역 I가 5 cm × 3 cm인 직사각형의 한쪽 코너를 통과하는 축에 대하여 주어졌다.

   $$I = \int_0^5 \int_0^3 (x^2+y^2)\, dy\, dx$$

   I값을 구하시오.

47.2 삼중 적분

삼중 적분 형태를 결정하는 과정은 다음과 같다:

$$\int_{z_1}^{z_2} \int_{y_1}^{y_2} \int_{x_1}^{x_2} f(x, y, z)\, dx\, dy\, dz$$

(i) $f(x, y, z)$ 적분을 x에 관하여 구간 $x = x_1$ 그리고 $x = x_2$ 사이에서 수행(여기서 y와 z는 상수로 간주)한다.

(ii) (i)의 결과에 대한 적분을 y에 관하여 구간 $y = y_1$ 그리고 $y = y_2$ 사이에서 수행한다. 그리고

(iii) (ii)의 결과에 대한 적분을 z에 관하여 구간 $z = z_1$ 그리고 $z = z_2$ 사이에서 수행한다.

삼중 적분을 결정하는 과정으로부터 우리는 가장 내부의 적분에서 시작하여 외부로 수행하는 것을 볼 수 있다.

삼중 적분 수행 예는 아래 풀이 문제에서 보여준다.

문제 6. 삼중 적분 $\int_1^2 \int_{-1}^3 \int_0^2 (x-3y+z)\, dx\, dy\, dz$ 값을 구하시오.

아래 과정을 따른다:

(i) $(x-3y+z)$에 대한 적분을 x에 관하여 $x=0$ 그리고 $x=2$ 구간에서 수행하며 y와 z는 상수로 간주한다.

즉, $\int_0^2 (x-3y+z)\, dx = \left[\frac{x^2}{2} - (3y)x + (z)x\right]_0^2$

$= \left[\left(\frac{2^2}{2} - (3y)(2) + (z)(2)\right) - (0)\right]$

$= 2 - 6y + 2z$

(ii) $(2-6y+2z)$에 대한 적분은 y에 관하여 $y=-1$ 그리고 $y=3$ 구간에서 수행하며 z는 상수로 간주한다.

$\int_{-1}^3 (2-6y+2z)\, dy$

$= \left[2y - \frac{6y^2}{2} + (2z)y\right]_{-1}^3$

$= \left[\left(2(3) - \frac{6(3)^2}{2} + (2z)(3)\right) - \left(2(-1) - \frac{6(-1)^2}{2} + (2z)(-1)\right)\right]$

$= [(6-27+6z) - (-2-3-2z)]$

$= 6 - 27 + 6z + 2 + 3 + 2z = 8z - 16$

(iii) $(8z-16)$에 대한 적분은 z에 관하여 $z=1$ 그리고 $z=2$ 구간에서 수행한다.

즉, $\int_1^2 (8z-16)\, dz = \left[\frac{8z^2}{2} - 16z\right]_1^2$

$$= \left[\left(\frac{8(2)^2}{2} - 16(2)\right) - \left(\frac{8(1)^2}{2} - 16(1)\right)\right]$$
$$= [(16-32)-(4-16)]$$
$$= 16-32-4+16 = -4$$

따라서 $\boldsymbol{\int_1^2 \int_{-1}^3 \int_0^2 (x-3y+z)\,dx\,dy\,dz = -4}$

문제 7. 삼중 적분

$\int_1^3 \int_0^2 \int_0^1 (2a^2 - b^2 + 3c^2)\,da\,db\,dc$를 구하시오.

아래 과정을 따른다:

(i) $(2a^2 - b^2 + 3c^2)$에 대한 적분을 a에 관하여 $a=0$ 그리고 $a=1$ 구간에서 수행하며 b와 c는 상수로 간주한다.

즉, $$\int_0^1 (2a^2 - b^2 + 3c^2)\,da$$
$$= \left[\frac{2a^3}{3} - (b^2)a + (3c^2)a\right]_0^1$$
$$= \left[\left(\frac{2}{3} - (b^2) + (3c^2)\right) - (0)\right]$$
$$= \frac{2}{3} - b^2 + 3c^2$$

(ii) $\left(\frac{2}{3} - b^2 + 3c^2\right)$에 대한 적분은 b에 관하여 $b=0$ 그리고 $b=2$ 구간에서 수행하며 c는 상수로 간주한다. 즉,

$$\int_0^2 \left(\frac{2}{3} - b^2 + 3c^2\right) db = \left[\frac{2}{3}b - \frac{b^3}{3} + (3c^2)b\right]_0^2$$
$$= \left[\left(\frac{2}{3}(2) - \frac{(2)^3}{3} + (3c^2)(2)\right) - (0)\right]$$
$$= \left(\frac{4}{3} - \frac{8}{3} + 6c^2\right) - (0) = 6c^2 - \frac{4}{3}$$

(iii) $\left(6c^2 - \frac{4}{3}\right)$에 대한 적분은 c에 관하여 $c=1$ 그리고 $c=3$ 구간에서 수행한다.

즉, $$\int_1^3 \left(6c^2 - \frac{4}{3}\right) dc = \left[\frac{6c^3}{3} - \frac{4}{3}c\right]_1^3$$
$$= \left[(54-4) - \left(2 - \frac{4}{3}\right)\right]$$
$$= [(50) - (0.67)] = \mathbf{49.33}$$

따라서 $\boldsymbol{\int_1^3 \int_0^2 \int_0^1 (2a^2 - b^2 + 3c^2)\,da\,db\,dc = 49.33}$

+ 이제 다음의 예제들을 풀어보시오.

연습 문제 188 삼중 적분

삼중 적분 문제 1~7을 구하시오.

1. $\int_1^2 \int_2^3 \int_0^1 (8xyz)\,dz\,dx\,dy$
2. $\int_1^2 \int_2^3 \int_0^1 (8xyz)\,dx\,dy\,dz$
3. $\int_0^2 \int_{-1}^2 \int_1^3 \left(x + y^2 + z^3\right) dx\,dy\,dz$
4. $\int_2^3 \int_{-1}^1 \int_0^2 (x^2 + 5y^2 - 2z)\,dx\,dy\,dz$
5. $\int_0^\pi \int_0^\pi \int_0^\pi (xy\sin z)\,dx\,dy\,dz$
6. $\int_0^4 \int_{-2}^{-1} \int_1^2 (xy)\,dx\,dy\,dz$
7. $\int_1^3 \int_0^2 \int_{-1}^1 (xz+y)\,dx\,dy\,dz$
8. 상자 형태 X는 삼중 적분으로 표현되었다:

$$X = \int_0^3 \int_0^2 \int_0^1 (x+y+z)\,dz\,dy\,dx$$

X를 구하시오.

Chapter 48

수치 적분

수치 적분을 이해하는 것이 왜 중요한가?

두 가지 이유 때문에 우리가 수치적 적분을 필요로 한다 – 해석적 적분은 불가능 하거나 실현 불가능하며, 주어진 함수보다는 표로 제시된 데이터를 적분해야 할 필요가 있다. 앞에서 언급 했듯이 많은 응용에 적분이 사용된다. 예를 들어 맥스웰 방정식은 적분 형태로 쓰여질 수 있는데, 수치적 해법이 맥스웰 방정식에 직접적으로 사용되어 방대한 공학 응용에 사용될 수 있다. 적분은 실용적으로 모든 물리 이론에 여러 방법으로 포함된다—진동, 하중에 의한 변형 또는 여러 가지 유체 이동—이에는 열 이동, 공기 흐름(날개 위를 지나는) 또는 물의 흐름(선체를 따라 흐르는, 파이프를 통과하는 또는 지하수 흐름을 통한 오염 물질의 이동) 그리고 여러 가지가 있다. 이런 모든 것들은 간단한 시스템 경우에는 적분에 의하여 직접적으로 해를 구할 수 있으며 또는 복잡한 시스템은 수치적 적분 유형에 의하여 가능하다. 수치적 적분은 또한 근본적으로 적분값 계산에 있어서 함수가 단지 이산적으로 표시될 때 필요하다: 이와 같은 함수는 수치적인 형태로 미분방정식의 해를 구할 때 또는 실험 데이터를 이산 간격으로 취하는 경우이다. 공학도는 따라서 자주 수치적 적분을 필요로 하며 여기서는 이를 위한 유용한 과정들을 설명한다.

이 장에서는 다음 사항에 대해 공부한다.

- 수치적 적분 필요성의 이해
- trapezoidal 규칙을 사용한 적분값 계산
- mid-ordinate 규칙을 이용한 적분값 계산
- Simpson 규칙을 사용한 적분값 계산
- 실무 환경에서의 수치적 적분 적용

48.1 소개

적분에 있어 진보된 어려운 기법을 사용하여도 많은 수학적 함수들은 해석적 방법으로는 적분할 수 없으며 이같은 경우 근사적 방법이 사용될 수밖에 없다. 근사 방법을 통한 정적분 결정을 **수치 적분**이라 한다.

정적분 값의 결정은 사실은 면적을 구하는 문제이며 이는 곡선, 수평축 그리고 주어진 특정 세로축으로 지정된다. 근사적으로 곡선 아래 부분의 면적을 구하는 세 가지 방법에는 trapezoidal 규칙, mid-ordinate 규칙 그리고 Simpson 규칙이 있는데, 이들 규칙은 수치적 적분의 기반으로 사용된다.

48.2 The trapezoidal 규칙

구해야 하는 정적분을 $\int_a^b y\,dx$로 하고 그림을 통하여 함수 $y = f(x)$ 그래프 하단의 면적으로 표현하여 경계를 $x = a$ 그리고 $x = b$로 나타낸 그림은 그림 48.1이다.

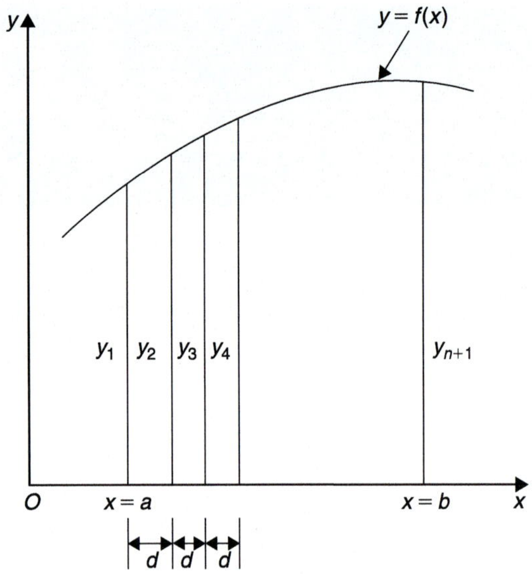

그림 48.1

적분 영역을 분할하여 n개의 동일한 간격 d로 나누자. 이때 $nd = b - a$ 다시 표현하면 $d = \frac{b-a}{n}$이다.

세로 좌표는 그림에서와 같이 $y_1, y_2, y_3, \ldots, y_{n+1}$로 명명한다.

근사적인 곡선 하단부 면적은 세로 좌표 상단을 직선으로 서로 연결하여 결정할 수 있다. 따라서 각 구간은 사다리꼴이며 사다리꼴 면적은 아래와 같이 주어지므로

면적 $= \frac{1}{2}$(평행 변들의 합) (이들 사이의 수직 거리) 따라서

$$\int_a^b y\,\mathrm{d}x \approx \frac{1}{2}(y_1+y_2)\mathrm{d} + \frac{1}{2}(y_2+y_3)\mathrm{d} + \frac{1}{2}(y_3+y_4)\mathrm{d} + \cdots \frac{1}{2}(y_n+y_{n+1})\mathrm{d}$$

$$\approx \mathrm{d}\left[\frac{1}{2}y_1 + y_2 + y_3 + y_4 + \cdots + y_n + \frac{1}{2}y_{n+1}\right]$$

즉, **trapezoidal 규칙에 의한 적분 근사값 표현**은 아래와 같다.

$$\int_a^b y\,\mathrm{d}x \approx \left(\text{폭 간격}\right)\left\{\frac{1}{2}\left(\begin{array}{c}\text{첫 번째와 마지막}\\ \text{세로변 값의 합}\end{array}\right) + \left(\begin{array}{c}\text{나머지}\\ \text{세로변들의 합}\end{array}\right)\right\} \quad (1)$$

문제 1. (a) 적분을 사용하여 $\int_1^3 \frac{2}{\sqrt{x}}\,\mathrm{d}x$ 값을 계산하여 소수점 세 자리까지 구하시오. (b) trapezoidal 규칙으로 네 개 구간을 사용하여 (a) 부분의 적분 값을 구하고 소수점 3자리까지 정하시오.

(a) $\int_1^3 \frac{2}{\sqrt{x}}\,\mathrm{d}x = \int_1^3 2x^{-\frac{1}{2}}\,\mathrm{d}x$

$$= \left[\frac{2x^{\left(\frac{-1}{2}\right)+1}}{-\frac{1}{2}+1}\right]_1^3 = \left[4x^{\frac{1}{2}}\right]_1^3$$

$$= 4\left[\sqrt{x}\right]_1^3 = 4\left[\sqrt{3} - \sqrt{1}\right]$$

$= \mathbf{2.928}$, 소수점 3자리로 정정.

(b) 적분 영역은 상한과 하한 경계 값의 차이, 즉 3 − 1 = 2 이다. Trapezoidal 규칙을 사용하여 네 개 구간을 사용하면 구간 폭은 $d = \frac{3-1}{4} = 0.5$이며 세로변의 위치는 1.0, 1.5, 2.0, 2.5 그리고 3.0이다. 해당하는 값인 $\frac{2}{\sqrt{x}}$는 아래 테이블에 있으며 각 값은 소수점 4자리로 정정하였다(이는 문제 요구보다 소수점 한 자리가 더 많다).

x	$\frac{2}{\sqrt{x}}$
1.0	2.0000
1.5	1.6330
2.0	1.4142
2.5	1.2649
3.0	1.1547

식 (1)로부터:

$$\int_1^3 \frac{2}{\sqrt{x}}\,\mathrm{d}x \approx (0.5)\left\{\frac{1}{2}(2.0000 + 1.1547) + 1.6330 + 1.4142 + 1.2649\right\}$$

$= \mathbf{2.945}$, 소수점 3자리로 정정.

이 문제가 나타내듯이 단지 4개 간격을 사용한 경우에도 매우 가까운 값을 실제 값인 2.928(소수 세 자리까지 정정)에 대하여 trapezoidal 규칙으로 얻을 수 있다.

문제 2. Trapezoidal 규칙을 8개 구간으로 사용하여 적분 $\int_1^3 \frac{2}{\sqrt{x}}\,\mathrm{d}x$을 구하고 소수 세 자리까지 정정하시오.

8개 구간을 사용하여, 각 구간 간격 $\frac{3-1}{8}$, 즉 0.25로 하면 세로축은 1.00, 1.25, 1.50, 1.75, 2.00, 2.25, 2.50, 2.75 그리고 3.00이 된다. 이에 해당하는 $\frac{2}{\sqrt{x}}$는 다음 표와 같다.

식 (1)로부터:

$$\int_1^3 \frac{2}{\sqrt{x}}\,\mathrm{d}x \approx (0.25)\left\{\frac{1}{2}(2.000 + 1.1547) + 1.7889 + 1.6330 + 1.5119 + 1.4142 + 1.3333 + 1.2649 + 1.2060\right\}$$

$= \mathbf{2.932}$, 소수점 3자리 까지 정정.

x	$\frac{2}{\sqrt{x}}$
1.00	2.0000
1.25	1.7889
1.50	1.6330
1.75	1.5119
2.00	1.4142
2.25	1.3333
2.50	1.2649
2.75	1.2060
3.00	1.1547

이 문제에서는 더 많은 개수의 간격(즉, 더 작은 간격 폭)을 사용하면 더 가까운 값을 정적분에 대하여 얻을 수 있음을 보여준다. 정확한 값은 간격의 개수가 무한대 일 때 구할 수 있는데, 이는 당연히 적분 과정의 기반이다.

문제 3. Trapezoidal 규칙을 사용하여 적분 $\int_0^{\frac{\pi}{2}} \frac{1}{1+\sin x}\,\mathrm{d}x$를 구하며 구간은 6개를 사용하시오. 답은 유효숫자 4자리까지 정정하시오.

6개 구간을 사용하여, 각 구간 간격 $\frac{\frac{\pi}{2}-0}{6}$, 즉 $\frac{\pi}{12}$ rad(또는 15°) 그리고 세로축 위치는 $0, \frac{\pi}{12}, \frac{\pi}{6}, \frac{\pi}{4}, \frac{\pi}{3}, \frac{5\pi}{12}$ 그리고 $\frac{\pi}{2}$이다.

$\frac{1}{1+\sin x}$에 대한 해당 좌표의 값은 아래 테이블과 같다.

x	$\frac{1}{1+\sin x}$
0	1.0000
$\frac{\pi}{12}$ (or 15°)	0.79440
$\frac{\pi}{6}$ (or 30°)	0.66667
$\frac{\pi}{4}$ (or 45°)	0.58579
$\frac{\pi}{3}$ (or 60°)	0.53590
$\frac{5\pi}{12}$ (or 75°)	0.50867
$\frac{\pi}{2}$ (or 90°)	0.50000

식 (1)로부터:

$$\int_0^{\frac{\pi}{2}} \frac{1}{1+\sin x}\,\mathrm{d}x \approx \left(\frac{\pi}{12}\right)\left\{\frac{1}{2}(1.00000+0.50000) + 0.79440+0.66667 + 0.58579+0.53590 +0.50867\right\}$$

$= \mathbf{1.006}$, 유효숫자 4자리까지 정정.

+ 이제 다음의 예제들을 풀어보시오.

연습 문제 189 Trapezoidal 규칙

문제 1~4에서는 정적분을 **trapezoidal 규칙**을 사용하여 구하고 답은 소수점 3자리까지 정정하시오.

1. $\int_0^1 \frac{2}{1+x^2}\,\mathrm{d}x$ (8개 구간을 사용할 것)
2. $\int_1^3 2\ln 3x\,\mathrm{d}x$ (8개 구간을 사용할 것)
3. $\int_0^{\frac{\pi}{3}} \sqrt{(\sin\theta)}\,\mathrm{d}\theta$ (6개 구간을 사용할 것)
4. $\int_0^{1.4} \mathrm{e}^{-x^2}\,\mathrm{d}x$ (7개 구간을 사용할 것)

48.3 The mid-ordinate 규칙

주어진 정적분이 $\int_a^b y\,\mathrm{d}x$로 주어지고 이에 대한 표현이 그래프 $y=f(x)$ 아래 부분과 경계선 $x=a$ 그리고 $x=b$ 사이로서 그림 48.2와 같다고 하자.

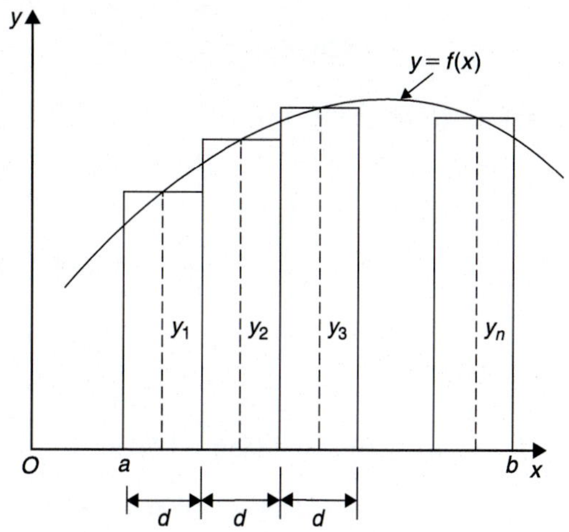

그림 48.2

mid-ordinate 규칙을 사용하고 각각의 폭 d인 간격을 직사각형으로 대체하며 높이는 간격들의 중간 지점 좌표축과 동일하게 정하면 높이 값은 $y_1, y_2, y_3, \ldots, y_n$이 되어 그림 48.2와 같다.

따라서 $$\int_a^b y\,dx \approx dy_1 + dy_2 + dy_3 + \cdots + dy_n$$
$$\approx d(y_1 + y_2 + y_3 + \cdots + y_n)$$

즉, **mid-ordinate 규칙의 설명**은 아래와 같다:

$$\int_a^b y\,dx \approx (\text{간격의 폭})(\text{중간 세로축 값들의 합산}) \qquad (2)$$

문제 4. mid-ordinate 규칙을 사용하고 (a) 4개 간격, (b) 8개 간격으로 나누어 적분 $\int_1^3 \frac{2}{\sqrt{x}}dx$를 계산하고 소수점 3자리까지 정정하시오.

(a) 4개 구간을 사용하며 구간 폭은 $\frac{3-1}{4}$, 즉 0.5 그리고 세로축은 1.0, 1.5, 2.0, 2.5 그리고 3.0에 위치한다. 따라서 mid-ordinate값 y_1, y_2, y_3, y_4는 각각 1.25, 1.75, 2.25, 2.75에서 발생한 값이다. 해당하는 높이 $\frac{2}{\sqrt{x}}$의 값은 아래 표와 같다.

x	$\frac{2}{\sqrt{x}}$
1.25	1.7889
1.75	1.5119
2.25	1.3333
2.75	1.2060

식 (2)로부터:

$$\int_1^3 \frac{2}{\sqrt{x}}dx \approx (0.5)[1.7889 + 1.5119 + 1.3333 + 1.2060]$$
$$= \mathbf{2.920}, \text{ 소수점 세 자리로 정정.}$$

(b) 8개 간격으로 나누어 폭은 0.25 그리고 세로축 위치는 1.00, 1.25, 1.50, 1.75,... 그리고 중간 지점 좌표는 1.125, 1.375, 1.625, 1.875...이다.

각 좌표에 해당하는 $\frac{2}{\sqrt{x}}$ 값들은 다음 표에 나열하였다.

x	$\frac{2}{\sqrt{x}}$
1.125	1.8856
1.375	1.7056
1.625	1.5689
1.875	1.4606
2.125	1.3720
2.375	1.2978
2.625	1.2344
2.875	1.1795

식 (2)로부터:

$$\int_1^3 \frac{2}{\sqrt{x}}dx \approx (0.25)[1.8856 + 1.7056 + 1.5689 + 1.4606 + 1.3720 + 1.2978 + 1.2344 + 1.1795]$$
$$= \mathbf{2.926}, \text{ 소수점 세 자리로 정정.}$$

앞과 같이 간격의 개수가 더 많으면 결과값은 참값(0.298, 소수점 세 자리까지 정정)에 더 가까워진다.

문제 5. 적분 $\int_0^{2.4} e^{\frac{-x^2}{3}} dx$ 값을 계산하여 유효숫자 4자리까지 정정하며 이때 mid-ordinate 규칙으로 간격 6개를 사용하시오.

6개 간격 각각의 폭은 $\frac{2.4-0}{6}$, 즉 0.40이며 세로 좌표는 0, 0.40, 0.80, 1.20, 1.60 2.00 그리고 2.40에 위치하여 이에 따른 중간 좌표는 0.20, 0.60, 1.00, 1.40, 1.80 그리고 2.20 이다. $e^{\frac{-x^2}{3}}$에 해당하는 값은 다음과 같다.

x	$e^{\frac{-x^2}{3}}$
0.20	0.98676
0.60	0.88692
1.00	0.71653
1.40	0.52031
1.80	0.33960
2.20	0.19922

식 (2)로부터

$$\int_0^{2.4} e^{\frac{-x^2}{3}} dx \approx (0.40)[0.98676 + 0.88692 + 0.71653 + 0.52031 + 0.33960 + 0.19922]$$
$$= \mathbf{1.460}, \text{ 유효숫자 4자리로 정정.}$$

+ 이제 다음의 예제들을 풀어보시오.

연습 문제 190 Mid-ordinate 규칙

문제 1~4에서는 정적분을 **mid-ordinate 규칙**을 사용하여 구하고 답은 소수점 3자리까지 정정하시오.

1. $\int_0^2 \frac{3}{1+t^2}\,dt$ (8개 구간 사용)

2. $\int_0^{\frac{\pi}{2}} \frac{1}{1+\sin\theta}\,d\theta$ (6개 구간 사용)

3. $\int_1^3 \frac{\ln x}{x}\,dx$ (10개 구간 사용)

4. $\int_0^{\frac{\pi}{3}} \sqrt{(\cos^3 x)}\,dx$ (6개 구간 사용)

48.4 Simpson의 규칙

Trapezoidal 규칙을 사용한 근사에서는 두 개의 연속되는 세로축 상단을 직선으로 연결하였다. 즉, 선형 근사 형태인 $a + bx$를 적용하였다. **Simpson의 규칙**은 근사화를 위하여 연속되는 세로축 상단을 포물선으로 연결, 즉 이차식 형태 $a+bx+cx^2$를 사용하였다.

그림 48.3에서는 포물선 $y=a+bx+cx^2$을 세로축 y_1, y_2 그리고 y_3값을 $x=-d, x=0$ 그리고 $x=d$에서 나타내었다. 따라서 두 개 간격의 폭은 d이다. 포물선, x축 그리고 세로축 $x=-d$와 $x=d$에 의하여 포위되는 면적은 아래와 같다:

$$\int_{-d}^{d}(a+bx+cx^2)dx = \left[ax+\frac{bx^2}{2}+\frac{cx^3}{3}\right]_{-d}^{d}$$

$$= \left(ad+\frac{bd^2}{2}+\frac{cd^3}{3}\right) - \left(-ad+\frac{bd^2}{2}-\frac{cd^3}{3}\right)$$

$$= 2ad+\frac{2}{3}cd^3 \text{ 또는 }$$

$$\frac{1}{3}d(6a+2cd^2) \quad (3)$$

함수 $y=a+bx+cx^2$는

$x=-d$에서, $y_1 = a - bd + cd^2$

$x=0$에서, $y_2 = a$

$x=d$에서, $y_3 = a + bd + cd^2$

따라서 $y_1 + y_3 = 2a + 2cd^2$

그리고 $y_1 + 4y_2 + y_3 = 6a + 2cd^2$ (4)

따라서 포물선 아래 부분의 $x=-d$와 $x=d$ 사이 면적은 그림 48.3에 해당하는데 식 표현은 $\frac{1}{3}d(y_1+4y_2+y_3)$이며 식 (3)과 (4)로부터 결과는 원점의 위치와 무관함을 알 수 있다.

* **Simpson은 누구인가?** **Thomas Simpson FRS** (1710년 8월 20일–1761년 5월 14일)은 영국의 수학자로서 Simpson의 규칙을 고안하였다. Simpson의 규칙은 정적분을 근사화하여 적분값을 구할 수 있다. 더 많은 자료는 **www.routledge.com/cw/bird**를 참고한다.

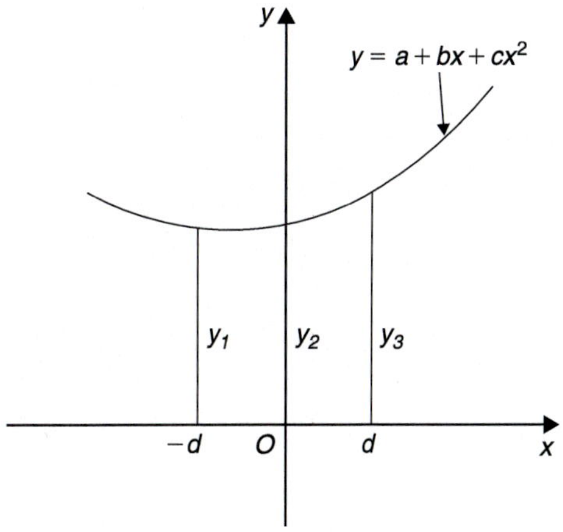

그림 48.3

정적분을 $\int_a^b y\,dx$라 하고 그래프 $y=f(x)$ 아래 부분과 경계점 $x=a$ 그리고 $x=b$ 사이의 면적은 그림 48.4와 같다. 적분 영역 $b-a$를 **짝수** 간격, 즉 $2n$으로 나누었으며 폭은 d이다.

짝수의 간격을 지정하였으므로 홀수 개의 좌표축 $2n+1$개가 존재한다. 근사 곡선을 통하여 첫 번째 두 개 간격을 포물선 형태 $y=a+bx+cx^2$로 근사화하였으며 이는 세 개의 세로 정점값 y_1, y_2 그리고 y_3를 통과한다. 이와 유사하게 근사 커브를 연속되는 두 개 간격에 대하여 포물선으로 표현하면 이는 세로축의 정점 y_3, y_4 그리고 y_5를 통과하며 이후도 계속 이와 같이 진행된다.

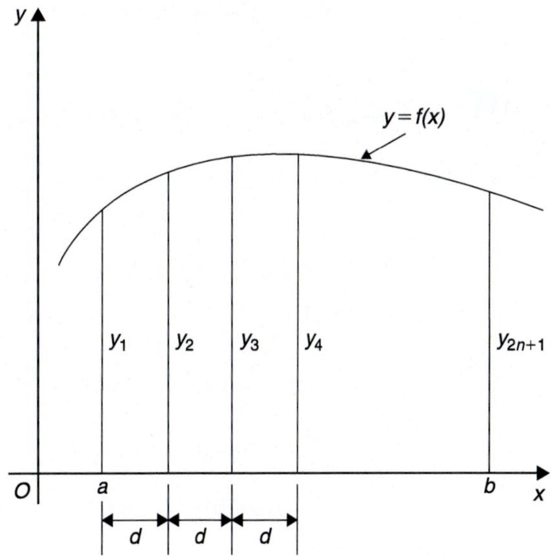

그림 48.4

따라서 $\int_a^b y\,dx$

$$\approx \frac{1}{3}d(y_1+4y_2+y_3)+\frac{1}{3}d(y_3+4y_4+y_5) + \frac{1}{3}d(y_{2n-1}+4y_{2n}+y_{2n+1})$$

$$\approx \frac{1}{3}d[(y_1+y_{2n+1})+4(y_2+y_4+\cdots+y_{2n}) + 2(y_3+y_5+\cdots+y_{2n-1})]$$

이를 정리하여 설명하면 **Simpson의 규칙**은 아래와 같다:

$$\int_a^b y\,dx \approx \frac{1}{3}\begin{pmatrix}\text{간격의}\\ \text{폭}\end{pmatrix}\left\{\begin{pmatrix}\text{첫 번째 + 마지막}\\ \text{세로축 값}\end{pmatrix} + 4\begin{pmatrix}\text{짝수 번째}\\ \text{세로축 값의 합}\end{pmatrix} + 2\begin{pmatrix}\text{나머지 홀수 번째}\\ \text{세로축 값의 합}\end{pmatrix}\right\} \qquad (5)$$

주목해야 할 사항은 Simpson 규칙은 단지 짝수 개의 간격을 선택한 경우, 즉 홀수 개의 세로축일 때 적용된다는 것이다.

문제 6. Simpson 규칙을 사용하여 (a) 4개 구간을 사용하고, (b) 8개 구간을 사용하여 적분 $\int_1^3 \frac{2}{\sqrt{x}}\,dx$를 소수점 3자리까지 구하시오.

(a) 4개 간격의 폭은 $\frac{3-1}{4}$, 즉 0.5로 하면 세로축의 위치는 1.0, 1.5, 2.0, 2.5 그리고 3.0이 된다. 세로축의 높이 값은 문제 1 (b)의 표와 같다.

따라서 식 (5)로부터

$$\int_1^3 \frac{2}{\sqrt{x}}\,dx \approx \frac{1}{3}(0.5)[(2.0000+1.1547) + 4(1.6330+1.2649)+2(1.4142)]$$
$$= \frac{1}{3}(0.5)[3.1547+11.5916+2.8284]$$

$= \mathbf{2.929}$, 소수점 3자리까지 정정.

(b) 8개 간격의 폭은 $\frac{3-1}{8}$, 즉 0.25로 하면 세로축의 위치는 1.00, 1.25, 1.50, 1.75, ... 그리고 3.0이 된다. 세로축의 높이 값은 문제 2의 표와 같다.

따라서 식 (5)로부터

$$\int_1^3 \frac{2}{\sqrt{x}}\,dx \approx \frac{1}{3}(0.25)[(2.0000+1.1547) + 4(1.7889+1.5119+1.3333+1.2060)+2(1.6330+1.4142+1.2649)]$$
$$= \frac{1}{3}(0.25)[3.1547+23.3604+8.6242]$$

$= \mathbf{2.928}$, 소수점 3자리까지 정정.

주목할 사항은 마지막 계산 결과는 정확히 적분 처리에 의하여 얻은 결과값과 일치한다. 일반적으로 Simpson 규칙은 수치 적분에서 사용하는 세 가지 근사화 방법 중에서 가장 정확하다.

문제 7. 적분 $\int_0^{\frac{\pi}{3}} \sqrt{\left(1-\frac{1}{3}\sin^2\theta\right)}\,d\theta$를 소수점 3자리까지 Simpson 규칙을 6개 구간 사용하여 값을 구하시오.

6개 구간을 사용하면 간격은 $\frac{\frac{\pi}{3}-0}{6}$, 즉 $\frac{\pi}{18}$ 라디안(또는 10°)이며 세로축은 $0, \frac{\pi}{18}, \frac{\pi}{9}, \frac{\pi}{6}, \frac{2\pi}{9}, \frac{5\pi}{18}$ 그리고 $\frac{\pi}{3}$에 위치한다.

$\sqrt{\left(1-\frac{1}{3}\sin^2\theta\right)}$값은 아래 표와 같다.

θ	0	$\frac{\pi}{18}$ (or 10°)	$\frac{\pi}{9}$ (or 20°)	$\frac{\pi}{6}$ (or 30°)
$\sqrt{\left(1-\frac{1}{3}\sin^2\theta\right)}$	1.0000	0.9950	0.9803	0.9574

θ	$\frac{2\pi}{9}$ (or 40°)	$\frac{5\pi}{18}$ (or 50°)	$\frac{\pi}{3}$ (or 60°)
$\sqrt{\left(1-\frac{1}{3}\sin^2\theta\right)}$	0.9286	0.8969	0.8660

식 (5)로부터

$$\int_0^{\frac{\pi}{3}} \sqrt{\left(1-\frac{1}{3}\sin^2\theta\right)}\,d\theta$$
$$\approx \frac{1}{3}\left(\frac{\pi}{18}\right)[(1.0000+0.8660)+4(0.9950+0.9574+0.8969)+2(0.9803+0.9286)]$$
$$= \frac{1}{3}\left(\frac{\pi}{18}\right)[1.8660+11.3972+3.8178]$$

$= \mathbf{0.994}$, 소수점 3자리로 정정.

문제 8. 교류 전류 i값은 일정 간격 2.0 밀리초마다 아래 값을 갖는다.

Time (ms)	Current i (A)
0	0
2.0	3.5
4.0	8.2
6.0	10.0
8.0	7.3
10.0	2.0
12.0	0

전하량 q 단위는 밀리 쿨롱이며 적분으로 주어진다.
$q = \int_0^{12.0} i\,dt$.
Simpson 규칙을 사용하여 근사 전하량을 시간 구간 12 밀리초 구간에서 구하시오.

식 (5)로부터:

$$\text{Charge, } q = \int_0^{12.0} i\,dt \approx \frac{1}{3}(2.0)[(0+0)+4(3.5+10.0+2.0)+2(8.2+7.3)]$$

$$= \mathbf{62\,mC}$$

+ 이제 다음의 예제들을 풀어보시오.

연습 문제 191 Simpson 규칙

문제 1~5에서는 정적분을 **Simpson 규칙**으로 구하고, 답은 소수점 3자리까지 정정하시오.

1. $\displaystyle\int_0^{\frac{\pi}{2}} \sqrt{(\sin x)}\,dx$ (6개 구간 사용)

2. $\displaystyle\int_0^{1.6} \frac{1}{1+\theta^4}\,d\theta$ (8개 구간 사용)

3. $\displaystyle\int_{0.2}^{1.0} \frac{\sin\theta}{\theta}\,d\theta$ (8개 구간 사용)

4. $\displaystyle\int_0^{\frac{\pi}{2}} x\cos x\,dx$ (6개 구간 사용)

5. $\displaystyle\int_0^{\frac{\pi}{3}} e^{x^2}\sin 2x\,dx$ (10개 구간 사용)

문제 6과 7에서는 정적분의 계산을 (a) 적분, (b) trapezoidal 규칙, (c) mid-ordinate 규칙, (c) Simpson 규칙을 사용하시오. 답은 소수점 3자리까지 정정하시오.

6. $\displaystyle\int_1^4 \frac{4}{x^3}\,dx$ (6개 구간 사용)

7. $\displaystyle\int_2^6 \frac{1}{\sqrt{(2x-1)}}\,dx$ (8개 구간 사용)

문제 8과 9에서는 정적분의 계산을 (a) trapezoidal 규칙, (b) mid−ordinate 규칙, (c) Simpson 규칙을 사용하시오. 구간은 6개를 사용하고 답은 소수점 3자리까지 정정하시오.

8. $\displaystyle\int_0^3 \sqrt{(1+x^4)}\,dx$

9. $\displaystyle\int_{0.1}^{0.7} \frac{1}{\sqrt{(1-y^2)}}\,dy$

10. 이동체가 정지 상태에서 출발하였으며 속도를 매 초 마다 8초 동안 측정하였으며 값은 아래와 같다.

time t (s)	velocity v (ms^{-1})
0	0
1.0	0.4
2.0	1.0
3.0	1.7
4.0	2.9
5.0	4.1
6.0	6.2
7.0	8.0
8.0	9.4

이동한 거리를 8초 동안 계산하면 다음과 같이 주어진다.

$$\int_0^{8.0} v\,dt$$

거리 계산을 Simpson 규칙을 사용하고 답은 유효숫자 3자리로 정정하시오.

11. 핀이 직선 가이드를 따라 이동하는 속도 v(m/s)를 거리 x(m)의 가이드 시작 지점으로부터 시간 t(s)에 따라 표에 기록하였다.
Simpson 규칙을 사용하고 구간은 8개로 하여 근사적으로 핀의 전체 이동 거리를 4초 기간 동안 계산하시오.

t (s)	v (m/s)
0	0
0.5	0.052
1.0	0.082
1.5	0.125
2.0	0.162
2.5	0.175
3.0	0.186
3.5	0.160
4.0	0

복습 테스트 13 추가 적분 문제

이 복습 테스트는 45장부터 48장에서 다룬 내용을 포함한다. 각 문제의 배점은 각 식의 마지막에 괄호 안에 표시되어 있다.

1. 다음 적분을 구하시오.

   (a) $\int 5x\,e^{2x}\,dx$ (b) $\int t^2 \sin 2t\,dt$ (14)

2. 다음 적분의 결과를 세 자릿수로 구하시오.

   $\int_1^4 \sqrt{x} \ln x\,dx$ (11)

3. 축소 공식을 사용하여 다음 적분을 구하시오.

   (a) $\int x^3 e^{3x}\,dx$ (b) $\int t^4 \sin t\,dt$ (14)

4. 축소 공식을 사용하여 $\int_0^{\frac{\pi}{2}} \cos^6 x\,dx$ 를 구하시오. (6)

5. 적분 $\int_1^3 \int_0^\pi (1+\sin 3\theta)\,d\theta\,dr$을 4자리 유효숫자로 나타내시오. (7)

6. 적분 $\int_0^3 \int_{-1}^1 \int_1^2 (2x+y^2+4z^3)\,dx\,dy\,dz$ 를 구하시오. (9)

7. 적분 $\int_1^3 \frac{5}{x^2}\,dx$ 의 답을 (a) 적분 (b) trapezoidal 규칙 (c) mid-ordinate 규칙 (d) Simpson의 규칙을 사용하여 구하시오. 각각의 근사화 방법에서 적분 구간을 8개로 나누고, 답을 세 자릿수로 구하시오. (19)

8. 교류 전류 i는 등간격 5 ms마다 다음과 같은 값을 갖는다.

Time t(ms)	0	5	10	15	20	25	30
Current i(A)	0	4.8	9.1	12.7	8.8	3.5	0

단위가 쿨롱인 전하 q는 다음과 같이 주어진다.

$$q = \int_0^{30\times10^{-3}} i\,dt$$

30 ms 이내 구간에서 전하의 근사값을 Simpson 규칙을 사용하여 구하시오. (5)

Chapter 49

변수 분리형 1계 미분방정식 풀이

변수 분리형 1계 미분방정식 풀이를 이해하는 것이 왜 중요한가?

미분방정식들은 천체의 움직임부터 다리 설계와 신경 세포 사이의 상호작용에 이르기까지 모든 물리적, 기술적 또는 생물학적 과정에 대한 모델링을 하는 데 중요한 역할을 한다. 또한, 미분방정식들은 용기 및 굴뚝 설계시 유체 동역학, 마이크로 전자 장비에서 열 확산기 설계시 열전도 해석, 낙하 물체의 강체 동역학 해석 그리고 R–L 회로에서 전류의 지수 증가(exponential growth) 등 다양하게 응용된다. 이 장에서는 다양한 공학 분야에서 중요하게 다루어지는 1계 미분방정식을 소개하고자 한다.

이 장에서는 다음 사항에 대해 공부한다.

- 간단한 도함수로 주어진 곡선족(family of curves) 그리기
- 미분방정식의 정의—1계(first order), 2계(second order), 일반해(general solution), 특수해(particular solution), 경계 조건(boundary conditions)
- $\frac{dy}{dx} = f(x)$ 형태의 미분방정식 풀이
- $\frac{dy}{dx} = f(y)$ 형태의 미분방정식 풀이
- $\frac{dy}{dx} = f(x) \cdot f(y)$ 형태의 미분방정식 풀이

49.1 곡선족(Family of curves)

도함수 $\frac{dy}{dx}=3$의 양변 x에 대하여 적분은 $y=\int 3\,dx$로 나타내며, $y=3x+c$, c는 임의의 상수이다.

$y=3x+c$를 **곡선족**이라 하며, c의 값에 따라 다른 위치의 곡선이 그려진다. 그림 49.1에 $y=3x+8$, $y=3x+3$, $y=3x$ 그리고 $y=3x-10$에 대한 곡선들을 확인할 수 있다. 각각의 곡선족은 기울기가 3의 직선이다. 곡선족의 임의의 곡선은 곡선 상의 임의의 점(point)에 따라서 결정된다. 따라서 만약 $y=3x+c$가 (1, 2)를 지날 경우 $2=3(1)+c$가 되며 $c=-1$이다. 따라서 (1, 2)를 지나는 곡선의 방정식

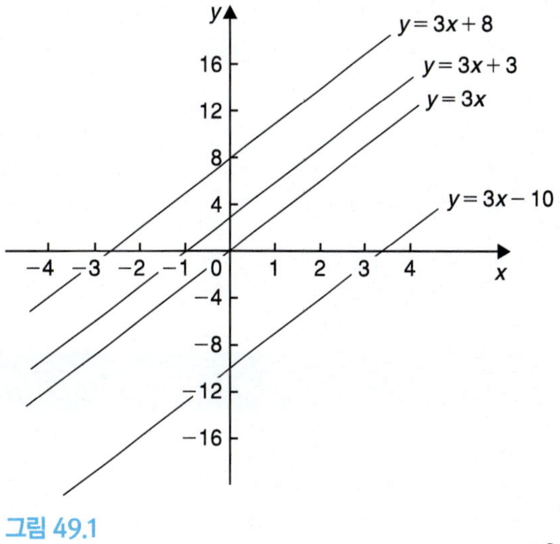

그림 49.1

은 $y = 3x - 1$이다.

문제 1. 주어진 방정식 $\frac{dy}{dx}=4x$의 곡선족을 그리고 (2, 3)을 지나는 곡선의 방정식을 구하시오.

$\frac{dy}{dx}=4x$의 양변을 x에 대하여 적분하면:

$$\int \frac{dy}{dx}dx = \int 4x\,dx \text{이고 } y = 2x^2 + c\text{이다.}$$

그림 49.2에 방정식 $y=2x^2+c$의 곡선족 중 $y=2x^2+15$, $y=2x^2+8$, $y=2x^2$ 그리고 $y=2x^2-6$을 나타내었다.

(2, 3)을 지나는 곡선의 방정식을 결정하기 위하여 $x = 2$ 그리고 $y = 3$을 방정식 $y=2x^2+c$에 대입하면, $3 = 2(2)^2 + c$이며 $c = 3 - 8 = -5$이다.

따라서 (2, 3)을 지나는 곡선의 방정식은 $y=2x^2-5$이다.

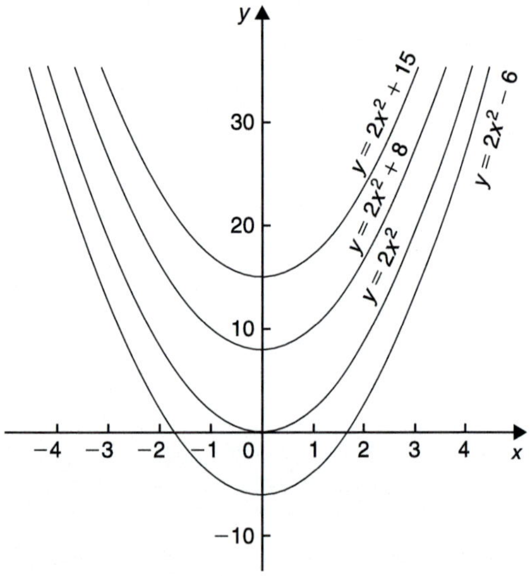

그림 49.2

+ 이제 다음의 예제들을 풀어보시오.

연습 문제 192 곡선족

1. 다음 각각의 미분방정식에 의한 곡선족을 그리시오.
   (a) $\frac{dy}{dx}=6$ (b) $\frac{dy}{dx}=3x$ (c) $\frac{dy}{dx}=x+2$
2. 방정식 $\frac{dy}{dx}=2x+3$에 의한 곡선족을 그리고 (1, 3)을 지나는 방정식을 구하시오.

49.2 미분방정식(Differential equations)

미분방정식은 미분 계수(Differential coefficients)를 포함한다.

예를 들면 다음과 같다.

$$\text{(i) } \frac{dy}{dx}=7x,\ \text{(ii) } \frac{d^2y}{dx^2}+5\frac{dy}{dx}+2y=0$$

미분방정식은 방정식에 존재하는 가장 높은 미분항에 따라서 분류 된다. 예시 (i)은 **1계 미분방정식**이고 예시 (ii)는 **2계 미분방정식**이다.

미분방정식의 **차수(degree)**는 방정식을 단순하게 정리한 후 식에 포함된 가장 높은 미분 계수의 멱(power)의 차수를 의미한다.

따라서 $\left(\frac{d^2x}{dt^2}\right)^3+2\left(\frac{dx}{dt}\right)^5=7$은 3차 2계 미분방정식이 된다.

초기 함수(original function)를 얻기 위하여 미분방정식을 푸는 방법으로는 미지수(unknown constants)를 결정하기 위한 충분한 자료(data)가 주어지는 경우와 적분에 의한 경우가 있다. 하나 이상의 적분상수를 포함하는 **미분방정식의 해(solution)**를 **일반해(general solution)**라 한다. 상수를 결정하기 위한 추가적인 정보가 주어질 경우, 적분상수가 결정되어 미분방정식의 **특수해(particular solution)**를 구할 수 있다. 이때 추가적인 정보를 **경계 조건(boundary conditions)**이라 한다. 49.1절에서 $y = 3x + c$는 미분방정식 $\frac{dy}{dx}=3$의 일반해이고, 경계 조건인 $x = 1$과 $y = 2$가 주어질 경우 특수해는 $y = 3x - 1$이다.

$\frac{dy}{dx}=f(x)$, $\frac{dy}{dx}=f(y)$, $\frac{dy}{dx}=f(x)\cdot f(y)$ 형태의 방정식은 적분에 의하여 해를 구할 수 있다. 이러한 방정식의 경우 방정식을 y항과 x항으로 분리하여 정리할 수 있다. 이렇게 정리된 각 항을 푸는 것을 **변수 분리(separation of variables)**에 의한 풀이라고 한다.

49.3 $\frac{dy}{dx}=f(x)$ 형태의 방정식의 풀이

$\frac{dy}{dx}=f(x)$ 형태의 미분방정식은 직접 적분에 의하여 계산된다.

$$y=\int f(x)\,dx$$

문제 2. $x\frac{dy}{dx}=2-4x^3$의 일반해를 구하시오.

$x\frac{dy}{dx}=2-4x^3$를 정리하면 다음과 같다:

$$\frac{dy}{dx}=\frac{2-4x^3}{x}=\frac{2}{x}-\frac{4x^3}{x}=\frac{2}{x}-4x^2$$

양변을 적분하면 다음과 같다:

$$y=\int\left(\frac{2}{x}-4x^2\right)\mathrm{d}x$$

따라서 $\boldsymbol{y=2\ln x-\frac{4}{3}x^3+c}$이고, 일반해가 된다.

문제 3. 경계 조건이 $x=2$일 때 $y=1\frac{2}{5}$인 경우, 미분 방정식 $5\frac{\mathrm{d}y}{\mathrm{d}x}+2x=3$의 특수해를 구하시오.

$5\frac{\mathrm{d}y}{\mathrm{d}x}+2x=3$를 정리하면 다음과 같다:

$$\frac{\mathrm{d}y}{\mathrm{d}x}=\frac{3-2x}{5}=\frac{3}{5}-\frac{2x}{5}$$

$$y=\int\left(\frac{3}{5}-\frac{2x}{5}\right)\mathrm{d}x$$

일반해는 $y=\frac{3x}{5}-\frac{x^2}{5}+c$이다.

주어진 경계 조건인 $x=2$일 때 $y=1\frac{2}{5}$에서 c는 다음과 같이 계산된다.

$1\frac{2}{5}=\frac{6}{5}-\frac{4}{5}+c$이고, $c=1$이다.

따라서 특수해는 $\boldsymbol{y=\frac{3x}{5}-\frac{x^2}{5}+1}$이다.

문제 4. $t=1$일 때 $\theta=2$에서 방정식 $2t\left(t-\frac{\mathrm{d}\theta}{\mathrm{d}t}\right)=5$의 해를 구하시오.

방정식을 정리하면 다음과 같다.

$$t-\frac{\mathrm{d}\theta}{\mathrm{d}t}=\frac{5}{2t} \text{ 그리고 } \frac{\mathrm{d}\theta}{\mathrm{d}t}=t-\frac{5}{2t}$$

양변을 적분하면 다음과 같다:

$$\theta=\int\left(t-\frac{5}{2t}\right)\mathrm{d}t$$

따라서 일반해는 $\theta=\frac{t^2}{2}-\frac{5}{2}\ln t+c$이다.

주어진 경계 조건 $\theta=2$, $t=1$에서 $2=\frac{1}{2}-\frac{5}{2}\ln 1+c$, $c=\frac{3}{2}$이다.

따라서 특수해는 다음과 같다:

$$\theta=\frac{t^2}{2}-\frac{5}{2}\ln t+\frac{3}{2} \text{ 또는 } \boldsymbol{\theta=\frac{1}{2}(t^2-5\ln t+3)}$$

문제 5. 빔의 굽힘 모멘트 M은 $\frac{\mathrm{d}M}{\mathrm{d}x}=-w(l-x)$로 주어지며, w와 x는 상수이다. $x=0$일 때 $M=\frac{1}{2}wl^2$로 주어질 경우 M을 x에 관하여 구하시오.

$$\frac{\mathrm{d}M}{\mathrm{d}x}=-w(l-x)=-wl+wx$$

x에 관하여 적분을 하면 다음과 같다:

$$M=-wlx+\frac{wx^2}{2}+c$$

이것이 일반해이다.

$M=\frac{1}{2}wl^2$, $x=0$일 때

$\frac{1}{2}wl^2=-wl(0)+\frac{w(0)^2}{2}+c$이므로 $c=\frac{1}{2}wl^2$이다.

따라서 특수해는 다음과 같다:

$$M=-wlx+\frac{w(x)^2}{2}+\frac{1}{2}wl^2$$

또는 $\boldsymbol{M=\frac{1}{2}w(l^2-2lx+x^2)}$

또는 $\boldsymbol{M=\frac{1}{2}w(l-x)^2}$

+ 이제 다음의 예제들을 풀어보시오.

연습 문제 193 형태 $\frac{\mathrm{d}y}{\mathrm{d}x}=f(x)$의 해를 구하시오.

문제 1에서 5번까지, 미분방정식을 푸시오.

1. $\frac{\mathrm{d}y}{\mathrm{d}x}=\cos 4x-2x$
2. $2x\frac{\mathrm{d}y}{\mathrm{d}x}=3-x^3$
3. $\frac{\mathrm{d}y}{\mathrm{d}x}+x=3$, $x=1$일때 $y=2$
4. $3\frac{\mathrm{d}y}{\mathrm{d}\theta}+\sin\theta=0$, $\theta=\frac{\pi}{3}$일때 $y=\frac{2}{3}$
5. $\frac{1}{\mathrm{e}^x}+2=x-3\frac{\mathrm{d}y}{\mathrm{d}x}$, $x=0$일때 $y=1$
6. 곡선 기울기가 $\frac{\mathrm{d}y}{\mathrm{d}x}+\frac{x^2}{2}=3x$일 때, $(1,\frac{1}{3})$을 통과하는 곡선의 방정식을 구하시오.
7. 물체의 가속도 a는 속도의 변화율 $\frac{\mathrm{d}v}{\mathrm{d}t}$와 같다. $t=0$, 속도 $v=u$로 주어질 때 t에 관하여 v의 방정식을 구하시오.
8. 어떤 물체가 연직 방향을 향해 20 m/s의 초기 속도 u로 던져졌다. 물체의 움직임은 다음의 미분방정식 $\frac{\mathrm{d}s}{\mathrm{d}t}=u-gt$를 따르며, s는 임의의 시간 t초에서 물체의 높이를 의미하며 중력가속도는 $g=9.8\ \mathrm{m/s^2}$이다. 만약 $t=0$일 때 $s=0$일 경우 3초 후 물체의 높이를 구하시오.

49.4 형태 $\frac{\mathrm{d}y}{\mathrm{d}x}=f(y)$ 형태의 방정식 풀이

$\frac{\mathrm{d}y}{\mathrm{d}x}=f(y)$ 형태의 미분방정식은 먼저 $\mathrm{d}x=\frac{\mathrm{d}y}{f(y)}$로 정리

한 후 적분을 통하여 해를 구한다.

따라서 $\int \mathbf{dx} = \int \frac{\mathbf{dy}}{\boldsymbol{f(y)}}$가 된다.

문제 6. $\frac{dy}{dx} = 3+2y$의 일반해를 구하시오.

$\frac{dy}{dx} = 3+2y$를 정리하면 다음과 같다:

$$dx = \frac{dy}{3+2y}$$

양변을 적분하면 다음과 같다:

$$\int dx = \int \frac{dy}{3+2y}$$

따라서 41장을 참고하여 $u=(3+2y)$로 치환하면 다음과 같다.

$$\boldsymbol{x = \tfrac{1}{2}\ln(3+2y)+c} \quad (1)$$

미분방정식의 일반해를 다른 형태로 변경하는 것도 가능하다. 예를 들어,
만약 $c=\ln k$, k는 상수일 경우:

$$x = \tfrac{1}{2}\ln(3+2y)+\ln k,$$

따라서 $x = \ln(3+2y)^{\frac{1}{2}} + \ln k$

또는 $\boldsymbol{x = \ln[k\sqrt{(3+2y)}]}$ (2)

로그 법칙에 의해 다음과 같이 변한다.

$$\boldsymbol{e^x = k\sqrt{(3+2y)}} \quad (3)$$

방정식 (1), (2)와 (3)은 모두 미분방정식 $\frac{dy}{dx} = 3+2y$의 일반해가 된다.

문제 7. $x=2\frac{1}{6}$일 때 $y=1$일 경우 $(y^2-1)\frac{dy}{dx} = 3y$의 특수해를 구하시오.

정리하면 다음과 같다 :

$$dx = \left(\frac{y^2-1}{3y}\right)dy = \left(\frac{y}{3} - \frac{1}{3y}\right)dy$$

양변을 적분하면 다음과 같다:

$$\int dx = \int \left(\frac{y}{3} - \frac{1}{3y}\right)dy$$

즉, $x = \frac{y^2}{6} - \frac{1}{3}\ln y + c$이고, 일반해가 된다. $x=2\frac{1}{6}$, $y=1$일 때 $2\frac{1}{6} = \frac{1}{6} - \frac{1}{3}\ln 1 + c$이고 $c=2$가 된다.
따라서 특수해는 다음과 같다.

$$\boldsymbol{x = \frac{y^2}{6} - \frac{1}{3}\ln y + 2}$$

문제 8. (a) 온도 θ°C 알루미늄 전도체의 저항, R ohms은 $\frac{dR}{d\theta} = \alpha R$로 주어지며, α는 알루미늄의 저항에 대한 온도 계수이다. 만약 $\theta = 0$°C일 때 $R=R_0$이면 R에 관한 방정식을 구하시오. (b) 만약 $\alpha = 38\times10^{-4}$/°C일 때, 0°C에서의 저항이 24.0 Ω일 때, 50°C에서 알루미늄 전도체의 저항을 구하고, 3개의 변수를 결정하시오.

(a) $\frac{dR}{d\theta} = \alpha R$은 $\frac{dy}{dx} = f(y)$ 형태이고, 정리하면

$d\theta = \frac{dR}{\alpha R}$이다.

양변을 적분하면,

$\int d\theta = \int \frac{dR}{\alpha R}$이고, 일반해는 $\theta = \frac{1}{\alpha}\ln R + c$이다.

$\theta = 0$일 때 경계 조건 $R=R_0$를 대입하면,

$0 = \frac{1}{\alpha}\ln R_0 + c$이고, $c = -\frac{1}{\alpha}\ln R_0$가 된다.

따라서 특별해는 다음과 같다.

$$\theta = \frac{1}{\alpha}\ln R - \frac{1}{\alpha}\ln R_0 = \frac{1}{\alpha}(\ln R - \ln R_0)$$

또는 $\theta = \frac{1}{\alpha}\ln\left(\frac{R}{R_0}\right)$ 또는 $\alpha\theta = \ln\left(\frac{R}{R_0}\right)$

따라서 $e^{\alpha\theta} = \frac{R}{R_0}$ 이고, $\boldsymbol{R = R_0 e^{\alpha\theta}}$ 이다.

(b) $\alpha = 38\times10^{-4}$, $R_0 = 24.0$ 그리고 $\theta = 50$을 $R = R_0 e^{\alpha\theta}$에 대입하여 정리하면 50°C에서의 저항은 다음과 같다.

$$\boldsymbol{R_{50}} = 24.0\,e^{(38\times10^{-4}\times50)} = \mathbf{29.0\,ohms}$$

+ 이제 다음의 예제들을 풀어보시오.

연습 문제 194 형태 $\frac{dy}{dx} = f(y)$의 방정식을 푸시오.

문제 1에서 3번의 미분방정식을 푸시오.

1. $\frac{dy}{dx} = 2+3y$
2. $\frac{dy}{dx} = 2\cos^2 y$
3. $(y^2+2)\frac{dy}{dx} = 5y$, $x = \frac{1}{2}$일 때 $y=1$
4. 전기 회로의 전류에 대한 방정식이 $Ri + L\frac{di}{dt} = 0$로 주어진다. L과 R은 상수이다. $t=0$일 때 $i=I$일 경우 $i = Ie^{\frac{-Rt}{L}}$임을 보이시오.

5. 화학 반응 속도가 $\frac{dx}{dt}=k(a-x)$로 주어진다. x는 시간 t에 따라 변하고 k는 상수이며 a는 $x=0$일 때, 시간 $t=0$에서 농도이다. 방정식을 풀고 t에 관하여 나타내시오.

6. (a) 시간 t초에 충전된 Q 쿨롬은 주어진 미분방정식 $R\frac{dQ}{dt}+\frac{Q}{C}=0$이다. C는 패럿 사이의 정전 용량이고, R은 옴에서의 저항이다. $t=0$일 때 $Q=Q_0$로 주어질 경우 Q를 위한 방정식을 푸시오.

   (b) 전기 회로에서 $250\times10^3\,\Omega$의 저항과 8.5×10^{-6}F의 정전 용량일 경우 0.32초 이후에 충전량이 8.0 C으로 떨어진다. 초기 충전량 및 1초 후 충전량을 구하시오. 유효숫자 3자리까지 계산하시오.

7. 장력 T, 도르래의 접촉각 θ와 마찰 계수 μ에 관한 미분방정식은 $\frac{dT}{d\theta}=\mu T$이다. 미끄러지기 시작할 경우, $\theta=0$일 때 $T=150$ N이며 $\mu=0.30$이다. $\theta=2$ 라디안일 때 미끄러지는 지점의 장력을 구하시오. 또한, T가 300 N일 때 θ의 값을 구하시오.

8. 물체의 냉각 속도는 $\frac{d\theta}{dt}=k\theta$이며, k는 상수이다. 만약 $t=2$분에서 $\theta=60°$C이고 t가 5분일 때 $\theta=50°$C일 경우, 40°C로 떨어질 때의 시간을 근접하는 초로 구하시오.

49.5 형태 $\frac{dy}{dx}=f(x)\cdot f(y)$의 방정식의 해

$f(x)$는 x에 관한 함수이고 $f(y)$는 y에 관한 함수이며 형태 $\frac{dy}{dx}=f(x)\cdot f(y)$의 미분방정식은 $\frac{dy}{f(y)}=f(x)\,dx$로 재정렬하고, 방정식의 해는 재정렬한 것을 적분하면 된다. 즉,

$$\int\frac{dy}{f(y)}=\int f(x)\,dx$$

문제 9. 방정식 $4xy\frac{dy}{dx}=y^2-1$을 푸시오.

$4xy\frac{dy}{dx}=y^2-1$을 정리하면 다음과 같다:

$$\left(\frac{4y}{y^2-1}\right)dy=\frac{1}{x}dx$$

양변을 적분하면 다음과 같다:

$$\int\left(\frac{4y}{y^2-1}\right)dy=\int\left(\frac{1}{x}\right)dx$$

$u=y^2-1$로 치환하면 일반해는 다음과 같다.

$$\mathbf{2\ln(y^2-1)=\ln x+c} \qquad (1)$$

또는 $\ln(y^2-1)^2-\ln x=c$

적분상수는 다음과 같다:

$$\ln\left\{\frac{(y^2-1)^2}{x}\right\}=c$$

또는

$$\frac{\mathbf{(y^2-1)^2}}{\mathbf{x}}=\mathbf{e^c} \qquad (2)$$

만약 방정식 (1)에서 $c=\ln A$, A는 다른 상수라면, 그때

$\ln(y^2-1)^2=\ln x+\ln A$

$\ln(y^2-1)^2=\ln Ax$

즉 $\mathbf{(y^2-1)^2=Ax}$ (3)

따라서 방정식 (1)에서 (3)까지는 미분방정식 $4xy\frac{dy}{dx}=y^2-1$의 다양한 해가 된다.

문제 10. $\theta=0$일 때 $t=0$에서 $\frac{d\theta}{dt}=2e^{3t-2\theta}$의 특수해를 구하시오.

지수 법칙에 의하면:

$$\frac{d\theta}{dt}=2e^{3t-2\theta}=2(e^{3t})(e^{-2\theta})$$

변수를 분리하면 다음과 같다:

$$\frac{d\theta}{e^{-2\theta}}=2e^{3t}dt,$$

즉, $e^{2\theta}d\theta=2e^{3t}dt$

양변을 적분하면 다음과 같다:

$$\int e^{2\theta}d\theta=\int 2e^{3t}dt$$

따라서 일반해는 다음과 같다.

$$\frac{1}{2}e^{2\theta}=\frac{2}{3}e^{3t}+c$$

$t=0,\ \theta=0$일 때 :

$$\frac{1}{2}e^0=\frac{2}{3}e^0+c$$

$$c=\frac{1}{2}-\frac{2}{3}=-\frac{1}{6}$$

특수해는 다음과 같다.

$$\frac{1}{2}e^{2\theta}=\frac{2}{3}e^{3t}-\frac{1}{6}$$

또는 $\mathbf{3e^{2\theta}=4e^{3t}-1}$

문제 11. (0, 1)을 지나고 방정식 $xy=(1+x^2)\frac{dy}{dx}$를 만족시키는 곡선을 구하시오.

변수를 분리하면 다음과 같다:

$$\frac{x}{(1+x^2)}dx = \frac{dy}{y}$$

양변을 적분하면 다음과 같다:

$$\tfrac{1}{2}\ln(1+x^2) = \ln y + c$$

$x=0,\ y=1$일 경우 $\frac{1}{2}\ln 1 = \ln 1 + c$에서 $c=0$가 된다. 따라서 특수해는 $\frac{1}{2}\ln(1+x^2) = \ln y$이다.

$\ln(1+x^2)^{\frac{1}{2}} = \ln y,\ (1+x^2)^{\frac{1}{2}} = y$

따라서 곡선의 방정식은 $y=\sqrt{(1+x^2)}$이다.

문제 12. 전기 회로 미분방정식 $E - L\left(\frac{di}{dt}\right) = Ri$에서 각각의 변수는 전류 i, 정전압원 E와 저항 R과 인덕턴스 L로 표현된다. 방정식을 풀고 $t=0,\ i=0$일 때 주어진 시간 t에 대한 전류 i를 구하시오.

그림 49.3에서 나타낸 $R-L$ 직렬 회로에서 전위차 E는 다음과 같다.

$$E = V_R + V_L$$

$$V_R = iR \text{ 과 } V_L = L\frac{di}{dt}$$

따라서 $$E = iR + L\frac{di}{dt}$$

$E - L\frac{di}{dt} = Ri$이다.

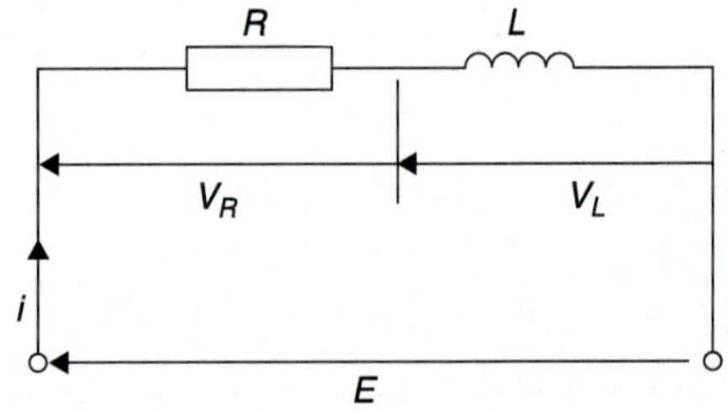

그림 49.3

$E - L\frac{di}{dt} = Ri$를 $\frac{di}{dt} = \frac{E-Ri}{L}$로 정리하고 변수 분리를 하면 다음과 같다:

$$\frac{di}{E-Ri} = \frac{dt}{L}$$

양변을 적분하면 다음과 같다:

$$\int \frac{di}{E-Ri} = \int \frac{dt}{L}$$

그리고 일반해는 다음과 같다.

$$-\frac{1}{R}\ln(E-Ri) = \frac{t}{L} + c$$

41장에서 보여준 것처럼 $u = E - Ri$로 치환한다.

$t=0,\ i=0$일 때 적분 상수 c는 다음과 같다:

$$-\frac{1}{R}\ln E = c$$

따라서 특수해는 다음과 같다.

$$-\frac{1}{R}\ln(E-Ri) = \frac{t}{L} - \frac{1}{R}\ln E$$

정리하면 다음과 같다:

$$-\frac{1}{R}\ln(E-Ri) + \frac{1}{R}\ln E = \frac{t}{L}$$

$$\frac{1}{R}[\ln E - \ln(E-Ri)] = \frac{t}{L}$$

$$\ln\left(\frac{E}{E-Ri}\right) = \frac{Rt}{L}$$

따라서 특수해는 $\frac{E}{E-Ri} = e^{\frac{Rt}{L}},\ \frac{E-Ri}{E} = e^{\frac{-Rt}{L}}$와

$E - Ri = Ee^{\frac{-Rt}{L}}$ 그리고 $Ri = E - Ee^{\frac{-Rt}{L}}$이다.

그러므로 전류는 $\boldsymbol{i = \frac{E}{R}\left(1 - e^{\frac{-Rt}{L}}\right)}$이다.

그림 49.4는 유도 회로에서 전류의 성장 법칙을 나타낸 것이다.

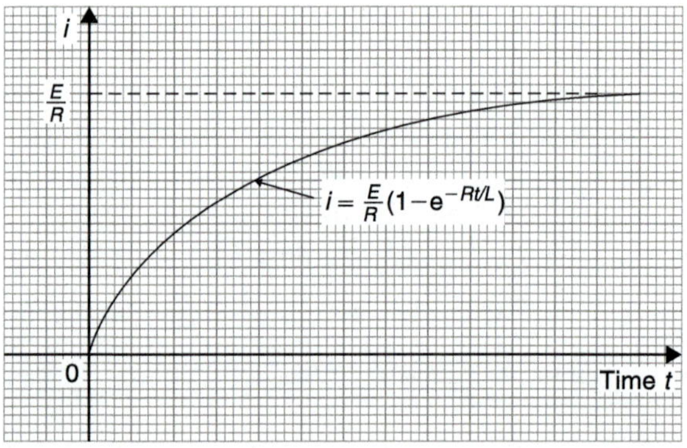

그림 49.4

문제 13. 기체의 단열 팽창을 나타내면

$$C_v\frac{dp}{p} + C_p\frac{dV}{V} = 0$$

C_p와 C_v는 상수이다. $n = \frac{C_p}{C_v}$로 주어질 때 $pV^n =$ 일정함을 보이시오.

변수를 분리하면 다음과 같다:

$$C_v\frac{dp}{p} = -C_p\frac{dV}{V}$$

양변을 적분하면 다음과 같다:

$$C_v\int\frac{dp}{p} = -C_p\int\frac{dV}{V}$$

$$C_v\ln p = -C_p\ln V + k$$

상수 C_v로 식을 나누어 보면 다음과 같다:

$$\ln p = -\frac{C_p}{C_v}\ln V + \frac{k}{C_v}$$

$\dfrac{C_p}{C_v} = n$이기 때문에, $\ln p + n\ln V = K$, $K = \dfrac{k}{C_v}$이다.

로그 법칙에 의하면 다음과 같다.

$\ln p + \ln V^n = K$ 또는 $pV^n = K$

따라서 $pV^n = e^K$, 즉 $\boldsymbol{pV^n}$**은 일정하다**.

+ 이제 다음의 예제들을 풀어보시오.

연습 문제 195 형태 $\dfrac{dy}{dx} = f(x) \cdot f(y)$의 해를 구하시오.

문제 1에서 4번까지, 미분방정식을 푸시오.

1. $\dfrac{dy}{dx} = 2y\cos x$
2. $(2y-1)\dfrac{dy}{dx} = (3x^2+1)$, $y = 2$일 때 $x = 1$
3. $\dfrac{dy}{dx} = e^{2x-y}$, $y = 0$일 때 $x = 0$
4. $2y(1-x) + x(1+y)\dfrac{dy}{dx} = 0$, $y = 1$일 때 $x = 1$
5. 방정식 $\dfrac{y^2+1}{x^2+1} = \dfrac{y}{x}\dfrac{dy}{dx}$의 해가 $\sqrt{\left(\dfrac{y^2+1}{x^2+1}\right)} =$ 일정함을 보이시오.
6. $y = 1$일 때 $x = 0$일 경우 $xy = (1-x^2)\dfrac{dy}{dx}$를 y에 관하여 푸시오.
7. (1, 2)를 지나고 방정식 $xy\dfrac{dy}{dx} = x^2 - 1$을 만족하는 곡선의 방정식을 구하시오.
8. 전위차 V, 축전기 C 플레이트 사이에 충전된 정상 전압이 E, 저항이 R인 방정식 $CR\dfrac{dV}{dt} + V = E$로 주어진다.
   (a) $t = 0$, $V = 0$으로 주어질 때 V에 관하여 방정식을 푸시오.
   (b) $E = 25$ V, $C = 20\times10^{-6}$F, $R = 200 \times 10^3\ \Omega$이다. $t = 3.0$초 일 때 V를 계산하시오.
9. $x = 6$, $x = 2$일 때 $y = 0$인 경우 주어진 방정식 $x^3\dfrac{dy}{dx} = p - x$에서 p의 값을 구하시오.

Chapter 50

1계 제차 미분방정식

1계 제차 미분방정식을 이해하는 것이 왜 중요한가?

미분방정식은 공학, 물리학, 경제, 그리고 다른 학문에서 중요한 역할을 한다. 예를 들어, 가열 및 냉각 챔버의 설계에 사용되는 열전도와 대류, 유체역학의 분석, 열전달 분석, 강체 운동의 운동학적인 분석, 방사능 물질의 감쇠 지수, 뉴턴의 냉각 법칙과 기계의 진동에 관련되어 있다. 이 장에서는 어떻게 1계 제차 미분방정식의 특정 유형을 푸는지를 설명한다.

이 장에서는 다음 사항에 대해 공부한다.

- 제차 방정식
- $P\dfrac{dy}{dx}=Q$ 형태의 미분방정식 풀기

50.1 소개

특정 1계 미분방정식은 변수 분리를 할 수 없고, 변수를 치환하여 분리를 할 수 있다.

$P\dfrac{dy}{dx}=Q$ 형태의 방정식에서 P와 Q가 x, y곱을 통하여 같은 차수로 이루어져 있다면, x와 y에서 **제차(homogeneous)**라고 할 수 있다. 예를 들어, $f(x,y)=x^2+3xy+y^2$는 3개의 모든 항은 2차이기 때문에 제차 함수이다. 그러나 $f(x,y)=\dfrac{x^2-y}{2x^2+y^2}$는 분자의 y항이 1차이고 다른 3개의 항은 2차이기 때문에 비제차(not homogeneous)이다.

50.2 $P\dfrac{dy}{dx}=Q$ 형태의 방정식 풀이

(i) $P\dfrac{dy}{dx}=Q$를 $\dfrac{dy}{dx}=\dfrac{Q}{P}$ 형태로 정리하자.

(ii) $y=vx$(v는 x에 관한 함수)로 치환하자. 곱의 법칙에 의하여 $\dfrac{dy}{dx}=v(1)+x\dfrac{dv}{dx}$가 된다.

(iii) 방정식 $\dfrac{dy}{dx}=\dfrac{Q}{P}$에서 $\dfrac{dy}{dx}$와 y를 치환한다. 상쇄에 의해 간단하게 정리된다.

(iv) 변수를 분리하고 49장에서 보여준 방법을 사용한다.

(v) $v=\dfrac{y}{x}$를 원래의 항에 대입한다.

50.3 1계 제차 미분방정식 풀이

문제 1. 미분방정식을 푸시오.

$y=2$일 때 $x=1$일 경우, $y-x=x\dfrac{dy}{dx}$

(i) $y-x=x\dfrac{dy}{dx}$를 정리하자.

$$\frac{dy}{dx}=\frac{y-x}{x}$$

x와 y에 대하여 위 식은 제차이다.

(ii) $y=vx$라고 하면, $\dfrac{dy}{dx}=v+x\dfrac{dv}{dx}$

(iii) y와 $\frac{dy}{dx}$를 치환하면 다음과 같다:

$$v+x\frac{dv}{dx}=\frac{vx-x}{x}=\frac{x(v-1)}{x}=v-1$$

(iv) 변수를 분리하면 다음과 같다:

$$x\frac{dv}{dx}=v-1-v=-1,\ \text{즉 } dv=-\frac{1}{x}dx$$

양변을 적분하면:

$$\int dv=\int -\frac{1}{x}dx$$

즉, $v=-\ln x+c$

(v) $\frac{y}{x}$로 v를 바꾸면: $\frac{y}{x}=-\ln x+c$

따라서 일반해는 $\frac{y}{x}=-\ln x+c$이다.

$x=1,\ y=2$일 때 $\frac{2}{1}=-\ln 1+c$

이것으로부터 $c=2$가 된다.

따라서 특수해는 다음과 같다.

$\frac{y}{x}=-\ln x+2$ 또는

$\boldsymbol{y=-x(\ln x-2)}$ 또는 $\boldsymbol{y=x(2-\ln x)}$

문제 2. $x=1$일 때 $y=4$인 경계 조건을 가진 $x\frac{dy}{dx}=\frac{x^2+y^2}{y}$ 방정식의 특수해를 구하시오.

(i) $x\frac{dy}{dx}=\frac{x^2+y^2}{y}$를 정리하면 $\frac{dy}{dx}=\frac{x^2+y^2}{xy}$이며 이것은 우측의 3항이 같은 2차이기 때문에 x와 y에 대하여 제차이다.

(ii) $y=vx$라 하고, 그때 $\frac{dy}{dx}=v+x\frac{dv}{dx}$

(iii) 방정식 $\frac{dy}{dx}=\frac{x^2+y^2}{xy}$의 y와 $\frac{dy}{dx}$를 치환하면 다음과 같다:

$$v+x\frac{dv}{dx}=\frac{x^2+v^2x^2}{x(vx)}=\frac{x^2+v^2x^2}{vx^2}=\frac{1+v^2}{v}$$

(iv) 변수를 분리하면 다음과 같다:

$$x\frac{dv}{dx}=\frac{1+v^2}{v}-v=\frac{1+v^2-v^2}{v}=\frac{1}{v}$$

따라서 $v\,dv=\frac{1}{x}dx$

양변을 적분하면 다음과 같다:

$$\int v\,dv=\int\frac{1}{x}dx,\ \text{즉 } \frac{v^2}{2}=\ln x+c$$

(v) $\frac{y}{x}$를 대입하면 일반해는 다음과 같다: $\frac{y^2}{2x^2}=\ln x+c$

$x=1,\ y=4$일 때 $\frac{16}{2}=\ln 1+c,\ c=8$이 된다.

따라서 특수해는 다음과 같다.

$\frac{y^2}{2x^2}=\ln x+8$ 또는 $\boldsymbol{y^2=2x^2(8+\ln x)}$

+ 이제 다음의 예제들을 풀어보시오.

연습 문제 196 제차 1계 미분방정식

1. $x^2=y^2\frac{dy}{dx}$의 일반해를 구하시오.
2. $x-y+x\frac{dy}{dx}=0$의 일반해를 구하시오.
3. 미분방정식의 특수해를 구하시오.
$(x^2+y^2)dy=xy\,dx,\ y=1$일 때 $x=1$
4. $\frac{x+y}{y-x}=\frac{dy}{dx}$의 미분방정식을 푸시오.
5. 미분방정식의 특수해를 구하시오.
$\left(\frac{2y-x}{y+2x}\right)\frac{dy}{dx}=1,\ y=3$일 때 $x=2$

50.4 좀 더 복잡한 1계 제차 미분방정식의 해결

문제 3. 방정식을 푸시오.
$7x(x-y)dy=2(x^2+6xy-5y^2)dx,\ y=0$일 때 $x=1$

50.2절의 과정을 사용하면

(i) 정리하면 $\frac{dy}{dx}=\frac{2x^2+12xy-10y^2}{7x^2-7xy}$

우측 각각의 항은 2차로서 x와 y에 관해 제차이다.

(ii) $y=vx$라 하자. 그때 $\frac{dy}{dx}=v+x\frac{dv}{dx}$이다.

(iii) y와 $\frac{dy}{dx}$를 치환하면 다음과 같다:

$$v+x\frac{dv}{dx}=\frac{2x^2+12x(vx)-10(vx)^2}{7x^2-7x(vx)}=\frac{2+12v-10v^2}{7-7v}$$

(iv) 변수를 분리하면 다음과 같다:

$$x\frac{dv}{dx}=\frac{2+12v-10v^2}{7-7v}-v=\frac{(2+12v-10v^2)-v(7-7v)}{7-7v}$$

$$= \frac{2+5v-3v^2}{7-7v}$$

따라서 $\frac{7-7v}{2+5v-3v^2}\,\mathrm{d}v = \frac{\mathrm{d}x}{x}$

양변을 적분하면 다음과 같다:

$$\int\left(\frac{7-7v}{2+5v-3v^2}\right)\mathrm{d}v = \int\frac{1}{x}\,\mathrm{d}x$$

$\frac{7-7v}{2+5v-3v^2}$를 부분분수를 통하여 다시 정리하면

$\frac{4}{(1+3v)} - \frac{1}{(2-v)}$ (2장 참조)

그러므로 $\int\left(\frac{4}{(1+3v)} - \frac{1}{(2-v)}\right)\mathrm{d}v = \int\frac{1}{x}\mathrm{d}x$

따라서 $\frac{4}{3}\ln(1+3v) + \ln(2-v) = \ln x + c$

(v) v를 $\frac{y}{x}$로 변환하면 다음과 같다:

$$\frac{4}{3}\ln\left(1+\frac{3y}{x}\right) + \ln\left(2-\frac{y}{x}\right) = \ln x + c$$

또는 $\frac{4}{3}\ln\left(\frac{x+3y}{x}\right) + \ln\left(\frac{2x-y}{x}\right) = \ln x + c$

$x = 1$, $y = 0$일 때 $\frac{4}{3}\ln 1 + \ln 2 = \ln 1 + c$

이를 통해 $c = \ln 2$이다.

따라서 특수해는 다음과 같다:

$$\frac{4}{3}\ln\left(\frac{x+3y}{x}\right) + \ln\left(\frac{2x-y}{x}\right) = \ln x + \ln 2$$

즉 $\ln\left(\frac{x+3y}{x}\right)^{\frac{4}{3}}\left(\frac{2x-y}{x}\right) = \ln(2x)$

로그 법칙으로 정리하면 다음과 같다:

$$\boldsymbol{\left(\frac{x+3y}{x}\right)^{\frac{4}{3}}\left(\frac{2x-y}{x}\right) = 2x}$$

문제 4. $x = 1$일 때 $y = 3$일 경우 미분방정식 $x^2 - 3y^2 + 2xy\frac{\mathrm{d}y}{\mathrm{d}x} = 0$ 해가 $y = x\sqrt{(8x+1)}$임을 보이시오.

(i) 양변을 정리하면 다음과 같다:

$$2xy\frac{\mathrm{d}y}{\mathrm{d}x} = 3y^2 - x^2 \text{ 그리고 } \frac{\mathrm{d}y}{\mathrm{d}x} = \frac{3y^2-x^2}{2xy}$$

(ii) $y = vx$라 하자. 그러면 $\frac{\mathrm{d}y}{\mathrm{d}x} = v + x\frac{\mathrm{d}v}{\mathrm{d}x}$

(iii) y와 $\frac{\mathrm{d}y}{\mathrm{d}x}$를 치환하면 다음과 같다:

$$v + x\frac{\mathrm{d}v}{\mathrm{d}x} = \frac{3(vx)^2 - x^2}{2x(vx)} = \frac{3v^2-1}{2v}$$

(iv) 변수분리를 하고 정리하면 다음과 같다:

$$x\frac{\mathrm{d}v}{\mathrm{d}x} = \frac{3v^2-1}{2v} - v = \frac{3v^2-1-2v^2}{2v} = \frac{v^2-1}{2v}$$

따라서 $\frac{2v}{v^2-1}\mathrm{d}v = \frac{1}{x}\mathrm{d}x$

양변을 적분하면 다음과 같다:

$$\int\frac{2v}{v^2-1}\mathrm{d}v = \int\frac{1}{x}\mathrm{d}x$$

즉, $\ln(v^2-1) = \ln x + c$

(v) $\frac{y}{x}$를 v에 대입하면 일반해는 다음과 같다.

$$\ln\left(\frac{y^2}{x^2} - 1\right) = \ln x + c$$

$y = 3$, $x = 1$일 때 $\ln\left(\frac{9}{1} - 1\right) = \ln 1 + c$

$c = \ln 8$이다.

특수해는 다음과 같다.

$$\ln\left(\frac{y^2}{x^2} - 1\right) = \ln x + \ln 8 = \ln 8x$$

로그 법칙으로 정리하면 다음과 같다:

$\left(\frac{y^2}{x^2} - 1\right) = 8x$, 즉 $\frac{y^2}{x^2} = 8x + 1$

그리고 $y^2 = x^2(8x+1)$

따라서 $\boldsymbol{y = x\sqrt{(8x+1)}}$가 특수해이다.

+ 이제 다음의 예제들을 풀어보시오.

연습 문제 197 제차 1계 미분방정식

문제 1에서 3번까지, 미분방정식을 푸시오.

1. $xy^3\,\mathrm{d}y = (x^4+y^4)\mathrm{d}x$
2. $(9xy - 11xy)\frac{\mathrm{d}y}{\mathrm{d}x} = 11y^2 - 16xy + 3x^2$
3. $2x\frac{\mathrm{d}y}{\mathrm{d}x} = x + 3y$, $x = 1$일 때 $y = 1$
4. 미분방정식 $2xy\frac{\mathrm{d}y}{\mathrm{d}x} = x^2 + y^2$의 K가 상수일 경우 해가 $x = K(x^2 - y^2)$임을 보이시오.
5. $y = 4$일 때 $x = 1$일 경우 $\frac{\mathrm{d}y}{\mathrm{d}x} = \frac{x^3+y^3}{xy^2}$의 특수해를 구하시오.
6. $x = 1$, $y = 6$일 때 미분방정식 $\frac{\mathrm{d}y}{\mathrm{d}x} = \frac{y^3 - xy^2 - x^2y - 5x^3}{xy^2 - x^2y - 2x^3}$에서 $\frac{y^2}{2x^2} + \frac{4y}{x} + 18\ln\left(\frac{y-5x}{x}\right) = \ln x + 42$임을 보이시오.

Chapter 51

선형 1계 미분방정식

선형 1계 미분방정식을 이해하는 것이 왜 중요한가?

이전의 장에서 설명하였듯이 미분방정식은 공학, 과학에서 많은 도구로 사용된다. 예를 들어, 1계 미분방정식 모델은 냉각 현상, 오염의 증가, 방사능의 반감기, 염용액의 혼합, 직렬회로, 에이즈가 걸렸을 시 생존 가능성, 탱크의 배수, 경제와 재무, 의약품의 유통, 문제에 대해 추적, 재생 가능한 자연 물질의 추출 등 많은 것에 응용된다. 이 장에서는 다른 구체적인 형태의 방정식인 선형 1계 미분방정식의 해결 방법에 대하여 설명하고자 한다.

이 장에서는 다음 사항에 대해 공부한다.

- 선형 미분방정식 인지
- P와 Q가 x에 관한 함수일 때, $\frac{dy}{dx}+Py=Q$ 형태의 미분방정식 풀기

51.1 소개

P와 Q는 x, y에 관한 함수로서 유도 함수가 1차인 $\frac{dy}{dx}+Py=Q$ 형태의 방정식을 **선형 미분방정식(linear differential equation)**이라 부른다.

(i) $\frac{dy}{dx}+Py=Q$의 해는 **적분 인자**를 곱하여 구한다.

(ii) x에 관한 함수인 R을 $\frac{dy}{dx}+Py=Q$에 곱하면 다음과 같다.

$$R\frac{dy}{dx}+RPy=RQ \qquad (1)$$

(iii) Ry 곱의 미분 계수는 곱셈 법칙을 사용하여 구한다.

$$\frac{d}{dx}(Ry)=R\frac{dy}{dx}+y\frac{dR}{dx}$$

Ry 곱의 미분 계수와 방정식 (1)의 왼쪽 변과 비교해 보면 R의 미분 계수는 다음과 같다.

$$RP=\frac{dR}{dx}$$

(iv) 만약 $\frac{dR}{dx}=RP$의 변수를 정리하면 $\frac{dR}{R}=P\,dx$로 나타낼 수 있다.

이것의 양변을 적분하면 다음과 같다:

$$\int\frac{dR}{R}=\int P\,dx, \text{ 즉 } \ln R=\int P\,dx+c$$

$$R=e^{\int P\,dx+c}=e^{\int P\,dx}e^{c}$$

따라서 $R=Ae^{\int P\,dx}$이며 $A=e^{c}=a$가 되며 상수이다.

(v) 방정식 (1)에서 $R=Ae^{\int P\,dx}$로 치환하면 다음과 같다:

$$Ae^{\int P\,dx}\left(\frac{dy}{dx}\right)+Ae^{\int P\,dx}Py=Ae^{\int P\,dx}Q$$

$$\text{즉, } e^{\int P\,dx}\left(\frac{dy}{dx}\right)+e^{\int P\,dx}Py=e^{\int P\,dx}Q \qquad (2)$$

(vi) 방정식 (2)의 왼쪽 변은 $\frac{d}{dx}\left(ye^{\int P\,dx}\right)$으로 $ye^{\int P\,dx}$을 변수 x에 관하여 곱의 법칙을 사용하여 미분한 것이다.

(vii) 방정식 (2)로부터 다음을 알 수 있다.

$$\frac{d}{dx}\left(ye^{\int P\,dx}\right)=e^{\int P\,dx}Q$$

양변을 적분하면 다음과 같다:

$$ye^{\int P\,dx}=\int e^{\int P\,dx}Q\,dx \qquad (3)$$

(viii) $e^{\int P\,dx}$는 **적분 인자**이다.

51.2 $\frac{dy}{dx}+Py=Q$ 형태의 방정식의 풀이

(i) P와 Q는 x에 관한 함수로 $\frac{dy}{dx}+Py=Q$ 형태에서 미분방정식을 정리한다.

(ii) $\int P\,dx$를 결정한다.

(iii) 적분 인자 $e^{\int P\,dx}$를 결정한다.

(iv) 방정식 (3)에서 $e^{\int P\,dx}$를 치환한다.

(v) 방정식 (3)의 우측변을 적분하면 미분방정식의 일반해가 된다. 경계 조건이 주어질 경우, 특수해를 구할 수 있다.

51.3 선형 1계 미분방정식의 문제 해결

문제 1. 경계 조건이 $y=4$일 때 $x=0$로 주어질 경우 $\frac{1}{x}\frac{dy}{dx}+4y=2$를 푸시오.

(i) $\frac{dy}{dx}+4xy=2x$를 정리하면
$P=4x$이고 $Q=2x$인 $\frac{dy}{dx}+Py=Q$ 형태이다.

(ii) $\int P dx=\int 4x dx=2x^2$

(iii) $e^{\int P\,dx}=e^{2x^2}$으로 적분 인자가 된다.

(iv) 방정식 (3)으로 치환하면 다음과 같다.

$$ye^{2x^2}=\int e^{2x^2}(2x)\,dx$$

(v) 따라서 일반해는 $ye^{2x^2}=\frac{1}{2}e^{2x^2}+c$이며, $x=0$이고 $y=4$일 경우 $4e^0=\frac{1}{2}e^0+c$이며 이것으로부터 $c=\frac{7}{2}$이 된다.

따라서 특수해는 다음과 같다:

$$ye^{2x^2}=\frac{1}{2}e^{2x^2}+\frac{7}{2}$$

또는 $\boldsymbol{y=\frac{1}{2}+\frac{7}{2}e^{-2x^2}}$ 또는 $\boldsymbol{y=\frac{1}{2}\left(1+7e^{-2x^2}\right)}$

문제 2. $y=1$일 때 $x=1$로 주어지고 방정식 $y=\frac{3-x^2}{2x}$가 주어진 방정식 $\frac{dy}{dx}+1=-\frac{y}{x}$의 해 임을 보이시오.

(i) 정리를 하면 $\frac{dy}{dx}+\left(\frac{1}{x}\right)y=-1$, $P=\frac{1}{x}$이며 $Q=-1$이 되어 $\frac{dy}{dx}+Py=Q$ 형태가 된다($Q=-1$에서 -1은 $-1x^0$, x에 관한 함수이다).

(ii) $\int P\,dx=\int\frac{1}{x}dx=\ln x$

(iii) 적분 인자는 로그 정의로부터 다음과 같다.
$e^{\int P\,dx}=e^{\ln x}=x$

(iv) 방정식 (3)으로 치환하면 다음과 같다:

$$yx=\int x(-1)\,dx$$

(v) 따라서 일반해는 다음과 같다:

$$yx=\frac{-x^2}{2}+c$$

$x=1$이고 $y=1$일 때 $1=\frac{-1}{2}+c$, 이것으로부터 $c=\frac{3}{2}$이다.

즉, 특수해는 다음과 같다:

$$yx=\frac{-x^2}{2}+\frac{3}{2}$$

따라서 $2yx=3-x^2$ 또는 $\boldsymbol{y=\frac{3-x^2}{2x}}$

문제 3. $y=2$일 때 $x=0$일 경우, $\frac{dy}{dx}-x+y=0$의 특수해를 구하시오.

(i) $\frac{dy}{dx}+y=x$로 정리하면, $P=1$이고 $Q=x$인 $\frac{dy}{dx}+Py=Q$ 형태가 된다(이 경우 P가 $1x^0$로 x의 함수가 된다).

(ii) $\int P\,dx=\int 1dx=x$

(iii) $e^{\int P\,dx}=e^x$로 적분하자.

(iv) 방정식 (3)으로 치환하면 다음과 같다:

$$ye^x=\int e^x(x)\,dx \qquad (4)$$

(v) $\int e^x(x)\,dx$는 부분적분을 통하여 구하자(45장 참조).

$$\int xe^x\,dx=xe^x-e^x+c$$

따라서 방정식 (4)로부터 일반해는
$ye^x = xe^x - e^x + c$이다.
$x=0$이고 $y=2$일 때 $2e^0 = 0 - e^0 + c$이며 $c=3$이다.
따라서 특수해는 다음과 같다.

$$\mathbf{ye^x = xe^x - e^x + 3} \text{ 또는 } \mathbf{y = x - 1 + 3e^{-x}}$$

+ 이제 다음의 예제들을 풀어보시오.

연습 문제 198 선형 1계 미분방정식

다음의 미분방정식을 푸시오.

1. $x\dfrac{dy}{dx} = 3 - y$
2. $\dfrac{dy}{dx} = x(1-2y)$
3. $t\dfrac{dy}{dt} - 5t = -y$
4. $y=3$일 때 $x=1$인 경우
$x\left(\dfrac{dy}{dx}+1\right) = x^3 - 2y$
5. $\dfrac{1}{x}\dfrac{dy}{dx} + y = 1$
6. $\dfrac{dy}{dx} + x = 2y$

51.4 1계 선형 미분방정식의 확장된 문제를 해결하자.

문제 4. $\theta = 0$일 때 $y=1$의 경계 조건을 가지는 미분방정식 $\dfrac{dy}{d\theta} = \sec\theta + y\tan\theta$를 푸시오.

(i) $\dfrac{dy}{d\theta} - (\tan\theta)y = \sec\theta$로 정리하자.
$P = -\tan\theta, Q = \sec\theta$로서 $\dfrac{dy}{d\theta} + Py = Q$의 형태이다.

(ii) $\int P\,dx = \int -\tan\theta\, d\theta = -\ln(\sec\theta)$
$= \ln(\sec\theta)^{-1} = \ln(\cos\theta)$

(iii) 적분 인자는 로그 정리로 구한다.
$e^{\int P\,d\theta} = e^{\ln(\cos\theta)} = \cos\theta$

(iv) 방정식 (3)으로 치환하면 다음과 같다:

$$y\cos\theta = \int \cos\theta(\sec\theta)\,d\theta$$

즉, $$y\cos\theta = \int d\theta$$

(v) 적분을 하면 $y\cos\theta = \theta + c$이며, 일반해이다.

$y=1$이고 $\theta=0$일 때, $1\cos 0 = 0 + c$, $c=1$이다.
따라서 특수해는
$\mathbf{y\cos\theta = \theta + 1}$ 또는 $\mathbf{y = (\theta+1)\sec\theta}$이다.

문제 5.

(a) 방정식의 일반해를 구하시오.

$$(x-2)\frac{dy}{dx} + \frac{3(x-1)}{(x+1)}y = 1$$

(b) $x=-1$일 때 $y=5$의 경계 조건을 가질 때, 주어진 (a) 방정식의 특수해를 구하시오.

(a) 51.2절의 과정을 사용하여 정리하면

(i) $\dfrac{dy}{dx} + \dfrac{3(x-1)}{(x+1)(x-2)}y = \dfrac{1}{(x-2)}$
$P = \dfrac{3(x-1)}{(x+1)(x-2)}, Q = \dfrac{1}{(x-2)}$
$\dfrac{dy}{dx} + Py = Q$의 형태를 가진다.

(ii) $\int P\,dx = \int \dfrac{3(x-1)}{(x+1)(x-2)}dx$, 부분분수를 이용하고 적분한다.

$$\frac{3x-3}{(x+1)(x-2)} \equiv \frac{A}{(x+1)} + \frac{B}{(x-2)} \equiv \frac{A(x-2)+B(x+1)}{(x+1)(x-2)}$$

$3x - 3 = A(x-2) + B(x+1)$, $x=-1$,
$-6 = -3A$, $A=2$를 구할 수 있다.
$x=2$일 때 $3 = 3B$로부터 $B=1$이다.

따라서 $$\int \frac{3x-3}{(x+1)(x-2)}dx = \int\left[\frac{2}{x+1} + \frac{1}{x-2}\right]dx = 2\ln(x+1) + \ln(x-2) = \ln[(x+1)^2(x-2)]$$

(iii) 적분 인자
$e^{\int P\,dx} = e^{\ln[(x+1)^2(x-2)]} = (x+1)^2(x-2)$

(iv) 방정식 (3)으로 치환하면 다음과 같다:

$$y(x+1)^2(x-2) = \int (x+1)^2(x-2)\frac{1}{x-2}dx = \int (x+1)^2 dx$$

(v) **따라서 일반해는 다음과 같다.**

$$\mathbf{y(x+1)^2(x-2) = \tfrac{1}{3}(x+1)^3 + c}$$

(b) $x = -1$, $y = 5$일 때 $5(0)(-3) = 0 + c$, $c = 0$이다.

$$y(x+1)^2(x-2) = \tfrac{1}{3}(x+1)^3$$

$$y = \frac{(x+1)^3}{3(x+1)^2(x-2)}$$

따라서 특수해는 $y = \dfrac{(x+1)}{3(x-2)}$이다.

+ 이제 다음의 예제들을 풀어보시오.

연습 문제 199 선형 1계 미분방정식

문제 1, 2는 미분방정식을 푸시오.

1. $x = \dfrac{\pi}{4}$일 때 $y = 1$, $\cot x \dfrac{dy}{dx} = 1 - 2y$

2. $\theta = 1$일 때 $t = \pi$일 경우
$$t\frac{d\theta}{dt} + \sec t(t \sin t + \cos t)\theta = \sec t$$

3. $y = 0$일 때 $x = -1$의 경계 조건을 가질 경우 주어진 방정식 $x\dfrac{dy}{dx} = \dfrac{2}{x+2} - y$의 특수해가 $y = \dfrac{2}{x}\ln(x+2)$임을 보이시오.

4. $y = 0$일 때 $x = 0$인 경우 미분방정식 $\dfrac{dy}{dx} - 2(x+1)^3 = \dfrac{4}{(x+1)}y$의 해가 $y = (x+1)^4 \ln(x+1)^2$임을 보이시오.

5. $x = 0$일 때 $y = 1$인 경우 미분방정식 $\dfrac{dy}{dx} + ky = a\sin bx$의 해가 다음과 같음을 보이시오.
$$y = \left(\frac{a}{k^2+b^2}\right)(k\sin bx - b\cos bx) + \left(\frac{k^2+b^2+ab}{k^2+b^2}\right)e^{-kx}$$

6. 방정식 $\dfrac{dv}{dt} = -(av + bt)$의 a와 b는 상수이고, 저항 매체 속에서 분자가 운동을 할 때 운동방정식을 나타낸다. $t = 0$일 때 $v = u$라고 주어질 때 방정식을 v에 관하여 푸시오.

7. 저항 R과 인덕턴스 L, 전류 i를 포함하는 교류 전류 회로는 $Ri + L\dfrac{di}{dt} = E_0 \sin\omega t$로 주어진다. $t = 0$일 때 $i = 0$으로 주어질 경우 다음의 방정식이 해임을 보이시오.
$$i = \left(\frac{E_0}{R^2+\omega^2L^2}\right)(R\sin\omega t - \omega L\cos\omega t) + \left(\frac{E_0\omega L}{R^2+\omega^2L^2}\right)e^{-Rt/L}$$

8. 시간 t에 오일 정화 장치의 불순물 농도 C는 방정식 $a\dfrac{dC}{dt} = b + dm - Cm$로 나타낸다. a, b, d, m은 상수이며, $t = 0$일 때 $C = c_0$로 주어질 경우 방정식을 풀어 다음과 같음을 보이시오.
$$C = \left(\frac{b}{m} + d\right)\left(1 - e^{-mt/a}\right) + c_0 e^{-mt/a}$$

9. 열차의 운동방정식은 v가 속도, t가 시간, m, k 그리고 c는 상수라고 할 경우 다음과 같다.
$$m\frac{dv}{dt} = mk(1 - e^{-t}) - mcv$$
$t = 0$일 때 $v = 0$일 경우 속도 v에 관하여 푸시오.

Chapter 52

1계 미분방정식의 수치적 방법

1계 미분방정식의 수치적 방법을 이해하는 것이 왜 중요한가?

물리시스템의 대부분은 미분방정식을 이용하여 수학적으로 표현할 수 있다. 앞 장에서 변수분리형 미분방정식, 제차(homogeneous) 미분방정식, 선형 미분방정식과 같이 특별한 형태의 미분방정식을 다루었다. 그러나 실생활 문제를 해결하기 위해 사용되는 미분방정식은 굳이 앞 장에서 다룬 형태로 풀 필요가 없다. 즉, 해석적 해를 가질 필요가 없다. 그 대신 수치적 방법을 이용하여 미분방정식의 해를 근사적으로 얻을 수 있고, 과학과 공학에서 수치적 방법으로 미분방정식의 근사적인 해를 찾는 것 또한 훌륭한 방법이다. 미분방정식의 해를 수치적 방법으로 찾는 다양한 방법을 이 장에서 설명한다.

이 장에서는 다음 사항에 대해 공부한다.

- 미분방정식을 풀기 위해 수치적 방법을 이용하는 이유
- 1계 미분방정식의 수치적 해를 얻기 위한 오일러(Euler) 방법
- 1계 미분방정식의 수치적 해를 얻기 위한 오일러-코시(Euler-Cauchy) 방법
- 1계 미분방정식의 수치적 해를 얻기 위한 룽게-쿠타(Runge-Kutta) 방법

52.1 서론

모든 1계 미분방정식을 변수분리 방법(49장)이나 적분인자 방법(51장)으로 풀 수 있는 것은 아니다. 미분방정식을 푸는 다양한 해석적 방법들이 존재하지만, 해석적 방법으로 풀 수 있는 미분방정식은 상당히 제한적이다. 해석적으로 풀기 어려운 미분방정식에 수치적 방법을 이용하면, 주어진 경계 조건에서 그 미분방정식을 풀 수도 있다. 유용한 **수치적 방법**들이 많이 있으며, 그 중에서 가장 간단한 방법이 **오일러(Euler)* 방법**이다.

52.2 오일러 방법

8장에서 다룬 매클로린 급수(Maclaurin's series)

$$f(x) = f(0) + x\,f'(0) + \frac{x^2}{2!}f''(0) + \cdots$$

을 다시 살펴보면, 그림 52.1과 같이 $x = h$에서 함수 $f(h)$는

$$f(h) = f(0) + h\,f'(0) + \frac{h^2}{2!}f''(0) + \cdots$$

이다. 그림 52.2와 같이 y축과 원점을 왼쪽으로 a만큼 이동하면, 새로운 좌표축에 나타난 함수는 $y = f(a + x)$이고 점 P에서의 함수 값은 $f(a)$이다.

그림 52.2에서 점 Q는

$$\boldsymbol{f(a+h) = f(a) + h\,f'(a) + \frac{h^2}{2!}f''(a) + \cdots} \qquad (1)$$

이고, 이를 **테일러 급수(Taylor's series)***라 한다.

그림 52.3의 두 세로 좌표 y_0와 y_1 사이의 간격이 h이고, $f(a) = y_0$, $y_1 = f(a + h)$이면, 오일러 방법에 의해

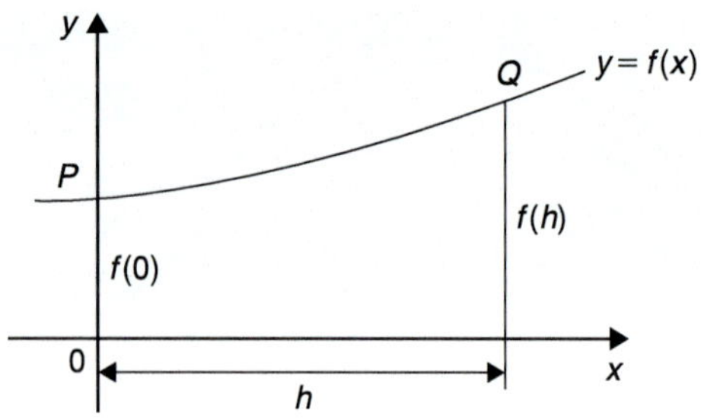

그림 52.1

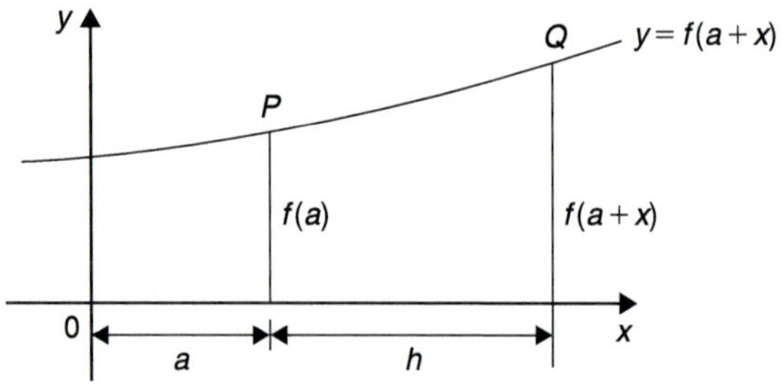

그림 52.2

$$f(a+h) = f(a) + hf'(a)$$

이므로

$$\boldsymbol{y_1 = y_0 + h(y')_0} \qquad (2)$$

이다. 오일러 방법을 이용한 근사화는 식 (1)의 테일러 급수에서 처음 두 항만으로 나타낸 것이다. 즉, y_0, h와 $(y')_0$의

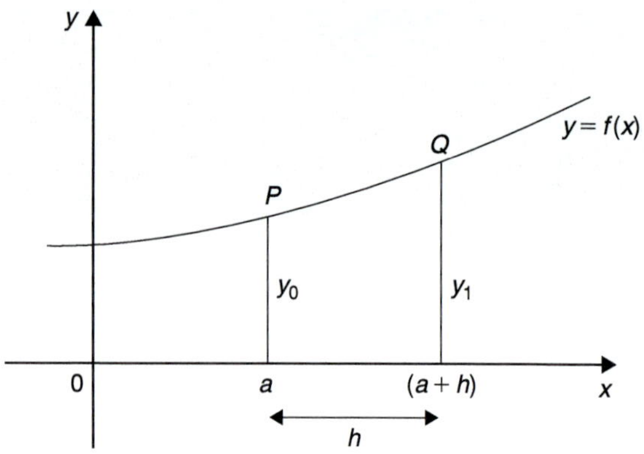

그림 52.3

값으로 그림 52.3의 점 Q에서 그 함수의 근사값 y_1을 계산할 수 있다. 다음 절에서 오일러 방법의 예제를 다루어 본다.

52.3 오일러 방법에 대한 예제

문제 1. 미분방정식

$$\frac{dy}{dx} = 3(1+x) - y$$

의 해를 수치적으로 구하고, 그 해의 그래프를 그리시오. 초기 조건은 $x = 1$일 때 $y = 4$이다. 해를 구하는 구간은 $x = 1.0$에서 $x = 2.0$으로 하고, 수치적으로 풀어가는 간격을 0.2로 한다.

* 레온하르트 오일러(Euler)는 누구인가? **Leonhard Euler**(1707년 4월 15일–1783년 9월 18일)는 스위스 수학계와 물리학계의 선구자로, 미적분학(infinitesimal calculus)과 그래프이론(graph theory)에서 중요한 발견을 하였고 수많은 현대수학의 용어와 표기법을 소개하였다. 더 자세한 내용을 원하면 **www.routledge.com/cw/bird**에서 찾을 수 있다.

* 브룩 테일러(Taylor)는 누구인가? **Brook Taylor**(1685년 8월 18일–1731년 12월 29일)는 어떤 물체의 진동중심(center of oscillation)에 관한 문제를 해결하였고, 1712년에 영국왕립협회에 선출되기도 했다. 그는 차분법(calculus of finite differences)이라 불리는 수학의 새로운 분야를 제안했고, 부분적분법(integration by parts)을 개발하였고, 테일러 전개(Taylor's expansion)라고 알려진 유명한 시리즈를 발견했다. 더 자세한 내용을 원하면 **www.routledge.com/cw/bird**에서 찾을 수 있다.

초기 조건 $x_0 = 1$, $y_0 = 4$와 주어진 미분방정식

$$\frac{dy}{dx} = y' = 3(1+x) - y$$

로부터, $(\boldsymbol{y'})_{\mathbf{0}} = 3(1+1) - 4 = \mathbf{2}$이다. 수치적 풀이 간격이 $h = 0.2$이고, 방정식 (2)의 오일러 방법에 따라

$$y_1 = y_0 + h(y')_0$$

이므로 $\mathbf{y_1} = 4 + (0.2)(2) = \mathbf{4.4}$이다. 따라서 그림 52.4의 점 Q의 좌표는 $x_1 = 1.2$, $y_1 = 4.4$이다. 그리고 점 Q에서 미분값은 $(y')_1 = 3(1 + x_1) - y_1$이므로

$$(\boldsymbol{y'})_{\mathbf{1}} = 3(1+1.2) - 4.4 = \mathbf{2.2}$$

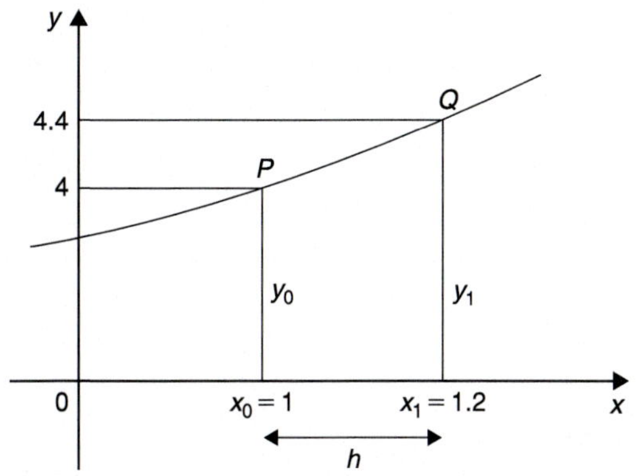

그림 52.4

이다. 점 Q에 대한 좌표값 x, y와 미분값 y'을 다시 새로운 출발점 x_0, y_0, $(y')_0$라 두고, 위의 방법을 반복하여 그림 52.5의 점 R에 대한 좌표값과 미분값을 구하면 식 (2)로부터

$$\mathbf{y_1} = y_0 + h(y')_0$$
$$= 4.4 + (0.2)(2.2) = \mathbf{4.84}$$

이고, 점 $R(x_1 = 1.4,\ y_1 = 4.84)$에서의 미분값은

$$(\boldsymbol{y'})_{\mathbf{1}} = 3(1+1.4) - 4.84 = \mathbf{2.36}$$

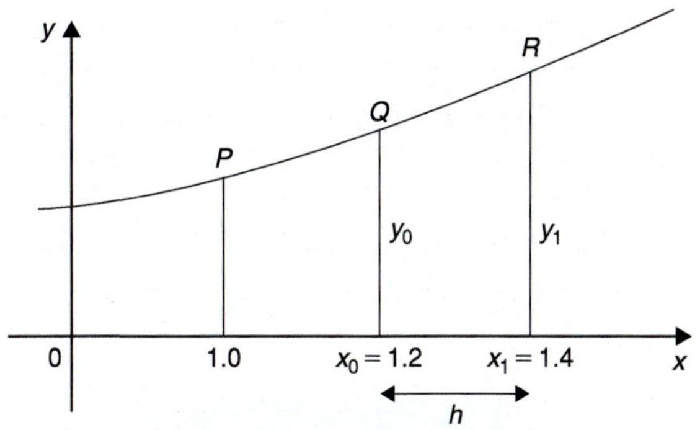

그림 52.5

이다. 이와 같이 오일러 방법을 계속해서 반복하면 표 52.1과 같은 결과를 가장 쉽게 얻을 수 있다. 표의 첫 번째에서 세 번째 줄까지의 결과는 이미 앞에서 구하였다.

넷째 줄($x_0 = 1.6$):

$$\mathbf{y_1} = y_0 + h(y')_0$$
$$= 4.84 + (0.2)(2.36) = \mathbf{5.312}$$

표 52.1

	x_0	y_0	$(y')_0$
1.	1	4	2
2.	1.2	4.4	2.2
3.	1.4	4.84	2.36
4.	1.6	5.312	2.488
5.	1.8	5.8096	2.5904
6.	2.0	6.32768	

$$(\boldsymbol{y'})_{\mathbf{0}} = 3(1+1.6) - 5.312 = \mathbf{2.488}$$

다섯째 줄($x_0 = 1.8$):

$$\mathbf{y_1} = y_0 + h(y')_0$$
$$= 5.312 + (0.2)(2.488) = \mathbf{5.8096}$$

$$(\boldsymbol{y'})_{\mathbf{0}} = 3(1+1.8) - 5.8096 = \mathbf{2.5904}$$

여섯째 줄($x_0 = 2.0$):

$$\mathbf{y_1} = y_0 + h(y')_0$$
$$= 5.8096 + (0.2)(2.5904)$$
$$= \mathbf{6.32768}$$

계산범위가 1.0에서 2.0까지이므로 여섯째 줄에서 $(y')_0$를 계산할 필요가 없다. 주어진 미분방정식의 해는 x에 대한 y값으로 구해졌다.

초기 조건 $x = 1$, $y = 4$를 가지는 미분방정식 $\frac{dy}{dx} = 3(1+x) - y$의 해에 대한 그래프를 그림 52.6에 나타낸다. 실제에서는, 매 계산마다 완만히 변화하는 수열이고 계산오차가 발생하지 않도록 확인하면서 그래프를 그리는 것이 확률적으로 최선의 방법이다.

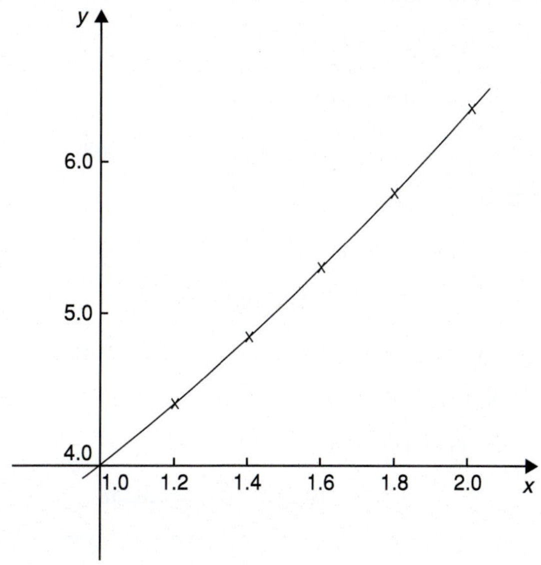

그림 52.6

문제 2. 오일러 방법을 이용하여 미분방정식 $\frac{dy}{dx}+y=2x$의 수치적 해를 구하고 구한 해의 그래프를 그리시오. 초기 조건은 $x=0$, $y=1$이고, 해를 구하는 범위는 $x=0(0.2)1.0$이다.

$x=0(0.2)1.0$의 의미는 x의 범위가 0에서 1.0까지이고 간격이 0.2(즉, 오일러 방법에서 $h=0.2$)이다. 주어진 미분방정식을 다시 나타내면

$\frac{dy}{dx}=2x-y$, 즉 $y'=2x-y$이다.

초기 조건이 $x_0=0$, $y_0=1$이므로

$(y')_0=2(0)-1=\mathbf{-1}$

이고, 표 52.2의 첫째 줄에 해당하는 값은 $x_0=0$, $y_0=1$, $y'(0)=-1$이다.

표 52.2

	x_0	y_0	$(y')_0$
1.	0	1	−1
2.	0.2	0.8	−0.4
3.	0.4	0.72	0.08
4.	0.6	0.736	0.464
5.	0.8	0.8288	0.7712
6.	1.0	0.98304	

둘째 줄($x_0=0.2$, $h=0.2$):

$\mathbf{y_1}=y_0+h(y')$, (식 (2)로부터)

$=1+(0.2)(-1)=\mathbf{0.8}$

$(\mathbf{y'})_\mathbf{0}=2x_0-y_0=2(0.2)-0.8=\mathbf{-0.4}$

셋째 줄($x_0=0.4$):

$\mathbf{y_1}=y_0+h(y')_0$

$=0.8+(0.2)(-0.4)=\mathbf{0.72}$

$(\mathbf{y'})_\mathbf{0}=2x_0-y_0=2(0.4)-0.72=\mathbf{0.08}$

넷째 줄($x_0=0.6$):

$\mathbf{y_1}=y_0+h(y')_0$

$=0.72+(0.2)(0.08)=\mathbf{0.736}$

$(\mathbf{y'})_\mathbf{0}=2x_0-y_0=2(0.6)-0.736=\mathbf{0.464}$

다섯째 줄($x_0=0.8$):

$\mathbf{y_1}=y_0+h(y')_0$

$=0.736+(0.2)(0.464)=\mathbf{0.8288}$

$(\mathbf{y'})_\mathbf{0}=2x_0-y_0=2(0.8)-0.8288=\mathbf{0.7712}$

여섯째 줄($x_0=1.0$):

$\mathbf{y_1}=y_0+h(y')_0$

$=0.8288+(0.2)(0.7712)=\mathbf{0.98304}$

계산범위가 0에서 1.0까지이므로 여섯째 줄에서 $(y')_0$는 필요 없다. 초기 조건 $x=0$, $y=1$을 가지는 미분방정식 $\frac{dy}{dx}+y=2x$의 해에 대한 그래프는 그림 52.7에 나타낸다.

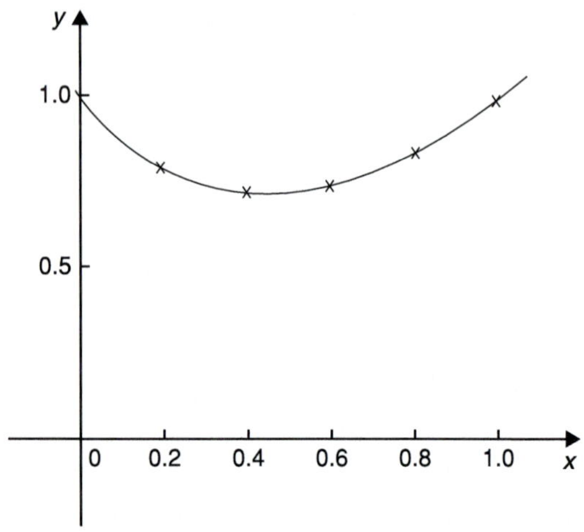

그림 52.7

문제 3.

(a) 초기 조건이 $x=0$, $y=2$이고 범위를 $x=0(0.1)0.5$로 하여 미분방정식 $\frac{dy}{dx}=y-x$를 오일러 방법을 이용하여 수치적 해를 구하고, 그 해의 그래프를 그리시오.

(b) 51장의 적분인자(integrating factor)를 이용한 해석적 방법으로 위의 미분방정식의 해를 구한 것이 $y=x+1+e^x$이다. $x=0.3$에서 백분율 오차를 구하시오.

(a) 미분방정식을 다시 나타내면 $\frac{dy}{dx}=y'=y-x$이고, 초기 조건이 $x_0=0$, $y_0=2$이므로 미분값은 $(y')_0=y_0-x_0=2-0=\mathbf{2}$이다. 이를 표 52.3의 첫째 줄에 나타내었다.

표 52.3

	x_0	y_0	$(y')_0$
1.	0	2	2
2.	0.1	2.2	2.1
3.	0.2	2.41	2.21
4.	0.3	2.631	2.331
5.	0.4	2.8641	2.4641
6.	0.5	3.11051	

둘째 줄($x_0=0.1$):

$$\mathbf{y_1}=y_0+h(y')_0,\ \text{(식 (2)로부터)}$$
$$=2+(0.1)(2)=\mathbf{2.2}$$
$$(\mathbf{y'})_\mathbf{0}=y_0-x_0=2.2-0.1=\mathbf{2.1}$$

셋째 줄($x_0=0.2$):

$$\mathbf{y_1}=y_0+h(y')_0$$
$$=2.2+(0.1)(2.1)=\mathbf{2.41}$$
$$(\mathbf{y'})_\mathbf{0}=y_0-x_0=2.41-0.2=\mathbf{2.21}$$

넷째 줄($x_0=0.3$):

$$\mathbf{y_1}=y_0+h(y')_0$$
$$=2.41+(0.1)(2.21)=\mathbf{2.631}$$
$$(\mathbf{y'})_\mathbf{0}=y_0-x_0=2.631-0.3=\mathbf{2.331}$$

다섯째 줄($x_0=0.4$):

$$\mathbf{y_1}=y_0+h(y')_0$$
$$=2.631+(0.1)(2.331)=\mathbf{2.8641}$$
$$(\mathbf{y'})_\mathbf{0}=y_0-x_0=2.8641-0.4=\mathbf{2.4641}$$

여섯째 줄($x_0=0.5$):

$$\mathbf{y_1}=y_0+h(y')_0$$
$$=2.8641+(0.1)(2.4641)=\mathbf{3.11051}$$

초기 조건 $x=0$, $y=2$를 가지는 미분방정식 $\frac{dy}{dx}=y-x$의 해에 대한 그래프는 그림 52.8에 나타낸다.

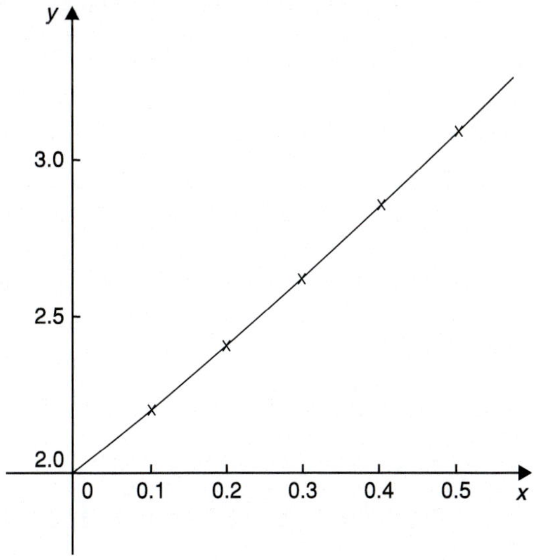

그림 52.8

(b) 미분방정식 $\frac{dy}{dx}=y-x$의 해가 $y=x+1+e^x$이므로, $x=0.3$일 때 $y=0.3+1+e^{0.3}=2.649859$이다. $x=0.3$일 때, 오일러 방법에 의한 y의 값(표 52.3의 넷째 줄)은 $y=2.631$이다.

백분율 오차

$$=\left(\frac{\text{참값}-\text{추정값}}{\text{참값}}\right)\times 100\%$$
$$=\left(\frac{2.649859-2.631}{2.649859}\right)\times 100\%$$
$$=\mathbf{0.712\%}$$

미분방정식의 수치적 해를 구하는 오일러 방법은 간단하지만, 근사적인 방법이다. 오일러 방법은 간격 h가 작아질수록 더 유용하다.

+ 이제 다음의 예제들을 풀어보시오.

연습 문제 200 오일러 방법

1. 범위가 $x=1.0$에서 $x=1.5$이고 간격을 0.1로 하여, 초기 조건이 $x=1$, $y=2$인 미분방정식 $\frac{dy}{dx}=3-\frac{y}{x}$의 수치적 해를 오일러 방법을 이용하여 구하고, 그 해의 그래프를 그리시오.
2. 범위를 $x=0(0.2)1.0$으로 하여, 초기 조건이 $x=0$, $y=1$인 미분방정식 $\frac{1}{x}\frac{dy}{dx}+2y=1$의 수치적 해를 구하시오.
3. (a) 미분방정식 $\frac{dy}{dx}+1=-\frac{y}{x}$는 초기 조건 $x=2$, $y=1$을 가진다. 범위가 $x=2.0(0.1)2.5$일 때, 미분방정식의 수치적 해를 구하시오.
   (b) 해석적 방법으로 주어진 미분방정식의 해를 구하면 $y=\frac{4}{x}-\frac{x}{2}$이다. $x=2.2$에서 백분율 오차를 구하시오.
4. 범위가 $x=2.0(0.2)3.0$이고, 초기 조건이 $x=2$, $y=1$일 때, 미분방정식 $\frac{dy}{dx}=x-\frac{2y}{x}$의 수치적 해를 오일러 방법을 이용하여 구하시오. 미분방정식의 해가 $y=\frac{x^2}{4}$이라면, $x=2.8$일 때 오일러 방법의 백분율 오차를 구하시오.

52.4 오일러-코시 방법

52.2절의 오일러 방법에서, 그림 52.9의 점 Q에서 y_1의 근사값을 구하기 위해 점 $P_{(x_0,\,y_0)}$에서의 기울기 $(y')_0$는 간격 전체 h 동안 내내 사용되었기 때문에, QR만큼의 오차가 발생한다.

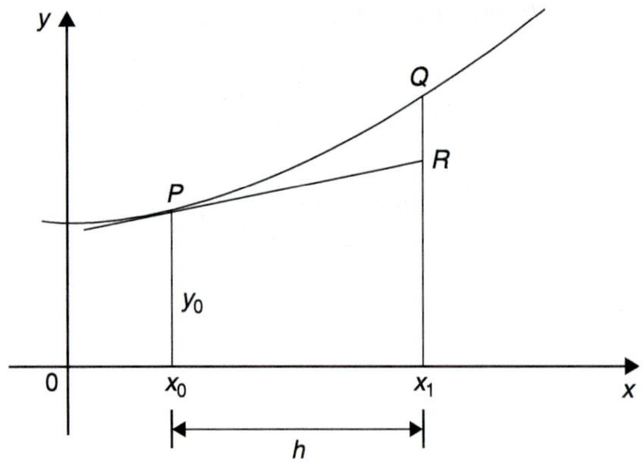

그림 52.9

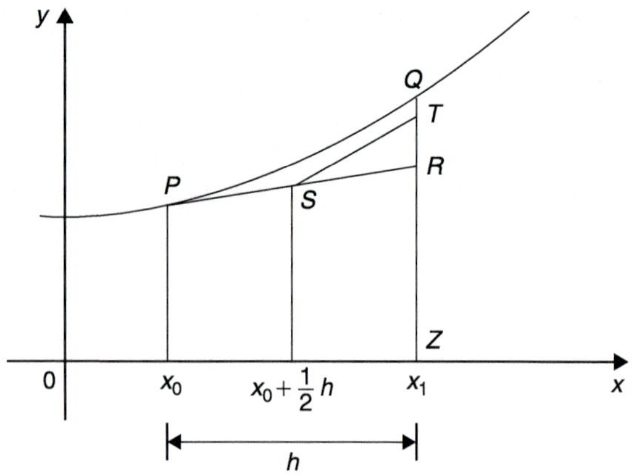

그림 52.10

오일러-코시* **방법**이라 불리는 개선된 오일러 방법은 점 $P(x_0, y_0)$에서의 기울기를 간격의 반(즉, $\frac{h}{2}$) 동안만 사용하고, 그림 52.10의 x_1에서 근사화한 곡선의 기울기를 나머지 반 동안 사용한다.

오일러 방법을 이용하여 예측한 점 R의 y−축 값을 y_{P_1}이라 두자. 즉, y_{P_1}은 RZ의 길이이고

$$\boldsymbol{y_{P_1} = y_0 + h(y')_0} \tag{3}$$

* **오귀스탱 루이 코시(Cauchy)는 누구인가?** **Baron Augustin-Louis Cauchy**(1789년 8월 21일−1857년 5월 23일)는 프랑스 수학자로 해석학(analysis)의 초기 선구자였고, 약 800여 편의 연구논문을 집필하였다. 더 자세한 내용을 원하면 **www.routledge.com/cw/bird**에서 찾을 수 있다.

* **레온하르트 오일러(Euler)는 누구인가?** 레온하르트 오일러의 모습과 약력을 참고하시오. 더 자세한 내용을 원하면 **www.routledge.com/cw/bird**에서 찾을 수 있다.

이다. 그림 52.10을 살펴 보면, 오차 QT는 기본적인 오일러 방법의 오차 QR보다 작기 때문에 오일러-코시 방법으로 계산된 결과의 정확도가 더 좋을 것이다. 개선된 오일러 방법에서 보정된 값 y_{C_1}은

$$\boldsymbol{y_{C_1} = y_0 + \tfrac{1}{2}h[(y')_0 + f(x_1, y_{P_1})]} \tag{4}$$

이다.

다음 예제들은 오일러-코시 방법에서 이용된 식 (3)과 (4)를 어떻게 사용하는지를 확인하기 위한 것이다.

문제 4. 오일러−코시 방법을 이용하여 미분방정식

$$\frac{dy}{dx} = y - x$$

를 푸시오. 범위는 0(0.1)0.5이고 초기 조건은 $x = 0$, $y = 2$이다.

주어진 초기 조건이 $x_0 = 0$, $y_0 = 2$이므로 미분방정식

$$\frac{dy}{dx} = y' = y - x$$

로부터 $(y')_0 = 2 - 0 = 2$이다. 간격이 $h = 0.1$이므로 $x_1 = x_0 + h = 0 + 0.1 = 0.1$이다. 식 (3)으로부터

$$y_{P_1} = y_0 + h(y')_0 = 2 + (0.1)(2) = 2.2$$

이고, 식 (4)로부터

$$\begin{aligned} y_{C_1} &= y_0 + \tfrac{1}{2}h[(y')_0 + f(x_1, y_{P_1})] \\ &= y_0 + \tfrac{1}{2}h[(y')_0 + (y_{P_1} - x_1)] \\ &= 2 + \tfrac{1}{2}(0.1)[2 + (2.2 - 0.1)] = \mathbf{2.205} \end{aligned}$$

$$(y')_1 = y_{C_1} - x_1 = 2.205 - 0.1 = 2.105$$

이다. 오일러 방법에서와 같이 표를 만들면, 표 52.4의 첫째 줄과 둘째 줄이 만들어진다. 둘째 줄의 결과를 x_0, y_0, $(y')_0$로 두고 다음 간격에 계속 적용한다.

표 52.4

	x	y	y'
1.	0	2	2
2.	0.1	2.205	2.105
3.	0.2	2.421025	2.221025
4.	0.3	2.649232625	2.349232625
5.	0.4	2.89090205	2.49090205
6.	0.5	3.147446765	

셋째 줄$(x_1=0.2)$:

$$y_{P_1}=y_0+h(y')_0=2.205+(0.1)(2.105)$$
$$=2.4155$$
$$y_{C_1}=y_0+\tfrac{1}{2}h[(y')_0+f(x_1,y_{P_1})]$$
$$=2.205+\tfrac{1}{2}(0.1)[2.105+(2.4155-0.2)]$$
$$=\mathbf{2.421025}$$
$$(y')_0=y_{C_1}-x_1=2.421025-0.2=2.221025$$

넷째 줄$(x_1=0.3)$:

$$y_{P_1}=y_0+h(y')_0$$
$$=2.421025+(0.1)(2.221025)$$
$$=2.6431275$$
$$y_{C_1}=y_0+\tfrac{1}{2}h[(y')_0+f(x_1,y_{P_1})]$$
$$=2.421025+\tfrac{1}{2}(0.1)[2.221025+(2.6431275-0.3)]$$
$$=\mathbf{2.649232625}$$
$$(y')_0=y_{C_1}-x_1=2.649232625-0.3$$
$$=2.349232625$$

다섯째 줄$(x_1=0.4)$:

$$y_{P_1}=y_0+h(y')_0$$
$$=2.649232625+(0.1)(2.349232625)$$
$$=2.884155887$$
$$y_{C_1}=y_0+\tfrac{1}{2}h[(y')_0+f(x_1,y_{P_1})]$$
$$=2.649232625+\tfrac{1}{2}(0.1)[2.349232625+(2.884155887-0.4)]$$
$$=\mathbf{2.89090205}$$
$$(y')_0=y_{C_1}-x_1=2.89090205-0.4$$
$$=2.49090205$$

여섯째 줄$(x_1=0.5)$:

$$y_{P_1}=y_0+h(y')_0$$
$$=2.89090205+(0.1)(2.49090205)$$
$$=3.139992255$$
$$y_{C_1}=y_0+\tfrac{1}{2}h[(y')_0+f(x_1,y_{P_1})]$$
$$=2.89090205+\tfrac{1}{2}(0.1)[2.49090205+(3.139992255-0.5)]$$
$$=\mathbf{3.147446765}$$

문제 4는 문제 3과 같은 예제이고, 표 52.5는 두 결과를 비교한 것이다. 즉, 표 52.3과 표 52.4의 결과를 비교한 것이다. $\frac{dy}{dx}=y-x$는 51장의 적분인자 방법으로 해석적인 해를 구할 수 있고, 그 해는 $y=x+1+e^x$이다. x에 0, 0.1, 0.2, ...을 대입한 정확한 값을 표 52.5에 나타낸다.

x의 각 값에 대한 각 방법의 백분율 오차는 표 52.6에 나타낸다. 예를 들어, $x=0.3$일 때, 오일러 방법의 %오차는

$$=\left(\frac{\text{참값}-\text{추정값}}{\text{참값}}\right)\times 100\%$$
$$=\left(\frac{2.649858808-2.631}{2.649858808}\right)\times 100\%$$
$$=\mathbf{0.712\%}$$

이고, 오일러–코시 방법의 %오차는

표 52.5

	x	Euler method y	Euler–Cauchy method y	Exact value $y=x+1+e^x$
1.	0	2	2	2
2.	0.1	2.2	2.205	2.205170918
3.	0.2	2.41	2.421025	2.421402758
4.	0.3	2.631	2.649232625	2.649858808
5.	0.4	2.8641	2.89090205	2.891824698
6.	0.5	3.11051	3.147446765	3.148721271

$$= \left(\frac{2.649858808 - 2.649232625}{2.649858808}\right) \times 100\%$$

$$= \mathbf{0.0236\%}$$

이다. 이 오차와 표 52.6에 나타낸 것들을 살펴보면, 오일러-코시 방법이 오일러 방법보다 더 정확한 것을 알 수 있다.

표 52.6

x	Error in Euler method	Error in Euler–Cauchy method
0	0	0
0.1	0.234%	0.00775%
0.2	0.472%	0.0156%
0.3	0.712%	0.0236%
0.4	0.959%	0.0319%
0.5	1.214%	0.0405%

문제 5. 오일러–코시 방법을 이용하여 미분방정식

$$\frac{dy}{dx} = 3(1+x) - y$$

의 수치적 해를 구하시오. 범위는 1.0(0.2)2.0이고, 초기 조건은 $x = 1$, $y = 4$이다.

이는 문제 1과 같은 문제이고, 그 결과 값들을 비교해 본다. 주어진 조건으로부터

$$\frac{dy}{dx} = y' = 3(1+x) - y \quad \text{i.e. } y' = 3 + 3x - y$$

$$x_0 = 1.0, y_0 = 4 \text{ 그리고 } h = 0.2$$

$$(y')_0 = 3 + 3x_0 - y_0 = 3 + 3(1.0) - 4 = 2$$

이다. 식 (3)으로부터 $x_1 = 1.2$에서

$$y_{P_1} = y_0 + h(y')_0 = 4 + 0.2(2) = 4.4$$

$$y_{C_1} = y_0 + \tfrac{1}{2}h[(y')_0 + f(x_1, y_{P_1})]$$

$$= y_0 + \tfrac{1}{2}h[(y')_0 + (3 + 3x_1 - y_{P_1})]$$

$$= 4 + \tfrac{1}{2}(0.2)[2 + (3 + 3(1.2) - 4.4)]$$

$$= \mathbf{4.42}$$

$$(y')_1 = 3 + 3x_1 - y_{P_1} = 3 + 3(1.2) - 4.42 = 2.18$$

이다. 표 52.7의 처음 두 줄이 만들어졌다.

셋째 줄($x_1 = 1.4$):

$$y_{P_1} = y_0 + h(y')_0 = 4.42 + 0.2(2.18) = 4.856$$

$$y_{C_1} = y_0 + \tfrac{1}{2}h[(y')_0 + (3 + 3x_1 - y_{P_1})]$$

$$= 4.42 + \tfrac{1}{2}(0.2)[2.18 + (3 + 3(1.4) - 4.856)]$$

$$= \mathbf{4.8724}$$

$$(y')_1 = 3 + 3x_1 - y_{P_1} = 3 + 3(1.4) - 4.8724$$

$$= 2.3276$$

넷째 줄($x_1 = 1.6$):

$$y_{P_1} = y_0 + h(y')_0 = 4.8724 + 0.2(2.3276)$$

$$= 5.33792$$

$$y_{C_1} = y_0 + \tfrac{1}{2}h[(y')_0 + (3 + 3x_1 - y_{P_1})]$$

$$= 4.8724 + \tfrac{1}{2}(0.2)[2.3276 + (3 + 3(1.6) - 5.33792)]$$

$$= \mathbf{5.351368}$$

$$(y')_1 = 3 + 3x_1 - y_{P_1}$$

$$= 3 + 3(1.6) - 5.351368$$

$$= 2.448632$$

다섯째 줄($x_1 = 1.8$):

$$y_{P_1} = y_0 + h(y')_0 = 5.351368 + 0.2(2.448632)$$

$$= 5.8410944$$

$$y_{C_1} = y_0 + \tfrac{1}{2}h[(y')_0 + (3 + 3x_1 - y_{P_1})]$$

$$= 5.351368 + \tfrac{1}{2}(0.2)[2.448632 + (3 + 3(1.8) - 5.8410944)]$$

$$= \mathbf{5.85212176}$$

$$(y')_1 = 3 + 3x_1 - y_{P_1}$$

$$= 3 + 3(1.8) - 5.85212176$$

$$= 2.54787824$$

여섯째 줄($x_1 = 2.0$):

$$y_{P_1} = y_0 + h(y')_0$$

표 52.7

	x_0	y_0	y'_0
1.	1.0	4	2
2.	1.2	4.42	2.18
3.	1.4	4.8724	2.3276
4.	1.6	5.351368	2.448632
5.	1.8	5.85212176	2.54787824
6.	2.0	6.370739843	

$= 5.85212176 + 0.2(2.54787824)$

$= 6.361697408$

$y_{C_1} = y_0 + \frac{1}{2}h[(y')_0 + (3 + 3x_1 - y_{P_1})]$

$= 5.85212176 + \frac{1}{2}(0.2)[2.54787824$

$+ (3 + 3(2.0) - 6.361697408)]$

$= \mathbf{6.370739843}$

문제 6. 적분인자 방법을 이용하여 문제 5의 미분방정식 $\frac{dy}{dx} = 3(1+x) - y$의 해를 구하면 $y = 3x + e^{1-x}$이다. $x = 1.6$일 때, 오일러 방법과 오일러–코시 방법의 정확도를 소수점 셋째자리까지 비교하시오.

$x = 1.6$일 때, $y = 3x + e^{1-x} = 3(1.6) + e^{1-1.6} = 4.8 + e^{-0.6} = 5.348811636$이다. 표 52.1로부터, 즉, 오일러 방법에 의한 결과로부터 $x = 1.6$일 때, $y = 5.312$이다. 오일러 방법의 %오차는

$$= \left(\frac{5.348811636 - 5.312}{5.348811636}\right) \times 100\%$$

$$= \mathbf{0.688\%}$$

이다. 문제 5의 표 52.7로부터(즉, 오일러-코시 방법의 결과로부터), $x = 1.6$일 때, $y = 5.351368$이므로, 오일러-코시 방법의 %오차는

$$= \left(\frac{5.348811636 - 5.351368}{5.348811636}\right) \times 100\%$$

$$= \mathbf{-0.048\%}$$

이다. $x = 1.6$일 때, 오일러-코시 방법이 오일러 방법보다 더 정확함을 알 수 있다.

+ 이제 다음의 예제들을 풀어보시오.

연습 문제 201 오일러-코시 방법

1. 오일러-코시 방법을 이용하여 미분방정식
$$\frac{dy}{dx} = 3 - \frac{y}{x}$$
의 해를 구하시오. 범위는 1.0(0.1)1.5이고, 초기 조건은 $x = 1$, $y = 2$이다.

2. 문제 1의 미분방정식을 적분인자 방법으로 풀면, 해는 $y = \frac{3}{2}x + \frac{1}{2x}$이다. $x = 1.3$일 때, (a) 오일러 방법, (b) 오일러-코시 방법을 이용하여 백분율 오차를 유효숫자 3자리로 나타내시오.

3. (a) 오일러–코시 방법을 이용하여 미분방정식
$$\frac{dy}{dx} - x = y$$
의 해를 구하시오. 범위는 $x = 0$에서 $x = 0.5$, 간격은 0.1, 초기 조건은 $x = 0$, $y = 1$이다.
(b) (a)에서 다룬 미분방정식의 해는 $y = 2e^x - x - 1$이다. $x = 0.4$일 때, 백분율 오차를 소수점 셋째자리까지 구하시오.

4. 오일러–코시 방법을 이용하여 미분방정식
$$\frac{1}{x}\frac{dy}{dx} + 2y = 1$$
의 해를 구하시오. 범위는 $x = 0(0.2)1.0$이고, 초기 조건은 $x = 0$, $y = 1$이다.

52.5 룽게-쿠타 방법

1차 미분방정식을 풀기 위한 **룽게-쿠타**[*] 방법은 널리 사용되고 있으며, 높은 정확도를 가지고 있다. 앞 절에서 다룬 두

[*] **카를 다비트 톨메 룽게(Runge)는 누구인가?** **Carl David Tolme Runge**(1856–1927)는 독일의 수학자이자 물리학자이며 분광학자(spectroscopist)이다. 수치해석학(numerical analyisis) 분야의 룽게-쿠타법의 공동 개발자이기도 하다. 달의 룽게분화구는 그의 이름을 따라 지어진 것이다. 더 자세한 내용을 원하면 **www.routledge.com/cw/bird**에서 찾을 수 있다.

가지 방법과 마찬가지로 룽게–쿠타 방법도 단계적인 과정을 거쳐 x값에 따른 결과를 표로 만들어 나타낸다. 각 단계마다 몇몇 중간 계산이 필요하지만, 꽤 직접적인 방법이다. 주어진 초기 조건 $x = x_0$, $y = y_0$와 범위 $x = x_0(h)x_n$에서 미분방정식 $\frac{dy}{dx} = f(x, y)$의 해를 구하는 **룽게–쿠타 방법의 과정**은 일곱 단계로 다음과 같다. 증명은 생략한다.

1. x_0, y_0, h와 x_1, x_2, x_3, ...의 값을 확인하시오.
2. $n = 0$일 때, $k_1 = f(x_n, y_n)$을 계산하시오.
3. $k_2 = f\left(x_n + \frac{h}{2}, y_n + \frac{h}{2}k_1\right)$을 계산하시오.
4. $k_3 = f\left(x_n + \frac{h}{2}, y_n + \frac{h}{2}k_2\right)$을 계산하시오.
5. $k_4 = f(x_n + h, y_n + hk_3)$을 계산하시오.
6. 단계 2에서 5까지 결정된 값들을 사용하여 $y_{n+1} = y_n + \frac{h}{6}\{k_1 + 2k_2 + 2k_3 + k_4\}$을 계산하시오.
7. $n = 1, 2, 3, \ldots$에 대하여 단계 2부터 반복하시오.

단계 1은 주어진 조건이고, 단계 2에서 5까지는 단계 6을 위한 중간 과정이다. 계산한 값들을 표로 정리하는 것이 일반적으로 아주 편리하다.

* 마르틴 빌헬름 쿠타(Kutta)는 누구인가? **Martin Wilhelm Kutta**(1867년 11월 3일–1944년 12월 25일)는 상미분방정식(ordinary differential equation)을 풀기 위해 오늘날 유명한 룽게-쿠타법의 학위논문을 작성하였다. 더 자세한 내용을 원하면 **www.routledge.com/cw/bird**에서 찾을 수 있다.

룽게-쿠타 방법을 다음 예제들에서 다루어 본다.

문제 7. 룽게-쿠타 방법을 이용하여 미분방정식

$$\frac{dy}{dx} = y - x$$

의 해를 구하시오. 범위는 0(0.1)0.5이고, 초기 조건은 $x = 0$, $y = 2$이다.

앞에서 언급한 과정에 따라

1. $x_0 = 0$, $y_0 = 2$, 범위가 $x = 0$에서 $x = 0.5$이고 간격이 $h = 0.1$이므로 $x_1 = 0.1$, $x_2 = 0.2$, $x_3 = 0.3$, $x_4 = 0.4$, $x_5 = 0.5$이다.

$n = 0$일 때, y_1을 계산한다.

2. $k_1 = f(x_0, y_0) = f(0, 2)$;
   $\frac{dy}{dx} = y - x$이므로 $f(0, 2) = 2 - 0 = \mathbf{2}$
3. $$k_2 = f\left(x_0 + \frac{h}{2}, y_0 + \frac{h}{2}k_1\right) = f\left(0 + \frac{0.1}{2}, 2 + \frac{0.1}{2}(2)\right) = f(0.05, 2.1) = 2.1 - 0.05 = \mathbf{2.05}$$
4. $$k_3 = f\left(x_0 + \frac{h}{2}, y_0 + \frac{h}{2}k_2\right) = f\left(0 + \frac{0.1}{2}, 2 + \frac{0.1}{2}(2.05)\right) = f(0.05, 2.1025) = 2.1025 - 0.05 = \mathbf{2.0525}$$
5. $$k_4 = f(x_0 + h, y_0 + hk_3) = f(0 + 0.1, 2 + 0.1(2.0525)) = f(0.1, 2.20525) = 2.20525 - 0.1 = \mathbf{2.10525}$$
6. $y_{n+1} = y_n + \frac{h}{6}\{k_1 + 2k_2 + 2k_3 + k_4\}$로부터 $n = 0$일 때,
   $$\mathbf{y_1} = y_0 + \frac{h}{6}\{k_1 + 2k_2 + 2k_3 + k_4\} = 2 + \frac{0.1}{6}\{2 + 2(2.05) + 2(2.0525) + 2.10525\} = 2 + \frac{0.1}{6}\{12.31025\} = \mathbf{2.205171}$$

계산한 결과 값들을 표 52.8의 처음 두 줄에 나타낸다.

$n = 1$일 때, y_2를 계산한다.

2. $k_1 = f(x_1, y_1) = f(0.1, 2.205171)$;
$\frac{dy}{dx} = y - x$이므로 $f(0.1, 2.205171)$
$= 2.205171 - 0.1 = \mathbf{2.105171}$

3. $k_2 = f\left(x_1 + \frac{h}{2}, y_1 + \frac{h}{2}k_1\right)$
$= f\left(0.1 + \frac{0.1}{2}, 2.205171 + \frac{0.1}{2}(2.105171)\right)$
$= f(0.15, 2.31042955)$
$= 2.31042955 - 0.15 = \mathbf{2.160430}$

4. $k_3 = f\left(x_1 + \frac{h}{2}, y_1 + \frac{h}{2}k_2\right)$
$= f\left(0.1 + \frac{0.1}{2}, 2.205171 + \frac{0.1}{2}(2.160430)\right)$
$= f(0.15, 2.3131925) = 2.3131925 - 0.15$
$= \mathbf{2.163193}$

5. $k_4 = f(x_1 + h, y_1 + hk_3)$
$= f(0.1 + 0.1, 2.205171 + 0.1(2.163193))$
$= f(0.2, 2.421490)$
$= 2.421490 - 0.2 = \mathbf{2.221490}$

6. $y_{n+1} = y_n + \frac{h}{6}\{k_1 + 2k_2 + 2k_3 + k_4\}$로부터 $n = 1$ 일 때,

$$\mathbf{y_2} = y_1 + \frac{h}{6}\{k_1 + 2k_2 + 2k_3 + k_4\}$$
$$= 2.205171 + \frac{0.1}{6}\{2.105171 + 2(2.160430) + 2(2.163193) + 2.221490\}$$
$$= 2.205171 + \frac{0.1}{6}\{12.973907\} = \mathbf{2.421403}$$

이 결과는 표 52.8의 세 번째 줄에 있다. 비슷한 방법으로, $y3$, $y4$, $y5$의 계산 결과를 표 52.8의 나머지 줄에 나타낸다. 마이크로소프트사의 엑셀 프로그램과 같은 **스프레드시트**를 이용하여 표를 정리하는 것이 편리하다.

여기서 다룬 문제는 문제 3(오일러 방법)과 문제 4(개선된 오일러 방법)와 같은 것으로 그 결과를 비교해 보자.

51장에서 다룬 적분인자 방법을 이용하여,

미분방정식 $\frac{dy}{dx} = y - x$의 해석적인 해를 구하면

$$y = x + 1 + e^x$$

이다. x에 0, 0.1, 0.2, …, 0.5를 대입하면 정확한 값을 얻는다. 정확한 값과 함께 오일러 방법, 오일러-코시 방법, 룽게-쿠타 방법으로 구한 결과를 비교한 것을 표 52.9에 나타낸다.

표 52.9는 룽게-쿠타 방법이 소수점 다섯째 자리까지 정확하다는 것을 보여준다.

문제 8. 룽게-쿠타 방법을 이용하여 미분방정식

$$\frac{dy}{dx} = 3(1 + x) - y$$

의 수치적 해를 구하시오. 범위는 1.0(0.2)2.0이고, 초기 조건은 $x = 1.0$, $y = 4.0$이다.

앞에서 언급한 과정에 따라

1. $x_0 = 1.0$, $y_0 = 4.0$, 범위가 $x = 1.0$에서 $x = 2.0$이고 간격이 $h = 0.2$이므로 $x_1 = 1.2$, $x_2 = 1.4$, $x_3 = 1.6$, $x_4 = 1.8$, $x_5 = 2.0$이다.

$n = 0$일 때, y_1을 계산한다.

2. $k_1 = f(x_0, y_0) = f(1.0, 4.0)$;
$\frac{dy}{dx} = 3(1 + x) - y$이므로
$f(1.0, 4.0) = 3(1 + 1.0) - 4.0 = \mathbf{2.0}$

3. $k_2 = f\left(x_0 + \frac{h}{2}, y_0 + \frac{h}{2}k_1\right)$
$= f\left(1.0 + \frac{0.2}{2}, 4.0 + \frac{0.2}{2}(2)\right)$
$= f(1.1, 4.2) = 3(1 + 1.1) - 4.2 = \mathbf{2.1}$

표 52.8

n	x_n	k_1	k_2	k_3	k_4	y_n
0	**0**					**2**
1	**0.1**	2.0	2.05	2.0525	2.10525	**2.205171**
2	**0.2**	2.105171	2.160430	2.163193	2.221490	**2.421403**
3	**0.3**	2.221403	2.282473	2.285527	2.349956	**2.649859**
4	**0.4**	2.349859	2.417339	2.420726	2.491932	**2.891824**
5	**0.5**	2.491824	2.566415	2.570145	2.648838	**3.148720**

표 52.9

x	Euler's method y	Euler–Cauchy method y	Runge–Kutta method y	Exact value $y=x+1+e^x$
0	2	2	2	2
0.1	2.2	2.205	2.205171	2.205170918
0.2	2.41	2.421025	2.421403	2.421402758
0.3	2.631	2.649232625	2.649859	2.649858808
0.4	2.8641	2.89090205	2.891824	2.891824698
0.5	3.11051	3.147446765	3.148720	3.148721271

4. $k_3 = f\left(x_0+\frac{h}{2}, y_0+\frac{h}{2}k_2\right)$

$$= f\left(1.0+\frac{0.2}{2}, 4.0+\frac{0.2}{2}(2.1)\right)$$

$$= f(1.1, 4.21)$$

$$= 3(1+1.1)-4.21 = \mathbf{2.09}$$

5. $k_4 = f(x_0+h, y_0+hk_3)$

$$= f(1.0+0.2, 4.1+0.2(2.09))$$

$$= f(1.2, 4.418)$$

$$= 3(1+1.2)-4.418 = \mathbf{2.182}$$

6. $y_{n+1} = y_n+\frac{h}{6}\{k_1+2k_2+2k_3+k_4\}$로부터 $n = 0$ 일 때,

$$\mathbf{y_1} = y_0+\frac{h}{6}\{k_1+2k_2+2k_3+k_4\}$$

$$= 4.0+\frac{0.2}{6}\{2.0+2(2.1)+2(2.09)+2.182\}$$

$$= 4.0+\frac{0.2}{6}\{12.562\} = \mathbf{4.418733}$$

계산한 결과 값들을 표 52.10의 처음 두 줄에 나타낸다.

$n=1$일 때, y_2를 계산한다.

2. $k_1 = f(x_1, y_1) = f(1.2, 4.418733)$;
$\frac{dy}{dx} = 3(1+x)-y$이므로 $f(1.2, 4.418733)$
$= 3(1+1.2)-4.418733 = \mathbf{2.181267}$

3. $k_2 = f\left(x_1+\frac{h}{2}, y_1+\frac{h}{2}k_1\right)$

$$= f\left(1.2+\frac{0.2}{2}, 4.418733+\frac{0.2}{2}(2.181267)\right)$$

$$= f(1.3, 4.636860)$$

$$= 3(1+1.3)-4.636860 = \mathbf{2.263140}$$

4. $k_3 = f\left(x_1+\frac{h}{2}, y_1+\frac{h}{2}k_2\right)$

$$= f\left(1.2+\frac{0.2}{2}, 4.418733+\frac{0.2}{2}(2.263140)\right)$$

$$= f(1.3, 4.645047) = 3(1+1.3)-4.645047$$

$$= \mathbf{2.254953}$$

5. $k_4 = f(x_1+h, y_1+hk_3)$

$$= f(1.2+0.2, 4.418733+0.2(2.254953))$$

$$= f(1.4, 4.869724) = 3(1+1.4)-4.869724$$

$$= \mathbf{2.330276}$$

6. $y_{n+1} = y_n+\frac{h}{6}\{k_1+2k_2+2k_3+k_4\}$로부터 $n = 1$ 일 때,

$$\mathbf{y_2} = y_1+\frac{h}{6}\{k_1+2k_2+2k_3+k_4\}$$

$$= 4.418733+\frac{0.2}{6}\{2.181267+2(2.263140) + 2(2.254953)+2.330276\}$$

$$= 4.418733+\frac{0.2}{6}\{13.547729\} = \mathbf{4.870324}$$

이 결과는 표 52.10의 세 번째 줄에 있다. 비슷한 방법으로, y_3, y_4, y_5의 계산 결과를 표 52.10의 나머지 줄에 나타낸다. 이전의 문제와 마찬가지로, 이러한 표는 **스프레드시트**를 이용하여 정리하는 것이 좋다.

여기서 다룬 문제는 문제 1(오일러 방법)과 문제 5(개선된 오일러 방법)와 같은 것으로 그 결과를 비교해 보자.

51장에서 다룬 적분인자 방법을 이용하여, 미분방정식 $\frac{dy}{dx}=3(1+x)-y$의 해석적인 해를 구하면

$$\mathbf{y = 3x + e^{1-x}}$$

이다. x에 1.0, 1.2, 1.4, ..., 2.0을 대입하면 정확한 값을 얻는다. 정확한 값과 함께 오일러 방법, 오일러-코시 방법, 룽게-쿠타 방법으로 구한 결과를 비교한 것이 표 52.11이다.

표 52.10

n	x_n	k_1	k_2	k_3	k_4	y_n
0	**1.0**					**4.0**
1	**1.2**	2.0	2.1	2.09	2.182	**4.418733**
2	**1.4**	2.181267	2.263140	2.254953	2.330276	**4.870324**
3	**1.6**	2.329676	2.396708	2.390005	2.451675	**5.348817**
4	**1.8**	2.451183	2.506065	2.500577	2.551068	**5.849335**
5	**2.0**	2.550665	2.595599	2.591105	2.632444	**6.367886**

표 52.11에서 **룽게-쿠타 방법이 소수점 넷째자리까지 정확함을 확인할 수 있다.**

$x = 1.6$일 때, 룽게-쿠타 방법의 백분율 오차는

$$\left(\frac{5.348811636 - 5.348817}{5.348811636}\right) \times 100\% = \mathbf{-0.0001\%}$$

이다. 문제 6으로부터, $x = 1.6$일 때 오일러 방법의 백분율 오차는 0.688%이고, 오일러-코시 방법의 백분율 오차는 −0.048%이다. 이 세 가지 방법 중에 룽게-쿠타 방법이 가장 정확하다는 것은 명백하다.

+ 이제 다음의 예제들을 풀어보시오.

연습 문제 202 룽게-쿠타 방법

1. 룽게-쿠타 방법을 이용하여 미분방정식 $\frac{dy}{dx} = 3 - \frac{y}{x}$의 해를 구하시오. 범위는 1.0(0.1)1.5이고, 초기 조건은 $x = 1$, $y = 2$이다.

2. 룽게-쿠타 방법을 이용하여 미분방정식
$$\frac{1}{x}\frac{dy}{dx} + 2y = 1$$
의 수치적 해를 구하시오. 범위는 $x = 0(0.2)1.0$이고, 초기 조건은 $x = 0$, $y = 1$이다.

3. (a) 룽게-쿠타 방법을 이용하여, 초기 조건 $x = 2$, $y = 1$을 가지는 미분방정식 $\frac{dy}{dx} + 1 = -\frac{y}{x}$의 수치적 해를 소수점 여섯째자리까지 구하시오. 범위는 $x = 2.0(0.1)2.5$이다.
   (b) 해석적인 방법을 이용하여 구한 해는 $y = \frac{4}{x} - \frac{x}{2}$일 때, $x = 2.2$에서 백분율 오차를 구하시오.

표 52.11

x	Euler's method y	Euler–Cauchy method y	Runge–Kutta method y	Exact value $y = 3x + e^{1-x}$
1.0	4	4	4	4
1.2	4.4	4.42	4.418733	4.418730753
1.4	4.84	4.8724	4.870324	4.870320046
1.6	5.312	5.351368	5.348817	5.348811636
1.8	5.8096	5.85212176	5.849335	5.849328964
2.0	6.32768	6.370739847	6.367886	6.367879441

복습 테스트 14 1계 미분방정식

이 복습 테스트는 49장부터 52장에서 다룬 내용을 포함한다. 각 문제의 배점은 각 식의 마지막 괄호 안에 나타낸다.

1. 초기 조건 $x = 1$, $y = 2.5$를 가지는 미분방정식 $x\frac{dy}{dx} + x^2 = 5$를 푸시오. (4)

2. 미분방정식 $2xy\frac{dy}{dx} = x^2 + 1$을 만족하고 점 (1, 2)를 지나는 곡선의 방정식을 찾으시오. (5)

3. 저항 R을 거처 커패시터 C에 일정한 전압 E를 공급하여 충전하고 있다. 커패시터 양단의 전압 V에 대한 미분방정식은 다음과 같다.
$$CR\frac{dV}{dt} + V = E$$
   (a) 초기 조건이 $t = 0$, $V = 0$일 때, V에 대한 미분방정식을 푸시오.
   (b) $E = 50$ V, $C = 10\,\mu$F, $R = 200$ kΩ일 때, 시간 $t = 1.2$초에서 커패시터 양단의 전압 V를 계산하시오. (14)

4. 초기 조건이 $x = 1$, $y = 0$일 때, 미분방정식 $4x\frac{dy}{dx} = \frac{x^2 + y^2}{y}$의 해가 $3y^2 = \sqrt{x}\left(\sqrt{x^3} - 1\right)$임을 보이시오. (12)

5. 미분방정식
$$x\cos x\frac{dy}{dx} + (x\sin x + \cos x)y = 1$$
의 해가 $xy = \sin x + k\cos x$임을 보이시오. 여기서 k는 상수이다. (11)

6. (a) 오일러 방법을 이용하여 미분방정식
$$\frac{dy}{dx} = \frac{y}{x} + x^2 - 2$$
의 수치적 해를 구하시오. 초기 조건은 $x = 1$, $y = 3$이고 범위는 $x = 1.0(0.1)1.5$이다.
   (b) 오일러-코시 방법을 이용하여 (a)에서 주어진 미분방정식을 푸시오.
   (c) 적분인자 방법을 이용하여 (a)에서 주어진 미분방정식의 해석적인 해를 찾으시오.
   (d) $x = 1.2$일 때, 두 가지 수치적 방법의 백분율 오차를 유효숫자 세 자리까지 나타내시오. (30)

7. 룽게-쿠타 방법을 이용하여 미분방정식 $\frac{dy}{dx} = \frac{y}{x} + x^2 - 2$를 푸시오. 범위는 1.0(0.1)1.5이고, 초기 조건은 $x = 1$, $y = 3$이다. 결과를 소수점 여섯째 자리까지 나타내시오. (24)

Chapter 53

$a\frac{d^2y}{dx^2}+b\frac{dy}{dx}+cy=0$ 형태의 2계 미분방정식

왜 $a\frac{d^2y}{dx^2}+b\frac{dy}{dx}+cy=0$와 같은 형태의 2계 미분방정식을 이해하는 것이 중요한가?

2계 미분방정식은 공학에서 자주 응용되는 형태이다. 감쇠와 비감쇠 스프링–질량계의 고유진동 해석과 공진 또는 비공진 진동해석이라든지, 또는 모드해석과 시간에 따라 변하는 역학적 하중이나 압력과 풍력, 자기력, 기계적 진동, 해일, 음향, 초음파 진동, 그리고 지지부의 랜덤 이동과 같은 유체력의 가진에 의한 해석들이 이 같은 분야에 포함된다. 이 장에서는 $a\frac{d^2y}{dx^2}+b\frac{dy}{dx}+cy=0$형태의 2계 미분방정식을 풀이하는 과정에 대해서 설명하기로 한다.

이 장에서는 다음 사항에 대해 공부한다.

- 2계 미분방정식에서 보조방정식의 이해
- $a\frac{d^2y}{dx^2}+b\frac{dy}{dx}+cy=0$와 같은 형태의 2계 미분방정식을 풀기

53.1 서론

$a\frac{d^2y}{dx^2}+b\frac{dy}{dx}+cy=0$ 형태의 방정식에서 계수 a, b, c가 상수일 때, 이것을 상수 계수를 가지고 있는 **2계 미분방정식**이라고 한다. 여기서 미분방정식의 우변 항이 0인 경우를 **제차 미분방정식(homogeneous differential equation)**이라 하고, 우변 항이 0이 아닌 경우를 **비제차 미분방정식(non-homogeneous differential equation)**이라고 한다. 2계 미분방정식의 형태를 가지고 있는 공학적 예제들은 매우 많으며, 대표적인 세 가지 예를 들면 다음과 같다.

(i) $L\frac{d^2q}{dt^2}+R\frac{dq}{dt}+\frac{1}{C}q=0$

저항 R과 인덕턴스 L, 그리고 커패시턴스 C를 포함하는 전기회로에서 전하량 q에 대한 식을 나타낸다.

(ii) $m\frac{d^2s}{dt^2}+a\frac{ds}{dt}+ks=0$

역학적 시스템을 정의하는 관계식이며, s는 시간 t초 후 고정점으로부터의 거리이다. 여기서 m은 질량, a는 감쇠 계수, 그리고 k는 스프링 상수를 나타낸다.

(iii) $\frac{d^2y}{dx^2}+\frac{P}{EI}y=0$

하중 P를 받고 있는 길이 l 의 균일 봉이 양 끝단에서 단순지지되어 있을 경우, 봉의 처짐 형상 y를 나타내는 식이다. 여기서, E는 재료의 탄성계수이고 I는 단면 2차모멘트이다.

만일 $\frac{d}{dx}$를 D 그리고, $\frac{d^2}{dx^2}$를 D^2라 놓으면, 앞의 미분방정식을 $(aD^2+bD+c)y=0$와 같이 표현할 수가 있을 것이다. 이 식을 '**D-연산자(D-operator)**' 형태라고 한다.

만일 $y=Ae^{mx}$이면, $\frac{dy}{dx}=Ame^{mx}$이고, $\frac{d^2y}{dx^2}=Am^2e^{mx}$가 된다.

이 값들을 식 $a\frac{d^2y}{dx^2}+b\frac{dy}{dx}+cy=0$에 대입하면,

$$a(Am^2e^{mx})+b(Ame^{mx})+c(Ae^{mx})=0$$

가 되며, 정리하면

$$Ae^{mx}(am^2+bm+c)=0$$

와 같다.

따라서 $(am^2+bm+c)=0$라 가정하면 $y=Ae^{mx}$는 주어진 미분방정식의 해가 되며, $am^2+bm+c=0$를 **보조방정식(auxiliary equation)**이라 한다. 보조방정식이 2차이기 때문에 인수분해를 하거나 2차 대수방정식의 근의 공식을 이용해서 해를 구할 수가 있을 것이다.

보조방정식에서 a, b, c는 실수이므로, 다음과 같은 세 가지 유형으로 분류된다.

(i) $b^2>4ac$일 때, 서로 다른 두 실근

(ii) $b^2=4ac$일 때, 실수 이중근

(iii) $b^2<4ac$일 때, 공액 복소근

53.2 $a\frac{d^2y}{dx^2}+b\frac{dy}{dx}+cy=0$형태의 미분방정식 풀이 과정

(a) 미분방정식 $a\frac{d^2y}{dx^2}+b\frac{dy}{dx}+cy=0$를 $(aD^2+bD+c)y=0$와 같이 나타낸다.

(b) D 대신에 m을 대입하고, m에 대한 보조방정식 $am^2+bm+c=0$의 해를 구한다.

(c) 만일 보조방정식의 해가,

(i) **서로 다른 두 실근**, 즉 $m=\alpha$와 $m=\beta$이면, 일반해는 $\boldsymbol{y=Ae^{\alpha x}+Be^{\beta x}}$이고,

(ii) **실수 이중근**, 즉 $m=\alpha$가 중복이면, 일반해는 $\boldsymbol{y=(Ax+B)e^{\alpha x}}$이며,

(iii) **공액 복소근**, 즉 $m=\alpha\pm j\beta$이면, 일반해는 $\boldsymbol{y=e^{\alpha x}\{A\cos\beta x+B\sin\beta x\}}$가 된다.

(d) 주어진 초기 조건을 대입하면 상수 A와 B가 결정되며, 따라서 미분방정식의 **특수해(particular solution)**를 얻을 수 있다.

53.3절의 실제 예제들에서 얻어진 특수해들의 y, $\frac{dy}{dx}$, 그리고 $\frac{d^2y}{dx^2}$의 표현들을 초기 미분방정식에 대입함으로써 검증될 수 있다.

53.3 $a\frac{d^2y}{dx^2}+b\frac{dy}{dx}+cy=0$형태의 미분방정식에 관한 예제

문제 1. Kirchhoff의 전압법칙(voltage law)을 전기회로에 적용함으로써, 다음과 같은 미분방정식을 얻게 된다.

$$2\frac{d^2y}{dx^2}+5\frac{dy}{dx}-3y=0$$

미분방정식의 일반해를 구하고, 초기 조건이 $x=0$에서 $y=4$와 $\frac{dy}{dx}=9$로 주어졌을 때 특수해를 구하시오.

앞에서 나타낸 풀이과정을 따라서

(a) $2\frac{d^2y}{dx^2}+5\frac{dy}{dx}-3y=0$를 D-연산자 형태로 나타내면 $(2D^2+5D-3)y=0$와 같다. 여기서, $D\equiv\frac{d}{dx}$이다.

(b) D 대신에 m을 대입하면 $2m^2+5m-3=0$와 같은 형태의 보조방정식을 얻게 되며, 인수분해를 하면 $(2m-1)(m+3)=0$가 된다. 따라서 $m=\frac{1}{2}$ 또는 $m=-3$이다.

(c) 보조방정식의 근이 두 개의 서로 다른 실근을 가지므로, **일반해는 $\boldsymbol{y=Ae^{\frac{1}{2}x}+Be^{-3x}}$**이다.

(d) $x=0$일 때, $y=4$이므로

$$4=A+B \qquad (1)$$

이고,

$y=Ae^{\frac{1}{2}x}+Be^{-3x}$이므로,

미분하면 $\frac{dy}{dx}=\frac{1}{2}Ae^{\frac{1}{2}x}-3Be^{-3x}$가 된다.

$x=0$일 때 $\frac{dy}{dx}=9$이므로,

즉, $$9=\frac{1}{2}A-3B \qquad (2)$$

가 된다.

따라서 연립방정식 (1)과 (2)를 풀면 $A=6$, $B=-2$이므로,

특수해는 $\boldsymbol{y=6e^{\frac{1}{2}x}-2e^{-3x}}$이다.

문제 2. $9\frac{d^2y}{dt^2}-24\frac{dy}{dt}+16y=0$의 일반해를 구하고, 초기 조건이 $t=0$일 때 $y=\frac{dy}{dt}=3$으로 주어졌을 때, 특수해를 또한 구하시오.

53.2절의 풀이 과정을 따라서,

(a) $9\frac{d^2y}{dt^2}-24\frac{dy}{dt}+16y=0$에서 D-연산자 형태는 $(9D^2-24D+16)y=0$와 같다. 여기서, $D\equiv\frac{d}{dt}$이다.

(b) D 대신에 m을 대입하면 $9m^2-24m+16=0$와 같은 형태의 보조방정식을 얻게 되며,

인수분해를 하면 $(3m-4)(3m-4)=0$이므로 $m=\frac{4}{3}$의 이중근을 갖게 된다.

(c) 보조방정식의 해가 실수 이중근이므로, 일반해는 $\boldsymbol{y=(At+B)e^{\frac{4}{3}t}}$이다.

(d) $t=0$일 때 $y=0$이므로, $3=(0+B)e^0$이므로, $B=3$이다.

또한, $y=(At+B)e^{\frac{4}{3}t}$이므로 미분하면 연쇄법칙에 의해 $\frac{dy}{dt}=(At+B)\left(\frac{4}{3}e^{\frac{4}{3}t}\right)+Ae^{\frac{4}{3}t}$가 된다.

$t=0$일 때, $\frac{dy}{dt}=3$이므로 $3=(0+B)\frac{4}{3}e^0+Ae^0$이며,

즉, $3=\frac{4}{3}B+A$이다.

$B=3$이므로 이 관계식으로부터 $A=-1$을 얻게 된다.

따라서 특수해는 $\boldsymbol{y=(-t+3)e^{\frac{4}{3}t}}$ 또는 $\boldsymbol{y=(3-t)e^{\frac{4}{3}t}}$이다.

문제 3. $\frac{d^2y}{dx^2}+6\frac{dy}{dx}+13y=0$와 같은 미분방정식의 일반해를 구하고, 초기 조건이 $x=0$에서 $y=3$과 $\frac{dy}{dx}=7$로 주어졌을 때 특수해를 구하시오.

53.2절의 풀이과정을 따라서,

(a) $\frac{d^2y}{dx^2}+6\frac{dy}{dx}+13y=0$에서 D-연산자 형태는 $(D^2+6D+13)y=0$와 같다. 여기서, $D\equiv\frac{d}{dx}$이다.

(b) D 대신에 m을 대입하면 $m^2+6m+13=0$와 같은 형태의 보조방정식을 얻게 되며,

2차 방정식의 근의 공식을 사용하면,

$$m=\frac{-6\pm\sqrt{[(6)^2-4(1)(13)]}}{2(1)}$$
$$=\frac{-6\pm\sqrt{(-16)}}{2}$$

즉,

$$m=\frac{-6\pm j4}{2}=-3\pm j2\text{이다.}$$

(c) 보조방정식의 해가 복소근을 가지므로 **일반해는 $\boldsymbol{y=e^{-3x}(A\cos 2x+B\sin 2x)}$이다.**

(d) 초기조건이 $x=0$에서 $y=3$이므로, 대입하면 $3=e^0(A\cos 0+B\sin 0)$, 즉 $A=3$이다.

그리고 $y=e^{-3x}(A\cos 2x+B\sin 2x)$를 미분하면 다음과 같다.

$$\frac{dy}{dx}=e^{-3x}(-2A\sin 2x+2B\cos 2x)$$
$$-3e^{-3x}(A\cos 2x+B\sin 2x)$$
$$=e^{-3x}[(2B-3A)\cos 2x$$
$$-(2A+3B)\sin 2x]$$

$x=0$일 때, $\frac{dy}{dx}=7$이므로

$$7=e^0[(2B-3A)\cos 0-(2A+3B)\sin 0]$$

즉, $7=2B-3A$이다.

따라서 $A=3$이므로, $B=8$이므로, 일반해는

$\boldsymbol{y=e^{-3x}(3\cos 2x+8\sin 2x)}$이다.

19장으로부터 $a\cos\omega t+b\sin\omega t=R\sin(\omega t+\alpha)$로 표현할 수 있으며, 여기서, $R=\sqrt{(a^2+b^2)}$이고 $\alpha=\tan^{-1}\frac{a}{b}$이다.

따라서

$$3\cos 2x+8\sin 2x$$
$$=\sqrt{(3^2+8^2)}\sin(2x+\tan^{-1}\tfrac{3}{8})$$
$$=\sqrt{73}\sin(2x+20.56°)$$
$$=\sqrt{73}\sin(2x+0.359)$$

이므로, **일반해는**

$\boldsymbol{y=\sqrt{73}e^{-3x}\sin(2x+0.359)}$가 된다.

+ 이제 다음의 예제들을 풀어보시오.

연습 문제 203 $a\frac{d^2y}{dx^2}+b\frac{dy}{dx}+cy=0$형태의 2계 미분방정식

문제 1~3에서 다음 미분방정식들의 일반해를 구하시오.

1. $6\frac{d^2y}{dt^2}-\frac{dy}{dt}-2y=0$
2. $4\frac{d^2\theta}{dt^2}+4\frac{d\theta}{dt}+\theta=0$
3. $\frac{d^2y}{dx^2}+2\frac{dy}{dx}+5y=0$

문제 4~9에서 주어진 초기 조건들에 대해서, 다음 미분방정식들의 특수해를 구하시오.

4. $6\frac{d^2y}{dx^2}+5\frac{dy}{dx}-6y=0$; $x=0$ 일 때, $y=5$ 그리고 $\frac{dy}{dx}=-1$

5. $4\frac{d^2y}{dt^2}-5\frac{dy}{dt}+y=0$, $t=0$일 때, $y=1$ 그리고 $\frac{dy}{dt}=-2$
6. $(9D^2+30D+25)y=0$, 여기서 $D\equiv\frac{d}{dx}$일 때, $y=0$ 그리고 $\frac{dy}{dx}=2$
7. $\frac{d^2x}{dt^2}-6\frac{dx}{dt}+9x=0$, $t=0$일 때, $x=2$ 그리고 $\frac{dx}{dt}=0$
8. $\frac{d^2y}{dx^2}+6\frac{dy}{dx}+13y=0$, $x=0$일 때, $y=4$ 그리고 $\frac{dy}{dx}=0$
9. $(4D^2+20D+125)\theta=0$, 여기서 $D\equiv\frac{d}{dt}$; $t=0$ 일 때, $\theta=3$ 그리고 $\frac{d\theta}{dt}=2.5$

53.4 $a\frac{d^2y}{dx^2}+b\frac{dy}{dx}+cy=0$형태의 미분방정식에 관한 실전 예제

문제 4. 스프링의 끝단에 매달려 있는 물체의 운동방정식은 다음과 같이 표현된다.

$$\frac{d^2x}{dt^2}+100x=0$$

여기서, x는 시간 t초 후 평형위치로부터 물체의 위치이다.

$t=0$일 때, $x=2\,\text{m}$ 그리고 $\frac{dx}{dt}=0$로 주어져 있을 때, x를 t의 함수로 나타내시오.

$\frac{d^2x}{dt^2}+m^2x=0$형태의 방정식은 단순조화운동(SHM; Simple Harmonic Motion)을 나타내는 미분방정식이다.
53.2절의 풀이과정을 따라서,

(a) $\frac{d^2x}{dt^2}+100x=0$를 D-연산자 형태로 나타내면 $(D^2+100)x=0$와 같다.

(b) 보조방정식은 $m^2+100=0$이며, 따라서 $m^2=-100$ 또는 $m=\sqrt{(-100)}$이므로 $m=\pm j10$이다.

(c) 보조방정식의 근이 복소수이므로, 일반해는

$x=e^0(A\cos 10t+B\sin 10t)$와 같으며,

즉, $\boldsymbol{x=(A\cos 10t+B\sin 10t)}$ (m)가 된다.

(d) 초기 조건이 $t=0$일 때, $x=2$이므로, $2=A$이다.

$\frac{dx}{dt}=-10A\sin 10t+10B\cos 10t$이며,
$t=0$일 때 $\frac{dx}{dt}=0$이므로 $0=-10A\sin 0+10B\cos 0$ 이 되며, 즉 $B=0$가 된다.
따라서, 특수해는 $\boldsymbol{x=2\cos 10t}$ (m)이다.

문제 5. 미분방정식이 $\frac{d^2V}{dt^2}=\omega^2V$에서 ω는 일정하고, 초기조건이 $t=0$일 때, $V=2$ 그리고 $\frac{dV}{dt}=3\omega$로 주어져 있을 때, 그 미분방정식의 해는 $V=7\cosh\omega t+3\sinh\omega t$와 같이 표현될 수 있음을 보이시오.

53.2절의 풀이과정을 따라서,

(a) $\frac{d^2V}{dt^2}=\omega^2V$로 부터 $\frac{d^2V}{dt^2}-\omega^2V=0$이 되므로, D-연산자 형태로 나타내면 $(D^2-\omega^2)V=0$와 같다.
여기서, $D\equiv\frac{d}{dx}$이다.

(b) 보조방정식은 $m^2-\omega^2=0$이므로, $m^2=\omega^2$ 즉, $m=\pm\omega$이다.

(c) 보조방정식의 해가 서로 다른 두 실근을 가지므로 **일반해**는 $\boldsymbol{V=Ae^{\omega t}+Be^{-\omega t}}$이다.

(d) 초기 조건이 $t=0$일 때, $V=7$이므로

$$7=A+B \qquad (1)$$

그리고 $\frac{dV}{dt}=A\omega e^{\omega t}-B\omega e^{-\omega t}$에서 $t=0$ 일 때, $\frac{dV}{dt}=3\omega$이므로 $3\omega=A\omega-B\omega$ 즉,

$$3=A-B \qquad (2)$$

이다.
연립방정식 (1)과 (2)로부터 $A=5$, $B=2$가 된다.
따라서 **특수해**는 $\boldsymbol{V=5e^{\omega t}+2e^{-\omega t}}$이다.
$\sinh\omega t=\frac{1}{2}(e^{\omega t}-e^{-\omega t})$ 그리고
$\cosh\omega t=\frac{1}{2}(e^{\omega t}+e^{-\omega t})$이므로 16장으로부터
$\sinh\omega t+\cosh\omega t=e^{\omega t}$
$\cosh\omega t-\sinh\omega t=e^{-\omega t}$이다.

따라서 특수해는

$$V=5(\sinh\omega t+\cosh\omega t)+2(\cosh\omega t-\sinh\omega t)$$

이므로

$$V=(5+2)\cosh\omega t+(5-2)\sinh\omega t$$

즉, $\boldsymbol{V=7\cosh\omega t+3\sinh\omega t}$가 된다.

문제 6. 미분방정식 $\frac{d^2i}{dt^2}+\frac{R}{L}\frac{di}{dt}+\frac{1}{LC}i=0$는 저항 R과 인덕턴스 L, 그리고 커패시턴스 C가 직렬로 연결된 전기회로 내에 흐르는 전류 i를 나타내는 식이다. 만일 $R=200$ ohms, $L=0.2$ henry, 그리고 $C=20\times10^{-6}$ farads일 경우,ᄐ 초기 조건이 $t=0$ 에서, $i=0$ 그리고 $\frac{di}{dt}=100$으로 주어져 있을 때 전류 i에 대한 미분방정식을 푸시오.

53.2절의 풀이과정을 따라서

(a) $\frac{d^2i}{dt^2}+\frac{R}{L}\frac{di}{dt}+\frac{1}{LC}i=0$를 D-연산자 형태로 나타내면

$\left(D^2+\frac{R}{L}D+\frac{1}{LC}\right)i=0$와 같다.

여기서, $D\equiv\frac{d}{dt}$이다.

(b) 보조방정식은 $m^2+\frac{R}{L}m+\frac{1}{LC}=0$이므로,

$$m=\frac{-\frac{R}{L}\pm\sqrt{\left[\left(\frac{R}{L}\right)^2-4(1)\left(\frac{1}{LC}\right)\right]}}{2}\text{이다.}$$

$r=200$, $L=0.2$, 그리고 $C=20\times10^{-6}$를 대입하면

$$m=\frac{-\frac{200}{0.20}\pm\sqrt{\left[\left(\frac{200}{0.20}\right)^2-\frac{4}{(0.20)(20\times10^{-6})}\right]}}{2}$$

$$=\frac{-1000\pm\sqrt{0}}{2}=-500\text{이 된다.}$$

(c) 보조방정식의 해가 실수 이중근을 가지므로 (즉, 2계 미분방정식은 반드시 두 개의 해를 가지고 있어야 하므로 −500이 두 개다.) **일반해**는 $\boldsymbol{i=(At+B)e^{-500t}}$와 같이 표현된다.

(d) $t=0$일 때 $i=0$이므로 $B=0$이다.

연쇄법칙에 의해

$\frac{di}{dt}=(At+B)(-500e^{-500t})+(e^{-500t})(A)$이며,

$t=0$에서, $\frac{di}{dt}=100$이므로 $100=-500B+A$가 되며, $B=0$이므로, $A=100$이 된다.

따라서 **특수해**는 $\boldsymbol{i=100te^{-500t}}$이다.

문제 7. 감쇠특성이 큰 진자의 진동은 $\frac{d^2x}{dt^2}+6\frac{dx}{dt}+8x=0$와 같은 미분방정식을 만족한다. 여기서 x는 시간 t초 후의 진자의 위치를 나타낸다. 초기 위치가 +4 cm이고 초기 속도 (즉, $\frac{dx}{dt}$)가 8 cm/sec인 경우, x에 대한 미분방정식을 풀어라.

53.2절의 풀이과정을 따라서

(a) $\frac{d^2x}{dt^2}+6\frac{dx}{dt}+8x=0$를 D-연산자 형태로 나타내면 $(D^2+6D+8)x=0$와 같다. 여기서, $D\equiv\frac{d}{dt}$이다.

(b) 보조방정식은 $m^2+6m+8=0$이므로 인수분해하면 $(m+2)(m+4)=0$이 되며, 이것으로부터 $m=-2$ 또는 $m=-4$를 얻을 수 있다.

(c) 보조방정식의 해는 서로 다른 두 실근을 가지고 있으므로, **일반해**는 $\boldsymbol{x=Ae^{-2t}+Be^{-4t}}$이다.

(d) 초기 변위는 $t=0$에서의 위치를 의미하므로, 이 경우 $x=4$이다.

따라서

$$4=A+B \qquad (1)$$

이고, 속도는 $\frac{dx}{dt}=-2Ae^{-2t}-4Be^{-4t}$이므로,

$t=0$일 때 $\frac{dx}{dt}=8$ cm/s를 대입하면

$$8=-2A-4B \qquad (2)$$

가 된다.

식 (1)과 (2)로부터 $A=12$와 $B=-8$을 얻는다.

따라서 특수해는 $x=12e^{-2t}-8e^{-4t}$

즉, **변위** $\boldsymbol{x=4(3e^{-2t}-2e^{-4t})}$ **cm**가 된다.

+ 이제 다음의 예제들을 풀어보시오.

연습 문제 204 $a\frac{d^2y}{dx^2}+b\frac{dy}{dx}+cy=0$ 형태의 2계 미분방정식

1. 어떤 전기회로에서 콘덴서의 전하량 q는 $\frac{d^2q}{dt^2}+4\frac{dq}{dt}+5q=0$와 같은 미분방정식을 만족하고 있다. 초기 (즉, $t=0$)에는 $q=Q$이고 $\frac{dq}{dt}=0$일 때, 전기회로에 흐르는 전하량 q가 $q=\sqrt{5}Qe^{-2t}\sin(t+0.464)$와 같이 표현됨을 보이시오.

2. 어떤 물체가 직선을 따라 운동할 때, 시간 t초 후 원점으로부터의 위치 s는 $\frac{d^2s}{dt^2}+a^2s=0$로 나타내며, 여기서 a는 임의의 상수이다. $t=\frac{2\pi}{a}$일 때 $s=c$이고 $\frac{ds}{dt}=0$로 주어져 있을 경우, s에 대해서 미분방정식을 푸시오.

3. 검류계(galvanometer) 바늘의 운동은 평형위치에 대해서 방정식 $I\frac{d^2\theta}{dt^2}+K\frac{d\theta}{dt}+F\theta=0$에 의해 표현된다. 만일 회전중심에 대해서 바늘의 관성모멘트 I가 5×10^{-3}이고, 단위 각가속도에서 마찰로 인한 저항 K가 2×10^{-2}, 그리고 단위 변위를 일으키기 위해서 필요로 하는 스프링에 작용하는 힘 F가 0.20일 경우, 초기 조건 $t=0$일 때, $\theta=0.3$ 그리고 $\frac{d\theta}{dt}=0$로 주어져 있을 때 t의 항으로 θ에 대한 미분방정식을 푸시오.

4. 임계 감쇠진동을 나타내는 미분방정식 $\frac{d^2x}{dt^2}+2n\frac{dx}{dt}+n^2x=0$에서 $t=0$일 때, $x=s$ 그리고 $\frac{dx}{dt}=u$로 주어져 있을 경우, x에 대한 표현을 나타내시오.

5. $L\frac{d^2i}{dt^2}+R\frac{di}{dt}+\frac{1}{C}i=0$는 전기회로에서 전류 i를 나타내는 방정식이다. 만일 인덕턴스 L이 0.25 henry, 커패시턴스 C가 29.76×10^{-6} farads, 그리고 저항 R이 250 ohms일 경우, 전류 i에 대한 미분방정식을 푸시오.

   초기 조건은 $t=0$에서, $i=0$ 그리고 $\frac{di}{dt}=34$이다.

6. 감쇠기구 시스템에서 물체에 외력이 작용하지 않을 경우 변위 s는 다음 미분방정식을 만족하며,

$$2\frac{d^2s}{dt^2}+6\frac{ds}{dt}+4.5s=0$$

   여기서, t는 시간을 나타낸다. 만일 초기에 즉, $t=0$일 때, $s=0$ 그리고 $\frac{ds}{dt}=4$로 주어져 있을 경우, t의 항으로 s에 대한 미분방정식을 푸시오.

Chapter 54

$a\frac{d^2y}{dx^2}+b\frac{dy}{dx}+cy=f(x)$ 형태의 2계 미분방정식

$a\frac{d^2y}{dx^2}+b\frac{dy}{dx}+cy=f(x)$ 형태의 2계 미분방정식을 이해하는 것이 왜 중요한가?

2계 미분방정식은 공학에서 자주 응용되는 형태이다. 미분방정식들은 차량동역학, 타이어 역학, 공력, 소음, 속도제어를 포함하는 능동제어 시스템, 엔진성능과 배기가스 규제, 온도 조절기, ABS 제어 시스템, 에어백 전개 시스템, 빌딩과 교량 그리고 댐의 구조 동역학, 지진과 풍력 공학, 산업 공정제어, 자동화 시스템(로봇)의 제어와 작동, 전기발전기, 위성계의 궤도역학, 전기장치(컴퓨터 칩을 포함해서)로부터의 열전달, 경제 체계, 기관계, 화학계 등과 같은 중요한 분야들에 있어서 기본적 지배방정식을 나타낸다.

이 장에서는 $a\frac{d^2y}{dx^2}+b\frac{dy}{dx}+cy=f(x)$와 같은 형태의 2계 미분방정식에서 여러 다른 함수 $f(x)$들에 대한 풀이 과정에 대해서 설명하기로 한다.

이 장에서는 다음 사항에 대해 공부한다.

- 2계 미분방정식의 여함수와 특수적분에 대한 이해
- $a\frac{d^2y}{dx^2}+b\frac{dy}{dx}+cy=f(x)$와 같은 형태의 2계 미분방정식을 풀기. 여기서 $f(x)$는 상수나 다항함수, 지수함수, 사인과 코사인함수, 또는 이것들의 합이나 곱의 형태

54.1 여함수와 특수적분

미분방정식

$$a\frac{d^2y}{dx^2}+b\frac{dy}{dx}+cy=f(x) \qquad (1)$$

에서, $y=u+v$를 대입하면, 아래 식과 같이 된다.

$$a\frac{d^2(u+v)}{dx^2}+b\frac{d(u+v)}{dx}+c(u+v)=f(x)$$

이것을 재배열하면 다음과 같다.

$$\left(a\frac{d^2u}{dx^2}+b\frac{du}{dx}+cu\right)+\left(a\frac{d^2v}{dx^2}+b\frac{dv}{dx}+cv\right)=f(x)$$

여기서,

$$a\frac{d^2v}{dx^2}+b\frac{dv}{dx}+cv=f(x) \qquad (2)$$

와 같이 놓으면,

$$a\frac{d^2u}{dx^2}+b\frac{du}{dx}+cu=0 \qquad (3)$$

이 된다.

식 (3)의 일반해, u는 식 (1)의 일반해에서 필요한 두 개 미지의 상수를 포함하게 될 것이다. 식 (3)의 해를 구하는 방법은 53장에서 이미 나타내었다. 여기서 함수 u를 **여함수 (C.F.; Complementary Function)**라고 한다.

만일 식 (2)의 특수해, v가 어떤 미지의 상수들도 포함하지 않고 결정될 수 있다면, $y=u+v$는 식 (1)의 일반해가 될 것이다. 여기서 함수 v를 **특수적분(P.I.; Particular Integral)**이라고 부른다.
따라서 식 (1)의 일반해는 다음과 같이 표현된다.

$$y = \text{C.F.} + \text{P.I.}$$

54.2 $a\frac{d^2y}{dx^2}+b\frac{dy}{dx}+cy=f(x)$형태의 미분방정식 풀이 과정

(i) 주어진 미분방정식을 $(aD^2+bD+c)y=f(x)$와 같은 형태로 다시 써라.

(ii) D 대신에 m을 대입해서, m에 대한 보조방정식 $am^2+bm+c=0$를 풀이한다.

(iii) 53.2절의 (c)에서와 같은 풀이 과정을 따라서, 여함수 u를 얻는다.

(iv) 특수적분 v를 결정하기 위해서, 먼저 주어진 $f(x)$의 형태에 따라서 미정계수를 포함하는 특수적분을 가정한다. 표 54.1은 여러 $f(x)$의 함수 형태에 따른 몇 가지 제안된 특수적분들을 나타낸 것이다.

(v) 가정한 특수 적분(P.I.)를 미분방정식 $(aD^2+bD+c)v=f(x)$에 대입한 후, 상수들을 구하기 위해서 대응하는 계수들을 같게 놓는다.

(vi) 일반해는 다음과 같이 주어진다.
$y=\text{C.F.}+\text{P.I.}$ 즉, $y=u+v$

(vii) 주어진 경계조건들을 적용해서 C.F.에 포함된 임의의 상수들을 결정할 수가 있으며, 따라서 미분방정식의 특수해를 얻을 수 있다.

54.3 $a\frac{d^2y}{dx^2}+b\frac{dy}{dx}+cy=f(x)$형태의 미분방정식에서 $f(x)$가 상수 또는 다항식인 경우

문제 1. 다음 미분방정식을 푸시오.

$$\frac{d^2y}{dx^2}+\frac{dy}{dx}-2y=4$$

54.2절의 풀이 과정을 사용하면,

(i) $\frac{d^2y}{dx^2}+\frac{dy}{dx}-2y=4$의 'D-연산자' 형태는

표 54.1 여러 함수들에 대한 특수적분의 형태

형태	간단한 예 특수적분으로 시도해 보아라.	문제가 되는 경우 특수적분으로 시도해 보아라.	예제 문제
(a) $f(x)=$ 상수	$v=k$	$v=kx$ (C.F.가 상수를 포함할 때 사용)	1, 2
(b) $f(x)=$ 다항식 (즉, $f(x)=L+Mx+Nx^2+\cdots$ 임의의 계수들이 0이 될 수도 있다)	$v=a+bx+cx^2+\cdots$		3
(c) $f(x)=$ 지수함수 (즉 $f(x)=Ae^{ax}$)	$v=ke^{ax}$	(i) $v=kxe^{ax}$ (C.F.에 e^{ax}가 있을 때 사용)	4, 5
		(ii) $v=kx^2e^{ax}$ (C.F.에 e^{ax}와 xe^{ax}가 있을 때 사용)	6
(d) $f(x)=$ 사인 또는 코사인 함수 (즉, $f(x)=a\sin px+b\cos px$, 여기서, a또는 b가 0이 될 수도 있다.)	$v=A\sin px+B\cos px$	$v=x(A\sin px+B\cos px)$ (C.F.에 $\sin px$ 또는 $\cos px$가 있을 때 사용)	7, 8
(e) $f(x)=$ 합 예제			9
(i) $f(x)=4x^2-3\sin 2x$	(i) $v=ax^2+bx+c+d\sin 2x+e\cos 2x$		
(ii) $f(x)=2-x+e^{3x}$	(ii) $v=ax+b+ce^{3x}$		
(f) $f(x)=$ 곱 예제 $f(x)=2e^x\cos 2x$	$v=e^x(A\sin 2x+B\cos 2x)$		10

$(D^2+D-2)y=4$이다.

(ii) D 대신에 m을 대입하면, 보조방정식은 $m^2+m-2=0$를 얻게 된다. 인수분해를 하면 $(m-1)(m+2)=0$와 같이 되며, 따라서 $m=1$ 또는 $m=-2$이다.

(iii) 보조방정식의 해는 서로 다른 두 개의 실근을 가지고 있으므로, C.F.는 $\boldsymbol{u=Ae^x+Be^{-2x}}$이다.

(iv) 주어진 방정식의 우변항이 상수, 즉 $f(x)=4$이므로 P.I.도 또한 상수 즉, $v=k$(표 54.1(a) 참조)로 놓자.

(v) $(D^2+D-2)v=4$에 $v=k$를 대입하면 $(D^2+D-2)k=4$이 된다. $D(k)=0$이고 $D^2(k)=0$이기 때문에, $-2k=4$가 되며, 이것으로부터 $k=-2$가 된다. 즉, P.I., $\boldsymbol{v=-2}$이다.

(vi) 일반해는 $y=u+v$로 주어지므로, $\boldsymbol{y=Ae^x+Be^{-2x}-2}$이다.

문제 2. $\frac{d^2y}{dx^2}-3\frac{dy}{dx}=9$ 미분방정식의 특수해를 다음 경계 조건들을 사용해서 구하시오. $x=0$일 때, $y=0$이고 $\frac{dy}{dx}=0$이다.

54.2절의 풀이 과정을 사용하면,

(i) $\frac{d^2y}{dx^2}-3\frac{dy}{dx}=9$의 D-연산자 형태는 $(D^2-3D)y=9$이다.

(ii) D 대신에 m을 대입하면 보조방정식은 $m^2-3m=0$이 된다. 인수분해를 하면 $m(m-3)=0$이므로, $m=0$ 또는 $m=3$이다.

(iii) 보조방정식의 근은 두 개의 서로 다른 실근을 가지고 있으므로, C.F., $u=Ae^0+Be^{3x}$ 즉, $\boldsymbol{u=A+Be^{3x}}$이다.

(iv) C.F.가 상수(A)를 포함하고 있으므로, P.I. $v=kx$ (표 54.1(a))로 놓는다.

(v) $v=kx$를 $(D^2-3D)v=9$에 대입하면 $(D^2-3D)kx=9$이 된다. $D(kx)=k$이고 $D^2(kx)=0$이므로, $(D^2-3D)kx=0-3k=9$이며, 이것으로부터 $k=-3$이 된다. 따라서 P.I., $\boldsymbol{v=-3x}$이다.

(vi) 일반해는 $y=u+v$이므로, 즉 $\boldsymbol{y=A+Be^{3x}-3x}$이다.

(vii) $x=0$일 때, $y=0$이므로 $0=A+Be^0-0$,

$$0=A+B \qquad (1)$$

이고,

$\frac{dy}{dx}=3Be^{3x}-3$에서 $x=0$일 때, $\frac{dy}{dx}=0$이므로, $0=3Be^0-3$ 즉, $B=1$이며, 식 (1)로부터 $A=-1$이 된다.

따라서 특수해는 $y=-1+1e^{3x}-3x$,

즉, $\boldsymbol{y=e^{3x}-3x-1}$이다.

문제 3. 미분방정식을 푸시오.

$$2\frac{d^2y}{dx^2}-11\frac{dy}{dx}+12y=3x-2$$

54.2절의 풀이 과정을 사용하면,

(i) $2\frac{d^2y}{dx^2}-11\frac{dy}{dx}+12y=3x-2$의 D-연산자 형태는 $(2D^2-11D+12)y=3x-2$이다.

(ii) D 대신에 m을 대입하면 보조방정식은 $2m^2-11m+12=0$이 된다. 인수분해를 하면 $(2m-3)(m-4)=0$이므로, $m=\frac{3}{2}$ 또는 $m=4$이다.

(iii) 보조방정식의 근은 두 개의 서로 다른 실근을 가지고 있으므로, C.F., $\boldsymbol{u=Ae^{\frac{3}{2}x}+Be^{4x}}$이다.

(iv) $f(x)=3x-2$는 다항식이므로, P.I., $v=ax+b$(표 54.1(b))로 놓자.

(v) $(2D^2-11D+12)v=3x-2$에 $v=ax+b$를 대입하면

$$(2D^2-11D+12)(ax+b)=3x-2,$$

즉, $2D^2(ax+b)-11D(ax+b)+12(ax+b)=3x-2$

이므로,

$$0-11a+12ax+12b=3x-2$$

가 된다.

x에 대한 계수들을 같게 놓으면 $12a=3$, 즉 $a=\frac{1}{4}$이다.

그리고 상수항을 서로 같게 놓으면 $-11a+12b=-2$, $-11\left(\frac{1}{4}\right)+12b=-2$이므로 $12b=-2+\frac{11}{4}=\frac{3}{4}$,

즉, $b=\frac{1}{16}$이다.

따라서 P.I., $\boldsymbol{v=ax+b=\frac{1}{4}x+\frac{1}{16}}$이다.

(vi) 일반해는 $y=u+v$이므로, 즉,

$$\boldsymbol{y=Ae^{\frac{3}{2}x}+Be^{4x}+\frac{1}{4}x+\frac{1}{16}}\text{이다.}$$

+ 이제 다음의 예제들을 풀어보시오.

연습 문제 205 $a\frac{d^2y}{dx^2}+b\frac{dy}{dx}+cy=f(x)$ 형태의 2계 미분방정식에서 $f(x)$가 상수 또는 다항식인 경우

문제 1~2 다음 미분방정식들의 일반해를 구하시오.

1. $2\frac{d^2y}{dx^2}+5\frac{dy}{dx}-3y=6$
2. $6\frac{d^2y}{dx^2}+4\frac{dy}{dx}-2y=3x-2$

문제 3~4 아래 주어진 미분방정식들의 특수해를 구하시오.

3. $3\frac{d^2y}{dx^2}+\frac{dy}{dx}-4y=8$, $x=0$일 때, $y=0$, $\frac{dy}{dx}=0$
4. $9\frac{d^2y}{dx^2}-12\frac{dy}{dx}+4y=3x-1$; $x=0$일 때, $y=0$, $\frac{dy}{dx}=-\frac{4}{3}$
5. 시간 t에서 전기회로 내의 전하량 q는 $L\frac{d^2q}{dt^2}+R\frac{dq}{dt}+\frac{1}{C}q=E$를 만족한다.
   여기서 L, R, C, E는 상수들이다. $L=2\text{H}$, $C=200\times10^{-6}\text{ F}$, $E=250\text{V}$로 주어져 있을 때 다음 각각에 대해서 풀어보시오.
   (a) $R=200\,\Omega$
   (b) R을 무시할 경우
   $t=0$에서 $q=0$와 $\frac{dq}{dt}=0$라고 가정한다.
6. 검류계에서 처짐 θ는 미분방정식 $\frac{d^2\theta}{dt^2}+4\frac{d\theta}{dt}+4\theta=8$을 만족한다. $t=0$일 때 $\theta=\frac{d\theta}{dt}=2$일 경우 θ에 대한 미분방정식을 푸시오.

54.4 $a\frac{d^2y}{dx^2}+b\frac{dy}{dx}+cy=f(x)$형태의 2계 미분방정식에서 $f(x)$가 지수함수인 경우

문제 4. 다음 미분방정식을 푸시오.

$$\frac{d^2y}{dx^2}-2\frac{dy}{dx}+y=3e^{4x}$$

경계 조건은 $x=0$일 때, $y=-\frac{2}{3}$와 $\frac{dy}{dx}=4\frac{1}{3}$로 주어져 있다.

54.2절의 풀이 과정을 사용하면,

(i) 미분방정식 $\frac{d^2y}{dx^2}-2\frac{dy}{dx}+y=3e^{4x}$의 D-연산자 형태는 $(D^2-2D+1)y=3e^{4x}$이다.

(ii) D 대신에 m을 대입하면 보조방정식은 $m^2-2m+1=0$이 된다. 따라서 인수분해를 하면 $(m-1)(m-1)=0$이므로, $m=1$의 중근을 가진다.

(iii) 보조방정식의 근은 실수의 중근을 가지고 있으므로, C.F., $\boldsymbol{u=(Ax+B)e^x}$이다.

(iv) 특수적분, P.I., $v=ke^{4x}$(표 54.1(c))로 놓자.

(v) $(D^2-2D+1)v=3e^{4x}$에 $v=ke^{4x}$를 대입하면 $(D^2-2D+1)ke^{4x}=3e^{4x}$이 된다.

즉, $D^2(ke^{4x})-2D(ke^{4x})+1(ke^{4x})=3e^{4x}$

$16ke^{4x}-8ke^{4x}+ke^{4x}=3e^{4x}$이므로,

$9ke^{4x}=3e^{4x}$가 되며, $k=\frac{1}{3}$이다.

따라서 P.I., $\boldsymbol{v=ke^{4x}=\frac{1}{3}e^{4x}}$이다.

(vi) 일반해는 $y=u+v$이므로,

$\boldsymbol{y=(Ax+B)e^x+\frac{1}{3}e^{4x}}$이다.

(vii) $x=0$일 때, $y=-\frac{2}{3}$이므로 $-\frac{2}{3}=(0+B)e^0+\frac{1}{3}e^0$이다. 따라서 $B=-1$이다.

$\frac{dy}{d}=(Ax+B)e^x+e^x(A)+\frac{4}{3}e^{4x}$가 되므로,

$x=0$일 때, $\frac{dy}{dx}=4\frac{1}{3}$을 대입하면,

$\frac{13}{3}=B+A+\frac{4}{3}$이다.

위에서 $B=-1$이므로 $A=4$가 된다.

따라서 **특수해**는 $\boldsymbol{y=(4x-1)e^x+\frac{1}{3}e^{4x}}$이다.

문제 5. 다음 미분방정식을 푸시오.

$$2\frac{d^2y}{dx^2}-\frac{dy}{dx}-3y=5e^{\frac{3}{2}x}$$

54.2절의 풀이 과정을 사용하면,

(i) 미분방정식 $2\frac{d^2y}{dx^2}-\frac{dy}{dx}-3y=5e^{\frac{3}{2}x}$의 D-연산자 형태는 $(2D^2-D-3)y=5e^{\frac{3}{2}x}$이다.

(ii) D 대신에 m을 대입하면 보조방정식은 $2m^2-m-3=0$이 된다. 따라서 인수분해를 하면 $(2m-3)(m+1)=0$이므로, 근은 $m=\frac{3}{2}$과 $m=-1$을 얻게 된다.

보조방정식은 두 개의 서로 다른 실근을 가지고 있으므로, C.F., $\boldsymbol{u=Ae^{\frac{3}{2}x}+Be^{-x}}$이다.

(iii) $e^{\frac{3}{2}x}$는 C.F.와 미분방정식의 우변 항에도 동시에 나타나므로, 특수적분, P.I., $v=kxe^{\frac{3}{2}x}$(표 54.1(c)의 case (i))로 놓자.

(iv) $(2D^2-D-3)v=5e^{\frac{3}{2}x}$에 $v=kxe^{\frac{3}{2}x}$를 대입하면 $(2D^2-D-3)kxe^{\frac{3}{2}x}=5e^{\frac{3}{2}x}$을 얻는다.

곱셈 규칙에 의해

$$D\left(kxe^{\frac{3}{2}x}\right)=(kx)\left(\tfrac{3}{2}e^{\frac{3}{2}x}\right)+\left(e^{\frac{3}{2}x}\right)(k)$$
$$=ke^{\frac{3}{2}x}\left(\tfrac{3}{2}x+1\right)$$

$$D^2\left(kxe^{\frac{3}{2}x}\right)=D\left[ke^{\frac{3}{2}x}\left(\tfrac{3}{2}x+1\right)\right]$$
$$=\left(ke^{\frac{3}{2}x}\right)\left(\tfrac{3}{2}\right)+\left(\tfrac{3}{2}x+1\right)\left(\tfrac{3}{2}ke^{\frac{3}{2}x}\right)$$
$$=ke^{\frac{3}{2}x}\left(\tfrac{9}{4}x+3\right)$$

따라서

$$(2D^2-D-3)\left(kxe^{\frac{3}{2}x}\right)$$
$$=2\left[ke^{\frac{3}{2}x}\left(\tfrac{9}{4}x+3\right)\right]-\left[ke^{\frac{3}{2}x}\left(\tfrac{3}{2}x+1\right)\right]-3\left[kxe^{\frac{3}{2}x}\right]=5e^{\frac{3}{2}x}$$

즉, $\frac{9}{2}kxe^{\frac{3}{2}x}+6ke^{\frac{3}{2}x}-\frac{3}{2}xke^{\frac{3}{2}x}-ke^{\frac{3}{2}x}$
$-3kxe^{\frac{3}{2}x}=5e^{\frac{3}{2}x}$

와 같다. $e^{\frac{3}{2}x}$의 계수들을 같게 놓으면 $5k=5$이므로, $k=1$이 된다.

따라서 $\boldsymbol{v=kxe^{\frac{3}{2}x}=xe^{\frac{3}{2}x}}$이다.

(v) 일반해는 $y=u+v$이므로,

즉, $\boldsymbol{y=Ae^{\frac{3}{2}x}+Be^{-x}+xe^{\frac{3}{2}x}}$이다.

문제 6. 다음 미분방정식을 푸시오.

$$\frac{d^2y}{dx^2}-4\frac{dy}{dx}+4y=3e^{2x}$$

54.2절의 풀이 과정을 사용하면,

(i) 미분방정식 $\frac{d^2y}{dx^2}-4\frac{dy}{dx}+4y=3e^{2x}$의 D-연산자 형태는 $(D^2-4D+4)y=3e^{2x}$이다.

(ii) D 대신에 m을 대입하면 보조방정식은 $m^2-4m-4=0$이 된다. 따라서 인수분해를 하면 $(m-2)(m-2)=0$ 이므로, $m=2$가 중근이다.

(iii) 보조방정식의 근은 실수의 중근을 가지고 있으므로, C.F., $\boldsymbol{u=(Ax+B)e^{2x}}$이다.

(iv) e^{2x}과 xe^{2x}가 모두 C.F.에서 나타나므로, 특수적분, P.I., $v=kx^2e^{2x}$(표 54.1(c)의 case (i))로 놓자.

(v) $v=kx^2e^{2x}$을 $(D^2-4D+4)v=3e^{2x}$에 대입하면 다음과 같다.

$$(D^2-4D+4)(kx^2e^{2x})=3e^{2x}$$

$$D(kx^2e^{2x})=(kx^2)(2e^{2x})+(e^{2x})(2kx)$$
$$=2ke^{2x}(x^2+x)$$
$$D^2(kx^2e^{2x})=D[2ke^{2x}(x^2+x)]$$
$$=(2ke^{2x})(2x+1)+(x^2+x)(4ke^{2x})$$
$$=2ke^{2x}(4x+1+2x^2)$$

즉, $(D^2-4D+4)(kx^2e^{2x})$
$$=[2ke^{2x}(4x+1+2x^2)]-4[2ke^{2x}(x^2+x)]+4[kx^2e^{2x}]$$
$$=3e^{2x}$$ 이다.

이것으로부터 $2ke^{2x}=3e^{2x}$이므로, $k=\frac{3}{2}$을 얻는다.

따라서 $\boldsymbol{v=kx^2e^{2x}=\frac{3}{2}x^2e^{2x}}$가 된다.

(vi) 일반해는 $y=u+v$이므로,

즉, $\boldsymbol{y=(Ax+B)e^{2x}+\frac{3}{2}x^2e^{2x}}$이다.

+ 이제 다음의 예제들을 풀어보시오.

연습 문제 206 $a\frac{d^2y}{dx^2}+b\frac{dy}{dx}+cy=f(x)$ 형태의 2계 미분방정식에서 $f(x)$가 지수함수인 경우

문제 1~4 다음 미분방정식들의 일반해를 구하시오.

1. $\frac{d^2y}{dx^2}-\frac{dy}{dx}-6y=2e^x$
2. $\frac{d^2y}{dx^2}-3\frac{dy}{dx}-4y=3e^{-x}$
3. $\frac{d^2y}{dx^2}+9y=26e^{2x}$
4. $9\frac{d^2y}{dt^2}-6\frac{dy}{dt}+y=12e^{\frac{t}{3}}$

문제 5~6 다음 미분방정식들의 특수해를 구하시오.

5. $5\frac{d^2y}{dx^2}+9\frac{dy}{dx}-2y=3e^x$; $x=0$일 때, $y=\frac{1}{4}$, $\frac{dy}{dx}=0$

6. $\frac{d^2y}{dt^2}-6\frac{dy}{dt}+9y=4e^{3t}$; $t=0$일 때, $y=2$, $\frac{dy}{dt}=0$

54.5 $a\frac{d^2y}{dx^2}+b\frac{dy}{dx}+cy=f(x)$형태의 2계 미분방정식에서 $f(x)$가 사인 또는 코사인 함수인 경우

문제 7. 다음 미분방정식을 푸시오.

$$2\frac{d^2y}{dx^2}+3\frac{dy}{dx}-5y=6\sin 2x$$

54.2절의 풀이 과정을 사용하면,

(i) 미분방정식 $2\frac{d^2y}{dx^2}+3\frac{dy}{dx}-5y=6\sin 2x$의 D-연산자 형태는 $(2D^2+3D-5)y=6\sin 2x$이다.

(ii) D 대신에 m을 대입하면 보조방정식은 $2m^2+3m-5=0$이 된다. 이것으로부터, $(m-1)(2m+5)=0$ 즉, $m=1$ 또는 $m=-\frac{5}{2}$이다.

(iii) 보조방정식은 두 개의 서로 다른 실근을 가지고 있으므로, C.F., $\boldsymbol{u=Ae^x+Be^{-\frac{5}{2}x}}$이다.

(iv) P.I., $v=A\sin 2x+B\cos 2x$(표 54.1(d))로 놓자.

(v) $v=A\sin 2x+B\cos 2x$를 $(2D^2+3D-5)v=6\sin 2x$에 대입하면, 다음과 같다.

$(2D^2+3D-5)(A\sin 2x+B\cos 2x)=6\sin 2x$

$D(A\sin 2x+B\cos 2x)$
$=2A\cos 2x-2B\sin 2x$

$D^2(A\sin 2x+B\cos 2x)$
$=D(2A\cos 2x-2B\sin 2x)$
$=-4A\sin 2x-4B\cos 2x$

따라서 $(2D^2+3D-5)(A\sin 2x+B\cos 2x)$
$=-8A\sin 2x-8B\cos 2x+6A\cos 2x$
$-6B\sin 2x-5A\sin 2x-5B\cos 2x$
$=6\sin 2x$

$\sin 2x$의 계수들을 같게 놓으면 다음과 같다.

$$-13A-6B=6 \qquad (1)$$

$\cos 2x$의 계수들을 같게 놓으면 다음과 같다.

$$6A-13B=0 \qquad (2)$$

$6\times(1)$을 하면: $-78A-36B=36$ (3)

$13\times(2)$를 하면: $78A-169B=0$ (4)

식 (3)과 식 (4)를 더하면: $-205B=36$

이것으로부터 $B=\frac{-36}{205}$이다.

$B=\frac{-36}{205}$을 식 (1) 또는 (2)에 대입하면

다음을 얻는다. $A=\frac{-78}{205}$

따라서 $\boldsymbol{v=\frac{-78}{205}\sin 2x-\frac{36}{205}\cos 2x}$이다.

(vi) 일반해는 $y=u+v$이므로,

즉, $\boldsymbol{y=Ae^x+Be^{-\frac{5}{2}x}}$
$\boldsymbol{-\frac{2}{205}(39\sin 2x+18\cos 2x)}$이다.

문제 8. 미분방정식 $\frac{d^2y}{dx^2}+16y=10\cos 4x$를 푸시오. 경계 조건은 $x=0$일 때 $y=0$과 $\frac{dy}{dx}=4$이다.

54.2절의 풀이 과정을 사용하면,

(i) 미분방정식 $\frac{d^2y}{dx^2}+16y=10\cos 4x$의 D-연산자 형태는 $(D^2+16)y=10\cos 4x$이다.

(ii) 보조방정식은 $m^2+16=0$이므로, 이것으로부터, $m=\pm\sqrt{-16}=\pm j4$의 복소근을 얻는다.

(iii) 보조방정식은 켤레 복소근을 가지고 있으므로, C.F., $u=e^0(A\cos 4x+B\sin 4x)$이다.
즉, $\boldsymbol{u=A\cos 4x+B\sin 4x}$이다.

(iv) $\sin 4x$가 C.F.에서도 나타나고 미분방정식의 우측 항에도 나타나므로, P.I., $v=x(C\sin 4x+D\cos 4x)$(표 54.1(d))로 놓자.

(v) $v=x(C\sin 4x+D\cos 4x)$를 $(D^2+16)v=10\cos 4x$에 대입하면, 다음과 같다.

$(D^2+16)[x(C\sin 4x+D\cos 4x)]$
$=10\cos 4x$

$D[x(C\sin 4x+D\cos 4x)]$
$=x(4C\cos 4x-4D\sin 4x)$
$+(C\sin 4x+D\cos 4x)(1)$

$D^2[x(C\sin 4x+D\cos 4x)]$
$=x(-16C\sin 4x-16D\cos 4x)$
$+(4C\cos 4x-4D\sin 4x)$
$+(4C\cos 4x-4D\sin 4x)$

따라서 $(D^2+16)[x(C\sin 4x+D\cos 4x)]$

$$=-16Cx\sin 4x-16Dx\cos 4x+4C\cos 4x$$
$$-4D\sin 4x+4C\cos 4x-4D\sin 4x$$
$$+16Cx\sin 4x+16Dx\cos 4x$$
$$=10\cos 4x,$$

즉, $-8D\sin 4x+8C\cos 4x=10\cos 4x$이다.

$\cos 4x$의 계수들을 서로 같게 놓으면 $8C=10$,

즉, $C=\frac{10}{8}=\frac{5}{4}$이다.

$\text{six}\,4x$의 계수들을 서로 같게 놓으면 $-8D=0$,

즉, $D=0$이다.

따라서 P.I., $v=x\left(\frac{5}{4}\sin 4x\right)$를 얻게 된다.

(vi) 일반해는 $y=u+v$이므로,

$\mathbf{y=A\cos 4x+B\sin 4x+\frac{5}{4}x\sin 4x}$이다.

(vii) $x=0$일 때 $y=3$이므로

$3=A\cos 0+B\sin 0+0$, 즉 $A=3$이고,

$$\frac{dy}{dx}=-4A\sin 4x+4B\cos 4x$$
$$+\frac{5}{4}x(4\cos 4x)+\frac{5}{4}\sin 4x\text{에서}$$

$x=0$일 때 $\frac{dy}{dx}=4$이므로,

$4=-4A\sin 0+4B\cos 0+0+\frac{5}{4}\sin 0$

즉, $4=4B$, 이것으로부터 $B=1$이다.

따라서 **특수해는**

$\mathbf{y=3\cos 4x+\ \sin 4x+\frac{5}{4}x\sin 4x}$이다.

+ 이제 다음의 예제들을 풀어보시오.

연습 문제 207 $a\frac{d^2y}{dx^2}+b\frac{dy}{dx}+cy=f(x)$ 형태의 2계 미분방정식에서 $f(x)$가 사인 또는 코사인 함수인 경우

문제 1~3 다음 미분방정식들의 일반해를 구하시오.

1. $2\frac{d^2y}{dx^2}-\frac{dy}{dx}-3y=25\sin 2x$

2. $\frac{d^2y}{dx^2}-4\frac{dy}{dx}+4y=5\cos x$

3. $\frac{d^2y}{dx^2}+y=4\cos x$

4. 다음 미분방정식의 특수해를 구하시오.

$\frac{d^2y}{dx^2}-3\frac{dy}{dx}-4y=3\sin x$; $x=0$일 때, $y=0$과 $\frac{dy}{dx}=0$이다.

5. 물체의 운동을 표현하는 미분방정식은 $\frac{d^2y}{dt^2}+n^2y=k\sin pt$와 같다. 여기서, k, n, p는 상수들이다. $t=0$일 때 $y=\frac{dy}{dt}=0$로 주어져 있을 때, 미분방정식($n\neq 0$, $p^2\neq n^2$)을 푸시오.

6. 진동을 하고 있는 질량의 운동이

$$\frac{d^2y}{dt^2}+8\frac{dy}{dt}+20y=300\sin 4t$$

와 같이 주어져 있다. 미분방정식의 일반해가 다음과 같이 됨을 보이시오.

$$y=e^{-4t}(A\cos 2t+B\sin 2t)+\frac{15}{13}(\sin 4t-8\cos 4t)$$

7. $L\frac{d^2q}{dt^2}+R\frac{dq}{dt}+\frac{1}{C}q=V_0\sin\omega t$는 전기회로에서 커패시턴스의 전하량의 변화를 나타내는 식이다. $R=40\Omega$, $L=0.02\text{H}$, $C=50\times 10^{-6}\text{F}$, $V_0=540.8\text{V}$, 그리고 $\omega=200$ rad/s이고, 경계조건이 $t=0$일 때 $q=0$와 $\frac{dq}{dt}=4.8$로 주어져 있을 때, 시간 t초에서의 q에 대한 표현식을 구하시오.

54.6 $a\frac{d^2y}{dx^2}+b\frac{dy}{dx}+cy=f(x)$형태의 미분방정식에서 $f(x)$가 합이나 곱으로 나타나는 경우

문제 9. 다음 미분방정식을 푸시오.

$$\frac{d^2y}{dx^2}+\frac{dy}{dx}-6y=12x-50\sin x$$

54.2절의 풀이 과정을 사용하면,

(i) 미분방정식 $\frac{d^2y}{dx^2}+\frac{dy}{dx}-6y=12x-50\sin x$의 D-연산자 형태는 $(D^2+D-6)y=12x-50\sin x$가 된다.

(ii) 보조방정식은 $(m^2+m-6)=0$이므로. 이것으로부터, $(m-2)(m+3)=0$, 즉, $m=2$ 또는 $m=-3$근을 얻게 된다.

(iii) 보조방정식은 두 개의 서로 다른 실근을 가지고 있으므로, C.F., $\boldsymbol{u=Ae^{2x}+Be^{-3x}}$이다.

(iv) 주어진 미분방정식의 우변 항은 다항식과 사인 함수의 합으로 구성되어 있으므로

P.I. $v=ax+b+c\sin x+d\cos x$(표 54.1(e))로 놓자.

(v) v를 $(D^2+D-6)v=12x-50\sin x$에 대입하면, 다음과 같다.

$$(D^2+D-6)(ax+b+c\sin x+d\cos x) = 12x-50\sin x$$

$$D(ax+b+c\sin x+d\cos x) = a+c\cos x-d\sin x$$

$$D^2(ax+b+c\sin x+d\cos x) = -c\sin x-d\cos x$$

따라서 $(D^2+D-6)(v)$

$$= (-c\sin x-d\cos x)+(a+c\cos x - d\sin x)-6(ax+b+c\sin x+d\cos x) = 12x-50\sin x$$

상수항을 같게 놓으면, 다음과 같다.

$$a-6b=0 \quad (1)$$

x항들을 같게 놓으면 $-6a=12$이며, 따라서 $a=-2$이다.

식 (1)로부터 $b=-\frac{1}{3}$이다.

$\cos x$항들을 같게 놓으면 다음과 같다.

$$-d+c-6d=0$$

즉, $c-7d=0$ (2)

다음으로 $\sin x$의 계수항들을 같게 놓으면 다음과 같다.

$$-c-d-6c=-50$$

즉, $-7c-d=-50$ (3)

식 (2)와 식 (3)을 연립해서 풀면 $c=7$, $d=1$이 된다.

따라서 P.I., $\boldsymbol{v=-2x-\frac{1}{3}+7\sin x+\cos x}$이다.

(vi) 일반해는 $y=u+v$이므로,

$$\boldsymbol{y=Ae^{2x}+Be^{-3x}-2x-\frac{1}{3}+7\sin x+\cos x}$$이다.

문제 10. 다음 미분방정식을 푸시오.

$$\frac{d^2y}{dx^2}-2\frac{dy}{dx}+2y=3e^x\cos 2x$$

$x=0$일 때 $y=2$와 $\frac{dy}{dx}=3$으로 주어져 있다.

54.2절의 풀이 과정을 사용하면,

(i) 미분방정식 $\frac{d^2y}{dx^2}-2\frac{dy}{dx}+2y=3e^x\cos 2x$의 D-연산자 형태는 $(D^2-2D+2)y=3e^x\cos 2x$이 된다.

(ii) 보조방정식은 $m^2-2m+2=0$이 되며. 근의 공식으로부터,

$$m=\frac{2\pm\sqrt{[4-4(1)(2)]}}{2} = \frac{2\pm\sqrt{-4}}{2}=\frac{2\pm j2}{2},$$ 즉 $m=1\pm j1$이다.

(iii) 보조방정식이 복소근을 가지고 있으므로,

C.F., $\boldsymbol{u=e^x(A\cos x+B\sin x)}$이다.

(iv) 주어진 미분방정식의 우변 항이 지수 함수와 코사인 함수의 곱으로 구성되어 있으므로

P.I. $v=e^x(C\sin 2x+D\cos 2x)$(표 54.1(f))로 놓자.

여기서 상수 A와 B는 C.F.에서 사용했으므로 C와 D를 사용하기로 한다.

(v) v를 $(D^2-2D+2)v=3e^x\cos 2x$에 대입하면, 다음과 같다.

$$(D^2-2D+2)[e^x(C\sin 2x+D\cos 2x)] = 3e^x\cos 2x$$

$$D(v)=e^x(2C\cos 2x-2D\sin 2x)+e^x(C\sin 2x+D\cos 2x)$$
$$(\equiv e^x\{(2C+D)\cos 2x+(C-2D)\sin 2x\})$$

$$D^2(v)=e^x(-4C\sin 2x-4D\cos 2x)+e^x(2C\cos 2x-2D\sin 2x)+e^x(2C\cos 2x-2D\sin 2x)+e^x(C\sin 2x+D\cos 2x)$$
$$\equiv e^x\{(-3C-4D)\sin 2x+(4C-3D)\cos 2x\}$$

따라서 $(D^2-2D+2)v$

$$= e^x\{(-3C-4D)\sin 2x + (4C-3D)\cos 2x\} - 2e^x\{(2C+D)\cos 2x + (C-2D)\sin 2x\} + 2e^x(C\sin 2x + D\cos 2x)$$
$$= 3e^x\cos 2x$$

$e^x\sin 2x$의 계수들을 같게 놓으면

$$-3C-4D-2C+4D+2C=0$$

즉, $-3C=0$이므로, $C=0$가 된다.

$e^x\cos 2x$의 계수들을 같게 놓으면

$$4C-3D-4C-2D+2D=3$$

즉, $-3D=3$이므로, $D=-1$이 된다.
따라서, P.I., $\boldsymbol{v=e^x(-\cos 2x)}$이다.

(vi) 일반해는 $y=u+v$이므로,

$\boldsymbol{y=e^x(A\cos x+B\sin x)-e^x\cos 2x}$이다.

(vii) $x=0$일 때, $y=2$이므로

$$2=e^0(A\cos 0+B\sin 0)-e^0\cos 0$$

즉, $2=A-1$이므로 $A=3$이다.

$$\frac{dy}{dx}=e^x(-A\sin x+B\cos x)+e^x(A\cos x+B\sin x)-[e^x(-2\sin 2x)+e^x\cos 2x]$$

$x=0$일 때 $\frac{dy}{dx}=3$이므로,

$$3=e^0(-A\sin 0+B\cos 0)+e^0(A\cos 0+B\sin 0)-e^0(-2\sin 0)-e^0\cos 0$$

즉, $3=B+A-1$이므로 $A=3$이기 때문에 $B=1$ 이다.

따라서 **특수해**는

$\boldsymbol{y=e^x(3\cos x+\sin x)-e^x\cos 2x}$이다.

+ 이제 다음의 예제들을 풀어보시오.

연습 문제 208 $a\frac{d^2y}{dx^2}+b\frac{dy}{dx}+cy=f(x)$ 형태의 2계 미분방정식에서 $f(x)$가 합 또는 곱인 경우

문제 1~4 다음 미분방정식들의 일반해를 구하시오.

1. $8\frac{d^2y}{dx^2}-6\frac{dy}{dx}+y=2x+40\sin x$
2. $\frac{d^2y}{d\theta^2}-3\frac{dy}{d\theta}+2y=2\sin 2\theta-4\cos 2\theta$
3. $\frac{d^2y}{dx^2}+\frac{dy}{dx}-2y=x^2+e^{2x}$
4. $\frac{d^2y}{dt^2}-2\frac{dy}{dt}+2y=e^t\sin t$

문제 5~6 다음 미분방정식들의 특수해를 구하시오.

5. $\frac{d^2y}{dx^2}-7\frac{dy}{dx}+10y=e^{2x}+20$; $x=0$일 때 $y=0$, $\frac{dy}{dx}=-\frac{1}{3}$
6. $2\frac{d^2y}{dx^2}-\frac{dy}{dx}-6y=6e^x\cos x$; $x=0$일 때 $y=-\frac{21}{29}$, $\frac{dy}{dx}=-6\frac{20}{29}$

Chapter 55

상미분방정식을 풀기 위한 거듭제곱 급수해법

상미분방정식을 풀기 위해서 왜 거듭제곱 급수해법을 이해하는 것이 중요한가?

이제까지 공부한 미분방정식들은 닫힌 형태의 해(closed form solutions)들을 가지고 있다. 즉, 이 같은 해들은 지수, 삼각함수, 다항식, 그리고 로그 함수와 같은 초등함수들의 항들로 표현될 수가 있으며, 대부분의 이 같은 초등함수들은 거듭제곱 급수의 항들로 전개할 수가 있다. 그러나 초등함수가 아닌 함수들의 군들도 많이 존재하며, 이것들은 수리 물리학과 공학에서 종종 나타나게 된다. 이와 같은 방정식들은 때로는 미분방정식을 만족하는 거듭제곱 급수들을 찾음으로써 풀 수가 있지만, 급수해들이 초등함수의 합으로 나타낼 수가 없는 경우도 있다. 이 장에서는 이와 같은 방정식들의 해를 구하는 방법들을 설명하게 된다.

이 장에서는 다음 사항에 대해 공부한다.

- 미분방정식들을 풀기 위해서 거듭제곱 급수해법을 사용하는 이유를 이해하기
- 급수로써 고차 미분계수들을 결정하기
- 주어진 함수의 n차 미분을 얻기 위해서 라이프니츠(Leibniz) 정리를 사용하기
- 라이프니츠-매클로린 방법에 의해 미분방정식의 거듭제곱 급수해를 구하기
- 베셀 방정식의 일반적인 거듭제곱 급수해를 구하기
- 베셀 방정식을 감마 함수들의 항으로 표현하기
- 르장드르 방정식의 일반적인 거듭제곱 급수해를 결정하기
- 르장드르 다항식을 결정하기
- 로드리게스 공식을 사용해서 르장드르 다항식을 결정하기

55.1 서론

해석적인 방법들(53장과 54장에서 보여준 바와 같이)에 의해서 풀 수 없는, 즉 변수를 포함하는 2계 상미분방정식들은 종종 변수들의 무한 거듭제곱 급수의 형태로 풀 수가 있다. 이장에서는 라이프니츠-매클로린과 베셀, 르장드르 방정식, 베셀과 감마 함수들, 그리고 르장드르 다항식을 포함하는 프로베니우스 방법들에 의해 거듭제곱 급수가 가능한 몇 가지 방법들을 살펴볼 것이다. 라이프니츠 정리를 소개하기 전에 고차 미분계수들을 가지고 있는 몇 가지 동향들도 살펴볼 것이다. 이 장을 보다 잘 이해하기 위해서는 아래 내용들을 할 수 있는 지식이 필요하다.

(i) 표준함수들의 미분(29장과 34장 참조)

(ii) 이항정리의 이해(7장 참조)

(iii) 매클로린 정리의 사용(8장 참조)

55.2 급수로써 고차 미분계수

다음은 연속적인 미분의 전개이지만, 그 경향 또는 급수들을 살펴보면 공통함수들의 미분계수로 나타난다는 것을 알 수 있다.

(i) $\mathbf{y=e^{ax}}$인 경우, $\frac{dy}{dx}=ae^{ax}$, $\frac{d^2y}{dx^2}=a^2e^{ax}$등이다. 만일 $\frac{dy}{dx}$를 y'으로, $\frac{d^2y}{dx^2}$를 y'', … $\frac{d^ny}{dx^n}$는 $y^{(n)}$으로 놓으면 $y'=ae^{ax}$, $y''=a^2e^{ax}$이고, 이 같은 패턴은

$$\mathbf{y^{(n)}=a^n e^{ax}} \quad (1)$$

으로 된다.

예를 들어 $\mathbf{y=3e^{2x}}$이면, $\frac{d^7y}{dx^7}=y^{(7)}=3(2^7)e^{2x}=$ $\mathbf{384e^{2x}}$이다.

(ii) $\mathbf{y=\sin ax}$인 경우,

$$y'=a\cos ax=a\sin\left(ax+\frac{\pi}{2}\right)$$

$$y''=-a^2\sin ax=a^2\sin(ax+\pi)$$

$$=a^2\sin\left(ax+\frac{2\pi}{2}\right)$$

$$y'''=-a^3\cos x$$

$$=a^3\sin\left(ax+\frac{3\pi}{2}\right) \text{ 등이다.}$$

일반적으로 나타내면 $\mathbf{y^{(n)}=a^n\sin\left(ax+\frac{n\pi}{2}\right)}$ (2)

가 된다.

예를 들어 $\mathbf{y=\sin 3x}$이면,

$$\frac{d^5y}{dx^5}=y^{(5)}$$

$$=3^5\sin\left(3x+\frac{5\pi}{2}\right)=3^5\sin\left(3x+\frac{\pi}{2}\right)$$

$$=\mathbf{243\cos 3x} \text{ 이다.}$$

(iii) $\mathbf{y=\cos ax}$인 경우,

$$y'=-a\sin ax=a\cos\left(ax+\frac{\pi}{2}\right)$$

$$y''=-a^2\cos ax=a^2\cos\left(ax+\frac{2\pi}{2}\right)$$

$$y'''=a^3\sin ax=a^3\cos\left(ax+\frac{3\pi}{2}\right) \text{ 등이다.}$$

일반적으로 나타내면 $\mathbf{y^{(n)}=a^n\cos\left(ax+\frac{n\pi}{2}\right)}$ (3)

이 된다.

예를 들어 $\mathbf{y=4\cos 2x}$이면,

$$\frac{d^6y}{dx^6}=y^{(6)}=4(2^6)\cos\left(2x+\frac{6\pi}{2}\right)$$

$$=4(2^6)\cos(2x+3\pi)$$

$$=4(2^6)\cos(2x+\pi)$$

$$=\mathbf{-256\cos 2x} \text{ 이다.}$$

(iv) $\mathbf{y=x^a}$인 경우, $y'=ax^{a-1}$, $y''=a(a-1)x^{a-2}$, $y'''=a(a-1)(a-2)x^{a-3}$ 그리고 $\mathbf{y^{(n)}}=a(a-1)(a-2)\ldots(a-n+1)x^{a-n}$ 또는 $\mathbf{y^{(n)}=\frac{a!}{(a-n)!}x^{a-n}}$ (4)

이다.

여기서 a는 양의 정수이다.

예를 들어 $\mathbf{y=2x^6}$이면, $\frac{d^4y}{dx^4}=y^{(4)}$

$$=(2)\frac{6!}{(6-4)!}x^{6-4}$$

$$=(2)\frac{6\times5\times4\times3\times2\times1}{2\times1}x^2$$

$$=\mathbf{720x^2} \text{ 이 된다.}$$

(v) $\mathbf{y=\sinh ax}$인 경우,

$$y'=a\cosh ax$$

$$y''=a^2\sinh ax$$

$$y'''=a^3\cosh ax \text{ 등이다.}$$

$\sinh ax$는 주기적이지 않기 때문에, $y^{(n)}$에 대한 일반적인 표현을 찾는다는 것은 매우 어렵다. 그러나 이것은 아래와 같이 일반적인 급수로서 얻어질 수가 있다.

$$\mathbf{y^{(n)}=\frac{a^n}{2}\{[1+(-1)^n]\sinh ax}$$

$$\mathbf{+[1-(-1)^n]\cosh ax\}} \quad (5)$$

예를 들어, 만일 $\mathbf{y=\sinh 2x}$이면, $\frac{d^5y}{dx^5}=y^{(5)}$

$$=\frac{2^5}{2}\{[1+(-1)^5]\sinh 2x$$

$$+[1-(-1)^5]\cosh 2x\}$$

$$=\frac{2^5}{2}\{[0]\sinh 2x+[2]\cosh 2x\}$$

$$=\mathbf{32\cosh 2x} \text{ 가 된다.}$$

(vi) $\mathbf{y=\cosh ax}$인 경우,

$$y'=a\sinh ax$$

$$y''=a^2\cosh ax$$

$$y'''=a^3\sinh ax \text{ 등이다.}$$

$\cosh ax$는 주기적이지 않기 때문에, $y^{(n)}$에 대한 일반적인 표현을 찾는 것은 매우 어렵다. 그러나 이것은 아래와 같이 일반적인 급수로서 얻어질 수가 있다.

$$\mathbf{y^{(n)}=\frac{a^n}{2}\{[1-(-1)^n]\sinh ax}$$

$$\mathbf{+[1+(-1)^n]\cosh ax\}} \quad (6)$$

예를 들어, $\mathbf{y=\frac{1}{9}\cosh 3x}$이면,

$$\frac{d^7y}{dx^7}=y^{(7)}=\left(\frac{1}{9}\right)\frac{3^7}{2}(2\sinh 3x)$$

$$=\mathbf{243\sinh 3x} \text{ 가 된다.}$$

(vii) $\mathbf{y = \ln ax}$인 경우, $y' = \frac{1}{x}$, $y'' = -\frac{1}{x^2}$, $y''' = \frac{2}{x^3}$ 등이다.

일반화하면, $\mathbf{y^{(n)} = (-1)^{n-1}\frac{(n-1)!}{x^n}}$ (7)

이다.

예를 들어 $\mathbf{y = \ln 5x}$이면,

$\frac{d^6y}{dx^6} = y^{(6)} = (-1)^{6-1}\left(\frac{5!}{x^6}\right) = -\frac{\mathbf{120}}{\mathbf{x^6}}$이 된다.

주의: $y = \ln x$이면, $y' = \frac{1}{x}$이 된다.

만일 식 (7)에서 $n = 1$이면, $y' = (-1)^0\frac{(0)!}{x^1}$이다.

$(-1)^0 = 1$이므로, $y' = \frac{1}{x}$이라면 $\mathbf{(0)! = 1}$이 된다(계산기에서 $(-1)^0 = 1$과 $\mathbf{(0)! = 1}$이라는 것을 체크해 보아라).

+ 이제 다음의 예제들을 풀어보시오.

연습 문제 209 급수로써 고차의 미분계수

다음 미분을 구하시오.

1. (a) $y = e^{2x}$일 때, $y^{(4)}$
   (b) $y = 8e^{\frac{t}{2}}$일 때, $y^{(5)}$
2. (a) $y = \sin 3t$일 때, $y^{(4)}$
   (b) $y = \frac{1}{50}\sin 5\theta$일 때, $y^{(7)}$
3. (a) $y = \cos 2x$일 때, $y^{(8)}$
   (b) $y = 3\cos\frac{2}{3}t$일 때, $y^{(9)}$
4. (a) $y = 2x^9$일 때, $y^{(7)}$
   (b) $y = \frac{t^7}{8}$일 때, $y^{(6)}$
5. (a) $y = \frac{1}{4}\sinh 2x$일 때, $y^{(7)}$
   (b) $y = 2\sinh 3x$일 때, $y^{(6)}$
6. (a) $y = \cosh 2x$일 때, $y^{(7)}$
   (b) $y = \frac{1}{9}\cosh 3x$일 때, $y^{(8)}$
7. (a) $y = 2\ln 3\theta$일 때, $y^{(4)}$
   (b) $y = \frac{1}{3}\ln 2t$일 때, $y^{(7)}$

55.3 라이프니츠 정리(Leibniz's theorem)

$$y = uv \quad (8)$$

라 하면, 여기서 u와 v는 x의 각 함수들이고, 곱셈 법칙을 사용하면 다음과 같다.

$$y' = uv' + vu' \quad (9)$$

$$y'' = uv'' + v'u' + vu'' + u'v'$$
$$= u''v + 2u'v' + uv'' \quad (10)$$

$$y''' = u''v' + vu''' + 2u'v'' + 2v'u'' + uv''' + v''u'$$
$$= u'''v + 3u''v' + 3u'v'' + uv''' \quad (11)$$

$$y^{(4)} = u^{(4)}v + 4u^{(3)}v^{(1)} + 6u^{(2)}v^{(2)} + 4u^{(1)}v^{(3)} + uv^{(4)} \quad (12)$$

식 (8)에서 식 (12)로부터 다음을 알 수가 있다.

(a) u의 n차 미분은 왼쪽에서 오른쪽으로 이동하면서 1씩 감소한다.

(b) v의 n차 미분은 왼쪽에서 오른쪽으로 이동하면서 1씩 증가한다.

(c) 계수들 1, 4, 6, 4, 1은 정규 이항계수들이다.

사실 $(uv)^{(n)}$은 이항정리를 이용해서 $(u+v)^{(n)}$를 전개함으로써 얻을 수도 있으며, 여기서 "승(powers)"은 미분으로 해석될 수가 있다.

따라서 $(u+v)^{(n)}$을 전개하면 다음과 같다.

$$\mathbf{y^{(n)} = (uv)^{(n)} = u^{(n)}v + nu^{(n-1)}v^{(1)} + \frac{n(n-1)}{2!}u^{(n-2)}v^{(2)} + \frac{n(n-1)(n-2)}{3!}u^{(n-3)}v^{(3)} + \cdots} \quad (13)$$

식 (13)을 **라이프니츠 정리**라 부르며, 곱을 n번 미분하기 위해서 사용되어진다. 이 정리는 다음 예제에서 증명할 것이다.

* **라이프니츠(Leibniz)는 누구인가?** **Gottfried Wilhelm Leibniz** (또는 von Leibniz, 1646년 7월 1일–1716년 11월 14일)는 독일의 수학자이자 철학자였다. 라이프니츠는 무한소(infinitesimal calculus)를 정의하였으며, 라이프니츠 휠을 발명하였다. 더 자세한 내용을 원하면 **www.routledge.com/cw/bird**에서 찾을 수 있다.

문제 1. $y = x^2 e^{3x}$일 때 $y^{(n)}$을 구하시오.

곱 $y = uv$에 대해서, 함수는 아래와 같이 이루어진다.

(i) u는 그것의 n차 미분은 식 (1)에서 식 (7)로부터 쉽게 결정될 수 있다.

(ii) v는 그것의 미분이 몇 단계 미분한 후에는 0으로 되는 것이다.

따라서 $y = x^2 e^{3x}$일 때, $v = x^2$은 3차 미분이 0으로 되고 $u = e^{3x}$는 n차 미분이 식 (1)로부터 $3^n e^{ax}$로 된다.
라이프니츠 정리를 사용하면 (식 (13) 참조)

$$y^{(n)} = u^{(n)}v + nu^{(n-1)}v^{(1)} + \frac{n(n-1)}{2!}u^{(n-2)}v^{(2)} + \frac{n(n-1)(n-2)}{3!}u^{(n-3)}v^{(3)} + \cdots$$ 이고,

여기서 $v = x^2$, $v^{(1)} = 2x$, $v^{(2)} = 2$, 그리고 $v^{(3)} = 0$인 경우이므로

$$\begin{aligned} y^{(n)} &= (3^n e^{3x})(x^2) + n(3^{n-1}e^{3x})(2x) \\ &\quad + \frac{n(n-1)}{2!}(3^{n-2}e^{3x})(2) \\ &\quad + \frac{n(n-1)(n-2)}{3!}(3^{n-3}e^{3x})(0) \\ &= 3^{n-2}e^{3x}(3^2x^2 + n(3)(2x) \\ &\qquad + n(n-1) + 0) \end{aligned}$$

즉, $\mathbf{y^{(n)} = e^{3x}3^{n-2}(9x^2 + 6nx + n(n-1))}$이 된다.

문제 2. $x^2y'' + 2xy' + y = 0$인 경우, $xy^{(n+2)} + 2(n+1)xy^{(n+1)} + (n^2+n+1)y^{(n)} = 0$ 이 됨을 보이시오.

식 (13)의 라이프니츠 정리를 사용해서 $x^2y'' + 2xy' + y = 0$의 각 항을 n번 미분하면,

$$\left\{y^{(n+2)}x^2 + n\,y^{(n+1)}(2x) + \frac{n(n-1)}{2!}y^{(n)}(2) + 0\right\} + \{y^{(n+1)}(2x) + n\,y^{(n)}(2) + 0\} + \{y^{(n)}\} = 0$$

즉, $x^2y^{(n+2)} + 2nxy^{(n+1)} + n(n-1)y^{(n)} + 2xy^{(n+1)} + 2n\,y^{(n)} + y^{(n)} = 0$

이 되고, 따라서

$$x^2y^{(n+2)} + 2(n+1)xy^{(n+1)} + (n^2 - n + 2n + 1)y^{(n)} = 0$$

또는 $\mathbf{x^2y^{(n+2)} + 2(n+1)xy^{(n+1)} + (n^2+n+1)y^{(n)} = 0}$

가 된다.

문제 3. 다음 미분방정식을 n번 미분하시오.

$$(1+x^2)y'' + 2xy' - 3y = 0$$

식 (13)의 라이프니츠 정리를 사용하면,

$$\left\{y^{(n+2)}(1+x^2) + n\,y^{(n+1)}(2x) + \frac{n(n-1)}{2!}y^{(n)}(2) + 0\right\} + 2\{y^{(n+1)}(x) + n\,y^{(n)}(1) + 0\} - 3\{y^{(n)}\} = 0$$

즉, $(1+x^2)y^{(n+2)} + 2nxy^{(n+1)} + n(n-1)y^{(n)} + 2xy^{(n+1)} + 2ny^{(n)} - 3y^{(n)} = 0$

또는 $(1+x^2)y^{(n+2)} + 2(n+1)xy^{(n+1)} + (n^2 - n + 2n - 3)y^{(n)} = 0$

이 되고, 따라서

$\mathbf{(1+x^2)y^{(n+2)} + 2(n+1)xy^{(n+1)} + (n^2+n-3)y^{(n)} = 0}$가 된다.

문제 4. $y = x^4 \sin x$의 5차 미분을 구하시오.

$y = x^4 \sin x$에서 $u = \sin x$, $v = x^4$으로 놓고 라이프니츠 정리를 사용하면,

$$\begin{aligned} y^{(n)} &= \left[\sin\left(x + \frac{n\pi}{2}\right)x^4\right] \\ &\quad + n\left[\sin\left(x + \frac{(n-1)\pi}{2}\right)4x^3\right] \\ &\quad + \frac{n(n-1)}{2!}\left[\sin\left(x + \frac{(n-2)\pi}{2}\right)12x^2\right] \\ &\quad + \frac{n(n-1)(n-2)}{3!}\left[\sin\left(x + \frac{(n-3)\pi}{2}\right)24x\right] \\ &\quad + \frac{n(n-1)(n-2)(n-3)}{4!}\left[\sin\left(x + \frac{(n-4)\pi}{2}\right)24\right] \end{aligned}$$

그리고 $$y^{(5)} = x^4\sin\left(x + \frac{5\pi}{2}\right) + 20x^3\sin(x+2\pi) + \frac{(5)(4)}{2}(12x^2)\sin\left(x + \frac{3\pi}{2}\right) + \frac{(5)(4)(3)}{(3)(2)}(24x)\sin(x+\pi) + \frac{(5)(4)(3)(2)}{(4)(3)(2)}(24)\sin\left(x + \frac{\pi}{2}\right)$$

$\sin\left(x + \frac{5\pi}{2}\right) \equiv \sin\left(x + \frac{\pi}{2}\right) \equiv \cos x$이므로

$\sin(x+2\pi) \equiv \sin x$, $\sin\left(x + \frac{3\pi}{2}\right) \equiv -\cos x$이다.

그리고 $\sin(x+\pi) \equiv -\sin x$이므로

$$y^{(5)} = x^4\cos x + 20x^3\sin x + 120x^2(-\cos x) + 240x(-\sin x) + 120\cos x$$

즉, $\mathbf{y^{(5)} = (x^4 - 120x^2 + 120)\cos x + (20x^3 - 240x)\sin x}$가 된다.

+ 이제 다음의 예제들을 풀어보시오.

연습 문제 210 라이프니츠 정리

다음 문제들에 대해서 라이프니츠 정리를 적용해 보시오.

1. x^2y의 n차 미분을 구하시오.
2. $y = x^3e^{2x}$일 때, $y^{(n)}$과 $y^{(3)}$를 구하시오.
3. $y = 2x^3e^{-x}$의 4차 미분을 구하시오.
4. $y = x^3\cos x$인 경우, 5차 미분을 구하시오.
5. $y = e^{-t}\sin t$인 경우, $y^{(4)}$를 구하시오.
6. $y = x^5\ln 2x$인 경우, $y^{(3)}$를 구하시오.
7. $2x^2y'' + xy' + 3y = 0$로 주어져 있을 때,
$$2x^2y^{(n+2)} + (4n+1)xy^{(n+1)} + (2n^2 - n + 3)y^{(n)} = 0$$
이 됨을 보이시오.
8. $y = (x^3 + 2x^2)e^{2x}$인 경우, $y^{(5)}$에 대해서 전개하시오.

55.4 라이프니츠-매클로린 방법에 의한 거듭제곱 급수해

대수적 방법으로 풀 수 없는 2계 미분방정식에 대해서 **라이프니츠-매클로린 방법(Leibniz-Maclaurin method)**은 미지의 변수들에 대한 무한 거듭제곱 급수의 형태로 해를 제공한다. 다음의 간단한 **5단계 절차**들이 라이프니츠-매클로린 방법에서 사용되어질 것이다.

(i) 주어진 방정식을 식 (13)의 라이프니츠 정리를 사용해서 n번 미분하여라.

(ii) $x = 0$에서 반복적인 관계를 얻기 위해서 재배열 하여라.

(iii) $x = 0$에서의 미분값, 즉 $(y)_0$와 $(y')_0$의 값들을 계산하여라.

(iv) 매클로린 전개에서 $y = f(x)$에 대해 대체하여라. (식 (5) 참조)

(v) 가능하다면 해를 단순화하고, 경계 조건이 주어져 있다면 적용하여라.

* **매클로린(Maclaurin)은 누구인가?** **Colin Maclaurin**(1698년 2월–1746년 6월 14일)은 기하학과 대수학에 큰 공헌을 한 스코틀랜드 수학자였다. 매클로린 급수(Maclaurin series)는 그의 이름을 딴 것이다. 더 자세한 내용을 원하면 **www.routledge.com/cw/bird**에서 찾을 수 있다.

문제 5. 미분방정식 $\dfrac{d^2y}{dx^2} + x\dfrac{dy}{dx} + 2y = 0$의 거듭제곱 급수해를 **라이프니츠–매클로린** 방법을 사용해서 구하시오. 경계 조건은 $x = 0$에서 $y = 1$과 $\dfrac{dy}{dx} = 2$로 주어져 있다.

위에서 나타낸 풀이 과정을 따라서,

(i) 미분방정식을 $y'' + xy' + 2y = 0$와 같이 나타낸 후, 식 (13)의 라이프니츠 정리로부터 각 항을 n번 미분하면 다음과 같다.

$$y^{(n+2)} + \{y^{(n+1)}(x) + n\,y^{(n)}(1) + 0\} + 2\,y^{(n)} = 0$$

즉, $$y^{(n+2)} + xy^{(n+1)} + (n+2)\,y^{(n)} = 0 \qquad (14)$$

(ii) $x = 0$에서 식 (14)는 다음과 같이 되며,

$$y^{(n+2)} + (n+2)\,y^{(n)} = 0$$

이것으로부터 $y^{(n+2)} = -(n+2)\,y^{(n)}$이다.
이 같은 식은 각 순환 항이 이전의 항에 의존하기 때문에 **순환 관계식(recurrence relation)** 또는 **순환 공식(recurrence formula)**이라고 부른다.

(iii) $n=0, 1, 2, 3, \ldots$을 대입하면 여러 계수들 사이의 관계들을 얻을 수 있다.

$$n=0,\quad (y'')_0=-2(y)_0$$
$$n=1,\quad (y''')_0=-3(y')_0$$
$$n=2,\quad (y^{(4)})_0=-4(y'')_0=-4\{-2(y)_0\}=2\times4(y)_0$$
$$n=3,\quad (y^{(5)})_0=-5(y''')_0=-5\{-3(y')_0\}=3\times5(y')_0$$
$$n=4,(y^{(6)})_0=-6(y^{(4)})_0=-6\{2\times4(y)_0\}=-2\times4\times6(y)_0$$
$$n=5,(y^{(7)})_0=-7(y^{(5)})_0=-7\{3\times5(y')_0\}=-3\times5\times7(y')_0$$
$$n=6,(y^{(8)})_0=-8(y^{(6)})_0=-8\{-2\times4\times6(y)_0\}=2\times4\times6\times8(y)_0$$

(iv) 매클로린 정리를 나타내면

$$y=(y)_0+x(y')_0+\frac{x^2}{2!}(y'')_0+\frac{x^3}{3!}(y''')_0+\frac{x^4}{4!}(y^{(4)})_0+\cdots$$

이고, 위에서 얻은 값들을 매클로린 정리에 대입하면 다음과 같이 된다.

$$y=(y)_0+x(y')_0+\frac{x^2}{2!}\{-2(y)_0\}+\frac{x^3}{3!}\{-3(y')_0\}+\frac{x^4}{4!}\{2\times4(y)_0\}+\frac{x^5}{5!}\{3\times5(y')_0\}+\frac{x^6}{6!}\{-2\times4\times6(y)_0\}+\frac{x^7}{7!}\{-3\times5\times7(y')_0\}+\frac{x^8}{8!}\{2\times4\times6\times8(y)_0\}$$

(v) 유사 항들을 함께 모아서 재정리하면

$$y=(y)_0\left\{1-\frac{2x^2}{2!}+\frac{2\times4x^4}{4!}-\frac{2\times4\times6x^6}{6!}+\frac{2\times4\times6\times8x^8}{8!}-\cdots\right\}+(y')_0\left\{x-\frac{3x^3}{3!}+\frac{3\times5x^5}{5!}-\frac{3\times5\times7x^7}{7!}+\cdots\right\}$$

즉, $$y=(y)_0\left\{1-\frac{x^2}{1}+\frac{x^4}{1\times3}-\frac{x^6}{3\times5}+\frac{x^8}{3\times5\times7}-\cdots\right\}+(y')_0\times\left\{\frac{x}{1}-\frac{x^3}{1\times2}+\frac{x^5}{2\times4}-\frac{x^7}{2\times4\times6}+\cdots\right\}$$

이 된다.

경계 조건은 $x=0$에서 $y=1$과 $\frac{dy}{dx}=2$, 즉 $(y)_0=1$과 $(y')_0=2$이므로,

미분방정식 $\frac{d^2y}{dx^2}+x\frac{dy}{dx}+2y=0$의 거듭제곱 급수해는 아래와 같다.

$$\boldsymbol{y=\left\{1-\frac{x^2}{1}+\frac{x^4}{1\times3}-\frac{x^6}{3\times5}+\frac{x^8}{3\times5\times7}-\cdots\right\}+2\left\{\frac{x}{1}-\frac{x^3}{1\times2}+\frac{x^5}{2\times4}-\frac{x^7}{2\times4\times6}+\cdots\right\}}$$

문제 6. 미분방정식 $\frac{d^2y}{dx^2}+\frac{dy}{dx}+xy=0$의 거듭제곱 급수해를 라이프니츠-매클로린 방법을 사용해서 구하시오. 경계 조건은 $x=0$에서 $y=0$와 $\frac{dy}{dx}=1$로 주어져 있다.

위에서 나타낸 풀이 과정을 따라서,

(i) 미분방정식을 $y''+y'+xy=0$와 같이 나타낸 후, 식 (13)의 라이프니츠 정리로부터 각 항을 n번 미분하면 다음과 같다.

$$y^{(n+2)}+y^{(n+1)}+y^{(n)}(x)+n\,y^{(n-1)}(1)+0=0$$

즉, $$y^{(n+2)}+y^{(n+1)}+xy^{(n)}+n\,y^{(n-1)}=0 \qquad (15)$$

이 된다.

(ii) $x=0$에서 식 (15)는 아래 식과 같이 되며,

$$y^{(n+2)}+y^{(n+1)}+n\,y^{(n-1)}=0$$

이것으로부터 $y^{(n+2)}=-\{y^{(n+1)}+n\,y^{(n-1)}\}$이 된다. 이것은 순환관계식이며 $n\geq1$에 대해서만 적용되어 진다.

(iii) $n=0, 1, 2, 3, \ldots$을 대입하면 여러 계수들 사이의 관계들을 얻을 수 있을 것이다.

$$n=1,\quad (y''')_0=-\{(y'')_0+(y)_0\}$$
$$n=2,\quad (y^{(4)})_0=-\{(y''')_0+2(y')_0\}$$
$$n=3,\quad (y^{(5)})_0=-\{(y^{(4)})_0+3(y'')_0\}$$

$n=4,\quad (y^{(6)})_0=-\{(y^{(5)})_0+4(y''')_0\}$

$n=5,\quad (y^{(7)})_0=-\{(y^{(6)})_0+5(y^{(4)})_0\}$

$n=6,\quad (y^{(8)})_0=-\{(y^{(7)})_0+6(y^{(5)})_0\}$

주어진 경계 조건들로부터 $x=0$에서 $y=0$이므로 $(y)_0=0$이고, $x=0$에서 $\dfrac{dy}{dx}=1$이므로 $(y')_0=1$이다.

주어진 미분방정식 $y''+y'+xy=0$의 경우 $x=0$에서 $(y'')_0+(y')_0+(0)y=0$이 됨으로 $(y'')_0=-(y')_0=-1$이다.

따라서 $(y)_0=\mathbf{0}$, $(y')_0=\mathbf{1}$, $(y'')_0=\mathbf{-1}$이다.

$$(y''')_0=-\{(y'')_0+(y)_0\}=-(-1+0)=\mathbf{1}$$

$$(y^{(4)})_0=-\{(y''')_0+2(y')_0\}=-[1+2(1)]=\mathbf{-3}$$

$$(y^{(5)})_0=-\{(y^{(4)})_0+3(y'')_0\}=-[-3+3(-1)]=\mathbf{6}$$

$$(y^{(6)})_0=-\{(y^{(5)})_0+4(y''')_0\}=-[6+4(1)]=\mathbf{-10}$$

$$(y^{(7)})_0=-\{(y^{(6)})_0+5(y^{(4)})_0\}=-[-10+5(-3)]=\mathbf{25}$$

$$(y^{(8)})_0=-\{(y^{(7)})_0+6(y^{(5)})_0\}=-[25+6(6)]=\mathbf{-61}$$

(iv) 매클로린 정리는 다음과 같다.

$$y=(y)_0+x(y')_0+\frac{x^2}{2!}(y'')_0+\frac{x^3}{3!}(y''')_0+\frac{x^4}{4!}(y^{(4)})_0+\cdots$$

위에서 얻은 값들을 매클로린 정리에 적용하면

$$y=0+x(1)+\frac{x^2}{2!}\{-1\}+\frac{x^3}{3!}\{1\}+\frac{x^4}{4!}\{-3\}+\frac{x^5}{5!}\{6\}+\frac{x^6}{6!}\{-10\}+\frac{x^7}{7!}\{25\}+\frac{x^8}{8!}\{-61\}+\cdots$$

이 된다.

(v) 미분방정식 $\dfrac{d^2y}{dx^2}+\dfrac{dy}{dx}+xy=0$의 거듭제곱 급수해를 간단히 정리하면 다음과 같다.

$$\boldsymbol{y=x-\frac{x^2}{2!}+\frac{x^3}{3!}-\frac{3x^4}{4!}+\frac{6x^5}{5!}-\frac{10x^6}{6!}+\frac{25x^7}{7!}-\frac{61x^8}{8!}+\cdots}$$

+ 이제 다음의 예제들을 풀어보시오.

연습 문제 211 라이프니츠-매클로린 방법에 의한 거듭제곱 급수해

1. 라이프니츠-매클로린 방법을 사용해서 미분방정식 $\dfrac{d^2y}{dx^2}+2x\dfrac{dy}{dx}+y=0$의 거듭제곱 급수해를 구하시오. 경계 조건은 $x=0$일 때 $y=1$과 $\dfrac{dy}{dx}=2$이다.
2. 라이프니츠-매클로린 방법을 사용해서 미분방정식 $(x+1)\dfrac{d^2y}{dx^2}+(x-1)\dfrac{dy}{dx}-2y=0$의 거듭제곱 급수해가 $y=1+x^2+e^{-x}$가 됨을 보이시오. 경계 조건은 $x=0$일 때 $y=2$와 $\dfrac{dy}{dx}=-1$이다.
3. 라이프니츠-매클로린 방법을 사용해서 미분방정식$(x^2+1)\dfrac{d^2y}{dx^2}+x\dfrac{dy}{dx}-4y=0$의 특수해를 구하시오. 경계 조건은 $x=0$일 때 $y=1$과 $\dfrac{dy}{dx}=1$이다.
4. 라이프니츠-매클로린 방법을 사용해서 미분방정식 $x\dfrac{d^2y}{dx^2}+\dfrac{dy}{dx}+xy=1$의 거듭제곱 급수해를 구하시오. 경계 조건은 $x=0$일 때 $y=1$과 $\dfrac{dy}{dx}=2$이다.

55.5 프로베니우스 해법(Frobenius method)에 의한 거듭제곱 급수해

$y''+Py'+Qy=0$와 같은 형태의 미분방정식에서 P와 Q가 모두 x의 함수인 경우, 이 같은 방정식은 거듭제곱 급수로 나타낼 수가 있으며, **프로베니우스 해법(Frobenius method)**에 의해서 해를 구할 수 있다.

다음 **4단계의 해석절차**들이 프로베니우스 해법에서 사용될 것이다.

(i) $\boldsymbol{y=x^c\{a_0+a_1x+a_2x^2+a_3x^3+\cdots+a_rx^r+\cdots\}}$와 같은 형태의 시도 해(trial solution)를 가정한다.

(ii) 시도해의 급수들을 미분한다.

(iii) 미분한 결과들을 주어진 미분방정식에 대입한다.

(iv) 방정식의 양변에 있는 변수들에 대해서 대응하는 거듭제곱의 계수들을 같게 놓는다. 이렇게 함으로써 시도 해의 지수 c와 계수들인 a_1, a_2, a_3, …을 결정할 수 있을 것이다.

다음의 비교적 간단한 예제들을 통해서 위에서 언급한 프로베니우스 해법의 도입 절차들을 설명할 것이다.

* 프로베니우스(Frobenius)는 누구인가? **Ferdinand Georg Frobenius**(1849년 10월 26일–1917년 8월 3일)는 타원함수론, 미분방정식, 그리고 군론(group theory)에 대한 공헌으로 잘 알려진 독일의 수학자였다. 그는 또한 프로베니우스-스티켈버거 공식(Frobenius-Stickelberger formulae)으로도 잘 알려져 있다. 더 자세한 내용을 원하면 **www.routledge.com/cw/bird**에서 찾을 수 있다.

문제 7. 프로베니우스 해법을 사용해서 다음 미분방정식에 대한 거듭제곱 급수의 일반해를 구하시오.

$$3x\frac{d^2y}{dx^2}+\frac{dy}{dx}-y=0$$

미분방정식은 $3xy''+y'-y=0$와 같은 형태로 다시 표현할 수가 있다.

(i) 시도 해를 다음과 같은 형태로 놓는다.

$$y=x^c\left\{a_0+a_1x+a_2x^2+a_3x^3+\cdots+a_rx^r+\cdots\right\} \quad (16)$$

여기서 $a_0\neq 0$임을 전제하면,

$$y=a_0x^c+a_1x^{c+1}+a_2x^{c+2}+a_3x^{c+3}+\cdots+a_rx^{c+r}+\cdots \quad (17)$$

이 된다.

(ii) 식 (17)을 미분하면 다음과 같다.

$$y'=a_0cx^{c-1}+a_1(c+1)x^c+a_2(c+2)x^{c+1}+\cdots+a_r(c+r)x^{c+r-1}+\cdots$$

$$y''=a_0c(c-1)x^{c-2}+a_1c(c+1)x^{c-1}+a_2(c+1)(c+2)x^c+\cdots+a_r(c+r-1)(c+r)x^{c+r-2}+\cdots$$

(iii) y와 y', y''을 주어진 방정식 $3xy''+y'-y=0$의 각 항에 대입하면 아래와 같다.

$$3xy''=3a_0c(c-1)x^{c-1}+3a_1c(c+1)x^c+3a_2(c+1)(c+2)x^{c+1}+\cdots+3a_r(c+r-1)(c+r)x^{c+r-1}+\cdots \quad (a)$$

$$y'=a_0cx^{c-1}+a_1(c+1)x^c+a_2(c+2)x^{c+1}+\cdots+a_r(c+r)x^{c+r-1}+\cdots \quad (b)$$

$$-y=-a_0x^c-a_1x^{c+1}-a_2x^{c+2}-a_3x^{c+3}-\cdots-a_rx^{c+r}-\cdots \quad (c)$$

(iv) 이 같은 3개 형태의 합이 방정식의 좌변을 구성하게 된다. 우변 항은 0이기 때문에 x의 각 급수들의 계수들이 0이 되어야 한다.

예를 들어 x^{c-1}의 계수가 0이 되어야 하므로

$3a_0c(c-1)+a_0c=0$

또는

$$a_0c[3c-3+1]=\boldsymbol{a_0c(3c-2)=0} \quad (18)$$

이다.

x^c의 계수도 0이 되어야 하므로, $3a_1c(c+1)+a_1(c+1)-a_0=0$

즉, $a_1(3c^2+3c+c+1)-a_0$

$=a_1(3c^2+4c+1)-a_0=0$

또는 $$\boldsymbol{a_1(3c+1)(c+1)-a_0=0} \quad (19)$$

이 된다.

(a), (b) 그리고 (c) 각각의 급수에 x^c항은 포함되어 있으므로, 일반적인 관계식은 x^{c+r}에 대해서 얻어질 수 있을 것이다. 여기서 $r\geq 0$이다.

급수들 (a)와 (b)에서는 x^{c+r-1}의 항들이 나타난다. 따라서 r 대신에 $r+1$을 대입하면 x^{c+r}에 대응하는 항들이 될 것이며, 모든 세 개의 식들은 다음과 같다.

급수 (a)에서, $3a_{r+1}(c+r)(c+r+1)x^{c+r}$

급수 (b)에서, $a_{r+1}(c+r+1)x^{c+r}$

급수 (c)에서, $-a_rx^{c+r}$

x^{c+r}의 전체 계수들이 0이 되어야 하므로 다음과 같다.

$$3a_{r+1}(c+r)(c+r+1)+a_{r+1}(c+r+1)-a_r=0$$

이것을 단순화하면 아래 식이 된다.

$$\boldsymbol{a_{r+1}\{(c+r+1)(3c+3r+1)\}-a_r=0} \quad (20)$$

식 (18)은 x의 가장 낮은 거듭제곱, 즉 x^{c-1}의 계수로부터 얻어진 것으로서 **결정방정식(indicial equation)**이라 하며, 이것으로부터 c의 값을 구할 수 있다.

식 (18)에서 $a_0 \neq 0$이므로 $\boldsymbol{c=0}$ 또는 $\boldsymbol{c=\frac{2}{3}}$가 된다.

(a) $c=0$일 때,

식 (19)로부터 $c=0$이면, $a_1(1\times 1)-a_0=0$이므로 $\boldsymbol{a_1=a_0}$이다.

식 (20)으로부터 $c=0$이면, $a_{r+1}(r+1)(3r+1)-a_r=0$

즉, $\boldsymbol{a_{r+1}=\dfrac{a_r}{(r+1)(3r+1)}}$ $\quad r\geq 0$이다.

따라서 $r=1$일 때, $a_2=\dfrac{a_1}{(2\times 4)}=\dfrac{a_0}{(2\times 4)}$이므로 $a_1=a_0$이다.

$$r=2\text{일 때, } a_3=\frac{a_2}{(3\times 7)}=\frac{a_0}{(2\times 4)(3\times 7)}=\frac{a_0}{(2\times 3)(4\times 7)}\text{이다.}$$

$$r=3\text{일 때, } a_4=\frac{a_3}{(4\times 10)}=\frac{a_0}{(2\times 3\times 4)(4\times 7\times 10)}\cdots$$

등과 같다.

식 (16)으로부터 시도 해는 다음과 같다.

$$y=x^c\{a_0+a_1x+a_2x^2+a_3x^3+\cdots+a_rx^r+\cdots\}$$

따라서 $c=0$와 위에서 얻은 $a_1, a_2, a_3, \ldots$의 값들을 시도 해에 대입함으로써 다음을 얻을 수 있다.

$$y=x^0\left\{a_0+a_0x+\left(\frac{a_0}{(2\times 4)}\right)x^2+\left(\frac{a_0}{(2\times 3)(4\times 7)}\right)x^3+\left(\frac{a_0}{(2\times 3\times 4)(4\times 7\times 10)}\right)x^4+\cdots\right\}$$

$$\text{즉, } y=a_0\left\{1+x+\frac{x^2}{(2\times 4)}+\frac{x^3}{(2\times 3)(4\times 7)}+\frac{x^4}{(2\times 3\times 4)(4\times 7\times 10)}+\cdots\right\} \qquad (21)$$

이다.

(b) $c=\frac{2}{3}$일 때,

식 (19)에서 $c=\frac{2}{3}$이면, $a_1(3)\left(\frac{5}{3}\right)-a_0=0$이므로 $\boldsymbol{a_1=\frac{a_0}{5}}$가 된다.

식 (20)에서 $c=\frac{2}{3}$이면, $a_{r+1}\left(\frac{2}{3}+r+1\right)(2+3r+1)-a_r=0$,

$$\text{즉, } a_{r+1}\left(r+\frac{5}{3}\right)(3r+3)-a_r=a_{r+1}(3r^2+8r+5)-a_r=0,$$

$\boldsymbol{a_{r+1}=\dfrac{a_r}{(r+1)(3r+5)}}$ $\quad r\geq 0$이다.

따라서, $r=1$일 때, $a_2=\dfrac{a_1}{(2\times 8)}=\dfrac{a_0}{(2\times 5\times 8)}$이므로 $a_1=\dfrac{a_0}{5}$이다.

$$r=2\text{일 때, } a_3=\frac{a_2}{(3\times 11)}=\frac{a_0}{(2\times 3)(5\times 8\times 11)}\text{이다.}$$

$$r=3\text{일 때, } a_4=\frac{a_3}{(4\times 14)}=\frac{a_0}{(2\times 3\times 4)(5\times 8\times 11\times 14)}$$

... 등과 같다.

식 (16)으로부터 시도 해는 다음과 같다.

$$y=x^c\{a_0+a_1x+a_2x^2+a_3x^3+\cdots+a_rx^r+\cdots\}$$

따라서 $c=\frac{2}{3}$와 앞에서 얻은 $a_1, a_2, a_3, \ldots$의 값들을 시도 해에 대입함으로써 다음을 얻을 수 있다.

$$y=x^{\frac{2}{3}}\left\{a_0+\left(\frac{a_0}{5}\right)x+\left(\frac{a_0}{2\times 5\times 8}\right)x^2+\left(\frac{a_0}{(2\times 3)(5\times 8\times 11)}\right)x^3+\left(\frac{a_0}{(2\times 3\times 4)(5\times 8\times 11\times 14)}\right)x^4+\cdots\right\}$$

$$\text{즉, } y=a_0x^{\frac{2}{3}}\left\{1+\frac{x}{5}+\frac{x^2}{(2\times 5\times 8)}+\frac{x^3}{(2\times 3)(5\times 8\times 11)}+\frac{x^4}{(2\times 3\times 4)(5\times 8\times 11\times 14)}+\cdots\right\} \qquad (22)$$

이다.

각각의 해에서 a_0는 0이 아닌 임의의 상수이므로, 그것의 값은 다르게 될 수가 있다.

식 (21)에서 $a_0=A$, 그리고 식 (22)에서 $a_0=B$로 놓자.

첫 번째 해를 $u(x)$, 그리고 두 번째 해를 $v(x)$라 하면, 주어진 미분방정식의 일반해는 $y=u(x)+v(x)$이므로 다음과 같다.

$$\boldsymbol{y=A\left\{1+x+\frac{x^2}{(2\times 4)}+\frac{x^3}{(2\times 3)(4\times 7)}+\frac{x^4}{(2\times 3\times 4)(4\times 7\times 10)}+\cdots\right\}+Bx^{\frac{2}{3}}\left\{1+\frac{x}{5}+\frac{x^2}{(2\times 5\times 8)}+\frac{x^3}{(2\times 3)(5\times 8\times 11)}+\frac{x^4}{(2\times 3\times 4)(5\times 8\times 11\times 14)}+\cdots\right\}}$$

문제 8. 프로베니우스 해법을 사용해서 다음 미분방정식에 대한 거듭제곱 급수의 일반해를 구하시오.

$$2x^2\frac{d^2y}{dx^2}-x\frac{dy}{dx}+(1-x)y=0$$

미분방정식은 $2x^2y''-xy'+(1-x)y=0$와 같은 형태로 다시 표현할 수가 있다.

(i) 시도 해를 다음과 같은 형태로 놓는다.

$$y=x^c\{a_0+a_1x+a_2x^2+a_3x^3+\cdots+a_rx^r+\cdots\} \qquad (23)$$

여기서 $a_0\neq0$임을 전제하면,

$$y=a_0x^c+a_1x^{c+1}+a_2x^{c+2}+a_3x^{c+3}+\cdots+a_rx^{c+r}+\cdots \qquad (24)$$

이 된다.

(ii) 식 (24)를 미분하면

$$y'=a_0cx^{c-1}+a_1(c+1)x^c+a_2(c+2)x^{c+1}+\cdots+a_r(c+r)x^{c+r-1}+\cdots$$

이고,

$$y''=a_0c(c-1)x^{c-2}+a_1c(c+1)x^{c-1}+a_2(c+1)(c+2)x^c+\cdots+a_r(c+r-1)(c+r)x^{c+r-2}+\cdots$$

을 얻게 된다.

(iii) y와 y', y''을 주어진 방정식 $2x^2y''-xy'+(1-x)y=0$의 각 항에 대입하면 다음과 같다.

$$2x^2y''=2a_0c(c-1)x^c+2a_1c(c+1)x^{c+1}+2a_2(c+1)(c+2)x^{c+2}+\cdots+2a_r(c+r-1)(c+r)x^{c+r}+\cdots \qquad \text{(a)}$$

$$-xy'=-a_0cx^c-a_1(c+1)x^{c+1}-a_2(c+2)x^{c+2}-\cdots-a_r(c+r)x^{c+r}-\cdots \qquad \text{(b)}$$

$$\begin{aligned}(1-x)y&=(1-x)(a_0x^c+a_1x^{c+1}+a_2x^{c+2}+a_3x^{c+3}+\cdots+a_rx^{c+r}+\cdots)\\&=a_0x^c+a_1x^{c+1}+a_2x^{c+2}+a_3x^{c+3}+\cdots+a_rx^{c+r}+\cdots\\&\quad-a_0x^{c+1}-a_1x^{c+2}-a_2x^{c+3}-a_3x^{c+4}-\cdots-a_rx^{c+r+1}-\cdots\end{aligned} \qquad \text{(c)}$$

(iv) **결정방정식**은 x의 가장 낮은 거듭제곱의 계수를 0으로 놓음으로써 얻을 수 있으며, 이것으로부터 c의 값을 구할 수 있다. 식 (a)에서 (c)로부터 x^c의 전체 계수들은 0이므로 다음과 같다.

$$\begin{aligned}2a_0c(c-1)-a_0c+a_0&=0\\a_0[2c(c-1)-c+1]&=0\\a_0[2c^2-2c-c+1]&=0\\a_0[2c^2-3c+1]&=0\\a_0[(2c-1)(c-1)]&=0\end{aligned}$$

이것으로부터 $\boldsymbol{c=1}$ 또는 $\boldsymbol{c=\frac{1}{2}}$이다.

일반항, 즉 x^{c+r}의 계수는 식 (a)에서 (c)로부터 얻어지며 아래와 같다.

$$2a_r(c+r-1)(c+r)-a_r(c+r)+a_r-a_{r-1}=0$$

이것으로부터 $a_r[2(c+r-1)(c+r)-(c+r)+1]=a_{r-1}$이 되며,

$$a_r=\frac{a_{r-1}}{2(c+r-1)(c+r)-(c+r)+1} \qquad (25)$$

이다.

(a) $\boldsymbol{c=1}$일 때,

$$\begin{aligned}\boldsymbol{a_r}&=\frac{a_{r-1}}{2(r)(1+r)-(1+r)+1}\\&=\frac{a_{r-1}}{2r+2r^2-1-r+1}\\&=\frac{a_{r-1}}{2r^2+r}=\boldsymbol{\frac{a_{r-1}}{r(2r+1)}}\end{aligned}$$

이다. 따라서

$r=1$일 때, $a_1=\frac{a_0}{1(2+1)}=\frac{a_0}{1\times3}$

$r=2$일 때,

$$a_2=\frac{a_1}{2(4+1)}=\frac{a_1}{(2\times5)}=\frac{a_0}{(1\times3)(2\times5)}\ \text{or}\ \frac{a_0}{(1\times2)\times(3\times5)}$$

$r=3$일 때, $a_3=\frac{a_2}{3(6+1)}=\frac{a_2}{3\times7}=\frac{a_0}{(1\times2\times3)\times(3\times5\times7)}$

$r=4$일 때, $a_4=\frac{a_3}{4(8+1)}=\frac{a_3}{4\times9}=\frac{a_0}{(1\times2\times3\times4)\times(3\times5\times7\times9)}$

등과 같이 구할 수 있다.

식 (23)으로부터 시도 해는 아래와 같은 형태이다.

$$y=x^c\left\{a_0+a_1x+a_2x^2+a_3x^3+\cdots+a_rx^r+\cdots\right\}$$

따라서 $c=1$과 위에서 얻은 $a_1, a_2, a_3, \ldots$의 값들을 시도 해에 대입하면 다음과 같다.

$$y=x^1\left\{a_0+\frac{a_0}{(1\times3)}x+\frac{a_0}{(1\times2)\times(3\times5)}x^2+\frac{a_0}{(1\times2\times3)\times(3\times5\times7)}x^3\right.$$

$$+\frac{a_0}{(1\times2\times3\times4)\times(3\times5\times7\times9)}x^4 + \cdots\Big\}$$

즉, $$y=a_0x^1\Big\{1+\frac{x}{(1\times3)}+\frac{x^2}{(1\times2)\times(3\times5)}+\frac{x^3}{(1\times2\times3)\times(3\times5\times7)}+\frac{x^4}{(1\times2\times3\times4)\times(3\times5\times7\times9)}+\cdots\Big\} \quad (26)$$

이다.

(b) $\boldsymbol{c=\frac{1}{2}}$일 때,

식 (25)로부터

$$a_r=\frac{a_{r-1}}{2(c+r-1)(c+r)-(c+r)+1}$$ 이므로,

$$\boldsymbol{a_r}=\frac{a_{r-1}}{2\left(\frac{1}{2}+r-1\right)\left(\frac{1}{2}+r\right)-\left(\frac{1}{2}+r\right)+1}$$

$$=\frac{a_{r-1}}{2\left(r-\frac{1}{2}\right)\left(r+\frac{1}{2}\right)-\frac{1}{2}-r+1}$$

$$=\frac{a_{r-1}}{2\left(r^2-\frac{1}{4}\right)-\frac{1}{2}-r+1}$$

$$=\frac{a_{r-1}}{2r^2-\frac{1}{2}-\frac{1}{2}-r+1}=\frac{a_{r-1}}{2r^2-r}$$

$$=\boldsymbol{\frac{a_{r-1}}{r(2r-1)}}$$

이다. 따라서

$r=1$일 때, $a_1=\frac{a_0}{1(2-1)}=\frac{a_0}{1\times1}$

r = 2일 때, $a_2=\frac{a_1}{2(4-1)}=\frac{a_1}{(2\times3)}=\frac{a_0}{(2\times3)}$

r = 3일 때, $a_3=\frac{a_2}{3(6-1)}=\frac{a_2}{3\times5}=\frac{a_0}{(2\times3)\times(3\times5)}$

$r=4$일 때, $a_4=\frac{a_3}{4(8-1)}=\frac{a_3}{4\times7}=\frac{a_0}{(2\times3\times4)\times(3\times5\times7)}$

등과 같이 구할 수 있다.

식 (23)으로부터 시도 해는 다음과 같은 형태이다.

$$y=x^c\left\{a_0+a_1x+a_2x^2+a_3x^3+\cdots+a_rx^r+\cdots\right\}$$

$c=\frac{1}{2}$과 위에서 얻은 $a_1, a_2, a_3, \ldots$의 값들을 시도 해에 대입하면 다음과 같이 된다.

$$y=x^{\frac{1}{2}}\left\{a_0+a_0x+\frac{a_0}{(2\times3)}x^2+\frac{a_0}{(2\times3)\times(3\times5)}x^3+\frac{a_0}{(2\times3\times4)\times(3\times5\times7)}x^4+\cdots\right\}$$

$$y=a_0x^{\frac{1}{2}}\left\{1+x+\frac{x^2}{(2\times3)}+\frac{x^3}{(2\times3)\times(3\times5)}+\frac{x^4}{(2\times3\times4)\times(3\times5\times7)}+\cdots\right\} \quad (27)$$

각각의 해에서 a_0는 0이 아닌 임의의 상수이므로, 그것의 값은 서로 다를 수가 있다.

식 (26)에서 $a_0=A$, 그리고 식 (27)에서 $a_0=B$로 놓자.

첫 번째 해를 $u(x)$, 그리고 두 번째 해를 $v(x)$라 하면, 주어진 미분방정식의 일반해는 $y=u(x)+v(x)$이며, 다음과 같다.

$$\boldsymbol{y=Ax\left\{1+\frac{x}{(1\times3)}+\frac{x^2}{(1\times2)\times(3\times5)}+\frac{x^3}{(1\times2\times3)\times(3\times5\times7)}+\frac{x^4}{(1\times2\times3\times4)\times(3\times5\times7\times9)}+\cdots\right\}+Bx^{\frac{1}{2}}\left\{1+x+\frac{x^2}{(2\times3)}+\frac{x^3}{(2\times3)\times(3\times5)}+\frac{x^4}{(2\times3\times4)\times(3\times5\times7)}+\cdots\right\}}$$

문제 9. 프로베니우스 해법을 사용해서 다음 미분방정식에 대한 거듭제곱 급수의 일반해를 구하시오.

$$\frac{d^2y}{dx^2}-2y=0$$

미분방정식은 $y''-2y=0$와 같은 형태로 다시 표현할 수가 있다.

(i) 시도 해를 다음과 같은 형태로 놓는다.

$$y=x^c\left\{a_0+a_1x+a_2x^2+a_3x^3+\cdots\right.$$

$$+a_r x^r + \cdots\} \quad (28)$$

여기서 $a_0 \neq 0$라고 전제하면,

$$y = a_0 x^c + a_1 x^{c+1} + a_2 x^{c+2} + a_3 x^{c+3} + \cdots + a_r x^{c+r} + \cdots \quad (29)$$

이 된다.

(ii) 식 (29)를 미분하면

$$y' = a_0 c x^{c-1} + a_1(c+1)x^c + a_2(c+2)x^{c+1} + \cdots + a_r(c+r)x^{c+r-1} + \cdots$$

이고,

$$y'' = a_0 c(c-1)x^{c-2} + a_1 c(c+1)x^{c-1} + a_2(c+1)(c+2)x^c + \cdots + a_r(c+r-1)(c+r)x^{c+r-2} + \cdots$$

을 얻게 된다.

(iii) $a_r(c+r-1)(c+r)\,x^{c+r-2}$에서 r에 $(r+2)$을 대입하면

$a_{r+2}(c+r+1)(c+r+2)x^{c+r}$이 된다.

y와 y''을 주어진 방정식 $y''-2y=0$의 각 항에 대입하면 다음 식이 된다.

$$y''-2y = a_0 c(c-1)x^{c-2} + a_1 c(c+1)x^{c-1} + [a_2(c+1)(c+2) - 2a_0]x^c + \cdots + [a_{r+2}(c+r+1)(c+r+2) - 2a_r]\,x^{c+r} + \cdots = 0 \quad (30)$$

(iv) **결정방정식**은 x의 가장 낮은 거듭제곱의 계수를 0으로 놓음으로써 얻을 수 있다.

즉, $a_0 c(c-1) = 0$이며, $a_0 \neq 0$이기 때문에 이것으로부터 $\boldsymbol{c=0}$ 또는 $\boldsymbol{c=1}$이 된다.

따라서 x^{c-1} 항에 대해서는 $a_1 c(c+1) = 0$이다.

$\boldsymbol{c=1}$인 경우, $\boldsymbol{a_1=0}$이다. 그러나 $\boldsymbol{c=0}$일 경우 $\boldsymbol{a_1}$은 **부정정(indeterminate)**이다. 왜냐하면, c가 0의 값을 가질 경우 $\boldsymbol{a_1}$의 어떤 값과의 곱도 0이 되기 때문이다.

x^c 항에 대해서는 $a_2(c+1)(c+2) - 2a_0 = 0$이며, 이것으로부터

$$a_2 = \frac{2a_0}{(c+1)(c+2)} \quad (31)$$

이 된다.

x^{c+r} 항에 대해서는

$a_{r+2}(c+r+1)(c+r+2) - 2a_r = 0$이며, 이것으로부터

$$a_{r+2} = \frac{2a_r}{(c+r+1)(c+r+2)} \quad (32)$$

을 얻게 된다.

(a) $\boldsymbol{c=0}$일 때, $\boldsymbol{a_1}$은 부정정이며, 식 (31)로부터

$a_2 = \dfrac{2a_0}{(1\times 2)} = \dfrac{2a_0}{2!}$이다.

일반적으로 $a_{r+2} = \dfrac{2a_r}{(r+1)(r+2)}$이고,

$r=1$일 때, $a_3 = \dfrac{2a_1}{(2\times 3)} = \dfrac{2a_1}{(1\times 2\times 3)} = \dfrac{2a_1}{3!}$이고,

$r=2$일 때, $a_4 = \dfrac{2a_2}{3\times 4} = \dfrac{4a_0}{4!}$이다.

따라서 식 (28)로부터

$$y = x^0\left\{a_0 + a_1 x + \frac{2a_0}{2!}x^2 + \frac{2a_1}{3!}x^3 + \frac{4a_0}{4!}x^4 + \cdots\right\}$$

$$= a_0\left\{1 + \frac{2x^2}{2!} + \frac{4x^4}{4!} + \cdots\right\} + a_1\left\{x + \frac{2x^3}{3!} + \frac{4x^5}{5!} + \cdots\right\}$$

이다. a_0와 a_1은 경계 조건에 따라 결정되는 임의의 상수이므로, $a_0 = P$, 그리고 $a_1 = Q$로 놓자. 그러면,

$$\boldsymbol{y = P\left\{1 + \frac{2x^2}{2!} + \frac{4x^4}{4!} + \cdots\right\} + Q\left\{x + \frac{2x^3}{3!} + \frac{4x^5}{5!} + \cdots\right\}} \quad (33)$$

와 같이 표현할 수가 있다.

(b) $\boldsymbol{c=1}$인 경우 $a_1 = 0$가 되며, 식 (31)로부터

$a_2 = \dfrac{2a_0}{(2\times 3)} = \dfrac{2a_0}{3!}$이다.

$\boldsymbol{c=1}$이기 때문에,

$$a_{r+2} = \frac{2a_r}{(c+r+1)(c+r+2)} = \frac{2a_r}{(r+2)(r+3)}$$ 이다.

식 (32)에서 $r=1$일 때, $a_1 = 0$이므로,

$a_3 = \dfrac{2a_1}{(3\times 4)} = 0$가 된다.

$r=2$일 때,

$a_4 = \dfrac{2a_2}{(4\times 5)} = \dfrac{2}{(4\times 5)} \times \dfrac{2a_0}{3!} = \dfrac{4a_0}{5!}$이고

$r=3$일 때, $a_5 = \dfrac{2a_3}{(5\times 6)} = 0$를 얻게 된다.

따라서 $c=1$인 경우

$y = x^1\left\{a_0 + \dfrac{2a_0}{3!}x^2 + \dfrac{4a_0}{5!}x^4 + \cdots\right\}$이며,

식 (28)로부터

$y = a_0\left\{x + \dfrac{2x^3}{3!} + \dfrac{4x^5}{5!} + \ldots\right\}$이 된다.

마찬가지로 a_0는 임의의 상수이므로 $a_0 = K$로 놓으면

$$y=K\left\{x+\frac{2x^3}{3!}+\frac{4x^5}{5!}+\cdots\right\}$$을 얻게 된다.

그러나 후자의 해는 식 (33)의 두 번째 급수와 동일한 형태이기 때문에 독립된 해가 아니다. 따라서 P와 Q 모두 임의의 상수를 가지는 식 (33)이 일반해의 형태이다. 이것은 c의 두 값들의 차이가 정수일 때 항상 나타나는 경우이다.
위의 세 예제로부터 다음을 추론할 수가 있으며, 앞으로는 다음을 가정할 것이다.

(i) 결정방정식에서 서로 다른 두 근의 차가 정수가 아닌 경우, 두 개의 독립된 해는 $y=u(x)+v(x)$로 되며 이것의 일반해는 $y=Au+Bv$이다(문제 7의 경우, $c=0$와 $\frac{2}{3}$, 그리고 문제 8의 경우 $c=1$과 $\frac{1}{2}$과 같이 서로 다른 두 근을 갖고 그들의 차는 정수가 아니다).

(ii) 결정방정식에서 서로 다른 두 근의 차가 문제 9의 $c=0$와 1과 같이 정수인 경우, 그리고 $c=0$일 때처럼 하나의 계수가 부정정이라면 완전해(complete solution)는 항상 c의 값을 사용해서 표현할 수 있다.
문제 9에서 $c=1$과 같이 c의 두 번째 값을 사용하면 항상 첫 번째 해의 급수들 중의 하나의 급수로 나타난다.

+ 이제 다음의 예제들을 풀어보시오.

연습 문제 212 프로베니우스 해법에 의한 거듭제곱급수의 해

1. 프로베니우스 해법을 사용해서 다음과 같은 미분방정식의 거듭제곱 급수해를 구하시오.
$$2x\frac{d^2y}{dx^2}+\frac{dy}{dx}-y=0$$
2. 프로베니우스 해법을 사용해서 다음과 같은 미분방정식의 거듭제곱 급수의 일반해를 구하시오.
$$\frac{d^2y}{dx^2}+y=0$$
3. 다음 미분방정식의 거듭제곱 급수해를 구하기 위해서 프로베니우스 해법을 사용하시오.
$$3x\frac{d^2y}{dx^2}+4\frac{dy}{dx}-y=0$$
4. 프로베니우스 해법을 사용해서 미분방정식 $\frac{d^2y}{dx^2}-y=0$의 거듭제곱 급수해가 $y=P\cosh x+Q\sinh x$와 같이 표현될 수 있음을 보이시오. 여기서 P와 Q는 상수이다(힌트: $\cosh x$와 $\sinh x$의 급수 전개를 체크하라).

55.6 베셀 방정식(Bessel's equation)과 베셀 함수들(Bessel's functions)

응용수학에서 가장 중요한 미분방정식들 중의 하나가 **베셀 방정식(Bessel equation)**이며, 그것의 형태는 다음과 같다.

$$x^2\frac{d^2y}{dx^2}+x\frac{dy}{dx}+(x^2-v^2)y=0$$

여기서 v는 실수(real) 상수이다. 이 같은 방정식은 전기장과 진동, 그리고 열전도 분야에서 나타나는 형태이며, 앞 절의 프로베니우스 해법을 사용해서 풀 수가 있다.

문제 10. 베셀 방정식의 거듭제곱 급수의 일반해를 구하시오.

베셀 방정식인 $x^2\frac{d^2y}{dx^2}+x\frac{dy}{dx}+(x^2-v^2)y=0$은 $x^2y''+xy'+(x^2-v^2)y=0$와 같은 형태로 다시 표현할 수가 있다.
앞에서 언급한 프로베니우스 해법을 적용해서,

(i) 시도 해를 다음과 같은 형태로 놓는다.

* 베셀(Bessel)은 누구인가? **Friedrich Wilhelm Bessel**(1784년 7월 22일–1846년 3월 17일)은 독일의 수학자이자 천문학자이며 베셀 함수들(Bessel functions)을 체계화한 인물이다. 베셀은 핼리 혜성(Halley's Comet)의 궤도 계산에 관한 개선안과, 3222개의 별들에 대한 정확한 위치들을 발표하였다. 더 자세한 내용을 원하면 **www.routledge.com/cw/bird**에서 찾을 수 있다.

$$y = x^c\{a_0 + a_1x + a_2x^2 + a_3x^3 + \cdots + a_rx^r + \cdots\} \quad (34)$$

여기서 $a_0 \neq 0$이라고 전제하면,

$$y = a_0x^c + a_1x^{c+1} + a_2x^{c+2} + a_3x^{c+3} + \cdots + a_rx^{c+r} + \cdots \quad (35)$$

와 같이 된다.

(ii) 식 (35)를 미분하면

$$y' = a_0cx^{c-1} + a_1(c+1)x^c + a_2(c+2)x^{c+1} + \cdots + a_r(c+r)x^{c+r-1} + \cdots$$

과 $y'' = a_0c(c-1)x^{c-2} + a_1c(c+1)x^{c-1} + a_2(c+1)(c+2)x^c + \cdots + a_r(c+r-1)(c+r)x^{c+r-2} + \cdots$

을 얻을 수 있다.

(iii) y와 y', y''을 주어진 방정식 $x^2y'' + xy' + (x^2 - v^2)y = 0$의 각 항에 대입하면 다음 식이 된다.

$$\begin{aligned}&a_0c(c-1)x^c + a_1c(c+1)x^{c+1}\\&+ a_2(c+1)(c+2)x^{c+2} + \cdots\\&+ a_r(c+r-1)(c+r)x^{c+r} + \cdots + a_0cx^c\\&+ a_1(c+1)x^{c+1} + a_2(c+2)x^{c+2} + \cdots\\&+ a_r(c+r)x^{c+r} + \cdots + a_0x^{c+2} + a_1x^{c+3}\\&+ a_2x^{c+4} + \cdots + a_rx^{c+r+2} + \cdots - a_0v^2x^c\\&- a_1v^2x^{c+1} - \cdots - a_rv^2x^{c+r} + \cdots = 0\end{aligned} \quad (36)$$

(iv) **결정방정식**은 x의 가장 낮은 거듭제곱의 계수를 0으로 놓음으로써 얻을 수 있다.

즉, $a_0c(c-1) + a_0c - a_0v^2 = 0$이다.

이 식으로부터 $a_0[c^2 - c + c - v^2] = 0$을 얻게 되며, $a_0[c^2 - v^2] = 0$이 된다.

따라서 $a_0 \neq 0$이므로, $\boldsymbol{c = +v}$ 또는 $\boldsymbol{c = -v}$이다.

x^{c+r} 항에 대해서 정리하면,

$$a_r(c+r-1)(c+r) + a_r(c+r) + a_{r-2} - a_rv^2 = 0$$

$$a_r[(c+r-1)(c+r) + (c+r) - v^2] = -a_{r-2}$$

즉, $a_r[(c+r)(c+r-1+1) - v^2] = -a_{r-2}$

$$a_r[(c+r)^2 - v^2] = -a_{r-2}$$

이 된다.

따라서 **순환관계식(recurrence relation)**은

$$\boldsymbol{a_r = \frac{a_{r-2}}{v^2 - (c+r)^2}} \quad \text{for } r \geq 2 \quad (37)$$

이다.

x^{c+1} 항에 대해서 정리하면,

$$a_1[c(c+1) + (c+1) - v^2] = 0$$

$$a_1[(c+1)^2 - v^2] = 0$$

이며, 만일 $c = v$이면, $a_1[(v+1)^2 - v^2] = 0$

즉, $a_1[2v+1] = 0$이 된다.

마찬가지로, $c = -v$이면, $a_1[1 - 2v] = 0$이다.

여기서 v는 실수 상수이므로 $(2v+1)$과 $(1-2v)$ 항들은 모두 0이 될 수가 없다.

따라서 $a_1 = 0$이어야 한다.

$a_1 = 0$이므로 식 (37)로부터 $a_3 = a_5 = a_7 = \ldots = 0$가 된다.

그리고

$$a_2 = \frac{a_0}{v^2 - (c+2)^2}$$

$$a_4 = \frac{a_0}{[v^2 - (c+2)^2][v^2 - (c+4)^2]}$$

$$a_6 = \frac{a_0}{[v^2 - (c+2)^2][v^2 - (c+4)^2][v^2 - (c+6)^2]}$$

등과 같다.

$\boldsymbol{c = +v}$일 때,

$$a_2 = \frac{a_0}{v^2 - (v+2)^2} = \frac{a_0}{v^2 - v^2 - 4v - 4} = \frac{-a_0}{4 + 4v} = \frac{-a_0}{2^2(v+1)}$$

$$a_4 = \frac{a_0}{[v^2 - (v+2)^2][v^2 - (v+4)^2]} = \frac{a_0}{[-2^2(v+1)][-2^3(v+2)]} = \frac{a_0}{2^5(v+1)(v+2)} = \frac{a_0}{2^4 \times 2(v+1)(v+2)}$$

$$\begin{aligned}a_6 &= \frac{a_0}{[v^2-(v+2)^2][v^2-(v+4)^2][v^2-(v+6)^2]}\\&= \frac{a_0}{[2^4 \times 2(v+1)(v+2)][-12(v+3)]}\\&= \frac{-a_0}{2^4 \times 2(v+1)(v+2) \times 2^2 \times 3(v+3)}\\&= \frac{-a_0}{2^6 \times 3!\,(v+1)(v+2)(v+3)}\end{aligned}$$

와 같이 나타난다.

따라서 $c=+v$에 대한 해의 결과는 다음과 같다.

$$y=u=$$
$$Ax^v\left\{1-\frac{x^2}{2^2(v+1)}+\frac{x^4}{2^4\times 2!(v+1)(v+2)}-\frac{x^6}{2^6\times 3!(v+1)(v+2)(v+3)}+\cdots\right\} \quad (38)$$

이것은 v가 음의 정수가 아니라면 유효할 것이며, 여기서 A는 임의의 상수이다.

$c=-v$일 때,

$$a_2=\frac{a_0}{v^2-(-v+2)^2}=\frac{a_0}{v^2-(v^2-4v+4)}=\frac{-a_0}{4-4v}=\frac{-a_0}{2^2(v-1)}$$

$$a_4=\frac{a_0}{[2^2(v-1)][v^2-(-v+4)^2]}=\frac{a_0}{[2^2(v-1)][2^3(v-2)]}=\frac{a_0}{2^4\times 2(v-1)(v-2)}$$

그리고 $a_6=\dfrac{a_0}{2^6\times 3!(v-1)(v-2)(v-3)}$

이다. 따라서

$$y=w=$$
$$Bx^{-v}\left\{1+\frac{x^2}{2^2(v-1)}+\frac{x^4}{2^4\times 2!(v-1)(v-2)}+\frac{x^6}{2^6\times 3!(v-1)(v-2)(v-3)}+\cdots\right\}$$

가 된다.

이것은 v가 음의 정수가 아니라면 유효할 것이며, 여기서 B는 임의의 상수이다.

베셀 방정식 $x^2\dfrac{d^2y}{dx^2}+x\dfrac{dy}{dx}+(x^2-v^2)y=0$의 완전해는 다음과 같다.

$$\boldsymbol{y=u+w=}$$
$$\boldsymbol{Ax^v\left\{1-\frac{x^2}{2^2(v+1)}+\frac{x^4}{2^4\times 2!(v+1)(v+2)}-\frac{x^6}{2^6\times 3!(v+1)(v+2)(v+3)}+\cdots\right\}}$$
$$\boldsymbol{+Bx^{-v}\left\{1+\frac{x^2}{2^2(v-1)}+\frac{x^4}{2^4\times 2!(v-1)(v-2)}+\frac{x^6}{2^6\times 3!(v-1)(v-2)(v-3)}+\cdots\right\}} \quad (39)$$

감마 함수(Gamma function)

문제 10의 베셀 방정식의 해는 **감마 함수들(gamma functions)**의 항들로 표현할 수가 있다. Γ는 그리스 문자 감마의 대문자이며, 감마 함수는 다음과 같이 적분에 의해서 정의되어지고,

$$\Gamma(x)=\int_0^\infty t^{x-1}e^{-t}dt \quad (40)$$

$x>0$일 때, 수렴한다.

식 (40)으로부터, $\Gamma(x+1)=\int_0^\infty t^x e^{-t}dt$이므로,

부분적분(integration by parts)을 사용함으로써

$$\Gamma(x+1)=\left[\left(t^x\right)\left(\frac{e^{-t}}{-1}\right)\right]_0^\infty-\int_0^\infty\left(\frac{e^{-t}}{-1}\right)x\,t^{x-1}dx$$
$$=(0-0)+x\int_0^\infty e^{-t}t^{x-1}dt$$
$$=x\Gamma(x)\ (\text{식 (40) 참조})$$

를 얻게 된다.

이것이 감마 함수들에 대한 중요한 순환관계이다.

따라서 $\Gamma(x+1)=x\Gamma(x)$이므로,

유사한 방법에 의해 $\Gamma(x+2)=(x+1)\Gamma(x+1)$
$$=(x+1)x\Gamma(x) \quad (41)$$

가 되며,

$$\Gamma(x+3)=(x+2)\Gamma(x+2)=(x+2)(x+1)x\Gamma(x),$$

등과 같이 얻을 수 있다.

감마 함수들을 포함하는 이 같은 관계들은 베셀 함수들과 함께 사용되어진다.

베셀 함수(Bessel functions)

베셀 방정식의 거듭제곱 급수해는 문제 11에서 나타낸 것처럼 감마 함수들의 항들로 표현되어질 수가 있다.

문제 11. 문제 10에서 나타낸 베셀 방정식의 거듭제곱 급수의 해가 베셀 함수들인 $J_v(x)$와 $J_{-v}(x)$의 항들로 표현될 수 있음을 보여라.

$$AJ_v(x)+BJ_{-v}(x)$$
$$=\left(\frac{x}{2}\right)^v\left\{\frac{1}{\Gamma(v+1)}-\frac{x^2}{2^2(1!)\Gamma(v+2)}\right.$$

$$+\frac{x^4}{2^4(2!)\Gamma(v+4)}-\cdots\Bigg\}$$
$$+\left(\frac{x}{2}\right)^{-v}\left\{\frac{1}{\Gamma(1-v)}-\frac{x^2}{2^2(1!)\Gamma(2-v)}+\frac{x^4}{2^4(2!)\Gamma(3-v)}-\cdots\right\}$$

앞의 문제 10으로부터 $\boldsymbol{c=+v}$일 때, $a_2=\dfrac{-a_0}{2^2(v+1)}$이다.

만약 $a_0=\dfrac{1}{2^v\Gamma(v+1)}$로 놓으면, 식 (41)로부터

$$a_2=\frac{-1}{2^2(v+1)2^v\Gamma(v+1)}=\frac{-1}{2^{v+2}(v+1)\Gamma(v+1)}=\frac{-1}{2^{v+2}\Gamma(v+2)}$$

가 된다.

마찬가지로, 식 (37)로부터

$$a_4=\frac{a_2}{v^2-(c+4)^2}=\frac{a_2}{(v-c-4)(v+c+4)}=\frac{a_2}{-4(2v+4)}\ (\because c=v)$$
$$=\frac{-a_2}{2^3(v+2)}=\frac{-1}{2^3(v+2)}\frac{-1}{2^{v+2}\Gamma(v+2)}=\frac{1}{2^{v+4}(2!)\Gamma(v+3)}$$
$$(\because (v+2)\Gamma(v+2)=\Gamma(v+3))$$

이 되고,

$a_6=\dfrac{-1}{2^{v+6}(3!)\Gamma(v+4)}$ 등과 같다.

순환관계는

$$a_r=\frac{(-1)^{r/2}}{2^{v+r}\left(\frac{r}{2}!\right)\Gamma\left(v+\frac{r}{2}+1\right)}$$

와 같이 나타나며, 만약 $\boldsymbol{r=2k}$로 놓으면, $\boldsymbol{k}=1, 2, 3, \ldots$에 대해서

$$\boldsymbol{a_{2k}=\frac{(-1)^k}{2^{v+2k}(k!)\Gamma(v+k+1)}} \tag{42}$$

을 얻는다.

따라서 식 (38)에 대해서 다음과 같이 새로운 형태로 표현하는 것이 가능하다.

$$y=Ax^v\left\{\frac{1}{2^v\Gamma(v+1)}-\frac{x^2}{2^{v+2}(1!)\Gamma(v+2)}+\frac{x^4}{2^{v+4}(2!)\Gamma(v+3)}-\cdots\right\}$$

이것은 차수 v에 대한 *제1종의 베셀 함수*(*the Bessel function of the first-order kind*)라 부르며, $J_v(x)$로 표시하게 된다.

v가 음의 정수가 아니라고 한다면

$$\boldsymbol{J_v(x)=\left(\frac{x}{2}\right)^v\left\{\frac{1}{\Gamma(v+1)}-\frac{x^2}{2^2(1!)\Gamma(v+2)}+\frac{x^4}{2^4(2!)\Gamma(v+3)}-\cdots\right\}}$$

와 같다.

두 번째 해에 대해서, $\boldsymbol{c=-v}$일 때, 식 (42)에서 v 대신에 $-v$로 치환하면 다음과 같다.

$$a_{2k}=\frac{(-1)^k}{2^{2k-v}(k!)\Gamma(k-v+1)}$$

이 식으로부터

$k=0$일 때, $0!=1$이므로

$$a_0=\frac{(-1)^0}{2^{-v}(0!)\Gamma(1-v)}=\frac{1}{2^{-v}\Gamma(1-v)}$$

$k=1$일 때, $a_2=\dfrac{(-1)^1}{2^{2-v}(1!)\Gamma(1-v+1)}=\dfrac{-1}{2^{2-v}(1!)\Gamma(2-v)}$

$k=2$일 때, $a_4=\dfrac{(-1)^2}{2^{4-v}(2!)\Gamma(2-v+1)}=\dfrac{1}{2^{4-v}(2!)\Gamma(3-v)}$

$k=3$일 때, $a_6=\dfrac{(-1)^3}{2^{6-v}(3!)\Gamma(3-v+1)}=\dfrac{1}{2^{6-v}(3!)\Gamma(4-v)}$

등과 같이 얻을 수가 있다. 따라서

$$y=Bx^{-v}\left\{\frac{1}{2^{-v}\Gamma(1-v)}-\frac{x^2}{2^{2-v}(1!)\Gamma(2-v)}+\frac{x^4}{2^{4-v}(2!)\Gamma(3-v)}-\cdots\right\}$$

이고, v가 음의 정수가 아니라고 한다면

$$\boldsymbol{J_{-v}(x)=\left(\frac{x}{2}\right)^{-v}\left\{\frac{1}{\Gamma(1-v)}-\frac{x^2}{2^2(1!)\Gamma(2-v)}+\frac{x^4}{2^4(2!)\Gamma(3-v)}-\cdots\right\}}$$

와 같다.

$J_v(x)$와 $J_{-v}(x)$는 베셀 방정식의 두 개의 독립된 해이므로, 완전해는 $y=AJ_v(x)+BJ_{-v}(x)$이고, 여기서 A와 B는 상수이므로

$$\boldsymbol{y=AJ_v(x)+BJ_{-v}(x)}$$
$$\boldsymbol{=A\left(\frac{x}{2}\right)^v\left\{\frac{1}{\Gamma(v+1)}-\frac{x^2}{2^2(1!)\Gamma(v+2)}\right.}$$

$$+\frac{x^4}{2^4(2!)\Gamma(v+4)}-\cdots\Bigg\}$$

$$+B\left(\frac{x}{2}\right)^{-v}\left\{\frac{1}{\Gamma(1-v)}-\frac{x^2}{2^2(1!)\Gamma(2-v)}\right.$$

$$\left.+\frac{x^4}{2^4(2!)\Gamma(3-v)}-\cdots\right\}$$

와 같다. 일반항들은 다음과 같다.

$$J_v(x)=\left(\frac{x}{2}\right)^v\sum_{k=0}^{\infty}\frac{(-1)^k x^{2k}}{2^{2k}(k!)\Gamma(v+k+1)}\text{과}$$

$$J_{-v}(x)=\left(\frac{x}{2}\right)^{-v}\sum_{k=0}^{\infty}\frac{(-1)^k x^{2k}}{2^{2k}(k!)\Gamma(k-v+1)}$$

또 다른 베셀 함수(Another Bessel function)

$J_n(x)$에 대한 또 다른 급수로는 다음과 같이 나타낼 수 가 있다.

$$J_n(x)=\left(\frac{x}{2}\right)^n\left\{\frac{1}{n!}-\frac{1}{(n+1)!}\left(\frac{x}{2}\right)^2+\frac{1}{(2!)(n+2)!}\left(\frac{x}{2}\right)^4-\cdots\right\}$$

이 같은 급수에서 두 개의 일반적으로 사용되는 함수들이 유도된다.

$$J_0(x)=\frac{1}{(0!)}-\frac{1}{(1!)^2}\left(\frac{x}{2}\right)^2+\frac{1}{(2!)^2}\left(\frac{x}{2}\right)^4-\frac{1}{(3!)^2}\left(\frac{x}{2}\right)^6+\cdots$$

$$=1-\frac{x^2}{2^2(1!)^2}+\frac{x^4}{2^4(2!)^2}-\frac{x^6}{2^6(3!)^2}+\cdots$$

그리고

$$J_1(x)=\frac{x}{2}\left\{\frac{1}{(1!)}-\frac{1}{(1!)(2!)}\left(\frac{x}{2}\right)^2+\frac{1}{(2!)(3!)}\left(\frac{x}{2}\right)^4-\cdots\right\}$$

$$=\frac{x}{2}-\frac{x^3}{2^3(1!)(2!)}+\frac{x^5}{2^5(2!)(3!)}-\frac{x^7}{2^7(3!)(4!)}+\cdots$$

이다.

베셀 함수들의 표들은 n과 x의 여러 범위의 값들에 대해서 사용될 수가 있으며, $J_0(x)$와 $J_1(x)$가 가장 일반적으로 사용되는 것들이다.

그림 55.1에서 나타낸 바와 같이 $J_0(x)$의 그래프는 코사인 함수와 그리고, $J_1(x)$는 사인 함수와 유사하다.

+ 이제 다음의 예제들을 풀어보시오.

연습 문제 213 베셀 방정식과 베셀 함수들

1. 베셀 방정식 $x^2\frac{d^2y}{dx^2}+x\frac{dy}{dx}+(x^2-v^2)y=0$에서 $v=2$이고, x^6 항까지 포함하는 거듭제곱급수 해를 구하시오.
2. 베셀 함수 $x^2y''+xy'+\left(x^2-v^2\right)y=0$에서 $v=3$일 때 베셀 함수 $J_3(x)$의 항들로 거듭제곱 급수해를 구하시오. x^7의 항까지 포함한다.
3. $x=1$일 때, 베셀 함수들 $J_0(x)$와 $J_1(x)$를 계산하고 소수점 3자리까지 맞게 한다.

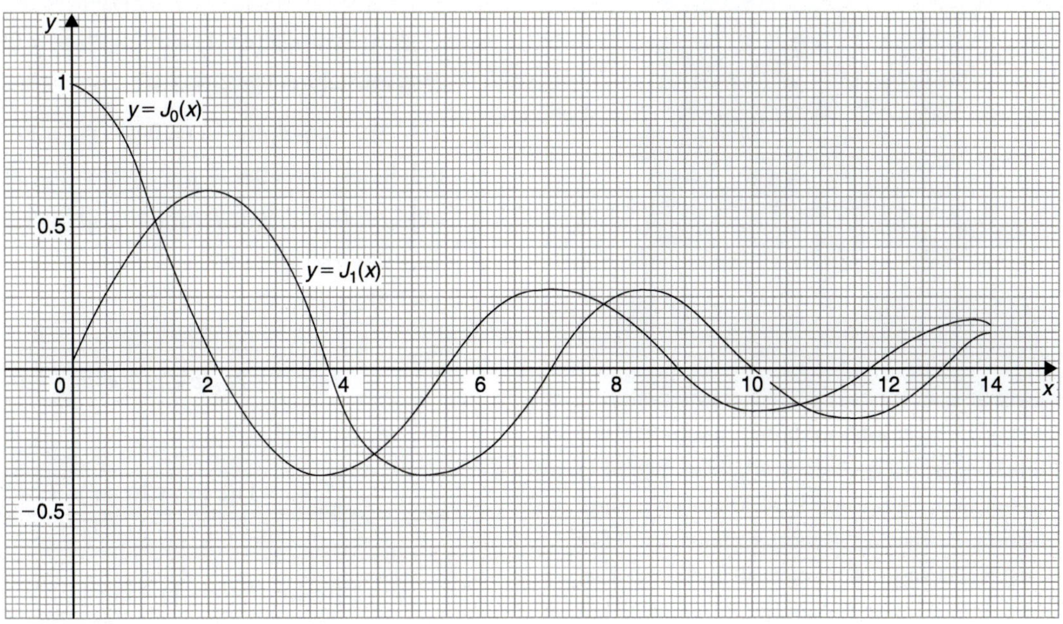

그림 55.1

55.7 르장드르 방정식(Legendre's equation)과 르장드르 다항식(Legendre's polynomials)

물리학이나 공학의 응용분야에서 또 하나의 중요한 미분방정식이 $(1-x^2)\frac{d^2y}{dx^2}-2x\frac{dy}{dx}+k(k+1)y=0$ 또는 $(1-x^2)y''-2xy'+k(k+1)y=0$와 같은 형태의 **르장드르 방정식**이며, 여기서 k는 실수 상수이다.

문제 12. 르장드르 방정식의 거듭제곱급수의 일반해를 구하시오.

프로베니우스 해법을 사용해서 르장드르 방정식 $(1-x^2)y''-2xy'+k(k+1)y=0$을 풀기 위해서

(i) 시도 해를 다음과 같은 형태로 놓는다.

$$y=x^c\left\{a_0+a_1x+a_2x^2+a_3x^3+\cdots+a_rx^r+\cdots\right\} \quad (43)$$

여기서, $a_0\neq 0$임을 전제하면

$$y=a_0x^c+a_1x^{c+1}+a_2x^{c+2}+a_3x^{c+3}+\cdots+a_rx^{c+r}+\cdots \quad (44)$$

이 된다.

(ii) 식 (44)를 미분하면

$$y'=a_0cx^{c-1}+a_1(c+1)x^c+a_2(c+2)x^{c+1}+\cdots+a_r(c+r)x^{c+r-1}+\cdots$$

그리고 $y''=a_0c(c-1)x^{c-2}+a_1c(c+1)x^{c-1}+a_2(c+1)(c+2)x^c+\cdots+a_r(c+r-1)(c+r)x^{c+r-2}+\cdots$

을 각각 얻을 수 있다.

(iii) y와 y', y''을 주어진 미분방정식 $(1-x^2)y''-2xy'+k(k+1)y=0$의 각 항에 대입한 후 전개하면 아래 식이 된다.

$$\begin{aligned}&a_0c(c-1)x^{c-2}+a_1c(c+1)x^{c-1}\\&+a_2(c+1)(c+2)x^c+\cdots\\&+a_r(c+r-1)(c+r)x^{c+r-2}+\cdots\\&-a_0c(c-1)x^c-a_1c(c+1)x^{c+1}\\&-a_2(c+1)(c+2)x^{c+2}-\cdots\\&-a_r(c+r-1)(c+r)x^{c+r}-\cdots-2a_0cx^c\\&-2a_1(c+1)x^{c+1}-2a_2(c+2)x^{c+2}-\cdots\\&-2a_r(c+r)x^{c+r}-\cdots+k^2a_0x^c\\&+k^2a_1x^{c+1}+k^2a_2x^{c+2}+\cdots+k^2a_rx^{c+r}\\&+\cdots+ka_0x^c+ka_1x^{c+1}+\cdots\\&+ka_rx^{c+r}+\cdots=0\end{aligned} \quad (45)$$

(iv) **결정방정식**은 x의 가장 낮은 거듭제곱의 계수 (즉, x^{c-2})를 0으로 놓음으로써 얻어진다. 따라서 이 같은 관계로부터 $a_0c(c-1)=0$이 되며, $a_0\neq 0$이기 때문에 $\mathbf{c=0}$와 $\mathbf{c=1}$을 얻게 된다.

x^{c-1}항의 경우 $a_1c(c+1)=0$이므로 $c=1$이면 $a_1=0$이다. 그러나 $c=0$일 때 a_1은 부정정이다. 왜냐하면 c의 값이 0을 가질 경우 a_1은 어떤 값을 가질지라도 곱은 0이 되기 때문이다.

x^{c+r} 항의 경우,

$$a_{r+2}(c+r+1)(c+r+2)-a_r(c+r-1)(c+r)-2a_r(c+r)+k^2a_r+ka_r=0$$

이므로, 정리하면

$$a_{r+2}=\frac{a_r\left[(c+r-1)(c+r)+2(c+r)-k^2-k\right]}{(c+r+1)(c+r+2)}$$

$$=\frac{a_r[(c+r)(c+r+1)-k(k+1)]}{(c+r+1)(c+r+2)} \quad (46)$$

* 르장드르는 누구인가? **Adrien-Marie Legendre**(1752년 9월 18일–1833년 1월 10일)는 프랑스의 수학자였다. 르장드르는 선형 회귀분석(linear regression), 신호처리(signal processing), 통계학(statistics), 그리고 곡선적합(curve fitting)에서 사용되어지는 최소제곱법(least squares method)을 개발하였다. 더 자세한 내용을 원하면 **www.routledge.com/cw/bird**에서 찾을 수 있다.

이 된다.

$c=0$일 때,

$$a_{r+2}=\frac{a_r[r(r+1)-k(k+1)]}{(r+1)(r+2)}\text{이므로,}$$

$r=0$일 때,

$$a_2=\frac{a_0[-k(k+1)]}{(1)(2)}$$

$r=1$일 때,

$$a_3=\frac{a_1[(1)(2)-k(k+1)]}{(2)(3)}$$

$$=\frac{-a_1[k^2+k-2]}{3!}=\frac{-a_1(k-1)(k+2)}{3!}$$

$r=2$일 때,

$$a_4=\frac{a_2[(2)(3)-k(k+1)]}{(3)(4)}=\frac{-a_2\left[k^2+k-6\right]}{(3)(4)}$$

$$=\frac{-a_2(k+3)(k-2)}{(3)(4)}$$

$$=\frac{-(k+3)(k-2)}{(3)(4)}\cdot\frac{a_0[-k(k+1)]}{(1)(2)}$$

$$=\frac{a_0k(k+1)(k+3)(k-2)}{4!}$$

$r=3$일 때,

$$a_5=\frac{a_3[(3)(4)-k(k+1)]}{(4)(5)}=\frac{-a_3[k^2+k-12]}{(4)(5)}$$

$$=\frac{-a_3(k+4)(k-3)}{(4)(5)}$$

$$=\frac{-(k+4)(k-3)}{(4)(5)}\cdot\frac{-a_1(k-1)(k+2)}{(2)(3)}$$

$$=\frac{a_1(k-1)(k-3)(k+2)(k+4)}{5!}$$

등과 같이 얻을 수가 있다.

위에서 얻은 값들을 식 (43)에 대입하고 정리하면,

$$y=x^0\left\{a_0+a_1x-\frac{a_0k(k+1)}{2!}x^2-\frac{a_1(k-1)(k+2)}{3!}x^3+\frac{a_0k(k+1)(k-2)(k+3)}{4!}x^4+\frac{a_1(k-1)(k-3)(k+2)(k+4)}{5!}x^5+\cdots\right\}$$

즉,

$$\boldsymbol{y=a_0\left\{1-\frac{k(k+1)}{2!}x^2+\frac{k(k+1)(k-2)(k+3)}{4!}x^4-\cdots\right\}+a_1\left\{x-\frac{(k-1)(k+2)}{3!}x^3+\frac{(k-1)(k-3)(k+2)(k+4)}{5!}x^5-\cdots\right\}} \quad (47)$$

이 된다.

앞에서 언급한 바와 같이 결정방정식의 두 해의 차가 정수로 나타나면, 위 예제의 경우처럼 $c=0$와 $c=1$, 그리고 $c=0$일 때와 같이 하나의 계수가 부정정이면 완전해(complete solution)는 항상 c의 이 값을 사용해서 나타날 것이다.

이 예제에서와 같이 c의 두 번째 값, 즉 $c=1$을 사용하면 첫 번째 해에서 급수들 중의 하나인 어떤 급수를 나타낼 것이다(이것은 $a_1=0$인 경우 $c=1$에 대해서 그 결과는 위의 식 (47)의 첫 번째 부분이 되는 것을 체크 해 볼 수가 있을 것이다).

르장드르 다항식(Legendre's polynomials)

(**다항식**은 $f(x)=a+bx+cx^2+dx^3+\cdots$와 같은 형태의 표현이다.) 위의 식 (47)에서 k가 정수, 즉 n이면, 급수해들 중의 하나는 유한한 수의 항들로 나타난다. 예를 들면, $k=2$일 경우, 첫 번째 급수는 x^2의 항 이후에는 사라진다. $P_n(x)$로 표기하는 x에 대한 다항식을 **르장드르 다항식(Legendre's polynomials)**이라 부르며, 상수 a_0와 a_1은 $x=1$일 때 $y=1$이 되도록 결정된다.

문제 13. 르장드르 다항식 $P_2(x)$를 구하시오.

$P_2(x)$는 $n=k=2$이므로, 식 (47)의 첫 번째 부분, 즉 x의 짝수 급수들로부터,

$$y=a_0\left\{1-\frac{2(3)}{2!}x^2+0\right\}=a_0\{1-3x^2\}$$

이 된다.

a_0는 $x=1$일 때 $y=1$을 만족해야 하므로,

$1=a_0\{1-3(1)^2\}=-2a_0$이고, 이 관계로부터 $a_0=-\dfrac{1}{2}$을 얻게 된다.

따라서 다음과 같다.

$$P_2(x)=-\frac{1}{2}\left(1-3x^2\right)=\boldsymbol{\frac{1}{2}(3x^2-1)}$$

문제 14. 르장드르 다항식 $P_3(x)$를 구하시오.

$P_3(x)$는 $n=k=3$이므로, 식 (47)의 두 번째 부분, 즉 x의 홀수 급수들로부터,

$$y=a_1\left\{x-\frac{(k-1)(k+2)}{3!}x^3+\frac{(k-1)(k-3)(k+2)(k+4)}{5!}x^5-\cdots\right\}$$

이므로,

$$y=a_1\left\{x-\frac{(2)(5)}{3!}x^3+\frac{(2)(0)(5)(7)}{5!}x^5\right\}$$

$$=a_1\left\{x-\frac{5}{3}x^3+0\right\}$$

이 된다.

a_1은 $x=1$일 때 $y=1$을 만족해야 하므로,

$1=a_1\left\{1-\frac{5}{3}\right\}=a_1\left(-\frac{2}{3}\right)$이고, 이 관계로부터 $a_1=-\frac{3}{2}$을 얻게 된다.

따라서 다음과 같다.

$P_3(x)=-\frac{3}{2}\left(x-\frac{5}{3}x^3\right)$ 또는 $\boldsymbol{P_3(x)=\frac{1}{2}(5x^3-3x)}$

로드리게스 공식(Rodrigues' formula)

르장드르 다항식을 구하는 또 다른 방법 중의 하나는 아래 식과 같은 형태의 **로드리게스 공식(Rodrigues formula)**을 사용하는 것이다.

$$\boldsymbol{P_n(x)=\frac{1}{2^n n!}\frac{d^n(x^2-1)^n}{dx^n}} \qquad (48)$$

이것은 다음 예제 문제들에서 설명될 것이다.

문제 15. 로드리게스 공식을 사용해서 르장드르 다항식 $P_2(x)$를 구하시오.

로드리게스공식 $P_n(x)=\frac{1}{2^n n!}\frac{d^n(x^2-1)^n}{dx^n}$에서 $n=2$일 때,

$$P_2(x)=\frac{1}{2^2 2!}\frac{d^2(x^2-1)^2}{dx^2}$$

$$=\frac{1}{2^3}\frac{d^2(x^4-2x^2+1)}{dx^2}$$

$$\frac{d}{dx}(x^4-2x^2+1)$$

$$=4x^3-4x$$

그리고, $\frac{d^2(x^4-2x^2+1)}{dx^2}=\frac{d(4x^3-4x)}{dx}=12x^2-4$

이므로, $P_2(x)=\frac{1}{2^3}\frac{d^2(x^4-2x^2+1)}{dx^2}=\frac{1}{8}(12x^2-4)$

즉, $\boldsymbol{P_2(x)=\frac{1}{2}(3x^2-1)}$을 얻게 되며, 문제 13에서와 동일한 결과를 나타내고 있다.

* 로드리게스는 누구인가? **Benjamin Olinde Rodrigues**(1795년–1851년)는 은행원이자 수학자, 그리고 사회 개혁가였다. 로드리게스는 3가지 결과물; 벡터에 대한 로드리게스의 회전공식, 직교 다항식의 계수들에 대한 로드리게스 공식, 그리고 오일러-로드리게스 매개변수들로 기억되어진다. 더 자세한 내용을 원하면 **www.routledge.com/cw/bird**에서 찾을 수 있다.

문제 16. 로드리게스 공식을 사용해서 르장드르 다항식 $P_3(x)$를 구하시오.

로드리게스 공식 $P_n(x)=\frac{1}{2^n n!}\frac{d^n(x^2-1)^n}{dx^n}$에서 $n=3$일 때,

$$P_3(x)=\frac{1}{2^3 3!}\frac{d^3(x^2-1)^3}{dx^3}$$

$$=\frac{1}{2^3(6)}\frac{d^3(x^2-1)(x^4-2x^2+1)}{dx^3}$$

$$=\frac{1}{(8)(6)}\frac{d^3(x^6-3x^4+3x^2-1)}{dx^3}$$

$$\frac{d(x^6-3x^4+3x^2-1)}{dx}=6x^5-12x^3+6x$$

$$\frac{d(6x^5-12x^3+6x)}{dx}=30x^4-36x^2+6$$

그리고 $\frac{d(30x^4-36x^2+6)}{dx}=120x^3-72x$이므로,

$$P_3(x) = \frac{1}{(8)(6)} \frac{d^3(x^6 - 3x^4 + 3x^2 - 1)}{dx^3}$$

$$= \frac{1}{(8)(6)}(120x^3 - 72x) = \frac{1}{8}(20x^3 - 12x)$$

즉,

$\boldsymbol{P_3(x) = \frac{1}{2}(5x^3 - 3x)}$를 얻게 되며, 문제 14에서와 동일한 결과를 나타내고 있다.

+ 이제 다음의 예제들을 풀어보시오.

연습 문제 214 르장드르 방정식과 르장드르 다항식

1. 르장드르 방정식 $(1 - x^2)y'' - 2xy' + k(k+1)y = 0$의 거듭제곱 급수해를 다음 각각에 대해서 구하시오. 단, 최대 x^5 항까지만 포함한다.

   (a) $k = 0$

   (b) $k = 2$

2. 다음 르장드르 다항식들을 구하시오.

   (a) $P_1(x)$ (b) $P_4(x)$ (c) $P_5(x)$

Chapter 56

편미분방정식의 기초

편미분방정식의 기초를 이해하는 것이 왜 중요한가?

공학, 물리학 그리고 경제학에서 여러 가지 양들이 나타난다—예를 들어 에너지—여러 가지 변수들에 종속 예를 들어 위치, 속도 그리고 온도. 종종 이와 같은 종속 관계는 편미분방정식을 통하여 표현되며 이와 같은 방정식의 풀이는 이들 사이의 복잡한 관계를 이해하는 데 중요하다. 상미분방정식을 푸는 것은 함수 (또는 함수의 집합)가 한 개의 독립 변수를 갖는 경우이다. 그러나 편미분방정식은 함수들이 두 개 또는 그 이상의 변수를 포함한다. 물리 모델 예에서 편미분방정식 사용은 열 방정식이 물체 내의 온도 분포의 변화를 표현하며, 파동방정식은 파 앞부분의 동작, 유동 방정식은 유체의 흐름 그리고 라플라스 방정식은 정전하 상태의 전위 분포 또는 탄성 변형 필드를 나타낸다. 이와 같은 경우 초기 조건이 필요할 뿐만 아니라 경계 조건들이 모델이 적용되는 영역을 위하여 필요하다; 따라서 경계 조건 문제는 해결되어야 한다. 이 장에서 제공하는 내용은 소개 정도로서 자주 다루는 편미분방정식들의 복잡한 과제들이다.

이 장에서는 다음 사항에 대해 공부한다.

- 몇몇 중요한 공학용 편미분방정식의 인식
- 편미분방정식 해를 직접적인 부분적분으로 풀기
- 편미분방정식 해를 변수 분리 방법으로 풀기
- 파동방정식 $\dfrac{\partial^2 u}{\partial x^2}=\dfrac{1}{c^2}\dfrac{\partial^2 u}{\partial t^2}$ 풀기
- 열전도 방정식 $\dfrac{\partial^2 u}{\partial x^2}=\dfrac{1}{c^2}\dfrac{\partial u}{\partial t}$ 풀기
- 라플라스 방정식 $\dfrac{\partial^2 u}{\partial x^2}+\dfrac{\partial^2 u}{\partial y^2}=0$ 풀기

56.1 소개

편미분방정식은 한 개 또는 그 이상의 편미분들을 포함하는 방정식이다. 예는 아래와 같다.

(i) $a\dfrac{\partial u}{\partial x}+b\dfrac{\partial u}{\partial y}=c$

(ii) $\dfrac{\partial^2 u}{\partial x^2}=\dfrac{1}{c^2}\dfrac{\partial u}{\partial t}$ (열전도 방정식으로 알려져 있음)

(iii) $\dfrac{\partial^2 u}{\partial x^2}+\dfrac{\partial^2 u}{\partial y^2}=0$ (라플라스 방정식으로 알려져 있음)

방정식 (i)은 **일차 편미분방정식** 그리고 (ii)와 (iii)은 **이차 편미분방정식**이며 가장 높은 미분 차수가 2이기 때문이다.

편미분방정식은 다양한 공학과 기술 분야에서 나타난다; 정전기학, 열전도, 자기학, 파의 동작, 유체역학 그리고 공기역학에서 사용하는 모든 모델은 편미분방정식을 포함한다. 이와 같은 방정식들은 해를 구하기 매우 어려운데 여러 가지 기술들이 간단한 유형에 대하여 발전되어 왔다. 실제로 매우 간단한 경우를 제외한 모든 경우 여러 가지 수치적 방법이 편미분방정식의 해들에 대하여 존재한다.
간단한 편미분방정식의 해를 구하는 데 필요한 지식은 아래와 같다.

(a) 부분적분
(b) 일차 그리고 이차 편미분−36장에서 설명됨.
(c) 상미분방정식의 해−49~54장에서 설명됨.

알아 두어야 할 사항은 교재 전체가 편미분방정식과 해를 포함한다는 것이다. 이 장에서는 편미분방정식 주제에 대한 소개에 해당한다.

56.2 부분적분

적분은 미분의 역 과정이다. 따라서 만약 예를 들어 $\dfrac{\partial u}{\partial t}=5\cos x\sin t$의 부분적분을 t에 대하여 수행한다면 $5\cos x$ 항은 상수로 간주한다.

그리고 $u=\displaystyle\int 5\cos x\sin t\,\mathrm{d}t=(5\cos x)\int\sin t\,\mathrm{d}t$

$$=(5\cos x)(-\cos t)+c$$
$$=\mathbf{-5\cos x\cos t+f(x)}$$

이와 유사하게, $\dfrac{\partial^2 u}{\partial x\partial y}=6x^2\cos 2y$의 적분을 부분적으로 y에 대하여 수행하면,

$$\frac{\partial u}{\partial x}=\int 6x^2\cos 2y\,\mathrm{d}y=\left(6x^2\right)\int\cos 2y\,\mathrm{d}y$$
$$=\left(6x^2\right)\left(\frac{1}{2}\sin 2y\right)+f(x)$$
$$=3x^2\sin 2y+f(x)$$

그리고 $\dfrac{\partial u}{\partial x}$에 대한 적분을 부분적으로 x에 관하여 수행하면;

$$u=\int[3x^2\sin 2y+f(x)]\mathrm{d}x$$
$$=\mathbf{x^3\sin 2y+(x)f(x)+g(y)}$$

여기서 $f(x)$ 그리고 $g(y)$ 함수들을 결정하려면 추가적인 정보인 **경계 조건** 또는 **초기 조건**을 알아야 한다.

56.3 편미분방정식 해를 direct 편미분으로 구하기

가장 간단한 편미분방정식 형태는 해를 직접 편미분에 결정한다. 이와 같은 경우를 아래의 풀이 예제에서 설명하였다.

문제 1. 편미분방정식 $\dfrac{\partial^2 u}{\partial x^2}=6x^2(2y-1)$의 해를 주어진 경계 조건 $x=0$, $\dfrac{\partial u}{\partial x}=\sin 2y$ 그리고 $u=\cos y$를 사용하여 구하시오.

$\dfrac{\partial^2 u}{\partial x^2}=6x^2(2y-1)$이므로 적분 수행을 부분적으로 x에 대하여 수행하면:

$$\frac{\partial u}{\partial x}=\int 6x^2(2y-1)\mathrm{d}x=(2y-1)\int 6x^2\mathrm{d}x$$
$$=(2y-1)\frac{6x^3}{3}+f(y)$$
$$=2x^3(2y-1)+f(y)$$

여기서 $f(y)$는 임의의 함수이다.
경계 조건으로부터 $x=0$일 때

$$\frac{\partial u}{\partial x}=\sin 2y$$

따라서 $\sin 2y=2(0)^3(2y-1)+f(y)$

이로부터 $f(y)=\sin 2y$

이에 따라 $\dfrac{\partial u}{\partial x}=2x^3(2y-1)+\sin 2y$

부분적분을 x에 관하여 수행하면:

$$u=\int[2x^3(2y-1)+\sin 2y]\mathrm{d}x$$
$$=\frac{2x^4}{4}(2y-1)+x(\sin 2y)+F(y)$$

경계 조건에서 $x=0$ 일 때 $u=\cos y$이므로

$$\cos y=\frac{(0)^4}{2}(2y-1)+(0)\sin 2y+F(y)$$

이로부터 $F(y)=\cos y$

따라서 $\dfrac{\partial^2 u}{\partial x^2}=6x^2(2y-1)$의 해는 주어진 경계 조건에서:

$$\mathbf{u=\frac{x^4}{2}(2y-1)+x\sin y+\cos y}$$

문제 2. 미분방정식의 해를 구하시오:
$\dfrac{\partial^2 u}{\partial x\partial y}=\cos(x+y)$ 주어진 경계 조건은 $y=0$일 때 $\dfrac{\partial u}{\partial x}=2$ 그리고 $x=0$일 때, $u=y^2$이다.

$\dfrac{\partial^2 u}{\partial x\partial y}=\cos(x+y)$이므로 적분을 부분적으로 y에 대하여 수행하면:

$$\frac{\partial u}{\partial x} = \int \cos(x+y)\mathrm{d}y = \sin(x+y) + f(x)$$

주어진 경계 조건 $y=0$일 때 $\frac{\partial u}{\partial x}=2$로부터

$$2 = \sin x + f(x)$$

이로부터 $f(x) = 2 - \sin x$

즉, $\frac{\partial u}{\partial x} = \sin(x+y) + 2 - \sin x$

적분 수행을 부분적으로 x에 대하여 수행하면:

$$u = \int [\sin(x+y) + 2 - \sin x]\mathrm{d}x$$

$$= -\cos(x+y) + 2x + \cos x + f(y)$$

경계 조건 $x = 0$일 때, $u = y^2$로부터

$$y^2 = -\cos y + 0 + \cos 0 + f(y)$$

$$= 1 - \cos y + f(y)$$

이로부터, $f(y) = y^2 - 1 + \cos y$

따라서 $\frac{\partial^2 u}{\partial x \partial y} = \cos(x+y)$의 해를 구하면:

$$\boldsymbol{u = -\cos(x+y) + 2x + \cos x + y^2 - 1 + \cos y}$$

문제 3. 증명을통하여 $\phi(x,y,z) = \frac{1}{\sqrt{x^2+y^2+z^2}}$가 만족시키는 편미분방정식이 $\frac{\partial^2\phi}{\partial x^2} + \frac{\partial^2\phi}{\partial y^2} + \frac{\partial^2\phi}{\partial z^2} = 0$임을 보이시오.

편미분방정식

$\frac{\partial^2\phi}{\partial x^2} + \frac{\partial^2\phi}{\partial y^2} + \frac{\partial^2\phi}{\partial z^2} = 0$은 **라플라스 방정식**이라 한다.

만약 $\phi(x,y,z) = \frac{1}{\sqrt{x^2+y^2+z^2}} = (x^2+y^2+z^2)^{-\frac{1}{2}}$이면 이의 미분 수행을 부분적으로 x에 대하여 수행 결과는:

$$\frac{\partial\phi}{\partial x} = -\frac{1}{2}(x^2+y^2+z^2)^{-\frac{3}{2}}(2x)$$

$$= -x(x^2+y^2+z^2)^{-\frac{3}{2}}$$

그리고 $$\frac{\partial^2\phi}{\partial x^2} = (-x)\left[-\frac{3}{2}(x^2+y^2+z^2)^{-\frac{5}{2}}(2x)\right] + (x^2+y^2+z^2)^{-\frac{3}{2}}(-1)$$

곱하기를 수행하면

$$= \frac{3x^2}{(x^2+y^2+z^2)^{\frac{5}{2}}} - \frac{1}{(x^2+y^2+z^2)^{\frac{3}{2}}}$$

$$= \frac{(3x^2) - (x^2+y^2+z^2)}{(x^2+y^2+z^2)^{\frac{5}{2}}}$$

이와 유사하게 다음 사항을 보일 수 있다.

$$\frac{\partial^2\phi}{\partial y^2} = \frac{(3y^2) - (x^2+y^2+z^2)}{(x^2+y^2+z^2)^{\frac{5}{2}}}$$

그리고 $$\frac{\partial^2\phi}{\partial z^2} = \frac{(3z^2) - (x^2+y^2+z^2)}{(x^2+y^2+z^2)^{\frac{5}{2}}}$$

따라서

$$\frac{\partial^2\phi}{\partial x^2} + \frac{\partial^2\phi}{\partial y^2} + \frac{\partial^2\phi}{\partial z^2} = \frac{(3x^2) - (x^2+y^2+z^2)}{(x^2+y^2+z^2)^{\frac{5}{2}}} + \frac{(3y^2) - (x^2+y^2+z^2)}{(x^2+y^2+z^2)^{\frac{5}{2}}} + \frac{(3z^2) - (x^2+y^2+z^2)}{(x^2+y^2+z^2)^{\frac{5}{2}}}$$

$$= \frac{\begin{pmatrix} 3x^2 - (x^2+y^2+z^2) \\ +3y^2 - (x^2+y^2+z^2) \\ +3z^2 - (x^2+y^2+z^2) \end{pmatrix}}{(x^2+y^2+z^2)^{\frac{5}{2}}} = 0$$

따라서 $\frac{1}{\sqrt{x^2+y^2+z^2}}$은 라플라스 방정식을 만족시킨다.

$$\frac{\partial^2\phi}{\partial x^2} + \frac{\partial^2\phi}{\partial y^2} + \frac{\partial^2\phi}{\partial z^2} = 0$$

+ 이제 다음의 예제들을 풀어보시오.

연습 문제 215 편미분방정식 해를 직접 부분적분으로 구하기

1. 일반해를 $\frac{\partial u}{\partial y} = 4ty$에 대하여 구하시오.
2. 편미분방정식 $\frac{\partial u}{\partial t} = 2t\cos\theta$의 해를 주어진 조건 $\theta = 0, u = 2t$에서 구하시오.
3. 증명을 통하여 $u(\theta,t) = \theta^2 + \theta t$가 편미분방정식 $\frac{\partial u}{\partial \theta} - 2\frac{\partial u}{\partial t} = t$의 해가 됨을 보이시오.
4. 증명을 통하여 $u = \mathrm{e}^{-y}\cos x$가 편미분방정식 $\frac{\partial^2 u}{\partial x^2} + \frac{\partial^2 u}{\partial y^2} = 0$의 해가 됨을 보이시오.
5. 편미분방정식 $\frac{\partial^2 u}{\partial x \partial y} = 8\mathrm{e}^y \sin 2x$의 해를 주어진 조건 $y=0$, $\frac{\partial u}{\partial x} = \sin x$ 그리고 $x = \frac{\pi}{2}$, $u = 2y^2$에서 구하시오.
6. 편미분방정식 $\frac{\partial^2 u}{\partial x^2} = y(4x^2-1)$의 해를 주어진 조건 $x = 0$, $u = \sin y$ 그리고 $\frac{\partial u}{\partial x} = \cos 2y$에서 구하시오.

7. 편미분방정식 $\dfrac{\partial^2 u}{\partial x \partial t}=\sin(x+t)$의 해를 주어진 조건 $t=0$, $\dfrac{\partial u}{\partial x}=1$ 그리고 $x=0$, $u=2t$에서 구하시오.
8. $u(x, y)=xy+\dfrac{x}{y}$가 다음의 편미분방정식의 해가 됨을 보이시오.

   $2x\dfrac{\partial^2 u}{\partial x \partial y}+y\dfrac{\partial^2 u}{\partial y^2}=2x$
9. 미분방정식 $\dfrac{\partial^2 u}{\partial x \partial y}=\cos x \cos y$의 특수해를 주어진 초기 조건 $y=\pi$, $\dfrac{\partial u}{\partial x}=x$ 그리고 $x=\pi$, $u=2\cos y$에 대하여 구하시오.
10. 함수 $\phi(x, y)=x\cos y+e^x \sin y$가 다음의 미분방정식을 만족시킴을 보이시오.

    $\dfrac{\partial^2 \phi}{\partial x^2}+\dfrac{\partial^2 \phi}{\partial y^2}+x\cos y=0$

56.4 여러 가지 중요한 공학 분야의 편미분방정식

여러 가지 형태의 편미분방정식이 존재한다. 일부는 전형적으로 공학과 과학 분야에서 사용되는데, 이는 아래와 같다:

(a) **파동방정식**, 방정식이 나타내는 움직임은 아래와 같다:

$$\frac{\partial^2 u}{\partial x^2}=\frac{1}{c^2}\frac{\partial^2 u}{\partial t^2}$$

여기서 $c^2=\dfrac{T}{\rho}$이며 T는 스트링의 장력이며, ρ는 스트링의 단위 길이당 질량이다.

(b) **열전도 방정식** 형태는 아래와 같다:

$$\frac{\partial^2 u}{\partial x^2}=\frac{1}{c^2}\frac{\partial u}{\partial t}$$

여기서 $c^2=\dfrac{h}{\sigma\rho}$이며 h는 물질의 열전도도, σ는 물질의 열 그리고 ρ는 단위 길이당 물질의 질량이다.

(c) **라플라스 방정식**은 정자기 조건에서 광범위하게 사용되며 형태는 아래와 같다:

$$\frac{\partial^2 u}{\partial x^2}+\frac{\partial^2 u}{\partial y^2}+\frac{\partial^2 u}{\partial z^2}=0$$

(d) **전송 방정식**은 전송 케이블의 전위 u인데 형태는 아래와 같다:

$$\frac{\partial^2 u}{\partial x^2}=A\frac{\partial^2 u}{\partial t^2}+B\frac{\partial u}{\partial t}+Cu$$

여기서 A, B 그리고 C는 상수이다.

방정식 일부는 다음 절에서 사용된다.

56.5 변수 분리

$u(x, t)=X(x)T(t)$라 하고 $X(x)$는 x만의 함수이며 $T(t)$는 t만의 함수이다. 이를 파동방정식 $\dfrac{\partial^2 u}{\partial x^2}=\dfrac{1}{c^2}\dfrac{\partial^2 u}{\partial t^2}$의 해라고 가정하자. 가정한 해 형태를 $u=XT$라 간편하게 표현하면 $\dfrac{\partial u}{\partial x}=X'T$ 그리고 $\dfrac{\partial^2 u}{\partial x^2}=X''T$가 된다.

또한 $\dfrac{\partial u}{\partial t}=XT'$ 그리고 $\dfrac{\partial^2 u}{\partial t^2}=XT''$이다.

이를 아래 편미분방정식에 대입하면

$\dfrac{\partial^2 u}{\partial x^2}=\dfrac{1}{c^2}\dfrac{\partial^2 u}{\partial t^2}$는 다음과 같다:

$$X''T=\frac{1}{c^2}XT''$$

변수들을 분리하여 정리하면 다음과 같다:

$$\boldsymbol{\frac{X''}{X}=\frac{1}{c^2}\frac{T''}{T}}$$

여기서 $\mu=\dfrac{X''}{X}=\dfrac{1}{c^2}\dfrac{T''}{T}$라 하고 이때 μ는 상수이다.

따라서 $\mu=\dfrac{X''}{X}$(x만의 함수)이므로 변수 t에 대하여 독립이다: 그리고

$\mu=\dfrac{1}{c^2}\dfrac{T''}{T}$($t$만의 함수)이므로 변수 x에 대하여 독립이다.

μ가 x와 t에 대하여 독립이면, 이는 상수이어야 한다.

$\mu=\dfrac{X''}{X}$이면 $X''=\mu X$이거나 $X''-\mu X=0$ 그리고 $\mu=\dfrac{1}{c^2}\dfrac{T''}{T}$이면 $T''=c^2\mu T$ 또는 $T''-c^2\mu T=0$이다.

이와 같은 상미분방정식은 53장에서 다루는 유형이며 방정식의 해는 μ의 부호, 즉 $\mu>0$, $\mu=0$ 또는 $\mu<0$에 의하여 결정된다.

문제 4는 이와 같은 유형의 상미분방정식 해법의 복습이다.

문제 4. 다음 미분방정식의 일반해를 구하시오:
(a) $X''-4X=0$ (b) $T''+4T=0$

(a) 만약 $X''-4X=0$이면 보조방정식(53장을 참조할 것)은 다음과 같다:

$m^2-4=0$, 즉 $m^2=4$로부터,
$m=+2$ 또는 $m=-2$

따라서 일반해는 다음과 같다:

$$\boldsymbol{X=Ae^{2x}+Be^{-2x}}$$

(b) 만약 $T''+4T=0$이면 보조방정식은 다음과 같다:

$m^2+4=0$ 즉 $m^2=-4$로부터,
$m=\pm\sqrt{-4}=\pm j2$

따라서 일반해는 다음과 같다:

$$T = e^0\{A\cos 2t + B\sin 2t\} = A\cos 2t + B\sin 2t$$

+ 이제 다음의 예제들을 풀어보시오.

연습 문제 216 상미분방정식의 해를 조정하시오.

1. $T'' = c^2\mu T$의 해를 조건 $c=3$과 $\mu=1$에서 구하시오.
2. $T'' - c^2\mu T = 0$의 해를 조건 $c=3$과 $\mu=-1$에서 구하시오.
3. $X'' = \mu X$의 해를 조건 $\mu=1$에서 구하시오.
4. $X'' - \mu X = 0$의 해를 조건 $\mu=-1$에서 구하시오.

56.6 파동방정식

탄성 스트링은 탄력적인 특성을 갖는 스트링인데 이를 설명하면 Hooke의 법칙을 만족하는 스트링이다. 그림 56.1은 휘어짐이 가능한 탄성 스트링을 두 개 지점 $x = 0$ 그리고 $x = L$ 사이에서 균일한 인장 T에 의하여 당겨진 그림이다. 스트링은 진동하게 되는데, 이는 스트링을 원래의 위치에서 약간 변화시키며 끝 지점을 고정하면 된다. 어떠한 스트링 지점 P의 위치는 끝 지점으로부터 거리와 시간에 따라 결정된다. 변위 u의 임의의 시간에서의 값은 $u = f(x, t)$로 표현되며 x는 지점 0으로부터 거리이다.

운동방정식은 56.4절 (a)에서 기술한 바와 같다.

$$\frac{\partial^2 u}{\partial x^2} = \frac{1}{c^2}\frac{\partial^2 u}{\partial t^2}$$

경계 조건과 초기 조건은 아래와 같다:

(i) 스트링의 양 끝은 고정되어 즉 $x = 0$와 $x = L$ 지점은 시간 t에 관계없다.

따라서 $u(x, t)$는 다음과 같다:

$$\left.\begin{aligned} u(0,t) &= 0 \\ u(L,t) &= 0 \end{aligned}\right\} \text{ 모든 시간 } t \geq 0\text{에서 만족}$$

(ii) 초기 지점 P의 편향을 $f(x)$로 표시하면 $u(x,0) = f(x)$이다.

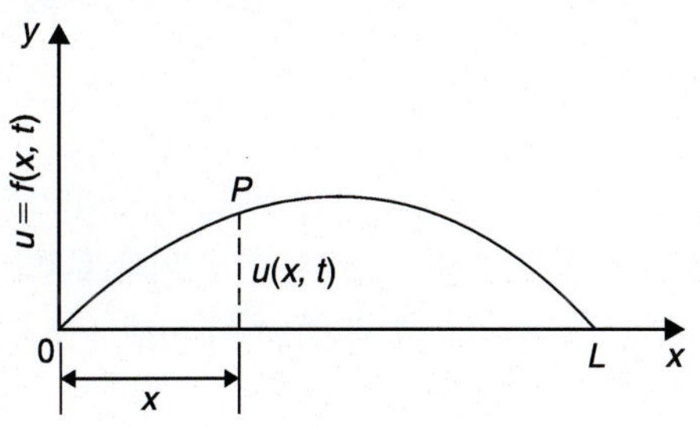

그림 56.1

(iii) P 지점에서 초기 속도를 $g(x)$라 하면

$$\left[\frac{\partial u}{\partial t}\right]_{t=0} = g(x)$$

처음에 시도하는 해의 형태를 $u(x, t) = X(x)T(t)$라 가정하자. 여기서 $X(x)$는 x만의 함수이며 $T(t)$는 t만의 함수이다. 시도 해는 간략화하여 $u = XT$로 쓸 수 있으며 변수를 분리하여 이전 절에서와 같이 정리하면 아래와 같다:

$$\frac{X''}{X} = \frac{1}{c^2}\frac{T''}{T}$$

양변을 상수 μ와 등식으로 하면 결과는 두 개의 상미분방정식이 된다:

$$T'' - c^2\mu T = 0 \text{ 그리고 } X'' - \mu X = 0$$

세 가지 경우가 가능한데 이는 μ 값에 의하여 결정된다.

Case 1: $\mu > 0$

편의상 $\mu = p^2$라 하며, 여기서 p는 실수 상수이다.
따라서 방정식

$$X'' - p^2 X = 0 \text{ 그리고 } T'' - c^2 p^2 T = 0$$

의 해의 형태는: $X = Ae^{px} + Be^{-px}$ 그리고
$T = Ce^{cpt} + De^{-cpt}$이며 여기서 A, B, C, D는 상수이다.
그러나 $x = 0$에서 $X = 0$이므로 $0 = A + B$, 즉 $B = -A$이고 $x = L$에서 $X = 0$이므로
$0 = Ae^{pL} + Be^{-pL} = A(e^{pL} - e^{-pL})$이다.
가정하기를 $(e^{pL} - e^{-pL})$이 영이 아니라고 하면 $A = 0$ 그리고 $B = -A$이므로 따라서 $B = 0$이다.
이는 스트링이 정지한 상태에 해당하는데 이는 진동하지 않는 경우이며 따라서 구한 해는 무시한다.

Case 2: $\mu = 0$

이와 같은 경우는 $\mu = p^2 = 0$, $T'' = 0$ 그리고 $X'' = 0$이다. 우리는 $T(t) \neq 0$라고 가정한다. $X'' = 0$이므로 $X' = a$ 그리고 $X = ax + b$, 여기서 a, b는 상수이다. 그러나 $x = 0$에서 $X = 0$이므로 $b = 0$이며 $X = ax$이고 $x = L$에서 $X = 0$이므로 $a = 0$이다. 따라서 해는 비진동이며 따라서 구한 해는 무시한다.

Case 3: $\mu < 0$

편의상 $\mu = -p^2$라 하면 $X'' + p^2 X = 0$이며 이로부터

$$X = A\cos px + B\sin px \tag{1}$$

그리고 $T'' + c^2 p^2 T = 0$이므로

$$T = C\cos cpt + D\sin cpt \tag{2}$$

(앞의 문제 4를 참조할 것).

따라서 제시한 해 형태인 $u = XT$는 아래와 같다:

$$u = \{A\cos px + B\sin px\}\{C\cos cpt + D\sin cpt\} \quad (3)$$

경계 조건을 적용하면:

(i) $u = 0$는 $x = 0$에서 모든 t 값에 해당하는데

이에 따라 $0 = \{A\cos 0 + B\sin 0\}\{C\cos cpt + D\sin cpt\}$

이를 정리하면 $0 = A\{C\cos cpt + D\sin cpt\}$이며

이로부터 $A = 0$ ($\because C\cos cpt + D\sin cpt \neq 0$)

따라서 $u = \{B\sin px\}\{C\cos cpt + D\sin cpt\}$ (4)

(ii) $u = 0$는 $x = L$에서 모든 t 값에 해당하는데

이에 따라 $0 = \{B\sin pL\}\{C\cos cpt + D\sin cpt\}$

일단 $B \neq 0$ 또는 $u(x, t)$는 항등적으로 영값이다.

따라서 $pL = 0$, 즉 $pL = n\pi$ 또는 $p = \dfrac{n\pi}{L}$이 모든 정수값 n에 적용된다.

이를 방정식 (4)에 대체하면 아래와 같다:

$$u = \left\{B\sin\frac{n\pi x}{L}\right\}\left\{C\cos\frac{cn\pi t}{L} + D\sin\frac{cn\pi t}{L}\right\}$$

즉, $u = \sin\dfrac{n\pi x}{L}\left\{A_n\cos\dfrac{cn\pi t}{L} + B_n\sin\dfrac{cn\pi t}{L}\right\}$

(여기서 상수 $A_n = BC$ 그리고 $B_n = BD$). 여러 개의 해가 존재할 수 있으며 이는 n 값에 의존한다. 따라서 좀 더 일반적인 형태는 아래와 같다.

$$\boldsymbol{u_n(x,t) = \sum_{n=1}^{\infty}\left\{\sin\frac{n\pi x}{L}\left(A_n\cos\frac{cn\pi t}{L} + B_n\sin\frac{cn\pi t}{L}\right)\right\}} \quad (5)$$

A_n과 B_n을 결정하기 위하여 우리는 초기 조건들을 넣어야 하는데 이는 아직 고려하지 않았다.

(i) $t = 0$일 때 $u(x, 0) = f(x)$, $0 \le x \le L$이다.

따라서 방정식 (5)로부터

$$u(x,0) = \boldsymbol{f(x) = \sum_{n=1}^{\infty}\left\{A_n\sin\frac{n\pi x}{L}\right\}} \quad (6)$$

(ii) 또한, $t = 0$일 때 $\left[\dfrac{\partial u}{\partial t}\right]_{t=0} = g(x)$, $0 \le x \le L$

방정식 (5)를 시간 t에 대하여 미분하면 아래와 같다:

$$\frac{\partial u}{\partial t} = \sum_{n=1}^{\infty}\left\{\sin\frac{n\pi x}{L}\left(A_n\left(-\frac{cn\pi}{L}\sin\frac{cn\pi t}{L}\right) + B_n\left(\frac{cn\pi}{L}\cos\frac{cn\pi t}{L}\right)\right)\right\}$$

그리고 $t = 0$일 때

$$g(x) = \sum_{n=1}^{\infty}\left\{\sin\frac{n\pi x}{L}B_n\frac{cn\pi}{L}\right\}$$

즉, $$\boldsymbol{g(x) = \frac{c\pi}{L}\sum_{n=1}^{\infty}\left\{B_n n\sin\frac{n\pi x}{L}\right\}} \quad (7)$$

푸리에 급수는 다음과 같다:

A_n은 $f(x)\sin\dfrac{n\pi x}{L}$의 평균값의 2배이며 구간은 $x = 0$ 그리고 $x = L$ 사이이다.

즉, $$\boldsymbol{A_n = \frac{2}{L}\int_0^L f(x)\sin\frac{n\pi x}{L}dx} \quad n = 1, 2, 3, \ldots \quad (8)$$

그리고 $B_n\left(\dfrac{cn\pi}{L}\right)$은 $g(x)\sin\dfrac{n\pi x}{L}$의 평균값의 2배이며 구간은 $x = 0$ 그리고 $x = L$ 사이이다.

즉, $B_n = \dfrac{L}{cn\pi}\left(\dfrac{2}{L}\right)\displaystyle\int_0^L g(x)\sin\frac{n\pi x}{L}dx$

또는 $$\boldsymbol{B_n = \frac{2}{cn\pi}\int_0^L g(x)\sin\frac{n\pi x}{L}dx} \quad (9)$$

파동방정식 해에 대한 종합 정리

위의 사항들은 복잡하게 보일지도 모른다; 그러나 실제적인 문제의 해는 아래의 여덟 가지 단계를 통하여 해결되기도 한다:

1. 명확하게 초기 조건을 파악한다.
2. 해의 형태를 $u = XT$로 가정하고 방정식을 X와 T 그리고 이의 도함수들로 표현한다.
3. 방정식의 위치를 변환하여 변수를 분리하고 각 변을 상수와 등호 관계로 설정한다: 두 개의 별개 방정식을 얻을 수 있는데 x 그리고 t에 의한 식들이다.
4. $\mu = -p^2$로 하면 진동 형태의 해를 얻을 수 있다.
5. 두 가지 해의 형태는 다음과 같다:

   $$X = A\cos px + B\sin px$$

   그리고 $T = C\cos cpt + D\sin cpt$

   따라서 $u(x,t) = \{A\cos px + B\sin px\}\{C\cos cpt + D\sin cpt\}$
6. 경계 조건을 적용하여 상수 A와 B를 결정한다.
7. 일반해를 무한합으로 결정한다.
8. 적용하지 않은 초기와 경계 조건을 사용하고 계수 A_n 그리고 B_n 값을 식 (8)과 식 (9)로부터 푸리에 급수를 사용하여 결정한다.

문제 5. 그림 56.2는 늘려진 길이 50 cm의 스트링인데 진동은 중간 지점을 안정된 원래 위치로부터 2 cm 이동시켜서 속도 0으로 릴리즈하여 발생하였다. 파동방정식의 해를 구하시오:

$\frac{\partial^2 u}{\partial x^2} = \frac{1}{c^2}\frac{\partial^2 u}{\partial t^2}$, $c^2 = 1$ 결과적인 움직임 $u(x, t)$를 결정하시오.

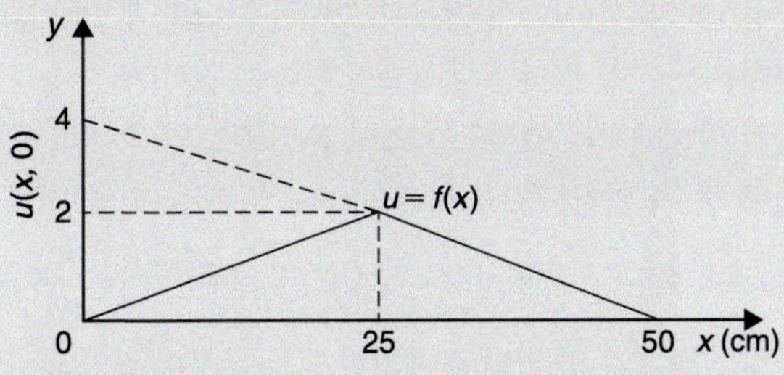

그림 56.2

앞의 과정을 따르면,

1. 경계 조건과 초기 조건은 다음과 같다.

$$\left.\begin{array}{l} u(0,t)=0 \\ u(50,t)=0 \end{array}\right\} \text{고정된 양끝 점}$$

$$u(x,0) = \boldsymbol{f(x) = \frac{2}{25}x} \quad 0 \le x \le 25$$

$$= -\frac{2}{25}x + 4 = \boldsymbol{\frac{100-2x}{25}}$$

$$25 \le x \le 50$$

(Note 도움말: $y = mx + c$는 직선 그래프이며, 기울기 m은 구간 0와 25 사이에서 2/25이며, y 절편은 0이므로, $y = f(x) = \frac{2}{25}x + 0$, 구간 25와 50 사이에서 기울기 = −2/25 그리고 y축 절편은 4이므로 $f(x) = -\frac{2}{25}x + 4$)

$\left[\frac{\partial u}{\partial t}\right]_{t=0} = 0$, 즉 초기 속도는 0 값을 갖는다.

2. 해를 $u = XT$라고 가정하고 X는 x만의 함수 그리고 T는 독립 변수 t만의 함수라고 하면, $\frac{\partial u}{\partial x} = X'T$ 그리고 $\frac{\partial^2 u}{\partial x^2} = X''T$ 그리고 $\frac{\partial u}{\partial y} = XT'$ 그리고 $\frac{\partial^2 u}{\partial y^2} = XT''$ 이다. 이를 대입하면 편미분방정식 $\frac{\partial^2 u}{\partial x^2} = \frac{1}{c^2}\frac{\partial^2 u}{\partial t^2}$은 다음과 같이 정리된다:

$$X''T = \frac{1}{c^2}XT'', \text{ 즉 } X''T = XT'' \; c^2 \text{ 값은 1이다.}$$

3. 변수를 분리하면: $\frac{X''}{X} = \frac{T''}{T}$와 같이 된다.
양변을 상수화 하면,

$$\mu = \frac{X''}{X} = \frac{T''}{T} \text{ 따라서 } \mu = \frac{X''}{X} \text{ 그리고 } \mu = \frac{T''}{T}$$

이로부터

$$X'' - \mu X = 0 \text{ 그리고 } T'' - \mu T = 0$$

4. $\mu = -p^2$라고 하면 진동 형태의 해가 주어지는데:

$$X'' + p^2 X = 0 \text{ 그리고 } T'' + p^2 T = 0$$

보조방정식은 두 식에 대하여: $m^2 + p^2 = 0$
이로부터 $m = \pm\sqrt{-p^2} = \pm jp$

5. 두 개 방정식의 해를 구하면:

$X = A\cos px + B\sin px$ 그리고

$T = C\cos pt + D\sin pt$

따라서

$u(x,t) = \{A\cos px + B\sin px\}\{C\cos pt + D\sin pt\}$

6. 경계 조건을 적용하여 상수 A와 B를 구하면:

(i) $u(0, t) = 0$이므로 $0 = A\{C\cos pt + D\sin pt\}$이 되며 이로부터 우리는 $A = 0$으로 결론을 내린다. 따라서

$$u(x,t) = B\sin px\{C\cos pt + D\sin pt\} \quad \text{(a)}$$

(ii) $u(50, t) = 0$이므로

$0 = B\sin 50p\{C\cos pt + D\sin pt\}$이며 $B \neq 0$이다. 따라서 $\sin 50p = 0$이며 이로부터, $50p = n\pi$ 그리고 $p = \frac{n\pi}{50}$이다.

7. 위 사항을 식 (a)에 대입해 보자:

$$u(x,t) = B\sin\frac{n\pi x}{50}\left\{C\cos\frac{n\pi t}{50} + D\sin\frac{n\pi t}{50}\right\}$$

또는 좀 더 일반적인 형태는,

$$u_n(x,t) = \sum_{n=1}^{\infty}\sin\frac{n\pi x}{50}\left\{A_n\cos\frac{n\pi t}{50} + B_n\sin\frac{n\pi t}{50}\right\} \quad \text{(b)}$$

여기서 $A_n = BC$ 그리고 $B_n = BD$이다.

8. 방정식 (8)로부터,

$$A_n = \frac{2}{L}\int_0^L f(x)\sin\frac{n\pi x}{L}\,dx$$

$$= \frac{2}{50}\left[\int_0^{25}\left(\frac{2}{25}x\right)\sin\frac{n\pi x}{50}\,dx + \int_{25}^{50}\left(\frac{100-2x}{25}\right)\sin\frac{n\pi x}{50}\,dx\right]$$

각각의 적분 계산은 부분적분을 사용하였으며 (45장 참조 할 것) 결과는 아래와 같다.

$$\boldsymbol{A_n} = \frac{16}{n^2\pi^2}\sin\frac{n\pi}{2}$$

방정식 (9)로부터

$$B_n = \frac{2}{cn\pi}\int_0^L g(x)\sin\frac{n\pi x}{L}\,dx$$

$$\left[\frac{\partial u}{\partial t}\right]_{t=0} = 0 = g(x), \text{ 따라서 } B_n = 0$$

방정식 (b)에 대입하면

$$u_n(x,t) = \sum_{n=1}^{\infty} \sin\frac{n\pi x}{50}\left\{A_n \cos\frac{n\pi t}{50} + B_n \sin\frac{n\pi t}{50}\right\}$$

$$= \sum_{n=1}^{\infty} \sin\frac{n\pi x}{50}\left\{\frac{16}{n^2\pi^2}\sin\frac{n\pi}{2}\cos\frac{n\pi t}{50} + (0)\sin\frac{n\pi t}{50}\right\}$$

따라서

$$\boldsymbol{u(x,t) = \frac{16}{\pi^2}\sum_{n=1}^{\infty}\frac{1}{n^2}\sin\frac{n\pi x}{50}\sin\frac{n\pi}{2}\cos\frac{n\pi t}{50}}$$

잡아 당겨진 스트링 문제는 문제 5에서처럼 주요 처리 과정은 아래에 해당한다:

1. A_n 값을 방정식 (8)에서 결정한다.
   기억해야 할 사항은 적분 $\frac{2}{L}\int_0^L f(x)\sin\frac{n\pi x}{L}dx$ 결과는 항상 $\frac{8d}{n^2\pi^2}\sin\frac{n\pi}{2}$과 같다는 것이다.
2. B_n 값을 방정식 (9)로부터 결정한다.
3. 방정식 (5)에 이를 대입하여 $u(x, t)$를 결정한다.

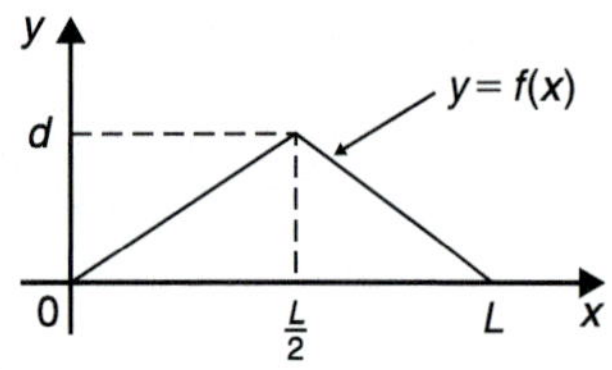

그림 56.3

+ 이제 다음의 예제들을 풀어보시오.

연습 문제 217 파동방정식

1. 탄성 스트링이 양끝이 40 cm 떨어진 상태에서 잡아 당겨졌다. 이의 중간 지점은 1.5 cm 만큼 정지 위치로부터 변위가 발생했는데 방향은 원래 스트링 방향과 수직을 이루며 속도 0으로 풀어 주었다. 이후 연속되는 동작 $u(x, t)$를 결정함에 있어 파동방정식 $\frac{\partial^2 u}{\partial x^2} = \frac{1}{c^2}\frac{\partial^2 u}{\partial t^2}$, $c^2 = 9$를 적용하시오.
2. 탄성 스트링의 중간 지점은 두 점 P 그리고 Q 사이에 있으며 이들은 80 cm 떨어져 있으며 변위는 1 cm 만큼 정지 위치로부터 PQ와 수직 방향으로 발생시켜 속도 0으로 놓아 주었다. 파동방정식 $\frac{\partial^2 u}{\partial x^2} = \frac{1}{c^2}\frac{\partial^2 u}{\partial t^2}$, $c^2 = 8$을 적용하여 P로부터 지점 x의 동작을 시간 t에 대하여 결정하시오.

56.7 열전도 방정식

열전도 방정식 $\frac{\partial^2 u}{\partial x^2} = \frac{1}{c^2}\frac{\partial u}{\partial t}$의 해를 구하는 방법은 파동방정식과 유사하다; 방정식의 차이점은 단지 우변이 일차 편미분을 이차 편미분 대신 포함한다는 것이다.

균일 막대에서의 열전도는 초기 온도 분포와 막대의 물리적 특성, 즉 열전도도 h, 물질의 specific heat(비열) σ 그리고 단위 길이당 질량 ρ이다. 앞선 방정식에서 $c^2 = \frac{h}{\sigma\rho}$이다.

균일한 막대가 양 끝단을 제외한 모든 부분이 절연되어 있으며 모든 열 흐름은 막대를 통하여 이루어지며 임의의 시간에서 P 지점의 온도는 한쪽 끝 부분에서의 거리 x와 시간 t에 의하여 결정된다. 이와 같은 막대는 그림 56.4에 그려져 있는데 막대는 $x = 0$부터 $x = L$에 걸쳐 있으며 막대 양 끝의 온도는 영도로 유지된다. 그리고 막대의 초기 온도 분포는 함수 $f(x)$로 정의된다.

따라서 경계 조건은 다음과 같이 표현된다:

$$\left.\begin{aligned} u(0,t) &= 0 \\ u(L,t) &= 0 \end{aligned}\right\} \quad \text{모든 } t \geq 0$$

그리고 $u(x,0) = f(x),\ 0 \leq x \leq L$

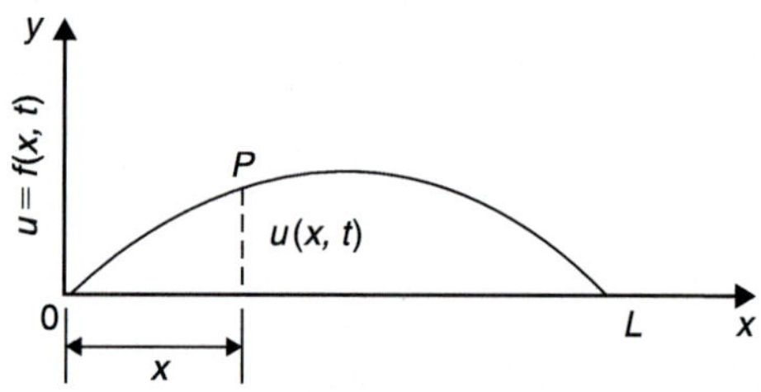

그림 56.4

파동방정식과 유사하게 해 형태를 $u(x, t) = X(x)T(t)$로 가정하며, X는 x만의 함수이고 T는 t만의 함수이다. 잠정적 해의 형태를 $u = XT$라고 하면

$$\frac{\partial u}{\partial x} = X'T,\quad \frac{\partial^2 u}{\partial x^2} = X''T \text{ 그리고 } \frac{\partial u}{\partial t} = XT'$$

이를 편미분방정식에 대입하면

$\frac{\partial^2 u}{\partial x^2} = \frac{1}{c^2}\frac{\partial u}{\partial t}$ 아래와 같이 정리된다.

$$X''T = \frac{1}{c^2}XT'$$

변수 분리를 수행하면 아래와 같다:

$$\boldsymbol{\frac{X''}{X} = \frac{1}{c^2}\frac{T'}{T}}$$

$-p^2 = \frac{X''}{X} = \frac{1}{c^2}\frac{T'}{T}$ 여기서 $-p^2$은 상수이다.

$-p^2 = \frac{X''}{X}$이며 $X'' = -p^2X$ 또는 $X'' + p^2X = 0$, 해의 형태는 $\boldsymbol{X = A\cos px + B\sin px}$

그리고 $-p^2 = \frac{1}{c^2}\frac{T'}{T}$이며 $\frac{T'}{T} = -p^2c^2$을 적분을 t에 관하여 수행하면 아래와 같다:

$$\int \frac{T'}{T}\,dt = \int -p^2c^2\,dt$$

위로부터 $\ln T = -p^2c^2t + c_1$

좌변 적분은 대수적 대입에 의하여 구할 수 있다. (41장 참조)

$\ln T = -p^2c^2t + c_1$이므로

$T = e^{-p^2c^2t+c_1} = e^{-p^2c^2t}e^{c_1}$, 즉 $\boldsymbol{T = k\,e^{-p^2c^2t}}$(여기서 상수 $k = e^{c_1}$이다).

따라서 $u(x, t) = XT = \{A\cos px + B\sin px\}k\,e^{-p^2c^2t}$, 즉 $u(x, t) = \{P\cos px + Q\sin px\}e^{-p^2c^2t}$이며 $P = Ak$ 그리고 $Q = Bk$이다.

경계 조건 $u(0, t)$를 적용하면:

$0 = \{P\cos 0 + Q\sin 0\}e^{-p^2c^2t} = P\,e^{-p^2c^2t}$로부터

$P = 0$ 그리고 $u(x,t) = Q\sin px\,e^{-p^2c^2t}$ 또한 $u(L, t) = 0$이므로 $0 = Q\sin pL\,e^{-p^2c^2t}$ 그리고 $Q \neq 0$이므로 $\sin pL = 0$이며 이로부터 $pL = n\pi$ 또는 $p = \frac{n\pi}{L}$ 여기서 $n = 1, 2, 3...$

따라서 많은 값들이 $u(x, t)$에 존재하며

이를 고려한 일반적인 형태는 아래와 같다.

$$u(x,t) = \sum_{n=1}^{\infty}\left\{Q_n\,e^{-p^2c^2t}\sin\frac{n\pi x}{L}\right\}$$

남아있는 경계 조건을 적용하면 즉

$t = 0$, $u(x, t) = f(x)$, $0 \le x \le L$에 의하면:

$$f(x) = \sum_{n=1}^{\infty}\left\{Q_n\sin\frac{n\pi x}{L}\right\}$$

푸리에 급수에 의하면 $Q_n = 2 \times$ 평균값$\left(f(x)\sin\frac{n\pi x}{L}\right)$ 적용 구간은 0부터 L이다.

따라서 $Q_n = \frac{2}{L}\int_0^L f(x)\sin\frac{n\pi x}{L}\,dx$

따라서 $u(x, t) =$

$$\frac{2}{L}\sum_{n=1}^{\infty}\left\{\left(\int_0^L f(x)\sin\frac{n\pi x}{L}\,dx\right)e^{-p^2c^2t}\sin\frac{n\pi x}{L}\right\}$$

이와 같이 해를 찾는 방법은 이어지는 풀이 문제와 같다.

문제 6. 금속 막대가 옆 부분이 절연되었으며 길이는 1 m이다. 초기에는 실내 온도 15°C이며 시간 $t = 0$일 때 양 끝부분을 얼음 0°C에 놓았다. 막대의 임의의 지점 P에서 시간에 따른 온도를 나타내는 식을 찾으시오. 이때 P는 한쪽 끝에서 거리 x만큼 떨어져있다.

온도 u의 막대를 따른 분포는 그림 56.5이다.

열전도 방정식은 $\frac{\partial^2 u}{\partial x^2} = \frac{1}{c^2}\frac{\partial u}{\partial t}$ 그리고 주어진 경계 조건은:

$$u(0, t) = 0,\ u(1, t) = 0 \text{ 그리고 } u(x, 0) = 15$$

해의 형태를 $u = XT$라 하고, 앞의 설명에 의하면

$$X = A\cos px + B\sin px$$

그리고 $T = k\,e^{-p^2c^2t}$

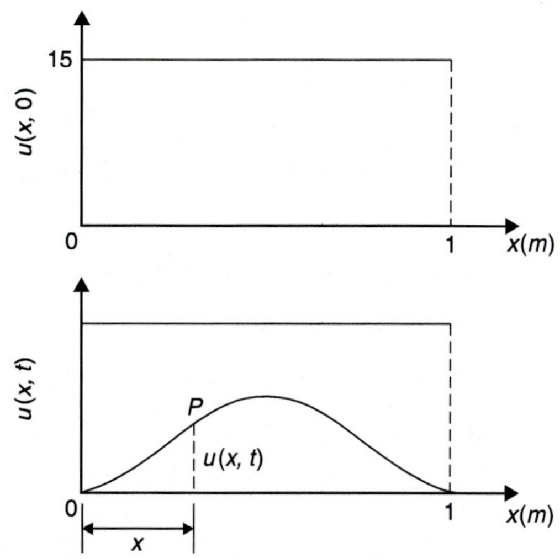

그림 56.5

따라서 일반해의 주어진 형태는:

$u(x,t) = \{P\cos px + Q\sin px\}e^{-p^2c^2t}$

$u(0,t) = 0$ 따라서 $0 = P\,e^{-p^2c^2t}$

이로부터 $P = 0$ 그리고 $u(x,t) = \{Q\sin px\}e^{-p^2c^2t}$

또한, $u(1, t) = 0$ 따라서 $0 = \{Q\sin p\}e^{-p^2c^2t}$ 그런데 $Q \neq 0$이므로 $\sin p = 0$, 이로부터 $p = n\pi$, $n = 1, 2, 3...$

따라서 $u(x,t) = \sum_{n=1}^{\infty}\left\{Q_n\,e^{-p^2c^2t}\sin n\pi x\right\}$

마지막 초기 조건은 시간 $t = 0$일 때 $u = 15$, 즉 $u(x,0) = f(x) = 15$

따라서 $15 = \sum_{n=1}^{\infty}\{Q_n\sin n\pi x\}$이며 푸리에 계수로부터

$Q_n = 2 \times$ 평균값$(15\sin n\pi x)$, $0 \le x \le 1$

즉,

$$Q_n = \frac{2}{1}\int_0^1 15\sin n\pi x\,dx = 30\left[-\frac{\cos n\pi x}{n\pi}\right]_0^1$$

$$= -\frac{30}{n\pi}[\cos n\pi - \cos 0]$$

$$= \frac{30}{n\pi}(1 - \cos n\pi)$$

$= 0$(n이 짝수인 경우) 그리고 $\frac{60}{n\pi}$(n이 홀수인 경우)

따라서 요구되는 해는 아래와 같다:

$$u(x,t)=\sum_{n=1}^{\infty}\left\{Q_n e^{-p^2c^2t}\sin n\pi x\right\}$$
$$=\frac{60}{\pi}\sum_{n(\text{odd})=1}^{\infty}\frac{1}{n}(\sin n\pi x)e^{-n^2\pi^2c^2t}$$

+ **이제 다음의 예제들을 풀어보시오.**

연습 문제 218 열전도 방정식

1. 금속 막대의 옆 부분은 절연되어 있으며 길이는 4cm이다. 초기의 온도는 10°C로서 시간은 $t=0$이고 양 끝 부분은 0°C 얼음에 놓여있다. 위치 P의 온도에 대한 표현을 구하시오. 위치는 한쪽 끝 부분으로부터 거리 x 그리고 시간은 임의의 영보다 큰 값에 해당한다.
2. 절연된 균일한 금속 막대의 길이는 8 cm이며 양 끝 부분의 온도는 0°C로 유지하며 시간 $t=0$일 때 온도 분포 $f(x)$는 막대를 따라 $f(x)=x(8-x)$이다. $c^2=1$일 때 열전도 방정식 $\frac{\partial^2u}{\partial x^2}=\frac{1}{c^2}\frac{\partial u}{\partial t}$을 풀어서 온도 u 값을 임의의 시간 t에 대하여 구하시오.
3. 절연된 막대의 양끝은 PQ, 길이 20으로서 0°C를 유지한다. 시간 $t=0$일 때 막대 내부 온도 상승은 균일하게 막대의 양 끝에서 발생하며 PQ 중간 지점에 4°C에 도달한다. 온도 표현 $u(x,t)$를 막대 임의의 지점, 즉 P에서 거리 x에서 $t=0$ 이후의 모든 시간에 대하여 구하시오. 가정하는 열전도 방정식은 $\frac{\partial^2u}{\partial x^2}=\frac{1}{c^2}\frac{\partial u}{\partial t}$ 그리고 $c^2=1$로 한다.

56.8 라플라스 방정식

전기적 위치에너지 또는 온도의 평면 구역 분포값은 특정 경계 조건에 대하여 **라플라스** 방정식으로 묘사된다. 위치에너지는 평면 내 지점 P에서 (그림 56.6 참조) 세로 좌표값으로 표시되는데, 함수는 위치에 의존하며, 즉 $z=u(x, y)$이며, 여기서 $u(x, y)$는 해로서 라플라스 2차원 방정식 $\frac{\partial^2u}{\partial x^2}+\frac{\partial^2u}{\partial y^2}=0$를 만족한다.

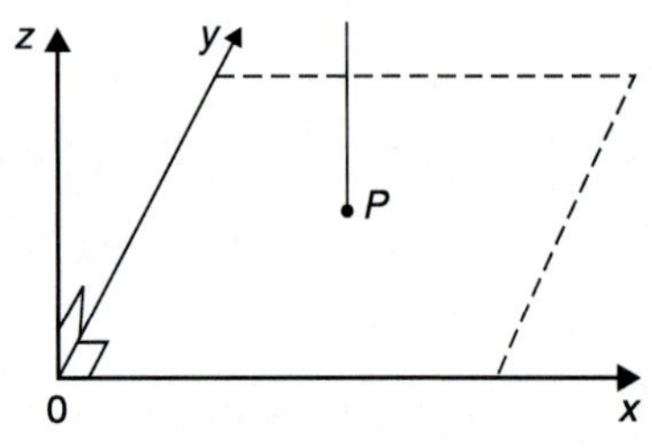

그림 56.6

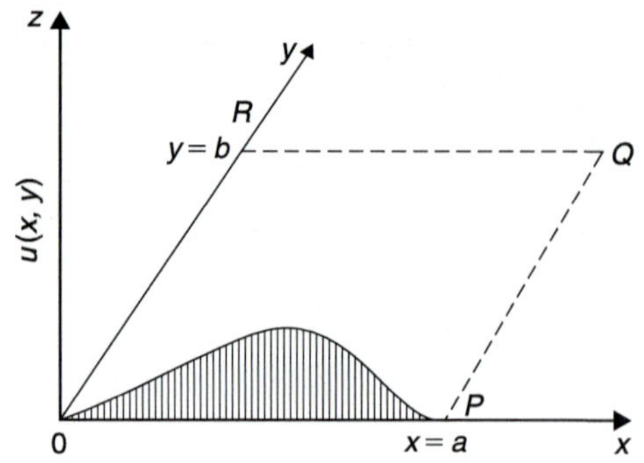

그림 56.7

라플라스 방정식이 해를 구하는 방법은 앞 선 예제들과 유사하며 다음과 같다. 그림 56.7은 직사각형 $OPQR$이며 경계는 라인 $x=0$, $y=0$, $x=a$ 그리고 $y=b$이며

구하는 해는 방정식 $\frac{\partial^2u}{\partial x^2}+\frac{\partial^2u}{\partial y^2}=0$를 만족해야 한다.

해 $z(x, y)$는 임의의 지점, 즉 직사각형 $OPQR$에서의 위치에너지를 나타낸다. 경계 조건은 다음과 같다:

$u=0$ 지점 $x=0$에서, 즉 $u(0, y)=0,\ 0\le y\le b$

$u=0$ 지점 $x=a$에서, 즉 $u(a, y)=0,\ 0\le y\le b$

$u=0$ 지점 $y=b$에서, 즉 $u(x, b)=0,\ 0\le x\le a$

$y=0$일 때, $u=f(x)$, 즉 $u(x, 0)=f(x),\ 0\le x\le a$

앞선 편미분방정식과 같이 해의 형태는 $u(x, y)=X(x)Y(y)$로 가정하고 X는 단지 x의 함수 그리고 Y는 y만의 함수이다. 간단하게 $u=XY$로 하며 편미분을 결정하고 이를 $\frac{\partial^2u}{\partial x^2}+\frac{\partial^2u}{\partial y^2}=0$에 대입하면 아래가 주어진다:

$X''Y+XY''=0$

변수를 분리하여 정리하면: $\frac{X''}{X}=-\frac{Y''}{Y}$이다.

양변을 상수 $-p^2$과 등식으로 하면 두 개의 방정식을 얻는다:

$$X''+p^2X=0 \text{ 그리고 } Y''-p^2Y=0$$

위로부터 $X=A\cos px+B\sin px$ 그리고
$Y=Ce^{py}+De^{-py}$ 또는 $Y=C\cosh py+D\sinh py$
(문제 5 참조).
후자 형태는 또한 아래 표현이 가능하다:
$Y=E\sinh p(y+\phi)$, 복합 각도 규칙에 의한다.

따라서 $u(x, y)=XY$
$$=\{A\cos px+B\sin px\}\{E\sinh p(y+\phi)\}$$

또는 $u(x, y)$

$$= \{P\cos px + Q\sin px\}\{\sinh p(y+\phi)\}$$

여기서 $P = AE$ 그리고 $Q = BE$이다.

첫 번째 경계 조건은: $u(0, y) = 0$ 따라서

$0 = P\sinh p(y+\phi)$이며 이로부터 $P = 0$ 그러므로

$u(x, y) = Q\sin px \sinh p(y+\phi)$이다.

두 번째 경계 조건은: $u(a, y) = 0$ 따라서

$0 = Q\sin pa \sinh p(y+\phi)$이며 이로부터

$\sin pa = 0$ 따라서 $pa = n\pi$ 또는 $p = \dfrac{n\pi}{a}$, $n = 1, 2, 3...$

세 번째 경계 조건은: $u(x, b) = 0$ 따라서

$0 = Q\sin px \sinh p(b+\phi)$이며 이로부터

$\sinh p(b+\phi) = 0$ 그리고 $\phi = -b$

따라서 $u(x, y) = Q\sin px \sinh p(y-b) =$

$Q_1 \sin px \sinh p(b-y)$ 여기서 $Q_1 = -Q$

여러 가지 해가 정수값 n에 대하여 존재하므로

$$u(x, y) = \sum_{n=1}^{\infty} Q_n \sin px \sinh p(b-y)$$

$$= \sum_{n=1}^{\infty} Q_n \sin\frac{n\pi x}{a} \sinh\frac{n\pi}{a}(b-y)$$

네 번째 경계 조건은: $u(x, 0) = f(x)$

따라서 $f(x) = \displaystyle\sum_{n=1}^{\infty} Q_n \sin\frac{n\pi x}{a} \sinh\frac{n\pi b}{a}$

즉 $f(x) = \displaystyle\sum_{n=1}^{\infty}\left(Q_n \sinh\frac{n\pi b}{a}\right)\sin\frac{n\pi x}{a}$

푸리에 급수 계수로부터,

$$\left(Q_n \sinh\frac{n\pi b}{a}\right) = 2 \times \text{평균값}$$

$$f(x)\sin\frac{n\pi x}{a} \quad 0 \le x \le a$$

$$= \int_0^a f(x)\sin\frac{n\pi x}{a}\,dx$$

이로부터 Q_n은 결정된다.

이의 설명은 다음의 해설 문제에서 한다.

문제 7. 정사각형 판의 경계선이 라인 $x = 0$, $y = 0$, $x = 1$ 그리고 $y = 1$에 의하여 형성되었다. 라플라스 방정식 $\dfrac{\partial^2 u}{\partial x^2} + \dfrac{\partial^2 u}{\partial y^2} = 0$을 적용하여 판 전체에 분포하는 전위 $u(x, y)$를 결정하시오. 주어진 경계 조건은 다음과 같다:

$u = 0$ 지점 $x = 0$이며 $0 \le y \le 1$

$u = 0$ 지점 $x = 1$이며 $0 \le y \le 1$

$u = 0$ 지점 $y = 0$이며 $0 \le x \le 1$

$u = 4$ 지점 $y = 1$이며 $0 \le x \le 1$

먼저 해의 형태를 $u(x, y) = X(x)Y(y)$이라 가정하는데, 여기서 X는 단일 변수 x의 함수 그리고 Y는 y만의 함수이다. $u = XY$의 형태로 단순화 시키고 이를 방정식 $\dfrac{\partial^2 u}{\partial x^2} + \dfrac{\partial^2 u}{\partial y^2} = 0$에 대입한 결과는: $X''Y + XY'' = 0$

변수를 분리하면 결과는: $\dfrac{X''}{X} = -\dfrac{Y''}{Y}$

양변을 상수 $-p^2$과 등호 관계를 취하면 두 개 방정식을 얻는다.

$$X'' + p^2 X = 0 \text{ 그리고 } Y'' - p^2 Y = 0$$

이로부터 $X = A\cos px + B\sin px$

그리고 $Y = Ce^{py} + De^{-py}$

또는 $Y = C\cosh py + D\sinh py$

또는 $Y = E\sinh p(y+\phi)$이다.

따라서 $u(x, y) = X(x)Y(y)$

$$= \{A\cos px + B\sin px\}\{E\sinh p(y+\phi)\}$$

또는 $u(x, y)$

$$= \{P\cos px + Q\sin px\}\{\sinh p(y+\phi)\}$$

여기서 $P = AE$ 그리고 $Q = BE$이다.

첫 번째 경계 조건은: $u(0, y) = 0$ 따라서 $0 = P\sinh p(y+\phi)$이며 이로부터 $P = 0$ 그러므로

$u(x, y) = Q\sin px \sinh p(y+\phi)$이다.

두 번째 경계 조건은: $u(1, y) = 0$

따라서 $0 = Q\sin p(1)\sinh p(y+\phi)$이며 이로부터

$\sin p = 0$ 따라서 $p = n\pi$, $n = 1, 2, 3...$

세 번째 경계 조건은: $u(x, 0) = 0$ 따라서

$0 = Q\sin px \sinh p(\phi)$이며 이로부터

$\sinh p(\phi) = 0$ 그리고 $\phi = 0$

따라서 $u(x, y) = Q\sin px \sinh py$

여러 가지 해가 정수값 n에 대하여 존재하므로

$$u(x, y) = \sum_{n=1}^{\infty} Q_n \sin px \sinh py$$

$$= \sum_{n=1}^{\infty} Q_n \sin n\pi x \sinh n\pi y \qquad \text{(a)}$$

네 번째 경계 조건은: $u(x, 1) = 4 = f(x)$

따라서 $f(x) = \sum_{n=1}^{\infty} Q_n \sin n\pi x \sinh n\pi$ (1)

푸리에 급수 계수로부터,

$$Q_n \sinh n\pi = 2 \times \text{평균값}(f(x) \sin n\pi)$$
$$0 \le x \le a$$

즉, $= \frac{2}{1}\int_0^1 4 \sin n\pi x \, dx$

$$= 8\left[-\frac{\cos n\pi x}{n\pi}\right]_0^1$$

$$= -\frac{8}{n\pi}(\cos n\pi - \cos 0)$$

$$= \frac{8}{n\pi}(1 - \cos n\pi)$$

$= 0$ (n값이 짝수인 경우),

$= \frac{16}{n\pi}$ (n값이 홀수인 경우)

따라서 $Q_n = \frac{16}{n\pi(\sinh n\pi)} = \frac{16}{n\pi} \text{cosech}\, n\pi$

또한, 방정식 (a)로부터

$$\boldsymbol{u(x,y) = \sum_{n=1}^{\infty} Q_n \sin n\pi x \sinh n\pi y}$$

$$\boldsymbol{= \frac{16}{\pi} \sum_{n(\text{홀수})=1}^{\infty} \frac{1}{n} (\text{cosech}\, n\pi \sin n\pi x \sinh n\pi y)}$$

+ 이제 다음의 예제들을 풀어보시오.

연습 문제 219 라플라스 방정식

1. 직사각형 구역은 $x = 0$, $y = 0$, $x = 1$ 그리고 $y = 3$의 경계선을 갖는다. 라플라스 방정식 $\frac{\partial^2 u}{\partial x^2} + \frac{\partial^2 u}{\partial y^2} = 0$을 적용하여 전위 분포 $u(x, y)$를 구역에서 구하시오.

   주어진 경계 조건은 아래와 같다:

   $u = 0$ 지점 $x = 0$이며 $\cdots$ $0 \le y \le 2$
   $u = 0$ 지점 $x = 1$이며 $\cdots$ $0 \le y \le 2$
   $u = 0$ 지점 $y = 2$이며 $\cdots$ $0 \le x \le 1$
   $u = 5$ 지점 $y = 3$이며 $\cdots$ $0 \le x \le 1$

2. 직사각형 구역은 $x = 0$, $y = 0$, $x = 2$ 그리고 $y = 2$의 경계이다. 전위 분포 $u(x, y)$을 라플라스 방정식 $\frac{\partial^2 u}{\partial x^2} + \frac{\partial^2 u}{\partial y^2} = 0$을 적용하여 직사각형 구역 전반에서 구하시오. 주어진 경계 조건은 아래와 같다:

   $u(0, y) = 0$, $\cdots$ $0 \le y \le 2$
   $u(3, y) = 0$, $\cdots$ $0 \le y \le 2$
   $u(x, 2) = 0$, $\cdots$ $0 \le x \le 3$
   $u(x, 0) = x(3 - x)$, $\cdots$ $0 \le x \le 3$

복습 테스트 15 1차 미분방정식

이 복습 테스트는 53장부터 56장에서 다룬 내용을 포함한다. 각 문제의 배점은 각 식의 마지막 괄호 안에 나타낸다.

1. 특수해를 아래 미분방정식에 대하여 구하시오.

(a) $12\dfrac{d^2y}{dt^2}-3y=0$, 주어진 조건은 $t=0,\ y=3$ 그리고 $\dfrac{dy}{dt}=\dfrac{1}{2}$

(b) $\dfrac{d^2y}{dx^2}+2\dfrac{dy}{dx}+2y=10e^x$, 주어진 조건은 $x=0$, $y=0$ 그리고 $\dfrac{dy}{dx}=1$ (20)

2. 갈바노메터의 편향각 θ는 아래의 미분 방정식을 만족한다:

$$\frac{d^2\theta}{dt^2}+2\frac{d\theta}{dt}+\theta=4$$

방정식을 풀어서 θ를 구하며 이때 주어진 조건은 $t=0$, $\theta=0$ 그리고 $\dfrac{d\theta}{dt}=0$ (12)

3. $y^{(n)}$을 $y=2x^3e^{4x}$일 때 구하시오. (10)

4. 급수 해를 미분 방정식에 대하여 구하시오:

$\dfrac{d^2y}{dx^2}+2x\dfrac{dy}{dx}+y=0$, 이를 위하여 Leibniz–Maclaurin 방법을 사용하며 경계 조건은 $x=0$일 때 $y=2$ 그리고 $\dfrac{dy}{dx}=1$이다. (20)

5. 프로베니우스 방법을 사용하여 일반 급수해를 다음 미분 방정식에 대하여 구하시오.

$\dfrac{d^2y}{dx^2}+4y=0$ (21)

6. 일반 급수해를 아래 베셀 방정식에 대하여 구하시오.

$$x^2\frac{d^2y}{dx^2}+x\frac{dy}{dx}+(x^2-v^2)y=0$$

그리고 급수를 기술하는데 x^6항 까지 나타내며 조건은 $v=+3$이다. (26)

7. 일반해를 미분 방정식 $\dfrac{\partial u}{\partial x}=5xy$에 대하여 구하시오. (2)

8. 미분 방정식 $\dfrac{\partial^2 u}{\partial x^2}=x^2(y-3)$의 해를 구하며 이때 주어진 경계 조건은 $x=0$일 때 $\dfrac{\partial u}{\partial x}=\sin y$ 그리고 $u=\cos y$이다. (6)

9. 그림 RT 15.1은 당겨진 줄을 나타내며 길이는 40 cm이고, 이를 진동시키기 위하여 중간 지점을 정지 위치로 부터 1 cm 변위를 가한 후 초기 속도값 0으로 놓아주었다. 아래 파동 방정식의 해를 구하시오:

$$\frac{\partial^2 u}{\partial x^2}=\frac{1}{c^2}\frac{\partial^2 u}{\partial t^2}$$

이를 통하여 나타나는 동작 $u(x,t)$를 구하시오. (23)

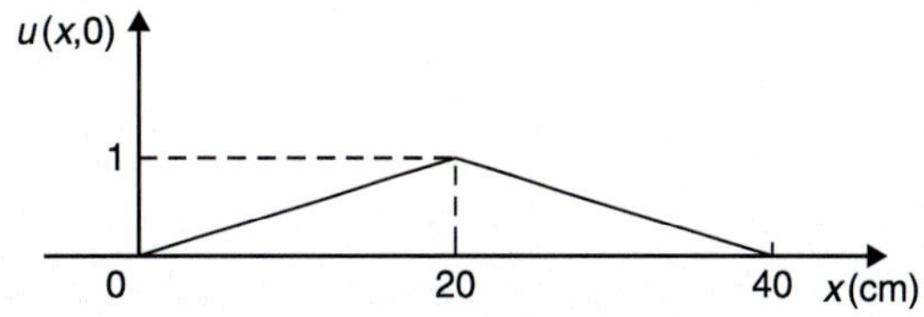

그림 RT 15.1

Chapter 57

통계 데이터의 표현

통계 데이터의 표현을 이해하는 것이 왜 중요한가?

통계학(Statistics)은 자료의 수집, 조직화, 분석 및 해석에 관한 학문이며 자연 과학, 사회 과학, 공학 및 비즈니스를 포함한 학문 분야에 다양하게 적용할 수 있다. 또한 수집된 자료를 요약하거나 설명할 수 있다. 공학에서의 통계학은 엔지니어링과 통계를 결합한다. 즉, 통계 모델을 이용하여 과학 및 엔지니어링 문제를 체계적으로 만들 수 있다. 품질 관리와 공정 제어에서는 통계를 통하여 제조 공정 및 제품의 사양이 기준을 만족하는지를 판단할 수 있다. 또한, 공정 엔지니어링에서는 표준 및 최적의 제조 방법을 찾기 위한 제조 공정에서의 반복적인 동작을 파악하기 위하여 통계학을 이용한다. 확률을 이용한 설계는 제품 및 시스템 설계에서 확률적 이론을 활용할 수 있다. 이 장에서는 통계 자료의 표현 방법에 대하여 공부한다.

이 장에서는 다음 사항에 대해 공부한다.

- 연속데이터와 이산데이터에 대한 구별
- 자료를 도식적으로 표현—픽토그램, 수평 및 수직 막대그래프, 파이 다이어그램
- 자료의 집합에서 탤리 다이어그램 만들기
- 탤리 다이어그램에서 도수분포 만들기
- 도수분포에서 히스토그램 그리기
- 도수분포에서 도수 다각형 그리기
- 집단자료로부터 누적도수분포를 만들기
- 누적도수분포에서 누적도수분포도 만들기

57.1 통계 용어

자료는 크게 두 가지 방법으로 얻을 수 있다.

(a) 계산에 의한 방법 — 예) 동일한 기간에 우체국에서 판매된 우표의 수.

(b) 측정에 의한 방법 — 예) 한 집단의 사람들의 키.

계산에 의해 정수로만 얻어진 자료를 우리는 **이산**이라 부른다. 측정해서 모은 자료는 특정 한도 내에서 임의의 값을 가질 수 있으며, 이를 **연속**이라고 말한다. **집합**은 자료의 모임이며, 집합 내의 개별 값을 집합의 원소라고 한다. 만약 5명의 사람들의 몸무게가 0.1 kg 단위로 53.1 kg, 59.4 kg, 62.1 kg, 77.8 kg, 64.4 kg와 같이 측정되었다고 할 때, 5명의 사람들의 몸무게의 집합을 다음과 같이 표현한다.

$$\{53.1, 59.4, 62.1, 77.8, 64.4\}$$

59.4는 위 집합의 원소 중 하나이다.

모집단은 모든 요소를 포함하는 집합을 말한다. **표본**은 모

집단에서 무작위로 선택된 **일부** 요소를 말한다. 가령 자동차의 등록번호가 모집단을 형성할 때, 전국에서 무작위로 선택한 20대의 자동차는 모집단에서 도출된 표본이다. 어떤 집합의 **원소** 값이 발생하는 **횟수**를 도수라고 한다. 예로, {2, 3, 4, 5, 4, 2, 4, 7, 9}라는 집합에서 4의 도수는 3, 2의 도수는 2, 그리고 나머지는 1이다. 어떤 집합의 원소가 발생하는 **상대도수**는 비율로 나타나는데, 다음과 같이 구할 수 있다.

상대도수 = 각 계급의 도수/전체도수

다음과 같은 집합에서, {2, 3, 5, 4, 7, 5, 6, 2, 8} 원소 5의 상대도수는 2/9이다.

상대도수는 종종 퍼센트로 표현되는데, 퍼센트로 나타낼 때에는 상대도수 × 100(%)을 해준다.

문제 1. 아래의 주제에서 자료를 얻는 방법을 설명하고 이산인지 연속인지 판별하시오.

(a) 1년에 비가 오는 날의 일수

(b) 판매원들 각각의 주행거리

(c) 배터리들의 지속시간

(d) 특정 가족의 식비

(a) 비가 오는 날의 수는 딱 떨어지는 정수형태로 세어져야 한다. 따라서 이것은 **이산적인** 자료이다.

(b) 판매원들의 주행거리는 특정 범위 내에서 **측정**되어진다. 따라서 이것은 **연속적인** 자료이다.

(c) 배터리의 지속시간은 **측정**되어지며, 특정 범위 내의 값을 가진다. 따라서 이것은 **연속적인** 자료이다.

(d) 식비는 정확한 금액으로 세어지기 때문에 **이산적인** 자료이다.

+ 이제 다음의 예제들을 풀어보시오.

연습 문제 220 이산/연속 데이터

다음 문제 1, 2를 보고 이산인지 연속인지 판별하시오.

1. (a) 31일 동안 정제소에서 생산된 가솔린의 일일 생산량.
   (b) 15개 광산의 일일 석탄 생산량.
   (c) 우유배달부의 일일 우유 배달량.
   (d) 기계에 의해 생산되는 리벳 샘플 열 개의 크기.
2. (a) 5일간 전시회에 방문한 사람의 수.
   (b) 선수 12명 각각의 100 m 달리기 기록.
   (c) 우체국 20개의 일일 우표 판매량.
   (d) 기계에서 한 시간 동안 발생한 불량품의 개수.

57.2 그룹화되지 않은 자료의 표현

그룹화되지 않은 자료는 여러 가지 방식으로 도식적으로 표시될 수 있으며 다음을 포함한다.

(a) **픽토그램(pictograms)**은 그림 기호로써 양을 표시할 때 사용된다.

(b) **수평 막대차트(horizontal bar charts)**는 데이터를 동일한 간격을 가진 수평의 사각형으로 표현한다.

(c) **수직 막대차트(vertical bar charts)**는 데이터를 동일한 간격을 가진 수직의 사각형으로 표현한다.

동일한 기간의 그룹화되지 않은 자료의 동향은 **백분율로 구성된 막대차트(percentage component bar chart)**에 의해 도식적으로 나타낼 수 있다. 이러한 차트에서는 높이가 100%에 해당하는 모든 너비에서 동일한 간격을 가진 사각형으로 구성된다.

사각형들은 원소(member)들의 상대적인 도수(frequency)에 대응하는 값으로 세분화된다. **파이형 분포도(pie diagram)**는 전체를 구성하는 부분을 도식적으로 표시하는데 사용된다. 파이형 분포도에서 원의 면적은 전체를 나타내고, 원의 각 섹터들의 면적은 전체를 구성하는 부분에 비례하여 만들어진다.

문제 2. 6개월 동안 각 달마다 기술자가 작업장에서 수리한 텔레비전의 수는 다음과 같다. 다음 자료를 픽토그램으로 나타내시오.

Month	Number repaired
January	11
February	6
March	15
April	9
May	13
June	8

그림 57.1에는 각각의 심벌들 하나당 2개의 텔레비전이 고쳐졌다고 표현했다. 따라서 1월에는 $5\frac{1}{2}$의 심벌이 11개의 텔

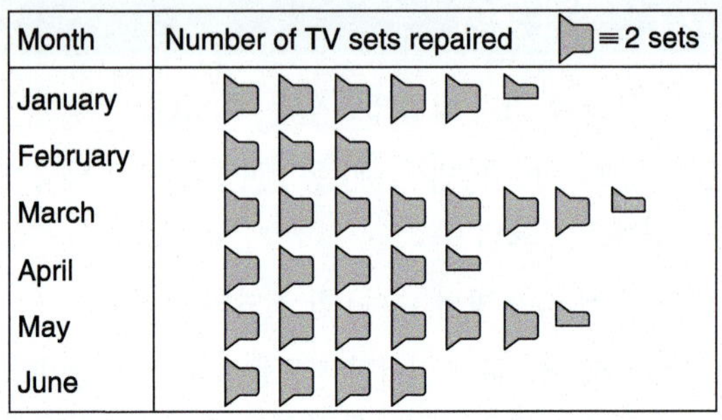

그림 57.1

레비전을 고쳤다고 표현되는 데 사용되었고, 2월에는 3개의 심벌이 6개의 텔레비전을 수리했다고 표현했다. 그리고 나머지도 다음과 같다.

문제 3. 일주일간 판매원들의 주행거리는 다음과 같다.

Salesmen	*P*	*Q*	*R*	*S*
Distance travelled miles	413	264	597	143

수평 막대그래프를 사용하여 이 데이터를 도식화하시오.

수평 막대그래프는 균등한 폭을 가진 사각형을 수평으로 나타낸다. 사각형의 길이는 주행거리에 비례하여 사용되어진다.

따라서 판매원 P의 사각형의 길이는 413마일에 비례한다. 그림 57.2는 이러한 자료를 수평 막대차트를 사용하여 나타낸 모습이다.

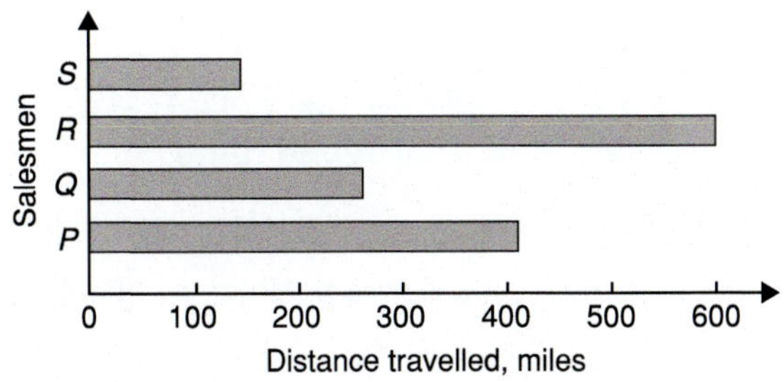

그림 57.2

문제 4. 다음은 공장에서 발생하는 장비나 재료 문제를, 하루에 1시간씩 7일 동안 관찰한 결과이다.

Period	1	2	3	4	5	6	7
Number of issues	34	17	9	5	27	13	6

수직 막대그래프를 사용하여 표현하시오.

수직 막대그래프는 균등한 폭을 가진 사각형을 수직으로 나타낸다. 여기서 높이는 양에 비례한다.
따라서 기간(period)이 1일때 34개의 문제(Number of issue)가 발생했으므로 높이는 34이다. 그림 57.3은 위의 자료를 수직 막대그래프로 나타낸 것이다.

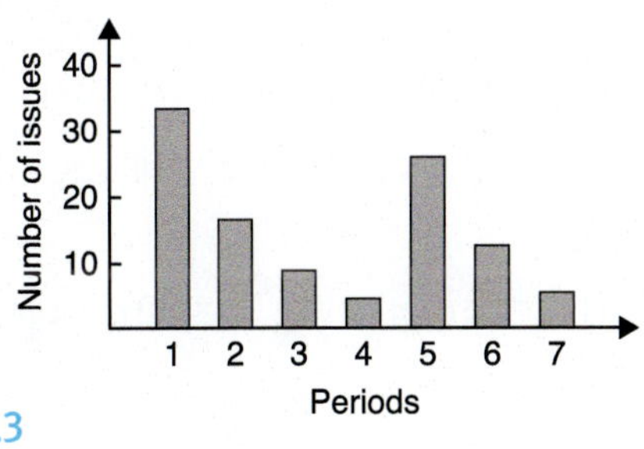

그림 57.3

문제 5. 3년 동안 이 회사에서 매년 팔아온 다양한 주택의 숫자는 다음과 같다. 다음 자료를 백분율 막대그래프로 나타내시오.

	Year 1	Year 2	Year 3
Four-roomed bungalows	24	17	7
Five-roomed bungalows	38	71	118
Four-roomed houses	44	50	53
Five-roomed houses	64	82	147
Six-roomed houses	30	30	25

첫 번째로 구해야 할 것은 상대도수를 비율(percentage relative frequency)로 나타낸 표이다.

$$\text{percentage relative frequency} = \frac{\text{frequency of member} \times 100}{\text{total frequency}}$$

첫 번째 해(year 1)의 방4개짜리 방갈로(bungalow)의 상대도수 비율은 아래와 같이 계산한다.

$$= \frac{24 \times 100}{24 + 38 + 44 + 64 + 30} = 12\%$$

마찬가지로 3년 동안의 각각의 주거형태에 대한 상대도수의 백분율을 계산하고 그 결과를 아래 표에 나타냈다.

	Year 1 (%)	Year 2 (%)	Year 3 (%)
Four-roomed bungalows	12	7	2
Five-roomed bungalows	19	28	34
Four-roomed houses	22	20	15
Five-roomed houses	32	33	42
Six-roomed houses	15	12	7

백분율 막대그래프는 3년에 해당하는 폭이 균일한 3개의 사각형을 사용하여 만들어진다. 사각형의 높이는 상대도수의 크기인 100%로 대응되며, 위 표가 각각의 값으로 세분화된다. 키(다른 종류의 문양과 색상)는 백분율 테이블의 행에 대응하는 백분율 값을 표현하는 데 사용된다.

문제 6. 소매가격이 2파운드인 상품의 가격이 다음과 같이 구성되어 있다: 재료 10p, 노동 20p, 연구 및 개발 40p, 간접비용 70p, 이익 60p. 이 데이터를 파이형 분포도로 나타내시오.

임의의 반경의 원을 그리고, 원의 면적을 나타내주는데, 이 경우 전체는 2파운드이다. 원은 섹터들의 값에 비례하여 세

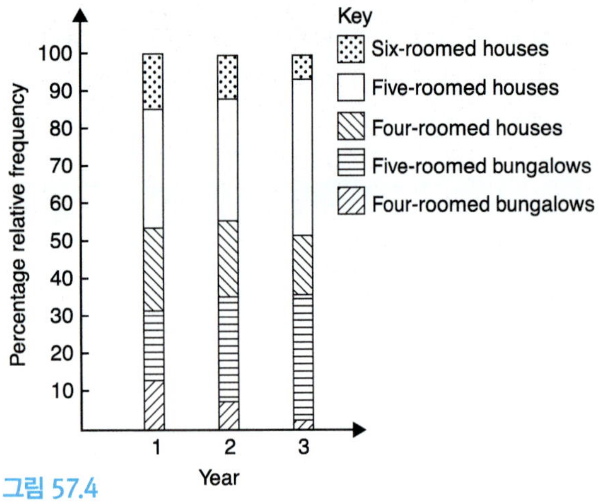

그림 57.4

분화된다. 즉, 총 소매 가격을 구분하는 부분이다. 섹터의 면적과 원의 중심각도는 각 부분에 비례한다. 여기서 전체를 의미하는 2파운드나 200p는 원의 360도에 대응한다.

$$10\,\text{p corresponds to } 360 \times \frac{10}{200} \text{ degrees, i.e. } 18^\circ$$

$$20\,\text{p corresponds to } 360 \times \frac{20}{200} \text{ degrees, i.e. } 36^\circ$$

따라서 10p는 18도이고, 20p는 36도이다.
그래서 소매가격에 대한 중심각도를 구하면 각각 18도, 36도, 72도, 126도, 108도이다.
파이형 분포도는 그림 57.5와 같다.

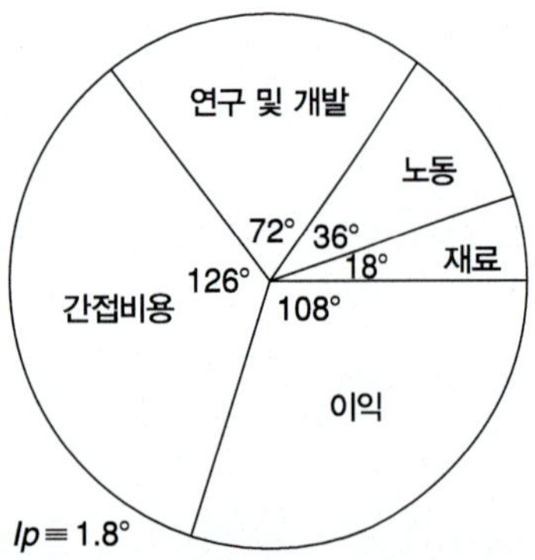

그림 57.5

문제 7.

(a) 그림 57.2에 주어진 자료를 이용하여 각각의 판매원들이 여행에 소비한 금액을 마일당 37p의 비율로 계산하여 수당으로 지급하시오.

(b) 그림 57.4의 자료를 이용하여 3년간의 주택동향에 대해 설명하시오.

(c) 그림 57.5를 참조하여 제품 700대를 판매했을 때의 이익을 계산하시오.

(a) 사각형 P의 길이를 측정했을 때, 판매원 P의 주행거리는 413이다. 따라서 판매원 P가 받을 수 있는 여행 수당은 $\dfrac{£413 \times 37}{100}$, 즉 **£152.81**이다.
마찬가지로, 판매원 Q의 주행거리는 264이고, 그의 여행 수당은 $\dfrac{£264 \times 37}{100}$, 즉 **£97.68**이다. 판매원 R의 주행거리는 597마일이고, 그는 $\dfrac{£597 \times 37}{100}$, 즉 **£220.89**를 받는다. 마지막으로 판매원 S는 $\dfrac{£143 \times 37}{100}$, 즉 **£52.91**이다.

(b) 그림 57.4를 분석하면 방 5개짜리 방갈로와 방5개짜리 집은 더 많은 인기를 끌고있다. 3년간 가장 큰 변화는 방 5개짜리 방갈로의 매출이 15% 증가된 것이다.

(c) 1p는 1.8도에 대응되므로 이익은 파이형 분포도에서 108도를 점유한다. 그러므로 제품당 이익은 $\dfrac{108 \times 1}{1.8}$, 즉 60p이고, 제품이 700개 팔렸을 때의 이익은 $£\dfrac{700 \times 60}{100}$, 즉 **£420**이다.

연습 문제 221 그룹화되지 않은 자료의 표현 (Presentation of ungrouped data)

1. 다음은 도로의 관측기를 통과하는 차량의 수를 10분 간격으로 6회 기록한 것이다. 이 자료를 픽토그램으로 나타내시오.

Period of time	1	2	3	4	5	6
Number of vehicles	35	44	62	68	49	41

2. 다음은 공장에서 한 주 동안 생산되는 부품의 양이다. 이 자료를 픽토그램으로 나타내시오.

Day	Number of components
Mon	1580
Tues	2190
Wed	1840
Thur	2385
Fri	1280

3. 문제 1에 주어진 자료를 수평 막대그래프로 그리시오.

4. 문제 2의 자료를 수평 막대그래프로 나타내시오.

5. 문제 1에 있는 자료를 수직 막대그래프로 나타내시오.

6. 문제 2에 주어진 자료를 수직 막대그래프로 나타내시오.

7. 공장에서는 각기 다른 3가지 종류의 부품을 생산한다. 아래는 각각의 부품의 생산량을 한 달씩 세 번 기록한 것이다. 백분율 막대 차트에 이 정보를 표시하고, 생산 부품 변화 추세에 대해 설명하시오.

Month	1	2	3
Component P	20	35	40
Component Q	45	40	35
Component R	35	25	25

8. 회사는 5개의 유통센터를 가지고 있다. 각각의 센터로 유통되는 물건의 양을 1주씩 4번에 걸쳐 조사한 결과, 다음과 같은 모습을 보인다.

Week	1	2	3	4
Centre A	147	160	174	158
Centre B	54	63	77	69
Centre C	283	251	237	211
Centre D	97	104	117	144
Centre E	224	218	203	194

위 자료를 백분율 막대그래프를 이용하여 나타내고, 동향에 대해 설명하시오.

9. 한 기업의 직원들이 다음과 같이 구성되어 있다: 지배인 3명, 슈퍼바이저 9명, 장인 21명, 비숙련 67명, 그리고 기타 44명. 이 데이터를 파이형 분포도로 나타내시오.

10. 다음은 견습생이 한 달 동안 자신의 시간을 분배하는 방식이다: 제도실 44시간, 제작 64시간, 연습 12시간, 대학교 28시간. 파이형 분포도를 통해 이 정보를 표현하시오.

11. (a) 그림 57.5를 참고하여 1,650개의 제품을 만드는 데 소비한 노동과 재료를 구하시오.

    (b) 그림 57.4의 year2에서 1%는 2.5의 주거지에 해당된다 할 때, 방갈로는 얼마나 거래되었는지 구하시오.

12. (a) 그림 57.5에서 기업에서 연간 23,500개의 제품을 생산한다고 할 때, 연간 간접비용(overheads)을 계산하시오.

    (b) 그림 57.4의 첫 번째 연도의 판매된 주택의 1%가 두 채라면, 그 해에 판매된 전체 주택의 수를 구하시오.

57.3 그룹화된 데이터 표현

집합의 원소의 개수가 적을 때, 예를 들어 10개 이하일 때 자료는 추가 분석 없이 픽토그램, 막대그래프, 백분율 막대그래프 혹은 파이형 분포도로 도식적으로 표현될 수 있다(57.2절에 언급).

열개 이상의 원소를 가진 집합의 경우, 이 원소들은 비슷한 값을 가진 것끼리 그룹화되어 **도수분포**로 나타내어진다. Tally diagram은 다양한 계급의 원소를 정확하게 세는 데 도움을 준다. 도수분포는 단지 계급과 해당 도수들을 나타내기 위한 표이다(문제 8과 12를 참조). 도수분포를 형성하는 새로운 값들의 집합을 그룹화된 데이터라고 한다. 그림 57.6은 **그룹화된 데이터**와 관련하여 사용되는 용어가 나타나있다.

계급의 크기나 범위는 **상위 계급의 경계**에서 **하위 계급의 경계값**을 뺀 것이다. 그림 57.6에서 7.65 − 7.35, 즉 0.30이다. 그림 57.6(b)는 7.4부터 7.6까지의 **계급간의 간격**을 보여주는데, 중간 지점은 다음과 같이 구할 수 있다.

$$\frac{\left(\begin{array}{c}\text{upper class}\\ \text{boundary value}\end{array}\right)+\left(\begin{array}{c}\text{lower class}\\ \text{boundary value}\end{array}\right)}{2}$$

and in Fig. 57.6 is $\frac{7.65+7.35}{2}$, i.e. 7.5

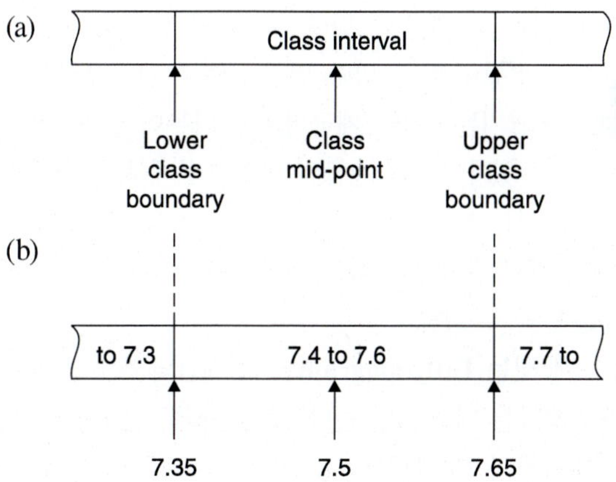

그림 57.6

도식적으로 그룹화된 데이터를 제시하는 주요 방법 중 하나는, 계급들의 도수에 비례한 인접사각형들의 수직 **면적**으로 구성된 **히스토그램**을 사용하는 것이다.

계급 간격이 동일한 경우, 히스토그램에서 직사각형의 높이는 계급의 도수와 동일하다.

계급 간격이 동일하지 않은 히스토그램에서의 면적은 도수에 비례한다.

따라서 계급 A의 계급 간격이 계급 B의 간격에 두 배이고 도수가 동일할 때, 계급 A의 높이는 계급 B 높이의 반으로 나타난다.

그 외에 도식적으로 그룹화된 데이터를 제시하는 방법은 계급의 중간값과 직선 위의 좌표에 대한 도수를 그려서 만든 도수 다각형(frequency polygon)을 사용하는 것이다.

누적도수분포는 상위 계급 경계(upper class boundary)의 각 값에 대한 누적도수를 나타내는 표이다. 상위 계급 경계의 특정 값의 누적도수는 이전의 도수의 합과 계급의 도수를 합해서 얻어진다. 누적도수분포는 문제 13에서 볼 수 있다.

상위 계급 경계(수평)에 대한 누적도수좌표(수직)를 결합하여 얻어진 곡선은 **누적도수분포도(ogive)** 또는 **도수분포곡선(frequency distribution curve)**이라고 부른다.

문제 8. 아래의 자료는 트랜지스터 40개를 일괄적으로 나열하여 가장 가까운 정수로 표현하여 얻은 것이다. 이 자료를 7개의 계급을 가지는 도수분포로 나타내시오.

81	83	87	74	76	89	82	84
86	76	77	71	86	85	87	88
84	81	80	81	73	89	82	79
81	79	78	80	85	77	84	78
83	79	80	83	82	79	80	77

자료의 **범위**는 가장 작은 원소의 값에서부터 가장 큰 원소까지의 값으로 얻을 수 있다. 자료들의 집합에 대한 점검은 다음과 같이 할 수 있다. 범위 = 89 − 71 = 18. 각각의 계급의 크기는 범위를 계급의 수로 나누어서 대략적으로 구할 수 있다. 7개의 계급이 필요하기 때문에, 각각의 계급의 크기는 18/7으로 대략 3이다. 범위 71~89 값에 대한 계급 간의 간격을 70~72, 73~75처럼 선택해서 7개의 계급을 만들 수 있다.

표 57.1에 있는 **Tally diagram**은 각 계급의 개수를 정확하게 결정하는 데 도움을 준다. 이것은 왼쪽 열에 있는 계급들의 목록과 집합에 있는 40개의 원소들을 차례대로 검사하고, 해당하는 계급에 1로 바꾸어 할당함으로써 얻어진다. 마지막에 검토하기 편하도록 다섯 번째 1을 표시할 때는 4개의 1에 사선으로 나타낸다.

문제 9. 표 57.1(b)에 있는 자료를 히스토그램으로 나타내시오.

히스토그램은 그림 57.7과 같다. 사각형의 너비는 상위 계급의 경계값에서 하위 계급 경계값을 뺀 값에 대응하고 높이는 계급의 도수에 대응한다. 히스토그램을 그리는 가장 쉬운 방법은 가로 크기의 중간 지점에 계급을 표시하고 중간 지점을 기준으로 적절한 크기의 사각형을 대칭이 되도록 그려준다.

표 57.1(a)

Class	Tally
70–72	1
73–75	11
76–78	~~1111~~ 11
79–81	~~1111~~ ~~1111~~ 11
82–84	~~1111~~ 1111
85–87	~~1111~~ 1
88–90	111

표 57.1(b)

Class	Class mid-point	Frequency
70–72	71	1
73–75	74	2
76–78	77	7
79–81	80	12
82–84	83	9
85–87	86	6
88–90	89	3

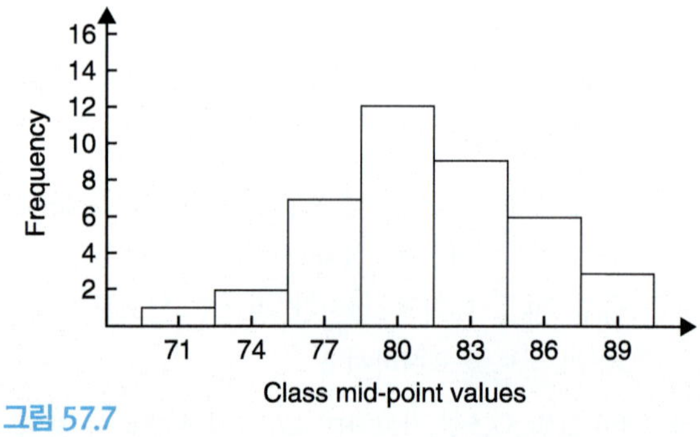

그림 57.7

문제 10. 다음은 공장에서 아르바이트 하는 40명의 수당을 나타낸 것이다(10단위로 반올림). 이 자료를 6개의 계급을 사용한 도수분포도로 나타내시오.

80	90	70	110	90	160	110	80
140	30	90	50	100	110	60	100
80	90	110	80	100	90	120	70
130	170	80	120	100	110	40	110
50	100	110	90	100	70	110	80

주어진 집합의 원소들의 과반수는 80~110 사이에 있고, 아주 크거나 작은 값들까지 포함하면 30~170사이에 분포한다. 동일한 간격의 계급이 선택될 때, 도수분포에서는 동등하지 않은 간격의 계급보다 많은 정보를 얻을 수 없다. 원소의 대부분이 80에서 100사이이기 때문에 이 범위의 계급간격이 범위 밖에 있는 것 보다 더 적게 선택된다. 풀이방법은 다양하며 표 57.2는 가능한 하나의 해답을 제시한 것이다.

표 57.2

Class	Frequency
20–40	2
50–70	6
80–90	12
100–110	14
120–140	4
150–170	2

문제 11. 표 57.2에 있는 자료를 사용하여 히스토그램을 그리시오.

서로 다른 계급 간격을 처리할 때, 직사각형의 영역이 계급의 도수에 비례하게 히스토그램을 그려야 한다. 자료는 표 57.3의 1열과 2열에 나타나 있다. 3열과 4열은 계급의 양 끝값을 나타냈다. 5열은 계급의 범위를(즉, 상위 계급의 경계에서 하위 계급의 경계를 뺀 값)나타낸다. 6열은 사각형의 높이인데, 도수를 계급의 범위로 나눈 값에 비례한다. 그림 57.8은 완성된 히스토그램이다.

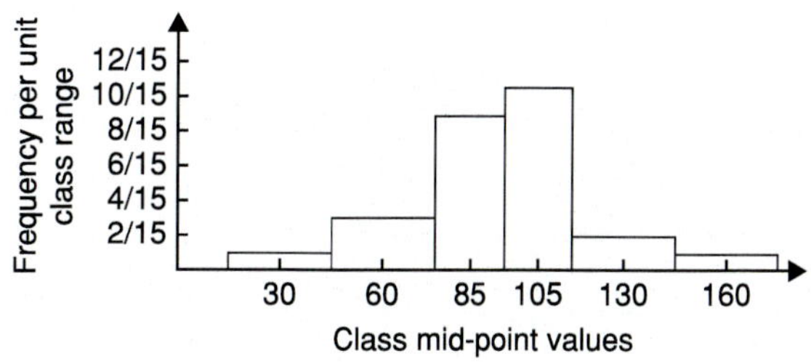

그림 57.8

문제 12. 다음은 금속덩어리 50개의 질량을 각각 0.1 kg에서 반올림하여 나타낸 자료이다. 7개의 계급을 사용한 도수분포를 만들고 이를 (a) 도수다각형과 (b) 히스토그램으로 나타내시오.

8.0	8.6	8.2	7.5	8.0	9.1	8.5	7.6	8.2	7.8
8.3	7.1	8.1	8.3	8.7	7.8	8.7	8.5	8.4	8.5
7.7	8.4	7.9	8.8	7.2	8.1	7.8	8.2	7.7	7.5
8.1	7.4	8.8	8.0	8.4	8.5	8.1	7.3	9.0	8.6
7.4	8.2	8.4	7.7	8.3	8.2	7.9	8.5	7.9	8.0

자료의 **범위**는 가장 큰 값을 가지는 원소에서 가장 작은 값을 가지는 원소를 빼서 구한다.
범위는 다음과 같다.

$$범위 = 9.1 - 7.1 = 2.0$$

각각의 계급은 범위를 계급의 수로 나누어 구한다.
7개의 계급이 필요하기 때문에 각각의 계급은 2.0/7로 구해서 대략 0.3이고 각 **계급의 제한(class limits)**은 7.1~7.3, 7.4~7.6, 7.7~7.9로 선택되었다.
7.1~7.3 계급의 중간점은 (7.35+7.05)/2, 즉 7.2이고
7.4~7.6 계급의 중간점은 (7.65+7.35)/2, 즉 7.5이다.

표 57.3

1 Class	2 Frequency	3 Upper class boundary	4 Lower class boundary	5 Class range	6 Height of rectangle
20–40	2	45	15	30	$\frac{2}{30}=\frac{1}{15}$
50–70	6	75	45	30	$\frac{6}{30}=\frac{3}{15}$
80–90	12	95	75	20	$\frac{12}{20}=\frac{9}{15}$
100–110	14	115	95	20	$\frac{14}{20}=\frac{10\frac{1}{2}}{15}$
120–140	4	145	115	30	$\frac{4}{30}=\frac{2}{15}$
150–170	2	175	145	30	$\frac{2}{30}=\frac{1}{15}$

표 57.4

Class	Tally
7.1 to 7.3	111
7.4 to 7.6	~~1111~~
7.7 to 7.9	~~1111~~ 1111
8.0 to 8.2	~~1111~~ ~~1111~~ 1111
8.3 to 8.5	~~1111~~ ~~1111~~ 1
8.6 to 8.8	~~1111~~ 1
8.9 to 9.1	11

표 57.4와 같이 각 계급의 수를 결정하는 것을 돕기 위해 **tally diagram**을 만든다. 이것은 왼쪽 열에 있는 계급들의 목록과 집합에 있는 50개의 원소들을 차례대로 검사하고, 해당하는 계급에 1로 바꾸어 할당함으로써 얻어진다. 마지막에 검토하기 편하도록 다섯 번째 1을 표시할 때는 4개의 1에 사선으로 나타낸다.

표 57.5는 위 자료의 **도수분포**이고, 나열된 계급에 도수를 대응했다. 위 표에는 계급의 중단점도 있는데, 이것은 도수다각형과 히스토그램을 만들 때 사용된다.

표 57.5

Class	Class mid-point	Frequency
7.1 to 7.3	7.2	3
7.4 to 7.6	7.5	5
7.5 to 7.9	7.8	9
8.0 to 8.2	8.1	14
8.1 to 8.5	8.4	11
8.2 to 8.8	8.7	6
8.9 to 9.1	9.0	2

도수다각형인 그림 57.9는 표 57.5의 각 계급과 도수값의 중단점의 좌표를 연결하여 만든것이다. 좌표들은 직선으로 연결되어 있고, 도수다각형은 각 중단점을 연결한 선과 도수가 0인 선을 이어서 아래에 고정된 형태를 띈다.

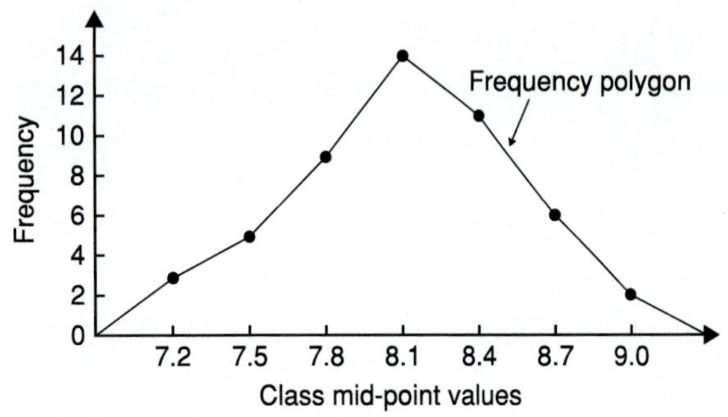

그림 57.9

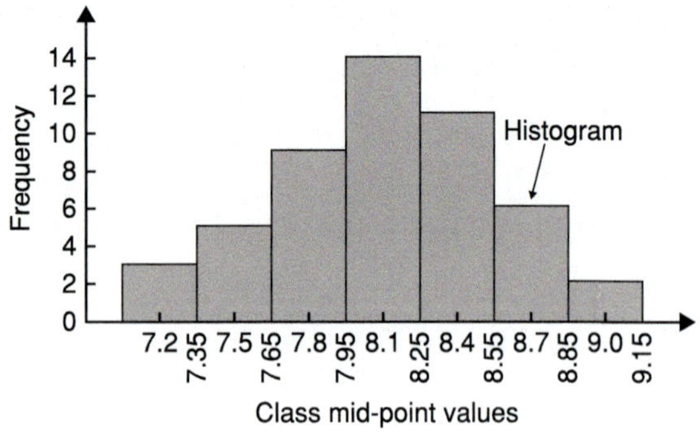

그림 57.10

그림 57.10은 너비가 상위 계급의 경계값에서 하위 계급의 경계값을 뺀 값에 대응하고 높이는 계급의 도수에 대응하는 히스토그램이다.

히스토그램을 그리는 가장 쉬운 방법은 가로 크기의 중간 지점에 계급을 표시하고 중간 지점을 기준으로 적절한 크기의 사각형을 대칭이 되도록 그려준다. 표 57.5의 데이터를 사용해서 나타낸 히스토그램은 그림 57.10과 같다.

문제 13. 다음은 주괴 50개의 kg단위 질량을 도수분포로 나타낸 것이다.

7.1 to 7.3 3, 7.4 to 7.6 5, 7.7 to 7.9 9,
8.0 to 8.2 14, 8.3 to 8.5 11, 8.6 to 8.8, 6,
8.9 to 9.1 2

이 자료들의 누적도수분포를 형성하고 누적도수분포도를 그리시오.

표 57.6은 **누적도수분포**로, 상위 계급의 경계값을 누적도수값으로 제공하는 표이다. 1열과 2열은 계급과 도수를 나타내고, 3열은 1열에 있는 계급들의 상위 계급 경계값을 나타낸다. 4열은 3열에 있는 상위 계급의 경계값보다 적은 도수들의 누적도수값을 제공한다. 예를 들면 3행에 있는

표 57.6

1 Class	2 Frequency	3 Upper class boundary	4 Cumulative frequency
		Less than	
7.1–7.3	3	7.35	3
7.4–7.6	5	7.65	8
7.7–7.9	9	7.95	17
8.0–8.2	14	8.25	31
8.3–8.5	11	8.55	42
8.6–8.8	6	8.85	48
8.9–9.1	2	9.15	50

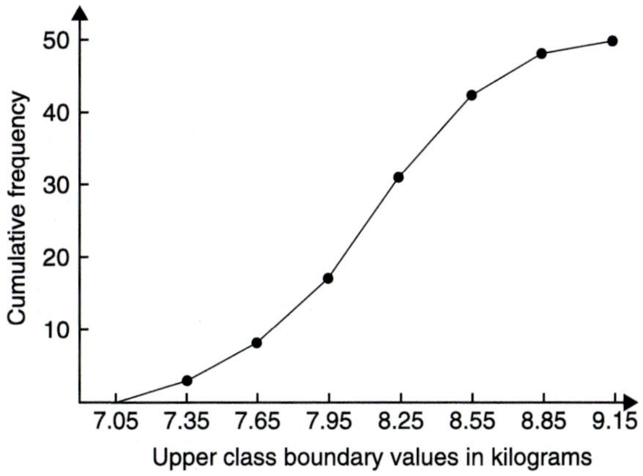

그림 57.11

7.7~7.9 계급을 보면, 누적도수값은 7.95보다 작은 도수들을 다 더한 것이다. 즉, 3 + 5 + 9 = 17이다. 표 57.6에 주어진 누적도수분포를 사용한 누적도수분포도는 그림 57.11과 같다. 각각의 상위 계급 경계점과 누적도수값에 대응되는 좌표들을 직선으로 연결하여 그린다. 누적도수분포도는 시작부분의 좌표(7.05, 0)에 고정된 형태를 띈다.

+ 이제 다음의 예제들을 풀어보시오.

1. 다음은 0.1 kg 단위에서 반올림해서 나타낸 금속 바 60개 각각의 무게다. 계급이 8개인 도수분포를 만드시오.

39.8	40.3	40.6	40.0	39.6
39.6	40.2	40.3	40.4	39.8
40.2	40.3	39.9	39.9	40.0
40.1	40.0	40.1	40.1	40.2
39.7	40.4	39.9	40.1	39.9
39.5	40.0	39.8	39.5	39.9
40.1	40.0	39.7	40.4	39.3
40.7	39.9	40.2	39.9	40.0
40.1	39.7	40.5	40.5	39.9
40.8	40.0	40.2	40.0	39.9
39.8	39.7	39.5	40.1	40.2
40.6	40.1	39.7	40.2	40.3

2. 문제 1의 답을 사용하여 히스토그램을 그리시오.
3. 다음의 정보는 48개의 비슷한 레지스터 각각의 저항값을 나타낸다. 이 자료를 이용하여 6개의 계급을 가지는 도수분포를 만들고 도수다각형과 히스토그램을 그리시오.

21.0	22.4	22.8	21.5	22.6	21.1	21.6	22.3
22.9	20.5	21.8	22.2	21.0	21.7	22.5	20.7
23.2	22.9	21.7	21.4	22.1	22.2	22.3	21.3
22.1	21.8	22.0	22.7	21.7	21.9	21.1	22.6
21.4	22.4	22.3	20.9	22.8	21.2	22.7	21.6
22.2	21.6	21.3	22.1	21.5	22.0	23.4	21.2

4. 금속 표본 50개의 피로파괴 시험을 통해 걸리는 시간을 측정한 결과는 다음과 같다. 이 자료를 이용하여 계급 간 간격이 동일하지 않고 8개의 계급을 가지는 도수분포를 만드시오.

28	22	23	20	12	24	37	28	21	25
21	14	30	23	27	13	23	7	26	19
24	22	26	3	21	24	28	40	27	24
20	25	23	26	47	21	29	26	22	33
27	9	13	35	20	16	20	25	18	22

5. 문제 3의 답을 사용하여 누적도수분포를 만들고 누적도수분포도를 그리시오.
6. 문제 4의 답을 사용하여 히스토그램을 그리시오.
7. 다음은 50개의 비슷한 커패시터들의 마이크로패럿 값을 도수분포로 나타낸 것이다. 이 자료를 누적도수분포로 나타내시오.

10.5~10.9 2, 11.0~11.4 7,
11.5~11.9 10, 12.0~12.4 12,
12.5~12.9 11, 13.0~13.4 8

8. 문제 7의 답을 사용하여 누적도수분포도를 그리시오.
9. 릴 와이어의 직경 48개를 측정한 결과는 다음과 같다.

2.10	2.29	2.32	2.21	2.14	2.22
2.28	2.18	2.17	2.20	2.23	2.13
2.26	2.10	2.21	2.17	2.28	2.15
2.16	2.25	2.23	2.11	2.27	2.34
2.24	2.05	2.29	2.18	2.24	2.16
2.15	2.22	2.14	2.27	2.09	2.21
2.11	2.17	2.22	2.19	2.12	2.20
2.23	2.07	2.13	2.26	2.16	2.12

(a) 6개의 계급을 가지는 도수분포를 나타내시오.

(b) 히스토그램을 그리시오.

(c) 누적도수분포를 만드시오.

(d) 누적도수분포도를 그리시오.

Chapter 58

평균값, 중앙값, 최빈값, 표준편차

평균값, 중앙값, 최빈값과 표준편차를 이해하는 것이 왜 중요한가?

통계학(Statistics)은 데이터 분석에 관한 수학의 한 분야이다. 많은 실제 상황에 있어서, 전체 자료를 나타내는 하나의 대표적인 수로 전체 데이터를 설명하면 유용하다. 이러한 숫자를 집중경향척도(measure of central tendency)라고 한다. 그 중 일반적으로 사용되는 척도는 평균, 중앙값, 모드 및 표준편차 등이 있다. 통계학은 수집된 데이터를 분석하는 도구를 제공하기 때문에 공학 분야에서 중요하다. 예를 들어, 화학 엔지니어는 혼합 탱크로부터 온도 측정치를 분석할 수 있다. 이러한 통계적 방법은 온도 측정이 얼마나 정확한지, 탱크의 온도가 얼마나 많이 변화하는지, 향후 탱크의 온도가 어떻게 될지, 또는 엔지니어가 측정된 온도가 얼마나 신뢰할 수 있는지 등에 사용될 수 있다. 데이터를 통계적으로 분석할 때 평균, 중앙값, 최빈값 및 표준편차 등은 데이터 분석 시 유용한 값이다. 이 장에서는 이러한 집중경향척도를 결정하는 방법에 대해 설명한다.

이 장에서는 다음 사항에 대해 공부한다.

- 그룹화되지 않은 데이터 집합에 대한 평균값, 중앙값 및 모드 결정
- 그룹화된 데이터의 집합에 대한 평균, 중앙값 및 모드 결정
- 그룹화된 데이터의 집합에서 히스토그램 그리기
- 히스토그램에서 평균, 중앙값 및 모드 결정
- 그룹화되지 않은 데이터 집합에서 표준편차를 계산
- 그룹화된 데이터의 집합에서 표준편차를 계산
- 도수분포표에서 사분위수 값을 결정
- 데이터 집합에서 사분위수, 십분위수 및 백분위수 값을 결정

58.1 집중경향척도 (Measure of central tendency)

자료값 전체를 하나의 수로 대표하여 나타낼 수 있는 대표값에는 여러 가지가 있으며 그 중에서 평균(average)값이 대표값으로 많이 사용된다. 통계학 용어로 **평균(average)**이라 하면 보통 '산술 평균(arithmetic mean)' 또는 '**평균(mean)**'을 나타낸다. 집중 경향성을 나타내는 또다른 대표값으로는 **중앙값(median)** 및 **최빈값(modal value)** 등이 사용된다.

58.2 이산자료에 대한 평균값, 중앙값, 최빈값 (Mean, median, and mode for discrete data)

Mean(평균값)

평균값 또는 **산술평균값**은 모든 자료의 값들을 합한 후 이를 자료의 수로 나누어 얻어지는 값이다. 주어진 자료의 값이 {4, 5, 6, 9}라면

$$\frac{4+5+6+9}{4}, \text{ i.e. } 6$$

일반적으로 주어진 자료가 $\{x_1, x_2, x_3, ..., x_n\}$이라면

$$\bar{x} = \frac{x_1 + x_2 + x_3 + \cdots + x_n}{n}, \text{ written as } \frac{\sum x}{n}$$

여기서 $\sum$은 그리스 문자 'sigma'이며 그 값들의 합을 의미하며, $\bar{x}$(x-바)는 평균값을 나타낸다.

Median(중앙값)

중앙값은 극단적인 큰 값이나 작은 값들을 포함하는 집합에서 보다 효과적인 대표값이 된다. 주어진 집합 {7, 5, 74, 10}에서 평균값은 24이나, 이 대표값은 집합에 포함된 값이 아니다. 중앙값은 다음과 같은 방법으로 구해진다.

(a) 집합에 포함된 값들을 작은 값부터 크기**순**으로 나열

(b) 이때 집합의 원소가 홀수이면 **중앙**에 위치하는 값을 중앙값으로 선택하고, 집합의 원소가 짝수이면 중앙에 있는 두 값의 평균을 중앙값으로 한다.

집합 {7, 5, 74, 10}을 순서대로 정렬하면 {5, 7, 10, 74}가 된다. 여기서 원소의 개수가 짝수이므로 7과 10의 평균값을 취하면 8.5가 중앙값이 된다. 또한, {3, 81, 15, 7, 14}를 순서대로 나열하면 {3, 7, 14, 15, 81}이 되므로 가운데 값을 취하면 14가 중앙값이 된다.

Mode(최빈값)

최빈값(mode, modal value)은 주어진 집합에서 가장 많이 나타나는 값이다. {5, 6, 8, 2, 5, 4, 6, 5, 3}에서는 5가 세 번 나타나므로 5가 최빈값이 된다.

문제 1. 다음 집합의 평균값, 중앙값, 최빈값을 구하시오.

{2, 3, 7, 5, 5, 13, 1, 7, 4, 8, 3, 4, 3}

평균값은 모든 값들을 더한 후 총 개수로 나누면 구할 수 있다.

$$\bar{x} = \frac{\begin{array}{c}2+3+7+5+5+13+1\\+7+4+8+3+4+3\end{array}}{13} = \frac{65}{13} = \mathbf{5}$$

중앙값은 모든 값들을 오름차순으로 정렬한 후 가운데 위치한 값을 선택하여 구할 수 있다.

{1, 2, 3, 3, 3, 4, 4, 5, 5, 7, 7, 8, 13}

중앙값은 일곱 번째에 위치한 값으로 **4**가 된다. 그리고 최빈값은 가장 많이 나타난 값이므로 3번 나타난 **3**이 된다.

문제 2. 다음 자료들은 뉴스 가판대에서 6일 동안 판매된 금액을 파운드화로 나열한 것이다. 평균값, 중앙값, 최빈값을 구하시오.

{27.90, 34.70, 54.40, 18.92, 47.60, 39.68}

$$\textbf{Mean value} = \frac{\begin{array}{c}27.90+34.70+54.40\\+18.92+47.60+39.68\end{array}}{6} = \mathbf{£37.20}$$

오름차순으로 나열하면

{18.92, 27.90, 34.70, 39.68, 47.60, 54.40}

위에서 전체 값들의 개수가 짝수이므로 가운데 위치한 두 값의 평균을 구하면

$$\textbf{Median value} = \frac{34.70+39.68}{2} = \mathbf{£37.19}$$

모든 값들이 한 번만 나타나므로 위의 집합은 최빈값이 존재하지 않는다.

+ 이제 다음의 예제들을 풀어보시오.

연습 문제 223 이산자료에 대한 평균값, 중앙값, 최빈값

1에서 4번까지 주어진 집합에서 평균값, 중앙값, 최빈값을 구하시오.

1. {3, 8, 10, 7, 5, 14, 2, 9, 8}
2. {26, 31, 21, 29, 32, 26, 25, 28}
3. {4.72, 4.71, 4.74, 4.73, 4.72, 4.71, 4.73, 4.72}
4. {73.8, 126.4, 40.7, 141.7, 28.5, 237.4, 157.9}

58.3 집단자료에 대한 평균값, 중앙값, 최빈값 (Mean, median, and mode for grouped data)

집단자료들의 집합에 대한 평균값은 각 계급의 도수(frequency)와 계급구간의 중간값의 곱을 도수의 총합으로 나누어서 구한다.

$$\text{i.e. mean value } \bar{x} = \frac{f_1x_1 + f_2x_2 + \cdots + f_nx_n}{f_1 + f_2 + \cdots + f_n} = \frac{\sum(fx)}{\sum f}$$

여기서 f는 중간값 x를 갖는 계급구간의 도수이다.

문제 3. 48개 저항의 저항값들의 도수분포가 다음과 같을 때 주어진 저항들의 평균값을 구하시오.

20.5~20.9 3, 21.0~21.4 10,
21.5~21.9 11, 22.0~22.4 13,
22.5~22.9 9, 23.0~23.4 2

각 계급의 중간값/도수는 다음과 같다.

20.7 3, 21.2 10, 21.7 11, 22.2 13,
22.7 9 그리고 23.2 2

집단자료(grouped data)에 대하여 평균값은 다음과 같이 구해진다.

$$\bar{x} = \frac{\sum(fx)}{\sum f}$$

여기서 f는 계급구간의 도수이고, x는 계급구간의 중간값이다. 그러므로 평균값은

$$\bar{x} = \frac{(3\times 20.7)+(10\times 21.2)+(11\times 21.7)+(13\times 22.2)+(9\times 22.7)+(2\times 23.2)}{48}$$

$$= \frac{1052.1}{48} = 21.919,\ \text{즉 평균값} = 21.9\ \Omega$$

Histogram

히스토그램을 이용하여 집단자료에 대한 평균값, 중간값, 최빈값을 구할 수 있다. 히스토그램에서는 도수를 수직축에, 계급간격을 수평축에 표시한다.

평균값은 히스토그램의 중심을 수직으로 그려진 라인에 대응하는 변수의 값에 의해 구해진다.

오른쪽과 왼쪽의 면적을 정확하게 똑같이 가르는 수직선의 값이 중앙값이 된다. 최빈값은 가장 높은 구간의 너비를 양 인접 구간의 비례하여 나눈 값이다.

문제 4. 기기를 조립하는 시간을 50번 측정하였더니 다음과 같은 데이터를 얻었다. 다음 자료를 나타내는 히스토그램을 만들고, 평균값, 중앙값, 최빈값을 구하시오.

14.5~15.5 5, 16.5~17.5 8,
18.5~19.5 16, 20.5~21.5 12,
22.5~23.5 6, 24.5~25.5 3

히스토그램이 그림 58.1에 나타나 있다. 평균값은 히스토그램의 중심에 위치해 있다. 기준선 YY가 14분에 위치해 있으므로 $AM = \sum(am)$ 관계를 이용하여 히스토그램의 중심을 구할 수 있다. 여기서 A는 히스토그램의 면적, M은 YY로부터 중심까지의 거리, a는 각 구간의 면적, m은 YY로부터 각 구간의 중심까지의 거리가 된다. 각 구간의 면적

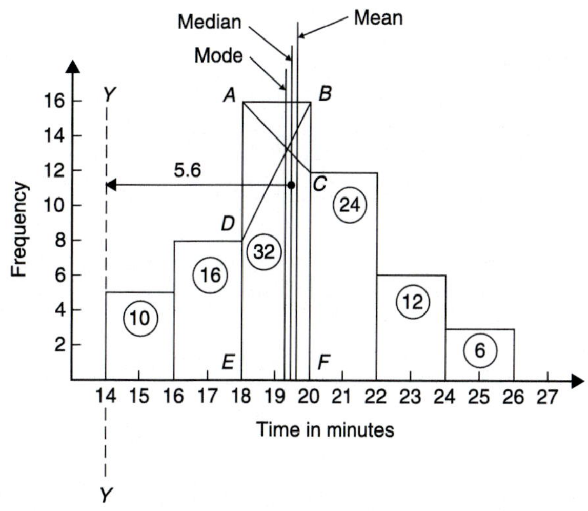

그림 58.1

은 히스토그램에서 원형 안에 표시되어 있으며, 전체 면적은 100이 된다. 그리하여

$$100M = (10\times 1)+(16\times 3)+(32\times 5)+(24\times 7)+(12\times 9)+(6\times 11)$$

i.e. $$M = \frac{560}{100} = 5.6 \text{ units from } YY$$

그리하여 **평균**값을 나타내는 위치는 14 + 5.6이 되므로 **19.6분**이 평균값이 된다.

중앙값은 같은 면적을 갖는 두 부분으로 나누어지는 선의 값이다. 총 면적이 100평방유닛이므로 각 면적이 50평방유닛을 가지는 두 부분으로 나누어지는 수직선을 만들어야 한다. 그림 58.1에서 사각형 $ABFE$는 한쪽부분이 50 − (10 + 16)이 되도록, 다른 한 부분이 50 − (24 + 12 + 6)이 되도록 만들어야 한다. 그리하여 $ABFE$의 면적이 왼쪽은 24, 오른쪽은 8의 면적을 가지도록 나누어지는 값을 구하면 19.5분이 된다. 즉, 위 분포의 **중앙값**은 **19.5분**이 된다.

최빈값은 높이가 가장 높은 사각형의 선 AB를 인접하는 양쪽의 사각형의 비율대로 나누는 선으로 구해진다. 그림 58.1에서 선 AC와 선 BD가 만나는 점을 지나는 수직선이 최빈값이 된다. 이러한 방법으로 구하면 최빈값은 **19.3**이 된다.

+ 이제 다음의 예제들을 풀어보시오.

연습 문제 224 집단자료에 대한 평균값, 중앙값, 최빈값

1. 평균 무게가 24.2 kg인 21개의 벽돌과 평균무게 23.6 kg인 29개의 벽돌이 있다. 전체 50개 벽돌의 평균 무게를 구하시오.
2. 다음 도수분포는 100명의 키를 측정한 결과를 센티미터 단위로 나타낸 것이다.

이 분포의 평균값을 구하시오.

150~156 5, 157~163 18,
164~170 20, 171~177 27,
178~184 22, 185~191 8

3. 90개의 트랜지스터의 이득값이 다음과 같이 측정되었다.

83.5~85.5 6, 86.5~88.5 39,
89.5~91.5 27, 92.5~94.5 15,
95.5~97.5 3

위의 도수분포를 히스토그램으로 그리고, 평균값, 중앙값, 최빈값을 구하시오.

4. 60개의 엔진주물이 있다. 각 홀의 직경이 다음과 같이 측정되었다. 이 분포에 대한 히스토그램을 그리고, 평균값, 중앙값, 최빈값을 구하시오.

2.011~2.014 7, 2.016~2.019 16,
2.021~2.024 23, 2.026~2.029 9,
2.031~2.034 5

58.4 표준편차(Standard deviation)

(a) 이산자료(Discrete data)

표준편차는 각 자료가 분산되어 있는 정도를 나타낸다. 표준편차의 값은 각 자료의 RMS(root-mean-square)값으로 구해지며, 이산자료에 대해서는 다음과 같은 방법으로 계산된다.

(a) 평균값과 같은 집중경향치 값을 구한다. 보통 평균값이 사용되며, 중앙값이나 최빈값이 사용될 수 있다.

(b) 각 자료의 평균값과의 편차를 구한다.

$$(x_1-\bar{x}), (x_2-\bar{x}), (x_3-\bar{x}), \ldots,$$

(c) 위에서 구한 편차에 제곱값을 구한다.

$$(x_1-\bar{x})^2, (x_2-\bar{x})^2, (x_3-\bar{x})^2, \ldots,$$

(d) 편차의 제곱근을 모두 더한다.

$$(x_1-\bar{x})^2+(x_2-\bar{x})^2+(x_3-\bar{x})^2, \ldots,$$

(e) 위에서 구한 값을 전체 자료의 수로 나눈다.

$$\frac{(x_1-\bar{x})^2+(x_2-\bar{x})^2+(x_3-\bar{x})^2+\cdots}{n}$$

(f) (e)에서 구한 값의 근을 구한다.

표준편차는 σ로 표기되며 다음과 같이 정의된다.

$$\textbf{Standard deviation}, \sigma = \sqrt{\left\{\frac{\sum(x-\bar{x})^2}{n}\right\}}$$

여기서 x는 각 자료값이며, $\bar{x}$는 평균값, n은 자료의 수이다. 표준편차는 각 자료의 값이 평균과 얼마나 떨어져 있는지를 나타내는 값이다. {1, 4, 7, 10, 13}에서 평균값은 7, 표준편차는 4.2이고, {5, 6, 7, 8, 9}에서는 평균값은 7, 표준편차는 1.4이다. 즉, 두 번째 집합의 자료가 첫 번째보다 평균값에 가깝다는 것을 보여준다.

문제 5. 집합 {5, 6, 8, 4, 10, 3}의 표준편차를 평균값을 이용하여 구하시오.

먼저 산술 평균을 구하면

$$\bar{x}=\frac{\sum x}{n}=\frac{5+6+8+4+10+3}{6}=6$$

표준편차는 $\sigma=\sqrt{\left\{\frac{\sum(x-\bar{x})^2}{n}\right\}}$

$(x-\bar{x})^2$ 값은 $(5-6)^2$, $(6-6)^2$, $(8-6)^2$, $(4-6)^2$, $(10-6)^2$, 그리고 $(3-6)^2$이다.

$(x-\bar{x})^2$의 합은 $\sum(x-\bar{x})^2=1+0+4+4+16+9=34$이므로

$$\frac{\sum(x-\bar{x})^2}{n}=\frac{34}{6}=5.\dot{6}$$

그러므로 **표준편차**는 다음과 같다.

$$\sigma=\sqrt{\left\{\frac{\sum(x-\bar{x})^2}{n}\right\}}=\sqrt{5.6}$$

$$= \mathbf{2.380} \text{ (4개의 유효숫자로 표시)}$$

(b) 집단자료(grouped data)

집단자료에 대한 **표준편차**는 다음과 같다.

$$\boldsymbol{\sigma}=\sqrt{\left\{\frac{\sum\{f(x-\bar{x})^2\}}{\sum f}\right\}}$$

여기서 f는 계급구간에서의 빈도수, x는 계급구간의 중간값, $\bar{x}$는 집단자료의 평균값이다.

문제 6. 48개의 저항값의 도수분포가 다음과 같을 때 표준편차를 구하시오.

20.5~20.9 3, 21.0~21.4 10,
21.5~21.9 11, 22.0~22.4 13,
22.5~22.9 9, 23.0~23.4 2

집단자료에 대한 표준편차는 다음과 같이 구할 수 있다.

$$\sigma = \sqrt{\left\{\frac{\sum\{f(x-\bar{x})^2\}}{\sum f}\right\}}$$

먼저 문제 3에서 구한 것과 평균을 구하면, $\bar{x} = 21.92$이다. x는 각 계급구간의 중간값이므로 20.7, 21.2, 21.7...이 된다. 그러므로 $(x - \bar{x})^2$는 $(20.7 - 21.92)^2$, $(21.2 - 21.92)^2$, $(21.7 - 21.92)^2$... 그리고, $f(x - \bar{x})^2$는 $3(20.7 - 21.92)^2$, $10(21.2 - 21.92)^2$, $11(21.7 - 21.92)^2$이 된다.

$\sum f(x - \bar{x})^2$는 $4.4652 + 5.1840 + 0.5324 + 1.0192 + 5.4756 + 3.2768 = 19.9532$이다.

$$\frac{\sum\{f(x-\bar{x})^2\}}{\sum f} = \frac{19.9532}{48} = 0.41569$$

표준편차는

$$\sigma = \sqrt{\left\{\frac{\sum\{f(x-\bar{x})^2\}}{\sum f}\right\}} = \sqrt{0.41569}$$

$$= 0.645$$

+ 이제 다음의 예제들을 풀어보시오.

연습 문제 225 표준편차

1. 다음 자료에 대하여 평균에 대한 표준편차를 구하시오.

   {35, 22, 25, 23, 28, 33, 30}

2. 많은 커패시터 중에 10개를 골라 용량을 microfarad 단위로 측정하여 다음과 같은 값을 얻었다.

   34.3, 25.0, 30.4, 34.6, 29.6, 28.7, 33.4,

   32.7, 29.0 그리고 31.3

   이러한 커패시터 용량의 평균에 대한 표준편차를 구하시오.

3. 15개의 캔 인장강도를 측정하여 다음과 같은 값을 얻었다.

   34.61, 34.57, 34.40, 34.63, 34.63,

   34.51, 34.49, 34.61, 34.52, 34.55,

   34.58, 34.53, 34.44, 34.48 그리고 34.40

   이에 대한 평균을 구하고, 평균에 대한 표준편차를 구하시오.

4. 연습 문제 224의 문제 1에 대하여 평균에 대한 표준편차를 구하시오.

5. 연습 문제 224의 문제 2에 대하여 평균에 대한 표준 편차를 구하시오.

6. 연습 문제 224의 문제 4에 대하여 평균에 대한 표준편차를 구하시오.

58.5 사분위, 십분위, 백분위

산포도를 표시하는 또 다른 척도로 사분위값, 십분위값, 백분위값이 사용되기도 한다. 이산자료에 대한 **사분위값**은 올림차순으로 나열한 자료를 균일하게 4부분으로 나누어지는 값을 구함으로써 얻을 수 있다. 11개의 원소가 있는 {2, 3, 4, 5, 5, 7, 9, 11, 13, 14, 17}에서 4등분으로 정확하게 나누었을 때의 값들은 4, 7, 13이다. 이 값들을 Q_1, Q_2, Q_3라 표기하고, 첫 번째 사분위값, 두 번째 사분위값, 세 번째 사분위값이라 한다. 특히, 두 번째 사분위값 Q_2는 중앙에 위치하는 값으로 중앙값(median)과 같다.

집단자료에 대한 사분위값은 누적도수분포표를 이용하여 구할 수 있다. 이 경우 누적도수분포표에서 누적도수를 나타내는 수직축을 균등하게 4부분으로 나누는 지점을 구한다. 이 지점에서 수평선을 그려 누적도수분포선과 만나는 점의 수평축상의 값이 사분위값이 된다.

자료의 수가 많을 때는 균등하게 10등분을 할 수 있다. 이렇게 균등하게 10등분하는 값들을 **십분위값**이라 한다. 그리고 자료의 수가 아주 많을 때는 균등하게 100등분을 할 수 있다. 이렇게 균등하게 100등분하는 값들을 **백분위값**이라 한다.

문제 7. 다음의 도수분포는 어떤 회사의 회사원들이 일 년 중 일을 하는 48주에서 초과근무 시간을 나타낸 것이다.

25–29 5, 30–34 4, 35–39 7,

40–44 11, 45–49 12, 50–54 8,

55–59 1

누적도수분포도를 그리고 사분위값을 구하시오.

누적도수분포는 다음과 같다(계급 간의 경계 상단의 값/누적도수).

29.5 5, 34.5 9, 39.5 16, 44.5 27,

49.5 39, 54.5 47, 59.5 48

누적도수분포도를 그리면 그림 58.2와 같다. 전체 도수를 4등분이 되도록 나누면 48/4 = 12, 즉 한 구간이 12가 되도록 나누면 된다. 첫 번째 사분위 구간은 0~12, 두 번째 사분위 구간은 12~24, 세 번째 사분위 구간은 24~36, 네 번째 사분위 구간은 36~48이 된다. **사분위값**은 이 그림에서 도수가 12, 24, 36에 대응되는 값 Q_1, Q_2, Q_3를 구하면 된다. 누적도수분포도에서 Q_1, Q_2, Q_3값을 구하면 **37**

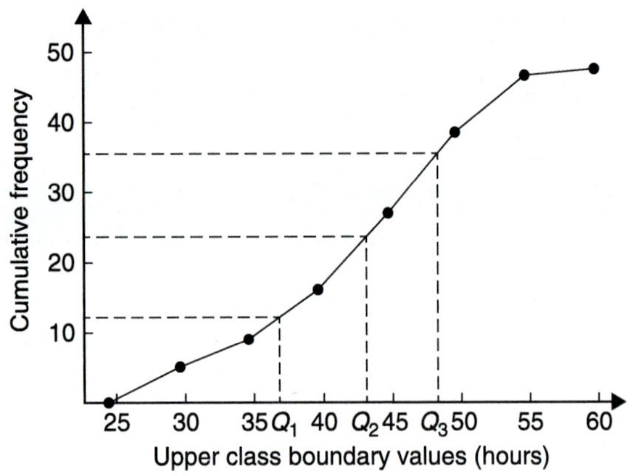

그림 58.2

시간, 43시간, 48시간이 된다. 또한, Q_2값은 분포에서 중앙값이 된다.

문제 8. 다음 자료에서 (a) 41번째에서 50번째 백분위에 속한 값 (b) 8번째 십분위값을 구하시오.

14 22 17 21 30 28 37 7 23 32

24 17 20 22 27 19 26 21 15 29

위 자료를 순서대로 나열하면

7 14 15 17 17 19 20 21 21 22 22 23

24 26 27 28 29 30 32 37 이 된다.

(a) 총 20개의 숫자가 있으므로 처음 10%에 속하는 숫자는 7과 14이고, 두 번째 10%에 속하는 숫자는 15과 17이다. 그러므로 41번째에서 50번째 백분위에 속한 값은 **21과 22**가 된다.

(b) 총 s_0개의 수를 10등분하면, 각 10분위에 속하는 수는 2개씩 된다. 그러므로 8번째 십분위에 속하는 값은 **27과 28**이 된다.

+ 이제 다음의 예제들을 풀어보시오.

연습 문제 226 사분위, 십분위, 백분위

1. 12달 중 사고로 인하여 일을 하지 못하는 날이 다음과 같을 때, 중앙값과 첫 번째 사분위값과 세 번째 사분위값을 구하시오.

   27, 37, 40, 28, 23, 30, 35, 24, 30, 32, 31, 28

2. 9주 동안 생산라인에서 발생하는 고장의 횟수가 다음과 같을 때, 중앙값과 사분위값을 구하시오.

   30, 27, 25, 24, 27, 37, 31, 27, 35

3. 연습 문제 224의 문제 2에 대한 사분위값을 구하시오.

4. 다음 자료에서 5번째 십분위값과 61번째에서 70번째 백분위에 속한 값을 구하시오.

   40 46 28 32 37 42 50 31 48 45
   32 38 27 33 40 35 25 42 38 41

5. 다음 자료에서 6번째 십분위값과 81번째에서 90번째 백분위에 속한 값을 구하시오.

   43 47 30 25 15 51 17 21
   36 44 33 17 35 58 51 35

   37 33 44 56 40 49 22
   44 40 31 41 55 50 16

Chapter 59

확률

확률을 이해하는 것이 왜 중요한가?

엔지니어들은 작업을 수행하는 데 있어서 정밀성과 분석력으로 불확실성을 제거한다. 엔지니어링 및 응용과학에서 시스템을 모델링하는 데 확률이론이 사용된다. 확률이 공학적인 문제에서 사용되는 경우의 예들은 많이 있다. 예를 들어, 전자회로를 다루는 데 있어 회로의 전력을 낮추는 것은 각 소자의 신뢰도와 예측성을 감소시킬 수 있으며 모든 회로가 안정적으로 작동할 수 있도록 확률이론을 사용하여 설계될 수 있다. 시스템 설계자는 장비의 고장 또는 악의적인 공격자의 위협 등의 불확실성에 대비하여 신뢰성 향상 및 보안에 드는 비용 및 혜택을 고려하여 설계해야 한다. 확률 이론을 도입한 모델이 개발되었으며, 계속 개량되어 여러 분야 (뇌, 유전자 풀, 날씨 및 기후 예보, 전자장치, CAT나 레이더 같은 이미징 시스템) 등에 사용되고 있다. 발전, 전력전송, 전력 소비 등을 포함하는 전력계통은 아주 복잡한 시스템이지만 전력계를 설계할 때는 정전의 원인이 될 수 있는 여러 가지 경우를 대비하여야 한다. 통신시스템, 교통체계, 수자원 관리 등과 같은 인프라를 구축할 때도 유사한 방법으로 설계해야 한다. 확률, 순열과 조합 등은 도박, 게임,기계의 고장 예측, 구조물의 결함 발견 등 다양한 분야에서 매일 사용된다. 불확실성은 일상생활 및 다양한 직업에서 항상 존재한다. 또한, 표준편차는 여론 조사의 결과를 설명할 때 반드시 사용된다. 확률 이론을 이용하면 복잡한 문제를 작은 문제로 나누어서 각각을 해결함으로써 전체 시스템의 문제를 해결할 수 있다.

이 장에서는 다음 사항에 대해 공부한다.

- 확률을 정의
- 기대 종속 이벤트, 독립적인 이벤트 및 조건부 확률을 정의
- 확률의 덧셈과 곱셈 법칙
- 간단한 계산에 확률의 법칙을 사용
- 실제 상황에서 확률의 법칙을 사용
- 순열과 조합

59.1 확률의 기초

확률은 특정한 사건이 일어날 가능성이다. 확률의 값은 0과 1 사이의 값을 가지며, 여기서 0은 절대발생하지 않는 상태, 1은 항상 발생하는 상태를 나타낸다.

사건의 확률은 일반적으로 두 극단적인 값 사이 어딘가에 존재하며, 진분수나 소수 중 하나로 표현된다. 확률의 예는 다음과 같다:

- 100도에서 구리선의 저항이 0일 확률: 0
- 주사위를 던져 3이 나올 확률: 1/6 또는 0.1667

- 동전을 던져 앞면이 나올 확률: 1/2 또는 0.5
- 100도에서 구리선의 저항이 있을확률: 1

p를 사건이 일어날 확률, q를 같은 사건이 일어나지 않을 확률이라 하면, 총 확률 $\boldsymbol{p+q}$**는 1**이 된다.

기댓값(Expectatation)

사건의 **기댓값**, E는 이벤트의 발생 확률 p와 시도한 횟수 n의 곱으로 정의된다. $\boldsymbol{E=pn}$
주사위를 던져 3이 나올 확률이 1/6이므로 주사위를 4번 던져 3이 나올 사건의 기댓값은 1/6 × 4, 즉 2/3가 된다. 기댓값은 사건의 평균 발생수이다.

종속사건(Dependnet event)

종속사건은 특정 사건의 확률이 다른 사건이 일어날 확률에 영향을 주는 사건을 말한다. 테스트 목적으로 100개의 트랜지스터 중에서 5개의 트랜지스터를 선택한다. 선택된 5개의 트랜지스터가불량일 확률을 p_1이라 한다. 그 다음 나머지 95개의 트랜지스터에서 5개의 트랜지스터를 선택한다. 그 선택된 트랜지스터가 불량일 확률을 p_2라 한다. 확률 p_2는 확률 p_1과 다른 값을 가진다. 왜냐하면 p_1은 100개의 트랜지스터에서 5개를 선택하고, p_2는 나머지 95개에서 선택하기 때문에 확률 p_2는 확률 p_1에 의해 종속된다고 할 수 있다. 이와 같이 100개의 트랜지스터에서 먼저 5개의 트랜지스터를 선택한 후, 먼저 선택된 트랜지스터를 제외하고 나머지 95개의 트랜지스터에서 5개의 트랜지스터를 선택하는 방법을 **비복원 추출(without replacement)**이라 한다.

독립사건(Independent event)

독립사건은 특정 사건의 확률이 다른 사건이 일어날 확률에 영향을 주지 않는 사건을 말한다. 100개의 트랜지스터에서 선택된 5개의 트랜지스터가 불량일 확률을 p_1이라 하고, 먼저 선택된 5개의 트랜지스터를 표본에 다시 넣은 다음 5개의 트랜지스터를 선택하여 그 트랜지스터가 불량일 확률을 p_2라 하면, p_1과 p_2는 같은 값을 가진다. 이와 같이 처음 선택된 트랜지스터를 원상태로 복귀시킨 후 두 번째 선택이 이루어지는 경우를 **복원추출(with replacement)**이라 한다.

조건확률(conditional probability)

조건확률은 먼저 사건 A가 일어났을 경우 사건 B가 일어날 확률을 말한다. 만약 사건 A와 사건 B가 서로 독립적이라면 사건 A가 이미 발생했다는 사실이 사건 B가 일어날 확률에 영향을 미치지는 않는다. 그리고 사건 A와 사건 B가 종속적이라면 발생한 사건 A가 사건 B가 일어날 확률에 영향을 주게 된다.

59.2 확률의 법칙(Laws of probability)

확률의 덧셈법칙 (The additional law of probability)

확률의 덧셈법칙은 여러 사건의 확률들을 연결하는 데 있어서 **'또는'**의 개념으로 생각할 수 있다. p_A가 사건 A가 일어날 확률이라 하고, p_B가 사건 B가 일어날 확률이라 하면 **사건 A 또는 사건 B**가 일어날 확률은 $\boldsymbol{p_A+p_B}$가 된다(단, 사건 A와 사건 B는 **서로 동시에 발생하지 않는** 배반사건이어야함). 덧셈법칙을 일반적으로 확장을 하면

$$p_A+p_B+p_C+\cdots+p_N$$

확률의 곱셈법칙 (The multiplication law of probability)

확률의 곱셈법칙은 여러 사건의 확률들을 연결하는 데 있어서 **'그리고'**의 개념으로 생각할 수 있다. p_A가 사건 A가 일어날 확률이라 하고, p_B가 사건 B가 일어날 확률이라 하면 **사건 A와 사건 B**가 일어날 확률은 $p_A \times p_B$가 된다. 곱셈법칙을 일반적으로 확장을 하면

$$p_A\times p_B\times p_C\times\cdots\times p_N$$

59.3 확률에 관한 예제

문제 1. 20명의 남자와 33명의 여자가 있는 집단에서 임의로 한 명을 뽑을 때 (a) 남자를 뽑을 확률 (b) 여자를 뽑을 확률을 구하시오.

(a) 남자를 뽑을 확률은

$$\frac{\text{남자의 수}}{\text{전체 집단의 수}}$$

$$\text{i.e.}\quad p=\frac{20}{20+33}=\frac{\mathbf{20}}{\mathbf{53}}\ \text{또는}\ \mathbf{0.3774}$$

(b) 여자를 뽑을 확률은

$$\frac{\text{여자의 수}}{\text{전체 집단의 수}}$$

$$\text{i.e.}\quad q=\frac{33}{20+33}=\frac{\mathbf{33}}{\mathbf{53}}\ \text{또는}\ \mathbf{0.6226}$$

(주의: 전체 확률은 1이 되어야 한다.)

$$p=\frac{20}{53}\ \text{그리고}\ q=\frac{33}{53}$$

따라서 전체 확률은

$$p+q=\frac{20}{53}+\frac{33}{53}=1$$

문제 2. 주사위를 세 번 던져서 4가 나올 경우의 기댓값을 구하시오.

기댓값은 평균 발생횟수이며 확률과 시도횟수의 곱으로 정의된다. 그러므로 주사위를 던져 4가 나올 확률은 1/6이고, 세 번 시도하므로 기댓값, E는 $\boldsymbol{E} = \frac{1}{6} \times 3 = \frac{\mathbf{1}}{\mathbf{2}}$ 또는 **0.50**

문제 3. 다음에 나타난 사건에 대한 확률을 구하시오.

(a) 10마리의 경주마가 참가하는 경주에서 우승할 확률

(b) 10마리의 경주마가 참가하는 두 번의 경주에서 두 번 모두 우승할 경우

(a) 10마리의 경주마 중에서 우승할 확률은 1/10이다.

(b) 첫 번째 경주에서 우승할 확률은 1/10이고, 두 번째 경주에서 우승할 확률은 1/10이다. 그러므로 두 번의 경주에서 두 번 모두 우승할 경우의 확률은 두 확률의 곱이 된다.

$$\textbf{probability} = \frac{1}{10} \times \frac{1}{10} = \frac{\mathbf{1}}{\mathbf{100}} \text{ 또는 } \mathbf{0.01}$$

문제 4. 높은 온도로 인하여 부품이 고장이 날 확률을 1/20, 과도한 진동으로 부품이 고장이 날 확률이 1/25, 높은 습도로 부품이 고장이 날 확률이 1/50이라 한다. 다음의 각 경우에 대한 확률을 구하시오.

(a) 높은 온도와 과도한 진동으로 고장이 날 확률

(b) 과도한 진동이나 높은 습도로 고장이 날 확률

(c) 높은 온도로 인한 고장과 높은 습도로 인한 고장이 동시에 나타나지 않을 확률

p_A를 부품이 높은 온도로 인하여 고장이 날 확률이라 하면

$$p_A = \frac{1}{20} \text{ 그리고 } \overline{p_A} = \frac{19}{20}$$

p_B를 과도한 진동으로 부품이 고장이 날 확률이라 하면

$$p_B = \frac{1}{25} \text{ 그리고 } \overline{p_B} = \frac{24}{25}$$

p_C를 높은 습도로 부품이 고장이 날 확률이라면

$$p_C = \frac{1}{50} \text{ 그리고 } \overline{p_C} = \frac{49}{50}$$

(a) 높은 온도와 과도한 진동으로 고장이 날 확률은 두 확률의 곱으로 구해진다.

$$p_A \times p_B = \frac{1}{20} \times \frac{1}{25} = \frac{\mathbf{1}}{\mathbf{500}} \text{ 또는 } \mathbf{0.002}$$

(b) 과도한 진동이나 높은 습도로 고장이 날 확률은 두 확률의 합으로 구해진다

$$p_B + p_C = \frac{1}{25} + \frac{1}{50} = \frac{\mathbf{3}}{\mathbf{50}} \text{ 또는 } \mathbf{0.06}$$

(c) 높은 온도로 인한 고장과 높은 습도로 인한 고장이 동시에 나타나지 않을 확률은 다음과 같이 곱으로 구해진다.

$$\overline{p_A} \times \overline{p_C} = \frac{19}{20} \times \frac{49}{50} = \frac{\mathbf{931}}{\mathbf{1000}} \text{ 또는 } \mathbf{0.931}$$

문제 5. 100개의 커패시터 중에 73개는 허용범위 내에 있고, 17개는 허용범위 아래에 있다. 나머지는 허용범위를 넘는 값을 가지고 있다. 100개의 커패시터 중에 차례로 두 개를 선택할 때, (a) 복원 추출을 할 때 선택한 두 개의 커패시터가 모두 허용범위 내에 있을 확률, (b) 비복원 추출을 할 때 하나는 허용범위를 넘고, 다른 하나는 허용범위 아래에 있을 확률을 구하시오.

(a) 허용범위에 있는 커패시터를 뽑을 확률은 73/100이다. 그리고 처음 하나를 뽑은 다음 원상태로 복원시킨 다음 두 번째 커패시터를 뽑은 경우 허용범위 내에 있을 확률 역시 73/100이다. 그러므로 선택한 두 개의 커패시터가 모두 허용범위 내에 있을 확률은 다음과 같이 구해진다.

$$\frac{73}{100} \times \frac{73}{100} = \frac{\mathbf{5329}}{\mathbf{10000}} \text{ 또는 } \mathbf{0.5329}$$

(b) 첫 번째 시도에서 허용범위 아래에 있는 커패시터를 뽑을 확률은 17/100이다. 하나의 커패시터를 선택한 다음 전체 커패시터 수는 99개이다. 그러므로 두 번째 시도에서 허용범위 위에 있는 커패시터를 선택할 확률은 10/99가 된다. 그래서 비복원 추출을 하여 하나는 허용범위를 넘고, 다른 하나는 허용범위 아래에 있을 확률을 구하면 다음과 같다.

$$\frac{17}{100} \times \frac{10}{99} = \frac{170}{9900} = \frac{\mathbf{17}}{\mathbf{990}} \text{ 또는 } \mathbf{0.0172}$$

+ 이제 다음의 예제들을 풀어보시오.

연습 문제 227 확률

1. 45개의 전구 중에서 10개의 전구가 불량품이다. 임의로 하나의 전구를 선택할 때 a)불량전구가 선택될 확률, (b)정상적인 전구가 선택될 확률을 구하시오.

2. 같은 크기와 모양을 가진 23개의 2A퓨즈, 47개의 5A 퓨즈, 69개의 13A 퓨즈가 있다. 그 중 하나의 퓨즈를 선택할 때, (a) 2A퓨즈, (b) 5A 퓨즈, (c) 13A 퓨즈가 선택될 확률을 구하시오.
3. (a) 주사위를 던져 2가 나올 확률을 구하시오.
   (b) 주사위를 던져 5가 나올 확률을 구하시오.
   (c) 주사위를 두 번을 던져 2와 5가 나올 확률을 구하시오.
4. 두 개의 주사위를 동시에 던져 합이 8이 나올 확률을 구하시오.
5. 사건 A가 일어날 확률이 3/5이고, 사건 B가 일어날 확률이 2/3이다. (a) 사건 A, B가 동시에 일어날 확률, (b) 사건 A만 일어나고, 사건 B가 일어나지 않을 확률, (c)사건 B만 일어날 확률, (d) 사건 A 또는 사건 B 또는 사건 A와 사건 B가 동시에 일어날 확률을 구하시오.
6. 1000개의 회로를 검사하여 4개의 회로가 진동테스트에서 불량, 5개의 회로가 저항테스트에서 불량으로 판명되었다. (a) 진동테스트에서 불량일 확률, (b) 저항테스트에서 불량일 확률, (c) 진동테스트 또는 저항테스트에서 불량일 확률, (d) 진동테스트와 저항테스트에서 동시에 불량일 확률을 구하시오.

59.4 확률에 관한 심화 예제

문제 6. 40개의 부품 중에 5개의 불량품이 섞여 있다. 그 중에서 차례로 2개를 뽑아 테스트를 할 때, 둘 다 불량품이 아닐 확률을 (a) 복원 추출, (b) 비복원 추출로 구하시오.

(a) **복원 추출(with replacement)**

40개의 부품더미에서 정상적인 부품이 선택될 확률은 35/40, 즉 7/8이다. 첫 번째 뽑은 부품을 다시 원상태로 한 다음 두 번째 부품을 하나 선택하여 정상적인 부품이 될 확률 역시 35/40, 즉 7/8이다. 그리하여 첫 번째와 두 번째 둘 다 불량품이 아닐 확률은

$$\frac{7}{8}\times\frac{7}{8}=\mathbf{\frac{49}{64}} \text{ 또는 } \mathbf{0.7656}$$

(b) **비복원 추출(without replacement)**

40개의 부품더미에서 정상적인 부품이 선택될 확률은 35/40, 즉 7/8이다. 첫 번째 뽑은 부품을 다시 부품더미에 넣지 않고 두 번째 부품을 하나 선택하여 정상적인 부품이 될 확률은 39개의 부품 중 정상적인 부품 34개 중에 하나를 뽑을 확률 34/39이다. 그리하여 첫 번째와 두 번째 둘 다 불량품이 아닐 확률은

$$\frac{7}{8}\times\frac{34}{39}=\mathbf{\frac{238}{312}} \text{ 또는 } \mathbf{0.7628}$$

문제 7. 40개의 부품 중에 5개의 불량품이 섞여 있다. 그 중에서 차례로 2개를 뽑아 테스트를 할 때, 하나만 불량품일 확률을 (a) 복원 추출, (b) 비복원 추출로 구하시오.

차례로 두 개를 선택했을 때, 하나만 불량일 확률은 두 가지 방법으로 구할 수 있다. p를 불량 부품을 뽑을 확률이라 하고 q를 정상적인 부품을 뽑을 확률이라 하자. 하나만 불량품일 확률은 먼저 정상적인 부품을 뽑고 불량품을 뽑을 경우 또는 불량품을 먼저 뽑고 정상 부품을 뽑는 경우이므로 $q\times p+p\times q$이다.

복원 추출(with replacement):

복원 추출에서 p, q는

$$p=\frac{5}{40}=\frac{1}{8}$$

$$\text{그리고 } q=\frac{35}{40}=\frac{7}{8}$$

그래서 하나만 불량일 확률은

$$\frac{1}{8}\times\frac{7}{8}+\frac{7}{8}\times\frac{1}{8}$$

즉,

$$\frac{7}{64}+\frac{7}{64}=\frac{7}{32} \text{ 또는 } \mathbf{0.2188}\text{이 된다.}$$

비복원 추출(without replacement):

비복원 추출에서는 첫 번째 선택에서의 p_1, q_1은 $p_1=1/8$ $q_1=7/8$이다. 두 번째 복원하지 않은 상태에서 선택할 때의 확률은 $p_1=5/39$ $q_1=35/39$이므로,

$$p_2=\frac{5}{39} \text{ 그리고 } q_2=\frac{35}{39}$$

$$\begin{aligned} p_1q_2+q_1p_2 &= \frac{1}{8}\times\frac{35}{39}+\frac{7}{8}\times\frac{5}{39} \\ &= \frac{35+35}{312} \\ &= \frac{70}{312} \text{ 또는 } \mathbf{0.2244} \end{aligned}$$

문제 8. 박스 안에 74개의 구리그릇, 86개의 스틸 그릇 그리고 40개의 알루미늄 그릇이 있다. 복원없이 3개의 그릇을 임의로 선택할 때, 선택한 3개의 그릇이 모두 다 스틸 그릇일 확률을 구하시오.

총 그릇의 개수는 74 + 86 + 40 = 200이다. 이 중에서 처음 하나를 선택하여 스틸 그릇일 확률은 86/200이다. 처음 그릇이 스틸인 경우 두 번째 선택한 그릇도 스틸일 확률은 85/199이다. 같은 방법으로 세 번째도 스틸 그릇일 확률은 84/198이다. 그러므로 첫 번째도 스틸이고 두 번째도 스틸이고 세 번째도 스틸일 확률은

$$\frac{86}{200} \times \frac{85}{199} \times \frac{84}{198} = \frac{614\,040}{7\,880\,400} = \mathbf{0.0779}$$이다.

문제 9. 문제 8과 같이 그릇이 담겨진 박스가 있다. 비복원 추출로 세 개의 그릇을 꺼낼 때 알루미늄으로 만든 그릇이 없을 확률을 구하시오.

박스에서 처음으로 한 그릇을 꺼낼 때 알루미늄 그릇이 아닐 확률은 $1-\left(\frac{40}{200}\right)$, 즉 $\frac{160}{200}$이다. 두 번째 그릇을 꺼낼 때 알루미늄 그릇이 아닐 확률은 $\frac{159}{199}$, 세 번째 그릇을 꺼낼 때 알루미늄 그릇이 아닐 확률은 $\frac{158}{198}$이다. 그러므로 첫 번째와 두 번째와 세 번째가 모두 알루미늄이 아닐 확률은

$$\frac{160}{200} \times \frac{159}{199} \times \frac{158}{198} = \frac{4\,019\,520}{7\,880\,400} = \mathbf{0.5101}$$이다.

문제 10. 문제 8과 같이 그릇이 담겨진 박스가 있다. 비복원 추출로 임의의 세 개의 그릇을 꺼낼 때, 두 개는 구리로 만든 그릇이고, 나머지 하나는 스틸이거나 알루미늄일 확률을 구하시오.

두 개는 구리로 만든 그릇이고 (A), 나머지 하나는 스틸 그릇 (B)일 경우는 다음과 같은 경우가 있다.

1st draw	2nd draw	3rd draw
A	A	B
A	B	A
B	A	A

두 개는 구리로 만든 그릇이고 (A), 나머지 하나는 알루미늄 그릇 (C)일 경우는 다음과 같은 경우가 있다.

1st draw	2nd draw	3rd draw
A	A	C
A	C	A
C	A	A

즉, 모두 6가지의 조합이 있을 수 있다. 각 조합의 확률을 구하면

Draw			Probability
First	Second	Third	
A	A	B	$\frac{74}{200}\times\frac{73}{199}\times\frac{86}{198}=0.0590$
A	B	A	$\frac{74}{200}\times\frac{86}{199}\times\frac{73}{198}=0.0590$
B	A	A	$\frac{86}{200}\times\frac{74}{199}\times\frac{73}{198}=0.0590$
A	A	C	$\frac{74}{200}\times\frac{73}{199}\times\frac{40}{198}=0.0274$
A	C	A	$\frac{74}{200}\times\frac{40}{199}\times\frac{73}{198}=0.0274$
C	A	A	$\frac{40}{200}\times\frac{74}{199}\times\frac{73}{198}=0.0274$

위의 6가지 조합에 대한 확률을 모두 더하면 두 개는 구리로 만든 그릇이고, 나머지 하나는 스틸이거나 알루미늄일 확률이 된다.

3 × 0.0590 + 3 × 0.0274. 즉 구하고자 하는 확률은 **0.2592**이다.

+ 이제 다음의 예제들을 풀어보시오.

연습 문제 228 확률

1. 부품 *A*는 5년 동안 고장 없이 사용할 수 있는 확률이 0.8이고, 부품 *B*는 5년 동안 고장 없이 사용할 수 있는 확률이 0.75이다. (a) 5년 동안 두 부품이 고장이 나지 않을 확률, (b) 부품 *A*만 고장이 안 날 확률, (c) 부품 *B*만 고장이 안 날 확률을 구하시오.
2. 어느 마을에서 80%의 집이 전화를 가지고 있다. 임의로 두 집을 방문하였을 때 다음 확률을 구하시오.
   (a) 방문한 두 집 모두 전화가 있을 확률
   (b) 한 집은 전화가 있고, 다른 한 집은 전화가 없을 확률

3. 전자 회로를 가진 기판을 기계로 조립하였다. 1000개의 기판 중 40개가 20개 미만의 핀을 가진다. 임의로 두 개를 선택했을 때 하나는 20개 미만의 핀을 가지고 나머지 하나는 20개나 그 이상의 핀을 가질 확률을 구하시오.
4. 16개의 부품 중 4개가 불량이다. 임의로 3개의 부품을 선택할 때, (a) 선택한 3개의 부품이 정상일 확률, (b) 2개가 정상이고 1개가 불량일 확률을 구하시오.
5. 증폭기가 3개의 트랜지스터로 구성된다고 가정할 때, 세 개의 트랜지스터 A, B, C가 불량일 확률은 각각 1/20, 1/25, 1/50이라고 한다. (a) 만들어진 증폭기가 아무런 고장이 없을 확률, (b) 만들어진 증폭기에서 하나의 트랜지스터가 불량일 확률을 구하시오.
6. 같은 크기와 모양을 가진 14개의 40 W 전구, 28개의 60 W 전구, 58개의 25 W 전구가 한 박스에 담겨져 있다. 이 박스에서 임의의 세 개의 전구를 차례대로 꺼낸다고 한다. (a) 복원추출로 세 개의 전구가 25 W 전구 하나, 40 W 전구 하나, 60 W 전구 하나가 될 확률, (b) 비복원추출로 세 개의 전구가 25 W 전구 하나, 40 W 전구 하나, 60 W 전구 하나가 될 확률, (c) 복원추출로 세 개의 전구가 25 W 전구가 하나이고 40 W 전구가 둘이거나 하나의 60 W 전구와 두 개의 40 W가 될 확률을 구하시오.

59.5 순열과 조합 (Permutation and combinations)

순열

n개의 서로 다른 대상에 대하여 서로 다른 순서로 나열시킬 수 있다. 이와 같이 서로 다른 순서로 나열시킨 것을 **순열(permutation)**이라 한다. 예를 들면, 세 문자 X, Y, Z에 대하여 순열을 구하면 다음과 같다.

$$XYZ, XZY, YXZ, YZX, ZXY \text{ 그리고 } ZYX$$

이 순열은 ${}^3P_3 = 6$으로 표현할 수 있으며, 여기서 앞의 3은 선택할 수 있는 대상의 개수를 나타내며, 뒤의 3은 실제 선택되어 나열되는 대상의 개수를 나타내고 있다.
세 문자 X, Y, Z에 대하여 두 문자를 선택하여 순서대로 나열하는 순열을 구하면

$$XY, YX, XZ, ZX, YZ, ZY$$

위와 같이 나타낼 수 있으며 ${}^3P_2 = 6$이 된다.
순열 ${}^nP_r = n(n-1)(n-2)\ldots(n-r+1)$ 또는

${}^nP_r = \dfrac{n!}{(n-r)!}$으로 표시될 수 있다.

조합

세 문자 X, Y, Z에 대하여 특정한 선택을 하여 순서에 관계없이 그룹을 만드는 것을 조합이라 한다. 즉, XY와 YX는 같은 **조합**이 되는 것이다. 조합은 ${}^nC_r$로 표기되며 n은 선택되어질 전체 대상의 개수이며, r은 선택되는 대상의 개수이다.

$${}^nC_r = \frac{n!}{r!(n-r)!}$$

예를 들면

$${}^5C_4 = \frac{5!}{4!(5-4)!} = \frac{5!}{4!} = \frac{5\times4\times3\times2\times1}{4\times3\times2\times1} = 5$$

문제 11. 다음에 대한 순열을 구하시오.
(a) 5개의 물건 중에서 2개를 선택하여 순열을 만드는 경우
(b) 4개의 물건 중에서 2개를 선택하여 순열을 만드는 경우

(a) ${}^5P_2 = \dfrac{5!}{(5-2)!} = \dfrac{5!}{3!} = \dfrac{5\times4\times3\times2}{3\times2} = \mathbf{20}$

(b) ${}^4P_2 = \dfrac{4!}{(4-2)!} = \dfrac{4!}{2!} = \mathbf{12}$

문제 12. 다음에 대한 조합을 구하시오.
(a) 5개의 물건 중에서 2개를 선택하여 조합을 만드는 경우
(b) 4개의 물건 중에서 2개를 선택하여 조합을 만드는 경우

(a) ${}^5C_2 = \dfrac{5!}{2!(5-2)!} = \dfrac{5!}{2!3!} = \dfrac{5\times4\times3\times2\times1}{(2\times1)(3\times2\times1)} = \mathbf{10}$

(b) ${}^4C_2 = \dfrac{4!}{2!(4-2)!} = \dfrac{4!}{2!2!} = \mathbf{6}$

문제 13. 한 반에 24명의 학생이 있다. 그 중 4명을 뽑아 위원회를 구성하고자 한다. 위원회를 구성하는 방법은 몇 가지가 있는가?

가능한 조합의 수는

$${}^nC_r = \frac{n!}{r!(n-r!)}$$

i.e. $^{24}C_4 = \frac{24!}{4!(24-4)!} = \frac{24!}{4!20!} = \mathbf{10626}$

문제 14. 16명의 전체 선수 중에서 11명을 뽑는 방법은 몇 가지가 되는가?

방법의 수 $= {}^nC_r = {}^{16}C_{11}$

$$= \frac{16!}{11!(16-11)!} = \frac{16!}{11!5!} = \mathbf{4368}$$

연습 문제 229 순열과 조합

1. 다음에 대한 순열을 구하시오.
   (a) 15개의 물건 중에서 2개를 선택하여 순열을 만드는 경우
   (b) 9개의 물건 중에서 4개를 선택하여 순열을 만드는 경우
2. 다음에 대한 조합을 구하시오.
   (a) 12개의 물건 중에서 5개를 선택하여 조합을 만드는 경우
   (b) 6개의 물건 중에서 4개를 선택하여 순열을 만드는 경우
3. 10명의 전체 선수 중에서 6명을 뽑는 방법은 몇 가지가 되는가?
4. 하나의 물건이 들어갈 수 있는 박스가 15개 있다. 10개의 물건을 15개 박스에 넣을 수 있는 방법은 몇 가지인가?
5. 1에서 49사이의 숫자 6개를 뽑는 로또가 있다. 만약 서로 다른 숫자를 가진 10장을 구매했을 때 1등이 될 확률을 구하시오.

복습 테스트 16 통계적 데이터, 평균값, 중앙값, 최빈값, 표준편차와 확률의 표현

이 복습 테스트는 57장부터 59장에서 다룬 내용을 포함한다. 각 문제의 배점은 각 식의 마지막 괄호 안에 나타낸다.

1. 어떤 회사에서 다음과 같은 비율로 5개의 생산품을 생산하고 있다.

   Product A 24 Product B 16 Product C 15
   Product D 11 Product E 6

   이 자료를 (a) 수직막대차트, (b) 백분율로 구성된 막대차트, (c) 파이 다이어그램으로 표현하시오. (13)

2. 기계로 생산된 40개의 부품의 직경을 다음과 같이 측정하였다.

   1.39 1.36 1.38 1.31 1.33 1.40 1.28
   1.40 1.24 1.28 1.42 1.34 1.43 1.35
   1.36 1.36 1.35 1.45 1.29 1.39 1.38
   1.38 1.35 1.42 1.30 1.26 1.37 1.33
   1.37 1.34 1.34 1.32 1.33 1.30 1.38
   1.41 1.35 1.38 1.27 1.37

   (a) 8개의 계급으로 나누어 도수분포와 누적도수분포를 구하시오.
   (b) 위의 자료를 토대로 히스토그램, 도수 다각형, 누적도수분포도를 만드시오. (21)

3. 10개의 길이를 측정하니 다음과 같았을 때 a, b, c를 구하시오.

   28 m, 20 m, 32 m, 44 m, 28 m, 30 m, 30 m, 26 m, 28 m, 34 m

   (a) 산술 평균
   (b) 중앙값
   (c) 표준편차 (10)

4. 100명의 키를 측정하였더니 cm 단위로 다음과 같은 결과가 나왔다.

   150~157 cm 5 158~165 cm 18
   166~173 cm 42 174~181 cm 27
   182~189 cm 8

   (a) 평균 키를 구하시오.
   (b) 표준편차를 구하시오. (12)

5. 다음에 나타난 자료에 대한 누적도수분포도를 그리고, 중앙값 및 첫 번째와 세 번째 사분위값을 구하시오.

Class intervals (mm)	Frequency	Cumulative frequency
1.24–1.26	2	2
1.27–1.29	4	6
1.30–1.32	4	10
1.33–1.35	10	20
1.36–1.38	11	31
1.39–1.41	5	36
1.42–1.44	3	39
1.45–1.47	1	40

(10)

6. 다음의 각 경우에 대한 확률을 구하시오.
   (a) 6개의 검은 공과 14개의 흰 공이 있는 가방에서 흰 공을 꺼낼 확률
   (b) 총 480장이 팔린 복권 중에 6장을 산 사람이 1등을 할 확률
   (c) 12명의 소년과 28명의 소녀가 있을 때 임의로 한 명을 뽑을 때 여자가 될 확률
   (d) 총 800개의 복권이 발행되었을 때, 5개가 당첨된다고 가정했을 때 8장의 복권을 가진 사람이 당첨될 확률 (8)

7. 엔진이 고장이 났을 때, 원인별로 분석하니, 과열로 인한 고장이 날 확률 p_1, 점화계통에 고장이 날 확률 p_2, 연료장애로 고장이 날 확률 p_3이라 한다. $p_1 = 1/8$, $p_2 = 1/5$, $p_3 = 2/7$이라 할 때 다음의 확률을 구하시오.
   (a) 세 가지 고장이 모두 날 확률
   (b) 과열과 점화계통으로 인한 고장이 나고, 연료장애로 인한 고장은 안 날 확률
   (c) 점화계통에만 고장 날 확률
   (d) 과열로 고장이 나거나 점화계통에 고장이 나고, 연료장애로는 고장이 안 날 확률 (12)

8. 총 120개의 트랜지스터 중에 70개는 정상적으로 작동하고 37개는 증폭 이득이 정상치보다 높고, 나머지는 정상치보다 낮게 나온다. 120개의 트랜지스터 중 2개를 순서대로 선택할 때 다음 경우에 대하여 복원 추출과 비복원 추출에 대하여 확률을 구하시오.
   (a) 둘 다 정상적인 트랜지스터
   (b) 증폭 이득이 낮은 트랜지스터가 없는 경우
   (c) 하나는 높고 다른 하나는 정상적인 경우
   (d) 하나는 낮고 정상적인 트랜지스터가 없는 경우
   (14)

Chapter 60

이항 및 푸아송 분포

이항과 푸아송 분포를 이해하는 것이 왜 중요한가?

이항분포는 두 가지 조건 모두가 충족될 때만 사용된다. 시험은 두 개의 가능한 결과를 가지고 있으며, 표본은 무작위적이어야 한다. 만약 이 두 가지 조건이 만족되면 이 분포는 원하는 결과에 대한 확률을 예측하는 데 사용할 수 있다. 예를 들면 이항분포는 시험 중인 새로운 약물이 질병의 증상을 완화시키는 데 기여하는지 그렇지 않은지를 결정하는 데 사용될 수 있다. 이항분포의 일반적인 응용은 과학과 공학, 군사 및 의료 분야, 품질 보증, 유전학, 그리고 실험설계까지 포함하고 있다.

푸아송 분포는 여러 응용이 있지만 본질적으로 이항분포에서 파생되어 제한하는 경우이다. 성공한 총 수는 알 수 있지만 시도한 횟수는 모르는 상황에 가장 잘 적용할 수 있다. 샘플당 존재하는 암세포의 평균 예상치를 알고 있다면 임의의 주어진 샘플에서 세포양을 1.5배 발견할 확률을 계산하는 것이 요구되는 상황을 예로 들 수 있다. 이것은 푸아송 분포가 사용되는 예이다. 푸아송 분포는 교통흐름, 전선의 결함예측, 무작위로 발생하는 사고의 예측, 그리고 신뢰성공학 등에 광범위하게 응용되고 있다.

이 장에서는 다음 사항에 대해 공부한다.

- 이항분포의 정의
- 이항분포의 사용
- 산업용 검사에 이항분포의 적용
- 확률 히스토그램을 그림
- 푸아송 분포 정의
- 실제 상황에 푸아송 분포의 적용

60.1 이항분포

이항분포는 사건이 일어날 확률 p와 일어나지 않을 확률 q의 단지 두 숫자를 다룬다. 동전이 던져졌을 때 앞면이 나올 확률이 p라면 뒷면이 나올 확률은 q이다. $p+q$는 항상 1이 되어야 한다. 이항분포는 동전을 7회 던져 앞면이 3회 나올 확률을 구하거나, 공장에서 표본추출 결과로서 불량률을 정하기 위하여 사용할 수 있다. 이항분포를 정의하는 한 방법은 다음과 같다.

만약 p가 어떤 사건이 일어날 확률이라면 q는 사건이 일어나지 않을 확률이다. n번의 시도에서 사건이 0, 1, 2, ..., n번 일어날 확률은 $(p+q)^n$의 연속적인 전개 항으로 주어진다. $(p+q)^n$의 이항전개는 7장으로부터 다음과 같이 표현된다.

$$q^n + nq^{n-1}p + \frac{n(n-1)}{2!}q^{n-2}p^2 + \frac{n(n-1)(n-2)}{3!}q^{n-3}p^3 + \cdots$$

문제 1과 2는 이항분포의 개념이 적용된다.

문제 1. 4명의 아이를 가진 한 가족에 (a) 적어도 1명의 여자아이, 그리고 (b) 적어도 1명의 여자아이와 1명의 남자아이를 가질 확률을 각각 계산하시오. 단, 남자와 여자가 태어날 확률을 동일하다고 가정한다.

여자아이가 태어날 확률 p는 0.5이고 여자아이가 태어나지 않을 확률 (남자탄생) p는 0.5이다. 가족 안에서 아이들의 수 n은 4이다. 여자아이가 0, 1, 2, 3, 4일 확률은 연속 항 전개에 의해 다음과 같이 왼쪽 항에서 오른쪽 항으로 차례로 주어진다.

$$(q+p)^4 = q^4 + 4q^3p + 6q^2p^2 + 4qp^3 + p^4$$

그러므로 여자아이가 없을 확률은 q^4이므로

$$0.5^4 = 0.0625$$

여자아이가 1명일 확률은 $4q^3p$이므로

$$4 \times 0.5^3 \times 0.5 = 0.2500$$

여자아이가 2명일 확률은 $6q^2p^2$이므로

$$6 \times 0.5^2 \times 0.5^2 = 0.3750$$

여자아이가 3명일 확률은 $4qp^3$이므로

$$4 \times 0.5 \times 0.5^3 = 0.2500$$

여자아이가 4명일 확률은 q^4이므로

$$0.5^4 = 0.0625$$

전체 확률, $(q+p)^4 = 1.0000$

(a) 적어도 1명의 여자아이를 가질 확률은 여자아이가 1, 2, 3, 4일 확률의 합이므로

$$0.2500 + 0.3750 + 0.2500 + 0.0625 = \mathbf{0.9375}$$

다른 방법으로 적어도 1명의 여자아이를 가질 확률은 1 − (여자아이를 가지지 않을 확률)이므로 1 − 0.0625 = 0.9375가 얻어지며 동일한 결과임을 알 수 있다.

(b) 적어도 1명의 여자아이와 1명의 남자아이를 가질 확률은 여자아이 1명과 남자아이 3명, 여자아이 2명과 남자아이 2명 또는 여자아이 3명과 남자아이 1명을 가질 확률의 합이므로

$$0.2500 + 0.3750 + 0.2500 = \mathbf{0.8750}$$

다른 방법으로 이것은 1 − (여자아이가 없을 확률 + 남자아이가 없을 확률)이 되므로 1 − 2 × 0.0625 = **0.8750**이며 앞선 계산 결과와 동일하다.

문제 2. 주사위를 9번 굴렸다. (a) 4가 3번 나올 확률과 (b) 4가 4번 미만으로 나올 확률을 구하시오.

4가 나올 확률을 p라 하면 주사위는 육면체이므로 $p = 1/6$이다. 4가 나오지 않을 확률을 q라 하면 $q = 5/6$이다. 0, 1, 2, ..., n번의 시도에서 4가 나올 확률은 $(q+p)^n$의 전개에 의한 연속 항으로 주어진다. 이항 전개로부터

$$(q+p)^9 = q^9 + 9q^8p + 36q^7p^2 + 84q^6p^3 + \cdots$$

4가 0번 나올 확률은

$$q^9 = (5/6)^9 = 0.1938$$

4가 1번 나올 확률은

$$9q^8p = 9(5/6)^8(1/6) = 0.3489$$

4가 2번 나올 확률은

$$36q^7p^2 = 36(5/6)^7(1/6)^2 = 0.2791$$

4가 3번 나올 확률은

$$84q^6p^3 = 84(5/6)^6(1/6)^3 = 0.1302$$

(a) 4가 3번 나올 확률은 **0.1302**이다.

(b) 4가 4번 미만으로 나올 확률은 4가 나오지 않을 확률과 한 번, 두 번, 세 번 나올 확률의 합이므로 0.1938 + 0.3489 + 0.2791 + 0.1302 = **0.9520**이다.

산업용 검사

산업용 검사에서 부품이 불량일 확률을 p, 양호할 확률을 q라 한다. 이 경우 이항분포는 다음과 같이 정의된다.

큰 부품통에서 임의로 추출한 n개의 표본에서 0, 1, 2, 3, ..., n개의 부품이 불량일 확률은 $(p+q)^n$을 전개한 일련의 항으로 주어진다.

이 정의는 다음의 문제 3과 4에 사용된다.

문제 3. 어떤 기계가 다수의 볼트를 자동으로 생산하고 있다. 이 상자에 있는 볼트의 95%는 직경 허용오차 범위 내에 있으며, 나머지는 허용오차 범위 밖에 있다. 상자에서 무작위로 추출한 7개의 볼트 중 (a) 2개 그리고 (b) 2개보다 많이 (즉, 3개 이상) 허용오차 범위를 벗어날 확률을 계산하시오.

볼트가 허용오차 범위를 벗어날 확률을 p, 허용오차 범위 안에 있을 확률을 q라 하면 p = 5% (0.05/개)이고 q = 95% (0.95/개)이다. 샘플이 7개이므로 불량볼트가 0, 1, 2, ..., n개일 확률은 $(q+p)^n$를 전개한 항으로 나타난다.

$$(q+p)^n = (0.95+0.05)^7$$
$$= 0.95^7 + 7 \times 0.95^6 \times 0.05$$
$$+ 21 \times 0.95^5 \times 0.05^2 + \cdots$$

불량볼트가 없을 확률은 $0.95^7 = 0.6983$
한 개의 볼트가 불량일 확률은 $7 \times 0.95^6 \times 0.05 = 0.2573$
두 개의 볼트가 불량일 확률은 $21 \times 0.95^5 \times 0.05^2 = 0.0406$

(a) 두 개의 볼트가 허용오차를 벗어날 확률은 0.0406이다.

(b) 두 개보다 많은 볼트가 불량일 확률을 계산하기 위해서, 불량 볼트가 3, 4, 5, 6, 7개 일 확률의 합을 구한다. 이 합을 찾기 위한 좀 더 쉬운 방법은 1 − (불량볼트가 0, 1, 2개일 경우의 확률의 합)이다. 그러므로 1 − (0.6983 + 0.2573 + 0.0406) = 0.0038이다.

문제 4. 소포 안에 50개의 유사한 구성품이 들어있다. 이중 4개가 배송도중 손상되었다. 무작위로 6개의 구성품을 끄집어냈을 때 이 표본 중 (a) 1개가 손상될 확률과 (b) 3개 미만으로 손상될 확률을 구하시오.

구성품이 손상될 확률 p는 50개 중 4개로 0.08/개이다. 손상되지 않았을 확률 q는 $1 - 0.08 = 0.92$이다. 구성품이 0, 1, 2, ..., 6개 손상될 확률은 $(q+p)^6$의 전개항으로 주어진다.

$$(q+p)^6 = q^6 + 6q^5p + 15q^4p^2 + 20q^3p^3 + \cdots$$

(a) 1개가 손상될 확률은

$$6q^5p = 6 \times 0.92^5 \times 0.08 = \mathbf{0.3164}$$

(b) 3개 미만으로 손상될 확률은 0, 1, 2개 손상될 확률의 합이다.

$$q^6 + 6q^5p + 15q^4p^2$$
$$= 0.92^6 + 6 \times 0.92^5 \times 0.08$$
$$+ 15 \times 0.92^4 \times 0.08^2$$
$$= 0.6064 + 0.3164 + 0.0688 = \mathbf{0.9916}$$

확률 히스토그램

이항분포의 항들은 문제 5와 같이 히스토그램으로 그려지는 그림으로 나타낼 수 있다.

문제 5. 3년 학업과정을 성공적으로 마치는 학생들의 확률은 0.45이다. 3년간의 학업을 성공적으로 마칠 학생이 0, 1, 2, ..., 10명일 확률을 보여주는 히스토그램을 그리시오.

3년 학업과정을 성공적으로 마칠 확률을 p라고 하고 그렇지 않을 확률을 q라고 두면 $p = 0.45$이고 $q = 0.55$이다. 학생 수 n은 10명이다. 학업을 성공적으로 마칠 학생이 0, 1, 2, ..., 10명일 확률은

$$(q+p)^{10} = q^{10} + 10q^9p + 45q^8p^2 + 120q^7p^3$$
$$+ 210q^6p^4 + 252q^5p^5 + 210q^4p^6$$
$$+ 120q^3p^7 + 45q^2p^8 + 10qp^9 + p^{10}$$

이 전개 항에 $q = 0.55$와 $p = 0.45$를 대입하면 각 항의 값을 차례로 0.0025, 0.0207, 0.0763, 0.1665, 0.2384, 0.2340, 0.1596, 0.0746, 0.0229, 0.0042, 0.0003이다. 이 확률을 그린 히스토그램은 그림 60.1이다.

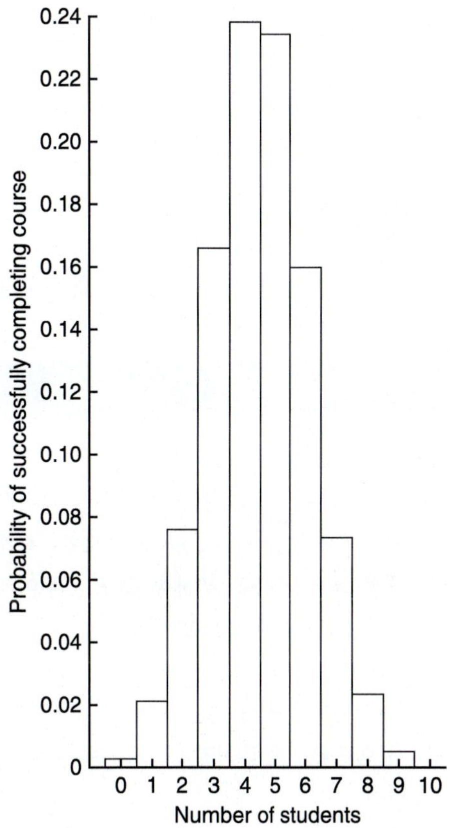

그림 60.1

✚ **이제 다음의 예제들을 풀어보시오.**

연습 문제 230 이항분포

1. 콘크리트 블록을 시험하고 있는데 평균 4%가 요구명세를 만족하지 못하고 있다. 9개 블록에 대하여 (a) 3개 그리고 (b) 4개 미만의 블록이 요구명세를 충족시키지 못할 확률을 구하시오.
2. 문제 1에서 만약 블록의 실패율이 15%로 올라간다면 9개의 블록에서 (a) 실패한 블록이 없을 경우와 (b) 실패 블록이 2개를 초과할 확률을 구하시오.

3. 회사에 결근하는 근로자의 평균비율이 매일 4% 정도이다. 회사의 사무실에 7명의 근로자가 있다면 (a) 결근자가 없을 경우와 (b) 어느 특정한 날 3명의 근로자가 결근할 확률을 구하시오.
4. 한 제조업자는 출고 생산품에서 4%가 결함이 있다고 추정하고 있다. 10개 품목의 샘플에서 (a) 결함이 2개 미만일 확률과 (b) 결함이 2개를 초과할 확률을 구하시오.
5. 다섯 개의 동전을 동시에 던졌다. 앞면이 0, 1, 2, 3, 4, 5번 나올 확률을 구하고 그 결과를 히스토그램으로 그리시오.
6. 특정 기간 동안 비가 올 확률이 2/5라면 일주일에 비 내리는 날이 0, 1, 2, 3, 4, 5, 6, 7일 경우의 확률을 구하시오. 그 결과를 히스토그램으로 그리시오.
7. 어느 자동화 기계에서 생산되는 부품의 10%가 허용오차 범위를 벗어난다고 한다. 이 장치에서 생산된 10개의 부품에서 3개가 이항분포 가정에 필요한 허용오차를 벗어나는 확률을 구하시오.

* 시몬 데니스 푸아송은 누구인가? **Siméon Denis Poisson** (1782년 6월 21일–1840년 4월 25일)은 프랑스의 수학자, 기하학자이며 물리학자였다. 전기와 자기이론에 대한 그의 업적은 수리물리학분야에 새로운 지평을 열었고, 천체역학분야의 연구에서는 행성 궤도의 안정성을 논하였다. 더 자세한 내용을 원하면 **www.routledge.com/cw/bird**에서 찾을 수 있다.

60.2 푸아송 분포

이항분포에서 시도횟수 n이 커지면 (일반적으로 10보다 더 커지는 경우), 전개 항들의 값을 결정하는 계산은 힘들어진다. 만약 n이 크고 p가 작고 np 곱이 5보다 작다면 이항분포에 매우 좋은 근사는 **푸아송 분포**로 주어지며 계산이 훨씬 간단해진다. 이항분포의 푸아송 근사는 다음과 같이 정의된다.

n번 시도에서 어떤 사건이 0, 1, 2, 3, ..., n번 일어날 확률은 왼쪽에서 오른쪽으로 주어진 다음의 연속적인 전개 항으로 나타난다.

$$e^{-\lambda}\left(1+\lambda+\frac{\lambda^2}{2!}+\frac{\lambda^3}{3!}+\cdots\right)$$

여기서 λ는 사건이 일어날 기대치이며 np의 곱과 동일한 값이다.

문제 6. 어느 회사에서 생산되는 톱니바퀴의 3%가 불량이라면 80개의 표본에서 (a) 불량이 2개일 확률과 (b) 불량이 2개를 초과할 확률을 구하시오.

샘플 수 n이 크고, 톱니바퀴의 불량 확률 p가 작고, $np = 80 \times 0.03 = 2.4$로 5보다 작다. 그러므로 이항분포에 대한 푸아송 근사를 사용할 수 있다. 불량 톱니바퀴의 기대치 $\lambda = np = 2.4$이다. 불량 톱니바퀴가 0, 1, 2, ...가 나올 확률은 $e^{-\lambda}\left(1+\lambda+\frac{\lambda^2}{2!}+\frac{\lambda^3}{3!}+\cdots\right)$의 전개항으로 주어지므로 왼쪽부터 차례로 $e^{-\lambda}, \lambda e^{-\lambda}, \frac{\lambda^2 e^{-\lambda}}{2!}, \ldots$이다.

따라서 불량 톱니바퀴가 없을 확률은

$$e^{-\lambda} = e^{-2.4} = 0.0907$$

불량 톱니바퀴가 1개일 확률은

$$\lambda e^{-\lambda} = 2.4e^{-2.4} = 0.2177$$

불량 톱니바퀴가 2개일 확률은

$$\frac{\lambda^2 e^{-\lambda}}{2!} = \frac{2.4^2 e^{-2.4}}{2 \times 1} = 0.2613$$

(a) 2개의 톱니바퀴가 불량일 확률은 **0.2613**이다.

(b) 3개 이상 불량 톱니바퀴가 나올 확률은 1 − (불량이 0, 1, 2개 나올 확률의 합)이므로

$1 - (0.0907 + 0.2177 + 0.2613) = \mathbf{0.4303}$이다.

푸아송 분포는 원칙적으로 어떤 사건이 일어날 확률 p는 알고 있지만 사건이 일어나지 않을 확률 q는 모를 경우 이론적인 확률을 결정할 때 사용한다. 예를 들면 어느 축구팀의 매 경기당 얻은 골의 평균을 계산할 수는 있지만 득점하지 않은 골의 수를 정량화하는 것은 불가능하다. 이러한 유형의 문제에 있어서는 푸아송 분포를 다음과 같이 정의한다.

어떤 사건이 0, 1, 2, 3, ..., 회 일어날 확률은 다음과 같은 일련의 전개 항으로 주어진다.

$$e^{-\lambda}\left(1+\lambda+\frac{\lambda^2}{2!}+\frac{\lambda^3}{3!}+\cdots\right)$$

여기서 λ는 사건이 발생할 평균값이다.

문제 7. 어느 생산부서에는 35대의 유사한 밀링장치가 있다. 각 장치의 주당 평균 고장 횟수는 0.06이다. (a) 어느 한 주에 한 번 고장 날 확률과 (b) 고장이 3번 미만으로 일어날 확률을 구하시오.

고장이 일어날 평균발생률은 알고 있지만 고장이 발생하지 않을 횟수는 알지 못하므로 푸아송 분포를 사용해야 한다. 35대의 장치에서 고장이 발생할 기대치는 35 × 0.06이므로 주당 2.1회이다. 고장이 0, 1, 2, ... 회 일어날 확률은

$$e^{-\lambda}\left(1+\lambda+\frac{\lambda^2}{2!}+\frac{\lambda^3}{3!}+\cdots\right)$$

의 전개 항으로 주어지므로

고장이 발생하지 않을 확률은 $e^{-\lambda}=e^{-2.1}=0.1225$

고장이 한 번 발생할 확률은 $\lambda e^{-\lambda}=2.1e^{-2.1}=0.2572$

고장이 두 번 발생할 확률은 $\dfrac{\lambda^2 e^{-\lambda}}{2!}=\dfrac{2.1^2 e^{-2.1}}{2\times 1}=0.2700$

(a) 일 주일에 한 번 고장이 일어날 확률은 0.2572

(b) 일 주일에 세 번 미만 고장이 발생할 확률은 고장이 0, 1, 2회 발생할 확률의 합이므로

0.1225 + 0.2572 + 0.2700 = **0.6497**

확률의 히스토그램

푸아송 분포의 항들은 문제 8과 같이 히스토그램으로 표현되는 그림으로 나타낼 수 있다.

문제 8. 어떤 특정한 기간에 사고를 당하는 사람의 확률은 0.0003이다. 7500명의 사람이 이 기간 동안 사고를 당한 사람이 0, 1, 2, 4, 5, 6명일 확률을 히스토그램으로 보이시오.

0, 1, 2, ...명의 사람에게 사고가 발생할 확률은

$$e^{-\lambda}\left(1+\lambda+\frac{\lambda^2}{2!}+\frac{\lambda^3}{3!}+\cdots\right)$$

의 전개항으로 주어진다. 사건이 일어날 평균 기댓값 λ는 7500 × 0.0003 = 2.25이다.

사고를 당하는 사람이 없을 확률은 $e^{-\lambda}=e^{-2.25}=0.1054$

한 사람에게 사고가 일어날 확률은 $\lambda e^{-\lambda}=2.25e^{-2.25}=0.2371$

두 사람에게 사고가 일어날 확률은

$$\frac{\lambda^2 e^{-\lambda}}{2!}=\frac{2.25^2 e^{-2.25}}{2!}=0.2668$$

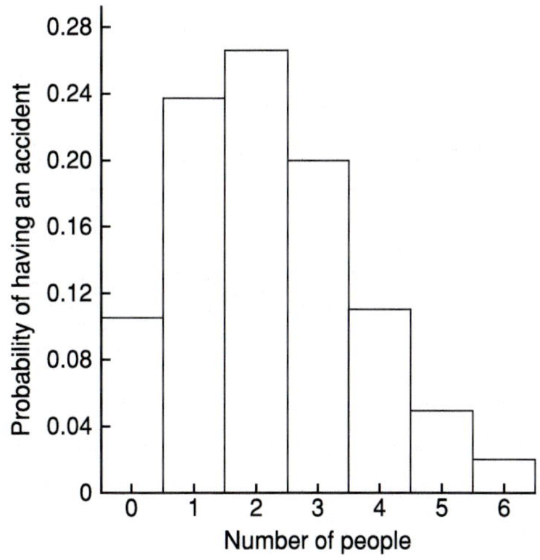

그림 60.2

이와 같은 방법으로 3, 4, 5, 6명의 사람에게 사고가 일어날 확률은 각각 0.2001, 0.1126, 0.0506, 0.0190이다. 이 확률에 대한 히스토그램은 그림 60.2와 같다.

+ 이제 다음의 예제들을 풀어보시오.

연습 문제 231 푸아송 분포

1. 연습 문제 230 문제 7에서 푸아송 분포를 이용하여 허용오차를 벗어나는 부품이 3개일 확률을 구하시오.
2. 근로자가 어떤 기간 안에 병원에 갈 확률은 0.0015이다. 만약 2000명의 근로자가 고용되어 있다면 이 기간 동안 병원에 갈 근로자가 2명을 초과할 확률을 푸아송 분포를 이용하여 구하시오.
3. 제품을 포장하면서 생산자는 20개 중 1개가 중량 미달임을 발견한다. (a) 72개의 포장 상자에서 2개가 중량 미달일 확률과 (b) 4개 미만이 중량 미달일 확률을 구하시오.
4. 생산자는 출고 부품의 0.25%가 불량이라고 추정하고 있다. 200묶음의 부품이 출하되었을 때 불량 부품이 3개 미만일 확률을 구하시오.
5. 어느 매장에서 특정 도구의 수요가 하루 평균 5번이며 이 수요는 푸아송 분포를 따른다. 이 도구의 수요가 발생할 때 활용될 수 있는 확률이 10%보다 크도록 하기 위해서는 이 도구를 얼마나 많이 매장에서 보관해야 하는가?
6. 특정 공작기계의 장애는 0.7의 평균값을 가지면서 푸아송 분포를 따른다. 일 주일에 0, 1, 2, 3, 4, 5회 장애가 발생할 확률을 구하고 결과를 히스토그램으로 나타내시오.

Chapter 61

정규분포

정규분포를 이해하는 것이 왜 중요한가?

정규분포는 키, 혈압 또는 기계에 의해 생산된 물건의 길이, 시험 점수, 측정오차 등과 같은 자연현상에서 일어나는 매우 중요한 통계적 데이터 분포 유형이다. 일반적으로 데이터가 모이면 이들이 특정 유형을 보일 것이라고 기대하는데 이것을 *정규분포*라 한다. 이것은 데이터가 매우 일반적인 방법으로 평균 주위에 고르게 분산하는 분포이며 히스토그램으로 그리면 *벨 곡선*이 생긴다. 정규분포는 모든 확률분포에서 가장 중요하며 모든 공학 과정에서 실질적인 문제에 직접 적용할 수 있다. 공학과 신뢰성에 정규분포의 두 가지 주요 적용이 있다. 한 가지는 기계장치와 같은 것에서 마모에 의한 장애가 나타나는 항목의 분석을 처리하는 것이다. 종종 마모 장애 분포는 정규화에 충분히 근접하므로 신뢰성을 예측하거나 평가하기 위한 이 분포의 사용은 유효하다. 또 다른 적용은 제조된 품목과 성능이 요구된 명세를 충족하는지 분석하는 데 있다. 같은 사양으로 만든 두 부분은 정확하게 같은 것은 아니다. 부품의 변화는 이 구성품으로 이루어진 시스템의 변화로 이어진다. 설계상에서 이러한 변경을 반영해 두어야 한다. 그렇지 않으면 시스템은 부품변화와 연관된 영향 때문에 요구명세를 충족시키지 못할 것이다.

이 장에서는 다음 사항에 대해 공부한다.

- 정규곡선의 인지
- 계산에 정규분포를 사용
- 확률 용지를 사용하여 정규분포 시험

61.1 정규분포 개요

데이터가 획득되면 그것은 많은 수로 이루어진 등급과 같은 큰 모집단으로부터 무작위 추출된 몇 개의 숫자와 같은 표본으로 고려될 수 있다. 만약 표본의 수가 큰 경우에, 매우 작은 수준의 간격을 선택하는 것이 이론적으로 가능하며 여전히 각 등급에 속하는 멤버의 번호를 가지고 있다. 이 데이터의 빈도 다각형은 많은 작은 선분으로 구성되며 연속적인 곡선으로 근사화할 수 있다. 이와 같은 곡선을 **빈도** 또는 **분포곡선**이라 한다.

매우 중요한 대칭 분포 곡선을 **정규분포곡선**이라 하고 그림 61.1과 같다. 이 곡선은 수학적 식으로 표현할 수 있으며 고급 통계에 수행된 많은 작업의 기초가 되었다. 사람들의 그룹에서 키나 몸무게, 특정 기계장치에서 생산된 부품의 크기와 그 부품들의 수명과 같은 많은 자연발생적인 것은 정규분포로 근사화된다.

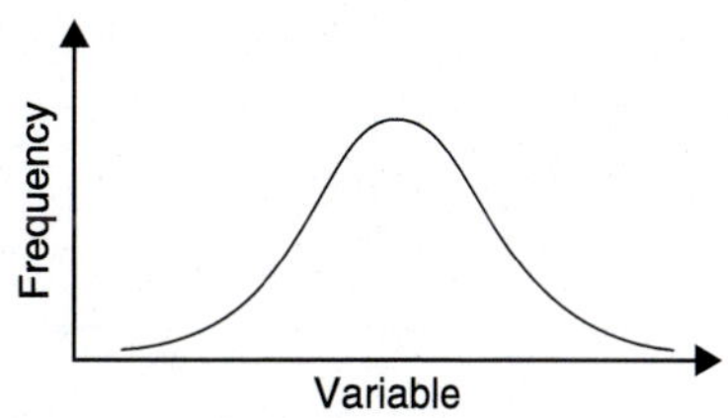

그림 61.1

정규분포곡선은 (a)다른 평균값, (b)다른 표준편차, (c)다른 값과 다른 단위를 가지는 변수, (d)곡선과 수평축 사이의 다른 면적을 가지는 네 가지 방법에 의해 서로 다를 수 있다. 정규분포곡선은 다음과 같이 표준화된다.

(a) 비 표준화된 곡선의 평균값을 원점으로 만들어 평균값 $\bar{x}$가 영이 되게 한다.

(b) 수평축은 표준편차로 축소된다. 이것은 $z=\dfrac{x-\bar{x}}{\sigma}$로 놓음으로써 수행된다. 여기서 z는 정규표준변량, x는 변수, $\bar{x}$는 평균값이고 σ는 표준편차이다.

(c) 정규곡선과 수평축 사이의 면적은 1(단위면적)에 해당한다.

정규분포곡선이 표준화되었을 때 정규곡선을 **표준화된 정규곡선** 또는 **정규확률곡선**이라 한다. 일반적인 분산 데이터는 동일한 정규확률곡선으로 표현할 수 있다. 정규확률곡선의 아래 부분 면적은 확률에 정비례한다. 그림 61.2에서 빗금 친 영역의 값은 다음 식으로 계산된다.

$$\int \frac{1}{\sqrt{(2\pi)}} e^{\left(\frac{z^2}{2}\right)} dz, \quad \text{여기서 } z = \frac{x-\bar{x}}{\sigma}$$

이 함수의 값을 반복적으로 정의하는 수고로움을 덜기 위하여 표준화된 정규곡선 아래 부분 영역의 면적을 표 61.1로 정리하여 제공하고 있으며 이 표는 많은 수학 공식에 활용된다.

문제 1. 어느 집단 500명의 평균키는 170 cm이고 표준편차는 9 cm이다. 키는 정규분포를 따른다고 가정했을 때 150 cm에서 195 cm 사이의 키를 가지는 사람의 수를 계산하시오.

평균값 $\bar{x}$는 170 cm이고 이는 정규 표준곡선 상에서 정규 표준변량 z의 0에 해당한다. 150 cm 키는 표준편차 $z=\dfrac{x-\bar{x}}{\sigma}$에 의해 $z=\dfrac{150-170}{9}=-2.22$인 표준편차를 가진다. 표준정규곡선 아래 부분면적을 알기 위하여 표 61.1을 이용하면 −2.22의 z 값은 평균값과 좌표 $z=-2.22$ 사이의 면적에 해당하는 0.4868임을 알 수 있다.

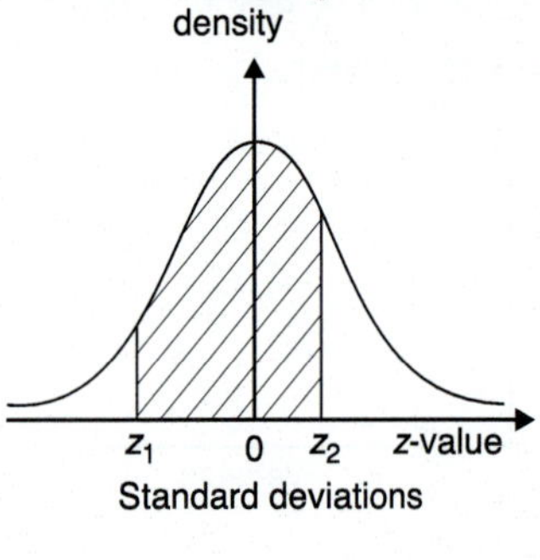

그림 61.2

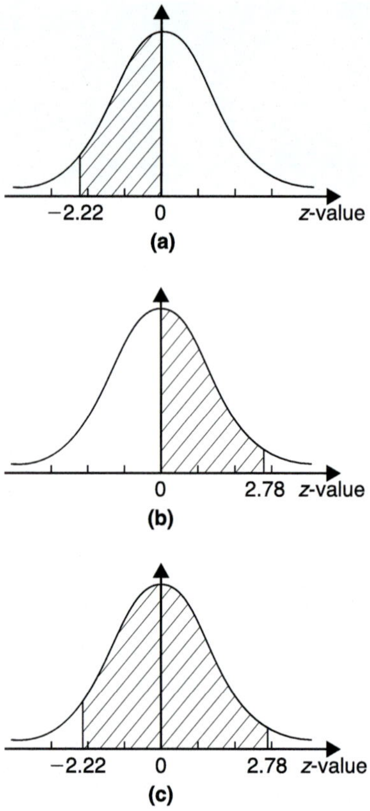

그림 61.3

이 영역은 그림 61.3 (a)의 빗금 친 부분이다. 동일한 방법으로 키 195 cm는 $z=\dfrac{195-170}{9}$로 계산된 표준편차 2.78을 가진다. 이 값에 대응하는 면적은 표 61.1로부터 0.4973이다. 그림 61.3 (a)와 (b)에서 빗금 친 전체 면적은 그림 61.3 (c)에서 보여주고 있으며 곡선 아래 전체 면적은 0.4868 + 0.4973 = 0.9841이다. 이 면적은 확률에 정비례하므로 어떤 사람이 150과 195 cm 사이의 키를 가질 확률은 0.9841이다. 500명의 그룹에 적용하면 500 × 0.9841로 계산되어 **492명의 사람이 이 범위에 속하는 키를 가진다고 할 수 있다**. 500 × 0.9841 = 492.05이지만 정규 확률분포에 기초한 답은 근사화될 수 있으므로 결과는 일반적으로 가장 가까운 정수로 주어진다.

문제 2. 문제 1에서 주어진 사람의 그룹에서 키가 165 cm 미만인 사람은 얼마인지 구하시오.

165 cm에 해당하는 표준편차는 $\dfrac{165-170}{9}=-0.56$이다. $z=0$과 $z=-0.56$ 사이의 면적은 표 61.1로부터 0.2123이고 그림 61.4 (a)의 빗금 친 영역이다. 표준 정규곡선의 총 면적은 1이며 곡선은 대칭이므로 좌표 $z=0$의 왼쪽 영역의 면적은 0.5000이다. 그러므로 좌표 $z=-0.56$의 왼쪽 영역은 면적은 0.5000 − 0.2123 = 0.2877이고 그림 61.4 (b)의 빗금 친 부분이다. 이 면적은 확률에 정비례하고 표준 정

표 61.1 표준 정규곡선 아래 부분 면적

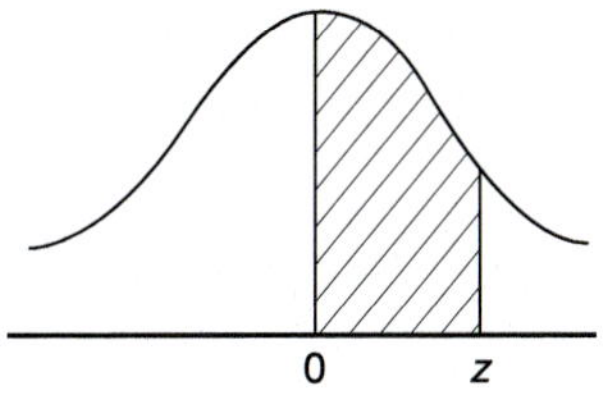

$z=\frac{x-\bar{x}}{\sigma}$	0	1	2	3	4	5	6	7	8	9
0.0	0.0000	0.0040	0.0080	0.0120	0.0159	0.0199	0.0239	0.0279	0.0319	0.0359
0.1	0.0398	0.0438	0.0478	0.0517	0.0557	0.0596	0.0636	0.0678	0.0714	0.0753
0.2	0.0793	0.0832	0.0871	0.0910	0.0948	0.0987	0.1026	0.1064	0.1103	0.1141
0.3	0.1179	0.1217	0.1255	0.1293	0.1331	0.1388	0.1406	0.1443	0.1480	0.1517
0.4	0.1554	0.1591	0.1628	0.1664	0.1700	0.1736	0.1772	0.1808	0.1844	0.1879
0.5	0.1915	0.1950	0.1985	0.2019	0.2054	0.2086	0.2123	0.2157	0.2190	0.2224
0.6	0.2257	0.2291	0.2324	0.2357	0.2389	0.2422	0.2454	0.2486	0.2517	0.2549
0.7	0.2580	0.2611	0.2642	0.2673	0.2704	0.2734	0.2760	0.2794	0.2823	0.2852
0.8	0.2881	0.2910	0.2939	0.2967	0.2995	0.3023	0.3051	0.3078	0.3106	0.3133
0.9	0.3159	0.3186	0.3212	0.3238	0.3264	0.3289	0.3315	0.3340	0.3365	0.3389
1.0	0.3413	0.3438	0.3451	0.3485	0.3508	0.3531	0.3554	0.3577	0.3599	0.3621
1.1	0.3643	0.3665	0.3686	0.3708	0.3729	0.3749	0.3770	0.3790	0.3810	0.3830
1.2	0.3849	0.3869	0.3888	0.3907	0.3925	0.3944	0.3962	0.3980	0.3997	0.4015
1.3	0.4032	0.4049	0.4066	0.4082	0.4099	0.4115	0.4131	0.4147	0.4162	0.4177
1.4	0.4192	0.4207	0.4222	0.4236	0.4251	0.4265	0.4279	0.4292	0.4306	0.4319
1.5	0.4332	0.4345	0.4357	0.4370	0.4382	0.4394	0.4406	0.4418	0.4430	0.4441
1.6	0.4452	0.4463	0.4474	0.4484	0.4495	0.4505	0.4515	0.4525	0.4535	0.4545
1.7	0.4554	0.4564	0.4573	0.4582	0.4591	0.4599	0.4608	0.4616	0.4625	0.4633
1.8	0.4641	0.4649	0.4656	0.4664	0.4671	0.4678	0.4686	0.4693	0.4699	0.4706
1.9	0.4713	0.4719	0.4726	0.4732	0.4738	0.4744	0.4750	0.4756	0.4762	0.4767
2.0	0.4772	0.4778	0.4783	0.4785	0.4793	0.4798	0.4803	0.4808	0.4812	0.4817
2.1	0.4821	0.4826	0.4830	0.4834	0.4838	0.4842	0.4846	0.4850	0.4854	0.4857
2.2	0.4861	0.4864	0.4868	0.4871	0.4875	0.4878	0.4881	0.4884	0.4887	0.4890
2.3	0.4893	0.4896	0.4898	0.4901	0.4904	0.4906	0.4909	0.4911	0.4913	0.4916
2.4	0.4918	0.4920	0.4922	0.4925	0.4927	0.4929	0.4931	0.4932	0.4934	0.4936
2.5	0.4938	0.4940	0.4941	0.4943	0.4945	0.4946	0.4948	0.4949	0.4951	0.4952
2.6	0.4953	0.4955	0.4956	0.4957	0.4959	0.4960	0.4961	0.4962	0.4963	0.4964
2.7	0.4965	0.4966	0.4967	0.4968	0.4969	0.4970	0.4971	0.4972	0.4973	0.4974
2.8	0.4974	0.4975	0.4976	0.4977	0.4977	0.4978	0.4979	0.4980	0.4980	0.4981
2.9	0.4981	0.4982	0.4982	0.4983	0.4984	0.4984	0.4985	0.4985	0.4986	0.4986
3.0	0.4987	0.4987	0.4987	0.4988	0.4988	0.4989	0.4989	0.4989	0.4990	0.4990
3.1	0.4990	0.4991	0.4991	0.4991	0.4992	0.4992	0.4992	0.4992	0.4993	0.4993
3.2	0.4993	0.4993	0.4994	0.4994	0.4994	0.4994	0.4994	0.4995	0.4995	0.4995
3.3	0.4995	0.4995	0.4995	0.4996	0.4996	0.4996	0.4996	0.4996	0.4996	0.4997
3.4	0.4997	0.4997	0.4997	0.4997	0.4997	0.4997	0.4997	0.4997	0.4997	0.4998
3.5	0.4998	0.4998	0.4998	0.4998	0.4998	0.4998	0.4998	0.4998	0.4998	0.4998
3.6	0.4998	0.4998	0.4999	0.4999	0.4999	0.4999	0.4999	0.4999	0.4999	0.4999
3.7	0.4999	0.4999	0.4999	0.4999	0.4999	0.4999	0.4999	0.4999	0.4999	0.4999
3.8	0.4999	0.4999	0.4999	0.4999	0.4999	0.4999	0.4999	0.4999	0.4999	0.4999
3.9	0.5000	0.5000	0.5000	0.5000	0.5000	0.5000	0.5000	0.5000	0.5000	0.5000

규곡선 아래 면적은 1이므로 165 cm보다 작은 키를 가질 확률은 0.2877이다. 500명의 단체에 대하여 500×0.2877로부터 **144명의 사람이 165 cm 미만의 키를 가질 것이다.**

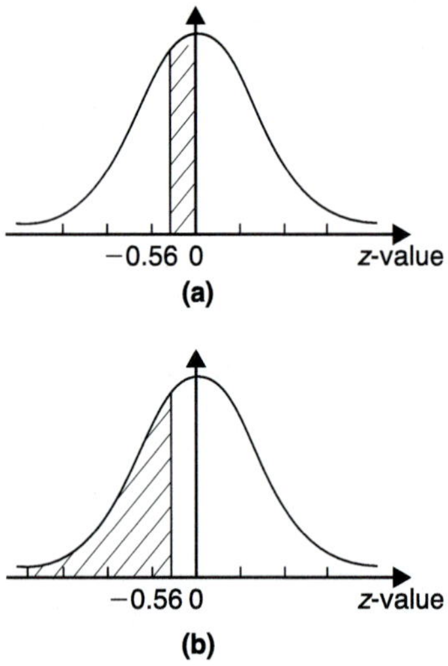

그림 61.4

문제 3. 문제 1에 주어진 그룹의 사람에 대하여 194 cm 보다 큰 키를 가지는 사람들은 얼마나 많은지 구하시오.

194 cm는 $\frac{194-170}{9}$의 z 값에 해당하므로 표준편차 2.67이다. 표 61.1로부터 $z = 0$, $z = 2.67$과 표준 정규곡선 사이의 면적은 0.4962임을 알 수 있다. 표준 정규곡선은 대칭이므로 좌표 $z = 0$의 오른편 총 면적은 0.5이다. 그러므로 그림 61.5 (b)의 빗금 친 영역은 $0.5000 - 0.4962 = 0.0038$이다. 이 면적은 194 cm 보다 키가 클 확률을 나타낸다. 500명의 사람에 대하여 계산하면 $0.0038 \times 500 = 1.9$이므로 **2명**이 된다.

문제 4. 1500개의 레몬에이드 병 묶음에서 내용물의 평균 용량은 753 ml이고 표준편차는 1.8 ml이다. 만약 내용물의 용량이 정규분포를 따른다면 다음을 구하시오.

(a) 내용물이 750 ml 보다 작은 병의 수
(b) 751과 754 ml 사이의 용량을 가지는 병의 수
(c) 757 ml 보다 더 많은 양이 들어 있는 병의 수
(d) 750과 751 ml 사이의 용량을 가지는 병의 수

(a) 750 ml에 해당하는 z 값은 $\frac{x-\bar{x}}{\sigma}$로 주어지므로 $\frac{750-753}{1.8}$이며 표준편차 −1.67이 된다. 표 61.1로부터 $z = 0$과 $z = -1.67$ 사이 면적은 0.4525이다. 좌표 $z = -1.67$의 왼쪽 영역은 $0.5000 - 0.4525 = 0.0475$이다. **750 ml 보다 작은 용량**을 가질 병의 확률이다. 1500개의 병에 대하여 1500×0.0475이므로 **71병이 된다.**

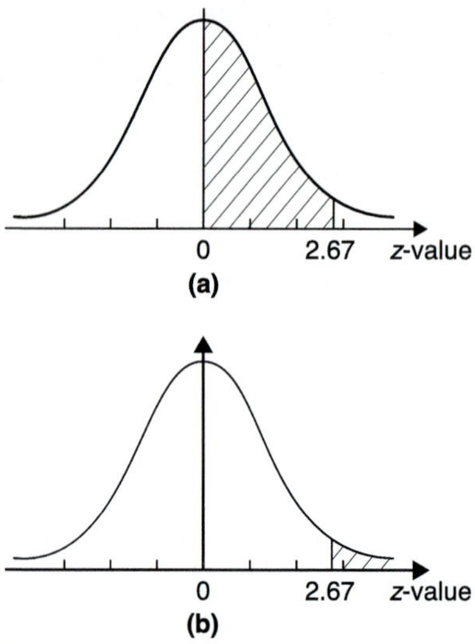

그림 61.5

(b) 751과 754 ml에 해당하는 z 값은 $\frac{751-753}{1.8}$과 $\frac{754-753}{1.8}$로 각각 −1.11과 0.56이다. 표 61.1로부터 이 값에 대응하는 면적은 각각 0.3665와 0.2123이다. 751과 754 ml 사이의 용량을 가질 병의 확률은 $0.3665 + 0.2123 = 0.5788$이다. 1500개의 병에서는 1500×0.5788이므로 **868개의 병이 751과 754 ml 사이의 내용물을 가질 것이다.**

(c) 757 ml에 대응하는 z 값은 $\frac{757-753}{1.8}$이므로 2.22의 표준편차를 가진다. 표 61.1로부터 2.22의 z 값에 해당하는 면적은 0.4868이다. 좌표 $z = 2.22$의 오른쪽 면적은 $0.5000 - 0.4868 = 0.0132$이다. 1500개의 병에서는 1500×0.0132이므로 **20개의 병이 757 ml 보다 많은 양을 가질 것이다.**

(d) 750 ml에 대응하는 z 값은 −1.67이고 751 ml에 대해서는 −1.11이다. 이 z 값에 대응하는 면적은 각각 0.4525와 0.3665이고 좌표 $z = 0$의 왼편에 놓여있다. $z = -1.67$과 −1.11 사이의 면적은 $0.4525 - 0.3665 = 0.0860$이고 750 ml와 751 ml 사이의 용량을 가진 병의 확률이다. 1500개의 병에 대하여 1500×0.086이므로 **129개의 병이 이 범위 내에 들 것이다.**

+ **이제 다음의 예제들을 풀어보시오.**

연습 문제 232 정규분포 개요

1. 어느 부품의 직경이 69 mm 보다 작다면 불량으로 분류된다. 350개의 부품 묶음에 대해서 평균 직경은 75 mm이고 표준편차는 2.8 mm이다. 직경이 정규분포를 따른다면 얼마나 많은 불량 부품이 포함되어 있는지 계산하시오.
2. 어느 집단 800명의 평균 체중은 64.7 kg이고 표준편차는 5.4 kg으로 정규분포를 보인다. 54.4 kg 보다 적은 체중을 가지는 사람은 얼마인가?
3. 500개 페인트 통에는 평균 1010 ml의 내용물을 가지고 있으며 표준편차는 8.7 ml이다. 내용물의 양이 정규분포를 따른다면 (a) 1025 ml, (b) 1000 ml, (c) 995 ml 보다 적은 양을 가질 깡통의 수를 계산하시오.
4. 문제 1의 350개 부품에 대하여 직경이 81.5 mm 보다 클 경우 납품이 거절된다면 과다크기로 거부될 부품의 수 (가장 가까운 정수)를 구하시오.
5. 문제 2의 800명에 대하여 (a) 70 kg, (b) 62 kg 보다 많은 체중을 가질 사람의 수를 계산하시오.
6. 드릴장치 날에 의해서 만들어진 구멍의 평균 직경은 4.05 mm이고 직경의 표준편차는 0.0028 mm 이다. 직경이 정규분포를 따른다면 이 장치를 사용하여 뚫은 20개의 구멍에서 직경이 (a) 4.048과 4.0553 mm 사이, (b) 4.052와 4.056 mm 사이에 있을 개수 (가장 가까운 정수)를 구하시오.
7. 400명 어린이의 지능지수 평균은 100이며 표준편차는 14이다. 지능지수가 정규분포를 따른다고 가정하면 (a) 80~90 (b) 90~110 (c) 110~130 사이의 지능지수를 가질 학생 수를 구하시오.
8. 제조업자에 의해서 생산된 알약에 포함된 활성물질의 평균 질량은 5.00 g이며 표준편차는 0.036 g이다. 100개의 알약이 든 병에서 알약 한 개가 포함하는 질량이 (a) 4.88~4.92 g (b) 4.92~5.04 g (c) 5.04 g보다 많은 경우에 대한 알약의 개수를 구하시오.

61.2 정규분포에 대한 시험

데이터가 연속이므로 자동적으로 정규분포를 따라야 한다는 가정을 하지 말아야 한다. 데이터가 정규분포를 따른다는 것을 확인하는 방법은 **정규 확률 용지**를 사용하는 것이다. 이것은 특수 그래프용지로 그림 61.6과 61.7과 같이 한 축은 선형 표시지만 다른 축은 0.01에서 99.99까지 백분율 확률값을 가진다. 확률 축 상의 구획은 비율 누적 빈도값이 상위 등급 경계값에 대해 그려졌을 때 정규분포 데이터에 대한 결과로서 직선 그래프로 주어지게 하는 것이다. 만약 점들이 받아들일 만한 정도의 직선상에 놓이지 않는다면 그 데이터는 정규분포가 아니다. 정규분포임을 확인하는 이 방법은 문제 5와 6에 있다. 정규분포 데이터의 평균값과 표준편차는 정규 확률 용지를 사용하여 결정할 수 있다. 정규분포 데이터에 대하여 표준 정규분포 곡선과 z 값 1(표준편차가 1)의 아래 면적은 표 61.1로부터 구해진다. 표준편차 1에 대하여 이 면적은 0.3413(34.13%)이다. ±1 표준편차 영역은 $z = 0$에 대해 좌우 대칭이므로 50% 비율 누적 빈도값이 양쪽에 대칭적으로 위치한다. 그러므로 ±1 표준편차에 해당하는 영역은 비율누적 빈도가 (50 + 34.13)%부터 (50 − 34.13)%까지의 범위로, 즉 84.13%부터 15.87%까지 확장된다. 정규 확률 용지를 사용하면 정규분포의 표준편차는 다음과 같다.

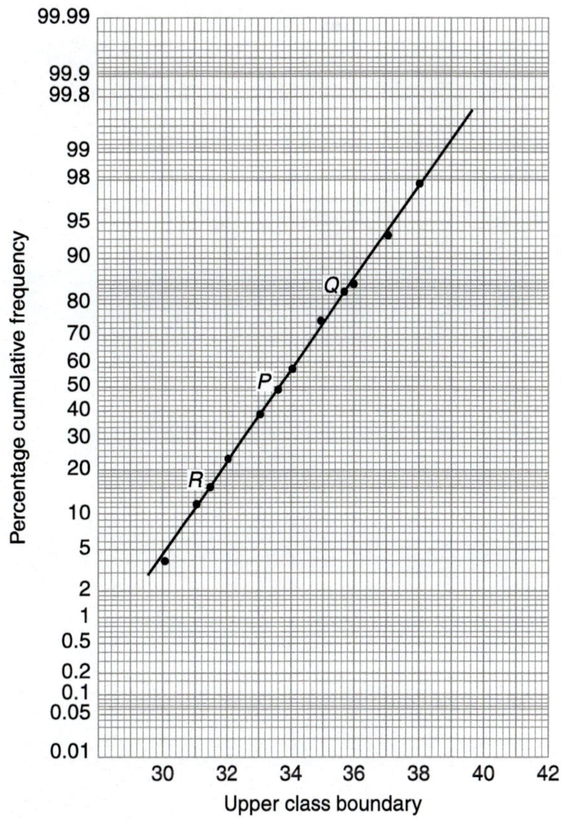

그림 61.6

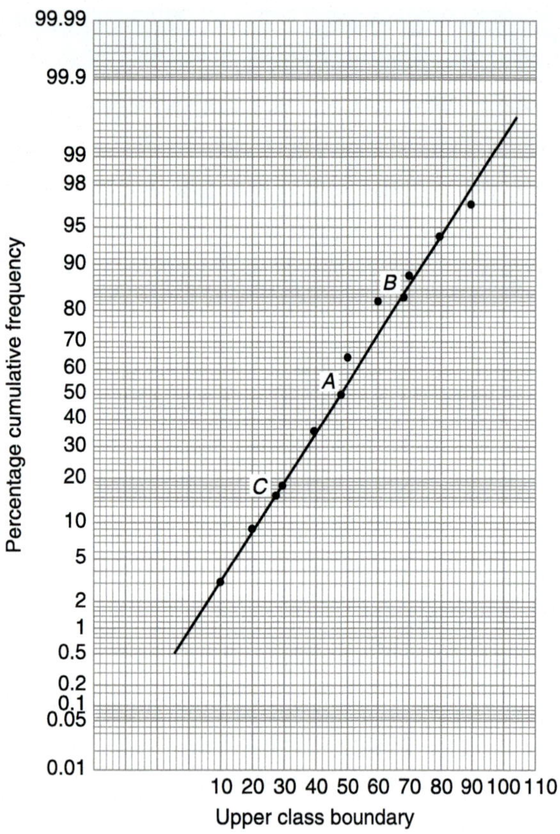

그림 61.7

$$\frac{\begin{pmatrix}\text{84\% 누적빈도에 대한 변수값 −} \\ \text{16\% 누적빈도에 대한 변수값}\end{pmatrix}}{2}$$

문제 5. 50개의 구리 주괴 질량에 대하여 아래와 같이 주어진 데이터가 근사적으로 정규분포를 따르는지 판별하기 위하여 정규 확률 용지를 사용하시오. 만약 데이터가 정규분포를 따른다면 그려진 그래프로부터 데이터의 평균과 표준편차를 구하시오.

종류별 중간값 (kg)	빈도
29.5	2
30.5	4
31.5	6
32.5	8
33.5	9
34.5	8
35.5	6
36.5	4
37.5	2
38.5	1

정규분포를 판단하기 위하여 상위 등급 경계에 대한 비율 누적 빈도값을 정규 확률 용지에 그려 놓았다. 상위 등급 경계값은 30, 31, 32, ..., 38, 39이다. 이 경계값 미만에 대하여 그에 대응하는 누적 빈도는 2, (4 + 2) = 6, (6 + 4 = 2) = 12, 20, 29, 37, 43, 47, 49, 50이다. 상응하는 비율 누적 빈도값은 $\frac{2}{50} \times 100 = 4$, $\frac{6}{50} \times 100 = 12$, 24, 40, 58, 74, 86, 94, 98, 100%이다. 상위 등급 경계에 대한 비율 누적 빈도값의 좌표는 그림 61.6에 보여진 것과 같이 그려진다. 이 값들을 그릴 때 100% 누적 빈도값에 대한 좌표는 그릴 수 없다는 것을 항상 발견할 것인데 그 이유는 확률에서 최댓값은 99.99이기 때문이다. **그림 61.6에 그려진 점들은 거의 직선상에 놓이기 때문에 데이터는 근사적으로 정규화 분포이다.**

평균값과 표준편차는 그림 61.6으로부터 결정할 수 있다. 정규분포 곡선이 대칭이므로 평균값은 그래프 상에 P점으로 표시된 것과 같이 50% 누적 빈도값에 가변적으로 대응하는 값이다. 여기서는 **33.6 kg의 평균값**을 보인다. 표준편차는 누적 빈도의 84%와 16%로 결정되는데 그림 61.6의 점 Q와 R로 보여진다. Q와 R에 대한 변수값은 각각 35.7과 31.4이다. 그러므로 두 표준편차는 35.7 − 31.4 = 4.3에 해당되며 정규분포의 **표준편차**는 $\frac{4.3}{2} = \mathbf{2.15}$로 주어진다.

정규분포의 평균값과 표준편차는 다음 식으로 계산된다.

$$\text{평균, } \bar{x} = \frac{(\sum fx)}{(\sum f)}$$

$$\text{표준편차, } \sigma = \sqrt{\left\{\frac{(\sum[f(x-\bar{x})^2])}{(\sum f)}\right\}}$$

여기서 f는 등급의 빈도이며 x는 등급의 중간값이다. 위 공식을 이용하면 정규분포의 평균값 33.6과 표준편차 2.12를 얻는다. 평균값과 표준편차를 구하는 데 그래프적 방법을 사용하는 것도 꽤 현실적인 결과를 가져다준다.

문제 6. 정규분포 확률 용지를 이용하여 아래에 주어진 데이터가 정규분포인지 판별하시오. 평균과 표준편차의 근사치를 구하기 위하여 그래프를 이용하고 정규분포 때문인지 아닌지 추정하시오.

등급의 중간값	빈도수
5	1
15	2
25	3
35	6

등급의 중간값	빈도수
45	9
55	6
65	2
75	2
85	1
95	1

정규분포를 확인하기 위하여 등급의 상위 경계에 대한 비율 누적 빈도를 정규분포 확률 용지에 그렸다. 등급의 상위 경계값은 10, 20, 30, ..., 90, 100이다. 대응하는 누적빈도는 1, $1+2=3$, $1+2+3=6$, 12, 21, 27, 29, 31, 32, 33이다. 비율 누적 빈도값은 $\frac{1}{33}\times 100=3$, $\frac{3}{33}\times 100=$ 9, 18, 36, 64, 82, 88, 94, 97, 100이다. 등급의 상위 경계값에 대한 비율 누적 빈도값의 좌표는 그림 61.7로 그려진다. 비록 6개의 점이 근사적으로 일직선 상에 놓여있긴 하지만 등급의 상위 경계값 50, 60, 70에 대응하는 세 개의 점은 직선에 근접해 있지 않으므로 이 **분포가 정규분포가 아님을 보여준다**. 그러나 정규분포라고 가정했을 때 평균값은 누적빈도 50%의 변수에 해당하므로 점 A의 **48**이다. 표준편차는 누적빈도의 84%와 16%에 해당하는 점 B와 C이므로 $2\sigma=69-28$이고 표준편차 $\sigma=\mathbf{20.5}$이다. 정규분포의 평균과 표준편차의 계산된 값은 각각 45.9와 19.4이다. 이것은 평균과 표준편차를 결정하기 위한 그래프적인 방법을 비 정규분포의 데이터에 적용할 경우 오차가 발생함을 보여준다.

+ 이제 다음의 예제들을 풀어보시오.

연습 문제 233 정규분포

1. 150회 측정한 빈도 분포는 다음과 같다.

등급의 중간값	빈도
26.4	5
26.6	12
26.8	24
27.0	36
27.2	36
27.4	25
27.6	12

정규분포 확률 용지를 사용하여 이 데이터가 정규분포로 근사화됨을 보이시오. 그리고 평균과 표준편차의 근사값을 구하시오. 평균과 표준편차를 구하는 공식을 사용하여 계산된 결과를 검증하시오.

2. 275개의 유사한 섬유에 대한 절단하중의 등급 중간값에 대한 빈도분포는 아래와 같다.

하중 (kN)	17	19	21	23	25	27	29	31
빈도	9	23	55	78	64	28	14	4

정규분포 확률 용지를 사용하여 이 데이터가 정규분포로 근사화됨을 보이시오. 그리고 (a) 그래프를 이용한 (b) 계산에 의한 평균과 표준편차를 구하시오.

Chapter 62

선형 상관관계

선형 상관관계를 이해하는 것이 왜 중요한가?

상관계수는 두 변수 사이의 관계의 강도를 측정한다. 가장 일반적인 상관계수인 적률상관계수는 변수들 사이의 선형관계 강도를 측정한다. 양의 값은 양의 상관관계를 가리키며 값이 클수록 더 강한 상관관계를 의미한다. 유사하게 음의 값은 음의 상관관계를 나타내며 값이 작을수록 더 강한 상관관계를 가진다. 이 장에서는 선형상관관계와 상관계수를 계산하여 얻어지는 값의 의미를 살펴본다.

이 장에서는 다음 사항에 대해 공부한다.

- 선형 상관관계 이해
- 적률 공식의 표명
- 상관계수의 중요성 인식
- 주어진 두 변수 사이의 선형적 상관관계 결정

62.1 선형 상관관계 소개

상관관계는 두 변수 사이에 존재하는 연관의 정도를 측정한 값이다. 선형 상관관계에 대하여 만약 점들을 그래프로 그렸을 때 모든 점들이 직선상에 놓인다면 **완전한 선형관계**에 있다고 말한다. 양의 경사도를 가지는 직선이 합리적으로 그래프 상의 점을 관통하면서 그려질 수 있을 때 그림 62.1(a)에 보는 것과 같이 **양의 선형관계**에 있다. 유사하게 음의 경사도를 가지는 직선이 합리적으로 그래프 상의 점을 관통하면서 그려질 수 있을 때 그림 62.1(b)에 보는 것과 같이 **음의 선형관계**에 있다. 그래프에 그려진 좌표 값 사이에 명백한 관계가 없다면 그림 62.1(c)와 같이 그 점들 사이에는 **상관관계**가 존재하지 **않는다**. 통계에서 두 변수가 연구될 때 그림 62.1에서 보는 바와 같이 직사각형 좌표계 상에서 좌표의 위치는 **산포도**라 불린다.

62.2 선형 상관계수를 결정하기 위한 적률 공식

두 변수 사이의 상관관계의 정도는 **상관계수**로 표현되며 기호 r로 주어진다. 이것은 그들의 평균값으로부터 두 변수의 좌표의 편차에 대한 관점에서 정의되며, **상관계수**로 불리는 **적률 공식**으로 주어진다.

$$r = \frac{\sum xy}{\sqrt{\left\{\left(\sum x^2\right)\left(\sum y^2\right)\right\}}} \tag{1}$$

여기서 x 값은 평균값 $\overline{X}$로부터 좌표 X의 편차 값이고 y 값은 평균값 $\overline{Y}$로부터 좌표 Y의 편차 값이다. 즉, $x = (X - \overline{X})$이고 $y = (Y - \overline{Y})$이다. 이 계산의 결과는 +1과 −1 사이에 놓인 r 값을 준다. 여기서 +1은 완벽한 직접적인 상관관계를 나타내고 −1은 완벽한 역 상관관계를 나타내며 0은 상관관계가 존재하지 않음을 의미한다. 이 값들 사이에서

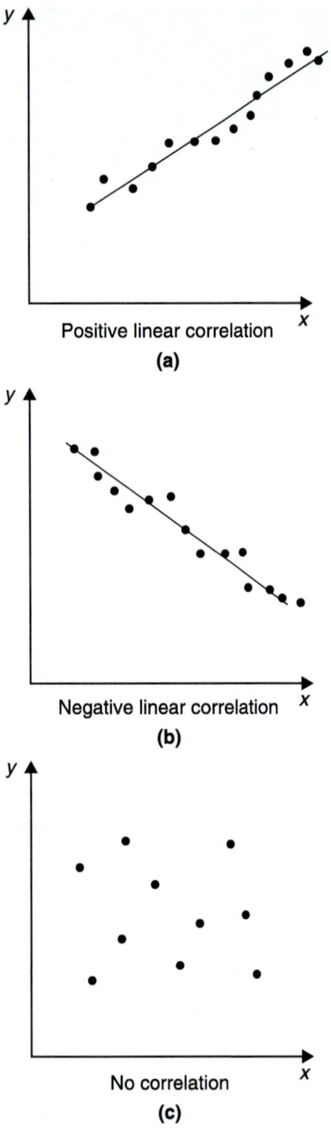

그림 62.1

r 값보다 작을수록 존재하는 상관관계의 정도가 적어진다. 일반적으로 0.7과 1사이 그리고 -0.7과 -1 사이의 r 값은 상당한 정도의 상관관계가 존재함을 보여준다.

62.3 상관계수의 의미

상관계수 값이 적률 공식으로부터 얻어졌을 때 이 결과에 근거하여 결론에 오기 전에 다소의 관리가 필요하다. 점검은 다음 두 가지 점에서 확인이 이루어져야 한다.

(a) 원인과 결과 관계는 두 변수 사이에 존재한다. 일정 기간 내에 팔린 아이스크림의 수와 동일한 기간에 청소한 굴뚝의 수 사이에는 어떤 상관이 존재한다는 것을 보여주는 것은 비록 두 변수 사이에 관계는 없다 할지라도 수학적으로 그리 어렵지 않다.

(b) 선형 관계는 변수들 사이에 존재한다. 62.2절에 주어진 적률 공식은 선형관계를 기반으로 한다. 완전한 비선형 상관이 존재하지만 (예를 들면 곡선 $y = x^3$을 정확하게 따르는 좌표), r 값이 선형관계에 기반하는 적률 공식을 이용하여 결정되므로 이것은 낮은 상관계수를 갖게 한다.

62.4 선형 상관관계로 풀이된 문제

문제 1. 줄에 가해진 힘과 그로 인한 신장 사이의 관계를 구하는 실험에서 다음 데이터를 얻었다.

힘(N)	10	20	30	40	50	60	70
신장 (mm)	0.22	0.40	0.61	0.85	1.20	1.45	1.70

이 데이터를 이용하여 선형 상관계수를 구하시오.

가변하는 힘을 X, 신장을 종속 변수 Y로 두자. 상관계수는 다음과 같이 주어진다.

$$r = \frac{\sum xy}{\sqrt{\{(\sum x^2)(\sum y^2)\}}}$$

여기서 $x = (X - \overline{X})$, $y = (Y - \overline{Y})$이고 $\overline{X}$, $\overline{Y}$는 X와 Y의 평균값이다. 이 식의 값을 결정하기 위하여 표를 사용하면

X	Y	$x=(X-\overline{X})$	$y=(Y-\overline{Y})$
10	0.22	−30	−0.699
20	0.40	−20	−0.519
30	0.61	−10	−0.309
40	0.85	0	−0.069
50	1.20	10	0.281
60	1.45	20	0.531
70	1.70	30	0.781

$\sum X = 280, \quad \overline{X} = \frac{280}{7} = 40$

$\sum Y = 6.43, \quad \overline{Y} = \frac{6.43}{7} = 0.919$

xy	x^2	y^2
20.97	900	0.489
10.38	400	0.269
3.09	100	0.095
0	0	0.005
2.81	100	0.079
10.62	400	0.282
23.43	900	0.610
$\sum xy = 71.30$	$\sum x^2 = 2800$	$\sum y^2 = 1.829$

그러므로 $r = \frac{71.3}{\sqrt{[2800 \times 1.829]}} = \mathbf{0.996}$

이것은 줄에 가해진 힘과 그 결과로 생긴 신장 사이에 **매우 좋은 직접적인 상관관계**가 있음을 보여준다.

문제 2. 어느 중소기업의 복지 서비스에 대한 지출과 유사한 기간 동안 결근 사이의 관계는 아래와 같다.

지출 (£′000)	3.5	5.0	7.0	10	12	15	18
일 손실	241	318	174	110	147	122	86

이 데이터의 선형 상관계수를 구하시오.

X를 천 파운드 단위의 지출로 두고, Y를 일 손실로 두면 상관 계수는

$$r = \frac{\sum xy}{\sqrt{\{(\sum x^2)(\sum y^2)\}}}$$

여기서 $x = (X - \overline{X})$, $y = (Y - \overline{Y})$이고 $\overline{X}$, $\overline{Y}$는 X와 Y의 평균값이다. 이 식의 값을 결정하기 위하여 표를 사용하면

X	Y	$x=(X-\overline{X})$	$y=(Y-\overline{Y})$
3.5	241	−6.57	69.9
5.0	318	−5.07	146.9
7.0	174	−3.07	2.9
10	110	−0.07	−61.1
12	147	1.93	−24.1
15	122	4.93	−49.1
18	86	7.93	−85.1

$\sum X = 70.5, \quad \overline{X} = \frac{70.5}{7} = 10.07$

$\sum Y = 1198, \quad \overline{Y} = \frac{1198}{7} = 171.1$

xy	x^2	y^2
−459.2	43.2	4886
−744.8	25.7	21 580
−8.9	9.4	8
4.3	0	3733
−46.5	3.7	581
−242.1	24.3	2411
−674.8	62.9	7242
$\sum xy = -2172$	$\sum x^2 = 169.2$	$\sum y^2 = 40441$

그러므로

$$r = \frac{-2172}{\sqrt{[169.2 \times 40441]}} = \mathbf{-0.830}$$

이것은 복지비 지출과 결근에 의한 일 손실 사이에 상당히 **좋은 역 상관관계**가 있음을 보여준다.

문제 3. 월간 자동차 판매와 차고 휘발유 판매 수입 사이의 관계는 아래와 같다.

판매된 자동차	2	5	3	12	14	7	3	28	14	7	3	13
휘발유 판매 수입 (£′000)	12	9	13	21	17	22	31	47	17	10	9	11

이 값들 사이의 선형 상관계수를 구하시오.

X를 판매된 자동차 수로 두고, Y를 천 파운드 단위의 휘발유 판매 수입으로 둔다. 표를 사용하면

X	Y	$x=(X-\overline{X})$	$y=(Y-\overline{Y})$
2	12	−7.25	−6.25
5	9	−4.25	−9.25
3	13	−6.25	−5.25
12	21	2.75	2.75
14	17	4.75	−1.25
7	22	−2.25	3.75
3	31	−6.25	12.75
28	47	18.75	28.75
14	17	4.75	−1.25
7	10	−2.25	−8.25
3	9	−6.25	−9.25
13	11	3.75	−7.25

$\sum X = 111, \quad \overline{X} = \frac{111}{12} = 9.25$

$\sum Y = 219, \quad \overline{Y} = \frac{219}{12} = 18.25$

xy	x^2	y^2
45.3	52.6	39.1
39.3	18.1	85.6
32.8	39.1	27.6
7.6	7.6	7.6
−5.9	22.6	1.6
−8.4	5.1	14.1

xy	x^2	y^2
−79.7	39.1	162.6
539.1	351.6	826.6
−5.9	22.6	1.6
18.6	5.1	68.1
57.8	39.1	85.6
−27.2	14.1	52.6
$\sum xy=613.4$	$\sum x^2=616.7$	$\sum y^2=1372.7$

그러므로

$$r=\frac{\sum xy}{\sqrt{\{(\sum x^2)(\sum y^2)\}}}$$

$$=\frac{613.4}{\sqrt{\{(616.7)(1372.7)\}}}=\mathbf{0.667}$$

그래서 휘발유와 자동차 판매 사이에는 **감지할 수 있을 정도의 뚜렷한 상관관계가 없음**을 보여준다.

✚ 이제 다음의 예제들을 풀어보시오.

연습 문제 234 선형 상관관계

문제 1에서 3까지 주어진 데이터로부터 상관계수를 소수점 셋째자리까지 정확하게 구하시오.

1.

X	14	18	23	30	50
Y	900	1200	1600	2100	3800

2.

X	2.7	4.3	1.2	1.4	4.9
Y	11.9	7.10	33.8	25.0	7.50

3.

X	24	41	9	18	73
Y	39	46	90	30	98

4. 전기회로에 흐르는 전류와 가해진 전압 사이의 관계를 구하는 실험에서 다음의 결과를 얻었다.

전류 (mA)	5	11	15	19	24	28	33
인가전압 (V)	2	4	6	8	10	12	14

적률 공식을 사용하여 위 결과에 대한 상관계수를 구하시오.

5. 가스는 밀폐된 실린더 내부에서 압축되어진다. 일정한 온도에서 압력과 이에 상응하는 체적은 다음과 같다.

압력 (kPa)	체적 (m^3)
160	0.034
180	0.036
200	0.030
220	0.027
240	0.024
260	0.025
280	0.020
300	0.019

이 값에 대한 상관계수를 구하시오.

6. 10번의 동일한 기간에 기술영업팀의 여행 마일리지와 이에 대응하는 수주량의 관계는 아래와 같다. 적률 공식을 사용하여 상관계수를 구하시오.

여행한 거리 (miles)	수주량 (£′000)
1370	23
1050	17
980	19
1770	22
1340	27
1560	23
2110	30
1540	23
1480	25
1670	19

7. 아래의 데이터는 동일한 기간 안에 동작불량 때문에 서비스를 받아야만 했던 공작기계의 횟수와 유지 보수팀이 작업한 시간을 나타낸다. 이 값에 대한 상관계수를 구하시오.

서비스 받은 기계	4	13	2	9	16	8	7
유지보수 시간	400	515	360	440	570	380	415

Chapter 63

선형회귀

선형회귀를 이해하는 것이 왜 중요한가?

기본 함수의 선형 결합을 위하여 데이터를 맞추는 일반적인 과정을 선형회귀라고 이름 붙인다. 선형 최소제곱 회귀는 지금까지 가장 널리 사용되는 모델링 방법이다. 이것은 대부분의 사람들이 그들의 데이터를 모델에 맞게 회귀, 선형회귀, 최소제곱을 사용해 본적이 있다고 할 때 의미하는 것이다. 선형 최소제곱 회귀는 가장 널리 사용된 모델링 방법일 뿐만 아니라 직접적인 범위 이외에의 여러 상황의 넓은 범위에 적용되고 있다. 다른 여러 가지 모델링 방법에 강력한 기본 역할을 한다. 이 장은 회귀선을 어떻게 구하는지 설명한다.

이 장에서는 다음 사항에 대해 공부한다.

- 선형회귀에 대한 설명
- 최소제곱 회귀선의 이해
- 두 변수 X와 Y에 대하여 Y에 대한 X 그리고 X에 대한 Y의 회귀 라인을 구할 수 있다.

63.1 선형회귀의 소개

일반적으로 **회귀**라고 불리는 회귀분석은 그래프 상의 좌표를 통해 최적의 선을 그리는 데 사용한다. 직선의 수학식이 가능할 수 있게 이용된 기술은 주어진 좌표값의 등급을 추론할 $y = mx + c$를 만들어 낸다. 그 선으로부터 좌표 편차의 합에 해당하는 선은 최소이다. 즉, 이것은 최적의 선이다. 회귀분석했을 때에 변수가 독립변수로 선택되느냐 또는 종속변수로 선택되느냐에 의존하는 두 개의 최적선을 얻는 것이 가능하다. 예를 들어 저항성 전기회로에서 전류 흐름은 회로에 가해준 전압에 정비례한다. 전류와 전압 관련 실험치를 얻는 두 가지 방법이 있다. 한 방법은 전압을 회로에 인가하고 전류를 측정하는 것으로 이 경우 전압은 독립변수이고 전류는 종속변수가 된다. 또 다른 방법은 원하는 전류가 얻어질 때까지 전압을 조정할 수 있고 이때의 전압을 특정할 수 있다. 이 경우 전류는 독립변수이고 전압은 종속변수이다.

63.2 최소제곱 회귀선

(X_1, Y_1), (X_2, Y_2), ..., (X_n, Y_n)으로 주어진 좌표에 대하여 X를 독립변수, Y를 종속변수로 두자. 또한, 그림 63.1의 PQ로 나타낸 선과의 수직 거리를 D_1, D_2, ..., D_n이라 두자. 점들은 좌표값을 나타낸다. 최적선인 최소제곱 회귀선은 $D_1^2 + D_2^2 + \cdots + D_n^2$의 값을 최솟값으로 만드는 선이다. 최소제곱 회귀선의 식은 일반적으로 $Y = a_0 + a_1X$로 나타낸다. 여기서 a_0는 y축 절편이고 a_1은 기울기이다. 이것은 식 $y = mx + c$에서 m과 c와 유사하다. 편차의 제곱을 최소로 만드는 a_0와 a_1의 값은 다음의 두 방정식을 이용하여 구해진다.

$$\sum Y = a_0 N + a_1 \sum X \qquad (1)$$

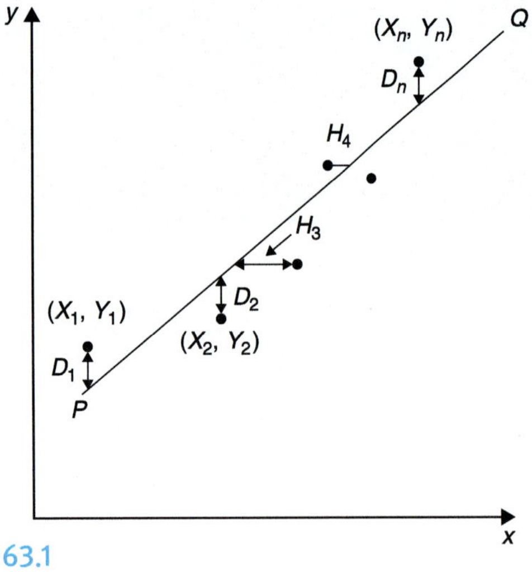

그림 63.1

$$\sum(XY) = a_0\sum X + a_1\sum X^2 \qquad (2)$$

여기서 X와 Y는 좌표값이고 N은 좌표개수, a_0와 a_1은 X에 대한 Y의 **회귀계수**라 한다. 식 (1)과 (2)는 X에 대한 Y의 회귀선의 **일반식**이라 한다. X에 대한 Y의 회귀선은 주어진 X에 대한 Y를 추정하는 데 사용된다. 만약 수직축인 Y 값이 독립변수로 선택된다면 그림 63.1의 PQ 사이의 수평거리와 좌표 (H_3, H_4, etc.)는 편차로서 간주된다. 회귀선의 식은 $X = b_0 + b_1 Y$의 형태이고 일반식은 다음과 같다.

$$\sum X = b_0 N + b_1\sum Y \qquad (3)$$

$$\sum(XY) = b_0\sum Y + b_1\sum Y^2 \qquad (4)$$

여기서 X와 Y는 좌표값이고 N은 좌표개수, b_0와 b_1은 Y에 대한 X의 회귀계수라 한다. 이 일반식은 Y에 대한 X의 회귀선이고 X에 대한 Y의 회귀선과는 약간의 차이가 있다. Y에 대한 X의 회귀선은 주어진 Y에 대한 X를 추정하는 데 사용된다. X에 대한 Y의 회귀선이 임의의 주어진 X에 대응하는 Y를 구하기 위하여 사용된다. 만약 Y가 Y의 맨 끝 좌표 범위 안에 놓여 있다면 대응하는 X를 찾는 과정을 선형보간이라 부른다. 만약 이것이 Y의 맨 끝 좌표 범위 바깥에 있다면 그 과정은 선형외삽이라 한다. 이것은 최적선이 주어진 좌표 범위를 벗어나 확장된다는 가정이 성립해야 한다. Y에 대한 X의 회귀선을 이용하여 주어진 Y 값에 대응하는 X 값을 보간법 또는 외삽법으로 찾을 수 있다.

63.3 선형 회귀로 풀이한 문제

문제 1. 전기회로의 주파수와 유도성 리액턴스 사이의 관계를 구하는 실험에서 다음의 결과를 얻었다.

주파수 (Hz)	유도성 리액턴스 (ohms)
50	30
100	65
150	90
200	130
250	150
300	190
350	200

주파수에 대한 유도성 리액턴스의 관계는 선형이라 가정하고 회귀선 방정식을 구하시오.

주파수에 대한 유도성 리액턴스의 회귀선이 요구되므로 주파수는 독립변수 X, 유도성 리액턴스는 종속변수 Y이다. X에 대한 Y의 회귀선 방정식은 $Y = a_0 + a_1X$이다. 그리고 회귀계수 a_0와 a_1은 일반식 (1)과 (2)를 이용하여 계산하며, 전체적인 값은 표를 이용하여 구한다.

주파수, X	유도성 리액턴스, Y	X^2
50	30	2500
100	65	10 000
150	90	22 500
200	130	40 000
250	150	62 500
300	190	90 000
350	200	122 500
$\sum X = 1400$	$\sum Y = 855$	$\sum X^2 = 350000$

XY	Y^2
1500	900
6500	4225
13 500	8100
26 000	16 900
37 500	22 500
57 000	36 100
70 000	40 000
$\sum XY = 212000$	$\sum Y^2 = 128725$

주어진 좌표값의 개수 N은 7이다. 일반식에 대입하면

$$855 = 7a_0 + 1400a_1 \qquad (1)$$

$$212\,000 = 1400a_0 + 350\,000a_1 \qquad (2)$$

1400 × (1)을 하면

$$1197000 = 9800a_0 + 1960000a_1 \qquad (3)$$

7 × (2)를 하면

$$1484000 = 9800a_0 + 2450000a_1 \qquad (4)$$

(4) − (3)을 하면

$$287000 = 0 + 490000a_1$$

그러므로

$$a_1 = \frac{287000}{490000} = 0.586$$

식 (1)에 $a_1 = 0.586$을 대입하면

$$855 = 7a_0 + 1400(0.586)$$

따라서 $$a_0 = \frac{855 - 820.4}{7} = 4.94$$

주파수에 대한 유도성 리액턴스의 식은

$$\mathbf{Y = 4.94 + 0.586X}$$

문제 2. 문제 1에 주어진 데이터에 대하여 유도성 리액턴스에 대한 주파수의 회귀선 식을 찾으시오. 단, 선형관계라 가정한다.

이 경우 유도성 리액턴스는 독립변수 X, 주파수는 종속변수 Y이다. 식 (3)과 (4)를 이용하면 Y에 대한 X의 회귀선 방정식은

$$X = b_0 + b_1 Y$$

그리고 일반식은

$$\sum X = b_0 N + b_1 \sum Y$$
$$\sum XY = b_0 \sum Y + b_1 \sum Y^2$$

문제 1의 표로부터 연립방정식은

$$1400 = 7b_0 + 855b_1$$
$$212000 = 855b_0 + 128725b_1$$

문제 1과 유사한 방법으로 주어진 방정식을 풀이하면

$$b_0 = -6.15$$

그리고 $b_1 = 1.69$
그러므로 유도성 리액턴스에 대한 주파수의 회귀선 방정식은

$$\mathbf{X = -6.15 + 1.69Y}$$

문제 3. 문제 1과 2에서 계산한 회귀방정식을 이용하여 (a) 주파수가 175 MHz일 때의 유도성 리액턴스와 (b) 유도성 리액턴스가 250 ohm일 때 주파수를 구하시오. 최적선은 주어진 좌표값 바깥까지 확장된다고 가정한다. 두 회귀선을 보여주는 그래프를 그리시오.

(a) 문제 1로부터 주파수에 대한 유도성 리액턴스의 회귀방정식은 $Y = 4.94 + 0.586X$이다. 주파수가 175 MHz일 때 $Y = 4.94 + 0.586(175) = 107.5$이므로 유도성 리액턴스는 **107.5 ohms**이다.

(b) 문제 2에서 유도성 리액턴스에 대한 주파수의 회귀방정식은 $X = -6.15 + 1.69Y$이다. 유도성 리액턴스가 250 ohms에 대하여 $X = -6.15 + 1.69(250) = 416.4$ Hz이므로 주파수는 416.4 Hz이다.

두 회귀선을 그린 그래프는 그림 63.2에 보여준다. 주파수에 대한 유도성 리액턴스의 회귀선을 얻기 위하여 회귀선 방정식 $Y = 4.94 + 0.586X$가 사용되고 X는 대응하는 Y를 찾기 위하여 100과 300을 선택한다. 이 값은 그림 63.2의 점 A와 B 좌표로서 (100, 63.5)와 (300, 180.7)을 얻는다. 유도성 리액턴스에 대한 주파수 회귀선의 두 좌표는 식 $X = -6.15 + 1.69Y$을 이용하여 계산한다. 좌표값을 얻기 위하여 50과 150을 유도성 리액턴스 값으로 사용하면 그림 63.2의 점 C와 D와 같이 (78.5, 50)과 (247.4, 150)를 얻는다. 두 회귀선이 일치함을 그림 63.2에서 볼 수 있다. 그렇게 하는 것이 필요한 것은 아니지만, 좌표값도 회귀 라인을 최적선으로 나타나도록 가리키는 것을 보여준다. 좌표값을 보여주는 그래프를 통계에서 산포도라 한다.

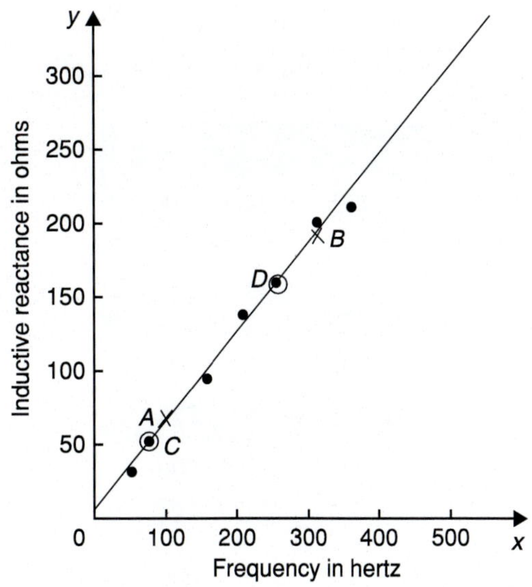

그림 63.2

문제 4. 원 안에서 일정한 속도로 운동하는 물체에 대한 구심력과 반경의 관계를 보여주는 실험결과는 다음과 같다.

구심력 (N)	5	10	15	20	25	30	35	40
반경 (cm)	55	30	16	12	11	9	7	5

(a) 반경에 대한 구심력의 회귀선 방정식과 (b) 구심력에 대한 반지름의 회귀선 방정식을 구하시오. 그리고 40 cm 반경에서 구심력과 30 N의 구심력에 해당하는 반경을 계산하시오.

독립변수 X를 반경, 종속변수 Y를 구심력이라 둔다. 이 결정은 X에 대응하는 원인과 Y에 대응하는 결과에 근거한다.

(a) 반경에 대한 구심력의 회귀선 방정식은 $Y = a_0 + a_1X$이며 상수 a_0와 a_1은 식 (1)과 (2)의 일반식으로부터 구한다.

합산 값을 구하기 위하여 표를 이용하면 다음과 같다.

반경 X	구심력 Y	X^2
55	5	3025
30	10	900
16	15	256
12	20	144
11	25	121
9	30	81
7	35	49
5	40	25
$\sum X=145$	$\sum Y=180$	$\sum X^2=4601$

XY	Y^2
275	25
300	100
240	225
240	400
275	625
270	900
245	1225
200	1600
$\sum XY=2045$	$\sum Y^2=5100$

그러므로 $180 = 8a_0 + 145a_1$

그리고 $2045 = 145a_0 + 4601a_1$

이 연립방정식을 풀면 $a_0 = 33.7$이고 $a_1 = -0.617$이다. 반경에 대한 구심력의 회귀선 방정식은

$$\mathbf{Y = 33.7 - 0.617X}$$

(b) 구심력에 대한 반경의 회귀선 방정식은 $X = b_0 + b_1Y$이고 상수 b_0와 b_1은 식 (3)과 (4)의 일반식으로 구한다. 합산 값들은 (a)와 같은 방법으로 얻어지므로

$$145 = 8b_0 + 180b_1$$

$$2045 = 180b_0 + 5100b_1$$

위의 연립방정식을 풀면 $b_0 = 44.2$이고 $b_1 = -1.16$이다. 구심력에 대한 반경의 회귀선 방정식은

$$\mathbf{X = 44.2 - 1.16Y}$$

반경이 40 cm일 때 $Y = 33.7 - 0.617(40) = 9.02$이므로 구심력은 **9.02 N이다.**

구심력이 32 N이면 $X = 44.2 - 1.16(32) = 7.08$이므로 반경은 **7.08 cm이다.**

+ 이제 다음의 예제들을 풀어보시오.

연습 문제 235 선형회귀

문제 1과 2에서 X에 대한 Y의 회귀선 방정식을 세우시오. 유효숫자 세 개까지 나타낸다.

1.

X	14	18	23	30	50
Y	900	1200	1600	2100	3800

2.

X	6	3	9	15	2	14	21	13
Y	1.3	0.7	2.0	3.7	0.5	2.9	4.5	2.7

문제 3과 4에서 기술된 데이터에 대하여 Y에 대한 X의 회귀선 방정식을 세우시오. 유효숫자 세 개까지 나타낸다.

3. 문제 1에 주어진 데이터
4. 문제 2에 주어진 데이터
5. 회로에 인가된 전압과 전류 사이의 관계는 아래와 같다.

전류 (mA)	인가전압(V)
2	5
4	11
6	15
8	19

전류 (mA)	인가전압(V)
10	24
12	28
14	33

선형관계라고 가정하고 전류 X에 대한 인가전압 Y의 회귀선 방정식을 세우시오. 네 개의 유효숫자까지 나타낸다.

6. 문제 5에 주어진 데이터로부터 인가전압에 대한 전류의 회귀선 방정식을 세우시오. 세 개의 유효숫자까지 나타낸다.

7. 문제 5에 주어진 데이터에 대한 산포도를 그리고 전류에 대한 인가전압과 인가전압에 대한 전류의 회귀선을 보이시오. 그리고 (a) 3 mA 전류를 위해 필요한 인가전압과 (b) 인가전압이 40 V일 때 전류를 구하시오. 회귀선은 주어진 범위 밖에서도 성립한다고 가정하시오.

8. 힘과 모멘트 사이의 관계를 구하는 실험에서 힘 X가 물체에 가해진다. 경사면에 물체를 위치시킴으로써 u m/s에서 v m/s로 속도가 변하는 시간 Y를 측정하였고 그 결과는 다음과 같다.

힘 (N)	시간 (s)
11.4	0.56
18.7	0.35
11.7	0.55
12.3	0.52
14.7	0.43
18.8	0.34
19.6	0.31

힘에 대한 시간의 회귀선 방정식을 구하시오. 두 양 사이에는 선형관계가 있다고 가정하고, 세 개 유효숫자까지 나타낸다.

9. 문제 8에 주어진 데이터에 대하여 시간에 대한 힘의 회귀선 방정식을 구하시오. 소수점 3자리까지 정확하게 하시오.

10. 문제 8에 주어진 데이터에 대한 산포도를 그리고 힘에 대한 시간의 회귀선과 시간에 대한 힘의 회귀선을 보이시오. 그리고 (a) 16 N 힘에 해당하는 시간과 (b) 0.25 s 시간에서의 힘을 구하시오. 두 변수의 관계는 주어진 범위 밖에서도 선형이라고 가정한다.

복습 테스트 17 이항분포, 푸아송분포, 정규분포, 상관관계와 회귀

이 복습 테스트는 60장부터 63장에서 다룬 내용을 포함한다. 각 문제의 배점은 각 식의 마지막 괄호 안에 나타낸다.

1. 어느 기계장치는 15%의 불량 부품을 생산한다. 이항분포를 이용하여 무작위로 택한 5개의 표본으로 다음을 계산하시오.

   (a) 4개 불량품이 있을 확률

   (b) 3개 이하로 불량이 나올 확률

   (c) 모두 불량이 아닐 확률

   불량품이 0, 1, 2, ..., 5인 확률를 보이는 히스토그램을 그리시오. (20)

2. 어느 회사에서 생산된 전구의 2 %는 불량이다. 푸아송 분포를 이용하여 80개의 표본 전구에 대한 다음의 확률을 구하시오. (13)

   (a) 3개의 전구가 불량일 확률

   (b) 불량 전구가 3개 이하일 확률

   (c) 적어도 2개는 불량일 확률

3. 일부 공학 구성품은 평균 길이가 20 mm이고 표준편차가 0.25 mm이다. 구성품의 길이에 대한 데이터는 정규분포를 따른다고 가정한다. (15)

   500개의 구성품에서 다음을 구하시오.

   (a) 19.95 mm 보다 작은 길이를 가지는 구성품의 수

   (b) 19.95 mm와 20.15 mm 사이의 길이를 가지는 구성품의 수

   (c) 20.54 mm 보다 더 긴 길이를 가지는 구성품의 수

4. 공장에서 캔은 평균 1 kg의 화합물로 채워지고 무게는 평균값에 대하여 정규분포를 따른다. 표본 캔 내용물의 표준편차는 12 g이다. 다음을 구하시오. (10)

   (a) 985 g 미만의 내용물을 가지는 캔의 비율

   (b) 1030 g 초과의 내용물을 가지는 캔의 비율

   (c) 985 g 이상 1030 g 이하 내용물을 가지는 캔의 비율

5. 아래 주어진 데이터는 전기모터로부터 나오는 토크 출력 X와 전원에서 얻는 전류 Y로부터 얻어진 실험값이다.

토크 X	전류 Y
0	3
1	5
2	6
3	6
4	9
5	11
6	12
7	12
8	14
9	13

   이 데이터로부터 선형 상관계수를 구하시오. (18)

6. 철 시편의 인장 시험으로 얻어진 결과는 다음과 같다.

인장력 (kN)	인장 (mm)
4.8	3.5
9.3	8.2
12.8	10.1
17.7	15.6
21.6	18.4
26.0	20.8

   선형관계라고 가정하고 다음을 구하시오.

   (a) 힘에 대한 인장의 회귀선 방정식

   (b) 인장에 대한 힘의 회귀선 방장식

   (c) (i) 16 kN의 힘이 가해졌을 때의 인장 길이

   (ii) 17 mm 인장이 발생했을 때 가해진 힘 (24)

Chapter 64

샘플링 그리고 추정이론

샘플링과 추정이론을 이해하는 것이 왜 중요한가?

추정이론은 통계학과 신호 처리에서 파생되었으며, 추정을 다루며 이에는 파라메터 값들이 있는데 이들은 측정이나 경험적 데이터들이 랜덤 요소를 포함하는 경우이다. 추정이론이 매우 중요한 위치를 차지하는 경우는 설계하는 전자적 신호 처리 시스템이 정보 추출을 하는 경우이다; 포함되는 시스템은 레이더, 소나, 음성, 이미지, 통신, 제어 그리고 지진학이다. 이 장은 여러 가지 이론들을 소개하는데 포함 내용은 샘플링 그리고 추정 이론들이다.

이 장에서는 다음 사항에 대해 공부한다.

- 샘플링 분포들의 이해
- 평균들의 표준 에러 결정
- 점 그리고 구간 추정과 신뢰 구간에 대한 이해
- 신뢰 극한값의 계산
- 모집단에 대한 평균과 표준 편차의 샘플링 데이터를 통한 추정
- 모집단 평균값의 Student t 분포를 사용한 작은 샘플 데이터 기반 추출

64.1 소개

기초적인 샘플링 이론과 추정 이론 개념들을 이번 장에서 소개하는데 이를 통하여 더 상세한 공부를 위한 기반을 제공하며 이들은 산업계에서 사용하는 검사, 제어 그리고 품질 관리 기술이다. 이와 같은 이론들느 매우 복잡할 수 있다; 이 장에서는 이론에 대한 완벽한 설명과 공식의 유도는 생략하였다 – 기초적인 개념 위주로 전개하였다.

64.2 샘플링 분포

통계학에서, 집합의 모든 멤버들을 고려하는 것이 항상 가능하지 않을 수 있으며, 이와 같은 경우에는 하나의 **샘플** 또는 다수의 샘플을 모집단에서 추출한다. 샘플이라는 용어가 사용될 때는 **임의의 샘플**이 선택된다는 의미이다. 만약 모집단의 개별 멤버들이 동일한 선택 기회를 갖는 경우, 모집단으로부터 선택된 샘플을 랜덤 샘플이라고 부른다. 랜덤한 샘플이 아닌 경우 이는 **바이어스** 되었다고 지칭되며, 통상적으로 선택 과정에 어떠한 영향이 발생한 경우이다.

모집단에 대하여 랜덤 샘플링에 기반한 예측 수행이 필요한 경우, 종종 많은 샘플 개수 N개를 취하여 예측 이전에 사용한다. 평균값과 표준 편차의 각 샘플들에 대한 계산 결과는 샘플마다 변하는데, 샘플을 동일 모집단에서 취함에도 불구하고 발생한다. 이어지는 절에서 소개하는 이론에서 값들의 차이가 우연인지 또는 어떤 관계에 의한 것인지 여부는 매우 중요하다. N 멤버중의 M개 샘플들이 모

집단에서 랜덤하게 수집되었다면 M개 샘플에 대한 평균값들은 데이터 집합을 형성한다. 유사하게 M 샘플들의 표준 편차도 데이터 집합을 이룬다. 모집단의 많은 샘플에 기반을 둔 데이터 집합은 **샘플링 분포**라 한다. 이들은 랜덤 샘플링을 기반으로 한 평균값과 표준 편차의 우연한 변화를 묘사하는데 종종 사용된다.

64.3 평균값의 샘플링 분포

다섯 개의 항목을 갖는 집합에서 두 개 항목을 취하는 샘플이 요구된다고 가정하자. 집합이 다섯 개의 글자 A, B, C, D 그리고 E이면 가능한 샘플은 아래와 같다.

$$AB,\ AC,\ AD,\ AE,\ BC,\ BD,\ BE,$$
$$CD,\ CE \text{ 그리고 } DE,$$

즉 열 가지 상이한 샘플이다. 이 경우 가능한 경우의 수는 $\frac{5\times 4}{2\times 1}$ 즉10이다. 유사하게 세 개 항목을 갖는 하나의 샘플의 가지수는 $\frac{10\times 9\times 8}{3\times 2\times 1}$ 즉 120이다. 작은 샘플을 큰 모집단에서 채취하는 경우 매우 많은 서로 다른 멤버의 구성이 가능하다. 많은 상이한 샘플이 가능할 때는 샘플들을 동일한 모집단에서 취하여도 매우 커다란 변동이 평균값에서 발생 가능하다.

통상적으로 샘플에 포함되는 멤버의 개수가 늘어나면 샘플의 평균값은 모집단의 평균값에 접근하다. 집합의 숫자들이 3, 4, 5, 6 그리고 7인 경우를 고려해보자. 두 개의 멤버로 구성된 샘플은 가장 낮은 평균값은 $\frac{3+4}{2}$ 즉 3.5이며 가장 큰 값은 $\frac{6+7}{2}$ 즉 6.5인데 평균값의 범위는 $6.5 - 3.5 = 3$이다. 샘플이 3개 멤버로 구성되는 경우 평균값의 범위는 $\frac{3+4+5}{3}$에서 $\frac{5+6+7}{3}$ 즉 2값을 갖는다. 샘플내의 숫자가 증가함에 따라 범위는 감소하는데 결국 샘플이 집합의 모든 멤버들을 포함하는 경우 평균값 범위는 영이다. 모집단으로부터 많은 샘플이 추출되고 그리고 샘플의 평균값들이 샘플 분포가 형성될 때, 평균값의 변동 범위는 샘플내의 멤버 개수가 증가하면 작아진다. 범위가 작아지면 모든 평균값들의 표준 편차 또한 작아지는데 이는 표준 편차값은 분포의 평균값으로부터 평균값들의 거리에 의존하기 때문이다. 샘플 분포 평균값의 표준 편차와 각 샘플이 갖는 멤버 수와의 관계는 아래와 같다.

정리 1 유한한 크기 N_p를 갖는 모집단으로부터 크기 N의 모든 가능한 샘플을 복귀 없이(without replacement) 추출하는 경우 평균값들의 샘플링 분포에서 얻은 표준 편차는 아래 식과 같다:

$$\sigma_{\bar{x}} = \frac{\sigma}{\sqrt{N}}\sqrt{\left(\frac{N_p - N}{N_p - 1}\right)}$$

위 식에서 $\sigma_{\bar{x}}$는 평균값 샘플링 분포의 표준 편차이며 σ는 모집단의 표준 편차이다.

평균값들 샘플링 분포의 표준 편차는 **standard error of the means**라고 하며 식은 아래와같다.

$$\boldsymbol{\sigma_{\bar{x}} = \frac{\sigma}{\sqrt{N}}\sqrt{\left(\frac{N_p - N}{N_p - 1}\right)}} \tag{1}$$

위 식은 모집단의 크기 N_p가 유한하거나 복귀를 하지 않는 샘플링에 사용된다. 명칭 "standard error of the means"에 사용된 단어 error는 오류를 의미하지 않으며 모집단의 평균값 추정에 있어서 샘플들의 평균값을 사용하여 이를 추정하는 경우 불확실성이 존재함을 의미한다. 평균값의 표준 오차 공식은 모든 샘플내의 개수 N값에 대하여 적용된다. N_p가 N값에 비하여 매우 큰 값을 갖거나 모집단의 크기가 무한대(이와 같은 경우 샘플링은 복원 없이 수행되며 정정 인수 $\sqrt{\left(\frac{N_p-N}{N_p-1}\right)}$가 근사적으로 1 값을 갖는데)이면 $\sigma_{\bar{x}}$는 아래와 같이 된다.

$$\boldsymbol{\sigma_{\bar{x}} = \frac{\sigma}{\sqrt{N}}} \tag{2}$$

방정식 (2)는 모집단이 무한대이거나 샘플링이 복원을 하지 않으며 수행 될 때 사용된다.

문제 1. 정리 1을 집합 {3, 4, 5, 6, 7}에서 샘플 크기를 2로 하였을 때 증명하시오.

서로 상이한 크기 2의 샘플들을 복원 없이 추출하면 아래 경우 집합들이 가능하다:

$$(3,4),\ (3,5),\ (3,6),\ (3,7),\ (4,5),$$
$$(4,6),\ (4,7),\ (5,6),\ (5,7) \text{ 그리고 } (6,7)$$

이들 샘플들의 평균값은 다음과 같은 평균값들의 샘플링 분포를 형성한다:

3.5, 4, 4.5, 5, 4.5, 5, 5.5, 5.5, 6 그리고 6.5

평균값들의 샘플링 분포의 평균값은,

$$\mu_{\bar{x}} = \frac{\begin{pmatrix} 3.5+4+4.5+5+4.5+5 \\ +5.5+5.5+6+6.5 \end{pmatrix}}{10} = \frac{50}{10} = 5$$

평균값에 대한 샘플링 분포의 표준 편차는 다음과 같다.

$$\sigma_{\bar{x}} = \sqrt{\left[\frac{(3.5-5)^2+(4-5)^2+(4.5-5)^2 +(5-5)^2+\cdots+(6.5-5)^2}{10}\right]}$$

$$= \sqrt{\frac{7.5}{10}} = \pm 0.866$$

그러므로, **평균값들의 표준 오차값은 0.866이다.** 모집단의 표준편차는

$$\sigma = \sqrt{\left[\frac{(3-5)^2+(4-5)^2+(5-5)^2 +(6-5)^2+(7-5)}{5}\right]}$$

$$= \sqrt{2} = \pm 1.414$$

정리 1에 의하면:

$$\sigma_{\bar{x}} = \frac{\sigma}{\sqrt{N}}\sqrt{\left(\frac{N_p-N}{N_p-1}\right)}$$

이며 앞에서 계산한 N_p, N 그리고 σ를 식 (1)에 대입하면

$$\sigma_{\bar{x}} = \frac{\pm 1.414}{\sqrt{2}}\sqrt{\left(\frac{5-2}{5-1}\right)} = \sqrt{\frac{3}{4}} = \pm 0.866$$

이며 이는 모집단에서 추출한 모든 샘플들을 고려하여 얻어진 값과 동일하다. 따라서 정리 1이 증명되었다.

문제 1을 통하여 모집단의 평균값

$$\left(\frac{3+4+5+6+7}{5}\right)$$

은 5이며 또한 평균값들에 의한 샘플링 분포 평균 $\mu_{\bar{x}}$도 5이다. 이 같은 결과는 정리 2에서 일반화하였다.

정리 2 만약 크기 N의 가능한 모든 샘플들을 모집단의 크기 Np로부터 추출하고 이들 평균 값들에 의한 샘플링 분포의 평균값 $\mu_{\bar{x}}$를 결정하면

$$\mu_{\bar{x}} = \mu \qquad (3)$$

이며 여기서 μ는 모집단의 평균값이다.

실제는 모든 가능한 크기 N의 샘플을 모집단에서 추출하지 않는다. 그러나 샘플 크기가 클 때(통상적으로 30또는 그 이상), 평균값 샘플링 분포의 평균과 모집단의 평균은 매우 가까우며 이는 식 (3)과 같다. 이와 유사하게 평균값들의 표준 오류는 모집단의 표준 편차와 식 (2)와 같이 매우 근접한 값을 갖는다. 또 다른 샘플링 분포의 특성은 샘플 크기 N이 클 경우 **평균값의 샘플링 분포는 근사적으로 정규분포를 이루는데** 이는 평균값 $\mu_{\bar{x}}$와 표준편차 $\sigma_{\bar{x}}$이다.

이와 같은 특성은 정규 분포의 모집단과 정규분포가 아니어도 모집단의 크기가 샘플 크기의 두 배 이상인 경우 적용된다. 이 같은 특성 즉 샘플링 분포의 정규성은 'central limit theorem'의 특별한 경우이며 샘플링 이론과 관련된 매우 중요한 정리이다. 평균값과 표준편차의 샘플링 분포는 정규 분포이므로 표준 정규 곡선 아래 부분의 부분적 면적에 대한 테이블(표 61.1 참조)을 사용하여 특정 샘플이 표준 편차 ±1 사이에 위치할 확률 계산할 수 있다. 이 점은 문제 3에서 다룬다.

문제 2. 3000명의 키는 정규 분포이며 평균값은 175 cm 그리고 표준 편차는 8 cm이다. 랜덤 샘플들은 40명을 추출하여 생성하였을 때 표준 편차와 평균값을 샘플링 분포에 대하여 예측을 (a) 복원 그리고 (b) 비복원에 대하여 구하시오.

모집단: 멤버 수, $N_p = 3000$ 표준 편차 $\sigma = 8$ cm; 평균 $\mu = 175$ cm.

샘플: 샘플별 개수, $N = 40$

(a) 샘플링을 **복원 방식**으로 수행하면, 전체 가능한 샘플 가지수는(두 개 또는 그 이상이 동일할 수 있음) 무한대이다. 따라서 식 (2)로부터 **평균값의 표준 오차 (즉 평균값의 샘플링 분포의 표준 편차)는**

$$\boldsymbol{\sigma_{\bar{x}} = \frac{\sigma}{\sqrt{N}} = \frac{8}{\sqrt{40}} = 1.265\ \mathrm{cm}}$$

방정식 (3)으로부터 **샘플링 분포의 평균값은**

$$\boldsymbol{\mu_{\bar{x}} = \mu = 175\ \mathrm{cm}}$$

(b) 샘플링을 **복원하지 않는 방식**으로 수행하면 가능한 샘플 전체 개수는 유한하며 식 (1)이 적용된다. 따라서 **평균값들의 표준 오차는**

$$\sigma_{\bar{x}} = \frac{\sigma}{\sqrt{N}}\sqrt{\left(\frac{N_p-N}{N_p-1}\right)}$$

$$= \frac{8}{\sqrt{40}}\sqrt{\left(\frac{3000-40}{3000-1}\right)}$$

$$= (1.265)(0.9935) = \mathbf{1.257\ cm}$$

기술 한 바와 같이 식 (3)은 샘플의 사이즈가 큰 경우 평균값들의 샘플링 분포의 평균은 모집단이 유한하거나 무한대인 경우 모두 동일하다. 따라서 식 (3)으로부터

$$\boldsymbol{\mu_{\bar{x}} = 175\ \mathrm{cm}}$$

문제 3. 금속 잉곳 1500개는 평균 6.5 kg 그리고 표준 편차 0.5 kg이다. 확률값을 계산하는데 이때 샘플에 랜덤하게 선택된 잉곳은 60개이며 미복원 방식으로 수행한다.

(a) 합쳐진 질량이 378 그리고 396 kg 구간에 있을 확률을 구하시오.

(b) 399 kg 이상일 확률을 구하시오.

모집단: 멤버 개수, $N_p = 1500$; 표준 편차 $\sigma = 0.5$ kg; 평균값 $\mu = 6.5$ kg.

많은 수량인 60개 잉곳을 그룹으로부터 추출하면, 평균값 샘플링 분포의 평균 $\sigma_{\bar{x}}$는 모집단의 평균과 동일하다. 또한 평균값들의 표준 오차는 아래와 같다.

$$\sigma_{\bar{x}} = \frac{\sigma}{\sqrt{N}}\sqrt{\left(\frac{N_p - N}{N_p - 1}\right)}$$

추가적으로 샘플링 분포는 근사적인 정규 분포이다. 문제에서 주어진 샘플이 많은 샘플들 중의 하나라고 가정한다. 많은 이론적 샘플:

평균값들의 샘플링 분포의 평균은 $\mu_{\bar{x}} = \mu = 6.5$ kg.

또한 평균값들의 표준 오차는,

$$\sigma_{\bar{x}} = \frac{\sigma}{\sqrt{N}}\sqrt{\left(\frac{N_p - N}{N_p - 1}\right)} = \frac{0.5}{\sqrt{60}}\sqrt{\left(\frac{1500-60}{1500-1}\right)} = 0.0633\,\text{kg}$$

따라서 고려하고 있는 샘플은 정규분포 평균값 6.5 kg 그리고 평균값 표준 오차 0.0633 kg의 일부분이다.

(a) 60개 잉곳의 혼합 질량 분포가 378 그리고 396 kg 범위인 경우 각 60개 잉곳의 평균 질량 범위는 $\frac{378}{60}$ 그리고 $\frac{396}{60}$ 즉 6.3kg 과 6.6kg 내에 있다.

질량들이 정규 분포를 이루기 때문에 정규 분포에 적용 가능한 기술을 사용하여 평균 질량의 6.3 그리고 6.6 kg 내 분포 확률을 구할 수 있다. 정규 표준 랜덤 변수는 아래와 같으며

$$z = \frac{x - \bar{x}}{\sigma}$$

따라서 평균값들의 샘플링 분포에 대한 해당 변수는 아래와 같다.

$$z = \frac{x - \mu_{\bar{x}}}{\sigma_{\bar{x}}}$$

따라서 6.3 kg은 z-value의 $\frac{6.3-6.5}{0.0633} = -3.16$ 편차에 해당한다.

이와 유사하게 6.6 kg의 해당 z-value는 $\frac{6.6-6.5}{0.0633} = 1.58$ 편차값이다.

표61.6을 사용하여 이와 같은 표준 편차에 해당하는 면적은 0.4992 그리고 0.4430이다. 그러므로 **평균 질량이 확률값은 6.3 kg과 6.6 kg 사이에서 0.4992 + 0.4430 = 0.9422이다.** (이의 의미는 10,000개의 샘플을 추출했을 때 이들중 9422개 샘플들은 합산 질량의 범위는 378 kg과 396 kg 내에 있다.

(b) 60개 잉곳의 혼합 질량이 399 kg이면 평균 질량은 $\frac{399}{60}$ 즉 6.65 kg이다. z-value는 6.65 kg인 경우 $\frac{6.65-6.5}{0.0633}$ 즉 2.37 표준 편차값이다. 표61.1을 보면

해당 z-value의 면적은 0.4911이다. 그러나 이 값은 $z = 0$에서 $z = 2.37$ 범위의 면적이다. 그 이상에 해당하는 값은 $z = 0$ 좌표의 오른쪽에 위치하는 모든 면적에서 $z = 0$ 그리고 $z = 2.37$ 범위 내 면적을 빼주어야 하는데 이는 0.5000 − 0.491이다. 따라서 면적은 표준 정규 곡선을 위한 확률에 비례하기 때문에 **평균 질량이 6.65kg 보다 클 확률**은 0.5000 − 0.4911 즉 **0.0089**이다(이는 예를 들면 89개 샘플들이 10,000 중에서 399 kg 초과 혼합 질량을 갖는다는 의미다).

+ 다음 연습 문제를 풀어 보시오.

연습 문제 236 평균값의 샘플링 분포

1. 1500개 볼트들의 길이는 정규 분포이며 평균값은 22.4 cm 그리고 표준 편차는 0.0438 cm이다. 30개 샘플을 랜덤하게 모집단에서 추출하고, 각 샘플은 36개 볼트인 경우 샘플링 분포의 평균값과 표준 편차를 결정하는데 이때 복원을 가정한다.

2. 문제 1의 평균값들의 표준 오차를 결정하는데 샘플링은 미복원 방식이며 소수점 네자리까지 구하시오.

3. Power punch는 1800개의 워셔를 시간당 생산한다. 내부 반경의 평균값은 1.70 cm이며 표준 편차는 0.013 cm이다. 20개 워셔를 샘플로 랜덤하게 매 5분마다 추출하였다. 평균값 샘플링 분포의 평균과 편치로부터 시간당 생산품의 표준 오차를 결정하시오. (a) 복원 방식 (b) 비복원 방식일 때 유효숫자 3자리까지 구하시오.

많은 수량의 전구들은 고장까지의 평균 수명이 800시간 그리고 표준 편차는 60시간이다. 이와 같은 데이터를 사용하고 표 61.3을 통하여 문제 4, 5, 6을 구하시오.

4. 랜덤 샘플로 64개 전구를 추출하여 평균 고장 시간이 785시간 보다 적을 확률을 계산하여 소수점 3자리까지 구하시오.
5. 확률값을 평균 고장 시간에 대하여 랜덤 샘플 16개 전구를 추출하여 790시간과 810시간 사이에서 계산하여 소수점 세자리 까지 구하시오.
6. 64개로 구성되는 랜덤 샘플에 대하여 평균 고장 시간이 820시간을 초과할 확률을 계산하고 유효숫자 2개로 정정하시오.
7. 생산물의 1200개 통조림 탁송 내용물은 평균 질량 0.504 kg 그리고 표준 편차 92 g이다. 탁송물에서 40개 통조림 랜덤 샘플을 추출하여 혼합 질량이 (a) 20.13 kg보다 적을 확률 (b) 20.12 kg과 20.17 kg 범위일 경우 그리고 (c) 20.17 kg을 초과할 확률을 계산하여 유효숫자 세자리 까지 구하시오.

64.4 모집단 파라메터의 큰 샘플 사이즈를 기반한 추정

모집단이 클 경우 평균값과 표준 편차를 기본적인 공식을 사용하여 구하는 것은 비 실용적이다. 모집단이 매우 큰 경우 이들 값의 결정은 불가능하다. 모집단이 크거나 무한대일 경우 평균값과 표준 편차는 모집단의 샘플들로부터 얻은 데이터를 사용하여 추정한다.

점 그리고 구간 추정

모집단 파라메터의 추정, 예를 들면 평균값 또는 표준 편차를 한 개의 숫자에 의존하는 방법을 **점 추정**이라한다. 모집단 파라메터 추정을 두 개의 주어진 숫자를 사용하여 파라메터가 두 숫자 사이에 있을 것을 고려하는 방식을 **구간 추정**이라 한다. 따라서 만약 물체의 길이를 추정하여 결과가 150 cm로 인용 되었다면 이는 점 추정이다. 결과가 만약 150 ± 10 cm로 인용되면 이는 구간 추정이며 의미는 길이는 140 그리고 160 cm 사이에 있음을 나타낸다. 일반적으로 점 추정값은 실제 값에 대한 근접 정도를 나타내지 않으며 추가적인 정보가 제공되어 진가에 대한 평가를 할 수 있도록 해야 한다. 오차에 대한 기술 또는 추정의 정밀도를 종종 **신뢰도**라 한다. 통계학에서 추정을 모집단 샘플에 의하여 산출하는 경우 보통은 구간 추정을 사용한다. 추정이라는 용어는 추측에 의한 접근 방식을 의미하는 것이 아니며 값이 신중하게 선택되었으며 추정에 대한 신뢰 수준을 추가적으로 제공한다.

신뢰 구간

64.3에서 샘플을 모집단에서 추출하면 이들 샘플의 평균값들은 근사적으로 정규분포가 된다고 언급하였는데 이는 평균값들이 평균값 샘플링 분포를 구성하면 이들은 근사적으로 정규 분포를 이룬다는 의미이다. 추가적으로 표준 편차를 각 샘플에서 구하면 모든 샘플들의 표준 편차는 근사적으로 정규 분포이며 즉 표준 편차의 샘플링 분포의 표준 편차는 근사적으로 정규 분포임을 의미한다. 샘플링 분포의 평균 또는 표준 편차 파라메터는 **sampling statistics** S라 한다. μ_s를 샘플링 분포의 샘플링 statistics의 평균값 즉 샘플 평균들의 평균값 또는 샘플 표준 편차값 들의 평균값이라 하자. 또한 σ_s를 샘플링 분포의 샘플링 통계의 표준 편차 즉 샘플 평균들의 평균값 또는 샘플 표준 편차값 들의 표준편차라 하자. 평균값과 표준 편차의 샘플링 분포는 정규 분포이므로 샘플링 statistic의 구간내에 놓일 확률 예측이 가능하다:

평균값 ±1 표준 편차.

평균값 ±2 표준 편차.

평균값 ±3 표준 편차.

테이블을 사용하여 표준 정규 분포 곡선 아래에 있는 부분 면적을 표 61.1에서 구해보면, z-value를 +1 표준 편차에 대하여 구하면 0.3413이며 따라서 ±1 표준 편차에 해당하는 면적은 2 × 0.3413 즉 0.6826 이다. 따라서 백분율 확률값 즉 샘플링 분포가 평균값 ±1 표준 편차 사이에 존재할 확률은 68.26%이다. 유사하게 백분율 확률값 즉 샘플링 분포가 평균값 ±2 표준 편차 사이에 존재할 확률은 95.44% 그리고 평균값 백분율 확률값 즉 샘플링 분포가 평균값 ±3 표준 편차 사이에 존재할 확률은 99.74%이다. 68.26%, 95.44% 그리고 99.74% 값들은 **신뢰성 수준**이라 부르며 이는 샘플링 statistics를 추정하는데 사용된다. 신뢰성 수준 68.26은 두 가지 값과 연관이 있는데 이는 $S-$ (1 표준 편차) 즉 $S-\sigma_s$ 그리고 $S+$ (1 표준 편차) 즉 $S+\sigma_s$ 이다. 두 값들은 추정의 **신뢰도 한계**이며 신뢰도 한계 사이 간격을 **신뢰도 구간**이라 부른다. 신뢰 구간이 지시하는 사항은 기대치 또는 모집단 통계치 추정을 발견할 수 있는 구간내의 신뢰도이며 이는 샘플링 통계에 근거한다. 표 64.1에 있는 값들은 표 61.1에 주어진 값들에 근거하며 이를 통하여 몇몇 신뢰도 레벨과 관련된 z-value를 제시하며 (주어진 몇몇 값들은 보간에 의하여 구하였다). 표가 이와 같은 의미로 사용되는 경우 z-value들은 통상적으로 z_C로 표시하며 이들은 **신뢰도 계수**라 불리운다.

신뢰도 레벨의 또 다른 값들과 관련된 신뢰도 계수는 표 61.1을 통하여 구한다.

표 64.1

Confidence level, %	Confidence coefficient, z_c
99	2.58
98	2.33
96	2.05
95	1.96
90	1.645
80	1.28
50	0.6745

문제 4. 신뢰도 수준 98.5%에 해당하는 신뢰도 계수를 구하여라.

98.5%는 0.9850에 해당한다. 의미하는 내용은 표준 정규 곡선 $-z_c$ 그리고 $+z_c$ 범위내의 넓이 즉 $2z_c$에 해당하는 값은 전체 면적의 0.9850이다. 따라서 평균값과 z_c 사이의 면적은 $\frac{0.9850}{2}$ 즉 전체 면적 0.4925이다. 부분 면적 0.4925에 해당하는 z-value는 2.43이며 이는 표 61.1에서 구할 수 있다. 따라서 **신뢰도 계수가 신뢰도 한계 98.5%에 해당하는 값은 2.43이다.**

(a) 모집단의 평균값을 추정하는데 이때 모집단의 표준 편차는 알고 있다.

샘플을 커다란 모집단에서 추출하며, 표준 편차를 알고 있을 때 샘플의 평균값을 결정할 수 있다. 이와 같은 평균값을 사용하여 모집단의 평균값을 추정할 수 있다. 이를 수행하면 모집단의 평균값에 대한 추정치는 두 개 값 사이에 존재하는데 이는 신뢰 한계값이며 추정치는 신뢰 구간에 위치한다. 매우 높은 신뢰도가 추정치 μ에 대하여 요구되면 신뢰도 범위는 증가한다. 예를 들어서 요구되는 신뢰도 수준이 96%이면 표 64.1로부터 신뢰도 구간은 $-z_c$에서 $+z_c$이며 이는 $2 \times 2.05 = 4.10$ 표준 편차 크기이다. 이와 반대로 낮은 수준의 신뢰도는 좁은 신뢰도 구간을 갖는데 50%의 신뢰도 레벨은 신뢰도 구간 2×0.6745 즉 1.3490 표준 편차이다. 68.26% 신뢰도 수준을 갖는 모집단 평균값 추정은 모집단 평균값 μ가 평균값 $\bar{x}$와 동일하다고 추정하는 것이며 이와 함께 추정에 대한 신뢰도 구간을 기술한 것이다. 68.2% 신뢰도 수준은 ±1 표준 편차의 샘플링 분포 평균값들에 해당하며 따라서 68.26% 신뢰도 수준의 모집단 추정은 아래와 같다:

$$\bar{x} \pm 1\sigma_{\bar{x}}$$

일반적으로 임의의 신뢰도 수준의 추정이 가능하며 이를 위하여 $\bar{x} \pm z_c\sigma_{\bar{x}}$를 사용하며 이때 z_c는 신뢰도 계수로서 특정 신뢰도 요구 수준에 해당한다. 따라서 96% 신뢰도 수준은 모집단 평균값의 신뢰도 한계가 $\bar{x} \pm 2.05\sigma_{\bar{x}}$로 주어진다. 단지 한 개의 샘플이 주어지면 평균값들의 표준 편차 $\sigma_{\bar{x}}$는 알려지지 않는다.
그러나 64절에 따르면 아래와 같다:

$$\sigma_{\bar{x}} = \frac{\sigma}{\sqrt{N}}\sqrt{\left(\frac{N_p - N}{N_p - 1}\right)}$$

따라서 **신뢰도 한계는 모집단 평균에 대하여 아래와 같다.**

$$\bar{x} \pm \frac{z_c\sigma}{\sqrt{N}}\sqrt{\left(\frac{N_p - N}{N_p - 1}\right)} \tag{4}$$

이는 유한한 모집단 크기 N_p에 해당한다.
신뢰도 한계는 모집단 평균에 대하여 아래와 같으며

$$\bar{x} \pm \frac{z_c\sigma}{\sqrt{N}} \tag{5}$$

이는 무한한 모집단 크기에 해당한다.
따라서 샘플 크기가 N 그리고 평균값 $\bar{x}$에 대하여 무한한 크기의 모집단이 표준 편차 σ일 경우 모집단의 평균값 추정치는 예를 들어 아래와 같다.

$$\bar{x} \pm \frac{2.33\sigma}{\sqrt{N}}$$

해당 신뢰도 수준은 98%이다. 이것의 의미는 모집단의 평균값이 구간 범위

$$\bar{x} - \frac{2.33\sigma}{\sqrt{N}} \text{ 그리고 } \bar{x} + \frac{2.33\sigma}{\sqrt{N}}$$

이며 해당 예측에서의 신뢰도는 98%이다.

문제 5. 특정 기계에서 오랜 동안 생산된 못들의 지름은 표준 편차가 0.018 cm이다. 해당 기계에서 하루 동안 생산된 못의 랜덤 샘플 100개의 지름은 평균값이 0.476 cm이다. 기계가 2500개를 하루에 생산하였을 때 (a) 90% 신뢰성 한계와 (b) 97% 신뢰성 한계를 하루에 생산된 모든 못의 평균 지름에 대하여 추정하여라.

모집단은:

표준 편차, $\sigma = 0.018$ cm

모집단 개수, $N_p = 2500$

샘플은:

샘플내의 개수, $N = 100$

평균값, $\bar{x} = 0.476$ cm

모집단은 유한하고 모집단 표준 편차는 알려져 있으므로, 식 (4)를 사용하여 모집단 평균에 대한 신뢰도 한계를 추정한다.

$$\bar{x} \pm \frac{z_c \sigma}{\sqrt{N}} \sqrt{\left(\frac{N_p - N}{N_p - 1}\right)}$$

(a) 90% 신뢰도 수준에 대하여 신뢰도 계수 z_c값은 1.645이며 이는 표 64.1과 같다. 따라서 모집단 평균 μ의 신뢰도 한계 추정은 다음과 같다.

$$0.476 \pm \left(\frac{(1.645)(0.018)}{\sqrt{100}}\right) \sqrt{\left(\frac{2500 - 100}{2500 - 1}\right)}$$

즉

$$0.476 \pm (0.00296)(0.9800) = 0.476 \pm 0.0029 \text{ cm}$$

따라서 **90% 신뢰성 한계는 0.473 cm 그리고 0.479 cm 이다.**

위 사항이 의미하는 것은 만약 샘플 100개 못의 평균 지름이 0.476cm 이면 모든 못들의 평균 지름이 0.473 cm 그리고 0.479 cm 범위에 존재하며 이 같은 예측에 대한 신뢰성은 10개 중에 9개에 대하여 정확하다는 것이다.

(b) 97% 신뢰성 수준을 위하여 z_c값 결정은 표준 정규 곡선 하단에 위치한 부분 면적 테이블에서 구할 수 있는데 이는 표 61.1를 사용하며, 이는 표 64.1에서 주어진 값들 중 하나가 아니다. 좌표 $-z_c$와 $+z_c$ 사이의 전체 면적은 0.9700이어야 한다. 표준 정규 곡선은 대칭이므로 $z_c = 0$과 $+z_c$ 사이 면적은

$\frac{0.9700}{2}$ 즉 0.4850은 표 61.1에서 구할 수 있으며, 면적 0.4850은 z_c값 2.17에 해당한다. 따라서 모집단 평균의 신뢰성 한계값의 추정 범위는

$$\bar{x} \pm \frac{z_c \sigma}{\sqrt{N}} \sqrt{\left(\frac{N_p - N}{N_p - 1}\right)}$$
$$= 0.476 \pm \left(\frac{(2.17)(0.018)}{\sqrt{100}}\right) \sqrt{\left(\frac{2500 - 100}{2500 - 1}\right)}$$
$$= 0.476 \pm (0.0039)(0.9800)$$
$$= 0.476 \pm 0.0038$$

따라서 **97% 신뢰도 한계는 0.472 cm와 0.480 cm 이다.**

여기서 알 수 있는 사항은 더 높은 수준의 신뢰성 값이 (b)에서 계산 되는데 이는 더 넓은 신뢰도 구간에 해당한다.

문제 6. 평균 지름을 길이가 긴 도선에 대하여 구하고자 한다. 도선의 지름은 25 장소에서 랜덤하게 전체적 길이들을 선택 하였으며 평균값은 0.425 mm이다. 표준 편차가 지름에 대하여 제조업자가 제공한 값은 0.033 mm이다. (a) 80% 신뢰도 구간을 추정 평균 도선 지름에 대하여 계산하고 (b) 신뢰도 수준을 평균 지름 0.425 ± 0.012 mm 범위에 대하여 결정하시오.

모집단의 $\sigma = 0.030$ mm

샘플은 $N = 25$, $\bar{x} = 0.425$ mm

무한 횟수의 측정을 도선 지름에 대하여 얻을 수 있으므로, 모집단은 무한하고 모집단 평균 신뢰도 구간에 대한 추정값은 식 (5)와 같다.

(a) 신뢰도 수준 80% 에 대한 z_c값은 표 64.1에서 구하며 이는 1.28이다.

80% 신뢰도 수준 추정에 해당하는 신뢰도 구간은 아래와 같다.

$$\mu = \bar{x} \pm \frac{z_c \sigma}{\sqrt{N}} = 0.425 \pm \frac{(1.28)(0.030)}{\sqrt{25}}$$
$$= 0.425 \pm 0.0077 \text{ mm}$$

즉 80% 신뢰도 구간은 0.417과 0.433 범위이다.

추정 평균 도선의 지름은 0.417 mm와 0.433 mm를 나타내며 예측값이 100번의 측정에서 80번 옳다는 것이다.

(b) 신뢰도 수준 결정을 위하여 주어진 자료를 식 (5)와 등식을 취하면

$$0.425 \pm 0.012 = \bar{x} \pm z_c \frac{\sigma}{\sqrt{N}}$$

$\bar{x} = 0.425$이므로

$$\pm z_c \frac{\sigma}{\sqrt{N}} = \pm 0.012$$

즉 아래와 같다.

$$z_c = \frac{0.012\sqrt{N}}{\sigma} = \pm \frac{(0.012)(5)}{0.030} = \pm 2$$

표 61.1을 사용하여 부분 면적을 표준 정규 곡선 아래 부분에 대하여 구하면 z_c값이 2배의 표준 편차에 해당하는 면적은 0.4772이며 이는 평균값 ($z_c = 0$) 그리고 +2 표준 편차에 해당한다. 표준 정규 곡선은 대칭이므로 평균값과 ±2 표준 편차 사이의 면적은

$0.4772 \times 2 = 0.9544$이다.

따라서 **0.425 ± 0.012에 해당하는 신뢰도 수준은 95.44%이다.**

(b) 평균값과 표준 편차를 모집단에서 추정하는데 샘플 데이터를 사용한다.

커다란 모집단의 표준 편차는 알려지지 않았으며 이번 경우에는 여러개의 샘플을 모집단에서 추출한다. 평균값들의 샘플링 분포의 평균, $\mu_{\bar{x}}$ 그리고 평균값들의 샘플링 분포의 표준 편차 (즉 평균값들의 표준 오차), $\sigma_{\bar{x}}$를 결정한다. 모집단 평균값 μ의 신뢰도 한계는 아래와 같다.

$$\mu_{\bar{x}} \pm z_c \sigma_{\bar{x}} \qquad (6)$$

여기서 z_c는 신뢰도 계수이며 이는 요구되는 신뢰도 수준에 해당된다.

표준 편차 σ를 추정하는데 모집단은 정규 분포이다.

(i) 샘플 표준 편차들의 샘플링 분포는 형성되어 있으며

(ii) 샘플링 분포의 표준 편차의 결정은 기본적인 표준 편차 공식을 사용한다.

이와 같은 표준 편차는 표준 편차들의 표준 오차라고 불리우며 표기는 σ_s로 한다. 만약 s가 한 개 샘플의 표준 편차이면 모집단 표준 편차의 신뢰도 한계는 아래와 같다.

$$s \pm z_c \sigma_s \qquad (7)$$

여기서 z_c는 신뢰도 계수이며 이는 요구되는 신뢰도 수준에 해당한다.

문제 7. 여러 개의 50개 퓨즈 샘플들을 커다란 묶음에서 랜덤하게 선택하여 시험 하였는데 이때 동작은 10% 과부하 전류 조건이며 샘플링 분포의 평균 시간들은 퓨즈 고장 발생 이전까지 16.50분이다. 평균값의 표준 오차는 1.4분이다. 추정 평균 고장 시간을 퓨즈의 묶음에서 결정하는데 신뢰도 수준은 90%이다.

샘플링 분포의 : 평균값, $\mu_{\bar{x}} = 16.50$ 그리고 평균값의 표준 오차 $\sigma_{\bar{x}} = 1.4$이다.

모집단의 추정 평균값은 단지 샘플링 분포 데이터에 의존하며 따라서 식 (6)을 사용하는데 모집단 추정 평균의 신뢰도 한계는 $\mu_{\bar{x}} \pm z_c \sigma_{\bar{x}}$이다.

신뢰도 수준 90%는 $z_c = 1.645$이며(표 64.1 참조), 이에 따라

$$\begin{aligned}\mu_{\bar{x}} \pm z_c \sigma_{\bar{x}} &= 16.50 \pm (1.645)(1.4) \\ &= 16.50 \pm 2.30\text{m}.\end{aligned}$$

이다.

따라서 **90% 신뢰도 수준의 고장 발생 평균 시간은 14.20분과 18.80분 범위이다.**

문제 8. 커다란 묶음에서 추출한 컨덴서 랜덤 샘플의 샘플링 분포는 표준 편차 0.12 μF의 표준 오차를 갖는다. 92% 신뢰도 수준을 갖는 전체 묶음의 표준 편차를 추정하시오. 고려할 상황은 특정 샘플의 표준 편차 0.60 μF이다. 콘덴서 묶음내의 값들은 정규 분포를 갖는다고 가정할 수 있다.

샘플의 표준 편차는 $s = 0.60\ \mu\text{F}$이다.

샘플링 분포의 표준 편차 오차는 아래와 값을 갖는다.

$$\sigma_s = 0.12\ \mu\text{F}$$

신뢰도 수준이 92%인 경우, 표 58.1에 있는 표준 정규 곡선 아래 부분의 면적을 사용하면

$$\text{면적} = \frac{0.9200}{2} = 0.4600$$

이며 z_c는 ± 1.751 표준 편차이다(이는 보간법에 의하여 구하였다).

모집단은 정규 분포이므로 모집단의 표준 편차의 신뢰도 한계는 $s \pm z_c \sigma_s$를 사용하면 아래와 같다.

$$s \pm z_c \sigma_s = 0.60 \pm (1.751)(0.12) = 0.60 \pm 0.21\mu\text{F}$$

따라서 **92%의 신뢰도 구간은 표준 편차 추정에 있어서 묶음에 대하여 0.39 μF에서 0.81 μF이다.**

+ 다음 연습 문제를 풀어 보시오.

연습 문제 237 모집단 파라메터 추정에 있어 커다란 샘플 크기 사용하기

1. 측정을 위하여 랜덤 샘플링으로 100개 소자를 선택하였는데 모집단의 크기는 1546 그리고 표준 편차는 2.93 mm이다. 측정된 평균값은 67.45 mm이다. 신뢰도 한계 95%, 99%에 해당하는 추정을 모집단의 평균에 대하여 결정하시오.

2. 표준 편차값이 500개 블록의 질량에 대하여 150 kg이다. 랜덤 샘플 40개 블록의 평균 질량은 2.40 Mg이다.

   (a) 95%, 99% 신뢰도 구간에 해당하는 평균 질량에 대한 추정을 나머지 460 블록에 대하여 수행하시오.

   (b) 신뢰도 수준이 나머지 460개 블록들 평균 질량의 2.40 ± 0.035 Mg에 해당하는 값을 기술하시오.

3. 금속의 열적 팽창을 추정하기 위하여 길이 변화 측정을 주어진 온도 변화에 조건에 따라 학생들이 수행하였다. 샘플링 분포의 평균값 측정 결과는 12.89×10^{-4}m°C^{-1} 그리고 평균값의 표준 오차는 0.04×10^{-4}m°C^{-1}이다. 95% 신뢰도 구간에 해당하는 추정을 금속의 열 팽창 평균값에 대하여 계산하여 소수점 2자리까지 구하시오.
4. 표준 편차의 전자 부품 고장 발생 시간에 대한 추정치는 100시간이다. 샘플 성분들의 크기를 결정하여 90% 신뢰도 수준을 위한 고장 추정 시간 오차가 (a) 20시간을 초과하지 않도록 (b) 10시간을 초과하지 않도록 해당 값을 구하시오.
5. 특정한 지름을 갖는 60개 밧줄 샘플들을 선택하였으며 리프팅 용도로 사용되는 이들의 파괴 시험을 수행한다(즉 밧줄이 끊어질 때 까지 하중을 가한다). 평균과 표준 편차는 파괴 하중값 11.09톤 그리고 0.73톤이다. 95% 신뢰도 구간에 해당하는 평균값을 절단 하중에 대하여 구하는데 모든 밧줄에 대한 해당 회사 제품 특정 반지름에 대하여 구하시오.
6. 자동제어장치 조립 소요 시간을 40명의 숙련공을 대상으로 측정하였으며 평균 시간 14.63분 그리고 표준 편차는 2.45분이다. 최대 오차 시간을 모든 작업자를 대상으로 실제 평균 조립 시간에 대하여 결정하며 이때 신뢰도 수준은 95%로 한다.

64.5 모집단에 대한 평균값 추정을 작은 샘플 크기를 사용하여 수행하기

64.4절에서 사용한 방법은 모집단에 대한 추정을 평균값 그리고 표준 편차에 대하여 수행하기 위하여 상대적으로 커다란 샘플 크기에 의존하였는데 이는 30 또는 그 이상이다. 샘플 크기가 큰 경우 샘플링 분포의 파라메터는 정규 분포를 갖는다. 샘플의 크기가 작을 경우 통상적으로 30개 이하일 때 모집단 추정을 위하여 64.4절에서 사용된 기술은 정확도가 크기가 작아질수록 점점 낮아지는데 이유는 샘플링 분포가 더 이상 근사적으로 정규분포 형태가 아니기 때문이다. 연구 수행을 통하여 작은 샘플 크기의 효과를 추정 이론을 통하여 W. S. Gosset이 이십 세기 초에 수행하였는데 연구 결과에 의하여 유용한 테이블을 생성하였으며, 이를 통하여 현실적인 추정을 샘플 크기가 작을 때에도 할 수 있게 되었다. 테이블을 통하여 t-value를 결정하는데 다음 관계를 사용한다.

$$t = \frac{(\bar{x} - \mu)}{s}\sqrt{(N-1)}$$

$\bar{x}$은 한 개 샘플의 평균값, μ는 모집단의 평균값으로 이로부터 샘플을 추출했으며 s는 샘플의 표준 편차 그리고 N은 샘플을 구성하는 독립적인 관측 횟수이다. Gosset은 그의 이론을 'Student'라는 필명으로 출판하였으며 제시한 테이블들은 **'Student의 *t* 분포'**로 불리운다.

모집단 평균의 신뢰도 한계는 작은 크기의 샘플이 랜덤하게 추출한 경우 아래와 같다.

$$\bar{x} \pm \frac{t_c s}{\sqrt{(N-1)}} \qquad (8)$$

이와 같은 추정에서 t_c는 작은 크기의 샘플을 위한 신뢰도 계수이며 이는 샘플 크기가 큰 경우 z_c와 유사하며 s는 샘플의 표준 편차 그리고 $\bar{x}$는 샘플의 평균값 그리고 N은 샘플을 구성하는 멤버들의 개수이다. 표 64.2는 Student's t 분포의 percentile(백분위 수) 값이라 한다. 표의 열들은 접두어 t_p가 붙으며 여기서 p는 0.995, 0.99, 0.975, ⋯ , 0.55이다. 신뢰도 수준 95%는 열 0.95_t 접두어를 갖는 것이 선택된다. 행은 그리스 문자 μ가 앞에 쓰이며 순번은 1에서 30까지는 단계 1 그리고 나머지는 40, 60, 120 그리고 ∞이다. 이와 같은 번호들은 **degree of freedom**이라 하며 정의는 아래에 있다.

> *'The sample number, N, minus the number of population parameters which must be estimated for the sample.'*

t-value 결정을 위하여 주어진 식에서

$$t = \frac{(\bar{x} - \mu)}{s}\sqrt{(N-1)}$$

알아야 하는 샘플 파라메터는 $\bar{x}$와 s이며 모집단 파라메터는 μ이다. $\bar{x}$와 s는 샘플에서 구하며, 통상적으로 추정에 의하여 모집단 평균 μ 계산하는데 샘플의 평균값에 근거한다. 자유도 넘버 υ는 샘플에서 얻어진 독립적인 관측 개수이며, N에서 추정해야 하는 모집단 파라메터 개수, k 즉 $\upsilon = N - k$이다. 아래 식에서

$$t = \frac{(\bar{x} - \mu)}{s}\sqrt{(N-1)}$$

μ는 추정해야 하므로 따라서 자유도 υ는 항상 $N-1$이다. 모집단 평균 추정에 사용되는 방법은 샘플의 크기가 작은 경우 문제 9에서 11에 나타난다.

문제 9. 12개 측정값들을 막대의 지름에 대하여 구하였으며, 샘플의 평균값은 1.850 cm이다. 샘플 표준 편차는 0.16mm이다. 결정해야 할 사항은 (a) 90% 신뢰도 한계 그리고 (b) 실제 막대 지름 추정치의 70% 신뢰도 한계이다.

샘플에 대하여, 크기는 12, 샘플 평균값 $\overline{x} = 1.850$ cm 표준편차 $s = 0.16$ mm $= 0.016$ cm이다. 샘플의 개수가 30개 이하이므로 작은 샘플을 위한 추정 표현으로 주어진, 식 (8)을 사용해야한다. 자유도 개수는 샘플의 크기에서 추정해야 하는 모집단 파라메터 개수를 제외해야 하므로 $12 - 1$ 즉 11이다.

(a) 백분위수를 해당 신뢰도 계수 값 $t_{0.90}$ 그리고 자유도 값 $\upsilon = 11$에 대하여 표 64.2를 사용하면 1.36이며 즉 $t_c = 1.36$이다. 모집단 평균의 추정치는 아래와 같다.

$$\overline{x} \pm \frac{t_c s}{\sqrt{(N-1)}} = 1.850 \pm \frac{(1.36)(0.016)}{\sqrt{11}}$$
$$= 1.850 \pm 0.0066\,\text{cm}$$

따라서 **90% 신뢰도 한계는 1.843 cm 그리고 1.857 cm이다.**

의미하는 사항은 실제 지름은 1.843 cm와 1.857 cm 사이에 있을 수 있으며 이와 같은 예측은 90% 정확도를 갖는다.

(b) 백분위수는 $t_{0.90}$ 그리고 $\upsilon = 11$에 해당 값은 표 64.2로부터 구하면 0.540 즉 $t_c = 0.540$이다. 70% 신뢰도 한계 추정치는 아래와 같다.

$$\overline{x} \pm \frac{t_c s}{\sqrt{(N-1)}} = 1.850 \pm \frac{(0.540)(0.016)}{\sqrt{11}}$$
$$= 1.850 \pm 0.0026\,\text{cm}$$

따라서 70% 신뢰도 한계는 1.847 cm 그리고 1.850 cm 이며, 이는 실제 반경이 1.847 cm 그리고 1.850 cm 사이에 있으며 70% 확률의 정확도를 갖는다.

문제 10. 샘플 아홉 개 전기 램프를 랜덤하게 커다란 묶음에서 선택하였으며 고장 발생 시점까지 시험하였다. 평균과 표준 편차는 1210시간 그리고 26시간이다. 신뢰도 수준을 추정 고장 시간 1210 ± 6.5시간에 대하여 구하여라.

샘플 크기 $N = 9$, 표준편차 $s = 26$ 시간, 평균값 $\overline{x}$이다. 신뢰도 한계는 아래 식과 같으며

$$\overline{x} \pm \frac{t_c s}{\sqrt{(N-1)}}$$

해당 값은 1210 ± 6.5이다.

$\overline{x} = 1210$시간이므로

$$\pm \frac{t_c s}{\sqrt{(N-1)}} = \pm 6.5$$

즉

$$t_c = \pm \frac{6.5\sqrt{(N-1)}}{s} = \pm \frac{(6.5)\sqrt{8}}{26}$$
$$= \pm 0.707$$

표 64.2로부터 t_c 값은 0.707이며 $N - 1$은 8, 이에 따라 t_p는 $t_{0.75}$이다.

따라서 **신뢰도 수준은 추정 고장 시간 1210 ± 6.5시간에 대하여 75%**이며, 이의 의미는 모든 램프의 75%는 고장 발생이 1203.5 그리고 1216.6시간 사이에 발생한다는 것이다.

문제 11. 특정 저항 값을 구리선의 지름 1 mm에 대하여 추정하였는데 여섯 개 샘플 도선으로 결정하였다. 저항 값 단위는 미터 당 옴이며 값들은 아래와 같다.

2.16, 2.14, 2.17, 2.15, 2.16 그리고 2.18

신뢰도 구간 95%를 실제 특정 도선 저항 값에 대하여 결정하여라.

샘플의 크기 $N = 6$이며 평균값은

$$\overline{x} = \frac{2.16 + 2.14 + 2.17 + 2.15 + 2.16 + 2.18}{6}$$
$$= 2.16\,\Omega\,\text{m}^{-1}$$

표준 편차는

$$s = \sqrt{\left\{ \frac{\begin{array}{c}(2.16-2.16)^2 + (2.14-2.16)^2 \\ +(2.17-2.16)^2 + (2.15-2.16)^2 \\ +(2.16-2.16)^2 + (2.18-2.16)^2\end{array}}{6} \right\}}$$

$$= \sqrt{\frac{0001}{6}} = 0.0129\,\Omega\,\text{m}^{-1}$$

신뢰도 계수 $t_{0.95}$과 자유도 $N - 1$, $6 - 1 = 5$에 해당하는 백분위값은 2.02이며 이는 표 64.2에 있다. 신뢰도 한계 95%에 대한 추정치는

$$\overline{x} \pm \frac{t_c s}{\sqrt{(N-1)}} = 2.16 \pm \frac{(2.02)(0.0129)}{\sqrt{5}}$$
$$= 2.16 \pm 0.01165\,\Omega\,\text{m}^{-1}$$

이다. 따라서 **95% 신뢰도 한계는 2.148 Ωm^{-1} 그리고 2.172 Ωm^{-1}**이며 이는 95%의 특정 도선 저항값은 2.148 Ωm^{-1} 그리고 2.172 Ωm^{-1}에 존재함을 의미한다.

표 64.2 Percentile values (t_p) for Student's t distribution with ν degrees of freedom (shaded area = p)

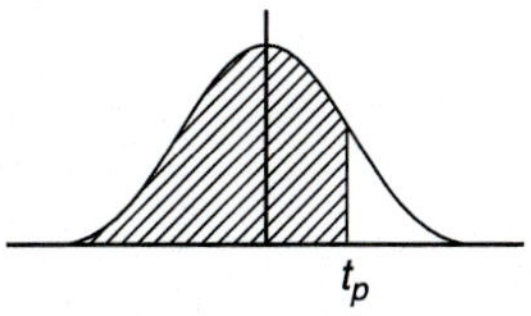

ν	$t_{0.995}$	$t_{0.99}$	$t_{0.975}$	$t_{0.95}$	$t_{0.90}$	$t_{0.80}$	$t_{0.75}$	$t_{0.70}$	$t_{0.60}$	$t_{0.55}$
1	63.66	31.82	12.71	6.31	3.08	1.376	1.000	0.727	0.325	0.158
2	9.92	6.96	4.30	2.92	1.89	1.061	0.816	0.617	0.289	0.142
3	5.84	4.54	3.18	2.35	1.64	0.978	0.765	0.584	0.277	0.137
4	4.60	3.75	2.78	2.13	1.53	0.941	0.741	0.569	0.271	0.134
5	4.03	3.36	2.57	2.02	1.48	0.920	0.727	0.559	0.267	0.132
6	3.71	3.14	2.45	1.94	1.44	0.906	0.718	0.553	0.265	0.131
7	3.50	3.00	2.36	1.90	1.42	0.896	0.711	0.549	0.263	0.130
8	3.36	2.90	2.31	1.86	1.40	0.889	0.706	0.546	0.262	0.130
9	3.25	2.82	2.26	1.83	1.38	0.883	0.703	0.543	0.261	0.129
10	3.17	2.76	2.23	1.81	1.37	0.879	0.700	0.542	0.260	0.129
11	3.11	2.72	2.20	1.80	1.36	0.876	0.697	0.540	0.260	0.129
12	3.06	2.68	2.18	1.78	1.36	0.873	0.695	0.539	0.259	0.128
13	3.01	2.65	2.16	1.77	1.35	0.870	0.694	0.538	0.259	0.128
14	2.98	2.62	2.14	1.76	1.34	0.868	0.692	0.537	0.258	0.128
15	2.95	2.60	2.13	1.75	1.34	0.866	0.691	0.536	0.258	0.128
16	2.92	2.58	2.12	1.75	1.34	0.865	0.690	0.535	0.258	0.128
17	2.90	2.57	2.11	1.74	1.33	0.863	0.689	0.534	0.257	0.128
18	2.88	2.55	2.10	1.73	1.33	0.862	0.688	0.534	0.257	0.127
19	2.86	2.54	2.09	1.73	1.33	0.861	0.688	0.533	0.257	0.127
20	2.84	2.53	2.09	1.72	1.32	0.860	0.687	0.533	0.257	0.127
21	2.83	2.52	2.08	1.72	1.32	0.859	0.686	0.532	0.257	0.127
22	2.82	2.51	2.07	1.72	1.32	0.858	0.686	0.532	0.256	0.127
23	2.81	2.50	2.07	1.71	1.32	0.858	0.685	0.532	0.256	0.127
24	2.80	2.49	2.06	1.71	1.32	0.857	0.685	0.531	0.256	0.127
25	2.79	2.48	2.06	1.71	1.32	0.856	0.684	0.531	0.256	0.127
26	2.78	2.48	2.06	1.71	1.32	0.856	0.684	0.531	0.256	0.127
27	2.77	2.47	2.05	1.70	1.31	0.855	0.684	0.531	0.256	0.127
28	2.76	2.47	2.05	1.70	1.31	0.855	0.683	0.530	0.256	0.127
29	2.76	2.46	2.04	1.70	1.31	0.854	0.683	0.530	0.256	0.127
30	2.75	2.46	2.04	1.70	1.31	0.854	0.683	0.530	0.256	0.127
40	2.70	2.42	2.02	1.68	1.30	0.851	0.681	0.529	0.255	0.126
60	2.66	2.39	2.00	1.67	1.30	0.848	0.679	0.527	0.254	0.126
120	2.62	2.36	1.98	1.66	1.29	0.845	0.677	0.526	0.254	0.126
∞	2.58	2.33	1.96	1.645	1.28	0.842	0.674	0.524	0.253	0.126

+ 다음 연습 문제를 풀어 보시오.

연습 문제 238 평균을 모집단에 대하여 추정하며 이때 작은 샘플을 사용한다.

1. 물질의 장력 값을 열 개 샘플을 측정하여 결정하였다. 평균과 표준편차 결과값은 5.17 MPa 그리고 0.06 MPa 이다. 95% 신뢰도 구간을 물질의 평균 장력에 대하여 결정하시오.
2. 문제 1의 자료를 사용하여 97.5% 신뢰도 구간을 물질의 평균 장력에 대하여 결정하시오.
3. 독일제 은 도선 직경 0.5 mm의 특정 저항값 추정을 위하여 7개 도선의 샘플 저항값을 결정하였다. (단위는 단위 길이당 오옴)

   1.12, 1.15, 1.10, 1.14, 1.15, 1.10 그리고 1.11

   99% 신뢰도 구간을 실제의 특정 도선 릴 저항값에 대하여 구하시오.
4. 금속 용융점 결정을 위하여 다섯 개 융점을 결정하였다. 평균과 표준 편차는 다섯 개 결과에서 132.27°C 그리고 0.742°C이었다. 신뢰도를 예측 융점이 금속에 대하여 131.48°C 그리고 133.06°C 사이가 될수 있도록 구하여라.

Chapter 65

유의성 검증

유의성 검증을 이해하는 것이 왜 중요한가?

통계적 시험에서는 결과를 통계적으로 유의하다고 하는데 이는 우연한 발생 가능성이 거의 없다는 의미이며 따라서 충분한 증거를 제시하여 효과 없음을 주장하는 가설을 부정한다. 시험이 포함하는 것은 관측 값들과 이론값들의 비교이다. 시험을 통하여 확립하는 사항은 변수 사이의 관계 또는 순수하게 우연에 의한 측정 결과의 발생 여부이다. 대부분 과학 탐구에서는 통계적 유의성 검증을 통하여 결과의 우연한 발생 가능성을 제거하여 귀무 가설의 거절을 수용한다. 이 장에서는 유의성 테스팅의 원리를 소개한다.

이 장에서는 다음 사항에 대해 공부한다.

- 가설의 이해
- 유형 1 그리고 유형 2 에러들의 이해
- 유형 1과 유형 2 에러 계산을 위한 이항 그리고 포아송 근사의 사용
- 모집단 평균에 대한 유의성 검증의 이해
- 중요도 테스트를 사용한 가설의 선택
- 주어진 유의성 수준에 대한 두 가지 샘플 평균값들의 비교

65.1 가설(Hypotheses)

통계학의 산업계 응용 관련 사항에는 모집단과 모집단 파라메터의 결정이 있다. 예를 들어 두 가지 생산 공정에 대한 성능 비교 또는 특정 기계의 생산 중단 결정인데 이에 대한 사유인 경제적으로 수용 불가능한 불량 부품 생산 개수는 통상적으로 평균과 표준 편차의 모집단에 대한 결과 값에 의존하는데 이들은 모집단에서 추출한 샘플에서 계산한다. 이 같은 결정을 도출하기 위하여 특정한 가정을 사용하는데 이들은 참이거나 거짓일 수 있다. 가정들을 **통계적 가설** 또는 **가설**이라 부르며 통상적으로 모집단의 확률 분포에 대한 기술과 관계된다. 예를 들면 주사위 공정성의 결정 즉 바이어스 되지 않음을 결정하기 위하여 가설을 설정할 수 있는데 말하자면 숫자 5는 확률값 1/6로 발생한다는 것이며 이유는 주사위에는 여섯 개 번호가 있기 때문이다. 이와 같은 가설을 **귀무 가설(null hypothesis)**이라고 부르며 이는 초기 주장이다. 심볼 H_0는 귀무 가설을 나타낸다. 따라서 p가 5가 던져질 확률이라면 $H_0 : p = \frac{1}{6}$의 의미는 "귀무 가설은 숫자 5가 던져질 확률은 1/6이다." 어떠한 가설도 주어진 가설과 다를 경우 **대립 가설(alternative hypothesis)**이라 불리우며 표시는 H_1이다. 따라서 많은 시험 수행 결과 주사위가 치우쳐(biased) 있어서 5의 생성이 단지 평균적으로 일곱 번마다 발생하면 여러 가지 대립 가설 문장이 만들어 진다. 예를 들어 $H_1: p = \frac{1}{7}$ 또는 $H_1: p = \frac{1}{7}$

또는 $H_1: p < \frac{1}{6}$ 또는 $H_1: p > \frac{1}{8}$ 또는 $H_1: p \neq \frac{1}{6}$들이 가능한 대립 가설로 귀무 가설 $H_0: p = \frac{1}{6}$에 대하여 가능하다. 가설들은 비교 실험이 수행될 때도 사용된다. 비교 수행을 원하는 경우, 예를 들어 두 가지 금속의 강도 실험인 경우 귀무 가설은 둘 사이에 **차이가 없다**는 주장이다. 두 가지 금속이 지탱할 수 있는 힘을 F_1 그리고 F_2라 하면 귀무 가설은 $H_0: F_1 = F_2$이다. 만약 귀무 가설을 부정해야 하는 경우 즉 두 가지 금속이 지탱하는 힘이 동일하지 않을 경우 대립 가설들은 여러 가지 형태가 가능하다.

예를 들면 $H_1: F_1 > F_2$ 또는 $H_1: F_2 > F_1$ 또는 $H_1: F_1 \neq F_2$이다. 이것들은 원래 제시된 귀무 가설에 대한 대립 가설들이다.

65.2 유형 1 그리고 유형 2 오차들

유형 1과 유형 2 오류의 의미를 설명하기 위하여 자동화 기기가 생산하는 작은 볼트를 생각해보자. 이들은 금속 막대로부터 만들어지며, 여러 가지 오류가 발생한다. 예를 들면 머리 부분이나 몸통 부분이 잘못 성형될 수 있으며 길이 또한 정확하지 않을 수 있다. 가정하기를 생산된 볼트 100개 중 하나가 여러 측면에서 오류를 가진다 하자. 만약 200개 샘플을 임의로 추출하였을 때 생산자는 3% 불량을 만족할 수 있는데 이는 샘플에서 6개 불량품이 발생할 경우이다. 또한 생산자는 불량율이 3% 또는 그 이하에서 만족 할 수 있는데 이때는 샘플내의 불량 볼트가 6개 또는 그 이하인 경우이다. 이런 상황에서 생산자는 다음과 같은 귀무가설을 제시한다.

$H_0: p = 0.03$(귀무 가설: 불량율이 3%이다.)

귀무 가설의 내용은 3% 불량률은 생산자 입장에서 만족스럽다는 것이다. 가정하기를 생산자는 불량률이 5% 또는 이상일 때 특정한 정비 작업을 수행한다는 것이다. 대립 가설은 아래와 같다.

$H_1: p \geq 0.05$
(대립 가설: 불량율이 5% 또는 그 이상이다.)

생산자의 결정은 이와 같은 가설들과 연관하여 아래와 같다.:

(i) 귀무 가설 즉 3% 불량률이 수용 가능하거나 또는 해당 불량 볼트 개수는 회사의 신뢰에 위협을 가하지 않는다는 것이다.

(ii) 귀무 가설이 채택되지 않고 불량률이 5% 또는 그 이상일 경우 기계 동작을 정지하고 필요에 따라 정비를 수행하거나 부품을 복원 하는데 이때 기계는 볼트를 생산하지 않게 되며 회사의 이윤은 감소한다.

이와 같은 결정은 처음에는 합리적으로 보이지만, 앞장에서 소개한 통계적 개념을 적용하면 생산자는 매우 유익한 결정을 만들지 못하였다.

랜덤 샘플 200개 볼트 추출을 불량률 3% 기계에서 하였을 때 확률 법칙에 의하면 일부는 볼트 불량를 포함하지 않으며 어떤 샘플은 불량 볼트 한 개를 포함 또는 두 개 이상 포함할 경우도 발생한다.

이항 분포를 사용하여 한 개 또는 그 이상 불량이 샘플에서 발생할 확률 계산이 가능하다. 따라서 열 개 또는 그 이상의 불량 볼트가 샘플에서 발생할 확률은 **3% 불량률** 경우 다음 같다: 1−(9개 이하의 불량이 발생할 확률). 계산 형태는 다음과 같다.

$$1-\left(0.97^{200}+200\times 0.97^{199}\times 0.03 + \frac{200\times 199}{2}\times 0.97^{198}\times 0.03^2 \text{ to 10 terms}\right)$$

필요한 확률 계산을 위한 또 다른 방법에서는 **정규 분포 근사화**를 이항 분포에 사용한다. 이는 다음과 같이 정리할 수 있다.

> '불량품 확률이 p 그리고 불량이 아닐 확률이 q 일 때, N개 부품으로 구성되는 하나의 샘플을 규모가 커다란 모집단에서 추출하고 Np와 Nq 값이 5 이상이면 이항 분포 근사화를 정규 분포, 평균 Np 그리고 표준 편차 $\sqrt{(Npq)}$로 할 수 있다.'

불량률이 3%이므로 $p = 0.03$이다. $q = 1 - p$, $q = 0.97$, 샘플 크기는 $N = 200$이므로 Np와 Nq는 5 이상이며 정규 근사화를 이항 분포에 적용할 수 있다.

정규 분포의 평균값은,

$$\bar{x} = Np = 200 \times 0.03 = 6$$

정규 분포의 표준 편차는

$$\sigma = \sqrt{(Npq)} = \sqrt{[(200)(0.03)(0.97)]} = 2.41$$

열 개 볼트에 대한 정규 표준 변량은 아래와 같다.

$$z = \frac{\text{variate} - \text{mean}}{\text{standard deviation}} = \frac{10-6}{2.41} = 1.66$$

표 61.1을 사용하면 평균값과 z-value 1.66 사이의 면적은 0.4515이다.

열 개 또는 그 이상의 불량 볼트일 확률은 표준 정규 분포 곡선 아래 부분 면적에서 $z = 1.66$ 좌표 왼쪽 면적을 제한 것이며 값은 $1 - (0.5 + 0.4515) = 0.0485 \approx 5\%$이다. 따라서 열 개 또는 그 이상의 불량 볼트 발생 확률은 샘플 크기가 200개일 때, **불량률이 3%일 경우에도** 5%이다. 생산자의 결정에 의하면 100에 5번은 샘플내 불량품 개수는 열 개를 초과하며 대립 가설이 선택되어 기계를 불필요하게 정지시킨다. 일반적으로 표현하면

'가설은 선택될 필요가 있을 때 거절된다.'

이와 같은 상황의 발생을 **유형 1 오류**라고 하며, 위에서는 크기가 5%이다.

불량률이 5%로 증가하였다고 가정하면, 불량 볼트 기댓값은 열 개다. 두 번째 유형 오류는 열 개 보다 적은 불량품이 불량률이 5%로 상승했을 때 발생하는 경우이다. 정규 근사화를 이항 분포에 적용하면, $N = 200$, $p = 0.05$, $q = 0.95$이다. Np와 Nq는 5보다 크며 따라서 정규 근사화의 이항 분포 적용을 만족한다. 정규 분포는 아래와 같다.

mean, $\bar{x} = Np = (200)(0.05) = 10$

standard deviation,

$$\sigma = \sqrt{(Npq)}$$
$$= \sqrt{[(200)(0.05)(0.95)]} = 3.08$$

정규 표준 백분율의 9개 불량 볼트 해당 값은

$$z = \frac{\text{variate} - \text{mean}}{\text{standard deviation}}$$
$$= \frac{9-10}{3.08} = -0.32$$

표 61.1을 사용하여 표준 정규 곡선 아래의 부분 면적을 계산하면, z-value -0.32는 평균값과 좌표 $z = -0.32$ 사이의 면적 0.1255에 해당한다. 따라서 아홉 개 또는 그 이하의 불량 볼트가 샘플에서 나올 확률은 $z = 0.32$ 좌표 즉 $0.5000 - 0.1255$ 즉 0.3745이다. 따라서 아홉 개 또는 그 이하의 불량 볼트가 200개 샘플에서 발생 할 확률은, 비록 **불량률이 5%로 상승하여도** 37%이다. 생산자 결정을 따르면 100개 마다 37 샘플에 대하여 기계는 계속 동작을 지속하지만 불량률은 5%까지 도달한 상황이다. 일반적으로 표현하면:

'가설 수락이, 거절 결정이 되어야 함에도 발생하였다.'

이와 같은 오류가 발생했을 경우에 이는 유형 2 오류라 하며 위 예제에서 오류는 37%이다.

가설에 대한 테스트와 결정 규칙은 오류를 최소화 할 수 있게 설계해야 한다. 이는 대부분 시행 착오에 의하여 특정 상황에 대하여 얻어진다. 유형 1 오류 감소는 샘플에 허용되는 불량 아이템 개수를 늘려서 감소 시킬 수 있으나, 치루는 대가는 더 많은 불량품이 공장을 떠나게 되어 고객 불평이 증가하게 된다. 유형 2 오류 감소는 대립 가설의 백분율 불량률 값의 증가에 의하여 가능하다. 만약 더 높은 백분율 불량 비율이 대립 가설에서 선택되면 유형 2 오류는 효과적으로 감소하며 이는 아래 두 개 테이블의 두 번째에서 확인할 수 있다. 몇 가지 예제이 유형 1 오류 크기가 아래에 주어졌으며, 1000개 부품을 갖는 샘이서 평균 불량률 5% 기계에 의하여 생산되었다.

결정 규칙 생산 중단은 불량 소자 개수가 같거나 더 많은 경우:	Type I error (%)
52	38.6
56	19.2
60	7.35
64	2.12
68	0.45

결정 규칙 생산 중단은 불량 소자 발생이 60개 일 경우이며 불량률(%)은 아래와 같을 경우:	Type II error (%)
5.5	75.49
7	10.75
8.5	0.23
10	0.00

유형 2 오류 크기가, 동일한 기계에 의한 랜덤 샘플 크기 1000 그리고 평균 불량률 5% 경우가 683쪽에 있다.

가설을 테스트 할 때 유형 1 오류의 허용 가능한 최대 확률값을 테스트의 유의성 수준이라 한다. 유의성 수준은 심볼 α를 사용하는데 선택하는 통상적인 수준은 0.1, 0.05, 0.01, 0.005 그리고 0.002이다. 유의도 수준 0.05의 의미는 100에서 5번의 가설 거절이 원래는 수용되어야 할 경우 발생하는 것이다. 유의성 시험에서는 아래 용어가 빈번하게 사용된다.

(i) 유의성 수준이 0.01 이하 즉 신뢰성 수준이 99% 이상이면 결과는 **높은 유의성** 또는 옳은 결과로 간주된다는 의미이다.

(ii) 유의성 수준 0.05 또는 0.05와 0.01 사이값이면 즉 신뢰성 수준이 95% 또는 95와 99% 사이값이면 결과는 **유의하다** 또는 옳은 결과로 간주할 수 있다는 의미이다.

(iii) 유의성 수준이 0.05 이상 즉 신뢰성 수준이 95% 이하이면 결과는 **유의성이 없다** 또는 얻어진 결과에 대한 정확도를 믿을 수 없다 의미이다.

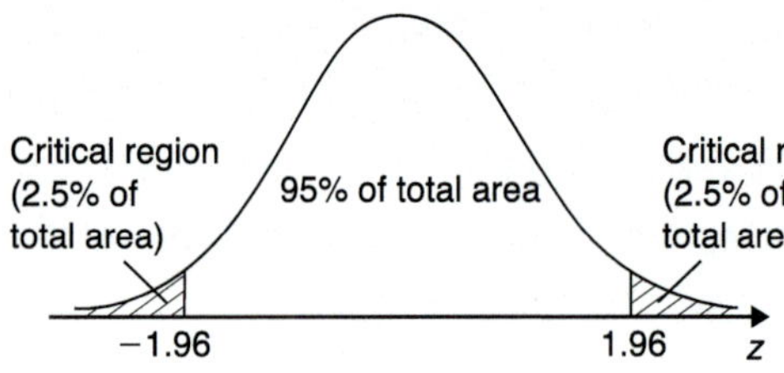

그림 65.1

이와 같은 용어는 유의성 수준 0.05 또는 유의성 있음은 통상적 기준을 나타낸다. 테스트 환경에 의하여 확률의 변화 상황 발생이 가능하며 결과의 사용에도 변화가 가능하다.

예를 들어 볼트 생산 기계를 유형 1 오류 그리고 유형 2 오류 예시로 사용하였는데 기본 조건은 단일 랜덤 샘플을 기계 생산 부품에서 추출하였다는 것이다. 실제는 샘플링은 연속적인 공정이며 여러 가지 샘플에서 데이터를 얻는다. 64장에서 소개한 개념에 의하면 샘플들의 평균값들과 표준 편차들은 정규 분포를 갖는데 따라서 특정한 샘플의 평균과 표준 편차는 정규 분포의 일부분이다. 결과들 집합이 유의성이 있으려면 신뢰도 수준 95%가 특정 가설에 대하여 요구되어야 정확하다고 말할 수 있다. 이는 가설 거절은 유의 수준이 0.05 이상일 경우임을 의미한다. 이와 같은 조건이 만족하려면 샘플 평균값의 z-value가 −1.96과 +1.96 사이값 이어야 한다. (표준 정규 분포 곡선의 면적이 z-value에 대하여 95%이기 때문이다.)

그림 65.1의 빗금친 영역은 유의성이 있는 결과에 기반하며 유의도 0.05 그리고 가설이 참 일 경우에 거절 되어질 확률을 나타낸다. z-value가 −1.96 이하 그리고 1.96 이상은 **거절값**이라 하며 그림 65.1의 빗금 영역은 **극한 영역** 또는 가설이 거절되는 영역이다. 가설, 결정 규칙 그리고 유의도 수준이 구성되면 유형 1 오류가 주어진다. 유형 2 오류에 대한 사항은 결정되지 않으며 대부분 경우 오류값이 매우 크지 않을 것을 기대하며 수용한다.

거절 영역이 정규 분포 평균값 양쪽 부분, 그림 65.1과 같이 발생하면 **two-tailed** 또는 **two-sided 테스트**의 결과이다. 이와 같은 테스트에서는 평균값 양쪽 부분값을 고려해야한다. 예를 들어 특정 합금의 금속 함량 p가 x%로 요구되면 two-tailed 테스트를 사용하는데 이는 귀무 가설 거절이 금속 함량이 x 이하 또는 그 이상 값에 대하여 발생하기 때문이다. 가설 내용은 아래와 같다.

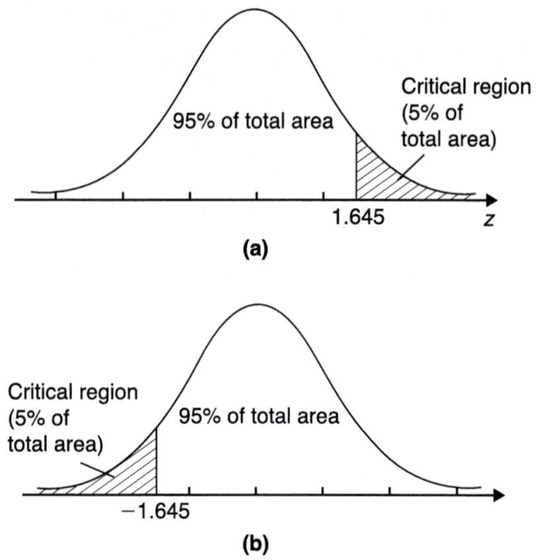

그림 65.2

$$H_0 : p = x\% \quad H_1 : p \neq x\%$$

그러나 볼트 기계에 대하여는 생산자 결정에 샘플 한 개 또는 두 개 불량은 영향을 가하지 않는다. 생산자는 단지 샘플이 불량품을 열 개 또는 그 이상 포함하는 경우에 관심이 있다. 따라서 평균의 왼쪽 끝(tail) 부분은 요구되지 않는다. 이때는 **one-tailed 테스트**나 **one-sided 테스트**가 실제로 요구된다. 불량률 d 그리고 경제적으로 타당한 개당 값이 u_1 그리고 u_2이면 여기서 u_1은 허용할 수 있는 불량률 그리고 u_2는 최대 수용 불량률인데 가설은 아래 형태를 갖는다.

$$H_0 : d = u_1 \; H_1 : d > u_2$$

그리고 거절 영역은 평균값의 오른편 영역에 위치하며 그림 65.2(a)와 같다.

One-tailed 테스트는 거절 영역을 오른편이나 왼편에 가질 수 있다. 예를 들어 램프 테스트에서 생산자가 단지 수명이 특정 최소값 이하에 관심을 가지는 경우 가설은 아래 형태이다.

$$H_0 : l = h \; H_1 : l < h$$

여기서 l은 수명이며 h는 고장 발생 시간이다. 이와 같은 경우 거절 영역은 평균의 왼쪽에 있으며 그림 65.2(b)와 같다.

z-value가 여러 신뢰도 수준에 대하여 표 64.1에 있다. 해당 유의도(95% 신뢰도는 유의도 0.05 two-tailed 테스트와 동등하다)와 두 가지 tailed 테스트 해당 z-value는 표 65.1과 같다. 두 가지 z 값이 one-tailed 테스트에 주어

표 65.1

Level of significance, α	0.1	0.05	0.01	0.005	0.002
z-value, one-tailed test	− 1.28 or 1.28	− 1.645 or 1.645	− 2.33 or 2.33	− 2.58 or 2.58	− 2.88 or 2.88
z-value, two-tailed text	− 1.645 and 1.645	− 1.96 and 1.96	− 2.58 and 2.58	− 2.81 and 2.81	− 3.08 and 3.08

지는데 이는 평균값 왼편에 위치하는 극 영역을 위한 음수값과 오른쪽 극 영역을 위한 양수값이다.

3% 불량률의 볼트 기계 문제는 유의도 테스트 관점에서 고려할 수 있다. 랜덤 샘플 200개 볼트를 추출하며 생산자는 불량률 증가에 관심을 가지는데 따라서 가설의 기술은 다음과 같다. 생산자가 3% 불량률을 허용하고 이를 초과할 때 기계 정비를 원하는 경우 가설은 다음과 같다.

(i) 귀무 가설은 불량률 p가 3%

즉, $H_0 : p = 0.03$ 그리고

(ii) 대립 가설은 불량률이 3% 이상이며 아래 표현과 같다.

$H_1 : p > 0.03$

첫 번째 결정 규칙 다음과 같다: 유의도 수준 α를 0.05: 이는 유형 1 오류를 제한하여 가설 수용 거절 오류를 5% 정도로 하며, 결과가 대체적으로 옳음을 의미한다. 두 번째 규칙은 샘플내의 불량 볼트수의 결정으로 기계 작동 중지와 정비 지시 기준에 사용한다. One-tailed 테스트를 위하여 유의수준 0.05 그리고 극 영역이 평균값 오른쪽 정규 분포에 위치할 때 z-value는 표 65.1로부터 1.645이다. 불량률 p가 0.03%이면 정규 분포 평균은 $Np = 200 \times 0.03 = 6$ 그리고 표준 편차는 $\sqrt{(Npq)} = \sqrt{(200 \times 0.03 \times 0.97)} = 2.41$이며 이는 정규 분포의 이항 분포 근사화에 해당한다. z-value는 아래와 같다.

$$\frac{\text{variate} - \text{mean}}{\text{standard deviation}}$$

따라서 $1.645 = \dfrac{\text{변량} - 6}{2.41}$은 변량 9.96에 해당한다. 해당 변량은 불량 볼트가 샘플에 포함된 개수이며 이에 도달하거나 초과할 때 귀무 가설은 거절되며, 100에 95번은 올바른 결정이다. 두 번째 결정 규칙은 H_0 거절 사유로서 랜덤 샘플내의 불량 볼트 개수가 열 개 이상일 경우이며 그렇지 않은 경우 H_0'을 채택한다. 즉 기계 정비는 랜덤 샘플의 불량 볼트 개수가 열 개 이상일 때 수행하는데 이는 95%의 올바른 결정에 해당한다. 유형 2 오류를 계산할 수 있으나 이는 의미가 거의 없으며 샘플수와 유의도가 지정 되었으므로 이를 위하여 수행할 부분이 없다.

two-tailed 테스트 사용은 **예측 못한 변화**에 대한 테스트에 필요하다. 예를 들면, 앞에서 사용한 볼트 생산자가 볼트의 지름을 측정하여 지름의 과다 초과 또는 과부족을 파악하는 경우이다. 정상적인 볼트의 지름을 2mm라 하자. 해당 가설은 다음과 같다.

$$H_0 : d = 2.00\,\text{mm} \quad H_1 : d \neq 2.00\,\text{mm},$$

여기서 d는 볼트의 평균 지름이다. 그의 첫 번째 결정은 유의도 설정에 의한 유형 1 오류 한계의 설정이다. two-tailed 테스트를 수행하는데 기계 정비는 지름이 특정 범위에 포함되지 않을 때 수행하기 때문이다. 이 같은 유의성 테스트 사용 방법은 65.3절에 포함하였다.

유형 1과 유형 2 오류 크기를 결정할 때 종종 작업량을 줄일 수 있는데 이를 위하여 정규 또는 포아송 분포를 이항 분포 대신에 사용한다. 이들의 사용 기준에 대한 요약은 아래와 같으며 샘플 크기 N, 불량 부품 확률 p 그리고 비불량 부품 확률은 q이다.

이항 분포

60장 내용으로 부터 불량 부품 0, 1, 2, 3... 개가 랜덤 샘플 N 부품에 있을 확률은 이항 전개 $(q + p)^N$의 연속되는 항에서 주어지는데 이는 왼쪽부터 취한다. 따라서

Number of defective components	Probability
0	q^N
1	$Nq^{N-1}p$
2	$\dfrac{N(N-1)}{2!}q^{N-2}p^2$
3	$\dfrac{N(N-1)(N-2)}{3!}q^{N-3}p^3 \ldots$

포아송 분포 근사화의 이항 분포 적용

$N \geq 50$ 그리고 $Np < 5$이면, 포아송 분포는 근사적으로 이항 분포와 같다. 포아송 분포에서 기댓값 $\lambda = Np$ 그리고 60장으로부터 0, 1, 2, 3...에 대한 확률은 랜덤 샘플 N내의 불량 부품 발생에 있어서 다음의 전개 항과 같다.

$$e^{-\lambda}\left(1 + \lambda + \frac{\lambda^2}{2!} + \frac{\lambda^3}{3!} + \cdots\right)$$

따라서

Number of defective components	0	1	2	3
Probability	$e^{-\lambda}$	$\lambda e^{-\lambda}$	$\dfrac{\lambda^2 e^{-\lambda}}{2!}$	$\dfrac{\lambda^3 e^{-\lambda}}{3!}$

정규 분포 근사화의 이항 분포 적용

$N \cdot p$와 $N \cdot q$의 값이 5 이상이면 정규 분포는 근사적으로 이항 분포와 동일하다. 정규 분포의 평균은 $N \cdot p$ 그리고 표준 편차는 $\sqrt{(Npq)}$이다.

문제 1. 나무 나사의 생산을 자동화 기기에 의존하는데 일정 기간 동안 발견한 사실은 모든 생산 나사의 7% 불량률이다. 랜덤 샘플 80개 나사를 정기적으로 기계 생산품에서 취하였다. 만약 결정을 통하여 샘플에 포함된 불량 나사가 7개가 될 때 까지 생산을 지속하였을 때 유형 1 오류를 7% 불량률에 기반하여 결정하시오. 또한 유형 2 오류를 불량률이 10%로 증가했을 때 계산하시오.

$$N = 80, \quad p = 0.07, \quad q = 0.93$$

$N \cdot p$ 그리고 $N \cdot q$ 값이 모두 5 이상이므로 정규 근사화를 이항 분포에 적용한다.

정규 분포의 평균값은

$$Np = 80 \times 0.07 = 5.6$$

표준 편차는 정규 분포일 때

$$\sqrt{(Npq)} = \sqrt{(80 \times 0.07 \times 0.93)} = 2.28$$

유형 1 오류는 가설을 거절할 확률인데 따라서 이번 문제의 유형 1 오류는 기계 정지 확률로써 7개 이상의 불량 나사 추출이 샘플에서 생길 확률이며 이때 불량률이 아직 7%로 유지 되는 경우이다. 7개 불량 나사에 대한 z-value는 아래와 같다.

$$\frac{\text{변량} - \text{평균값}}{\text{표준편차}} = \frac{7 - 5.6}{2.28} = 0.61$$

표 61.1의 부분 면적을 정규 분포 곡선 하단에 대하여 적용하면 평균값과 z-value 0.61 사이의 면적은 0.2291이다. 따라서 7개 이상 나사 불량 발생 확률은 z 좌표 0.61 오른편의 면적이며 아래와 같다.

$$[\text{total area} - (\text{area to the left of mean} + \text{area between mean and } z = 0.61)]$$

즉 $1 - (0.5 + 0.2291)$이다. 확률값은 0.2709이다. 통상적으로 유형 1 오류는 백분율로 표시하는데 이는 아래와 같다.

유형 1 오류 = 27.1%

유형 2 오류는 가설의 수용이 거절되어야 할 때 이루어질 확률이다. 유형 2 오류는 샘플이 일곱 개 이하의 불량 나사를 포함할 확률이며, 이때 불량률은 이미 10%에 도달한 상태이다. 여러 값들은 아래와 같다.

$$N = 80, p = 0.1, q = 0.9$$

$N \cdot p$와 $N \cdot q$는 둘 다 5 이상이므로 정규 분포 근사화를 이항 분포에 적용하며 평균 $N \cdot p = 80 \times 0.1 = 8$이며 표준편차는 $\sqrt{(Npq)} = \sqrt{(80 \times 0.1 \times 0.9)} = 2.68$이다.

변량 7개 불량 나사의 z-value는

$$\frac{7-8}{2.68} = -0.37$$

표 61.1을 부분 면적을 위하여 사용하면 평균값과 z-value -0.37 사이의 면적은 0.1443이다. 따라서 불량품 개수가 7개 이하일 확률은, 불량률이 10%(평균값 왼편의 면적 −평균값과 z-value -0.37 사이 면적)일 때 $0.5 - 0.1443 = 0.3537$이다. 이는 통상적으로 유형 2 오류로서 백분율 표시는 아래와 같다.

유형 2 오류 = 35.6%

문제 2. 문제 1의 샘플 크기 N을 감소하여 50으로 한다. 유형 1 오류를 불량률 7% 유지에 대하여 구하고 유형 2 오류를 불량률이 9%로 상승 했을 때 결정하시오. 결정은 기계 정비를 위한 구동 중단을 샘플이 4개 또는 그 이상의 불량 나사를 포함하는 경우이다.

$$N = 50, p = 0.07$$

$N \geq 50$ 그리고 $Np < 5$이면 포아송 근사화를 적용한다. 기댓값 $\lambda = Np = 3.5$이다. 0, 1, 2, 3...의 불량 나사 확률은 아래와 같다.

$$e^{-\lambda}, \lambda e^{-\lambda}, \frac{\lambda^2 e^{-\lambda}}{2!}, \frac{\lambda^3 e^{-\lambda}}{3!}, \cdots$$

샘플이 불량 나사를 포함하지 않을 확률은

$$e^{-\lambda} = 0.0302$$

샘플이 불량 나사 한 개를 포함할 확률은

$$\lambda e^{-\lambda} = 0.1057$$

샘플이 불량 나사 두 개를 포함할 확률은

$$\frac{\lambda^2 e^{-\lambda}}{2!} = 0.1850$$

샘플이 불량 나사 세 개를 포함할 확률은

$$\frac{\lambda^3 e^{-\lambda}}{3!} = 0.2158$$

샘플이 포함하는 불량 나사가 제로, 한 개 또는 두 개 또는 세 개일 확률을 0.5367이다.

그러므로 샘플이 네 개 또는 더 많은 불량 나사를 포함할 확률은 $1 - 0.5367 = 0.4633$이다. 따라서 **유형 1 오류** 즉 가설 거절이 수락되어 기계를 중단하고 정비 후 운전을 계속해야 할 경우는 **46.3%**이다. 불량률이 9%로 상승하면 $p = 0.09$ 그리고 $Np = \lambda = 4.5$이다. $N \geq 50$ 그리고 $Np < 5$이므로 포아송 근사화를 이항 분포에 사용할 수 있다. 따라서

샘플이 불량 나사를 포함하지 않을 확률은

$$e^{-\lambda} = 0.0111$$

샘플이 불량 나사 한 개를 포함할 확률은

$$\lambda e^{-\lambda} = 0.0500$$

샘플이 불량 나사 두 개를 포함할 확률은

$$\frac{\lambda^2 e^{-\lambda}}{2!} = 0.1125$$

샘플이 불량 나사 세 개를 포함할 확률은

$$\frac{\lambda^3 e^{-\lambda}}{3!} = 0.1687$$

샘플이 포함하는 불량 나사가 영, 한 개 또는 두 개 또는 세 개일 확률을 0.3423이다.

샘플이 포함하는 불량 나사 개수가 네 개 보다 적을 확률은 0.3423이다. 따라서 **유형 2 오류** 즉 가설 수락이 거절되어야 할 때 발생하고 또는 정지 시켜야 할 때 기계 동작이 지속될 확률은 **34.2%**이다.

문제 3. 문제 1의 샘플 크기를 여기서는 25로 축소한다. 유형 1 오류가 불량률 7%가 유지될 때, 발생할 때와 유형 2 오류의 불량률이 10% 상승 할 때 크기를 구하시오. 규칙은 기계 정비를 위한 중단은 샘플이 세 개 또는 그 이상을 포함하는 경우이다.

$$N = 25,\ p = 0.07,\ q = 0.03$$

정규 근사화의 이항 분포 적용 기준과 포아송 분포의 이항 분포 근사화 적용 기준을 만족하지 않으므로 이항 분포를 적용한다.

샘플이 불량 나사를 포함하지 않을 확률은

$$q^N = 0.93^{25} \qquad = 0.1630$$

샘플이 불량 나사 한 개를 포함할 확률은

$$Nq^{N-1}p = 25 \times 0.93^{24} \times 0.07 \qquad = 0.3066$$

샘플이 불량 나사 두 개를 포함할 확률은

$$\frac{N(N-1)}{2} q^{N-2} p^2$$

$$= \frac{25 \times 24}{2} \times 0.93^{23} \times 0.07^2 \qquad = 0.2770$$

샘플이 포함하는 불량 나사가 제로, 한 개 또는 두 개일 확률을 0.7466이다.

따라서 유형 1 오류 즉 기계 중단이 불량률 7%가 지속될 때 발생할 확률은 1 − 0.7466이다. 따라서 **유형 1 오류는 25.3%**이다. 불량률이 10%로 상승하면

$$N = 25,\ p = 0.1,\ q = 0.9$$

샘플이 불량 나사를 포함하지 않을 확률은

$$q^N = 0.9^{25} \qquad = 0.0718$$

샘플이 불량 나사 한 개를 포함할 확률은

$$Nq^{N-1}P = 25 \times 0.9^{24} \times 0.1 \qquad = 0.1994$$

샘플이 불량 나사 두 개를 포함할 확률은

$$\frac{N(N-1)}{2} q^{N-2} p^2$$

$$= \frac{25 \times 24}{2} \times 0.9^{23} \times 0.1^2 \qquad = 0.2659$$

샘플이 포함하는 불량 나사가 영, 한 개 또는 두 개일 확률을 0.5371이다.

유형 2 오류 즉 기계 동작이 불량률이 10%로 상승 했을 때 지속될 확률은 **53.7%**이다.

+ 이제 다음의 예제들을 풀어보시오.

연습 문제 239 유형 1 그리고 유형 2 오류

문제 1과 2는 자동화 기계의 자동차 엔진용 피스톤 링 생산을 다룬다. 랜덤 샘플 1000개 링을 기계의 생산품에서 정기적으로 추출하여 검사한다. 불량률 5%를 생산자는 수용하지만 불량률이 이 값을 초과한다고 판단하면 링 생산 기계를 중단하고 정비를 수행한다.

문제 1에서는 언급한 결정 규칙 적용에 따른 유형 1 오류를 결정하시오.

1. 생산 중단과 기계 정비는 샘플이 (a) 54 (b) 62 그리고 (c) 70 또는 그 이상의 불량 링을 포함할 때 수행한다.

문제 2에서는 유형 2 오류를 결정하며 생산 중단 결정 규칙은 60개 이상 불량품이 샘플에 포함되는 경우이다.

2. 실제 불량률 상승이 (a) 6% (b) 7.5% 그리고 (c) 9% 일 때
3. 랜덤 샘플 1000개 부품 추출 결과 불량률이 3%인 기계의 생산품이다. 유형 1 오류 계산을 생산 중단 결정 규칙을 샘플에 (a) 네 개 또는 그 이상의 불량품을 포함할 때 (b) 다섯 개 또는 그 이상의 불량품 (c) 여섯 개 또는 그 이상의 불량품이 포함되는 경우이다.
4. 네 개 또는 그 이상의 불량품이 추출 샘플에 포함되었을 때 문제 3에서의 유형 2 오류를 실제 불량률이 (a) 5% (b) 6% (c) 7%일 때 결정하시오.

65.3 모집단 평균을 위한 유의성 테스트

테스트 또는 측정을 수행할 때 종종 가설을 만드는데 이는 테스트 결과에 따른다. 예를 들어 물의 끓는 점은: 101.7℃, 99.8℃, 100.4℃, 100.3℃, 99.5℃ 그리고 98.9℃였다. 여섯 번 결과의 평균값은 100.1℃이다. 결과에 근거하여 어느 정도의 확신을 갖고 해당 특정 수면 높이와 특정 기압에서 물의 끓는 온도를 100.1℃라 예상 할 수 있는가? 다르게 표현하면 샘플링에 근거한 결과가 실제 결과와 **현저하게 상이할** 것에 대한 질문이다. 여러 가지 유의성 검증 방법이 있으나 통상적으로 사용되는 하나 또는 두 가지를 소개한다.

유의성 시험에서 몇몇 예측이 모집단 파라메터에 대하여 샘플 데이터에 기반하여 요구된다. 모집단 평균값에 대한 유의성 검증은 랜덤 샘플을 모집단에서 추출하며 샘플 평균값 $\overline{x}$를 결정한다. 테스트 과정은 모집단에 대한 표준 편차 정보의 유무에 따라 달라진다.

(a) 표준 편차가 모집단에 대하여 알려진 경우

귀무 가설은 샘플 평균 $\overline{x}$와 모집단 평균 μ에 차이가 없음이며 즉 H_0: $x = \mu$이다. 많은 샘플들을 모집단에서 추출하였으며 샘플링 분포가 평균값에 대하여 형성 되었으며 N이 큰 값을 가지면 (통상적으로 $N \geq 30$) 평균값은 정규 분포 형상을 가지며 평균값 $\mu_{\overline{x}}$와 표준 편차 또는 표준 오차를 평균값에 대하여 갖는다(64.3절을 참조 할 것).

커다란 샘플 하나의 특정 $\overline{x}$값을 유의성 테스트를 위하여 추출하면, 이는 정규 분포의 일부분이 되며 $\overline{x}$의 $\mu_{\overline{x}}$와 차이 정도를 정규 표준 변량 z로 결정한다. 관계는 아래와 같다.

$$z = \frac{\overline{x} - \mu_{\overline{x}}}{\sigma_{\overline{x}}}$$

그러나 64장을 참조하면 유한 크기 모집단에 대하여 $\sigma_{\overline{x}} = \frac{\sigma}{\sqrt{N}}\sqrt{\left(\frac{N_p-N}{N_p-1}\right)}$이며 모집단의 무한하면 $= \frac{\sigma}{\sqrt{N}}$ 그리고 $\mu_{\overline{x}} = \mu$이며 여기서 N은 샘플의 크기, N_p는 모집단의 크기, μ는 모집단 평균 그리고 σ는 모집단의 표준 편차이다.

$\mu_{\overline{x}}$와 $\sigma_{\overline{x}}$를 z의 식에 대립하면 무한한 모집단에 대하여 아래와 같다.

$$z = \frac{\overline{x} - \mu}{\frac{\sigma}{\sqrt{N}}} \qquad (1)$$

$$z = \frac{\overline{x} - \mu}{\frac{\sigma}{\sqrt{N}}\sqrt{\left(\frac{N_p - N}{N_p - 1}\right)}} \qquad (2)$$

위 식 (2)는 모집단의 크기가 N_p인 경우이다.

표 65.1에서는 z-value와 유의수준의 관계를 one-tailed 그리고 two-tailed 테스트에 관하여 나타낸다. 표를 통하여 유의 수준이 0.05 그리고 two-tailed 테스트인 경우 z-value는 +1.96이며 z-value 범위가 이를 벗어나는 경우는 중요하지 않음을 나타낸다. 따라서 주어진 유의 수준에 대하여 (즉 알려진 z값들) 모집단 평균 μ의 예측은 식 (1)과 (2)의 사용에 의하며 샘플 평균 $\overline{x}$에 근거를 둔다.

이와는 대조적으로 모집단 평균이 알려지면 특정 z값의 유의성은 샘플 데이터를 근거로 구한다. z-value를 랜덤 샘플을 사용할 때는 two-tailed 테스트 경우 2.01이면 유의 수준 0.05에서는 즉 결과가 대체적으로 유의할 경우 샘플 분포의 평균은 귀무 가설 (즉 $\overline{x} = \mu$) 결과에 의하여 예측할 수 있는 값과 심각하게 다르다는 것을 의미하며 이는 테스트 결과가 유의 하지 않음으로 분류되기 때문이다. 가설이 거절되면 대체 가설 즉 H_1: $\overline{x} \neq \mu$이 성립된다. 이와 같은 테스트의 결정 규칙은 아래와 같다.

(i) 유의 수준 0.05에서 가설을 거절한다 즉 샘플 평균값의 z-value가 범위 −1.96과 +1.96을 벗어난다.

(ii) 그렇지 않을 경우 가설을 선택한다.

작은 샘플 크기(통상적으로 $N < 30$)에 대하여 샘플링 분포는 정규 분포가 아니며 근사적으로 Student's t-분포이다 (64.5절 참조 할것). 이 경우에 t-value가 z-value 대신 사용되며 방정식은 식 (1) 그리고 (2)와 유사하다.

$$|t| = \frac{\overline{x} - \mu}{\frac{\sigma}{\sqrt{N}}} \quad \text{무한한 모집단 크기} \qquad (3)$$

$$|t| = \frac{\overline{x} - \mu}{\frac{\sigma}{\sqrt{N}}\sqrt{\left(\frac{N_p - N}{N_p - 1}\right)}} \qquad (4)$$

모집단 크기가 N_p인 경우

여기서 $|t|$는 모집단의 크기로서 양수 값을 나타낸다.

(b) 모집단의 표준 편차가 알려지지 않은 경우

실제적으로 알려진 사항은 표준 편차가 샘플에서 결정되면 이 값은 이들이 추출된 모집단의 표준 편차 보다 적은 값을 갖는다. 이는 샘플의 범위가 모집단의 범위에 비하여 작기 때문이다. 두 개 표준 편차의 차이는 샘플 크기가 작아지면 더욱 심화된다. 연구에 의하면 샘플의 분산 s^2은 샘플의 크기가 N일 때 근사적으로 모집단의 분산 σ^2와 아래의 관계이다.

$$s^2 = \left(\frac{N-1}{N}\right)\sigma^2$$

$\left(\frac{N-1}{N}\right)$은 **'Bessel's correction'**이라 한다.

이와 같은 관계식은 샘플 한 개의 표준 편차 s와 모집단의 표준 편차 추정 $\hat{\sigma}$에 사용되며 이는 아래식과 같다.

$$\hat{\sigma}^2 = s^2\left(\frac{N}{N-1}\right) \text{ i.e. } \hat{\sigma} = s\sqrt{\left(\frac{N}{N-1}\right)}$$

커다란 샘플에 대하여 최소 N값 30일 때 인수 $\sqrt{\left(\frac{N}{N-1}\right)}$는 $\sqrt{\frac{30}{29}}$이며 이는 근사적으로 1.017이다. 따라서 샘플 사이즈가 큰 경우 s는 거의 $\hat{\sigma}$ 동일하며 인수 $\sqrt{\left(\frac{N}{N-1}\right)}$는 생략하여도 고려해야할 정도의 에러는 발생하지 않는다. 식 (1) 그리고 (2)에서 s는 σ 대신 사용 가능하며 모집단이 무한대 일 때 아래와 같다.

$$z = \frac{\bar{x}-\mu}{\frac{s}{\sqrt{N}}} \tag{5}$$

그리고 유한한 모집단 크기 N_p일 때는 아래와 같다.

$$z = \frac{\bar{x}-\mu}{\frac{s}{\sqrt{N}}\sqrt{\left(\frac{N_p-N}{N_p-1}\right)}} \tag{6}$$

작은 샘플인 경우 인수 $\sqrt{\left(\frac{N}{N-1}\right)}$은 무시할 수 없으며 식 (3)과 (4)에 $\sigma = s\sqrt{\left(\frac{N}{N-1}\right)}$를 사용하면 모집단이 무한 크기인 경우 아래와 같다.

$$|t| = \frac{\bar{x}-\mu}{\frac{s\sqrt{\left(\frac{N}{N-1}\right)}}{\sqrt{N}}} = \frac{(\bar{x}-\mu)\sqrt{(N-1)}}{s} \tag{7}$$

모집단이 유한한 경우는 아래 식 (8)과 같다.

이번 절에서 주어진 방정식은 모집단 평균값을 결정하는데 응용하는 테스트이다. 이들이 사용되는 방법은 아래 실습 문제에서 다룬다.

$$|t| = \frac{\bar{x}-\mu}{\frac{s\sqrt{\left(\frac{N}{N-1}\right)}}{\sqrt{N}}\sqrt{\left(\frac{N_p-N}{N_p-1}\right)}} = \frac{(\bar{x}-\mu)\sqrt{(N-1)}}{s\sqrt{\left(\frac{N_p-N}{N_p-1}\right)}} \tag{8}$$

문제 4. 설탕 포장을 자동화 기계를 사용하여 수행한다. 포장 한 개의 내용물 평균은 1000kg이다. 랜덤 샘플 36개 포장을 하루 동안 선택 하였으며 특정 샘플의 평균 질량은 1.003kg이었다. 생산자가 모든 포장에 대한 표준 편차 0.01kg을 수용하고 유의 수준이 0.05이면, 어떤 값에서 기계를 정지하고 정비를 해야 할 지 그리고 샘플 테스트 결과에 따라 기계 정비가 필요한지 결정하여라.

모집단 평균 $\mu = 1000$kg, 샘플 평균 $\bar{x} = 1.003$kg, 모집단 표준 편차 $\sigma = 0.01$kg 그리고 샘플 크기는 $N = 36$이다.

문제의 귀무 가설은 샘플 평균과 모집단 평균이 일치한다는 것이다. 즉 H_0: $\bar{x} = \mu$이다.

생산자의 관심은 평균 좌우의 편차이므로, 대립 가설은 샘플 평균이 모집단 평균과 일치하지 않는다는 것이다. 즉 H_1: $\bar{x} \neq \mu$이다.

결정 규칙은 이와 같은 가설과 연관하여 아래와 같다.

(i) H_0 거절은 샘플 평균의 z-value가 해당 z-value 범위를 벗어날 경우 인데 이는 유의 수준 0.05 그리고 two-tailed 테스트에 해당하며 다시 언급하면 이때는 기계 정지 후 정비를 수행한다.

(ii) 그렇지 않은 경우 H_0를 수용하여 기계 운전을 지속한다.

샘플 크기가 30 이상이므로 큰 샘플 문제에 해당하며 따라서 모집단 크기는 무한대로 가정한다. 여러 가지 값들 $\bar{x}$, μ, σ 그리고 N이 알려진 상태이므로 식 (1)을 사용하여 샘플 평균값의 z-value를 결정하면 아래와 같다.

$$z = \frac{\bar{x}-\mu}{\frac{\sigma}{\sqrt{N}}} = \frac{1.003-1.000}{\frac{0.01}{\sqrt{36}}} = \pm\frac{0.003}{0.0016}$$

$$= \pm 1.8$$

유의 수준 0.05, two-tailed 테스트에 해당하는 z-value는 표 65.1로 부터 ±1.96이다. 샘플의 z-value는 범위 내에 존재하므로 **귀무 가설을 수용하고 기계는 정비하지 않는다**.

문제 5. 평균 수명은, 랜덤 샘플 50개를 유사한 전구 500개 묶음에서 추출하였을 때, 72시간이었다. 표준 편차는 샘플 수명에 대하여 10.4시간이다. 묶음은 불량으로 분류되는데 조건은 평균 수명이 모집단 평균인 75시간 미만 일 경우이다. 샘플 데이터 결과가 다음 유의 수준으로 불량인지 결정하여라. 유의 수준은 (a) 0.05 그리고 (b) 0.01이다.

모집단 크기, $N_p = 500$, 모집단 평균, $\mu = 75$시간, 샘플 평균 $\overline{x} = 72$시간, 샘플 표준 편차 $s = 10.4$ 시간 그리고 샘플 크기 $N = 50$이다. 귀무 가설은 샘플 평균이 모집단 평균과 일치한다는 것이며 H_0: $\overline{x} = \mu$이다. 대립 가설은 샘플 평균이 모집단 평균에 비하여 적다는 것이며 H_1: $\overline{x} < \mu$이다.

($\overline{x} = 72$이면 묶음이 불량이라는 결론에 도달할 수 없다. 유의 수분 0.05에서 결과는 대체적으로 유의하지만 이는 신뢰도 수준 95%에 해당하며 아직도 100번에 다섯 번은 결과는 심각하게 다를 수 있는데, 다시 언급하면 데이터의 z-value 영역을 벗어난다. 이와 같은 특별한 샘플 결과는 다섯 번 정도는 발생한다.)

결정 규칙은 가설과 관련하여 아래와 같다:

(i) H_0의 거절은 샘플 평균의 z-value (또는 t-value)가 해당 유의 수준의 z-value (또는 t-value) 보다 작을 경우이며 해당 유의 수준은 (a) 0.05 그리고 (b) 0.01이며

(ii) H_0 채택은 그렇지 않은 경우 즉 묶음에 대한 비불량 판정이다.

주어진 데이터는 N, N_p, $\overline{x}$, s 그리고 μ이다. 대립 가설은 one-tailed 분포이며 $N > 30$이므로 커다란 샘플에 대한 이론이 적용된다.

식 (6)에 따라 아래와 같다.

(a) 유의도 0.05 그리고 one-tailed 테스트에 있어, z-좌표 -1.645의 왼쪽에 위치하는 모든 값은 (표 65.1 참조) 결과가 유의하지 않음 즉 귀무 가설과 매우 다름을 의미한다. 샘플 평균 z-value는 -2.15 즉 -1.645 이하이므로 **묶음은 불량으로 간주되며 이때 유의 수준은 0.05이다.**

(b) z-value는 유의 수준 0.01, one-tailed 테스트에서 -2.33이며 이와 같은 경우 샘플 평균의 z-value가 z-좌표 -2.33의 왼편에 위치하면 유의하지 않음에 해당한다. 샘플의 z-value는 오른쪽에 위치하므로 이는 귀무 가설과 매우 심각하게 다르지 않으므로 **묶음은 유의 수준 0.01에서 불량으로 판정하지 않는다.**

(처음에는 평균값이 유의 수준 0.05에서 만족하고 0.01에서는 만족하지 않음이 참이 아닌 것으로 보였다. 그러나 장 앞 부분에서 언급했듯이 결과가 대체적으로 유의하려면 즉 유의 수준 구간 0.01과 0.05 사이에 있으려면, z-value는 결과가 매우 유의를 위한 범위 보다 작아야 하는데 즉 유의 수준 0.01 또는 이 보다 양호해야한다. 따라서 문제의 결과는 논리적이다.)

문제 6. 탄소 질량 분석을 여섯 개의 유사한 주철 표본에서 수행하였는데 질량 425g에 대하여 결과는 아래와 같다.
17.1g, 17.3g, 16.8g, 16.9g 17.8g 그리고 17.4g이다.
가설을 시험하여 탄소 함량이 4.00%에 대하여 유의 수준 (a) 0.2 그리고 (b) 0.1의 만족여부를 판정하여라.

샘플 평균은 아래와 같다.

$$\overline{x} = \frac{17.1 + 17.3 + 16.8 + 16.9 + 17.8 + 17.4}{6}$$
$$= 17.22$$

샘플의 표준 편차는 아래식과 같다.

$$s = \sqrt{\left\{\frac{(17.1 - 17.22)^2 + (17.3 - 17.22)^2 + (16.8 - 17.22)^2 + \cdots + (17.4 - 17.22)^2}{6}\right\}}$$
$$= 0.334$$

귀무 가설은 샘플과 모집단 평균이 동일하다는 것이며 H_0 : $\overline{x} = \mu$이다.

대립 가설은 샘플과 모집단 평균이 일치하지 않는다는 것이며 $H_1 : \overline{x} \neq \mu$이다.

결정 규칙은 아래와 같다:

(i) H_0를 거절하는데 이는 샘플 평균의 z 또는 t-value가 유의 수준에 해당하는 z 또는 t-value 영역을 벗어날 때 이며 유의 수준은 (a) 0.2 그리고 (b) 0.1 즉 탄소 질량이 4.00% 아닌 경우이다.

(ii) (ii) 그렇지 않은 경우 H_0를 수용하는데 이는 탄소 질량이 4.00% 임을 의미한다.

수행한 테스트 횟수 N은 6 그리고 무한 횟수의 테스트가 가능한데 따라서 모집단은 무한대로 간주한다. $N < 30$이므로 t-분포를 사용한다.

탄소 질량 평균이 금속 묶음 내에서 4.00%이면, 표본의 탄소 질량 평균은 425.0의 4% 즉 17.00g 즉 $\mu = 17.00$이다.

식 (7)의 값은 아래와 같다.

$$|t| = \frac{(\overline{x} - \mu)\sqrt{(N-1)}}{s}$$
$$= \frac{(17.22 - 17.00)\sqrt{(6-1)}}{0.334}$$
$$= \mathbf{1.473}$$

일반적으로 two-tailed 분포는 거절 영역이 좌우 양쪽에 평균을 중심으로 존재한다. 유의 수준 0.2에서, 0.1의 백분율 값은 t-분포에 대하여 평균의 좌측에 그리고 0.1 백

분율 값은 평균의 우측에 위치한다. 따라서 유의 수준 α에 대하여 $t_{(1-\frac{\alpha}{2})}$ 값이 two-tailed 분포에 요구되며 사용하는 표는 64.2를 사용한다.

이와 같은 변환이 필요한 이유는 t-분포는 유의 수준으로 표현되며 one-tailed 분포이기 때문이다. 행에 해당하는 t-value 는 α 값 0.2에 대하여 $t_{(1-\frac{0.2}{2})}$ 즉 $t_{0.90}$이다. 자유도 υ는 $N-1$ 즉 5이다. 표 64.2로 부터 이에 $(t_{0.90}, \upsilon=5)$ 해당하는 백분위수 값은 1.48이다. 샘플 평균은 범위 내에 위치하므로 가설을 수용하며 유의 수준은 0.2이다.

t-value는 $\alpha=0.1$일때 $t_{(1-\frac{0.1}{2})}$ 즉 $t_{0.95}$이다. 해당 백분위수는 $t_{0.95}$, $\upsilon=5$일 때 2.02 그리고 샘플 평균은 범위 ±2.02에 포함되므로 가설 또한 선택되며 유의 수준은 0.2이다. **따라서 금속 질량에는 4%의 탄소가 포함되며 유의 수준은 0.2와 0.1이다.**

+ 이제 다음의 예제들을 풀어보시오.

연습 문제 240 모집단 평균에 대한 유의도 테스트

1. 생산자에 의하여 생산되는 케이블 묶음의 평균 파괴 강도는 2000kN이며 표준 편차는 100 kN이다. 50개 케이블 샘플은 평균 파괴 강도가 2050 kN이다. 테스트를 통하여 가설 내용인 샘플의 파괴 강도가 모집단 파괴 강도 보다 크며 유의 수준은 0.01임을 확인하여라.
2. 아홉 개 추정을 동합금내의 구리 백분율에 대한 수행하였으며 평균은 80.8% 그리고 표준 편차는 1.2%이다. 동의 백분율은 샘플 내에서 정규 분포로 가정하고 귀무 가설을 테스트하여 실제적인 구리 백분율이 80%이며 대립 가설인 80%를 초과를 유의 수준 0.05에서 만족하지 않음을 확인하여라.
3. 파이프의 내부 지름은 평균 3.0000cm, 표준 편차는 0.015cm이다. 랜덤 샘플을 30개 측정하였으며 샘플 평균은 3.0078cm 이었다. 가설 내용인 파이프 평균 지름 3.000cm, 해당 유의 수준은 0.01임을 테스트하여라.
4. 낚싯줄은 평균 파괴 강도가 10.25kN이다. 줄에 특수한 처리를 하여 아래와 같은 결과를 20개 표본에서 얻었다.

Breaking strength (kN)	Frequency
9.8	1
10	1
10.1	4
10.2	5
10.5	3
10.7	2
10.8	2
10.9	1
11.0	1

테스트 통하여 특정 처리에 의하여 파괴 강도가 유의 수준 0.05에서 개선됨을 확인하시오.

5. 볼 베어링의 평균 지름이 0.50cm를 생산하는 기계가 있다. 샘플로 열 개의 볼 베어링을 랜덤하게 추출하였는데 평균은 0.53cm, 표준 편차는 0.03cm이다. 가설을 테스트하여 평균 지름이 0,50cm을 유의 수준 (a) 0.05 그리고 (b) 0.01에서 확인하여라.
6. 여섯 개의 유사한 스위치 파괴 테스트를 과부하 20%로 정상 최대 전류 정격 대비 수행하였다. 고장 발생 이전 평균 동작 횟수는 8200이며 표준 편차는 145이다. 스위치 생산자는 적어도 8000번은 20% 과전류에서 동작한다고 주장한다. 생산자 주장이 유의 수준 (a) 0.1 그리고 (b) 0.02에서 유효한지 확인하시오.

65.4 두 개 샘플 평균값들 비교하기

65.3절에서 소개한 기술들은 비교를 목적으로 사용할 수 있다. 예를 들어 상이한 생산자에 의한 두 가지 유사한 램프의 비교 또는 상이한 작업자의 동일한 물품에 대한 테스트 또는 상이한 장비들을 사용한 테스트가 필요한 경우가 있다. 테스트는 두 가지 다른 모집단에서 수행하였는데 선택된 귀무 가설은 모집단들의 평균값은 **차이점이 없다**는 것이다.

사용한 기술은 아래 이론을 바탕으로 한다.

x_1 그리고 x_2는 크기가 N_1 그리고 N_2의 랜덤 샘플의 평균값이며 모집단 평균은
μ_1 그리고 μ_2이며 표준 편차는 σ_1 그리고 σ_2일 경우 차이값의 샘플 평균은 $(\bar{x}_1-\bar{x}_2)$이며 근사적으로 가

까운 정규 분포로서 평균값은 0 그리고 표준 편차는 아래와 같다.

$$\sqrt{\left(\frac{\sigma_1^2}{N_1}+\frac{\sigma_2^2}{N_2}\right)}$$

큰 샘플에 있어서, 평균값 비교를 두 샘플에 대하여 수행할 때 변량은 두 샘플 평균의 차이값 $\bar{x}_1 - \bar{x}_2$이며: 샘플링 분포의 평균 (그리고 모집단 평균의 차이는 0) 그리고 표준 편차는 $\sigma_{\bar{x}}$는 아래와 같다.

$$\sqrt{\left(\frac{\sigma_1^2}{N_1}+\frac{\sigma_2^2}{N_2}\right)}$$

따라서 z-value는

$$\frac{(\bar{x}_1-\bar{x}_2)-0}{\sqrt{\left(\frac{\sigma_1^2}{N_1}+\frac{\sigma_2^2}{N_2}\right)}}=\frac{\bar{x}_1-\bar{x}_2}{\sqrt{\left(\frac{\sigma_1^2}{N_1}+\frac{\sigma_2^2}{N_2}\right)}} \quad (9)$$

작은 샘플에 있어서, Student's t-분포값 들을 사용하며

$$|t|=\frac{\bar{x}_1-\bar{x}_2}{\sqrt{\left(\frac{\sigma_1^2}{N_1}+\frac{\sigma_2^2}{N_2}\right)}} \quad (10)$$

위에서 $|t|$는 t의 크기이며 즉 t의 양수 값이다.

모집단의 표준 편차를 알지 못하면, Bessel's correction을 적용하여 샘플 표준 편차에서 추정한다. (즉 모집단 분산의 추정은 아래와 같으며 이를 위하여 65.3절의 (b)를 참조한다.)

$$\sigma^2 = s^2\left(\frac{N}{N-1}\right)$$

커다라 모집단 경우 인수 $\left(\frac{N}{N-1}\right)$은 적은 값이며 이를 무시할 수 있다. 그러나 $N < 30$이면 정정 인자를 포함해야 한다. 또한 두 가지 추정 σ_1과 σ_2를 수행해야 하므로 k 인자는 즉 Student's t 분포 테이블에서 2이며 자유도 υ는 (N_1+N_2-2)이다. 이와 같은 인자를 고려하면 가설 테스트에서 샘플을 동일한 모집단에서 추출하거나, 두 모집단의 평균값에 차이가 없으면, t-value는 다음과 같다.

$$|t|=\frac{\bar{x}_1-\bar{x}_2}{\sigma\sqrt{\left(\frac{1}{N_1}+\frac{1}{N_2}\right)}} \quad (11)$$

표준 편차 σ의 추정은 'pooling'이라는 개념에 근거한다. 내용은 다음과 같다. 모집단 분산의 추정이 샘플에 기반하여 이루어지면 결과는 다음과 같다.

$$\sigma_1^2 = \frac{N_1 s_1^2}{N_1-1}$$

그리고 또 하나의 추정을 샘플에 의하여 수행하여

$$\sigma_2^2 = \frac{N_2 s_2^2}{N_2-1}$$

위의 결과가 나오면 개선된 모집단의 분산 σ^2는 아래과 같다.

$$\sigma^2 = \frac{N_1 s_1^2 + N_2 s_2^2}{(N_1-1)+(N_2-1)}$$

$$\sigma = \sqrt{\left(\frac{N_1 s_1^2 + N_2 s_2^2}{N_1+N_2-2}\right)} \quad (12)$$

문제 7. 자동화 기계가 부품을 생산하는데 다수 횟수의 테스트 결과에 의하면 이들 크기의 표준 편차는 0.02cm이다. 구성 부품 40개인 두 가지 샘플을 추출하였으며 평균값은 첫 번째 샘플에서 1.51cm 그리고 두 번째는 1.52cm이다. 크기의 뚜렷한 변화는 유의 수준 0.05가 선택된 경우이며 즉 결과가 대체적으로 유의함을 결정하여라.

샘플들은 모두 동일한 모집단에서 추출하였으므로 $\sigma_1 = \sigma_2 = \sigma = 0.02$ cm이다. 또한 $N_1 = N_2 = 40$ 그리고 $\bar{x}_1 = 1.51$cm, $\bar{x}_2 = 1.52$cm이다.

유의 수준 $\alpha = 0.05$이다.

귀무 가설은 부품 크기는 변화 없음이며, 즉 $\bar{x}_1 = \bar{x}_2$이며 따라서 H_0: $\bar{x}_1 - \bar{x}_2 = 0$이다.

대립 가설은 부품 크기가 변화했다는 것이며, 즉 $\bar{x}_1 \neq \bar{x}_2$이며 따라서 $H_1 : \bar{x}_1 - \bar{x}_2 \neq 0$이다.

샘플이 큰 사이즈일 경우 그리고 모집단의 표준 편차를 알고 있을 때, z-value는 두 개 샘플의 평균 차이에 대하여 식 (9)를 사용하면 아래와 같다.

$$Z = \frac{\bar{x}_1-\bar{x}_2}{\sqrt{\left(\frac{\sigma_1^2}{N_1}+\frac{\sigma_2^2}{N_2}\right)}}$$

N_1과 N_2는 동일한 값 즉 N이며 $\sigma_1 = \sigma_2 = \sigma$이므로 방정식은 다음과 같이 정리된다.

$$z = \frac{\bar{x}_1-\bar{x}_2}{\sigma\sqrt{\left(\frac{2}{N}\right)}} = \frac{1.51-1.52}{0.02\sqrt{\left(\frac{2}{40}\right)}} = -2.236$$

$\bar{x}_1$와 $\bar{x}_2$ 사이의 차이는 특정 방향이 나타나지 않으므로 two-tailed 테스트를 나타낸다. z-value는 유의 수준 0.05 그리고 two-tailed 테스트 경우 +1.96(표 65.1 참조)이다.

결과적으로 z-value는 평균값의 차이에 있어서 범위 +1.96을 벗어난다. **즉 크기는 심각하게 변화 되었으며 적용 유의 수준은 0.05이다.**

문제 8. 두 개 제품의 전기적 저항값을 비교하였다. 첫 번째 제품의 파라메터는:

샘플 크기 40, 샘플 평균값 74옴, 표준 편차는 한 묶음 생산품 전체에 대하여 8옴

두 번째 생산품의 동일한 파라메터는:

샘플 크기 50, 샘플 평균값 78옴, 표준 편차는 한 묶음 생산품 전체에 대하여 7옴

결정할 사항은 두 생산품 사이에 심각한 차이에 대한 유의 수준 (a) 0.05 그리고 (b) 0.01에서의 발생이다.

생산품 1 묶음의 평균을 μ_1 그리고 생산품2는 μ_2라 하자.

귀무 가설은 평균값이 동일하다는 것이며 즉 $H_1 : \mu_1 - \mu_2 \neq 0$이다.

대립 가설은 평균값이 동일하지 않다는 것이며 즉 $H_1 : \mu_1 - \mu_2 \neq 0$이다.

모집단 표준 편차는 $\sigma_1 = 8$옴 그리고 $\sigma_2 = 7$옴이며 샘플 평균은 $\bar{x}_1 = 74$옴 그리고 $\bar{x}_2 = 78$옴이다. 또한 샘플의 크기는 $N_1 = 40$ 그리고 $N_2 = 50$이다. 따라서 방정식 (9)를 사용하여 z-value를 샘플 평균 차이에 대하여 구할 수 있다. 식 (9)로부터 아래와 같다.

$$z = \frac{\bar{x}_1 - \bar{x}_2}{\sqrt{\left(\frac{\sigma_1^2}{N_1} + \frac{\sigma_2^2}{N_2}\right)}} = \frac{74 - 78}{\sqrt{\left(\frac{8^2}{40} + \frac{7^2}{50}\right)}}$$

$$= \frac{-4}{1.606} = -2.49$$

(a) two-tailed 테스트의 유의 수준 0.05에서 대체적으로 유의 판정에 해당하는 z-value는 범위 −1.96 그리고 +1.96 내에 존재한다. 따라서 평균값 차이의 z-value는 유의하지 않음 즉 **생산품 1과 심각한 차이가 생산품 2사이에 유의 수준 0.05에서 나타남을 의미한다.**

(b) two-tailed 테스트는 결과는 유의 수준 0.01에서 매우 유의인데 z 값이 −2.58과 +2.58 범위 내에 있기 때문이다. 따라서 **제품 1과 제품 2 사이에는 유의 수준 0.01에서 심각한 차이가 발생하지 않았다.**

문제 9. 초단위의 반응 시간을 두 사람 A 그리고 B 피부의 전기적 성질에 대하여 측정하였는데 테스트 결과 요약은 다음과 같다.

Person A(s)	0.243	0.243	0.239
Person B(s)	0.238	0.239	0.225
Person A(s)	0.232	0.229	0.241
Person B(s)	0.236	0.235	0.234

반응 시간 차이점의 두 사람 사이 존재 여부를 유의 수준 0.1에서 확인하시오.

평균값 $\bar{x}$ 그리고 표준 편차 s값을 반응 시간에 대하여 두 사람에서 결정하면 아래와 같다.

$$\bar{x}_A = \frac{0.243 + 0.243 + 0.239 + 0.232 + 0.229 + 0.241}{6}$$

$$= 0.2378\,\text{s}$$

$$\bar{x}_B = \frac{0.238 + 0.239 + 0.225 + 0.236 + 0.235 + 0.234}{6}$$

$$= 0.2345\,\text{s}$$

$$s_A = \sqrt{\left[\frac{(0.234 - 0.2378)^2 + (0.243 - 0.2378)^2 + \cdots + (0.241 - 0.2378)^2}{6}\right]}$$

$$= 0.00543\,\text{s}$$

$$s_B = \sqrt{\left[\frac{(0.238 - 0.2345)^2 + (0.239 - 0.2345)^2 + \cdots + (0.234 - 0.2345)^2}{6}\right]}$$

$$= 0.00457\,\text{s}$$

귀무 가설은 두 사람의 반응 시간에 차이가 없음이며, 즉 H_0: $\bar{x}_A - \bar{x}_B = 0$이다.

대립 가설은 반응 시간에 차이 있음, 즉 H_1: $\bar{x}_A - \bar{x}_B \neq 0$이며 이는 two-tailed 테스트를 의미한다.

샘플 개수는 합하여 30보다 적으며 t-분포를 사용하였다. 표준 편차는 두 사람의 모든 반응 시간에 대하여 알려지지 않은 상태이며 따라서 표준 편차는 추출한 샘플로부터 추정한다. Bessel's correction을 적용하면 모집단 표준 편차의 추정은 다음과 같다.

$$\sigma^2 = s^2\left(\frac{N}{N-1}\right)$$

$$\sigma_A = (0.00543)\sqrt{\left(\frac{6}{5}\right)} = 0.00595$$

$$\sigma_B = (0.00457)\sqrt{\left(\frac{6}{5}\right)} = 0.00501$$

방정식 (10)으로부터 t-value는 평균들의 차이에 대하여 아래와 같다.

$$|t| = \frac{\bar{x}_A - \bar{x}_B}{\sqrt{\left(\frac{\sigma_A^2}{N_A} + \frac{\sigma_B^2}{N_B}\right)}}$$

$$= \frac{0.2378 - 0.2345}{\sqrt{\left(\frac{0.00595^2}{6} + \frac{0.00501^2}{6}\right)}}$$

$$= \mathbf{1.039}$$

two-tailed 테스트 그리고 유의 수준 0.01에 대하여 t-분포의 열 머리말은 표 64.2에서 $t_{0.95}$(문제 6 참조)이다. 자유도는 k가 2이므로 $\upsilon = N_1 + N_2 - 2$ 즉 $6 + 6 - 2 = 10$이다. 해당하는 t-value를 표 64.2에서 구하면 1.81이다. t-value는 평균값 차이에 대하여 범위 ±1.81에 포함되므로 **심각한 차이점이 반응 시간에는 존재하지 않으며 이때 유의 수준은 0.1이다**.

문제 10. 애널리스트가 열 번의 분석을 동일한 질량을 갖는 소재에 대하여 수행하였는데 평균 49.20g의 금속을 포함하며 표준 편차는 0.41g이다. 훈련 받은 작업자가 12번의 분석을 동일한 질량의 동일한 물질에 대하여 수행하였는데 결과는 평균값 49.30g, 표준 편차 0.32g이다. 작업자 결과 사이에 의미가 있는가?

μ_1과 μ_2를 두 작업자가 발견한 금속 양의 평균값이라 하자.

귀무 가설은 두 작업자의 결과 사이에 차이가 없음이며 즉 H_0: $\mu_1 = \mu_2$이다.

대립 가설은 두 작업자의 결과 사이에 차이가 있음이며 즉 H_1: $\mu_1 \neq \mu_2$이다.

가설 H_0에서 포함된 금속량의 표준 편차는 σ는 동일하며 방정식 (12)로부터 아래와 같다.

$$\sigma = \sqrt{\left(\frac{N_1 s_1^2 + N_2 s_2^2}{N_1 + N_2 - 2}\right)}$$

$$= \sqrt{\left(\frac{(10)(0.41)^2 + (12)(0.32)^2}{10 + 12 - 2}\right)}$$

$$= \mathbf{0.3814}$$

t-value는 얻어진 결과값으로부터 식 (11)에 의하면 아래와 같다.

$$|t| = \frac{\bar{x}_1 - \bar{x}_2}{\sigma\sqrt{\left(\frac{1}{N_1} + \frac{1}{N_2}\right)}} = \frac{49.20 - 49.30}{(0.3814)\sqrt{\left(\frac{1}{10} + \frac{1}{12}\right)}}$$

$$= \mathbf{-0.612}$$

결과의 대체적 유의 판정을 대하여 two-tailed 테스트 그리고 유의 수준 0.05을 취하였다.

H_0는 범위 $t_{-0.975}$ 그리고 $t_{0.975}$ 범위를 벗어나면 거절된다. 자유도는 $N_1 + N_2 - 2$이다. $t_{0.975}$에 대하여 $\sigma = 20$이며 이는 표 64.2에 의하며 영역은 −2.09부터 +2.09이다. 샘플 데이터에 의하면 t-value는 범위내에 존재하므로 심각한 차이점은 두 작업자의 결과 사이에 존재하지 않는데 이는 유의 수준 0.05에 해당한다.

+ 이제 다음의 예제들을 풀어보시오.

연습 문제 241 두 개 샘플 평균의 비교

1. 비교를 계산기에 사용된 배터리에 대하여 수행한다. 배터리 유형 A는 평균 수명이 24시간, 표준 편차는 4시간이며 해당 데이터는 100개의 배터리 샘플에서 계산하였다. 또 다른 샘플은 80개의 유형 B 배터리로서 평균 시간 40 시간, 표준 편차는 6 시간이다. 가설을 테스트하여 유형 B 배터리 평균 수명이 적어도 15시간 이상 유형 A에 비하여 오래 간다는 사실을 유의 수준 0.05에서 확인하시오.
2. 두 개의 랜덤하게 선택한 공장 내 50명의 숙련공 그룹을 조립 작업 동안에 시간을 측정했다. 첫 번째 그룹은 평균 시간 112분, 표준 편차는 12분이었다. 두 번째 그룹은 평균값 117분 그리고 표준 편차는 9분이었다. 가설을 테스트하여 조립 작업 평균 시간이 동일함을 유의 수준 0.05에서 확인하여라.
3. 정격 용량 24μF 커패시터들을 두 개의 상이한 회사 제품에 대하여 테스트하였다. 실제 용량값은 아래와 같다.

Company 1	21.4	23.6	24.8	22.4	26.3
Company 2	22.4	27.7	23.5	29.1	25.8

가설을 테스트하여 평균 커패시터 용량에 있어 회사 2가 생산한 값이 회사 1의 생산품에 비하여 높음을 유의 수준 0.01에서 확인하시오.

$$\left(\text{Bessel's correction is } \hat{\sigma}^2 = \frac{s^2 N}{N-1}\right)$$

4. 생산자 A의 100개 릴레이 샘플은 평균 1190시간 동안 고장 발생 이전에 동작하며 표준 편차는 90.75이다. 생산자 B 릴레이는 평균적으로 고장 발생 이전 동작 시간 1220이며 표준 편차는 120 시간이다. 고장 이전의 동작 개수에 있어 두 생산

자 사이의 심각한 차이를 유의 수준 (a) 0.05 그리고 (b) 0.01에서 결정하시오.

5. 제조사 A에서 생산한 12개 자동차 엔진 샘플은 평균 오일 소모가 측정한 거리에서 4.8 리터, 표준 편차는 0.40 리터이다. 유사한 엔진으로서 제조사 B사의 제품을 동일한 거리에서 시험하였는데 평균 오일 소모는 5.1 리터, 표준 편차는 0.36 리터이다. 가설을 시험하여 제조사 A 생산 엔진이 제조사 B의 엔진 보다 경제적임을 유의 수준 (a) 0.01 그리고 (b) 0.05에서 확인하여라.

6. 4성급 그리고 무연 휘발유 테스트를 다섯 개의 비슷한 차종에 대하여 동일한 조건에서 수행하였다. 4성급 휘발유는 해당 차종에서 평균 거리 21.4 km, 표준 편차는 0.54를 주어진 질량에서 나타내었다. 동일한 질량에 대하여 무연 휘발유는 평균 주행 거리 22.6km, 표준 편차는 0.48km 이었다. 테스트를 통하여 가설인 무연 휘발유의 리터당 주행 거리가 4성 휘발유 보다 우수함을 유의 수준 0.05에서 확인하여라.

Chapter 66

카이 제곱과 분포 무관 검정법

카이 제곱과 분포 무관 검정법을 이해하는 것이 왜 중요한가?

카이 제곱과 분포 무관 검정법은 과학과 공학 분야에서 사용된다. 카이 제곱은 관찰된 데이터와 특정한 가설에 따라 얻어질 것으로 예상되는 데이터를 비교하는 데 일반적으로 사용된다. 분포 무관 방법은 데이터가 주어진 확률 분포로부터 구해진다는 가정에 의존하지 않는다. 비모수적 방법은 순위가 있는 순서를 취하는 모집단을 연구하는 데 널리 사용된다. 이러한 검정법들이 이 장에서 설명된다.

이 장에서는 다음 사항에 대해 공부한다.

- 주어진 분포에 대하여 카이 제곱값을 계산
- 카이 제곱 분포를 사용하여 데이터가 이론적 분포에 적합하도록 하는(fitting) 가설 검정
- 분포 무관 검정법의 이해
- 두 표본에 대한 부호 검정 사용
- 두 표본에 대한 윌콕슨 부호 순위 검정 사용
- 두 표본에 대한 맨-휘트니 검정 사용

66.1 카이 제곱값

65장에서 소개한 유의성 검정은 정규분포에 매우 크게 의존한다. z-값이 사용되고, 표본의 수가 큰 경우, 표본의 평균과 표본 평균의 표준오차는 정규분포를 한다고 가정한다(중심극한정리). t-값이 사용되고, 표본의 수가 작은 경우, t값이 의미가 있기 위해서는 표본을 채취하는 모집단이 근사적으로 정규분포를 해야 한다. 이 장에서 소개하는 **카이**(*KY*로 발음하고 그리스 문자 χ로 표시) **제곱** 검정은 표본의 수 또는 정규분포를 하는 평균이나 평균의 표준오차와 같은 표본 통계에 의존하지 않는다. z와 t 값에 기반한 유의성 검정은 평균이나 표준 편차와 같은 분포 파라미터와 관련이 있는 반면, 카이 제곱 검정은 집합의 개별 요소와 관련이 있으며, 비모수 검정과 관계가 있다.

관찰 빈도와 기대 빈도

실험으로부터 얻어진 결과는 통계적 이론에 의하여 예상된 결과와는 거의 일치하지 않는다. 예를 들어 동전을 100번 던지는 경우, 결과는 앞면 50번, 뒷면 50번으로 나오지는 않을 것이다. 가령 5명의 사람이 동전을 100번씩 던지고, 앞면이 나온 횟수를 기록한다고 가정하자. 얻어진 결과는 다음과 같을 수 있다.

사람	*A*	*B*	*C*	*D*	*E*
관찰 빈도	43	54	60	48	57
기대 빈도	50	50	50	50	50

제2열에서 보이는 관찰 빈도와 제3열에서 보이는 기대 빈도 간에 존재하는 불일치의 척도는 카이 제곱값을 계산함으로써 결정될 수 있다. 카이 제곱값은 다음과 같이 정의된다.

$$\chi^2 = \sum\left\{\frac{(o-e)^2}{e}\right\}$$

여기서, o와 e는 각각 관찰 빈도와 기대 빈도를 나타낸다.

문제 1. 위에 주어진 동전 던지기 데이터에 대하여 카이 제곱값을 결정하시오.

주어진 데이터에 대하여 χ^2값은 아래와 같이 표 접근법을 사용하여 계산될 수 있다.

사람	관찰 빈도 o	기대 빈도 e
A	43	50
B	54	50
C	60	50
D	48	50
E	57	50

$o-e$	$(o-e)^2$	$\frac{(o-e)^2}{e}$
−7	49	0.98
4	16	0.32
10	100	2.00
−2	4	0.08
7	49	0.98

$$\chi^2 = \sum\left\{\frac{(o-e)^2}{e}\right\} = \underline{\underline{4.36}}$$

따라서 카이 제곱값은 $\chi^2 = 4.36$이다.

만일 χ^2 값이 0이라면, 관찰 빈도와 기대 빈도는 정확하게 일치한다. χ^2 값과 0 간의 차이가 크면 클수록 관찰 빈도와 기대 빈도 간의 불일치도 커진다.

+ 이제 다음의 예제들을 풀어보시오.

연습 문제 242 카이 제곱값 구하기

1. 주사위를 240번 던졌을 때 관찰 빈도와 기대 빈도는 다음과 같다. 이 분포로부터 χ^2 값을 결정하시오.

면	관찰 빈도	기대 빈도
1	49	40
2	35	40
3	32	40
4	46	40
5	49	40
6	29	40

2. 200개의 5분 간격 구간 동안 회사의 스위치보드에 의하여 수신된 전화 콜 횟수는 아래의 표와 같은 분포를 보인다. 이 데이터에 대한 χ^2 값을 계산하시오.

전화 콜 횟수	관찰 빈도	기대 빈도
0	11	16
1	44	42
2	53	52
3	46	42
4	24	26
5	12	14
6	7	6
7	3	2

66.2 이론적 분포로의 자료 적합

이항분포, 푸아송 분포, 정규분포와 같은 이론적 분포의 경우에는 기대 빈도값이 계산될 수 있다. 예를 들면, 이항분포의 이론으로부터 n개의 표본 아이템 중에서 결함있는 아이템이 0, 1, 2, ..., n개 발생할 확률은 $(q+p)^n$의 연속적인 항으로부터 결정될 수 있다. 여기서 p는 결함 확률이고, $q = 1 - p$이다. 이들 확률은 0, 1, 2, ..., n개의 결함 아이템을 가질 기대 빈도를 결정하는 데 사용될 수 있다. 표본을 취할 때 결함 아이템의 개수를 직접 센다면 관찰 빈도를 얻을 수 있다. 기대 빈도와 관찰 빈도는 카이 제곱 검정에 의하여 비교될 수 있으며, 그 차이가 랜덤 오류로부터 발생한 것인지, 표본화 방법의 오류로 인한 것인지, 또는 가정이 잘못된 것인지에 관한 예상을 할 수 있다. 정규분포나 t 분포의 경우에는 다양하게 계산된 χ^2 값과 다양한 신뢰 수준에서 랜덤한 변화로 인한 값을 관계시킨 표를 이용할 수 있다. 이러한 표가 표 66.1에 있다. 표 66.1에서는 좌측 열이 자유도 ν를 나타내는 숫자이다. 카이 제곱값이 이론적 분포로의 자료 적합을 의미하는 경우, 자유도 숫자는 일반적으로 $(N-1)$이며, 여기서 N은 표에서 χ^2 값이 계산되는 줄의 숫자이다. 그러나 평균이나 표준편차와 같은 모집단 파라미터가 표본 데이터에 기반을 두고 있을 경우, 자유도는 $\nu = N - 1 - M$으로 주어진다. 여기서, M은 계산되는 모집단 파라미터의 개수이다. 이것의 응용 예가 문제 4에 있다.

표에서 $\chi^2_{0.995}$, $\chi^2_{0.99}$로 시작되는 각 열은 신뢰도 99.5%, 99%, ...(즉, 유의 수준은 0.005, 0.01, ...)에 상응하는 카이 제곱값의 퍼센트를 제공한다. 표의 맨 우측에 $\chi^2_{0.01}$, $\chi^2_{0.005}$로 시작되는 열 또한 유의 수준 ... 99%, 99.5%에 상응하며, '진리이기에는 너무나 양호한' 형태의 결과를 예측하는 데 사용된다. 여기서 얻어진 적합은 너무도 양호하여 표본화 방법을 믿어도 될지 의심스러운 수준이다. 카이 제곱값이 데이터의 확률 분포 적합도를 검정하는 데 사용되는 방법은 다음 문제에 제시되었다.

문제 2. 각 5명의 아이들이 있는 200 가족을 대상으로 조사한 결과 아래와 같은 분포가 발생되었다. 관찰 빈도가 남아와 여아가 동일한 확률로 출생한다는 사실과 일치하는 경우의 귀무가설을 검정하시오. 단, 이항분포를 가정하고, 유의 수준 0.05, 신뢰도 수준 95%이다.

남아(B)와 여아(G)의 수	가정의 수
5B, 0G	11
4B, 1G	35
3B, 2G	69
2B, 3G	55
1B, 4G	25
0B, 5G	5

기대 빈도 결정

일반적인 이항분포 심벌을 사용하여 p를 남아 출생 확률이라고 하고, $q = 1 - p$를 여아 출생 확률이라고 하자. 5 남아, 4 남아, ..., 0 남아를 가질 확률은 $(q+p)^n$ 전개식의 연속적인 항으로 주어진다. 각 가정에 5명의 아이들이 있으므로 $n = 5$ 이고,

$$(q+p)^5 = q^5 + 5q^4p + 10q^3p^2 + 10q^2p^3 + 5qp^4 + p^5$$

$q = p = 0.5$일 때, 남아 5명, 4명, ... 0명의 확률은 0.03125, 0.15625, 0.3125, 0.3125, 0.15625, 0.03125 이다. 200가정에 대하여 기대 빈도수는 가장 가까운 자연수로 반올림하면 각각 6, 31, 63, 63, 31, 6이다.

χ^2 값의 결정

표를 사용하는 접근법을 이용하면, χ^2 값은 수식 $\chi^2 = \sum\left\{\frac{(o-e)^2}{e}\right\}$을 이용하여 계산된다.

남아(B)와 여아(G)의 수	관찰 빈도	기대 빈도
5B, 0G	11	6
4B, 1G	35	31
3B, 2G	69	63
2B, 3G	55	63
1B, 4G	25	31
0B, 5G	5	6

$o-e$	$(o-e)^2$	$\frac{(o-e)^2}{e}$
5	25	4.167
4	16	0.516
6	36	0.571
−8	64	1.016
−6	36	1.161
−1	1	0.167
	$\chi^2 = \sum\left\{\frac{(o-e)^2}{e}\right\} =$	7.598

χ^2 값의 유의성 검정

자유도는 $\upsilon = N - 1$로 주어진다. 여기서 N은 위 표에서 줄의 개수이다. 따라서 $\upsilon = 6 - 1 = 5$이다. 유의성 수준 0.05에 대하여 신뢰도는 95%이다. 즉, 단위당 0.95이다. 표 66.1로부터 $\chi^2_{0.95}$이고 $\upsilon = 5$인 경우, 백분위 값 χ^2_p은 11.1이다. 계산된 χ^2 값이 χ^2_p 값보다 작으므로 **관찰 빈도가 남아와 여아가 동일한 확률로 태어난다는 것과 일치한다는 귀무가설이 수용된다**. 신뢰도 95%이고 $\upsilon = 5$인 경우, $\chi^2_{0.05}$ 값은 표 66.1로부터 1.15이다. 계산된 χ^2 값 7.598이 이 값보다 크므로 이 적합은 **믿을 수 없을 만큼 양호하지 않다**.

표 66.1 카이 제곱 분포

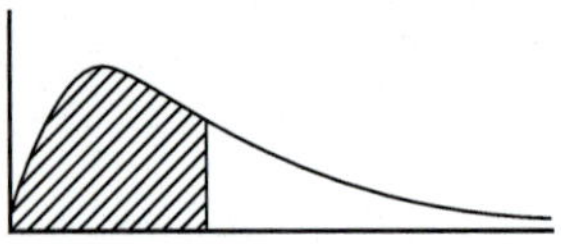

χ_p^2

Percentile values (χ_p^2) for the Chi-square distribution with υ degrees of freedom

υ	$^{2}_{0.995}$	0.99^{2}	$^{2}_{0.975}$	$^{2}_{0.95}$	$^{2}_{0.90}$	$^{2}_{0.75}$	$^{2}_{0.50}$	$^{2}_{0.25}$	$^{2}_{0.10}$	$^{2}_{0.05}$	$^{2}_{0.025}$	$^{2}_{0.01}$	$^{2}_{0.005}$
1	7.88	6.63	5.02	3.84	2.71	1.32	0.455	0.102	0.0158	0.0039	0.0010	0.0002	0.0000
2	10.6	9.21	7.38	5.99	4.61	2.77	1.39	0.575	0.211	0.103	0.0506	0.0201	0.0100
3	12.8	11.3	9.35	7.81	6.25	4.11	2.37	1.21	0.584	0.352	0.216	0.115	0.072
4	14.9	13.3	11.1	9.49	7.78	5.39	3.36	1.92	1.06	0.711	0.484	0.297	0.207
5	16.7	15.1	12.8	11.1	9.24	6.63	4.35	2.67	1.61	1.15	0.831	0.554	0.412
6	18.5	16.8	14.4	12.6	10.6	7.84	5.35	3.45	2.20	1.64	1.24	0.872	0.676
7	20.3	18.5	16.0	14.1	12.0	9.04	6.35	4.25	2.83	2.17	1.69	1.24	0.989
8	22.0	20.1	17.5	15.5	13.4	10.2	7.34	5.07	3.49	2.73	2.18	1.65	1.34
9	23.6	21.7	19.0	16.9	14.7	11.4	8.34	5.90	4.17	3.33	2.70	2.09	1.73
10	25.2	23.2	20.5	18.3	16.0	12.5	9.34	6.74	4.87	3.94	3.25	2.56	2.16
11	26.8	24.7	21.9	19.7	17.3	13.7	10.3	7.58	5.58	4.57	3.82	3.05	2.60
12	28.3	26.2	23.3	21.0	18.5	14.8	11.3	8.44	6.30	5.23	4.40	3.57	3.07
13	29.8	27.7	24.7	22.4	19.8	16.0	12.3	9.30	7.04	5.89	5.01	4.11	3.57
14	31.3	29.1	26.1	23.7	21.1	17.1	13.3	10.2	7.79	6.57	5.63	4.66	4.07
15	32.8	30.6	27.5	25.0	22.3	18.2	14.3	11.0	8.55	7.26	6.26	5.23	4.60
16	34.3	32.0	28.8	26.3	23.5	19.4	15.3	11.9	9.31	7.96	6.91	5.81	5.14
17	35.7	33.4	30.2	27.6	24.8	20.5	16.3	12.8	10.1	8.67	7.56	6.41	5.70
18	37.2	34.8	31.5	28.9	26.0	21.6	17.3	13.7	10.9	9.39	8.23	7.01	6.26
19	38.6	36.2	32.9	30.1	27.2	22.7	18.3	14.6	11.7	10.1	8.91	7.63	6.84
20	40.0	37.6	34.4	31.4	28.4	23.8	19.3	15.5	12.4	10.9	9.59	8.26	7.43
21	41.4	38.9	35.5	32.7	29.6	24.9	20.3	16.3	13.2	11.6	10.3	8.90	8.03
22	42.8	40.3	36.8	33.9	30.8	26.0	21.3	17.2	14.0	12.3	11.0	9.54	8.64
23	44.2	41.6	38.1	35.2	32.0	27.1	22.3	18.1	14.8	13.1	11.7	10.2	9.26
24	45.6	43.0	39.4	36.4	33.2	28.2	23.3	19.0	15.7	13.8	12.4	10.9	9.89
25	46.9	44.3	40.6	37.7	34.4	29.3	24.3	19.9	16.5	14.6	13.1	11.5	10.5
26	48.3	45.9	41.9	38.9	35.6	30.4	25.3	20.8	17.3	15.4	13.8	12.2	11.2
27	49.6	47.0	43.2	40.1	36.7	31.5	26.3	21.7	18.1	16.2	14.6	12.9	11.8
28	51.0	48.3	44.5	41.3	37.9	32.6	27.3	22.7	18.9	16.9	15.3	13.6	12.5
29	52.3	49.6	45.7	42.6	39.1	33.7	28.3	23.6	19.8	17.7	16.0	14.3	13.1
30	53.7	50.9	47.7	43.8	40.3	34.8	29.3	24.5	20.6	18.5	16.8	15.0	13.8
40	66.8	63.7	59.3	55.8	51.8	45.6	39.3	33.7	29.1	26.5	24.4	22.2	20.7
50	79.5	76.2	71.4	67.5	63.2	56.3	49.3	42.9	37.7	34.8	32.4	29.7	28.0

표 66.1 카이 제곱 분포 (계속)

υ	$^{2}_{0.995}$	0.99^{2}	$^{2}_{0.975}$	$^{2}_{0.95}$	$^{2}_{0.90}$	$^{2}_{0.75}$	$^{2}_{0.50}$	$^{2}_{0.25}$	$^{2}_{0.10}$	$^{2}_{0.05}$	$^{2}_{0.025}$	$^{2}_{0.01}$	$^{2}_{0.005}$
60	92.0	88.4	83.3	79.1	74.4	67.0	59.3	52.3	46.5	43.2	40.5	37.5	35.5
70	104.2	100.4	95.0	90.5	85.5	77.6	69.3	61.7	55.3	51.7	48.8	45.4	43.3
80	116.3	112.3	106.6	101.9	96.6	88.1	79.3	71.1	64.3	60.4	57.2	53.5	51.2
90	128.3	124.1	118.1	113.1	107.6	98.6	89.3	80.6	73.3	69.1	65.6	61.8	59.2
100	140.2	135.8	129.6	124.3	118.5	109.1	99.3	90.1	82.4	77.9	74.2	70.1	67.3

문제 3. 대기로부터의 모래입자 퇴적은 특정 시간 동안 200개의 미리 준비된 카드 상의 입자를 계산함으로써 측정된다. 다음과 같은 분포가 있다고 하자.

입자 수	0	1	2	3	4	5	6
카드 수	41	69	44	27	12	6	1

유의성 0.01에서 모래입자의 퇴적이 푸아송 분포를 따른다는 귀무가설을 검정하고, 데이터가 신뢰도 수준 99%에서 너무 양호하여 의심스러운지를 결정하시오.

기대 빈도의 결정

기대 발생 또는 평균 발생은 다음 식으로 주어진다.

$$\lambda = \frac{\text{퇴적된전체입자수}}{\text{전체카드수}}$$

$$= \frac{69+88+81+48+30+6}{200} = 1.61$$

기대 빈도는 푸아송 분포를 사용하여 계산되는데, 0, 1, 2, ..., 6개의 퇴적 입자가 있을 확률은 $e^{-\lambda}\left(1+\lambda+\frac{\lambda^2}{2!}+\frac{\lambda^3}{3!}+\cdots\right)$의 연속된 항을 좌측부터 우측방향으로 취함으로써 얻어진다. 즉, $e^{-\lambda}$, $\lambda e^{-\lambda}$, $\frac{\lambda^2 e^{-\lambda}}{2!}$, $\frac{\lambda^3 e^{-\lambda}}{3!}\cdots$이고, 이들 항을 계산하면 $\lambda = 1.61$에 대하여 다음과 같다.

퇴적된 입자의 수	확률	기대 빈도
0	0.1999	40
1	0.3218	64
2	0.2591	52
3	0.1390	28
4	0.0560	11
5	0.0180	4
6	0.0048	1

χ^2 값의 결정

χ^2 값은 아래와 같이 표를 이용하는 방법으로 계산된다.

모래입자의 수	관찰 빈도 o	기대 빈도 e
0	41	40
1	69	64
2	44	52
3	27	28
4	12	11
5	6	4
6	1	1

$o-e$	$(o-e)^2$	$\frac{(o-e)^2}{e}$
1	1	0.0250
5	25	0.3906
−8	64	1.2308
−1	1	0.0357
1	1	0.0909
2	4	1.0000
0	0	0.0000

$$\chi^2 = \sum\left\{\frac{(o-e)^2}{e}\right\} = \overline{\underline{2.773}}$$

χ^2 값의 유의성(significance) 검정

자유도는 $\upsilon = N-1$이고, 여기서 N은 위의 표에서 줄의 수이므로 $\upsilon = 7-1 = 6$이다. χ^2의 백분위 값은 표 66.1로부터 $\chi^2_{0.99}$, $\upsilon = 6$인 경우에 대하여 16.8로 결정된다. 계산된 χ^2 (i.e. 2.773) 값이 백분위 값보다 작으므로 **입자의 퇴적이 푸아송 분포를 따른다는 가설이 받아들여진다.** 신뢰도 수준 99%에서 $\chi^2_{0\,01}$, $\upsilon = 6$의 값이 표 66.1로부터 0.872로 구해진다. 계산된 χ^2 값이 이 값보다 크므로 **이 적합은 진리이기에는 너무 양호하지 않다.**

문제 4. 자동화 공정으로 생산한 오백 개의 둥근 못 샘들의 지름 크기 분포는 아래과 같다.

Diameter (mm)	Frequency
4.011	12
4.015	47
4.019	86
4.023	123
4.027	107
4.031	97
4.035	28

귀무 가설 검정을 통하여 둥근 못의 지름이 유의 수준 0.05로 정규분포를 가지며 분포가 신뢰도 90퍼센트 수준의 'too good' 적절성을 부여하는지 결정하시오.

기대 빈도 결정하기

기대 빈도 결정을 위하여 평균값과 표준편차가 분포에 대하여 요구된다. 모집단 계수 μ와 σ는 샘플 데이터 $\overline{x}$와 s를 근거로 하는데 허용치(allowance)를 자유도 값으로 생성하여 모집단 계수의 추정을 샘플 데이터로부터 수행한다. 샘플 평균값은 아래와 같다.

$$\overline{x} = \frac{\begin{array}{c}12(4.011)+47(4.015)+86(4.019)+123(4.023)\\ +107(4.027)+97(4.031)+28(4.035)\end{array}}{500}$$

$$= \frac{2012.176}{500} = \mathbf{4.024}$$

샘플 표준 편차 s는 아래값으로 주어진다.

$$s = \sqrt{\left[\frac{\begin{array}{c}12(4.011-4.024)^2+47(4.015-4.024)^2\\ +\cdots+28(4.035-4.024)^2\end{array}}{500}\right]}$$

$$= \sqrt{\frac{0.017212}{500}} = \mathbf{0.00587}$$

지름의 클래스 경계는 4.009에서 4.013, 4.013에서 4.017 등등이며 이는 표 66.2의 두 번째 열에 표시하였다. 정규 확률 분포 이론을 사용하면, 개별 클래스들의 확률과 기대 빈도 계산은 표 66.2와 같다. 열 3에는 클래스 경계에 해당하는 z-값을 식 $z = \frac{x-\overline{x}}{s}$를 사용하여 결정하였는데 이번 경우에는 $z = \frac{x-4.024}{0.00587}$이다. 열 3에 있는 z-값들 사이의 면적과 z값 0 일 경우의 분포의 평균값을 구하였는데 이를 위하여 표준화된 정규분포곡선의 부분적인 면적 테이블을 사용하였고, 표 61.1의 네 번째 열에 표시되었다.

평균값과 z-값의 낮은 클래스 경계와 상위 클래스 경계 사이의 면적의 차이를 구하면 특정 클래스의 확률값을 구할 수 있으며, 이는 다섯 번째 열에 나열하였다. 한 가지 예외가 다섯 번째 열에 존재하는데 이는 클래스 경계 4.021 그리고 4.025에 해당하며 영역들을 합하여 4.023 클래스의 확률값을 나타내었다. 이는 이들 영역이 평균값의 좌우에 인접하기 때문이다. 여섯 번째 열은 다섯 번째 열에 있는 확률값에 샘플 개수 500을 곱한 결과이다. 여섯 번째 열의 합산 결과는 500과 일치하지 않는데 이는 표준화한 정규 곡선의 면적이 z-값이 −2.56 이하와 2.21 이상인 경우 무시하였기 때문이다. 이로 인하여 발생하는 오류는 2퍼센트이며 대부분의 유사한 유형의 문제에서는 허용 가능하다. 만약 허용할 수 없을 때는 개별 기대 빈도는 백분위 에러 만큼 증가시킬 수 있다.

χ^2-값 결정

χ^2-값의 계산은 아래와 같은 표를 사용하여 수행한다.

Diameter of rivets	Observed frequency, o	Expected frequency, e
4.011	12	13
4.015	47	43
4.019	86	94
4.023	123	131
4.027	107	117
4.031	97	67
4.035	28	25

$o-e$	$(o-e)^2$	$\frac{(o-e)^2}{e}$
−1	1	0.0769
4	16	0.3721
−8	64	0.6809
−8	64	0.4885
−10	100	0.8547
30	900	13.4328
3	9	0.3600

$$\chi^2 = \sum\left\{\frac{(o-e)^2}{e}\right\} = \overline{\underline{16.2659}}$$

표 66.2

1 Class mid-point	2 Class boundaries, x	3 z-value for class boundary	4 Area from 0 to z	5 Area for class	6 Expected frequency
	4.009	−2.56	0.4948		
4.011				0.0255	13
	4.013	−1.87	0.4693		
4.015				0.0863	43
	4.017	−1.19	0.3830		
4.019				0.1880	94
	4.021	−0.51	0.1950		
4.023				0.2628	131
	4.025	0.17	0.0678		
4.027				0.2345	117
	4.029	0.85	0.3023		
4.031				0.1347	67
	4.033	1.53	0.4370		
4.035				0.0494	25
	4.037	2.21	0.4864		
				Total	490

χ^2-값의 유의성 검정

자유도 크기는 $N-1-M$으로 주어지는데 M은 모집단에 대한 추정 계수의 개수이다. 모집단의 평균값과 표준편차는 기반을 샘플값에 두는데 $M = 2$ 이므로 $\upsilon = 7 - 1 - 2 = 4$이다. 표 66.1로부터 χ^2_p-값은 $\chi^2_{0.95}$ 그리고 υ_4일 경우 9.49이다. **따라서 귀무 가설인 둥근 못의 직경에 대한 정규분포 가정은 거절된다.** $\chi^2_{0.10}$, υ_4에 대하여 χ^2_p-값은 1.06인데 따라서 **적절성은 'too good'이 아니다.** 귀무 가설이 수락되지 않았으므로, 두 번째 유의성 검증 수행 필요성은 없어진다.

+ 이제 다음의 예제들을 풀어보시오.

연습 문제 243 데이터의 이론적 분포로의 적절성 확인

1. 귀무 가설 검정을 통하여 아래에 주어진 관찰 데이터가 이항분포 형태 $250(0.6 + 0.4)^7$에 유의 수준 0.05에 적절한지 확인하시오.

Observed frequency	8	27	62	79	45	24	5	0

데이터의 적절성이 'too good'으로 신뢰성 90% 레벨입니까?

2. 주어진 데이터는 부상자 시민 인원으로서 도시 내에서 사고에 의하여 주간 단위로 일년 동안 생성되었다. 데이터는 푸아송 분포에 적합하다고 믿어진다. 검정을 통하여 적절성 충실도를 유의 수준 0.05에 대하여 수행하시오.

Number of people injured in the week	Number of weeks
0	5
1	12
2	13
3	9
4	7
5	4
6	2

3. 탄소 저항 샘플의 저항값들은 다음과 같다.

Resistance (MΩ)	Frequency
1.28	7
1.29	19
1.30	41
1.31	50
1.32	73
1.33	52
1.34	28
1.35	17
1.36	9

귀무 가설 검정을 수행하여 위의 데이터가 정규분포에 유의 수준 0.05 해당 여부를 확인하시오.

4. 사내 품질 보증 부서는 250개 콘덴서를 임의로 많은 수량으로부터 선택하여 여러 가지 테스트를 이들에게 수행하였다. 얻은 결과는 아래와 같다:

Number of tests failed	Number of capacitors
0	113
1	77
2	39
3	16
4	4
5	1
6 and over	0

위 분포의 푸아송 분포와의 일치에 대한 충실도를 유의 수준 0.05에서 시험하시오.

5. 검증할 가설은 최대 부하로서 이는 회사에서 생산한 특정 케이블이 파괴되기 직전까지 지탱할 수 있는 양이며, 분포 형태가 유의 수준 0.05 조건에서 정규분포 여부를 아래에 주어진 실험 데이터를 통하여 수행하시오. 또한, 데이터가 유의 수준 0.05에서 'too good'인지 확인하시오.

Maximum load (MN)	Number of cables
8.5	2
9.0	5
9.5	12
10.0	17
10.5	14
11.0	6
11.5	3
12.0	1

66.3 분포 무관 테스트 소개

때때로 샘플링 분포는 파라미터를 알지 못하는 모집단에서 발생한다. 이 같은 분포들을 다루는 검증을 **분포-무관 테스트**라고 한다; 이들은 파라미터 사용을 포함하지 않기 때문에 **비모수 검정**이라한다. 세 가지 검정을 여기서는 설명하는데 – 부호 검정을 66.4절에서, **윌콕슨 부호 순위 검정**은 66.5절 그리고 **맨-휘트니 검정**은 66.6절에 있다.

66.4 부호 검정

부호 검정은 가장 간단하고 신속하며 가장 오래된 비모수 검정이다.

처리 절차

(i) 데이터에 대한 귀무 가설과 alternative 가설, 즉 H_0 그리고 H_1을 기술하시오.

(ii) 기술한 유의 수준 α가 one-tailed 또는 two-tailed 검정인지 파악하시오. 예를 들어서 $H_0 : x = \phi$이고 $H_1 : x \neq \phi$이면 two-tailed 검정이 제시되는데 이유는 x가 더 작거나 더 큰 값을 ϕ에 대하여 가질 수 있기 때문인데 (따라서 α_2를 사용하는데 이를 위하여 표 66.3을 참조할 것) 그러나 $H_1 : x < \phi$ 또는 $H_1 : x > \phi$ 이면 one-tailed 검정이 추천된다(이때는 α_1을 사용하며 이는 표 66.3에 있다).

(iii) 양 또는 음 부호를 개별 데이터 부분에 할당하시오—이를 위하여 ϕ와 비교하거나(문제 5 그리고 6을 참조하시오) 또는 양 또는 음 부호를 짝을 이루는 관측 사이의 차이값에 할당하시오(문제 7 참조).

(iv) 양 부호의 개수를 합산하거나 음 부호 개수를 합산하시오. Two-tailed 검정은 이들 중에 작은 값을 선택하며, one-tailed 검정은 더 작은 값이 기대되는 것을 선택하는데 기준은 H_1이 참일 경우이다. 결정해야 할 합산은 S로 표시한다.

(v) 표 66.3을 사용하여 주어진 n 그리고 α_1 또는 α_2 값에 대하여 S의 중요한 영역을 읽으시오. 예를 들어

$n = 16$ 그리고 $\alpha_1 = 5\%$이면 표 66.3에서 $S \le 4$이다. 따라서 (iv)에서 S가 4보다 크면 우리는 귀무 가설 H_0를 선택하고 S가 4보다 작거나 같으면 우리는 대체 가설 H_1을 선택한다.

위와 같은 부호 검정 과정은 다음 문제에서 다룬다.

문제 5. 제조사의 관리인의 관심은 주문 처리에 대한 느린 진행에 있다. 그는 적어도 받은 주문량의 반은 작업일의 절반 이내(즉 7시간)에 처리되기를 원한다. 얼마 후에 그는 17개 주문을 무작위로 선택하여 처리 시간을 파악할 것을 결정하여 요구한 내용이 만족되는지 확인하기로 하였다. 소요된 시간은 17개 주문에 대하여 아래와 같다.

$4\frac{3}{4}$h	$9\frac{3}{4}$h	$15\frac{1}{2}$h	11h	$8\frac{1}{4}$h	$6\frac{1}{2}$h
9h	$8\frac{3}{4}$h	$10\frac{3}{4}$h	$3\frac{1}{2}$h	$8\frac{1}{2}$h	$9\frac{1}{2}$h
$15\frac{1}{4}$h	13h	8h	$7\frac{3}{4}$h	$6\frac{3}{4}$h	

부호 검정을 유의 수준을 5%로 수행하여 관리인의 요구인 더 빠른 처리가 충족되었지 확인하시오.

위 절차를 사용하면:

(i) 가설들은 $\boldsymbol{H_0: t = 7}$**h** 그리고 $\boldsymbol{H: t > 7}$**h**이며 여기서 t는 시간이다.

(ii) H_1이 $t > 7$h이므로 one-tail 검정을 가정하였는데, 이때 $\boldsymbol{\alpha_1 = 5\%}$이다.

(iii) 부호 검정에서 데이터의 개별 값에 대하여 + 또는 −를 할당한다. 위에 주어진 데이터에 + 부호를 소요 시간이 7시간을 초과하는 경우 부여하고 7시간 이하에는 −를 부여한다. 수행 결과는 아래 패턴을 보여준다.

− + + + + − + + +
− + + + + + + + −

(iv) 검증 통계 S는 이와 같은 경우에 음 부호의 개수이다 (부호 −는 H_0가 확인 된 것으로 동일한 개수의 +와 − 부호가 나타났음을 의미한다). 표 66.3은 부호 검정을 위한 중요한 값들을 작은 값을 갖는 항들로 나타내었다; 따라서 여기서 S는 − 부호의 개수, 즉 $\boldsymbol{S = 4}$이다.

(v) 표 66.3에서 샘플 크기를 $n = 17$로 하면 유의 수준 $\alpha_1 = 5\%$일 경우 $\boldsymbol{S \le 4}$이다.

우리가 사용한 데이터는 $S = 4$이므로 결과는 $\alpha_1 = 5\%$에서 **유의하므로 즉 대체 가설이 수용된다—결과에 의하면 관리자의 요청인 좀 더 신속한 주문 처리는 만족되지 않았다.**

문제 6. 주어진 데이터는 시간 수를 표시하는데 이는 휴대용 자동차 진공청소기 동작이 재충전 요구될 때까지 지속되는 시간이다.

Operating time (h)	1.4	2.3	0.8	1.4	1.8	1.5
	1.9	1.4	2.1	1.1	1.6	

부호 검정을 사용하여 가설을 유의 수준 5%에서 테스트 하시오. 다시 언급하면 진공 청소기 동작이 평균적으로 재충전 이전 1.7시간 동안 지속하는 것을 테스트한다.

검정 과정을 적용하면:

(i) 귀무 가설 $\boldsymbol{H_0: t = 1.7}$**h**

대체 가설 $\boldsymbol{H_1: t \ne 1.7}$**h**

(ii) 유의 수준, $\boldsymbol{\alpha_2} = 0.5\%$(two-tailed 검증이므로)

(iii) + 부호는 동작 시간 >1.7인 경우이고 − 부호는 동작 시간 <1.7으로 가정하면

− + − − + − + − + − −

(iv) 네 개의 + 부호와 일곱 개의 − 부호가 존재한다; 이 중 작은 숫자를 취하면 $\boldsymbol{S = 4}$이다.

(v) 표 66.3에서 $n = 11$ 그리고 $\boldsymbol{\alpha_2} = 5\%$일 때 $\boldsymbol{S \le 1}$이다.

$S = 4$는 허용 영역에 해당하므로(즉 이번 경우에는 1 보다 큰 값이므로), **귀무 가설이 선택되는데 이는 평균 동작 시간이 심각하지 않을 정도로 1.7h와 다르지 않다는 것이다.**

문제 7. 기술자가 두 가지 다른 유형의 측정 기기 A 그리고 B를 조사하고 있는데 이는 전자 연료 분사 시스템을 위한 것으로 이들의 연료 거리 성능상의 차이점을 확인하는 것이다. 시스템은 12대의 차량에 설치하며, 테스트는 차량마다 개별 측정 시스템을 번갈아 탑재하여 수행한다.
측정한 연료 거리 데이터(마일/갤런)는 다음과 같다. 부호 검정을 유의 수준 5%로 수행하여 두 가지 시스템의 차이점 여부를 결정하시오.

A	18.7	20.3	20.8	18.3	16.4	16.8
B	17.6	21.2	19.1	17.5	16.9	16.4

A	17.2	19.1	17.9	19.8	18.2	19.1
B	17.7	19.2	17.5	21.4	17.6	18.8

표 66.3 Critical values for the sign test

n	$\alpha_1 = 5\%$ $\alpha_2 = 10\%$	$2\frac{1}{2}\%$ 5%	1% 2%	$\frac{1}{2}\%$ 1%	n	$\alpha_1 = 5\%$ $\alpha_2 = 10\%$	$2\frac{1}{2}\%$ 5%	1% 2%	$\frac{1}{2}\%$ 1%
1	—	—	—	—	26	8	7	6	6
2	—	—	—	—	27	8	7	7	6
3	—	—	—	—	28	9	8	7	6
4	—	—	—	—	29	9	8	7	7
5	0	—	—	—	30	10	9	8	7
6	0	0	—	—	31	10	9	8	7
7	0	0	0	—	32	10	9	8	8
8	1	0	0	0	33	11	10	9	8
9	1	1	0	0	34	11	10	9	9
10	1	1	0	0	35	12	11	10	9
11	2	1	1	0	36	12	11	10	9
12	2	2	1	1	37	13	12	10	10
13	3	2	1	1	38	13	12	11	10
14	3	2	2	1	39	13	12	11	11
15	3	3	2	2	40	14	13	12	11
16	4	3	2	2	41	14	13	12	11
17	4	4	3	2	42	15	14	13	12
18	5	4	3	3	43	15	14	13	12
19	5	4	4	3	44	16	15	13	13
20	5	5	4	3	45	16	15	14	13
21	6	5	4	4	46	16	15	14	13
22	6	5	5	4	47	17	16	15	14
23	7	6	5	4	48	17	16	15	14
24	7	6	5	5	49	18	17	15	15
25	7	7	6	5	50	18	17	16	15

수행 절차를 사용하면:

(i) $\boldsymbol{H_0: F_A = F_B}$ 그리고 $\boldsymbol{H_1: F_A \neq F_B}$ 여기서 F_A 그리고 F_B는 소모 연료이며 단위는 마일당 갤런으로서 시스템 A와 B에 대한 값이다.

(ii) $\boldsymbol{\alpha_2 = 5\%}$(two-tailed 테스트이기 때문이다.)

(iii) 측정 결과의 차이를 결정하고 +, − 부호를 결과마다 아래와 같이 할당하였다.

(A−B)	**+1.1**	**−0.9**	**+1.7**	**+0.8**
	−0.5	**+0.4**	**−0.5**	**−0.1**
	+0.4	**−1.6**	**+0.6**	**+0.3**

(iv) 일곱 개의 + 부호 그리고 다섯 개의 − 부호가 있다. 가장 작은 숫자를 취하면 $\mathbf{S = 5}$이다.

(v) 표 66.3에서 $n = 12$ 그리고 $\alpha_2 = 5\%$, $\boldsymbol{S \leq 2}$이다.

(iv)로부터 S는 2와 같거나 작지 않으므로 **귀무 가설은 선택을 취소할 수 없으며, 즉 두 가지 측정 장치는 동일한 연료 거리 성능을 표시한다.**

+ 이제 다음의 예제들을 풀어보시오.

연습 문제 244 부호 검정

1. 다음 데이터는 비행 훈련 시간을 나타내는데 16 명의 훈련 비행사가 그들의 첫 번째 단독 비행 이

전에 받은 훈련량이다.

11.5 h	20 h	9 h	12.5 h	15 h	19 h
11 h	10.5 h	13 h	22 h	14.5 h	16.5 h
17 h	18 h	14 h	12 h		

부호 검정을 유의 수준 2%로 사용하여 평균적으로 훈련생들이 단독 비행을 15시간의 비행 훈련 이후에 한다는 것을 제기하기 위한 테스트이다.

2. 연구실 내 실험에서 18번의 측정을 마찰 계수 μ에 대하여 수행하였는데, 금속과 가죽 사이에서 다음과 같은 결과가 나왔다:

0.60	0.57	0.51	0.55	0.66	0.56
0.52	0.59	0.58	0.48	0.59	0.63
0.61	0.69	0.57	0.51	0.58	0.54

부호 검정을 유의 수준 5%로 수행하여 귀무 가설 $\mu = 0.56$을 대체 가설 $\mu \neq 0.56$에 대하여 테스트하시오.

3. 18개 랜덤 샘플을 두 가지 유형의 9 V 건전지로부터 취하여 평균 수명(단위: 시간)을 측정하였다.

Type A	8.2	7.0	11.3	13.9	9.0
	13.8	16.2	8.6	9.4	3.6
	7.5	6.5	18.0	11.5	13.4
	6.9	14.2	12.4		
Type B	15.3	15.4	11.2	16.1	18.1
	17.1	17.7	8.4	13.5	7.8
	9.8	10.6	16.4	12.7	16.8
	9.9	12.9	14.7		

부호 검정을 유의 수준 5%로 귀무 가설인 두 가지 샘플이 동일한 모집단에서 채취한 것임을 테스트하시오.

66.5 윌콕슨 부호 순위 검정

부호 검정은 데이터를 단지 양과 음 부호를 사용하여 표시하는데, 이외의 다른 모든 정보는 무시된다. 윌콕슨 부호 순위 검정은 측정값들 사이의 차이값의 크기와 가설한 중간값(median)을 사용한다. 그러나 분포는 연속적이며 대칭일 필요가 있다.

절차

(i) 데이터를 위한 귀무 가설과 대체 가설 H_0 그리고 H_1을 기술하시오.

(ii) 기술한 유의 수준 α가 one-tailed 또는 two-tailed 검증인지 확인하시오(부호 검정 절차 (ii)를 참조할 것).

(iii) 개별 데이터의 차이값을 귀무 가설과 비교하거나(문제 8과 9를 참조할 것) 양 또는 음 부호를 쌍으로 측정한 양의 차이에 대하여 부여하시오(문제 10을 참조).

(iv) 순위를 차이량에 대하여 할당하며 이때 이들의 부호는 무시한다.

(v) 윌콕슨 부호 순위 통계 T의 계산은 양의 차이분량과 음의 차이분량들의 순위 합산을 취하며 – 더 작은 값에 대한 two-tailed 검정을 수행하고 H_1이 참인 더 작은 값을 갖는 부호에 대하여 one-tailed 검정을 수행한다.

(vi) 표 66.4를 사용하여 주어진 n 값 그리고 α_1 또는 α_2에 대한 임계(critical) 영역 T를 선택한다. 예를 들어 $n = 16$ 그리고 $\alpha_1 = 5\%$일 때 표 66.4에서 $T \leq 35$이다. 따라서 T 값이 과정 (v)에서 35보다 클 경우 우리는 귀무 가설 H_0를 선택하고 만약 T가 35보다 작거나 같은 경우 대체 가설 H_1을 선택한다.

이와 같은 윌콕슨 부호 순위 검정 절차는 아래 문제에서 소개 설명한다.

문제 8. 제조사의 관리인의 관심은 주문 처리에 대한 느린 진행에 있다. 그는 적어도 받은 주문량의 반은 작업일의 절반 이내(즉, 7시간)에 처리되기를 원한다. 얼마 후에 그는 17개 주문을 무작위로 선택하여 처리 시간을 파악할 것을 결정하여 요구한 내용이 만족되는지 확인하기로 하였다. 소요된 시간은 17개 주문에 대하여 아래와 같다.

$4\frac{3}{4}$ h	$9\frac{3}{4}$ h	$15\frac{1}{2}$ h	11 h	$8\frac{1}{4}$ h	$6\frac{1}{2}$ h
9 h	$8\frac{3}{4}$ h	$10\frac{3}{4}$ h	$3\frac{1}{2}$ h	$8\frac{1}{2}$ h	$9\frac{1}{2}$ h
$15\frac{1}{4}$ h	13 h	8 h	$7\frac{3}{4}$ h	$6\frac{3}{4}$ h	

윌콕슨 부호 순위 검정을 유의 수준 5%로 하여 관리자의 요청인 더 신속한 처리가 충족되었는지 확인하시오.

(이는 문제 5와 동일한데 이때는 부호 검정을 사용하였다.) 처리 절차를 사용하면:

(i) 가설은 $\boldsymbol{H_0 : t = 7\,\mathrm{h}}$ 그리고 $\boldsymbol{H_1 : t > 7\,\mathrm{h}}$이며 t는 시간이다.

(ii) H_1이 $t > 7$ h이므로 one-tail 검정을 가정하며, 즉 $\boldsymbol{\alpha_1 = 5\%}$이다.

(iii) 시간의 차이를 개별 주문 처리 소요 시간과 7 h 사이에 계산하면 다음과 같다:

표 66.4 Critical values for the Wilcoxon signed-rank test

n	$\alpha_1 = 5\%$ $\alpha_2 = 10\%$	$2\frac{1}{2}\%$ 5%	1% 2%	$\frac{1}{2}\%$ 1%	n	$\alpha_1 = 5\%$ $\alpha_2 = 10\%$	$2\frac{1}{2}\%$ 5%	1% 2%	$\frac{1}{2}\%$ 1%
1	—	—	—	—	26	110	98	84	75
2	—	—	—	—	27	119	107	92	83
3	—	—	—	—	28	130	116	101	91
4	—	—	—	—	29	140	126	110	100
5	0	—	—	—	30	151	137	120	109
6	2	0	—	—	31	163	147	130	118
7	3	2	0	—	32	175	159	140	128
8	5	3	1	0	33	187	170	151	138
9	8	5	3	1	34	200	182	162	148
10	10	8	5	3	35	213	195	173	159
11	13	10	7	5	36	227	208	185	171
12	17	13	9	7	37	241	221	198	182
13	21	17	12	9	38	256	235	211	194
14	25	21	15	12	39	271	249	224	207
15	30	25	19	15	40	286	264	238	220
16	35	29	23	19	41	302	279	252	233
17	41	34	27	23	42	319	294	266	247
18	47	40	32	27	43	336	310	281	261
19	53	46	37	32	44	353	327	296	276
20	60	52	43	37	45	371	343	312	291
21	67	58	49	42	46	389	361	328	307
22	75	65	55	48	47	407	378	345	322
23	83	73	62	54	48	426	396	362	339
24	91	81	69	61	49	446	415	379	355
25	100	89	76	68	50	466	434	397	373

$-2\frac{1}{4}$ h	$+2\frac{3}{4}$ h	$+8\frac{1}{2}$ h	$+4$ h	$+1\frac{1}{4}$ h
$-\frac{1}{2}$ h	$+2$ h	$+1\frac{3}{4}$ h	$+3\frac{3}{4}$ h	$-3\frac{1}{2}$ h
$+1\frac{1}{2}$ h	$+2\frac{1}{2}$ h	$+8\frac{1}{4}$ h	$+6$ h	$+1$ h
$+\frac{3}{4}$ h	$-\frac{1}{4}$ h			

(iv) 이와 같은 차이는 순위를 1부터 17까지 나열하는데 이들의 부호는 무시하였다.

Rank	1	2	3	4	5	6
Difference	$-\frac{1}{4}$	$-\frac{1}{2}$	$\frac{3}{4}$	1	$1\frac{1}{4}$	$1\frac{1}{2}$

Rank	7	8	9	10	11	12
Difference	$1\frac{3}{4}$	2	$-2\frac{1}{4}$	$2\frac{1}{2}$	$2\frac{3}{4}$	$-3\frac{1}{2}$

Rank	13	14	15	16	17
Difference	$3\frac{3}{4}$	4	6	$8\frac{1}{4}$	$8\frac{1}{2}$

(v) 윌콕슨 부호-순위 통계 T 계산은, **순위 합계**를 음의 차이들에 대하여 one-tailed 검정을 위하여 수행하였다.

$$\boldsymbol{T} = 1 + 2 + 9 + 12 = \mathbf{24}$$

(vi) 표 66.4는 T의 임계치를 나타내는데, 이는 윌콕슨 부호 순위 검정 용도이다. $n = 71$ 그리고 유의 수준 $\alpha_1 = 5\%, T \leq 41$이다.

따라서 결론은 $T = 24$ 이므로 결과는 5% 임계 영역 내에 존재한다. **그러므로 H_1을 지시하는 강력한 증거가 존재하는데, 이는 대체 가설, 즉 median 처리 시간이 7시간을 초과함을 의미한다.**

문제 9. 다음 데이터는 시간 수를 표시하는데 이는 휴대용 자동차 진공청소기 동작이 재충전 요구될 때까지 지속되는 시간이다.

Operating time (h)	1.4	2.3	0.8	1.4	1.8	1.5
	1.9	1.4	2.1	1.1	1.6	

윌콕슨 부호-순위 검정을 사용하여 가설을 유의 수준 5%에서 테스트 하시오. 다시 언급하면 진공 청소기 동작이 평균적으로 재충전 이전 1.7 시간 동작하는 것을 테스트한다.

(이는 문제 6과 동일한데 이때는 부호 검정을 사용하였다.)
처리 절차를 사용하면:

(i) 가설은 $\boldsymbol{H_0 : t = 1.7\,h}$ 그리고 $\boldsymbol{H_1 : t \neq 1.7\,h}$이다.

(ii) 유의 수준은 $\boldsymbol{\alpha_2 = 5\%}$이다(two-tailed 검정에 해당한다).

(iii) 차이 시간을 개별 동작 시간과 1.7 h 사이에 계산하면 아래와 같다:

−0.3 h +0.6 h −0.9 h −0.3 h
+0.1 h −0.2 h +0.2 h −0.3 h
+0.4 h −0.6 h −0.1 h

(iv) 위와 같은 차이값을 순위 1부터 11까지 나열하였다(이때 값의 부호는 무시하였다). 몇몇 차이값은 서로 동일하다. 예를 들어 두 경우의 0.1 값이 존재하는데(무호는 무시) 이들은 순위 1과 2에 위치한다. 순위와 관련하여 평균값을 취하는데, 다시 설명하면 순위 $\frac{1+2}{2}$, 즉 1.5를 할당한다. 이와 유사하게 두 개의 0.2 값이 위치 3과 4에 나타나는데 이들의 순위는 $\frac{3+4}{2}$, 즉 3.5이며 세 개의 0.3 값이 위치 5,6 그리고 7에 나타나는데 이들의 순위는 $\frac{5+6+7}{3}$, 즉 6이며 나머지도 유사한 형태이다. 따라서 순위는 다음과 같다:

Rank	1.5	1.5	3.5	3.5
Difference	+0.1	−0.1	−0.2	+0.2

Rank	6	6	6	8
Difference	−0.3	−0.3	−0.3	+0.4

Rank	9.5	9.5	11
Difference	+0.6	−0.6	−0.9

(v) 네 가지 양의 항목과 일곱 가지의 음 항목이 존재한다. 작은 숫자를 취하면 네 개의 양 항목들의 순위는 1.5, 3.5, 8 그리고 9.5이다. 양의 항목들의 순위를 합하면: $\boldsymbol{T} = 1.5 + 3.5 + 8 + 9.5 = \mathbf{22.5}$이다.

(vi) 표 66.4에서 $n = 11$ 그리고 $\alpha_2 = 5\%$일 때 $\boldsymbol{T \leq 10}$이다.

$T = 22.5$이므로 acceptance 영역에 포함되며 (즉, 이 경우는 10보다 큰 값에 해당한다.), **귀무 가설에 해당되는데 이는 평균 동작 지속 시간이 심각하게 1.7 h과 차이나지 않음을 의미이다.**

[주의 해야할 사항은 주어진 데이터가 1.7 h일 때, 즉 차이값이 영이면, 데이터는 무시되고 n 값은 10이 11 대신 사용된다.]

문제 10. 기술자가 두 가지 다른 유형의 측정 기기 A 그리고 B를 조사하고 있는데, 이는 전자 연료 분사 시스템을 위한 것으로 이들의 연료 거리 성능 차이점을 확인하는 것이다. 시스템은 12대의 차량에 설치하며, 테스트는 차량마다 개별 측정 시스템을 번갈아 탑재하여 수행한다. 측정한 연료 거리 데이터(마일/갤런)는 아래에 있다.

A	18.7	20.3	20.8	18.3	16.4	16.8
B	17.6	21.2	19.1	17.5	16.9	16.4

A	17.2	19.1	17.9	19.8	18.2	19.1
B	17.7	19.2	17.5	21.4	17.6	18.8

윌콕슨 부호-순위 검정을 유의 수준 5%로 수행하여 두 가지 시스템의 차이점 여부를 결정하시오.

(이는 문제 7과 동일한데 이때는 부호 검정을 사용하였다.)
수행 절차를 사용하면:

(i) $\boldsymbol{H_0 : F_A = F_B}$ 그리고 $\boldsymbol{H_1 : F_A \neq F_B}$이며 F_A 그리고 F_B는 소모 연료이며 단위는 마일당 갤런으로서 시스템 A와 B에 대한 값이다.

(ii) $\boldsymbol{\alpha_2 = 5\%}$ (two-tailed 테스트이기 때문이다.)

(iii) 측정 결과의 차이를 결정하고 +, − 부호를 결과마다

아래와 같이 할당하였다.

$$\begin{array}{lllll}(A-B) & \mathbf{+1.1} & \mathbf{-0.9} & \mathbf{+1.7} & \mathbf{+0.8} \\ & \mathbf{-0.5} & \mathbf{+0.4} & \mathbf{-0.5} & \mathbf{-0.1} \\ & \mathbf{+0.4} & \mathbf{-1.6} & \mathbf{+0.6} & \mathbf{+0.3}\end{array}$$

(iv) 차이값들에 순위를 1부터 12까지 할당하였다(이들의 부호는 무시하였다). 순위 할당에서 0.4는 위치 3 그리고 4; 이들의 평균은 3.5 그리고 순위 나열 과정에서 평균값을 할당하였다. 유사하게 0.5는 위치 5 그리고 6이며 평균값 5.5를 순위 나열에 할당하였다.

Rank	1	2	3.5	3.5
Difference	−0.1	+0.3	+0.4	+0.4

Rank	5.5	5.5	7	8
Difference	−0.5	−0.5	+0.6	+0.8

Rank	9	10	11	12
Difference	−0.9	+1.1	−1.6	+1.7

(v) 일곱 개의 양의 부호와 다섯 개의 음의 부호가 나타난다. 더 작은 숫자를 취하면 음의 부호들은 순위 1, 5.5, 5.5, 9 그리고 11이다.

음의 순위를 합산하면 아래와 같다:

$$\boldsymbol{T}=1+5.5+5.5+9+11=\mathbf{32}$$

(vi) 표 66.4에서 $n = 12$ 그리고 $\alpha_2 = 5\%$이면 $\boldsymbol{T \leq 13}$이다.

과정 (iv)로부터 T는 13보다 같거나 작지 않으므로 **귀무가설은 채택되며, 두 가지 측정 장치는 동일한 연료 성능을 표시한다.**

+ 이제 다음의 예제들을 풀어보시오.

연습 문제 245 윌콕슨 부호-순위 검정

1. 전자 장비의 수리 발생 시간은 랜덤 변수이다. 수리 발생 시간(단위: 시간)은 16대 장비들에 대하여 아래와 같다:

218	275	264	210	161	374	178	265
150	360	185	171	215	100	474	248

윌콕슨 부호-순위 검정을 유의 수준 5%에서 수행하여 가설인 평균 고장 발생 시간 값 220시간을 확인하시오.

2. 혈청 샘플 18개의 나트륨 함량을 분석하시오. 결과는 ppm으로 표시하였으며 다음과 같다:

169	151	166	155	149	154
164	151	147	142	168	152
149	129	153	154	149	143

유의 수준 5%에서 윌콕슨 부호-순위 검정을 사용하여 귀무 가설인 평균값이 사용한 분석 방법에서는 150 ppm임을 테스트 하시오.

3. 페인트 공급자들은 주장을 통하여 새로운 첨가물이 건조 시간을 아크릴 페인트에서 단축시킨다고 한다. 이들의 주장을 테스트하기 위하여 12개의 나무 조각을 페인트 칠하였는데 이중 반은 원래의 첨가물을 포함한 페인트를 사용하고 나머지 반은 새로운 첨가물을 포함한 페인트를 사용하였다. 건조되는 데 걸리는 시간(단위: 시간)의 측정 결과는 아래와 같다.

New additive	4.5	5.5	3.9	3.6	4.1	6.3
Regular additive	4.7	5.9	3.9	3.8	4.4	6.5

New additive	5.9	6.7	5.1	3.6	4.0	3.0
Regular additive	6.9	6.5	5.3	3.6	3.9	3.9

윌콕슨 부호-순위 검정을 유의 수준 5%로 하여 가설을 테스트 하는데, 이는 평균적으로는 건조 시간에 있어 새로운 페인트와 기존의 페인트 사이에 차이가 없다는 주장이다.

66.6 맨-휘트니 검정

샘플 사이즈가 매우 크지 않은 경우 두 개 샘플을 포함하는 테스트에 한하여, 맨-휘트니 검정이 적용하기 용이하며, 또한 매우 강력하고 널리 사용된다.

절차

(i) 데이터에 대한 귀무 가설과 대체 가설인 H_0와 H_1을 기술한다.

(ii) 기술한 유의 수준 α가 one-tailed 또는 two-tailed 검정인지 확인하시오(부호 검정 절차 (ii) 내용을 참조할 것).

(iii) 모든 데이터를 올림차순으로 정렬하며 이때 각자의 양은 보존한다.

(iv) 데이터가 A 그리고 B들의 혼합 형태이면 A 아래 부분에 B값 중에서 A를 앞서는 항수에 해당한다.

(v) 절차 (iv)에서 얻은 숫자를 합하고 총 합산은 U로 표

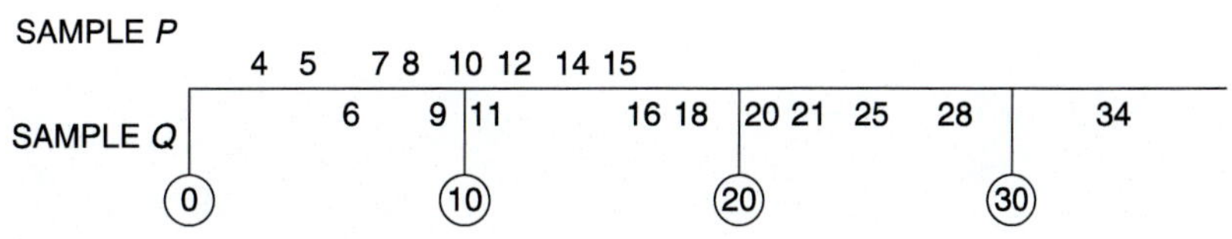

그림 66.1

시한다. U가 정의하는 것은 특정 형태의 계수값이 가설 H_1이 참일 때 가장 작게 예상됨을 의미한다.

(vi) 표 66.5를 사용하여 주어진 n_1 그리고 n_2 값과 α_1 또는 α_2에 대하여 임계 영역 U를 읽는다. 예를 들어 $n_1 = 10$ 그리고 $n_2 = 16$ 그리고 $\alpha_2 = 5\%$이면 표 66.5로부터 $U \leq 42$를 알수 있다. 만약 절차 (v)에서 U값이 42보다 클 경우 우리는 귀무 가설 H_0를 수용하며 만약 U값이 42보다 작거나 같으면 대체 가설 H_1을 수용한다.

맨–휘트니 검정을 위한 절차는 다음 문제에서 설명한다.

문제 11. 열 대의 영국제 자동차와 여덟 대의 비영국제 자동차들에 대하여 이들의 첫 번째 일만 마일 주행 중의 고장 발생을 비교하였다. 두 가지 유형에서 발생하는 고장 발생 백분율은 아래와 같다.

Non-British cars, P	5	8	14	10	15
British cars, Q	18	9	25	6	21

Non-British cars, P	7	12	4		
British cars, Q	20	28	11	16	34

맨-휘트니 검정을 사용하며 유의 수준은 1%로 하여 가설인 비영국제 자동차의 평균 신뢰도가 영국제 모델에 비하여 더 좋다는 내용을 검정하시오.

위에서 언급된 절차를 사용하면:

(i) 가설은 아래와 같다:

H_0: 동등한 비율로 영국제와 비영국제 자동차들은 고장이 발생한다.

H_1: 더 많은 비율의 영국제 자동차가 고장을 일으킨다.

(ii) 유의 수준 $\alpha_1 = 1\%$이다.

(iii) 샘플 크기를 n_P 그리고 n_Q라고 하면 $n_P = 8$ 그리고 $n_Q = 10$이다. 맨-휘트니 검정은 샘플 P에 있는 모든 항목을 비교하고 샘플 Q에 있는 모든 항목을 비교한다. 즉, 기록 보관되는 횟수는 P에 속하는 항목이 Q에 있는 항목들보다 더 큰 값을 갖는 횟수이다. 이번 경우에는 $n_P n_Q$, 즉 $(8)(10) = 80$번의 비교가 발생한다. 모든 데이터는 올림 차순으로 정렬되며 이들 사이의 구분을 위한 식별자는 유지되는데—가장 손쉬운 방법은 선형 눈금으로 그림 66.1과 같이 정렬하는 것이다.

그림 66.1로부터 P_S와 Q_S 리스트의 순위는 아래와 같다:

P	P	Q	P	P	Q	P	Q	P	P	P	Q	Q	Q
Q	Q	Q	Q										

(iv) 글자 P 밑부분에 Q들의 개수를 기록하였는데, 이는 P의 크기가 더 큰 횟수이다:

P	P	Q	P	P	Q	P	Q	P	P	P	Q
0	0		1	1		2		3	3	3	
Q	Q	Q	Q	Q	Q						

(v) 이들 여덟 개 수를 모두 합하여 합산 결과를 U라 하면:

$$\boldsymbol{U} = 0+0+1+1+2+3+3+3 = \mathbf{13}$$

(vi) 임계 영역 형태는 $U \leq$ 임계영역이다.

표 66.5에서 샘플 크기 8과 10이고 유의 수준 $\alpha_1 = 1\%$이면 임계 영역은 $\boldsymbol{U \leq 13}$이다.

U값은 이번 경우 절차 (v)에서 13이므로 유의 정도는 유의 수준 1%이다.

이에 따라 맨-휘트니 검정이 입증한 내용은 **비영국제 자동차가 신뢰성에서 영국제 자동차보다 우월한 성능을 처음 10000마일에서 나타낸다는, 즉 대체 가설이 적용됨을 입증한다.**

문제 12. 두 개의 기계 장치 A그리고 B를 사용한 진동 측정을 특정한 고무 제품을 대상으로 수행하였다. 주어진 아래 데이터는 진동성 힘을 단위 킬로그램으로 각 기계 장치를 사용하여 랜덤하게 수행한 결과이다.

A	9.7	10.2	11.2	12.4	14.1	22.3
	29.6	31.7	33.0	33.2	33.4	46.2
	50.7	52.5	55.4			
B	20.6	25.3	29.2	35.2	41.9	48.5
	54.1	57.1	59.8	63.2	68.5	

맨-휘트니 검정을 유의 수준 5%에서 수행하여 두 개 기계 장치가 서로 다른 결과를 발생한다는 어떠한 증거라도 있음을 결정하시오.

표 66.5 Critical values for the Mann–Whitney test

		$\alpha_1 = 5\%$	$2\frac{1}{2}\%$	1%	$\frac{1}{2}\%$			$\alpha_1 = 5\%$	$2\frac{1}{2}\%$	1%	$\frac{1}{2}\%$
n_1	n_2	$\alpha_2 = 10\%$	5%	2%	1%	n_1	n_2	$\alpha_2 = 10\%$	5%	2%	1%
2	2	—	—	—	—	3	13	6	4	2	1
2	3	—	—	—	—	3	14	7	5	2	1
2	4	—	—	—	—	3	15	7	5	3	2
2	5	0	—	—	—	3	16	8	6	3	2
2	6	0	—	—	—	3	17	9	6	4	2
2	7	0	—	—	—	3	18	9	7	4	2
2	8	1	0	—	—	3	19	10	7	4	3
2	9	1	0	—	—	3	20	11	8	5	3
2	10	1	0	—	—						
2	11	1	0	—	—	4	4	1	0	—	—
2	12	2	1	—	—	4	5	2	1	0	—
2	13	2	1	0	—	4	6	3	2	1	0
2	14	3	1	0	—	4	7	4	3	1	0
2	15	3	1	0	—	4	8	5	4	2	1
2	16	3	1	0	—	4	9	6	4	3	1
2	17	3	2	0	—	4	10	7	5	3	2
2	18	4	2	0	—	4	11	8	6	4	2
2	19	4	2	1	0	4	12	9	7	5	3
2	20	4	2	1	0	4	13	10	8	5	3
						4	14	11	9	6	4
3	3	0	—	—	—	4	15	12	10	7	5
3	4	0	—	—	—	4	16	14	11	7	5
3	5	1	0	—	—	4	17	15	11	8	6
3	6	2	1	—	—	4	18	16	12	9	6
3	7	2	1	0	—	4	19	17	13	9	7
3	8	3	2	0	—	4	20	18	14	10	8
3	9	4	2	1	0						
3	10	4	3	1	0	5	5	4	2	1	0
3	11	5	3	1	0	5	6	5	3	2	1
3	12	5	4	2	1	5	7	6	5	3	1
5	8	8	6	4	2	7	7	11	8	6	4
5	9	9	7	5	3	7	8	13	10	7	6
5	10	11	8	6	4	7	9	15	12	9	7
5	11	12	9	7	5	7	10	17	14	11	9
5	12	13	11	8	6	7	11	19	16	12	10

표 66.5 (계속)

		$\alpha_1 = 5\%$	$2\frac{1}{2}\%$	1%	$\frac{1}{2}\%$			$\alpha_1 = 5\%$	$2\frac{1}{2}\%$	1%	$\frac{1}{2}\%$
n_1	n_2	$\alpha_2 = 10\%$	5%	2%	1%	n_1	n_2	$\alpha_2 = 10\%$	5%	2%	1%
5	13	15	12	9	7	7	12	21	18	14	12
5	14	16	13	10	7	7	13	24	20	16	13
5	15	18	14	11	8	7	14	26	22	17	15
5	16	19	15	12	9	7	15	28	24	19	16
5	17	20	17	13	10	7	16	30	26	21	18
5	18	22	18	14	11	7	17	33	28	23	19
5	19	23	19	15	12	7	18	35	30	24	21
5	20	25	20	16	13	7	19	37	32	26	22
						7	20	39	34	28	24
6	6	7	5	3	2						
6	7	8	6	4	3	8	8	15	13	9	7
6	8	10	8	6	4	8	9	18	15	11	9
6	9	12	10	7	5	8	10	20	17	13	11
6	10	14	11	8	6	8	11	23	19	15	13
6	11	16	13	9	7	8	12	26	22	17	15
6	12	17	14	11	9	8	13	28	24	20	17
6	13	19	16	12	10	8	14	31	26	22	18
6	14	21	17	13	11	8	15	33	29	24	20
6	15	23	19	15	12	8	16	36	31	26	22
6	16	25	21	16	13	8	17	39	34	28	24
6	17	26	22	18	15	8	18	41	36	30	26
6	18	28	24	19	16	8	19	44	38	32	28
6	19	30	25	20	17	8	20	47	41	34	30
6	20	32	27	22	18						
9	9	21	17	14	11	11	16	54	47	41	36
9	10	24	20	16	13	11	17	57	51	44	39
9	11	27	23	18	16	11	18	61	55	47	42
9	12	30	26	21	18	11	19	65	58	50	45
9	13	33	28	23	20	11	20	69	62	53	48
9	14	36	31	26	22						
9	15	39	34	28	24	12	12	42	37	31	27
9	16	42	37	31	27	12	13	47	41	35	31
9	17	45	39	33	29	12	14	51	45	38	34
9	18	48	42	36	31	12	15	55	49	42	37
9	19	51	45	38	33	12	16	60	53	46	41

표 66.5 (계속)

		$\alpha_1 = 5\%$	$2\frac{1}{2}\%$	1%	$\frac{1}{2}\%$			$\alpha_1 = 5\%$	$2\frac{1}{2}\%$	1%	$\frac{1}{2}\%$
n_1	n_2	$\alpha_2 = 10\%$	5%	2%	1%	n_1	n_2	$\alpha_2 = 10\%$	5%	2%	1%
9	20	54	48	40	36	12	17	64	57	49	44
						12	18	68	61	53	47
10	10	27	23	19	16	12	19	72	65	56	51
10	11	31	26	22	18	12	20	77	69	60	54
10	12	34	29	24	21						
10	13	37	33	27	24	13	13	51	45	39	34
10	14	41	36	30	26	13	14	56	50	43	38
10	15	44	39	33	29	13	15	61	54	47	42
10	16	48	42	36	31	13	16	65	59	51	45
10	17	51	45	38	34	13	17	70	63	55	49
10	18	55	48	41	37	13	18	75	67	59	53
10	19	58	52	44	39	13	19	80	72	63	57
10	20	62	55	47	42	13	20	84	76	67	60
11	11	34	30	25	21	14	14	61	55	47	42
11	12	38	33	28	24	14	15	66	59	51	46
11	13	42	37	31	27	14	16	71	64	56	50
11	14	46	40	34	30	14	17	77	69	60	54
11	15	50	44	37	33	14	18	82	74	65	58
14	19	87	78	69	63	17	17	96	87	77	70
14	20	92	83	73	67	17	18	102	92	82	75
						17	19	109	99	88	81
15	15	72	64	56	51	17	20	115	105	93	86
15	16	77	70	61	55						
15	17	83	75	66	60	18	18	109	99	88	81
15	18	88	80	70	64	18	19	116	106	94	87
15	19	94	85	75	69	18	20	123	112	100	92
15	20	100	90	80	73						
						19	19	123	112	101	93
16	16	83	75	66	60	19	20	130	119	107	99
16	17	89	81	71	65						
16	18	95	86	76	70	20	20	138	127	114	105
16	19	101	92	82	74						
16	20	107	98	87	79						

절차를 사용하면:

(i) H_0: 결과에는 어떤 차이점도 기계들로부터 평균적으로 나타나지 않았다.

H_1: 두 기계 장치에서 나온 결과들은 평균을 취하면 다른 값을 갖는다.

(ii) $\alpha_2 = 5\%$

(iii) 데이터를 순서대로 정렬하면 다음과 같다:

9.7	10.2	11.2	12.4	14.1	20.6	22.3
A	A	A	A	A	B	A
25.3	29.2	29.6	31.7	33.0	33.2	33.4
B	B	A	A	A	A	A
35.2	41.9	46.2	48.5	50.7	52.5	54.1
B	B	A	B	A	A	B
55.4	57.1	59.8	63.2	68.5		
A	B	B	B	B		

(iv) B들이 A의 값들보다 앞서 나타나는 경우 수는 아래와 같다.

A	A	A	A	A	B	A	B	B
0	0	0	0	0		1		
A	A	A	A	A	B	B	A	B
3	3	3	3	3			5	
A	A	B	A	B	B	B	B	
6	6		7					

(v) 절차 (iv)의 숫자를 합산하면:

$$\boldsymbol{U} = 0+0+0+0+0+1+3+3+3+3$$
$$+3+5+6+6+7 = \mathbf{40}$$

(vi) 표 66.5에서 $n_1 = 11$ 그리고 $n_2 = 15$ 그리고 $\alpha_2 =$ 5%에서 $\boldsymbol{U} \leq \mathbf{44}$이다.

절차 (v)에서 구한 U값은 44보다 작으므로, H_0는 제외되며 H_1이 수용되는데 이는 **두 기계장치가 상이하다는 결과이다**.

+ 이제 다음의 예제들을 풀어보시오.

연습 문제 246 맨-휘트니 검정

1. 타르 함량(단위: 밀리그램)의 두 가지 담배 제품에 대한 측정 결과는 아래와 같다:

Brand P	22.6	4.1	3.9	0.7	3.2
Brand Q	3.4	6.2	3.5	4.7	6.3

Brand P	6.1	1.7	2.3	5.6	2.0
Brand Q	5.5	3.8	2.1		

맨-휘트니 검정을 유의 수준 0.05로 수행하여 타르 함량이 두 개 제품이 동일한지 결정하시오.

2. 부품 제조에 두 개 공정을 사용하였다. 일부 부품을 개별 과정으로부터 임의로 선택하여 파괴 강도를 시험하여 두 공정 사이의 차이점 여부를 결정하는 시험을 수행하였다. 결과는 다음과 같다:

Process A	9.7	10.5	10.1	11.6	9.8
Process B	11.3	8.6	9.6	10.2	10.9

Process A	8.9	11.2	12.0	9.2
Process B	9.4	10.8		

유의 수준 10%에서 맨-휘트니 검정을 사용하여 평균 파괴 강도에 있어 두 가지 공정을 통하여 생산된 부품에서 차이점이 있는지 확인하시오.

3. 실험을 구상하여 두 가지 부식 방지 방법을 비교하였으며 다음과 같은 최대 부식 깊이(단위: 밀리미터) 결과가 금속 가닥에서 발생하였다.

Method A	143	106	135	147	139	132	153	140
Method B	98	105	137	94	112	103		

맨-휘트니 검정을 유의 수준 0.05에서 수행하여 두 가지 테스트가 동일한 효과를 나타냄을 확인하시오.

4. 연습 문제 244의 문제 3을 맨-휘트니 검정을 사용하여 푸시오.

복습 테스트 18 1차 미분방정식

이 복습 테스트는 53장부터 56장에서 다룬 내용을 포함한다. 각 문제의 배점은 각 식의 마지막 괄호 안에 나타낸다.

1. 1200개의 금속 볼트는 평균 질량이 7.2 g 그리고 표준 편차는 0.3 g이다. 평균값의 표준 편차를 구하시오. 그리고 60개 볼트로 구성되는 샘플을 랜덤하게 추출하였을 때 미복원 방식에 따른 확률을 질량이 (a) 7.1 g과 7.25 g 일 경우 그리고 (b) 7.3 g 이상인 경우에 대하여 구하시오. (12)

2. 열 개로 구성되는 샘플 측정을 소자 길이에 대하여 수행하였으며 샘플 평균값은 3.650 cm이며 샘플의 표준 편차는 0.030 cm이다. (a) 99% 신뢰 구간을 구하고 (b) 90% 신뢰 구간을 소자의 실제 길이에 대한 추정을 위하여 결정하시오.

3. 자동화된 기계는 금속 프로펠러를 생산하며 한 주기 동안 8%의 불량률을 나타내었다. 75개 프로펠러로 구성되는 랜덤 샘플을 주기적으로 추출하였다.
   (a) 생산 작업을 샘플이 8개 이상의 불량품을 포함할 때 까지 유지하는 규정인 경우 유형 1 오류를 결정하는데 이때 불량률 8%에 대하여 이 같은 규정을 적용한다는 가정이다.
   (b) 유형 2 오류의 크기를 결정하는데 이때 불량률이 12%로 상승한다는 가정이다.

   지금 부터는 위의 샘플 크기를 55개의 프로펠러로 축소하였다. 적용할 규정은 기계를 정지하고 정비하는 경우는 샘플이 네 개 이상의 불량 프로펠러를 포함할 때이다.

   (c) 유형 1 오류 계산을 불량률이 8%로 유지 될 때 수행하시오.
   (d) 유형 2 오류 계산을 불량률이 9%로 상승 했을 때 수행하시오. (22)

4. 40개의 유사한 전구로 구성되는 랜덤 샘플을 400개 묶음에서 추출하였는데 평균 수명은 252시간으로 파악되었다. 표준 편차는 샘플의 평균 수명에 있어 25시간이다. 묶음의 낮은 등급 분류는 묶음의 평균 수명이 모집단의 평균인 260시간 보다 적을 경우이다. 샘플 데이터의 결과에 따른 저급 판정 결정을 신뢰도 수준 (a) 0.05 그리고 (b) 0.01에서 수행하여라. (9)

5. 두 가지 생산품의 길이를 비교하였다.

   생산품 1: 샘플 크기 = 50, 샘플 평균 값 = 6.5 cm,
   묶음 전체의 표준 편차 = 0.40 cm

   생산품 2: 샘플 크기 = 60, 샘플 평균 값 = 6.65 cm,
   묶음 전체의 표준 편차 = 0.35 cm

   두 가지 생산품의 심각한 차이점 존재 여부를 신뢰도 수준 (a) 0.05 그리고 (b) 0.01에 대하여 결정하시오. (7)

6. 400개 저항들이 자동화 공정에 의하여 생산되며 이들로 구성되는 샘플의 저항은 다음과 같은 저항값 분포를 갖는다.

Resistance (Ω)	Frequency
50.11	9
50.15	35
50.19	61
50.23	102
50.27	89
50.31	83
50.35	21

   샘플에 대하여 다음을 계산하시오: (a) 평균값 (b) 표준 편차. (c) 귀무 가설인 저항소자의 저항값이 정규 분포이며 유의 레벨 0.05임을 테스트하고, 분포가 신뢰도 90% 수준의 'too good' fit 형태에 해당하는지 결정하여라. (25)

7. 낚싯줄은 두 가지 공정으로 생산되며, 이는 A 그리고 B이다. 차이점이 평균 파괴 강도에 존재하는지를 결정하기 위하여, 8개 줄들을 각 공정에서 선택하여 파괴 강도를 테스트 하였다. 결과는 아래와 같다:

Process A	8.6	7.1	6.9	6.5	7.9	6.3	7.8	8.1
Process B	6.8	7.6	8.2	6.2	7.5	8.9	8.0	8.7

   차이점이 평균 파괴 강도에 있어서 두 가지 공정에 의하여 생산된 줄에 존재하는지 유의 수준 0.10에서 사용할 검정은 (a) 부호 검정, (b) 윌콕슨 부호–순위 검정, (c) 맨–휘트니 검정이다. (15)

Chapter 67

라플라스 변환 소개

라플라스 변환을 이해하는 것이 왜 중요한가?

라플라스 변환은 과학을 비롯한 공학의 다양한 영역에서 많이 사용되는 수학 도구로서 복잡한 공학 문제를 다루는 데에 널리 사용되고 있다. 이 변환은 적분을 이용한 변환인데 특히 선형 상미분방정식을 매우 간단하게 풀 수 있는 방법을 제공하며 이러한 유용성 때문에 물리학, 전기공학, 제어이론, 광학, 신호 및 시스템 등 많은 분야에 다양하게 사용되고 있다. 이 장에서는 기초적인 라플라스 변환 성질을 공부한다.

이 장에서는 다음 사항에 대해 공부한다.

- 라플라스 변환의 정의
- 라플라스 변환을 사용하기 위한 수학적 표현방법과 기호
- 기본 함수의 라플라스 변환의 유도법
- 라플라스 변환 표를 사용하여 일반적인 함수들에 대한 라플라스 변환을 구하는 법

67.1 라플라스 변환 기본

일반적으로 전기회로를 해석하는 방법은 먼저 회로를 미분방정식 형태로 유도하고 그 미분방정식의 해를 구하는 방법을 사용한다. 이러한 미분방정식은 49장이나 54장에 다루었는데 **라플라스 변환**은 이러한 선형 미분방정식을 아주 손쉽게 풀 수 있는 방법을 제시한다.

67.2 라플라스 변환의 정의

임의의 시간에 대한 함수 $f(t)$의 라플라스 변환은 적분 $\int_0^\infty e^{-st} f(t)\,dt$, 단 여기서 s는 실수(역주: 통상적으로는 복소수이다)로 주어진다.

라플라스 변환의 일반적인 표현법

함수 $f(t)$의 라플라스 변환에 대한 수학적 표기법은 아주 다양하게 존재한다(역주: 라플라스 변환은 시간 t축으로부터 정적분을 사용하여 s축로 옮기는 변환법이다. 정적분의 경우 적분을 하는 변수는 사라지기 때문에 (1)식의 적분을 행하게 되면 t는 사라지고 대신 s만 남게 되어 s축으로 변환이 일어나게 된다).

(i) $\mathcal{L}\{f(t)\}$ 또는 $L\{f(t)\}$

(ii) $\mathcal{L}(f)$ 또는 Lf

(iii) $\overline{f}(s)$ 또는 $f(s)$

간혹 어떤 경우에는 s 파라미터 대신 p를 사용하는 경우도 있다. 본 교재에서는 원래 함수는 $f(t)$로, 라플라스 변환은 다음 식에서와 같이 $\mathcal{L}\{f(t)\}$로 사용하기로 한다.

$$\mathcal{L}\{f(t)\} = \int_0^\infty e^{-st} f(t)\,dt \qquad (1)$$

* 라플라스는 누구인가? **Pierre-Simon, Marquis de Laplace** (1749.3.23~1837 4.5) 라플라스는 프랑스의 수학자이자 천문학자로 다양한 과학 분야에서 사용이 되고 있는 라플라스 방정식을 비롯한 라플라스 변환의 창시자이다. 좀더 자세한 정보는 **www.routledge.com/cw/bird**를 참조하시오.

67.3 라플라스 변환의 선형성

식 (1)로부터

$$\mathcal{L}\{kf(t)\} = \int_0^\infty e^{-st} k\, f(t)\, dt = k\int_0^\infty e^{-st} f(t)\, dt$$

i.e. $\mathcal{L}\{k\, f(t)\} = k\mathcal{L}\{f(t)\}$ (2)

여기서 k는 임의의 상수이다.
이와 유사하게

$$\mathcal{L}\{a\, f(t)+bg(t)\} = \int_0^\infty e^{-st}(a\, f(t)+bg(t))\, dt = a\int_0^\infty e^{-st} f(t)\, dt + b\int_0^\infty e^{-st} g(t)\, dt$$

i.e. $\mathcal{L}\{af(t)+bg(t)\} = a\mathcal{L}\{f(t)\}+b\mathcal{L}\{g(t)\}$, (3)

여기서 a와 b는 임의의 실수인 상수이다.
(2)와 (3)으로부터 라플라스 변환은 **선형기호**임을 알 수 있다.

67.4 기본 함수의 라플라스 변환

라플라스 변환의 정의인 식 (1)을 사용하여 다음과 같이 다양한 기본 함수의 라플라스 변환을 구할 수 있다.

(a) $\boldsymbol{f(t)=1}$. 식 (1)로부터

$$\mathcal{L}\{1\} = \int_0^\infty e^{-st}(1)\, dt = \left[\frac{e^{-st}}{-s}\right]_0^\infty = -\frac{1}{s}[e^{-s(\infty)} - e^0] = -\frac{1}{s}[0-1] = \frac{\boldsymbol{1}}{\boldsymbol{s}}\ (s>0\text{에서 성립})$$

(역주: 위 식의 0에서 ∞까지의 정적분이 수렴하기 위해서는 $s>0$을 만족해야 한다. 이 조건을 만족하지 않을 경우 정적분 형태의 라플라스 변환 값이 존재하지 않게 된다. 다른 수학 문헌에서는 이 영역을 수렴영역(Region of Convergence)이라 한다.)

(b) $\boldsymbol{f(t)=k}$. 식 (2)로부터

$$\mathcal{L}\{k\} = k\mathcal{L}\{1\}$$

이므로 위의 (a)로부터 $\mathcal{L}\{k\} = k\left(\frac{1}{s}\right) = \frac{\boldsymbol{k}}{\boldsymbol{s}}$를 구할 수 있다.

(c) $\boldsymbol{f(t)=e^{at}}$ (여기서 a는 0이 아닌 실수인 상수)

(1) 식과 지수 법칙을 사용하면

$$\mathcal{L}\{e^{at}\} = \int_0^\infty e^{-st}(e^{at})\, dt = \int_0^\infty e^{-(s-a)t}\, dt, = \left[\frac{e^{-(s-a)t}}{-(s-a)}\right]_0^\infty = \frac{1}{-(s-a)}(0-1) = \frac{\boldsymbol{1}}{\boldsymbol{s-a}}$$

($(s-a)>0$ 그러므로 $s>a$에서 성립한다)

(d) $\boldsymbol{f(t)=\cos at}$ (여기서 a는 실수인 상수)

식 (1)로부터

$$\mathcal{L}\{\cos at\} = \int_0^\infty e^{-st}\cos at\, dt = \left[\frac{e^{-st}}{s^2+a^2}(a\sin at - s\cos at)\right]_0^\infty$$

부분적분을 두 번 풀면

$$= \left[\frac{e^{-s(\infty)}}{s^2+a^2}(a\sin a(\infty) - s\cos a(\infty)) - \frac{e^0}{s^2+a^2}(a\sin 0 - s\cos 0)\right] = \frac{\boldsymbol{s}}{\boldsymbol{s^2+a^2}}\ (s>0\text{에서 성립})$$

(e) $\boldsymbol{f(t)=t}$. 식 (1)로부터

$$\mathcal{L}\{t\} = \int_0^\infty e^{-st} t\,dt = \left[\frac{te^{-st}}{-s} - \int \frac{e^{-st}}{-s}\,dt\right]_0^\infty \text{에서}$$

부분적분을 풀면

$$= \left[\frac{te^{-st}}{-s} - \frac{e^{-st}}{s^2}\right]_0^\infty$$

$$= \left[\frac{\infty e^{-s(\infty)}}{-s} - \frac{e^{-s(\infty)}}{s^2}\right] - \left[0 - \frac{e^0}{s^2}\right]$$

$$= (0-0) - \left(0 - \frac{1}{s^2}\right)$$

$(\infty \times 0) = 0$이므로

$$= \frac{\mathbf{1}}{\boldsymbol{s^2}}\ (s > 0\text{에서 성립})$$

(f) $\boldsymbol{f(t)=t^n}$ (여기서 $n = 0, 1, 2, 3 \ldots$). (e)의 경우와 유사한 방법을 사용하면 $\mathcal{L}\{t^2\} = \frac{2}{s^3}$과 $\mathcal{L}\{t^3\} = \frac{(3)(2)}{s^4} = \frac{3!}{s^4}$을 얻을 수 있다. 동일한 방법으로 같은 임의의 양의 정수 n에 대하여 구하면 $\boldsymbol{\mathcal{L}\{t^n\} = \frac{n!}{s^{n+1}}}$ (단 $s > 0$에서 성립)을 얻을 수 있다.

(g) $\boldsymbol{f(t) = \sinh at}$. 16장으로부터

$\sinh at = \frac{1}{2}(e^{at} - e^{-at})$이므로

$$\mathcal{L}\{\sinh at\} = \mathcal{L}\left\{\frac{1}{2}e^{at} - \frac{1}{2}e^{-at}\right\}$$

식 (2)와 식 (3)으로부터

$$= \frac{1}{2}\mathcal{L}\{e^{at}\} - \frac{1}{2}\mathcal{L}\{e^{-at}\}$$

(c)로부터

$$= \frac{1}{2}\left[\frac{1}{s-a}\right] - \frac{1}{2}\left[\frac{1}{s+a}\right]$$

$$= \frac{1}{2}\left[\frac{1}{s-a} - \frac{1}{s+a}\right]$$

$$= \frac{\boldsymbol{a}}{\boldsymbol{s^2 - a^2}}\ (\text{단, } s > a\text{에서 성립})$$

기본 함수에 대한 일반적인 라플라스 변환은 표 67.1에 잘 정리되어 있다.

67.5 라플라스 변환 연습 문제 풀이

문제 1. 라플라스 변환 표를 사용하여 다음과 같이 주어진 함수의 라플라스 변환을 구하시오.

(a) $\mathcal{L}\left\{1 + 2t - \frac{1}{3}t^4\right\}$ (b) $\mathcal{L}\{5e^{2t} - 3e^{-t}\}$

표 67.1 기본 함수의 라플라스 변환

	Function $f(t)$	Laplace transforms $\mathcal{L}\{f(t)\} = \int_0^\infty e^{-st} f(t)\,dt$
(i)	1	$\frac{1}{s}$
(ii)	k	$\frac{k}{s}$
(iii)	e^{at}	$\frac{1}{s-a}$
(iv)	$\sin at$	$\frac{a}{s^2+a^2}$
(v)	$\cos at$	$\frac{s}{s^2+a^2}$
(vi)	t	$\frac{1}{s^2}$
(vii)	t^2	$\frac{2!}{s^3}$
(viii)	$t^n\ (n = 1, 2, 3, \ldots)$	$\frac{n!}{s^{n+1}}$
(ix)	$\cosh at$	$\frac{s}{s^2-a^2}$
(x)	$\sinh at$	$\frac{a}{s^2-a^2}$

(a) $\mathcal{L}\left\{1 + 2t - \frac{1}{3}t^4\right\}$

식 (2)와 (3)으로부터

$$= \mathcal{L}\{1\} + 2\mathcal{L}\{t\} - \frac{1}{3}\mathcal{L}\{t^4\}$$

라플라스 변환 표 67.1의 (i), (vi)와 (vii)로부터

$$= \frac{1}{s} + 2\left(\frac{1}{s^2}\right) - \frac{1}{3}\left(\frac{4!}{s^{4+1}}\right)$$

$$= \frac{1}{s} + \frac{2}{s^2} - \frac{1}{3}\left(\frac{4.3.2.1}{s^5}\right)$$

$$= \boldsymbol{\frac{1}{s} + \frac{2}{s^2} - \frac{8}{s^5}}$$

(b) 식 (2)와 식 (3)으로부터

$\mathcal{L}\{5e^{2t} - 3e^{-t}\} = 5\mathcal{L}(e^{2t}) - 3\mathcal{L}\{e^{-t}\}$

라플라스 변환 표 67.1의 (iii)으로부터

$$= 5\left(\frac{1}{s-2}\right) - 3\left(\frac{1}{s-(-1)}\right)$$

$$= \frac{5}{s-2} - \frac{3}{s+1}$$

$$= \frac{5(s+1) - 3(s-2)}{(s-2)(s+1)}$$

$$= \boldsymbol{\frac{2s+11}{s^2-s-2}}$$

문제 2. 다음 함수의 라플라스 변환을 구하시오.

(a) $6\sin 3t - 4\cos 5t$

(b) $2\cosh 2\theta - \sinh 3\theta$

(a) $\mathcal{L}\{6\sin 3t - 4\cos 5t\}$

$= 6\mathcal{L}\{\sin 3t\} - 4\mathcal{L}\{\cos 5t\}$

라플라스 변환 표 67.1의 (v)로부터

$$= 6\left(\frac{3}{s^2+3^2}\right) - 4\left(\frac{s}{s^2+5^2}\right)$$

$$= \mathbf{\frac{18}{s^2+9} - \frac{4s}{s^2+25}}$$

(b) $\mathcal{L}\{2\cosh 2\theta - \sinh 3\theta\}$

$= 2\mathcal{L}\{\cosh 2\theta\} - \mathcal{L}\{\sinh 3\theta\}$

라플라스 변환 표 67.1의 (ix)와 (x)으로부터

$$= 2\left(\frac{s}{s^2-2^2}\right) - \left(\frac{3}{s^2-3^2}\right)$$

$$= \mathbf{\frac{2s}{s^2-4} - \frac{3}{s^2-9}}$$

문제 3. 다음 식을 증명하시오.

(a) $\mathcal{L}\{\sin at\} = \dfrac{a}{s^2+a^2}$

(b) $\mathcal{L}\{t^2\} = \dfrac{2}{s^3}$

(c) $\mathcal{L}\{\cosh at\} = \dfrac{s}{s^2-a^2}$

(a) 식 (1)로부터

$$\mathcal{L}\{\sin at\} = \int_0^\infty e^{-st}\sin at\, dt$$

부분적분을 이용하여

$$= \left[\frac{e^{-st}}{s^2+a^2}(-s\sin at - a\cos at)\right]_0^\infty$$

$$= \frac{1}{s^2+a^2}[e^{-s(\infty)}(-s\sin a(\infty) - a\cos a(\infty)) - e^0(-s\sin 0 - a\cos 0)]$$

$$= \frac{1}{s^2+a^2}[(0) - 1(0-a)]$$

$$= \mathbf{\frac{a}{s^2+a^2}} \text{ (단, } s>0\text{에서 성립)}$$

(b) 식 (1)로부터

$$\mathcal{L}\{t^2\} = \int_0^\infty e^{-st}t^2\, dt$$

부분적분을 행하면

$$= \left[\frac{t^2e^{-st}}{-s} - \frac{2te^{-st}}{s^2} - \frac{2e^{-st}}{s^3}\right]_0^\infty$$

$$= \left[(0-0-0) - \left(0-0-\frac{2}{s^3}\right)\right]$$

$$= \mathbf{\frac{2}{s^3}} \text{ (단 } s>0\text{에서 성립)}$$

(c) 식 (1)로부터

$$\mathcal{L}\{\cosh at\} = \mathcal{L}\left\{\frac{1}{2}(e^{at}+e^{-at})\right\},$$ 16장으로부터

식 (2)와 식 (3)으로부터

$$= \frac{1}{2}\mathcal{L}\{e^{at}\} + \frac{1}{2}\mathcal{L}\{e^{-at}\}$$

표 67.1의 (iii)으로부터

$$= \frac{1}{2}\left(\frac{1}{s-a}\right) + \frac{1}{2}\left(\frac{1}{s-(-a)}\right)$$

$$= \frac{1}{2}\left[\frac{1}{s-a} + \frac{1}{s+a}\right]$$

$$= \frac{1}{2}\left[\frac{(s+a)+(s-a)}{(s-a)(s+a)}\right]$$

$$= \mathbf{\frac{s}{s^2-a^2}} \text{ (s} > a\text{에서 성립)}$$

문제 4. 다음 함수의 라플라스 변환을 구하시오.

(a) $\sin^2 t$

(b) $\cosh^2 3x$

(a) 코사인 2배각 공식에서 $\cos 2t = 1 - 2\sin^2 t$이므로 $\sin^2 t = \frac{1}{2}(1-\cos 2t)$이므로

$$\mathcal{L}\{\sin^2 t\} = \mathcal{L}\left\{\frac{1}{2}(1-\cos 2t)\right\}$$

$$= \frac{1}{2}\mathcal{L}\{1\} - \frac{1}{2}\mathcal{L}\{\cos 2t\}$$

표 67.1의 (i)과 (v)로부터

$$= \frac{1}{2}\left(\frac{1}{s}\right) - \frac{1}{2}\left(\frac{s}{s^2+2^2}\right)$$

$$= \frac{(s^2+4)-s^2}{2s(s^2+4)} = \frac{4}{2s(s^2+4)}$$

$$= \mathbf{\frac{2}{s(s^2+4)}}$$

(b) 16장으로부터 $\cosh 2x = 2\cosh^2 x - 1$, $\cosh^2 x = \frac{1}{2}(1+\cosh 2x)$이므로

$$\cosh^2 3x = \frac{1}{2}(1+\cosh 6x)$$

$$\mathcal{L}\{\cosh^2 3x\} = \mathcal{L}\left\{\frac{1}{2}(1+\cosh 6x)\right\}$$
$$= \frac{1}{2}\mathcal{L}\{1\} + \frac{1}{2}\mathcal{L}\{\cosh 6x\}$$
$$= \frac{1}{2}\left(\frac{1}{s}\right) + \frac{1}{2}\left(\frac{s}{s^2-6^2}\right)$$
$$= \frac{2s^2-36}{2s(s^2-36)} = \mathbf{\frac{s^2-18}{s(s^2-36)}}$$

문제 5. $3\sin(\omega t+\alpha)$에서 ω와 α가 상수일 때 라플라스 변환을 구하시오.

19장에서 배운 삼각함수 합의 공식 $\sin(A+B)$을 이용하여 $\sin(\omega t+\alpha)$은 $(\sin\omega t\cos\alpha+\cos\omega t\sin\alpha)$으로 전개 할 수 있다. 따라서

$$\mathcal{L}\{3\sin(\omega t+\alpha)\}$$
$$= \mathcal{L}\{3(\sin\omega t\cos\alpha+\cos\omega t\sin\alpha)\}$$
$$= 3\cos\alpha\mathcal{L}\{\sin\omega t\} + 3\sin\alpha\mathcal{L}\{\cos\omega t\},$$

이고 α는 상수이므로, 표 67.1의 (iv)와 (v)로부터

$$= 3\cos\alpha\left(\frac{\omega}{s^2+\omega^2}\right) + 3\sin\alpha\left(\frac{s}{s^2+\omega^2}\right)$$
$$= \mathbf{\frac{3}{(s^2+\omega^2)}(\omega\cos\alpha + s\sin\alpha)}$$

+ 이제 다음의 예제들을 풀어보시오.

연습 문제 247 라플라스 변환 기초

다음 1부터 9까지의 라플라스 변환 문제를 푸시오. 각 문제에 대한 완벽한 해답은 다음 웹사이트에 수록되어 있다. **www.routledge.com/cw/bird**

1. (a) $2t-3$ (b) $5t^2+4t-3$
2. (a) $\frac{t^3}{24}-3t+2$ (b) $\frac{t^5}{15}-2t^4+\frac{t^2}{2}$
3. (a) $5e^{3t}$ (b) $2e^{-2t}$
4. (a) $4\sin 3t$ (b) $3\cos 2t$
5. (a) $7\cosh 2x$ (b) $\frac{1}{3}\sinh 3t$
6. (a) $2\cos^2 t$ (b) $3\sin^2 2x$
7. (a) $\cosh^2 t$ (b) $2\sinh^2 2\theta$
8. $4\sin(at+b)$, (단 a, b는 임의의 상수)
9. $3\cos(\omega t-\alpha)$, (단, ω, α는 임의의 상수)
10. $\mathcal{L}(\cos^2 3t - \sin^2 3t) = \frac{s}{s^2+36}$임을 보이시오.

Chapter 68

라플라스 변환의 중요 성질

라플라스 변환의 중요 성질을 이해하는 것이 왜 중요한가?

앞의 장에서 다루었듯이 라플라스 변환은 전기회로, 고조파 발진, 광통신분야, 그리고 기계공학 등 시불변 선형 시스템(time invariant linear system)의 해석 등 공학의 여러 분야에 매우 중요하게 사용되는 적분 형태의 변환이다. 특히 라플라스 변환은 전기회로나 기계 항공시스템 등의 제어나 시스템 해석 분야에서 나타나는 미분방정식을 쉽게 풀 수 있는 도구로 사용된다. 이 장에서는 미분방정식을 풀기 위해 꼭 알아야 하는 라플라스 변환의 여러 성질들에 대해 알아보기로 한다.

이 장에서는 다음 사항에 대해 공부한다.

- $e^{at}f(t)$의 라플라스 변환의 유도
- 라플라스 변환 표로부터 $e^{at}f(t)$ 형태의 함수에 대한 라플라스 변환 구하기
- 미분과 라플라스 변환법
- 최종값 정리(final value theorem)와 초기값 정리(initial value theorem)

68.1 $e^{at}f(t)$의 라플라스 변환

67장으로부터 $f(t)$의 라플라스 변환은 다음과 같이 주어진다.

$$\mathcal{L}\{f(t)\} = \int_0^\infty e^{-st} f(t)\,dt \qquad (1)$$

따라서 $$\mathcal{L}\{e^{at}f(t)\} = \int_0^\infty e^{-st}(e^{at} f(t))\,dt$$

$$= \int_0^\infty e^{-(s-a)t} f(t)\,dt \qquad (2)$$

(여기서 a는 실수인 상수)

(2) 식은 변환식 (1)에서 좌변에 원래함수 $f(t)$에 e^{at}를 곱하고 우변에 s 대신 $(s-a)$로 바꾼 것과 같다. 이러한 성질 때문에 (2) 식을 이동 정리라고 한다. (역주: 시간 축 함수에 e^{at}를 곱하고 라플라스 변환을 하면 복소축 s에서 a만큼 우측으로 이동한 효과와 같다고 해서 복소이동 정리라 부르기도 한다.)

68.2 $e^{at}f(t)$ 형태 함수의 라플라스 변환

식 (2)로부터 $e^{at}f(t)$ 형태의 라플라스 변환 함수들은 다음과 같이 쉽게 유도할 수 있다.

(i) $\boldsymbol{\mathcal{L}\{e^{at}t^n\}}$

표 67.1의 (viii) 식에서 $\mathcal{L}\{t^n\} = \dfrac{n!}{s^{n+1}}$이므로 식 (2)로부터 $\boldsymbol{\mathcal{L}\{e^{at}\ t^n\} = \dfrac{n!}{(s-a)^{n+1}}}$(단, 라플라스 변환의 존재 범위는 $s > a$)를 얻을 수 있다.

(ii) $\mathcal{L}\{e^{at}\sin\omega t\}$

표 67.1의 (iv)식으로부터 $\mathcal{L}\{\sin\omega t\} = \frac{\omega}{s^2+\omega^2}$이므로 식 (2)로부터 $\mathcal{L}\{e^{at}\sin\omega t\} = \frac{\omega}{(s-a)^2+\omega^2}$를 얻을 수 있다(단, $s > a$이다).

(iii) $\mathcal{L}\{e^{at}\cosh\omega t\}$

표 67.1의 (ix)식으로부터 $\mathcal{L}\{\cosh\omega t\} = \frac{s}{s^2-\omega^2}$이므로 식 (2)로부터 $\mathcal{L}\{e^{at}\cosh\omega t\} = \frac{s-a}{(s-a)^2-\omega^2}$를 얻을 수 있다(단 $s > a$).

$e^{at}f(t)$ 형태 함수의 라플라스 변환은 표 68.1에 잘 정리되어 있다.

문제 1. 다음 함수의 라플라스 변환을 구하시오.

(a) $\mathcal{L}\{2t^4e^{3t}\}$

(b) $\mathcal{L}\{4e^{3t}\cos 5t\}$

(a) 표 68.1의 (i)로부터

$$\mathcal{L}\{2t^4e^{3t}\} = 2\mathcal{L}\{t^4e^{3t}\} = 2\left(\frac{4!}{(s-3)^{4+1}}\right)$$

$$= \frac{2(4)(3)(2)}{(s-3)^5} = \mathbf{\frac{48}{(s-3)^5}}$$

표 68.1 $e^{at}f(t)$ 형태 함수의 라플라스 변환표

함수 $e^{at}f(t)$ (a는 실수인 상수)	라플라스 변환 $\mathcal{L}\{e^{at}f(t)\}$
(i) $e^{at}t^n$	$\frac{n!}{(s-a)^{n+1}}$
(ii) $e^{at}\sin\omega t$	$\frac{\omega}{(s-a)^2+\omega^2}$
(iii) $e^{at}\cos\omega t$	$\frac{s-a}{(s-a)^2+\omega^2}$
(iv) $e^{at}\sinh\omega t$	$\frac{\omega}{(s-a)^2-\omega^2}$
(v) $e^{at}\cosh\omega t$	$\frac{s-a}{(s-a)^2-\omega^2}$

(b) 표 68.1로부터

$$\mathcal{L}\{4e^{3t}\cos 5t\} = 4\mathcal{L}\{e^{3t}\cos 5t\}$$

$$= 4\left(\frac{s-3}{(s-3)^2+5^2}\right)$$

$$= \frac{4(s-3)}{s^2-6s+9+25}$$

$$= \mathbf{\frac{4(s-3)}{s^2-6s+34}}$$

문제 2. 다음 라플라스 변환을 구하시오.

(a) $\mathcal{L}\{e^{-2t}\sin 3t\}$

(b) $\mathcal{L}\{3e^{\theta}\cosh 4\theta\}$

(a) 표 68.1의 (ii)로부터

$$\mathcal{L}\{e^{-2t}\sin 3t\} = \frac{3}{(s-(-2))^2+3^2} = \frac{3}{(s+2)^2+9}$$

$$= \frac{3}{s^2+4s+4+9} = \mathbf{\frac{3}{s^2+4s+13}}$$

(b) 표 68.1의 (v)로부터

$$\mathcal{L}\{3e^{\theta}\cosh 4\theta\} = 3\mathcal{L}\{e^{\theta}\cosh 4\theta\} = \frac{3(s-1)}{(s-1)^2-4^2}$$

$$= \frac{3(s-1)}{s^2-2s+1-16} = \mathbf{\frac{3(s-1)}{s^2-2s-15}}$$

문제 3. 다음 라플라스 변환을 구하시오.

(a) $5e^{-3t}\sinh 2t$

(b) $2e^{3t}(4\cos 2t - 5\sin 2t)$

(a) 표 68.1의 (iv)로부터

$$\mathcal{L}\{5e^{-3t}\sinh 2t\} = 5\mathcal{L}\{e^{-3t}\sinh 2t\}$$

$$= 5\left(\frac{2}{(s-(-3))^2-2^2}\right)$$

$$= \frac{10}{(s+3)^2-2^2} = \frac{10}{s^2+6s+9-4}$$

$$= \mathbf{\frac{10}{s^2+6s+5}}$$

(b) $\mathcal{L}\{2e^{3t}(4\cos 2t - 5\sin 2t)\}$

$$= 8\mathcal{L}\{e^{3t}\cos 2t\} - 10\mathcal{L}\{e^{3t}\sin 2t\}$$

$$= \frac{8(s-3)}{(s-3)^2+2^2} - \frac{10(2)}{(s-3)^2+2^2}$$

표 68.1의 (iii)과 (ii)로부터

$$= \frac{8(s-3)-10(2)}{(s-3)^2+2^2} = \mathbf{\frac{8s-44}{s^2-6s+13}}$$

문제 4.

$\mathcal{L}\left\{3e^{-\frac{1}{2}x}\sin^2 x\right\} = \frac{48}{(2s+1)(4s^2+4s+17)}$임을 보이시오.

코사인 2배각 공식 $\cos 2x = 1-2\sin^2 x$, $\sin^2 x = \frac{1}{2}(1-\cos 2x)$을 이용하면

$$\mathcal{L}\left\{3e^{-\frac{1}{2}x}\sin^2 x\right\}$$
$$=\mathcal{L}\left\{3e^{-\frac{1}{2}x}\frac{1}{2}(1-\cos 2x)\right\}$$
$$=\frac{3}{2}\mathcal{L}\left\{e^{-\frac{1}{2}x}\right\}-\frac{3}{2}\mathcal{L}\left\{e^{-\frac{1}{2}x}\cos 2x\right\}$$
$$=\frac{3}{2}\left(\frac{1}{s-\left(-\frac{1}{2}\right)}\right)-\frac{3}{2}\left(\frac{\left(s-\left(-\frac{1}{2}\right)\right)}{\left(s-\left(-\frac{1}{2}\right)\right)^2+2^2}\right)$$

표 67.1의 (iii)과 표 68.1의 (iii)으로부터

$$=\frac{3}{2\left(s+\frac{1}{2}\right)}-\frac{3\left(s+\frac{1}{2}\right)}{2\left[\left(s+\frac{1}{2}\right)^2+2^2\right]}$$
$$=\frac{3}{2s+1}-\frac{6s+3}{4\left(s^2+s+\frac{1}{4}+4\right)}$$
$$=\frac{3}{2s+1}-\frac{6s+3}{4s^2+4s+17}$$
$$=\frac{3(4s^2+4s+17)-(6s+3)(2s+1)}{(2s+1)(4s^2+4s+17)}$$
$$=\frac{12s^2+12s+51-12s^2-6s-6s-3}{(2s+1)(4s^2+4s+17)}$$
$$=\mathbf{\frac{48}{(2s+1)(4s^2+4s+17)}}$$

+ 이제 다음의 예제들을 풀어보시오.

연습 문제 248 $e^{at}f(t)$ 형태의 라플라스 변환

다음 함수의 라플라스 변환을 구하시오.

1. (a) $2te^{2t}$ (b) t^2e^t
2. (a) $4t^3e^{-2t}$ (b) $\frac{1}{2}t^4e^{-3t}$
3. (a) $e^t\cos t$ (b) $3e^{2t}\sin 2t$
4. (a) $5e^{-2t}\cos 3t$ (b) $4e^{-5t}\sin t$
5. (a) $2e^t\sin^2 t$ (b) $\frac{1}{2}e^{3t}\cos^2 t$
6. (a) $e^t\sinh t$ (b) $3e^{2t}\cosh 4t$
7. (a) $2e^{-t}\sinh 3t$ (b) $\frac{1}{4}e^{-3t}\cosh 2t$
8. (a) $2e^t(\cos 3t-3\sin 3t)$

   (b) $3e^{-2t}(\sinh 2t-2\cosh 2t)$

68.3 미분의 라플라스 변환

(a) 일차 미분

$f'(t)$를 $f(t)$의 일차 미분이라 할 때 식 (1)로부터 다음과 같이 구할 수 있다.

$$\mathcal{L}\{f'(t)\}=\int_0^\infty e^{-st}f'(t)\,dt$$

45장에서 배운 부분적분을 적용하면

$$\int u\frac{dv}{dt}\,dt=uv-\int v\frac{du}{dt}\,dt$$

정적분 $\int_0^\infty e^{-st}f'(t)\,dt$에서 $u=e^{-st}$와 $\frac{dv}{dt}=f'(t)$라 하면 $\frac{du}{dt}=-se^{-st}$와 $v=\int f'(t)\,dt=f(t)$를 얻을 수 있다.

따라서

$$\int_0^\infty e^{-st}f'(t)\,dt$$
$$=\left[e^{-st}f(t)\right]_0^\infty-\int_0^\infty f(t)(-se^{-st})\,dt$$
$$=[0-f(0)]+s\int_0^\infty e^{-st}f(t)\,dt$$
$$=-f(0)+s\mathcal{L}\{f(t)\}$$

둘째식의 첫째항에서 $\lim_{t\to\infty}e^{-st}f(t)=0$이고 $f(0)$는 $f(t)$에서 $t=0$인 값이므로

$$\left.\begin{aligned}&\mathcal{L}\{f'(t)\}=s\mathcal{L}\{f(t)\}-f(0)\\ \text{또는}\ &\mathcal{L}\left\{\frac{dy}{dx}\right\}=s\mathcal{L}\{y\}-y(0)\end{aligned}\right\}\quad(3)$$

여기서 $y(0)$은 $x=0$에서 y값이다.

(b) 2차 미분

$f''(t)$를 $f(t)$의 2차 미분이라 정의하면 식 (1)로부터

$$\mathcal{L}\{f''(t)\}=\int_0^\infty e^{-st}f''(t)\,dt$$

위 식에 부분적분 공식을 적용하면

$$\int_0^\infty e^{-st}f''(t)\,dt=\left[e^{-st}f'(t)\right]_0^\infty+s\int_0^\infty e^{-st}f'(t)\,dt$$
$$=[0-f'(0)]+s\mathcal{L}\{f'(t)\}$$

둘째식의 첫째항에서 $\lim_{t\to\infty}e^{-st}f'(t)=0$이고 $f'(0)$는 $f'(t)$에서 $t=0$인 값이므로

$\{f''(t)\}=-f'(0)+s[s(f(t))-f(0)]$이 된다. 따라서 식 (3)으로부터

$$\left.\begin{aligned}&\mathcal{L}\{f''(t)\}\\&=s^2\mathcal{L}\{f(t)\}-sf(0)-f'(0)\\ \text{또는}\ &\mathcal{L}\left\{\frac{d^2y}{dx^2}\right\}\\&=s^2\mathcal{L}\{y\}-sy(0)-y'(0)\end{aligned}\right\}\quad(4)$$

여기서 $y'(0)$는 $\frac{dy}{dx}$의 $x=0$에서의 값이다.

식 (3)과 식 (4)는 미분방정식(71장)과 미분연립방정식(72장)의 해를 구하는 데 매우 중요하게 사용하는 식이다.

문제 5. 다음 일차 미분의 라플라스 변환식을 유도하시오.

(a) $\mathcal{L}\{k\}=\frac{k}{s}$

(b) $\mathcal{L}\{2t\}=\frac{2}{s^2}$

(c) $\mathcal{L}\{e^{-at}\}=\frac{1}{s+a}$

식 (3)으로부터 $\mathcal{L}\{f'(t)\}=s\mathcal{L}\{f(t)\}-f(0)$

(a) $f(t)=k$라 하면 $f'(t)=0$ 그리고 $f(0)=k$이고 식 (3)에 대입을 하면

$\mathcal{L}\{0\}=s\mathcal{L}\{k\}-k$이므로 $k=s\mathcal{L}\{k\}$이므로 따라서

$\boldsymbol{\mathcal{L}\{k\}=\frac{k}{s}}$가 된다.

(b) $f(t)=2t$라 하면 $f'(t)=2$이고 $f(0)=0$이고 식 (3)에 대입하면 $\mathcal{L}\{2\}=s\mathcal{L}\{2t\}-0, \frac{2}{s}=s\mathcal{L}\{2t\}$이므로

$\boldsymbol{\mathcal{L}\{2t\}=\frac{2}{s^2}}$가 된다.

(c) $f(t)=e^{-at}$라 하면 $f'(t)=-ae^{-at}$이고 $f(0)=1$이므로 식 (3)에 대입하면

$$\mathcal{L}\{-ae^{-at}\}=s\mathcal{L}\{e^{-at}\}-1$$
$$-a\mathcal{L}\{e^{-at}\}=s\mathcal{L}\{e^{-at}\}-1$$
$$1=s\mathcal{L}\{e^{-at}\}+a\mathcal{L}\{e^{-at}\}$$
$$1=(s+a)\mathcal{L}\{e^{-at}\}$$

이므로 $\boldsymbol{\mathcal{L}\{e^{-at}\}=\frac{1}{s+a}}$이다.

문제 6. 이차 미분의 라플라스 변환 공식을 사용하여 다음 식을 유도하시오.

$$\mathcal{L}\{\cos at\}=\frac{s}{s^2+a^2}$$

식 (4)로부터

$\mathcal{L}\{f''(t)\}=s^2\mathcal{L}\{f(t)\}-sf(0)-f'(0)$이고

$f(t)=\cos at$라 하면 $f'(t)=-a\sin at$, $f''(t)=-a^2\cos at$, $f(0)=1$ 그리고 $f'(0)=0$이므로 식 (4)에 대입을 하면 $\mathcal{L}\{-a^2\cos at\}=s^2\{\cos at\}-s(1)-0$이므로 라플라스 변환의 선형 성질을 이용하여 $-a^2\mathcal{L}\{\cos at\}=s^2\mathcal{L}\{\cos at\}-s$이 되고 좌변의 첫째항을 우변으로 이항하면 $s=(s^2+a^2)\mathcal{L}\{\cos at\}$이 된다. 양변을 (s^2+a^2)으로 나누어 주면 $\mathcal{L}\{\cos at\}=\frac{s}{s^2+a^2}$을 얻을 수 있다.

+ 이제 다음의 예제들을 풀어보시오.

연습 문제 249 미분의 라플라스 변환

1. 라플라스 변환의 정의로부터 1차 미분의 라플라스 변환식을 유도하시오. 동일한 방법으로 $\mathcal{L}\{1\}=\frac{1}{s}$임을 보이시오.
2. 일차 미분의 라플라스 변환공식으로부터 다음 변환식을 유도하시오.

   (a) $\mathcal{L}\{e^{at}\}=\frac{1}{s-a}$ (b) $\mathcal{L}\{3t^2\}=\frac{6}{s^3}$
3. 라플라스 변환의 정의로부터 2차 미분의 라플라스 변환식을 유도하시오. 동일한 방법으로 $\mathcal{L}\{\sin at\}=\frac{a}{s^2+a^2}$를 유도하시오.
4. 2차 미분의 라플라스 변환 공식으로부터 다음 변환식을 유도하시오.

   (a) $\mathcal{L}\{\sinh at\}=\frac{a}{s^2-a^2}$

   (b) $\mathcal{L}\{\cosh at\}=\frac{s}{s^2-a^2}$

68.4 초기값 정리(Initial value theorem)와 최종값 정리(final value theorem)

이 절에서 제시하는 두 정리는 특정한 문제를 간단히 해결하고 해석하는 데 사용된다.

(a) **초기값 정리**

$$\lim_{t\to0}[f(t)]=\lim_{s\to\infty}[s\mathcal{L}\{f(t)\}]$$

예를 들면 $f(t)=3e^{4t}$로 주어진 함수에 대하여 라플라스 변환식은 표 67.1에 의하여

$\mathcal{L}\{3e^{4t}\}=\frac{3}{s-4}$이 된다.

초기값 정리를 적용하여 보면

$\lim_{t\to0}[3e^{4t}]=\lim_{s\to\infty}\left[s\left(\frac{3}{s-4}\right)\right]$이 되는데

$3e^0 = \infty\left(\frac{3}{\infty - 4}\right)$, **3=3**이므로 이 예제는 초기값 정리를 잘 반영함을 알수 있다.

문제 7. 초기값 정리를 전압 함수 $(5+2\cos 3t)$ [v]에 대하여 검증하고 이 함수의 초기값을 구하시오.

$f(t) = 5+2\cos 3t$라 하면 표 67.1의 (ii)와 (v)에 의하여

$$\mathcal{L}\{f(t)\} = \mathcal{L}\{5+2\cos 3t\} = \frac{5}{s} + \frac{2s}{s^2+9}$$

가 된다. 초기값 정리에 의해

$\underset{t\to 0}{\text{limit}}[f(t)] = \underset{s\to\infty}{\text{limit}}[s\mathcal{L}\{f(t)\}]$이므로 위 식을 대입해보면

$$\underset{t\to 0}{\text{limit}}[5+2\cos 3t] = \underset{s\to\infty}{\text{limit}}\left[s\left(\frac{5}{s} + \frac{2s}{s^2+9}\right)\right]$$
$$= \underset{s\to\infty}{\text{limit}}\left[5 + \frac{2s^2}{s^2+9}\right]$$
$$5+2(1) = 5 + \frac{2\infty^2}{\infty^2+9} = 5+2$$

이므로 좌변 = 우변이 되어 7 = 7이 되어 초기값 정리가 잘 성립함을 알 수 있다.

따라서 이 전압함수의 초기값은 7[V]이다.

문제 8. 함수 $(2t-3)^2$에 대하여 초기값 정리를 검증해 보고 초기값을 구하시오.

$$f(t) = (2t-3)^2 = 4t^2 - 12t + 9$$

라 하고 표 67.1의 (vii), (vi), (ii)로부터 라플라스 변환을 구하면

$$\mathcal{L}\{f(t)\} = \mathcal{L}(4t^2 - 12t + 9)$$
$$= 4\left(\frac{2}{s^3}\right) - \frac{12}{s^2} + \frac{9}{s}$$

가 된다. 위의 식들을 초기값 정리에 대입해 보면

$$\underset{t\to 0}{\text{limit}}[(2t-3)^2] = \underset{s\to\infty}{\text{limit}}\left[s\left(\frac{8}{s^3} - \frac{12}{s^2} + \frac{9}{s}\right)\right]$$
$$= \underset{s\to\infty}{\text{limit}}\left[\frac{8}{s^2} - \frac{12}{s} + 9\right]$$
$$(0-3)^2 = \frac{8}{\infty^2} - \frac{12}{\infty} + 9$$

좌변=우변=9이므로 초기값 정리가 잘 성립함을 알 수 있고 구하여진 초기값은 9이다.

(b) 최종값 정리

$$\underset{t\to\infty}{\text{limit}}\,[f(t)] = \underset{s\to 0}{\text{limit}}\,[s\mathcal{L}\{f(t)\}]$$

예를 들어 $f(t) = 3e^{-4t}$라 하면

$$\underset{t\to\infty}{\text{limit}}[3e^{-4t}] = \underset{s\to 0}{\text{limit}}\left[s\left(\frac{3}{s+4}\right)\right]$$
$$3e^{-\infty} = (0)\left(\frac{3}{0+4}\right)$$

좌변=우변=0이 되어 이 예에 대하여 최종값 정리가 잘 성립함을 알 수 있다.

문제 9. 다음 입자의 거리 함수 $(2+3e^{-2t}\sin 4t)$ cm에 대하여 최종값 정리가 성립함을 보이고 이 함수의 최종값를 구하시오.

표 67.1의 (ii)와 표 68.1의 (ii)에 의해

$$f(t) = 2 + 3e^{-2t}\sin 4t$$
$$\mathcal{L}\{f(t)\} = \mathcal{L}\{2+3e^{-2t}\sin 4t\}$$
$$= \frac{2}{s} + 3\left(\frac{4}{(s-(-2))^2+4^2}\right)$$
$$= \frac{2}{s} + \frac{12}{(s+2)^2+16}$$

가 된다. 위의 식을 최종값 정리식

$\underset{t\to\infty}{\text{limit}}[f(t)] = \underset{s\to 0}{\text{limit}}[s\mathcal{L}\{f(t)\}]$에 대입을 하면

$$\underset{t\to\infty}{\text{limit}}[2+3e^{-2t}\sin 4t]$$
$$= \underset{s\to 0}{\text{limit}}\left[s\left(\frac{2}{s} + \frac{12}{(s+2)^2+16}\right)\right]$$
$$= \underset{s\to 0}{\text{limit}}\left[2 + \frac{12s}{(s+2)^2+16}\right]$$

이므로 좌변=우변=2+0이 되어 최종값 정리가 잘 성립함을 알 수 있다. 이 결과로부터 구해진 최종 거리값은 2 cm이다.

초기값 정리는 전기 회로에 짧은 시간 펄스를 가한 것 과 같은 문제나 스위치를 닫은 직후의 초기 문제 등에 많이 사용된다. 또한, 최종값 정리는 자동 제어시스템의 안정도 해석에 매우 유용하게 사용하는데, 특히 시스템이 과도 상태 응답(Transient state response) 아주 오랜 시간이 지난 뒤까지 남아 있는 시스템에서 과도 상태가 완전히 제거된 정상상태응답(steady state response)을 구하는데 사용된다.

---

* 역주 1 문제 9를 음미해 보면 $2 + 3e^{-2t}\sin(4t)$에서 $3e^{-2t}\sin(4t)$ 부분은 시간이 지남에 따라 0으로 수렴하는 부분이다. 따라서 이 함수의 정상상태 응답은 2라 할 수 있다.

* 역주 2 최종값 정리는 극한값 $\lim_{t\to\infty} f(t)$의 값이 존재할 때만 성립한다. 따라서 삼각함수와 같이 수렴하지 않고 계속 진동하는 경우 최종값 정리는 성립하지 않는다.

+ 이제 다음의 예제들을 풀어보시오.

연습 문제 250 초기값, 최종값 정리

1. 초기값 정리를 쓰고 다음 두 함수에 대하여 초기값 정리가 성립함을 보이고 각 초기값을 구하시오.
   (a) $3-4\sin t \cdots$ (b) $(t-4)^2$
2. 다음 전압 함수에 대하여 초기값 정리가 성립함을 보이고 초기값을 구하시오.
   (a) $4+2\cos t$ (b) $t-\cos 3t$
3. 최종값 정리를 쓰고 사용되는 몇 개의 예를 들어보시오. 또한 함수 $4+e^{-2t}(\sin t+\cos t)$에 대하여 최종값 정리가 성립함을 보이고 최종값을 구하시오.
4. 함수 $3t^2e^{-4t}$에 대하여 최종값 정리가 성립함을 보이고 정상상태 값을 구하시오.

Chapter 69

라플라스 역변환

라플라스 역변환을 이해하는 것이 왜 중요한가?

라플라스 변환을 이용하여 미분방정식을 변환하면 미분방정식이 아니라 일반 대수 방정식으로 바뀌게 되고 이를 다시 라플라스 역변환을 행하면 아주 손쉽게 미분방정식이 풀리게 된다. 전기회로의 문제나 제어 및 시스템 공학의 경우 문제를 간단하게 풀기 위하여 아예 수식을 라플라스 변환된 식으로 쓰기도 한다. 라플라스 변환은 수학, 물리학, 광학, 신호처리 그리고 확률 이론에 이르기까지 매우 다양하게 사용된다. 이 장에서는 특히 라플라스 역변환을 부분 분수를 사용하여 푸는 방법을 배우게 된다. 아울러 시스템의 전달함수의 극점과 영점에 대하여 간단히 알아 보고 이들이 시스템과 제어시스템의 안정도에 미치는 영향에 대하여 간단히 알아 본다.

이 장에서는 다음 사항에 대해 공부한다.

- 라플라스 역변환의 정의
- 라플라스 역변환 표를 사용하여 간단한 함수의 라플라스 역변환 함수 구하기
- 부분분수를 사용한 라플라스 역변환 구하기
- 극점(pole)과 영점(zere) 구하기
- 전달함수의 극점과 영점을 구하고 극점–영점 그래프 상에 도시하기

69.1 라플라스 역변환의 정의

$f(t)$의 라플라스 변환을 $\mathcal{L}\{f(t)\}=F(s)$라 정의하면 $f(t)$는 $F(s)$의 **라플라스 역변환**이라고 정의하고 $f(t)=\mathcal{L}^{-1}\{F(s)\}$로 나타낸다.

예를 들어

$\mathcal{L}\{1\}=\frac{1}{s}$이라고 하면 $\mathcal{L}^{-1}\left\{\frac{1}{s}\right\}=1$이고

$\mathcal{L}\{\sin at\}=\frac{a}{s^2+a^2}$의 경우에는 마찬가지로

$\mathcal{L}^{-1}\left\{\frac{a}{s^2+a^2}\right\}=\sin at$로 표현할 수 있다.

69.2 간단한 함수의 라플라스 역변환

67, 68장에서 다룬 라플라스 변환표는 마찬가지로 라플라스 역변환 표로도 사용할 수 있지만 독자의 편리성을 위하여 라플라스 역변환 표 69.1을 정리하였다.

문제 1. 다음 함수의 라플라스 역변환을 구하시오.

(a) $\mathcal{L}^{-1}\left\{\frac{1}{s^2+9}\right\}$ (b) $\mathcal{L}^{-1}\left\{\frac{5}{3s-1}\right\}$

표 69.1 라플라스 역변환

	$F(s)=\mathcal{L}\{f(t)\}$	$\mathcal{L}^{-1}\{F(s)\}=f(t)$
(i)	$\frac{1}{s}$	1
(ii)	$\frac{k}{s}$	k
(iii)	$\frac{1}{s-a}$	e^{at}
(iv)	$\frac{a}{s^2+a^2}$	$\sin at$
(v)	$\frac{s}{s^2+a^2}$	$\cos at$
(vi)	$\frac{1}{s^2}$	t
(vii)	$\frac{2!}{s^3}$	t^2
(viii)	$\frac{n!}{s^{n+1}}$	t^n
(ix)	$\frac{a}{s^2-a^2}$	$\sinh at$
(x)	$\frac{s}{s^2-a^2}$	$\cosh at$
(xi)	$\frac{n!}{(s-a)^{n+1}}$	$e^{at}t^n$
(xii)	$\frac{\omega}{(s-a)^2+\omega^2}$	$e^{at}\sin\omega t$
(xiii)	$\frac{s-a}{(s-a)^2+\omega^2}$	$e^{at}\cos\omega t$
(xiv)	$\frac{\omega}{(s-a)^2-\omega^2}$	$e^{at}\sinh\omega t$
(xv)	$\frac{s-a}{(s-a)^2-\omega^2}$	$e^{at}\cosh\omega t$

(a) 표 69.1의 (iv)로부터

$\mathcal{L}^{-1}\left\{\frac{a}{s^2+a^2}\right\}=\sin at$이므로

$$\mathcal{L}^{-1}\left\{\frac{1}{s^2+9}\right\}=\mathcal{L}^{-1}\left\{\frac{1}{s^2+3^2}\right\}=\frac{1}{3}\mathcal{L}^{-1}\left\{\frac{3}{s^2+3^2}\right\}=\mathbf{\frac{1}{3}\sin 3t}$$

이다.

(b) $$\mathcal{L}^{-1}\left\{\frac{5}{3s-1}\right\}=\mathcal{L}^{-1}\left\{\frac{5}{3\left(s-\frac{1}{3}\right)}\right\}=\frac{5}{3}\mathcal{L}^{-1}\left\{\frac{1}{\left(s-\frac{1}{3}\right)}\right\}=\mathbf{\frac{5}{3}e^{\frac{1}{3}t}}$$

표 69.1의 (iii) 적용.

문제 2. 다음 식의 라플라스 역변환을 구하시오.

(a) $\mathcal{L}^{-1}\left\{\frac{6}{s^3}\right\}$ (b) $\mathcal{L}^{-1}\left\{\frac{3}{s^4}\right\}$

(a) 표 69.1의 (vii)로부터 $\mathcal{L}^{-1}\left\{\frac{2}{s^3}\right\}=t^2$이므로

$$\mathcal{L}^{-1}\left\{\frac{6}{s^3}\right\}=3\mathcal{L}^{-1}\left\{\frac{2}{s^3}\right\}=\mathbf{3t^2}$$

(b) 표 69.1의 (viii)에서 s의 4제곱이 되기 위해서는 $n=3$이 되어야 하므로

$$\mathcal{L}^{-1}\left\{\frac{3!}{s^4}\right\}=t^3 \text{ i.e. } \mathcal{L}^{-1}\left\{\frac{6}{s^4}\right\}=t^3$$

따라서

$$\mathcal{L}^{-1}\left\{\frac{3}{s^4}\right\}=\frac{1}{2}\mathcal{L}^{-1}\left\{\frac{6}{s^4}\right\}=\mathbf{\frac{1}{2}t^3}$$가 된다.

문제 3. 다음을 구하시오.

(a) $\mathcal{L}^{-1}\left\{\frac{7s}{s^2+4}\right\}$ (b) $\mathcal{L}^{-1}\left\{\frac{4s}{s^2-16}\right\}$

(a) $$\mathcal{L}^{-1}\left\{\frac{7s}{s^2+4}\right\}=7\mathcal{L}^{-1}\left\{\frac{s}{s^2+2^2}\right\}=\mathbf{7\cos 2t}$$

표 69.1의 (v) 적용.

(b) $$\mathcal{L}^{-1}\left\{\frac{4s}{s^2-16}\right\}=4\mathcal{L}^{-1}\left\{\frac{s}{s^2-4^2}\right\}=\mathbf{4\cosh 4t}$$

표 69.1의 (x) 적용.

문제 4. 다음을 구하시오.

(a) $\mathcal{L}^{-1}\left\{\frac{3}{s^2-7}\right\}$ (b) $\mathcal{L}^{-1}\left\{\frac{2}{(s-3)^5}\right\}$

(a) 표 69.1의 (ix)로부터

$\mathcal{L}^{-1}\left\{\frac{a}{s^2-a^2}\right\}=\sinh at$이므로

$$\mathcal{L}^{-1}\left\{\frac{3}{s^2-7}\right\}=3\mathcal{L}^{-1}\left\{\frac{1}{s^2-(\sqrt{7})^2}\right\}=\frac{3}{\sqrt{7}}\mathcal{L}^{-1}\left\{\frac{\sqrt{7}}{s^2-(\sqrt{7})^2}\right\}=\mathbf{\frac{3}{\sqrt{7}}\sinh\sqrt{7}t}$$

(b) 표 69.1의 (xi)로부터

$\mathcal{L}^{-1}\left\{\dfrac{n!}{(s-a)^{n+1}}\right\}=e^{at}t^n$이므로

$\mathcal{L}^{-1}\left\{\dfrac{1}{(s-a)^{n+1}}\right\}=\dfrac{1}{n!}e^{at}t^n$이 되고

$\mathcal{L}^{-1}\left\{\dfrac{2}{(s-3)^5}\right\}$에서 $n=4,\ a=3$이므로

$$\mathcal{L}^{-1}\left\{\frac{2}{(s-3)^5}\right\}=2\mathcal{L}^{-1}\left\{\frac{1}{(s-3)^5}\right\}$$

$$=2\left(\frac{1}{4!}e^{3t}t^4\right)=\mathbf{\frac{1}{12}e^{3t}t^4}$$

문제 5. 다음을 구하시오.

(a) $\mathcal{L}^{-1}\left\{\dfrac{3}{s^2-4s+13}\right\}$

(b) $\mathcal{L}^{-1}\left\{\dfrac{2(s+1)}{s^2+2s+10}\right\}$

(a) 표 69.1의 (xii)로부터

$$\mathcal{L}^{-1}\left\{\frac{3}{s^2-4s+13}\right\}=\mathcal{L}^{-1}\left\{\frac{3}{(s-2)^2+3^2}\right\}$$

$$=\mathbf{e^{2t}\sin 3t}$$

(b) 표 69.1의 (xiii)로부터

$$\mathcal{L}^{-1}\left\{\frac{2(s+1)}{s^2+2s+10}\right\}=\mathcal{L}^{-1}\left\{\frac{2(s+1)}{(s+1)^2+3^2}\right\}$$

$$=\mathbf{2e^{-t}\cos 3t}$$

문제 6. 다음을 구하시오.

(a) $\mathcal{L}^{-1}\left\{\dfrac{5}{s^2+2s-3}\right\}$

(b) $\mathcal{L}^{-1}\left\{\dfrac{4s-3}{s^2-4s-5}\right\}$

(a) 표 69.1의 (xiv)로부터

$$\mathcal{L}^{-1}\left\{\frac{5}{s^2+2s-3}\right\}=\mathcal{L}^{-1}\left\{\frac{5}{(s+1)^2-2^2}\right\}$$

$$=\mathcal{L}^{-1}\left\{\frac{\frac{5}{2}(2)}{(s+1)^2-2^2}\right\}$$

$$=\mathbf{\frac{5}{2}e^{-t}\sinh 2t}$$

(b) 표 69.1의 (xv)로부터

$$\mathcal{L}^{-1}\left\{\frac{4s-3}{s^2-4s-5}\right\}=\mathcal{L}^{-1}\left\{\frac{4s-3}{(s-2)^2-3^2}\right\}$$

$$=\mathcal{L}^{-1}\left\{\frac{4(s-2)+5}{(s-2)^2-3^2}\right\}$$

$$=\mathcal{L}^{-1}\left\{\frac{4(s-2)}{(s-2)^2-3^2}\right\}$$

$$+\mathcal{L}^{-1}\left\{\frac{5}{(s-2)^2-3^2}\right\}$$

$$=4e^{2t}\cosh 3t+\mathcal{L}^{-1}\left\{\frac{\frac{5}{3}(3)}{(s-2)^2-3^2}\right\}$$

표 69.1의 (xiv)로부터

$$=\mathbf{4e^{2t}\cosh 3t+\frac{5}{3}e^{2t}\sinh 3t}$$

+ 이제 다음의 예제들을 풀어보시오.

연습 문제 251 간단한 함수의 라플라스 역변환

다음 함수의 라플라스 역변환을 구하시오.

1. (a) $\dfrac{7}{s}$ (b) $\dfrac{2}{s-5}$
2. (a) $\dfrac{3}{2s+1}$ (b) $\dfrac{2s}{s^2+4}$
3. (a) $\dfrac{1}{s^2+25}$ (b) $\dfrac{4}{s^2+9}$
4. (a) $\dfrac{5s}{2s^2+18}$ (b) $\dfrac{6}{s^2}$
5. (a) $\dfrac{5}{s^3}$ (b) $\dfrac{8}{s^4}$
6. (a) $\dfrac{3s}{\frac{1}{2}s^2-8}$ (b) $\dfrac{7}{s^2-16}$
7. (a) $\dfrac{15}{3s^2-27}$ (b) $\dfrac{4}{(s-1)^3}$
8. (a) $\dfrac{1}{(s+2)^4}$ (b) $\dfrac{3}{(s-3)^5}$
9. (a) $\dfrac{s+1}{s^2+2s+10}$ (b) $\dfrac{3}{s^2+6s+13}$
10. (a) $\dfrac{2(s-3)}{s^2-6s+13}$ (b) $\dfrac{7}{s^2-8s+12}$
11. (a) $\dfrac{2s+5}{s^2+4s-5}$ (b) $\dfrac{3s+2}{s^2-8s+25}$

69.3 부분 분수를 사용한 라플라스 역변환

라플라스 역변환을 구하려고 하는 함수가 라플라스 역변환 표 69.1에 있는 형태가 아닌 경우에 이 절에서 제시하는 부분분수법을 사용하여 역변환 표 69.1에 있는 형태로 변환할 수 있다.

예를 들어

$$F(s)=\frac{2s-3}{s(s-3)}$$

는 역변환 표 69.1을 직접적으로 사용할 수 없는데 부분분수법을 사용하여 $\frac{2s-3}{s(s-3)}\equiv\frac{1}{s}+\frac{1}{s-3}$의 형태로 변환하게 되면 표 69.1의 (i)과 (iii)에 의하여 $1+e^{3t}$가 되는 것을 알 수 있다.

부분분수법은 2장에서 다루었고 표 2.1에 잘 정리되어 있다.

문제 7. $\mathcal{L}^{-1}\left\{\frac{4s-5}{s^2-s-2}\right\}$를 구하시오.

$$\frac{4s-5}{s^2-s-2}\equiv\frac{4s-5}{(s-2)(s+1)}\equiv\frac{A}{(s-2)}+\frac{B}{(s+1)}$$
$$\equiv\frac{A(s+1)+B(s-2)}{(s-2)(s+1)}$$

여기서 항등식

$4s-5\equiv A(s+1)+B(s-2)$로부터 s 대신 양변에 $s=2$를 대입하면 $3=3A$가 되어 $A=1$ 마찬가지로 $s=-1$을 대입하면 $-9=-3B$가 되어 $B=3$이 된다.

따라서

$$\mathcal{L}^{-1}\left\{\frac{4s-5}{s^2-s-2}\right\}$$
$$\equiv\mathcal{L}^{-1}\left\{\frac{1}{s-2}+\frac{3}{s+1}\right\}$$
$$=\mathcal{L}^{-1}\left\{\frac{1}{s-2}\right\}+\mathcal{L}^{-1}\left\{\frac{3}{s+1}\right\}$$

표 69.1의 (iii)으로부터

$$=\mathbf{e^{2t}+3e^{-t}}$$

문제 8. $\mathcal{L}^{-1}\left\{\frac{3s^3+s^2+12s+2}{(s-3)(s+1)^3}\right\}$을 구하시오.

$$\frac{3s^3+s^2+12s+2}{(s-3)(s+1)^3}$$
$$\equiv\frac{A}{s-3}+\frac{B}{s+1}+\frac{C}{(s+1)^2}+\frac{D}{(s+1)^3}$$
$$\equiv\frac{\left(\begin{array}{l}A(s+1)^3+B(s-3)(s+1)^2\\+C(s-3)(s+1)+D(s-3)\end{array}\right)}{(s-3)(s+1)^3}$$

여기서

$$3s^3+s^2+12s+2\equiv A(s+1)^3+B(s-3)(s+1)^2+C(s-3)(s+1)+D(s-3)$$

위 항등식의 양변에 $s=3$을 대입하면 $128=64A$가 되므로 $A=2$ 또한 양변에 $s=-1$을 대입하면 $-12=-4D$가 되어 $D=3$이 된다. 또한 항등식의 s^3의 계수가 같아야 하므로 $3=A+B$로부터 $B=1$을 대입하면 다음 식을 구할 수 있다.

$$2=A-3B-3C-3D$$
$$2=2-3-3C-9$$

정리하면 $3C=-12$가 되어 $C=-4$가 되어

$$\mathcal{L}^{-1}\left\{\frac{3s^3+s^2+12s+2}{(s-3)(s+1)^3}\right\}$$
$$\equiv\mathcal{L}^{-1}\left\{\frac{2}{s-3}+\frac{1}{s+1}-\frac{4}{(s+1)^2}+\frac{3}{(s+1)^3}\right\}$$

가 된다.

표 69.1의 (iii)과 (xi)로부터

$=\mathbf{2e^{3t}+e^{-t}-4e^{-t}t+\frac{3}{2}e^{-t}t^2}$를 구할 수 있다.

문제 9. $\mathcal{L}^{-1}\left\{\frac{5s^2+8s-1}{(s+3)(s^2+1)}\right\}$를 구하시오.

$$\frac{5s^2+8s-1}{(s+3)(s^2+1)}\equiv\frac{A}{s+3}+\frac{Bs+C}{(s^2+1)}$$
$$\equiv\frac{A(s^2+1)+(Bs+C)(s+3)}{(s+3)(s^2+1)}$$

분자에서 항등식 $5s^2+8s-1\equiv A(s^2+1)+(Bs+C)(s+3)$로부터 $s=-3$을 대입하면 $20=10A$로부터 $A=2$ 또한 항등식 양변의 s^2의 계수를 비교하면 $5=A+B$에서 $B=3$이 되고 s항의 계수를 비교하면 $8=3B+C$가 되고 $B=3$을 대입하면 $C=-1$을 얻을 수 있다. 따라서

$$\mathcal{L}^{-1}\left\{\frac{5s^2+8s-1}{(s+3)(s^2+1)}\right\}$$
$$\equiv\mathcal{L}^{-1}\left\{\frac{2}{s+3}+\frac{3s-1}{s^2+1}\right\}$$

$$\equiv \mathcal{L}^{-1}\left\{\frac{2}{s+3}\right\}+\mathcal{L}^{-1}\left\{\frac{3s}{s^2+1}\right\}-\mathcal{L}^{-1}\left\{\frac{1}{s^2+1}\right\}$$

표 69.1의 (iii), (v)와 (iv)로부터

$$= \mathbf{2e^{-3t}+3\cos t-\sin t}$$

문제 10. $\mathcal{L}^{-1}\left\{\dfrac{7s+13}{s(s^2+4s+13)}\right\}$을 구하시오.

$$\frac{7s+13}{s(s^2+4s+13)} \equiv \frac{A}{s}+\frac{Bs+C}{s^2+4s+13}$$

$$\equiv \frac{A(s^2+4s+13)+(Bs+C)(s)}{s(s^2+4s+13)}$$

분자에서 $7s+13 \equiv A(s^2+4s+13)+(Bs+C)(s)$에서 양변에 $s=0$을 대입하면 $13 = 13A$에서 $A = 1$가 된다. 항등식 양변의 s^2항의 계수를 비교하면 $0 = A + B$로부터 $B = -1$, s항의 계수로부터 $7 = 4A + C$로부터 $C = 3$이 된다.

$$\mathcal{L}^{-1}\left\{\frac{7s+13}{s(s^2+4s+13)}\right\}$$

$$\equiv \mathcal{L}^{-1}\left\{\frac{1}{s}+\frac{-s+3}{s^2+4s+13}\right\}$$

$$\equiv \mathcal{L}^{-1}\left\{\frac{1}{s}\right\}+\mathcal{L}^{-1}\left\{\frac{-s+3}{(s+2)^2+3^2}\right\}$$

$$\equiv \mathcal{L}^{-1}\left\{\frac{1}{s}\right\}+\mathcal{L}^{-1}\left\{\frac{-(s+2)+5}{(s+2)^2+3^2}\right\}$$

$$\equiv \mathcal{L}^{-1}\left\{\frac{1}{s}\right\}-\mathcal{L}^{-1}\left\{\frac{s+2}{(s+2)^2+3^2}\right\}+\mathcal{L}^{-1}\left\{\frac{5}{(s+2)^2+3^2}\right\}$$

표 69.1의 (i), (xiii)과 (xii)로부터

$$\equiv \mathbf{1-e^{-2t}\cos 3t+\frac{5}{3}e^{-2t}\sin 3t}$$

+ 이제 다음의 예제들을 풀어보시오.

연습 문제 252 부분분수를 사용한 라플라스 역변환

부분분수를 사용하여 다음 함수의 라플라스 변환을 구하시오.

1. $\dfrac{11-3s}{s^2+2s-3}$
2. $\dfrac{2s^2-9s-35}{(s+1)(s-2)(s+3)}$
3. $\dfrac{5s^2-2s-19}{(s+3)(s-1)^2}$
4. $\dfrac{3s^2+16s+15}{(s+3)^3}$
5. $\dfrac{7s^2+5s+13}{(s^2+2)(s+1)}$
6. $\dfrac{3+6s+4s^2-2s^3}{s^2(s^2+3)}$
7. $\dfrac{26-s^2}{s(s^2+4s+13)}$

69.4 극점(pole)과 영점(zero)

앞 절에서 라플라스 변환 후 함수의 일반적인 형태가 $f(s)=\dfrac{\phi(s)}{\theta(s)}$로 나타남을 알 수 있었다. 이러한 형태는 공학 시스템에서 입력과 출력과 그 사이의 주파수 응답특성을 나타낸 시스템의 전달함수(transfer function)와 동일한 형태임을 알 수 있다.

정의구역 s에서 정의된 임의의 함수가

$$f(s)=\frac{\phi(s)}{(s-a)(s-b)(s-c)}$$

형태로 주어진다고 가정할 때(단, 분자의 차수가 분모의 차수보다 작다)

극점: $s = a, b, c$는 분모를 0으로 만드는 값이므로 함수 $f(s)$는 이 점에서 무한대의 값을 가진다. 이 점들을 $f(s)$의 극점이라 한다.
만일 극점에서 $(s-a)$와 같이 단일 근일 경우 **단일 극점(simple poles)**이라 하고 $(s-1)^2$과 같이 중근이상을 가질 경우 **다중 극점(multiple poles)**이라 한다.

영점: 분자인 $\phi(s)$를 0으로 만드는 s 값은 함수 $f(s)$를 0으로 만들기 때문에 이 값을 $f(s)$의 영점이라 한다.

예를 들어 $\dfrac{s-4}{(s+1)(s-2)}$의 경우에는 $s = -1$과 $s = 2$에서 단일 극점을 갖고 $s = 4$에서 영점을 갖는다.

또한 $\dfrac{s+3}{(s+1)^2(2s+5)}$의 경우에는 $s = -1$에서 이중극점을 갖고 $s = -5/2$에서 단일 극점 그리고 $s = -3$에서 영점을 갖는다.

그리고 $\dfrac{s+2}{s(s-1)(s+4)(2s+1)}$의 경우를 살펴보면 $s = 0, 1, -4, -1/2$에서 극점을 갖고 -2에서 영점을 갖는다.

극-영점 다이어그램

$f(s)$는 복소 주파수 s에서 정의된 함수이기 때문에 극점과 영점은 s-복소 평면에서 그려지게 된다. 이 그림을 극-영점 다이어그램 또는 극-영점 지도라 한다. 보통 직각좌표계에서 복소 평면의 수평축은 실수부로 **σ-축(axis)**으로 나타내고 수직축은 허수부로서 **$j\omega$**-축(axis)로 표기하게 되는데 s평면 상에서 극점의 위치는 가위 표시 (×)로 나타내고 영점은 작은 원 표시(○)로 나타낸다. 다음 문제는 그 표시법을 잘 나타낸 예이다. 극-영점 다이어그램에서 전달함수의 크기는 극점에 가까울수록 커지고 영점에 가까울수록 작아지게 되는데, 전달함수의 이러한 특성은 다양한 주파수에서의 시스템의 동작의 안정도와 제어 이론을 연구하는 데 반드시 이해하여야 할 매우 중요한 성질 중 하나이다.

문제 11. 다음 전달함수의 (a) 영점 (b)극점을 결정하시오. 극점-영점 다이어그램에서의 극점 영점을 나타내시오.

$$R(s)=\frac{400(s+10)}{s(s+25)(s^2+10s+125)}$$

(a) 분자를 0으로 만드는 값은 $\boldsymbol{s=-10}$이므로 이점은 $R(s)$의 **영점이 된다**.

(b) 분모를 0으로 만드는 값은 $s=0$ 또는 -25 또는 $s^2+10s+125=0$이고 근의 공식을 사용하여 근을 구하면

$$s=\frac{-10\pm\sqrt{10^2-4(1)(125)}}{2}=\frac{-10\pm\sqrt{-400}}{2}=\frac{-10\pm j20}{2}=(-5\pm j10)$$

이므로 극점은 $\boldsymbol{s=0}$, $\boldsymbol{s=-25}$, $\boldsymbol{(-5+j10)}$, $\boldsymbol{(-5-j10)}$이 된다.

극점-영점 다이어그램은 그림 69.1처럼 나타내어진다.

문제 12. 다음 함수의 극점과 영점을 구하고 극점-영점 다이어그램을 그리시오.

$$F(s)=\frac{(s+3)(s-2)}{(s+4)(s^2+2s+2)}$$

분자를 0으로 만드는 값을 찾으면 영점은 $(s+3)=0$으로부터 $\boldsymbol{s=-3}$과 $\boldsymbol{(s-2)=0}$으로부터 $s=2$이고 분모를 0으로 만드는 값을 찾으면 극점은 $(s+4)=0$으로부터 $\boldsymbol{s=-4}$와 $s^2+2s+2=0$으로부터

$$s=\frac{-2\pm\sqrt{2^2-4(1)(2)}}{2}=\frac{-2\pm\sqrt{-4}}{2}=\frac{-2\pm j2}{2}=(-1+j)\text{ 또는 }(-1-j)$$

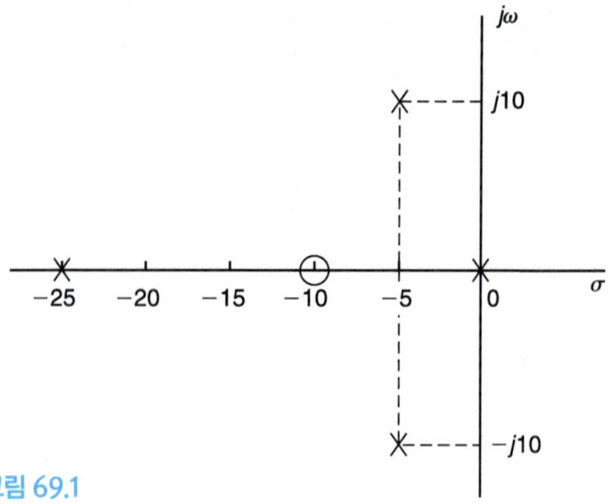

그림 69.1

극점 영점 다이어그램은 그림 69.2와 같다.

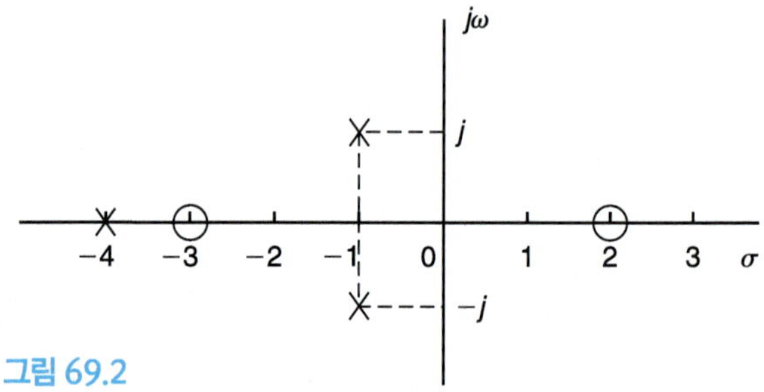

그림 69.2

연습 문제에서 보는 바와 같이 극점과 영점은 항상 실수가 아니면 켤레복소수의 형태를 갖게 된다.

+ 이제 다음의 예제들을 풀어보시오.

연습 문제 253 극점과 영점

1. 다음 전달함수에 대하여 답하시오.

$$R(s)=\frac{50(s+4)}{s(s+2)(s^2-8s+25)}$$

(a) 영점을 구하시오.

(b) 극점을 구하시오.

(c) 영점-극점 다이어그램에서 영점 극점을 나타내시오.

2. 다음 전달함수에 대하여 영점과 극점을 구하고 영점 극점 다이어그램에 나타내시오.

$$F(s)=\frac{(s-1)(s+2)}{(s+3)(s^2-2s+5)}$$

3. 다음 함수에 대하여 영점과 극점을 구하고 영점-극점 다이어그램에 나타내시오.

$$G(s)=\frac{s-1}{(s+2)(s^2+2s+5)}$$

4. 다음 전달함수의 영점과 극점을 구하고 그 결과를 s 평면에 도시하시오.

$$H(s)=\frac{s^2-5s-6}{s(s^2+4)}$$

Chapter 70

헤비사이드 함수의 라플라스 변환

헤비사이드 함수의 라플라스 변환을 이해하는 것이 왜 중요한가?

헤비사이드(Heaviside) 단위계단함수는 특정한 시간에 스위치가 켜진 후 무한히 켜져 있는 신호의 표현을 위해 제어 이론과 신호 처리의 수학에 사용된다. 또한, 다양한 로드를 묘사하기 위해 구조 역학에도 사용된다. 헤비사이드 함수는 반복적인 함수의 표현이 필요한 공학 전반에 걸쳐 응용되고 있다. 브레이크가 작동된다든지 스위치가 동작한다든지 충돌이 일어나는 것과 같이 많은 물리적인 현상들에는 갑자기 변하는 상황이 있다. 헤비사이드 단위계단함수는 이러한 갑작스러운 변화를 표현하는 데 매우 유용하다.

이 장에서는 다음 사항에 대해 공부한다.

- 헤비사이드 함수의 정의
- $H(t-c)$의 라플라스 변환의 사용
- $H(t-c)\cdot f(t-c)$의 라플라스 변환의 사용
- 헤비사이드 함수의 역변환하기

70.1 헤비사이드 단위계단함수

공학적 응용에 있어서 특정한 시간 t에 급작스럽게 변하는 값을 가진 함수를 사용해야 할 때가 있다. 예를 들면 전자회로에서 특정한 시간 t에 스위치가 켜지거나 꺼지는 상황을 들 수 있다.

이러한 스위칭 동작은 **단위계단함수(unit step function)** 또는 **헤비사이드 단위계단함수(Heaviside unit step function)**라고 불리는 함수에 의해 수학적으로 묘사될 수 있다. 그림 70.1은 $t=c$ 일 때까지 모든 값이 0으로 유지되다가 $t \geq c$인 순간부터 모든 값이 1이 되는 함수를 보여주고 있다. 이것이 헤비사이드 단위계단함수이며 다음과 같이 표현된다.

$$f(t)=H(t-c) \text{ 또는 } u(t-c)$$

여기서 c는 함수의 값이 0에서 단위값(즉, 1)으로 변하는 시간 t의 값을 의미한다.

$f(t)=H(t-5)$는 그림 70.2에 나타낸 것과 같으며 $f(t)=3H(t-4)$는 그림 70.3에 나타낸 것과 같다.

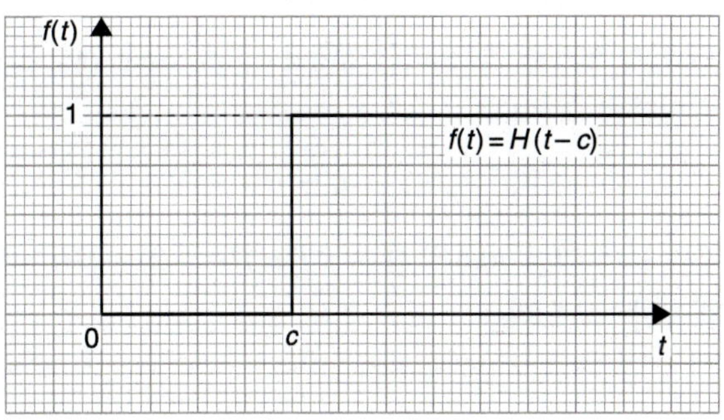

그림 70.1

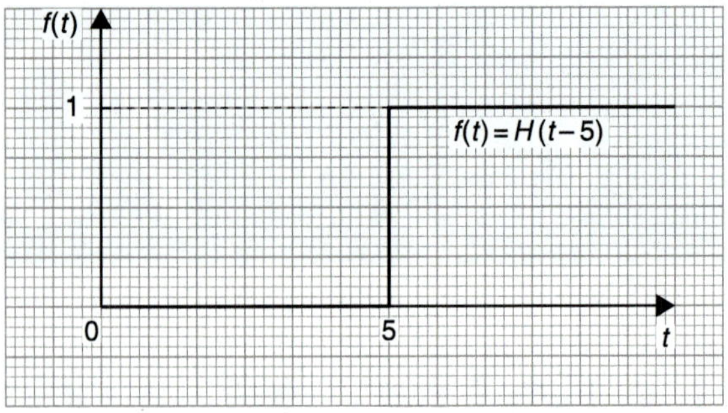

그림 70.2

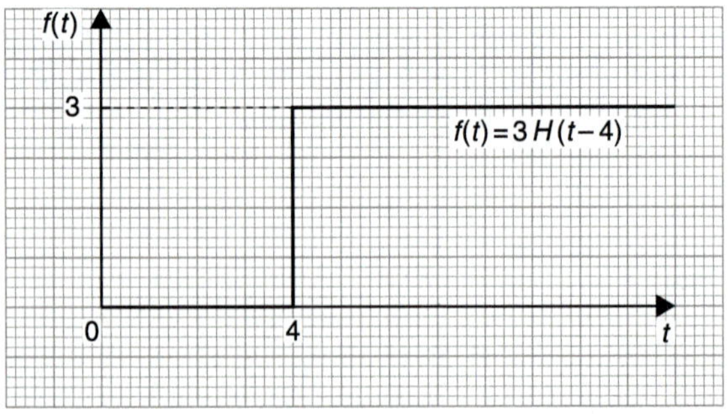

그림 70.3

단위계단함수가 원점에서 시작되면, 즉 $c = 0$이면 $f(t) = H(t - 0)$이며 이를 $\boldsymbol{H(t)}$라고 하고 이를 그림 70.4에 나타내고 있다.

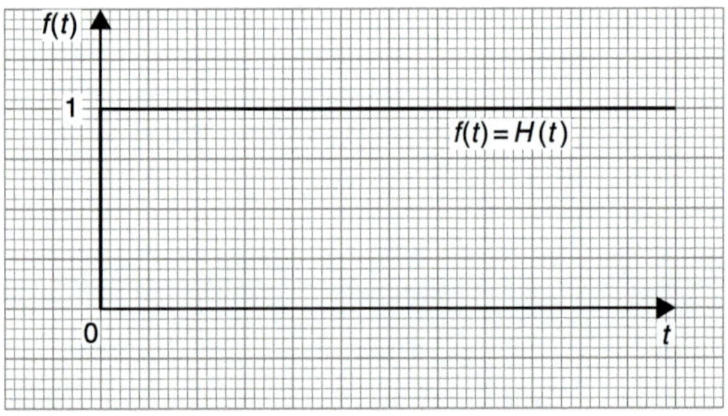

그림 70.4

그림 70.5(a)는 $f(t) = t^2$의 그래프이며 $f(t) = H(t-2)\cdot t^2$의 그래프는 그림 70.5(b)와 같다. $t<2$ 일 때 $H(t-2)\cdot t^2 = 0$이고 $t \geq 2$ 일 때 $H(t-2)\cdot t^2 = t^2$이다. 함수 $H(t-2)$에 의해 $t = 2$ 이상인 t에 대한 함수 t^2이 값을 가지게 된다. 즉, $t = 2$에서 함수 t^2의 스위치가 켜지는 것이다.

전기회로에 전압 V가 특정한 시간 $t = a$에서 인가되고 $t = b$에서 제거된다면 이러한 상황은 다음과 같은 계단함수로 나타낼 수 있다.

$$V(t) = H(t-a) - H(t-b)$$

예를 들어 그림 70.6은 함수 $\boldsymbol{f(t) = H(t-2) - H(t-5)}$를 보여주고 있다.

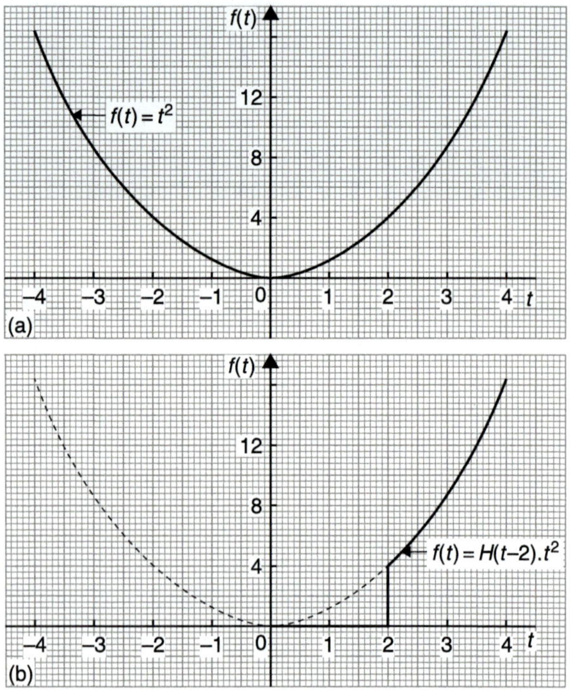

그림 70.5

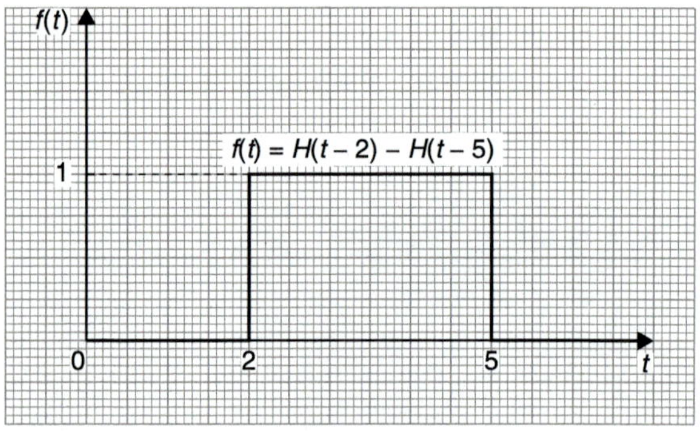

그림 70.6

헤비사이드 단위계단함수를 표현하는 방법은 다음 문제를 통해 더 학습할 수 있다.

문제 1. 12 V의 전원이 시간 $t = 3$s에서 켜진다. 파형을 그리고 헤비사이드 단위계단함수로 함수를 표현하시오.

함수는 그림 70.7에 그린 것과 같다.

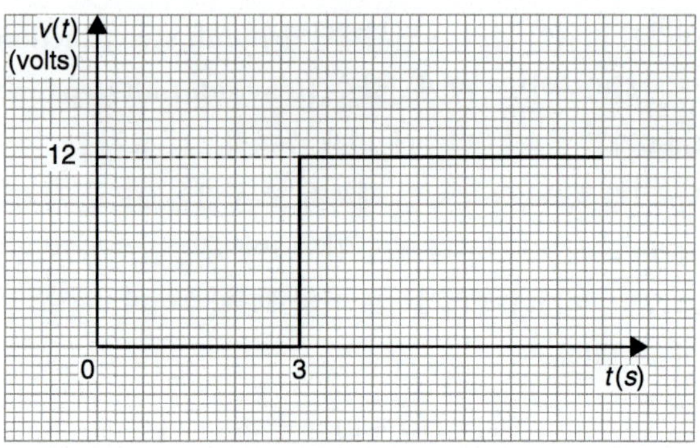

그림 70.7

헤비사이드 단위계단함수는 다음과 같다.

$$V(t) = 12H(t-3)$$

문제 2. 다음 함수를 헤비사이드 단위계단함수의 형태로 쓰고 파형을 그리시오.

$$V(t) = \begin{cases} 1 & \text{for } 0 < t < a \\ 0 & \text{for } t > a \end{cases}$$

전압이 시간 $t = a$ 일 때까지만 1의 값을 가지므로 $t = a$ 일 때 꺼지게 된다. 함수는 그림 70.8에 나타내었다.

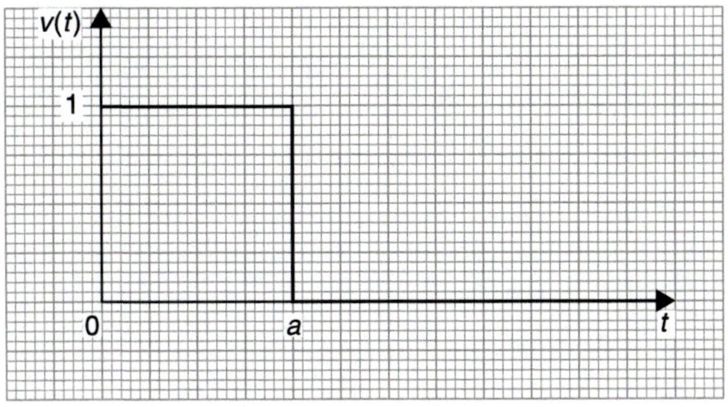

그림 70.8

헤비사이드 단위계단함수는 다음과 같다.

$$V(t) = H(t) - H(t-a)$$

문제 3. $f(t) = 5H(t-2)$의 그래프를 그리시오.

함수 $H(t-2)$는 최댓값이 1이고 시간 $t = 2$에서 시작한다.

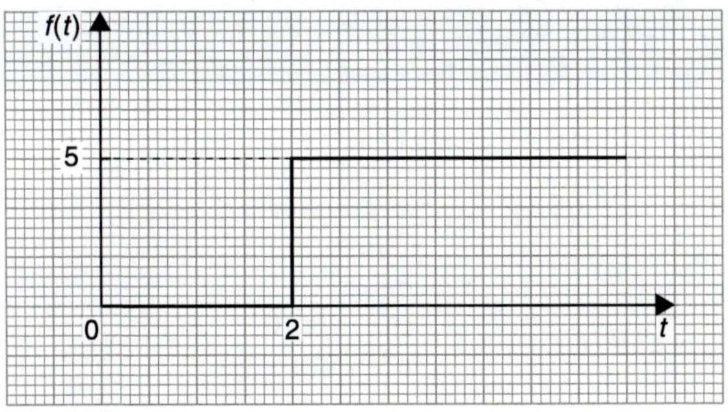

그림 70.9

함수 $5H(t-2)$는 최댓값이 5이고 시간 $t = 2$에서 시작하므로 그림 70.9와 같이 그릴 수 있다.

문제 4. $f(t) = H(t - \pi/3).\sin t$의 그래프를 그리시오.

그림 70.10(a)는 $f(t) = \sin t$의 그래프이며 $f(t) = H(t - \pi/3) \cdot \sin t$는 $t = \pi/3$ 일 때까지 스위치가 켜지지 않는 경우이므로 그림 70.10(b)와 같이 그릴 수 있다.

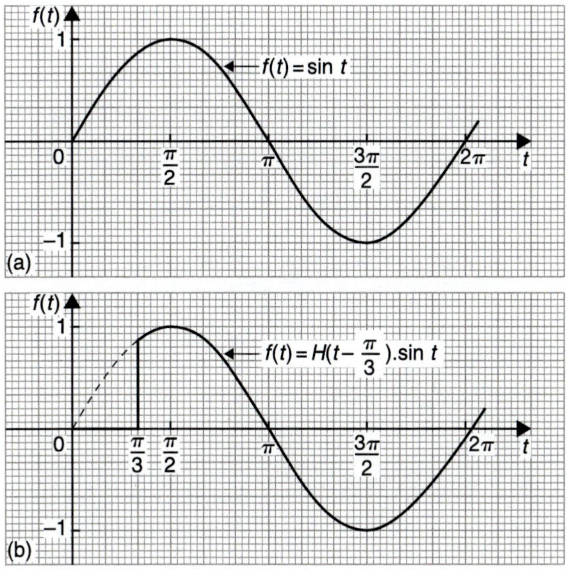

그림 70.10

문제 5. $f(t) = 2H(t - 2\pi/3) \cdot \sin(t - \pi/6)$의 그래프를 그리시오.

그림 70.11(a)는 $f(t) = 2\sin(t - \pi/6)$의 그래프이며

$$f(t) = 2H(t - 2\pi/3) \cdot \sin(t - \pi/6)$$

은 $t = 2\pi/3$ 일 때까지 스위치가 켜지지 않으므로 그림 70.11(b)와 같이 그릴 수 있다.

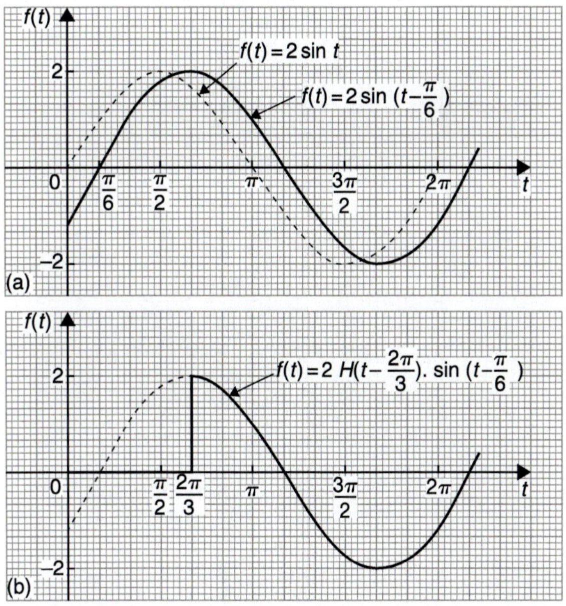

그림 70.11

문제 6. 다음 그래프를 그리시오.

(a) $f(t) = H(t-1).e^{-t}$
(b) $f(t) = [H(t-1) - H(t-3)].e^{-t}$

그림 70.12(a)는 $f(t) = e^{-t}$의 그래프이다.

(a) $f(t) = H(t-1)\cdot e^{-t}$는 $t = 1$ 일 때까지 스위치가 켜지지 않는 것으로 그림 70.12(b)에 나타내었다.

(b) $f(t) = [H(t-1) - H(t-3)]\cdot e^{-t}$는 $t = 1$일 때 스위치가 켜지고 $t = 3$ 일 때 스위치가 꺼지는 e^{-t}의 그래프로 그림 70.12(c)에 나타내었다.

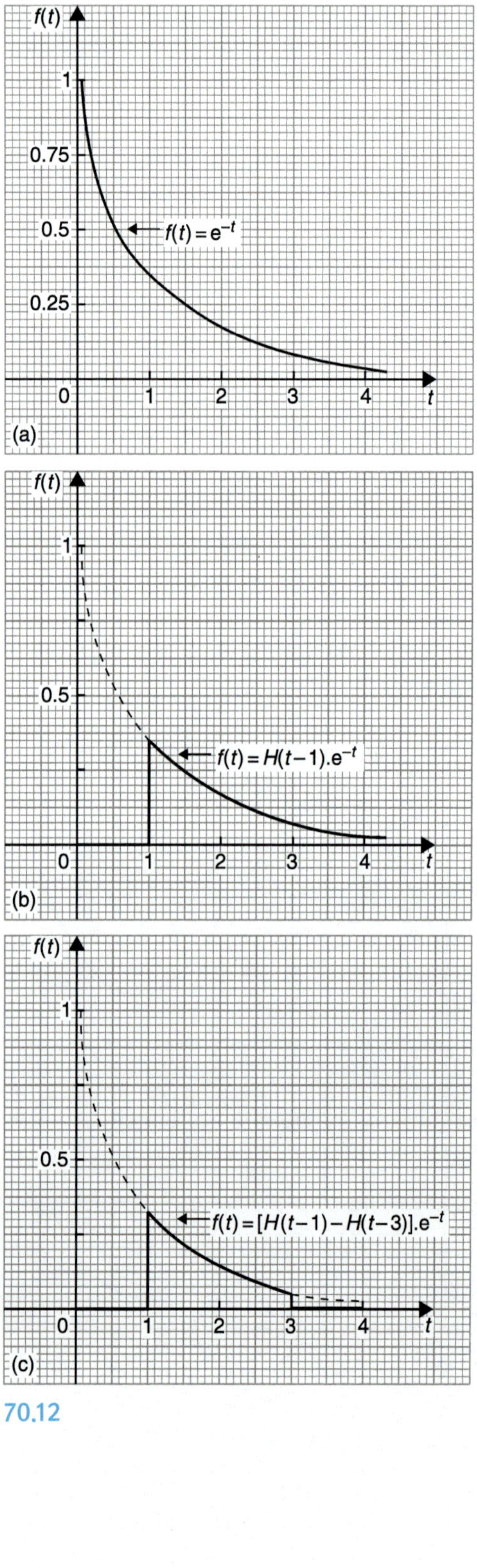

그림 70.12

+ 이제 다음의 예제들을 풀어보시오.

연습 문제 254 헤비사이드 단위계단함수

1. 6 V의 전원이 시간 $t = 4$s에서 켜진다. 이와 같은 함수를 헤비사이드 단위계단함수의 형태로 쓰고 파형을 그리시오.
2. 다음 함수 $V(t) = \begin{cases} 2, & 0 < t < 5 \\ 0, & t > 5 \end{cases}$를 헤비사이드 단위계단함수의 형태로 쓰고 파형을 그리시오.

다음 문제 3에서 12까지 주어진 함수의 그래프를 그리시오.

3. $f(t) = H(t-2)$
4. $f(t) = H(t)$
5. $f(t) = 4H(t-1)$
6. $f(t) = 7H(t-5)$
7. $f(t) = H\left(t - \frac{\pi}{4}\right)\cdot \cos t$
8. $f(t) = 3H\left(t - \frac{\pi}{2}\right)\cdot \cos\left(t - \frac{\pi}{6}\right)$
9. $f(t) = H(t-1)\cdot t^2$
10. $f(t) = H(t-2)\cdot e^{-\frac{t}{2}}$
11. $f(t) = [H(t-2) - H(t-5)]\cdot e^{-\frac{t}{4}}$
12. $f(t) = 5H\left(t - \frac{\pi}{3}\right)\cdot \sin\left(t + \frac{\pi}{4}\right)$

70.2 $H(t-c)$의 라플라스 변환

라플라스 변환의 정의로부터

$$\mathcal{L}\{H(t-c)\} = \int_0^\infty e^{-st} H(t-c)\,dt$$

$$e^{-st}H(t-c) = \begin{cases} 0 & \text{for } 0 < t < c \\ e^{-st} & \text{for } t \ge c \end{cases} \text{ 이므로}$$

$$\mathcal{L}\{H(t-c)\} = \int_0^\infty e^{-st} H(t-c)\,dt$$

$$= \int_c^\infty e^{-st}\,dt = \left[\frac{e^{-st}}{-s}\right]_c^\infty = \left[\frac{e^{-s(\infty)}}{-s} - \frac{e^{-sc}}{-s}\right]$$

$$= \left[0 - \frac{e^{-sc}}{-s}\right] = \frac{e^{-sc}}{s}$$

$c = 0$ (즉, 원점에서 단위계단 시작) 일 때

$$\mathcal{L}\{H(t)\} = \frac{e^{-s(0)}}{s} = \frac{1}{s}$$

요약하면, $\boldsymbol{\mathcal{L}\{H(t)\} = \frac{1}{s}}$ 이고 $\boldsymbol{\mathcal{L}\{H(t-c)\} = \frac{e^{-cs}}{s}}$ 이다.

$H(t)$의 정의로부터 $\mathcal{L}\{\mathbf{1}\} = \{\mathbf{1}\cdot \boldsymbol{H(t)}\}$, $\mathcal{L}\{\boldsymbol{t}\} = \{\boldsymbol{t}\cdot \boldsymbol{H(t)}\}$ 이고 $\mathcal{L}\{\boldsymbol{f(t)}\} = \{\boldsymbol{f(t)}\cdot \boldsymbol{H(t)}\}$ 이다.

70.3 $H(t-c)\cdot f(t-c)$의 라플라스 변환

$F(s) = \mathcal{L}\{f(t)\}$라고 하면 다음과 같이 쓸 수 있다.

$$\boldsymbol{\mathcal{L}\{H(t-c)\cdot f(t-c)\} = e^{-cs}\mathcal{L}\{f(t)\} = e^{-cs}F(s)}$$

다음 문제를 살펴보자.

문제 7. $\mathcal{L}\{4H(t-5)\}$를 구하시오.

앞의 식으로부터 $\mathcal{L}\{H(t-c)\cdot f(t-c)\} = e^{-cs}F(s)$이며 이 경우에는 $F(s) = \mathcal{L}\{4\}$ 이고 $c = 5$이다.

따라서 $\mathcal{L}\{4H(t-5)\} = e^{-5s}\left(\frac{4}{s}\right)$ 이다(표 67.1 참조).

$$= \frac{\mathbf{4e^{-5s}}}{\mathbf{s}}$$

문제 8. $\mathcal{L}\{H(t-3)\cdot(t-3)^2\}$을 구하시오.

앞의 식으로부터 $\mathcal{L}\{H(t-c)\cdot f(t-c)\} = e^{-cs}F(s)$이며 이 경우 $F(s) = \mathcal{L}\{t^2\}$ 이고 $c = 3$이다. $F(s)$는 t^2의 변환이지 $(t-3)^2$의 변환이 아님을 주목하자.

따라서 $\mathcal{L}\{H(t-3)\cdot f(t-3)^2\} = e^{-3s}\left(\frac{2!}{s^3}\right)$ 이다(표 67.1 참조).

$$= \frac{\mathbf{2e^{-3s}}}{\mathbf{s^3}}$$

문제 9. $\mathcal{L}\{H(t-2).\sin(t-2)\}$을 구하시오.

앞의 식으로부터 $\mathcal{L}\{H(t-c)\cdot f(t-c)\} = e^{-cs}F(s)$이며 이 경우 $F(s) = \mathcal{L}\{\sin t\}$이고 $c=2$이다. 따라서 $\mathcal{L}\{H(t-2)\cdot\sin(t-2)\} = e^{-2s}\left(\frac{1}{s^2+1^2}\right)$ 이다(표 67.1 참조).

$$= \frac{\mathbf{e^{-2s}}}{\mathbf{s^2+1}}$$

문제 10. $\mathcal{L}\{H(t-1)\cdot\sin 4(t-1)\}$을 구하시오.

앞의 식으로부터 $\mathcal{L}\{H(t-c)\cdot f(t-c)\} = e^{-cs}F(s)$이며 이 경우 $F(s) = \mathcal{L}\{\sin 4t\}$이고 $c = 1$이다. 따라서 $\mathcal{L}\{H(t-1)\cdot\sin 4(t-1)\} = e^{-s}\left(\frac{4}{s^2+4^2}\right)$ 이다(표 67.1 참조).

$$= \frac{\mathbf{4e^{-s}}}{\mathbf{s^2+16}}$$

문제 11. $\mathcal{L}\{H(t-3)\cdot e^{t-3}\}$을 구하시오.

앞의 식으로부터 $\mathcal{L}\{H(t-c)\cdot f(t-c)\} = e^{-cs}F(s)$이며 이 경우 $F(s) = \mathcal{L}\{e^t\}$ 이고 $c = 3$이다. 따라서 $\mathcal{L}\{H(t-3)\cdot e^{t-3}\} = e^{-3s}\left(\frac{1}{s-1}\right)$ 이다(표 67.1 참조).

$$= \frac{\mathbf{4e^{-s}}}{\mathbf{s^2+16}}$$

문제 12. $\mathcal{L}\left\{H\left(t-\frac{\pi}{2}\right)\cdot\cos 3\left(t-\frac{\pi}{2}\right)\right\}$을 구하시오.

앞의 식으로부터 $\mathcal{L}\{H(t-c)\cdot f(t-c)\} = e^{-cs}F(s)$이며 이 경우 $F(s) = \mathcal{L}\{\cos 3t\}$ 이고 $c = \frac{\pi}{2}$이다.

따라서 $\mathcal{L}\left\{\left(t-\frac{\pi}{2}\right)\cdot\cos 3\left(1-\frac{\pi}{2}\right)\right\} = e^{-\frac{\pi}{2}s}\left(\frac{s}{s^2+3^2}\right)$ 이다(표 67.1 참조).

$$= \frac{\mathbf{s\,e^{-\frac{\pi}{2}s}}}{\mathbf{s^2+9}}$$

+ 이제 다음의 예제들을 풀어보시오.

연습 문제 255 $H(t-c)\cdot f(t-c)$의 라플라스 변환

1. $\mathcal{L}\{H(t-1)\}$
2. $\mathcal{L}\{7H(t-3)\}$
3. $\mathcal{L}\{H(t-2)\cdot(t-2)^2\}$
4. $\mathcal{L}\{H(t-3)\cdot\sin(t-3)\}$
5. $\mathcal{L}\{H(t-4)\cdot e^{t-4}\}$
6. $\mathcal{L}\{H(t-5)\cdot\sin 3(t-5)\}$
7. $\mathcal{L}\{H(t-1)\cdot(t-1)^3\}$
8. $\mathcal{L}\{H(t-6)\cdot\cos 3(t-6)\}$
9. $\mathcal{L}\{5H(t-5)\cdot\sinh 2(t-5)\}$
10. $\mathcal{L}\{H\left(t-\frac{\pi}{3}\right)\cdot\cos 2\left(t-\frac{\pi}{3}\right)\}$
11. $\mathcal{L}\{2H(t-3)\cdot e^{t-3}\}$
12. $\mathcal{L}\{3H(t-2)\cdot\cosh(t-2)\}$

70.4 헤비사이드 함수의 라플라스 역변환

앞 절에서 $\mathcal{L}\{H(t-c).f(t-c)\} = e^{-cs}F(s)$, $F(s) = \mathcal{L}\{f(t)\}$라고 하였다. 이를 역으로 쓰면 다음과 같다.

$\boldsymbol{F(s) = \mathcal{L}\{f(t)\}}$ **라면** $\boldsymbol{e^{-cs}F(s) = \mathcal{L}\{H(t-c)\cdot f(t-c)\}}$ 이다.

이것은 제2이동정리라고 알려져 있으며 다음 문제와 같이 라플라스 역변환을 구할 때 이용된다.

문제 13. $\mathcal{L}^{-1}\left\{\frac{3e^{-2s}}{s}\right\}$을 구하시오.

분자의 일부분은 $c=2$인 e^{-cs}에 해당된다. 이것은 $H(t-2)$를 의미한다.

그리고 $\frac{3}{s}=F(s)=\mathcal{L}\{3\}$ 이다(표 67.1 참조).

따라서 $\mathcal{L}^{-1}\left\{\frac{3e^{-2s}}{s}\right\}=3H(t-2)$ 이다.

문제 14. $\frac{e^{-3s}}{s^2}$의 역변환을 구하시오.

분자는 $c=3$인 e^{-cs}에 해당된다. 이것은 $H(t-3)$을 의미한다.

$\frac{1}{s^2}=F(s)=\mathcal{L}\{t\}$이다(표 67.1 참조).

따라서 $\mathcal{L}^{-1}\left\{\frac{e^{-3s}}{s^2}\right\}=H(t-3)\cdot(t-3)$

문제 15. $\mathcal{L}^{-1}\left\{\frac{8e^{-4s}}{s^2+4}\right\}$을 구하시오.

분자는 $c=4$인 e^{-cs}에 해당된다. 이것은 $H(t-4)$을 의미한다.

$\frac{8}{s^2+4}$는 $4\left(\frac{2}{s^2+2^2}\right)$으로 쓸수 있고 $4\left(\frac{2}{s^2+2^2}\right)=F(s)=\mathcal{L}\{4\sin 2t\}$이다(표 67.1 참조).

따라서
$$\mathcal{L}^{-1}\left\{\frac{8e^{-4s}}{s^2+4}\right\}=H(t-4)\cdot 4\sin 2(t-4)$$
$$=4H(t-4)\cdot\sin 2(t-4)$$
이다.

문제 16. $\mathcal{L}^{-1}\left\{\frac{5se^{-2s}}{s^2+9}\right\}$을 구하시오.

분자는 $c=2$인 e^{-cs}에 해당된다. 이것은 $H(t-2)$를 의미한다.

$\frac{5s}{s^2+9}$는 $5\left(\frac{s}{s^2+3^2}\right)$로 쓸 수 있고 $5\left(\frac{s}{s^2+3^2}\right)=F(s)=\mathcal{L}\{5\cos 3t\}$이다(표 67.1 참조).

따라서
$$\mathcal{L}^{-1}\left\{\frac{5se^{-2s}}{s^2+3^2}\right\}=H(t-2)\cdot 5\cos 3(t-2)$$
$$=5H(t-2)\cdot\cos 3(t-2)$$
이다.

문제 17. $\mathcal{L}^{-1}\left\{\frac{7e^{-3s}}{s^2-1}\right\}$을 구하시오.

분자는 $c=3$인 e^{-cs}에 해당된다. 이것은 $H(t-3)$을 의미한다.

$\frac{7}{s^2-1}$은 $7\left(\frac{1}{s^2-1^2}\right)$과 같이 쓸 수 있고 $7\left(\frac{1}{s^2-1^2}\right)=F(s)=\mathcal{L}\{7\sinh t\}$이다(표 67.1 참조).

따라서
$$\mathcal{L}^{-1}\left\{\frac{7e^{-3s}}{s^2-1}\right\}=H(t-3)\cdot 7\sinh(t-3)$$
$$=7H(t-3)\cdot\sinh(t-3)$$
이다.

+ 이제 다음의 예제들을 풀어보시오.

연습 문제 256 헤비사이드 함수의 라플라스 역변환

1. $\mathcal{L}^{-1}\left\{\frac{e^{-9s}}{s}\right\}$
2. $\mathcal{L}^{-1}\left\{\frac{4e^{-3s}}{s}\right\}$
3. $\mathcal{L}^{-1}\left\{\frac{2e^{-2s}}{s^2}\right\}$
4. $\mathcal{L}^{-1}\left\{\frac{5e^{-2s}}{s^2+1}\right\}$
5. $\mathcal{L}^{-1}\left\{\frac{3s\,e^{-4s}}{s^2+16}\right\}$
6. $\mathcal{L}^{-1}\left\{\frac{6e^{-2s}}{s^2-1}\right\}$
7. $\mathcal{L}^{-1}\left\{\frac{3e^{-6s}}{s^3}\right\}$
8. $\mathcal{L}^{-1}\left\{\frac{2s\,e^{-4s}}{s^2-16}\right\}$
9. $\mathcal{L}^{-1}\left\{\frac{2s\,e^{-\frac{1}{2}s}}{s^2+5}\right\}$
10. $\mathcal{L}^{-1}\left\{\frac{4e^{-7s}}{s-1}\right\}$

Chapter 71

라플라스 변환을 이용한 미분방정식의 해

라플라스 변환을 이용한 미분방정식의 해를 이해하는 것이 왜 중요한가?

라플라스 변환과 그 역변환은 대수적인 방법을 사용하여 미분방정식을 풀 수 있게 해 주는 중요한 수학적 기법이다. 방정식을 간단하게 풀 수 있게 해 줄 뿐만 아니라 라플라스 변환된 형태로 전기적인 구성품을 직접 표현할 수 있게 해 주기 때문에 라플라스 변환은 전기공학 및 제어 시스템 공학에 광범위하게 사용되고 있다. 앞 장에서 설명된 절차는 이 장에서 라플라스 변환을 이용하여 미분방정식을 푸는 방법을 설명하기 위해 사용된다.

이 장에서는 다음 사항에 대해 공부한다.

- 라플라스 변환을 이용하여 미분방정식을 푸는 절차의 이해
- 라플라스 변환을 이용하여 미분방정식 풀기

71.1 소개

49장에서 54장까지 설명된 미분방정식을 푸는 방법은 라플라스 변환을 이용하는 방법으로 대체할 수 있다.

71.2 라플라스 변환을 이용하여 미분방정식을 푸는 절차

(i) 미분에 대한 라플라스 변환 공식(68장의 식(3)과 (4))과 표 67.1 및 68.1의 표준 라플라스 변환식을 적용하여 미분방정식의 양변에 라플라스 변환을 실시한다.

(ii) $y(0)$ 와 $y'(0)$와 같은 초기 조건의 값을 넣는다.

(iii) $\mathcal{L}\{y\}$를 만들기 위해 식을 재배치한다.

(iv) 부분분수 식을 만들고 표 69.1을 사용하여 각 항을 역변환함으로써 y를 구한다.

71.3 라플라스 변환을 이용하여 미분방정식을 푸는 예제

문제 1. 라플라스 변환을 이용하여 다음 미분방정식을 푸시오.

$$2\frac{d^2y}{dx^2}+5\frac{dy}{dx}-3y=0,\ x=0 \text{ 일 때 } y=4,\ \frac{dy}{dx}=9$$

이 문제는 53장의 문제 1과 같은 문제이므로 푸는 방법을 비교해 볼 수 있다.

앞의 절차에 따라

(i) 68장의 식 (3)과 (4)로부터

$$2\mathcal{L}\left\{\frac{d^2y}{dx^2}\right\}+5\mathcal{L}\left\{\frac{dy}{dx}\right\}-3\mathcal{L}\{y\}=\mathcal{L}\{0\}$$

$$2[s^2\mathcal{L}\{y\}-sy(0)-y'(0)]+5[s\mathcal{L}\{y\}$$
$$-y(0)]-3\mathcal{L}\{y\}=0$$

(ii) $y(0)=4$이고 $y'(0)=9$ 이므로

$2[s^2\mathcal{L}\{y\}-4s-9]+5[s\mathcal{L}\{y\}-4]-3\mathcal{L}\{y\}=0$

즉, $2s^2\mathcal{L}\{y\}-8s-18+5s\mathcal{L}\{y\}-20-3\mathcal{L}\{y\}=0$

(iii) 식을 정리하면:

$(2s^2+5s-3)\mathcal{L}\{y\}=8s+38$

즉, $\mathcal{L}\{y\}=\dfrac{8s+38}{2s^2+5s-3}$

(iv) $y=\mathcal{L}^{-1}\left\{\dfrac{8s+38}{2s^2+5s-3}\right\}$

$$\frac{8s+38}{2s^2+5s-3}\equiv\frac{8s+38}{(2s-1)(s+3)}\equiv\frac{A}{2s-1}+\frac{B}{s+3}\equiv\frac{A(s+3)+B(2s-1)}{(2s-1)(s+3)}$$

$8s+38=A(s+3)+B(2s-1)$

$s=\dfrac{1}{2}$이면 $42=3\dfrac{1}{2}A$이므로 $A=12$이고 $s=-3$이면 $14=-7B$이므로 $B=-2$이다.

따라서 $y=\mathcal{L}^{-1}\left\{\dfrac{8s+38}{2s^2+5s-3}\right\}$

$$=\mathcal{L}^{-1}\left\{\frac{12}{2s-1}-\frac{2}{s+3}\right\}$$

$$=\mathcal{L}^{-1}\left\{\frac{12}{2\left(s-\frac{1}{2}\right)}\right\}-\mathcal{L}^{-1}\left\{\frac{2}{s+3}\right\}$$

표 69.1의 (iii)에 따라 $\mathbf{y=6e^{\frac{1}{2}x}-2e^{-3x}}$이다.

문제 2. 라플라스 변환을 이용하여 다음 미분방정식을 푸시오.

$\dfrac{d^2y}{dx^2}+6\dfrac{dy}{dx}+13y=0$, 단 $x=0$ 일 때 $y=3$이고 $\dfrac{dy}{dx}=7$이다.

이 문제는 53장의 문제 3과 같다.

앞의 절차에 따라

(i) 68장의 식 (3)과 (4)에 따라

$$\mathcal{L}\left\{\frac{d^2x}{dy^2}\right\}+6\mathcal{L}\left\{\frac{dy}{dx}\right\}+13\mathcal{L}\{y\}=\mathcal{L}\{0\}$$

$$[s^2\mathcal{L}\{y\}-sy(0)-y'(0)]$$

$$+6[s\mathcal{L}\{y\}-y(0)]+13\mathcal{L}\{y\}=0$$

(ii) $y(0)=3$이고 $y'(0)=7$이므로 $s^2\mathcal{L}\{y\}-3s-7+6s\mathcal{L}\{y\}-18+13\mathcal{L}\{y\}=0$이다.

(iii) 식을 정리하면:

$(s^2+6s+13)\mathcal{L}\{y\}=3s+25$

즉, $\mathcal{L}\{y\}=\dfrac{3s+25}{s^2+6s+13}$

(iv) $y=\mathcal{L}^{-1}\left\{\dfrac{3s+25}{s^2+6s+13}\right\}$

$$=\mathcal{L}^{-1}\left\{\frac{3s+25}{(s+3)^2+2^2}\right\}$$

$$=\mathcal{L}^{-1}\left\{\frac{3(s+3)+16}{(s+3)^2+2^2}\right\}$$

$$=\mathcal{L}^{-1}\left\{\frac{3(s+3)}{(s+3)^2+2^2}\right\}+\mathcal{L}^{-1}\left\{\frac{8(2)}{(s+3)^2+2^2}\right\}$$

$=3e^{-3t}\cos 2t+8e^{-3t}\sin 2t$, (표 69.1의 (xiii), (xii) 이용)

최종적으로 $\mathbf{y=e^{-3t}(3\cos 2t+8\sin 2t)}$이다.

문제 3. 라플라스 변환을 이용하여 다음 미분방정식을 푸시오.

$\dfrac{d^2y}{dx^2}-3\dfrac{dy}{dx}=9$, 단 $x=0$ 일 때 $y=0$, $\dfrac{dy}{dx}=0$이다.

이 문제는 54장의 문제 2와 같은 문제이다.

(i) $\mathcal{L}\left\{\dfrac{d^2y}{dx^2}\right\}-3\mathcal{L}\left\{\dfrac{dy}{dx}\right\}=\mathcal{L}\{9\}$

따라서 $[s^2\mathcal{L}\{y\}-sy(0)-y'(0)]$

$$-3[s\mathcal{L}\{y\}-y(0)]=\frac{9}{s}$$

(ii) $y(0)=0$이고 $y'(0)=0$ 이므로 $s^2\mathcal{L}\{y\}-3s\mathcal{L}\{y\}=\dfrac{9}{s}$이다.

(iii) 식을 정리하면:

$$(s^2-3s)\mathcal{L}\{y\}=\frac{9}{s}$$

즉, $\mathcal{L}\{y\}=\dfrac{9}{s(s^2-3s)}=\dfrac{9}{s^2(s-3)}$

(iv) $y=\mathcal{L}^{-1}\left\{\dfrac{9}{s^2(s-3)}\right\}$

$$\frac{9}{s^2(s-3)}\equiv\frac{A}{s}+\frac{B}{s^2}+\frac{C}{s-3}$$

$$\equiv\frac{A(s)(s-3)+B(s-3)+Cs^2}{s^2(s-3)}$$

$9 \equiv A(s)(s-3)+B(s-3)+Cs^2$이다.

$s=0$이면 $9=-3B$이므로 $B=-3$이다.

$s=3$이면 $9=9C$이므로 $C=1$이다.

s^2의 계수를 비교하면 $0=A+C$이므로 $A=-1$이다. 계수를 대입하여 정리하면

$$\mathcal{L}^{-1}\left\{\frac{9}{s^2(s-3)}\right\}=\mathcal{L}^{-1}\left\{-\frac{1}{s}-\frac{3}{s^2}+\frac{1}{s-3}\right\}$$

$$=-1-3x+e^{3x}$$

(표 69.1의 (vi)와 (iii) 참조) 즉, $\mathbf{y=e^{3x}-3x-1}$

문제 4. 라플라스 변환을 이용하여 다음 미분방정식을 푸시오.

$\frac{d^2y}{dx^2}-7\frac{dy}{dx}+10y=e^{2x}+20$, 단 $x=0$일 때 $y=0$, $\frac{dy}{dx}=-\frac{1}{3}$이다.

(i) $\mathcal{L}\left\{\frac{d^2y}{dx^2}\right\}-7\mathcal{L}\left\{\frac{dy}{dx}\right\}+10\mathcal{L}\{y\}=\mathcal{L}\{e^{2x}+20\}$

$$[s^2\mathcal{L}\{y\}-sy(0)-y'(0)]-7[s\mathcal{L}\{y\}-y(0)]+10\mathcal{L}\{y\}=\frac{1}{s-2}+\frac{20}{s}$$

(ii) $y(0)=0$이고 $y'(0)=-\frac{1}{3}$

이므로 $s^2\mathcal{L}\{y\}-0-\left(-\frac{1}{3}\right)-7s\mathcal{L}\{y\}+0+10\mathcal{L}\{y\}=\frac{21s-40}{s(s-2)}$

이다.

(iii) $$(s^2-7s+10)\mathcal{L}\{y\}=\frac{21s-40}{s(s-2)}-\frac{1}{3}$$
$$=\frac{3(21s-40)-s(s-2)}{3s(s-2)}$$
$$=\frac{-s^2+65s-120}{3s(s-2)}$$

따라서, $$\mathcal{L}\{y\}=\frac{-s^2+65s-120}{3s(s-2)(s^2-7s+10)}$$
$$=\frac{1}{3}\left[\frac{-s^2+65s-120}{s(s-2)(s-2)(s-5)}\right]$$
$$=\frac{1}{3}\left[\frac{-s^2+65s-120}{s(s-5)(s-2)^2}\right]$$

(iv) $$y=\frac{1}{3}\mathcal{L}^{-1}\left\{\frac{-s^2+65s-120}{s(s-5)(s-2)^2}\right\}$$

$$\frac{-s^2+65s-120}{s(s-5)(s-2)^2}$$
$$\equiv\frac{A}{s}+\frac{B}{s-5}+\frac{C}{s-2}+\frac{D}{(s-2)^2}$$
$$\equiv\frac{\left(\begin{array}{c}A(s-5)(s-2)^2+B(s)(s-2)^2\\+C(s)(s-5)(s-2)+D(s)(s-5)\end{array}\right)}{s(s-5)(s-2)^2}$$

따라서

$$-s^2+65s-120 \equiv A(s-5)(s-2)^2+B(s)(s-2)^2+C(s)(s-5)(s-2)+D(s)(s-5)$$

$s=0$이면 $-120=-20A$ 이므로 $A=6$이다.

$s=5$이면 $180=45B$ 이므로 $B=4$이다.

$s=2$이면 $6=-6D$ 이므로 $D=-1$이다.

s^3의 계수를 비교하면 $0=A+B+C$이므로 $C=-10$이다.

따라서, $$\frac{1}{3}\mathcal{L}^{-1}\left\{\frac{-s^2+65s-120}{s(s-5)(s-2)^2}\right\}$$
$$=\frac{1}{3}\mathcal{L}^{-1}\left\{\frac{6}{s}+\frac{4}{s-5}-\frac{10}{s-2}-\frac{1}{(s-2)^2}\right\}$$
$$=\frac{1}{3}[6+4e^{5x}-10e^{2x}-xe^{2x}]$$

답은 $\mathbf{y=2+\frac{4}{3}e^{5x}-\frac{10}{3}e^{2x}-\frac{x}{3}e^{2x}}$이다.

문제 5. 전기 회로를 흐르는 전류에 대한 미분방정식이 다음과 같이 주어져 있다. $Ri+L(di/dt)=E$, 여기서 E, L, R은 상수이다. 라플라스 변환을 이용하여 전류 i에 대한 방정식을 푸시오. 단, $t=0$ 일 때 $i=0$이다.

(i) $\mathcal{L}\{Ri\}+\mathcal{L}\left\{L\frac{di}{dt}\right\}=\mathcal{L}\{E\}$

즉, $R\mathcal{L}\{i\}+L[s\mathcal{L}\{i\}-i(0)]=\frac{E}{s}$

(ii) $i(0)=0$ 이므로 $R\mathcal{L}\{i\}+Ls\mathcal{L}\{i\}=\frac{E}{s}$이다.

(iii) 식을 정리하면:

$$(R+Ls)\mathcal{L}\{i\}=\frac{E}{s}$$

즉, $$\mathcal{L}\{i\}=\frac{E}{s(R+Ls)}$$

(iv) $$i=\mathcal{L}^{-1}\left\{\frac{E}{s(R+Ls)}\right\}$$

$$\frac{E}{s(R+Ls)}\equiv\frac{A}{s}+\frac{B}{R+Ls}$$

$$\equiv \frac{A(R+Ls)+Bs}{s(R+Ls)}$$

따라서, $E = A(R+Ls) + Bs$

$s = 0$이면 $E = AR$ 이므로 $A = \frac{E}{R}$이다.

$s = -\frac{R}{L}$이면 $E = B\left(-\frac{R}{L}\right)$이므로 $B = -\frac{EL}{R}$이다.

따라서 $\mathcal{L}^{-1}\left\{\frac{E}{s(R+Ls)}\right\}$

$$= \mathcal{L}^{-1}\left\{\frac{E/R}{s} + \frac{-EL/R}{R+Ls}\right\}$$

$$= \mathcal{L}^{-1}\left\{\frac{E}{Rs} - \frac{EL}{R(R+Ls)}\right\}$$

$$= \mathcal{L}^{-1}\left\{\frac{E}{R}\left(\frac{1}{s}\right) - \frac{E}{R}\left(\frac{1}{\frac{R}{L}+s}\right)\right\}$$

$$= \frac{E}{R}\mathcal{L}^{-1}\left\{\frac{1}{s} - \frac{1}{\left(s+\frac{R}{L}\right)}\right\}$$

전류 $i = \frac{E}{R}\left(1 - e^{-\frac{Rt}{L}}\right)$이다.

+ 이제 다음의 예제들을 풀어보시오.

연습 문제 257 라플라스 변환을 이용한 미분방정식의 해

1. $R - L$회로에서 전류i에 대한 1차 미분방정식이 다음과 같이 주어져 있다. $\frac{di}{dt} + 5i = \frac{E}{2}$, $t = 0$ 일 때 $i = 0$이다.

   라플라스 변환을 이용하여 i를 구하시오.

   (a) $E = 20$ (b) $E = 40e^{-3t}$ (c) $E = 50\sin 5t$

문제 2에서 9까지 라플라스 변환을 이용하여 주어진 미분방정식을 푸시오.

2. $9\frac{d^2y}{dt^2} - 24\frac{dy}{dt} + 16y = 0$ 단, $y(0) = 3$, $y'(0) = 3$

3. $\frac{d^2x}{dt^2} + 100x = 0$ 단, $x(0) = 2$, $x'(0) = 0$

4. $\frac{d^2i}{dt^2} + 1000\frac{di}{dt} + 250\,000i = 0$ 단, $i(0) = 0$, $i'(0) = 100$

5. $\frac{d^2x}{dt^2} + 6\frac{dx}{dt} + 8x = 0$ 단, $x(0) = 4$, $x'(0) = 8$

6. $\frac{d^2y}{dx^2} - 2\frac{dy}{dx} + y = 3e^{4x}$단, $y(0) = -\frac{2}{3}$, $y'(0) = 4\frac{1}{3}$

7. $\frac{d^2y}{dx^2} - 3\frac{dy}{dx} - 4y = 3\sin x$ 단, $y(0) = 0$, $y'(0) = 0$

8. $\frac{d^2y}{dx^2} + \frac{dy}{dx} - 2y = 3\cos 3x - 11\sin 3x$ 단, $y(0) = 0$, $y'(0) = 6$

9. $\frac{d^2y}{dx^2} - 2\frac{dy}{dx} + 2y = 3e^x\cos 2x$ 단, $y(0) = 2$, $y'(0) = 5$

10. 가벼운 감쇠 탄성 시스템에 대한 자유 진동에 관련된 식은 다음과 같다.

$$\frac{d^2y}{dt^2} + 2\frac{dy}{dt} + 5y = 0$$

   여기서 y는 평형 위치로부터의 변위이다. $t = 0$일 때 $y = 2$이고 $\frac{dy}{dt} = 0$이다. 변위에 대한 식을 구하시오.

11. 라플라스 변환을 이용하여 연습 문제 203의 문제 4에서 9까지, 연습 문제 204의 문제 1에서 5까지를 푸시오.

12. 라플라스 변환을 이용하여 연습 문제 205의 문제 3에서 6까지, 연습 문제 206의 문제 5에서 6까지, 연습 문제 207의 문제 4에서 7까지, 연습 문제 208의 문제 5, 6을 푸시오.

Chapter 72

라플라스 변환을 이용한 연립 미분방정식의 해

라플라스 변환을 이용한 연립 미분방정식의 해를 이해하는 것이 왜 중요한가?

앞 장에서 설명한대로 라플라스 변환은 수학, 물리학, 광학, 전기공학, 제어공학, 신호 처리, 확률과 같은 많은 분야에 사용되며 라플라스 변환과 그 역변환을 이용하면 미분방정식을 대수적인 방법으로 풀 수 있게 된다. 특히, 이 장에서는 연립 미분방정식을 푸는 절차에 대해 설명한다. 앞 장에서 다룬 내용을 이해하고 있어야 한다.

이 장에서는 다음 사항에 대해 공부한다.

- 라플라스 변환을 이용하여 연립 미분방정식을 푸는 절차의 이해
- 라플라스 변환을 이용하여 연립 미분방정식 풀기

72.1 소개

때때로 연립 미분방정식을 풀어야 할 때가 있다. 예를 들면 두 전기회로가 자기 결합(magnetically coupled)되어 있다면 회로의 두 전류 i_1과 i_2에 관련된 식은 다음과 같다.

$$L_1\frac{\mathrm{d}i_1}{\mathrm{d}t}+M\frac{\mathrm{d}i_2}{\mathrm{d}t}+R_1 i_1=E_1$$

$$L_2\frac{\mathrm{d}i_2}{\mathrm{d}t}+M\frac{\mathrm{d}i_1}{\mathrm{d}t}+R_2 i_2=0$$

여기서 L은 인덕턴스, R은 저항, M은 상호 인덕턴스, E_1은 한 회로에 가해진 전압이다.

72.2 라플라스 변환을 이용하여 연립 미분방정식을 푸는 절차

(i) 미분에 대한 라플라스 변환 공식(68장의 식(3)과 (4))과 표 67.1 및 68.1의 표준 라플라스 변환식을 적용하여 연립 미분방정식의 양변에 라플라스 변환을 실시한다.

(ii) $x(0)$, $x'(0)$, $y(0)$, $y'(0)$와 같은 초기 조건의 값을 넣는다.

(iii) 일반 대수적인 방법을 사용하여 $\mathcal{L}\{y\}$와 $\mathcal{L}\{x\}$에 대한 연립방정식을 푼다.

(iv) 부분분수 식을 만들고 각 항을 역변환함으로써 y와 x를 구한다.

72.3 라플라스 변환을 이용하여 연립 미분방정식을 푸는 예제

문제 1. 다음 연립 미분방정식을 푸시오.

$$\frac{\mathrm{d}y}{\mathrm{d}t}+x=1$$

$$\frac{\mathrm{d}x}{\mathrm{d}t}-y+4\mathrm{e}^t=0$$

단, $t=0$ 일 때 $x=0$ 이고 $y=0$ 이다.

앞의 절차에 따라:

(i) $$\mathcal{L}\left\{\frac{dy}{dt}\right\}+\mathcal{L}\{x\}=\mathcal{L}\{1\} \quad (1)$$

$$\mathcal{L}\left\{\frac{dx}{dt}\right\}-\mathcal{L}\{y\}+4\mathcal{L}\{e^t\}=0 \quad (2)$$

식 (1)은 표 67.1과 68.3의 식 (3)으로부터 다음과 같이 된다.

$$[s\mathcal{L}\{y\}-y(0)]+\mathcal{L}\{x\}=\frac{1}{s} \quad (1')$$

식 (2)는 다음과 같이 된다.

$$[s\mathcal{L}\{x\}-x(0)]-\mathcal{L}\{y\}=-\frac{4}{s-1} \quad (2')$$

(ii) $x(0)=0$이고 $y(0)=0$이므로 식 (1′)은 다음과 같다.

$$s\mathcal{L}\{y\}+\mathcal{L}\{x\}=\frac{1}{s} \quad (1'')$$

식 (2′)는 다음과 같다.

$$s\mathcal{L}\{x\}-\mathcal{L}\{y\}=-\frac{4}{s-1}$$

또는 $$-\mathcal{L}\{y\}+s\mathcal{L}\{x\}=-\frac{4}{s-1} \quad (2'')$$

(iii) 1 × 식 (1″)과 s × 식 (2″)를 하면:

$$s\mathcal{L}\{y\}+\mathcal{L}\{x\}=\frac{1}{s} \quad (3)$$

$$-s\mathcal{L}\{y\}+s^2\mathcal{L}\{x\}=-\frac{4s}{s-1} \quad (4)$$

식 (3)과 (4)를 더하면

$$(s^2+1)\mathcal{L}\{x\}=\frac{1}{s}-\frac{4s}{s-1}=\frac{(s-1)-s(4s)}{s(s-1)}=\frac{-4s^2+s-1}{s(s-1)}$$

따라서 $$\mathcal{L}\{x\}=\frac{-4s^2+s-1}{s(s-1)(s^2+1)} \quad (5)$$

부분분수를 이용하면

$$\frac{-4s^2+s-1}{s(s-1)(s^2+1)}\equiv\frac{A}{s}+\frac{B}{(s-1)}+\frac{Cs+D}{(s^2+1)}=\frac{\left(\begin{array}{c}A(s-1)(s^2+1)+Bs(s^2+1)\\+(Cs+D)s(s-1)\end{array}\right)}{s(s-1)(s^2+1)}$$

따라서

$$-4s^2+s-1=A(s-1)(s^2+1)+Bs(s^2+1)+(Cs+D)s(s-1)$$

$s=0$ 일 때 $-1=-A$ 이므로 $\mathbf{A=1}$이다.

$s=1$ 일 때 $-4=2B$ 이므로 $\mathbf{B=-2}$이다.

s^3의 계수를 비교하면

$0=A+B+C$ 이므로 $\mathbf{C=1}$이다.
($A=1$ 이고 $B=-2$이므로)

s^2의 계수를 비교하면

$-4=-A+D-C$ 이므로 $\mathbf{D=-2}$이다.
($A=1$, $C=1$이므로)

따라서 $\mathcal{L}\{x\}=\dfrac{-4s^2+s-1}{s(s-1)(s^2+1)}$ 이다.

$$=\frac{1}{s}-\frac{2}{(s-1)}+\frac{s-2}{(s^2+1)}$$

(iv) $$x=\mathcal{L}^{-1}\left\{\frac{1}{s}-\frac{2}{(s-1)}+\frac{s-2}{(s^2+1)}\right\}=\mathcal{L}^{-1}\left\{\frac{1}{s}-\frac{2}{(s-1)}+\frac{s}{(s^2+1)}-\frac{2}{(s^2+1)}\right\}$$

즉, $\mathbf{x=1-2e^t+\cos t-2\sin t}$, (표 69.1로부터)

문제에서 주어진 두 번째 식으로부터

$$\frac{dx}{dt}-y+4e^t=0$$

이므로

$$y=\frac{dx}{dt}+4e^t=\frac{d}{dt}(1-2e^t+\cos t-2\sin t)+4e^t=-2e^t-\sin t-2\cos t+4e^t$$

즉, $\mathbf{y=2e^t-\sin t-2\cos t}$ 이다.

문제 2. 다음 연립 미분방정식을 푸시오.

$$3\frac{dx}{dt}-5\frac{dy}{dt}+2x=6$$

$$2\frac{dy}{dt}-\frac{dx}{dt}-y=-1$$

단, $t=0$ 일 때 $x=8$, $y=3$이다.

앞의 절차에 따라:

(i) $$3\mathcal{L}\left\{\frac{dx}{dt}\right\}-5\mathcal{L}\left\{\frac{dy}{dt}\right\}+2\mathcal{L}\{x\}=\mathcal{L}\{6\} \quad (1)$$

$$2\mathcal{L}\left\{\frac{dy}{dt}\right\}-\mathcal{L}\left\{\frac{dx}{dt}\right\}-\mathcal{L}\{y\}=\mathcal{L}\{-1\} \quad (2)$$

식 (1)은

$$3[s\mathcal{L}\{x\}-x(0)]-5[s\mathcal{L}\{y\}-y(0)]+2\mathcal{L}\{x\}=\frac{6}{s}$$

(68.3의 식 (3) 및 표 67.1로부터)

즉, $$3s\mathcal{L}\{x\}-3x(0)-5s\mathcal{L}\{y\}+5y(0)+2\mathcal{L}\{x\}=\frac{6}{s}$$

$$3s+2)\mathcal{L}\{x\}-3x(0)-5s\mathcal{L}\{y\}+5y(0)=\frac{6}{s} \qquad (1')$$

식 (2)는

$$2[s\mathcal{L}\{y\}-y(0)]-[s\mathcal{L}\{x\}-x(0)]-\mathcal{L}\{y\}=-\frac{1}{s}$$

(68.3의 식 (3) 및 표 67.1로부터)

$$2s\mathcal{L}\{y\}-2y(0)-s\mathcal{L}\{x\}+x(0)-\mathcal{L}\{y\}=-\frac{1}{s}$$

$$(2s-1)\mathcal{L}\{y\}-2y(0)-s\mathcal{L}\{x\}+x(0)=-\frac{1}{s} \qquad (2')$$

(ii) $x(0)=8$ 이고 $y(0)=3$이므로 식 $(1')$은 다음과 같다.

$$(3s+2)\mathcal{L}\{x\}-3(8)-5s\mathcal{L}\{y\}+5(3)=\frac{6}{s} \qquad (1'')$$

식 $(2')$은

$$(2s-1)\mathcal{L}\{y\}-2(3)-s\mathcal{L}\{x\}+8=-\frac{1}{s} \qquad (2'')$$

즉, $$(3s+2)\mathcal{L}\{x\}-5s\mathcal{L}\{y\}=\frac{6}{s}+9 \qquad (1'')$$

$$\left.\begin{aligned}&(3s+2)\mathcal{L}\{x\}-5s\mathcal{L}\{y\}=\frac{6}{s}+9 &&(1''')\\&-s\mathcal{L}\{x\}+(2s-1)\mathcal{L}\{y\}=-\frac{1}{s}-2 &&(2''')\end{aligned}\right\} \qquad (A)$$

(iii) $s\times$ 식 $(1''')$ 및 $(3s+2)\times$ 식 $(2''')$을 하면

$$s(3s+2)\mathcal{L}\{x\}-5s^2\mathcal{L}\{y\}=s\left(\frac{6}{s}+9\right) \qquad (3)$$

$$-s(3s+2)\mathcal{L}\{x\}+(3s+2)(2s-1)\mathcal{L}\{y\}=(3s+2)\left(-\frac{1}{s}-2\right) \qquad (4)$$

즉, $$s(3s+2)\mathcal{L}\{x\}-5s^2\mathcal{L}\{y\}=6+9s \qquad (3')$$

$$-s(3s+2)\mathcal{L}\{x\}+(6s^2+s-2)\mathcal{L}\{y\}=-6s-\frac{2}{s}-7 \qquad (4')$$

식 $(3')$과 식 $(4')$을 더하면

$$(s^2+s-2)\mathcal{L}\{y\}=-1+3s-\frac{2}{s}=\frac{-s+3s^2-2}{s}$$

따라서 $\mathcal{L}\{y\}=\dfrac{3s^2-s-2}{s(s^2+s-2)}$

부분분수를 이용하면

$$\frac{3s^2-s-2}{s(s^2+s-2)}\equiv\frac{A}{s}+\frac{B}{(s+2)}+\frac{C}{(s-1)}=\frac{A(s+2)(s-1)+Bs(s-1)+Cs(s+2)}{s(s+2)(s-1)}$$

즉, $$3s^2-s-2=A(s+2)(s-1)+Bs(s-1)+Cs(s+2)$$

$s=0$ 일 때 $-2=2A$ 이므로 $\boldsymbol{A=1}$이다.

$s=1$ 일 때 $0=3C$ 이므로 $\boldsymbol{C}=0$ 이다.

$s=-2$ 일 때 $12=6B$ 이므로 $\boldsymbol{B}=2$ 이다.

따라서 $\mathcal{L}\{y\}=\dfrac{3s^2-s-2}{s(s^2+s-2)}=\dfrac{1}{s}+\dfrac{2}{(s+2)}$

(iv) $\boldsymbol{y}=\mathcal{L}^{-1}\left\{\dfrac{1}{s}+\dfrac{2}{s+2}\right\}=\mathbf{1+2e^{-2t}}$

식 (A)로 돌아가서 $\mathcal{L}\{x\}$를 정하자.

$(2s-1)\times$ 식 $(1''')$와 $5s\times$ 식 $(2''')$를 계산하면

$$(2s-1)(3s+2)\mathcal{L}\{x\}-5s(2s-1)\mathcal{L}\{y\}=(2s-1)\left(\frac{6}{s}+9\right) \qquad (5)$$

그리고 $$-s(5s)\mathcal{L}\{x\}+5s(2s-1)\mathcal{L}\{y\}=5s\left(-\frac{1}{s}-2\right) \qquad (6)$$

즉, $$(6s^2+s-2)\mathcal{L}\{x\}-5s(2s-1)\mathcal{L}\{y\}=12+18s-\frac{6}{s}-9 \qquad (5')$$

그리고 $-5s^2\mathcal{L}\{x\}+5s(2s-1)\mathcal{L}\{y\}$

$$=-5-10s \qquad (6')$$

식 (5′)와 (6′)를 더하면

$$(s^2+s-2)\mathcal{L}\{x\}=-2+8s-\frac{6}{s}$$

$$=\frac{-2s+8s^2-6}{s}$$

따라서 $\mathcal{L}\{x\}=\dfrac{8s^2-2s-6}{s(s^2+s-2)}$

$$=\frac{8s^2-2s-6}{s(s+2)(s-1)}$$

부분 분수를 이용하면

$$\frac{8s^2-2s-6}{s(s+2)(s-1)}$$

$$\equiv\frac{A}{s}+\frac{B}{(s+2)}+\frac{C}{(s-1)}$$

$$=\frac{A(s+2)(s-1)+Bs(s-1)+Cs(s+2)}{s(s+2)(s-1)}$$

즉, $8s^2-2s-6=A(s+2)(s-1)+Bs(s-1)+Cs(s+2)$

$s=0$ 일 때 $-6=-2A$ 이므로 $\boldsymbol{A=3}$이다.
$s=1$ 일 때 $0=3C$ 이므로 $\boldsymbol{C=0}$이다.
$s=-2$ 일 때 $30=6B$ 이므로 $\boldsymbol{B=5}$이다.
따라서 $\mathcal{L}\{x\}=\dfrac{8s^2-2s-6}{s(s+2)(s-1)}=\dfrac{3}{s}+\dfrac{5}{(s+2)}$

그러므로 주어진 연립 미분방정식의 해는 다음과 같다.

$$\boldsymbol{y=1+2e^{-2t},\ x=3+5e^{-2t}}$$

(이 해를 원 식의 x와 y에 직접 대입하여 검증할 수 있다.)

문제 3. 다음 연립 미분방정식을 푸시오.

$$\frac{d^2x}{dt^2}-x=y$$

$$\frac{d^2y}{dt^2}+y=-x$$

단, $t=0$ 일 때 $x=2$, $y=-1$, $\dfrac{dx}{dt}=0$ 이다.

앞의 절차에 따라:

(i) $[s^2\mathcal{L}\{x\}-sx(0)-x'(0)]-\mathcal{L}\{x\}=\mathcal{L}\{y\}$ (1)

$[s^2\mathcal{L}\{y\}-sy(0)-y'(0)]+\mathcal{L}\{y\}=-\mathcal{L}\{x\}$ (2)

(68.3의 식 (4) 참조)

(ii) $x(0)=2,\ y(0)=-1,\ x'(0)=0,\ y'(0)=0$

이므로 $s^2\mathcal{L}\{x\}-2s-\mathcal{L}\{x\}=\mathcal{L}\{y\}$ (1′)

$s^2\mathcal{L}\{y\}+s+\mathcal{L}\{y\}=-\mathcal{L}\{x\}$ (2′)

(iii) 다시 정리하면

$$(s^2-1)\mathcal{L}\{x\}-\mathcal{L}\{y\}=2s \qquad (3)$$

$$\mathcal{L}\{x\}+(s^2+1)\mathcal{L}\{y\}=-s \qquad (4)$$

식 (3) × s^2 + 1와 식 (4) × 1을 하면

$$(s^2+1)(s^2-1)\mathcal{L}\{x\}-(s^2+1)\mathcal{L}\{y\}=(s^2+1)2s \qquad (5)$$

$$\mathcal{L}\{x\}+(s^2+1)\mathcal{L}\{y\}=-s \qquad (6)$$

식 (5)와 식 (6)을 더하면

$$[(s^2+1)(s^2-1)+1]\mathcal{L}\{x\}=(s^2+1)2s-s$$

즉, $s^4\mathcal{L}\{x\}=2s^3+s=s(2s^2+1)$

따라서 $\mathcal{L}\{x\}=\dfrac{s(2s^2+1)}{s^4}=\dfrac{2s^2+1}{s^3}$

$$=\frac{2s^2}{s^3}+\frac{1}{s^3}=\frac{2}{s}+\frac{1}{s^3}$$

(iv) x에 대해 정리하면 $x=\mathcal{L}^{-1}\left\{\dfrac{2}{s}+\dfrac{1}{s^3}\right\}$

즉, $\boldsymbol{x=2+\frac{1}{2}t^2}$

식 (3)과 식 (4)로 돌아가서 y를 구해 보자.
1 × 식 (3)과 (s^2-1) × 식 (4)를 하면

$$(s^2-1)\mathcal{L}\{x\}-\mathcal{L}\{y\}=2s \qquad (7)$$

$$(s^2-1)\mathcal{L}\{x\}+(s^2-1)(s^2+1)\mathcal{L}\{y\}=-s(s^2-1) \qquad (8)$$

식 (7)−식 (8)을 하면

$$[-1-(s^2-1)(s^2+1)]\mathcal{L}\{y\}=2s+s(s^2-1)$$

즉, $-s^4\mathcal{L}\{y\}=s^3+s$

이고 $\mathcal{L}\{y\}=\dfrac{s^3+s}{-s^4}=-\dfrac{1}{s}-\dfrac{1}{s^3}$이다.

따라서 $y=\mathcal{L}^{-1}\left\{-\dfrac{1}{s}-\dfrac{1}{s^3}\right\}$ 이다.

즉, $\boldsymbol{y=-1-\frac{1}{2}t^2}$

+ 이제 다음의 예제들을 풀어보시오.

연습 문제 258 라플라스 변환을 이용한 연립 미분방정식의 해

다음 연립 미분방정식을 푸시오.

1. $$2\frac{dx}{dt}+\frac{dy}{dt}=5\,e^{t}$$
$$\frac{dy}{dt}-3\frac{dx}{dt}=5$$
단, $t=0$ 일 때 $x=0$ 이고 $y=0$이다.

2. $$2\frac{dy}{dt}-y+x+\frac{dx}{dt}-5\sin t=0$$
$$3\frac{dy}{dt}+x-y+2\frac{dx}{dt}-e^{t}=0$$
단, $t=0$ 일 때 $x=0$ 이고 $y=0$이다.

3. $$\frac{d^2x}{dt^2}+2x=y$$
$$\frac{d^2y}{dt^2}+2y=x$$
단, $t=0$ 일 때 $x=4$, $y=2$, $\frac{dx}{dt}=0$, $\frac{dy}{dt}=0$ 이다.

복습 테스트 19 라플라스 변환

이 복습 테스트는 67장부터 72장에서 다룬 내용을 포함한다. 각 문제의 배점은 각 식의 마지막 괄호 안에 나타낸다.

1. 다음 함수의 라플라스 변환을 구하시오.

(a) $2t^3 - 4t + 5$ (b) $3e^{-2t} - 4\sin 2t$
(c) $3\cosh 2t$ (d) $2t^4 e^{-3t}$
(e) $5e^{2t}\cos 3t$ (f) $2e^{3t}\sinh 4t$ (16)

2. 다음 함수의 라플라스 역변환을 구하시오.

(a) $\dfrac{5}{2s+1}$ (b) $\dfrac{12}{s^5}$
(c) $\dfrac{4s}{s^2+9}$ (d) $\dfrac{5}{s^2-9}$
(e) $\dfrac{3}{(s+2)^4}$ (f) $\dfrac{s-4}{s^2-8s-20}$
(g) $\dfrac{8}{s^2-4s+3}$ (17)

3. 부분분수를 이용하여 다음을 구하시오.

(a) $\mathcal{L}^{-1}\left\{\dfrac{5s-1}{s^2-s-2}\right\}$

(b) $\mathcal{L}^{-1}\left\{\dfrac{2s^2+11s-9}{s(s-1)(s+3)}\right\}$

(c) $\mathcal{L}^{-1}\left\{\dfrac{13-s^2}{s(s^2+4s+13)}\right\}$ (24)

4. 전달함수 $F(s) = \dfrac{(s+2)(s-3)}{(s+3)(s^2+2s+5)}$의 극점과 영점을 구하고 극영점 도표 상에 표현하시오. (10)

5. 다음 그래프를 그리시오.

(a) $f(t) = 4H(t-3)$
(b) $f(t) = 3[H(t-2) - H(t-5)]$ (5)

6. 다음을 구하시오.

(a) $\mathcal{L}\{H(t-2).e^{t-2}\}$
(b) $\mathcal{L}\{5H(t-1).\sin(t-1)\}$ (6)

7. 다음을 구하시오.

(a) $\mathcal{L}^{-1}\left\{\dfrac{3e^{-2s}}{s^2}\right\}$ (b) $\mathcal{L}^{-1}\left\{\dfrac{3se^{-5s}}{s^2+4}\right\}$ (9)

8. 검류계에서 편향 θ가 다음 미분방정식을 만족한다.

$$\frac{d^2\theta}{dt^2} + 2\frac{d\theta}{dt} + \theta = 4$$

라플라스 변환을 사용하여 θ에 대한 방정식을 푸시오. 단, $t = 0$ 일 때 $\theta = 0$, $\dfrac{d\theta}{dt} = 0$이다. (13)

9. 다음 연립 미분방정식을 푸시오.

$$3\frac{dx}{dt} = 3x + 2y$$

$$2\frac{dy}{dt} + 3x = 6y$$

단, $t = 0$ 일 때 $x = 1$, $y = 3$이다. (20)

Chapter 73

주기가 2π인 주기함수에 대한 푸리에 급수

주기가 2π인 주기함수에 대한 푸리에 급수를 이해하는 것이 왜 중요한가?

푸리에 급수를 통해 주기함수(periodic function)를 사인과 코사인 함수들로 구성된 무한 전개식으로 전환시킬 수 있다. 분석적으로 표현하기 매우 어려운 함수들이라도 사인과 코사인 항으로 구성된 함수들로 전환하게 되면 손쉽게 처리될 수 있는 경우가 많으므로 다양한 물리학 및 공학 분야, 그리고 전자, 양자역학 및 전기역학 분야에서도 푸리에 급수의 사용은 매우 유용하다. 즉, 푸리에 급수는 모든 분야의 과학자들이 가장 광범위하고 유용하게 사용할 수 있는 대표적인 수학적 도구이다. 이 장에서는 푸리에 급수를 소개하고 그 특성을 설명한다.

이 장에서는 다음 사항에 대해 공부한다.

- 푸리에 급수의 서술
- 주기함수의 이해
- 푸리에 급수(Fourier series) 및 푸리에 계수(Fourier coefficients)를 위한 공식 서술
- 주어진 함수에 대한 푸리에 급수 구하기

73.1 서론

푸리에 급수(Fourier series)는 그 구성 성분으로 주기함수(periodic function)를 분석할 수 있는 방법을 제공한다. 교류 전류와 전압, 슬라이더-크랭크 (slider-crank) 기구의 변위, 속도 및 가속도, 그리고 음파 등은 주기함수들이 연관되어 있는 공학 및 과학 분야에서의 대표적인 예들이다.

73.2 주기함수(Periodic functions)

T가 양수일 때, 모든 구간의 x 값에 대해 $f(x+T)=f(x)$ 관계를 만족한다면, T는 두 연속되는 반복들 사이의 간격이고, 이는 함수 $f(x)$에 대한 **주기(period)**로 정의된다. 예를 들자면, $\sin x = \sin(x+2\pi) = \sin(x+4\pi)$의 관계를 만족시키기 때문에, $y=\sin x$는 x에 대해 2π의 주기를 가진다. 일반적으로 $y=\sin\omega t$라면, 해당 파형(waveform)의 주기는 $2\pi/\omega$이다. 그림 73.1에 나타낸 함수는 2π의 주기를 가지고, 아래와 같이 정의될 수 있다.

$$f(x)=\begin{cases}-1, & \text{when} \quad -\pi<x<0 \\ 1, & \text{when} \quad 0<x<\pi\end{cases}$$

만약 함수의 그래프 내에 급작스러운 도약(jump)이나 단절(break)이 포함하지 않는 경우, **연속함수(continuous function)**라 불리고, 대표적인 예로는 사인과 코사인 함수

* **푸리에는 누구인가?** **Jean Baptiste Joseph Fourier** (1768년 3월 21일–1830년 5월 16일)는 푸리에 급수에 대한 연구를 시작하여 그것을 열전달과 진동 등의 문제에 응용한 것으로 유명하다. 푸리에는 또한 온실 효과의 발견에도 기여했다. 더 자세한 것은 **www.routledge.com/cw/bird** 참조.

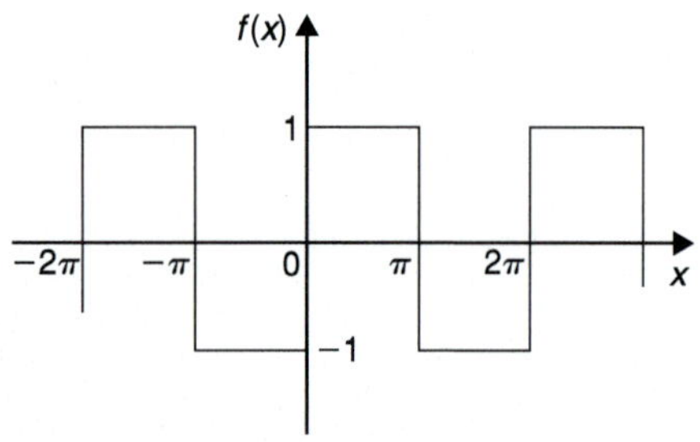

그림 73.1

가 있다. 하지만 다수의 그래프들에서 구간 내의 특정 지점에서 유한 도약(finite jump)을 보인다. 그림 73.1에서 나타난 사각파(square wave)는 $x = \pi$, 2π, 3π 에서 한정된 불연속성을 보인다. 여타 급수 방법들에 비해 푸리에 급수가 가지는 가장 큰 이점은 연속함수 및 불연속함수 모두에서 적용이 가능하다는 점이다.

73.3 푸리에 급수

(i) 푸리에 급수의 기본은 구간 $-\pi \le x \le \pi$에서 한정되는 실용적인 의미의 모든 함수들은 수렴 삼각급수(convergent trigonometric series) 형태의 관점으로 표현할 수 있다는 것이다.

$$f(x) = a_0 + a_1\cos x + a_2\cos 2x + a_3\cos 3x + \cdots + b_1\sin x + b_2\sin 2x + b_3\sin 3x + \cdots$$

이때, $a_0, a_1, a_2, \cdots b_1, b_2, \cdots$는 실상수(real constant)이다. 즉,

$$f(x) = a_0 + \sum_{n=1}^{\infty}(a_n\cos nx + b_n\sin nx) \qquad (1)$$

구간 $-\pi$에서 π 인 경우,

$$a_0 = \frac{1}{2\pi}\int_{-\pi}^{\pi} f(x)\,dx$$

$$a_n = \frac{1}{\pi}\int_{-\pi}^{\pi} f(x)\cos nx\,dx \qquad (n = 1, 2, 3, \ldots)$$

그리고 $b_n = \dfrac{1}{\pi}\displaystyle\int_{-\pi}^{\pi} f(x)\sin nx\,dx \qquad (n = 1, 2, 3, \ldots)$

(ii) a_0, a_n 그리고 b_n은 급수에서 **푸리에 계수(Fourier coefficient)**라 불리며, 이들의 값이 정해지게 되면, 앞서 보인 식 (1)의 급수는 $f(x)$에 대한 **푸리에 급수(Fourier series)**라고 불리게 된다.

(iii) 푸리에 급수를 표현하는 다른 방식은 19장에서 소개한 바 있는 $a\cos x + b\sin x = c\sin(x + \alpha)$ 관계식을 사용하는 것이다. 즉,

$$f(x) = a_0 + c_1\sin(x + \alpha_1) + c_2\sin(2x + \alpha_2) + \cdots + c_n\sin(nx + \alpha_n)$$

만약 a_0가 상수라면, 다양한 성분의 진폭 및 위상각이다.

$$c_1 = \sqrt{(a_1^2 + b_1^2)}, \ldots c_n = \sqrt{(a_n^2 + b_n^2)}$$

$$\alpha_n = \tan^{-1}\frac{a_n}{b_n}$$

(iv) 식 (1)의 급수에 있어서, $(a_1\cos x + b_1\sin x)$ 또는 $c_1\sin(x + \alpha_1)$ 항들은 **1차 고조파(first harmonic)** 혹은 **기본파(fundamental)**라 불린다. $(a_2\cos 2x + b_2\sin 2x)$ 또는 $c2\sin(2x + \alpha_1)$ 항들은 **2차 고조파(the second harmonic)**라 불린다.

일반적으로 복잡한 파동을 정확하게 표현하기 위해서는 무한히 많은 개수의 항들이 필요하다. 하지만 많은 실제 사례들의 경우 초기 몇 개의 항만을 고려하는 것만으로도 충분히 표현이 가능하다(문제 2 참조).

불연속점(point of discontinuity)에서의 푸리에 급수 합은 x 값이 불연속점의 양 방향으로부터 수렴할 때 발생하

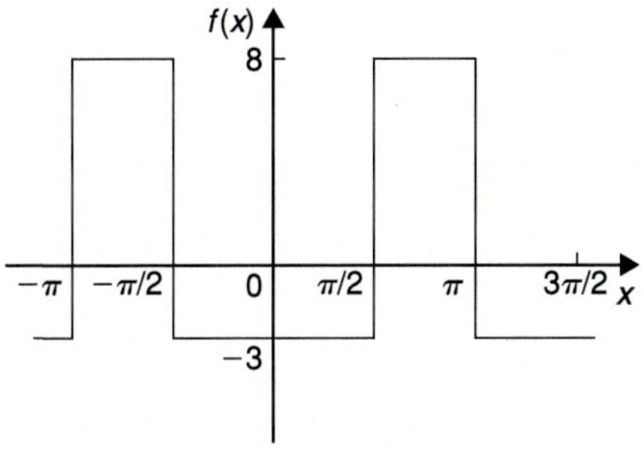

그림 73.2

는 두 개의 $f(x)$ 수렴값들에 대한 산술평균으로 구할 수 있다. 예를 들면, 그림 73.2에 나타난 파동형태의 경우, 불연속점에서의 푸리에 급수의 합은 (즉, $\frac{\pi}{2}$, π, ⋯) 다음과 같이 구할 수 있다.

$$\frac{8+(-3)}{2}=\frac{5}{2} \text{ 또는 } 2\frac{1}{2}$$

73.4 연습 문제

문제 1. 다음과 같이 정의되는 주기함수 $f(x)$에 대한 푸리에 급수를 구하시오.

$$f(x)=\begin{cases} -k, & \text{when } -\pi<x<0 \\ +k, & \text{when } \quad 0<x<\pi \end{cases}$$

이 함수는 규정된 구간 외의 영역에서 주기 2π의 주기성을 가진다.

문제에서 규정된 함수는 그림 73.3에서 볼 수 있는 것과 같은 형태의 사각파(square wave function)이다. $f(x)$가 해당 구간의 절반에 대해 각각 다른 두 가지의 방법으로 정의되었기 때문에 ($-\pi$부터 0, 그리고 0부터 π), 적분 역시 해당 영역에 대해 각각 수행되어야 한다 ($-\pi$부터 0, 그리고 0부터 π).

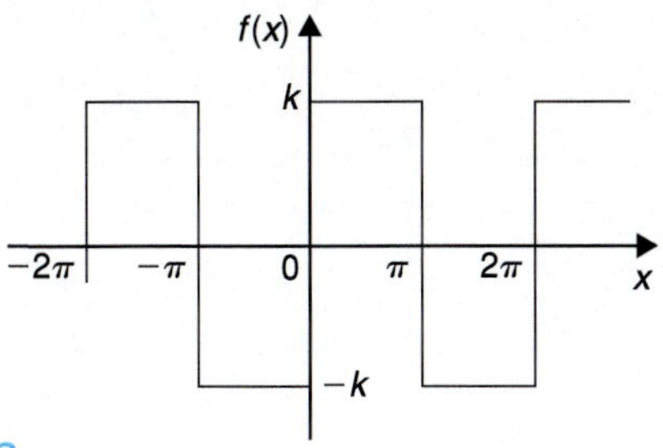

그림 73.3

73.3절(i)로부터,

$$a_0=\frac{1}{2\pi}\int_{-\pi}^{\pi} f(x)\,dx$$
$$=\frac{1}{2\pi}\left[\int_{-\pi}^{0} -k\,dx+\int_{0}^{\pi} k\,dx\right]$$
$$=\frac{1}{2\pi}\{[-kx]_{-\pi}^{0}+[kx]_0^{\pi}\}=0$$

[a_0는 실질적으로 완전한 2π 주기에 걸친 파형(waveform)의 **평균값(mean value)**이고, 이는 그림 73.3에서 쉽게 유추할 수 있다.]

73.3절(i)로부터,

$$a_n=\frac{1}{\pi}\int_{-\pi}^{\pi} f(x)\cos nx\,dx$$
$$=\frac{1}{\pi}\left\{\int_{-\pi}^{0} -k\cos nx\,dx+\int_{0}^{\pi} k\cos nx\,dx\right\}$$
$$=\frac{1}{\pi}\left\{\left[\frac{-k\sin nx}{n}\right]_{-\pi}^{0}+\left[\frac{k\sin nx}{n}\right]_{0}^{\pi}\right\}=0$$

$\sin 0=\sin(-n\pi)=\sin n\pi=0$ 이기 때문에, a_1, a_2, a_3,⋯의 값들은 모두 0(zero)이 된다. 그 결과, 푸리에 급수에서는 코사인 항이 나타나지 않게 된다.

73.3절(i)로부터,

$$b_n=\frac{1}{\pi}\int_{-\pi}^{\pi} f(x)\sin nx\,dx$$
$$=\frac{1}{\pi}\left\{\int_{-\pi}^{0} -k\sin nx\,dx+\int_{0}^{\pi} k\sin nx\,dx\right\}$$
$$=\frac{1}{\pi}\left\{\left[\frac{k\cos nx}{n}\right]_{-\pi}^{0}+\left[\frac{-k\cos nx}{n}\right]_{0}^{\pi}\right\}$$

n이 홀수인 경우,

$$b_n=\frac{k}{\pi}\left\{\left[\left(\frac{1}{n}\right)-\left(-\frac{1}{n}\right)\right]+\left[-\left(-\frac{1}{n}\right)-\left(-\frac{1}{n}\right)\right]\right\}$$
$$=\frac{k}{\pi}\left\{\frac{2}{n}+\frac{2}{n}\right\}=\frac{4k}{n\pi}$$

즉, $b_1=\frac{4k}{\pi}$, $b_3=\frac{4k}{3\pi}$, $b_5=\frac{4k}{5\pi}$, ⋯

n이 짝수인 경우,

$$b_n=\frac{k}{\pi}\left\{\left[\frac{1}{n}-\frac{1}{n}\right]+\left[-\frac{1}{n}-\left(-\frac{1}{n}\right)\right]\right\}=0$$

식 (1)에 반영하면, 그림 73.3에 표현된 함수에 대한 푸리에 급수는 다음과 같이 정리될 수 있다.

$$f(x)=a_0+\sum_{n=1}^{\infty}(a_n\cos nx+b_n\sin nx)$$
$$=0+\sum_{n=1}^{\infty}(0+b_n\sin nx)$$

즉, $f(x)=\frac{4k}{\pi}\sin x+\frac{4k}{3\pi}\sin 3x+\frac{4k}{5\pi}\sin 5x+\cdots$

즉, $\boldsymbol{f(x)=\frac{4k}{\pi}\left(\sin x+\frac{1}{3}\sin 3x+\frac{1}{5}\sin 5x+\cdots\right)}$

문제 2. 문제 1에서의 푸리에 급수에서 $k = \pi$로 정의하자. 해당 푸리에 급수의 초기 세 개의 부분합(partial sum)을 도면에 그림으로써, 급수의 각 항이 하나씩 더해질 때마다 최종 결과는 점점 더 실제 함수값에 근사하게 된다는 것을 보이시오.

문제 1의 푸리에 급수에서 $k = \pi$라면,

$$f(x) = 4(\sin x + \tfrac{1}{3}\sin 3x + \tfrac{1}{5}\sin 5x + \cdots)$$

4sin$x$는 $f(x)$에 상응하는 푸리에 급수의 첫 번째 부분합(the first partial sum), $(4\sin x + \frac{4}{3}\sin 3x)$는 두 번째 부분합, 그리고 $(4\sin x + \frac{4}{3}\sin 3x + \frac{4}{5}\sin 5x)$는 세 번째 부분합에 해당된다.

다음과 같이 가정할 경우,

$$P_1 = 4\sin x,$$
$$P_2 = \left(4\sin x + \tfrac{4}{3}\sin 3x\right)$$
$$P_3 = \left(4\sin x + \tfrac{4}{3}\sin 3x + \tfrac{4}{5}\sin 5x\right)$$

주어진 함수값을 그리고, 또한 해당 파형들을 합침으로써 획득한 P_1, P_2, 그리고 P_3의 그래프를 그림 73.4(a)~(c)에 나타내었다. 그림에서 볼 수 있는 바와 같이 각 그래프들은 부분합의 개수가 증가할수록 정해진 한계선인 $f(x) = \pi$에 수렴하는 것을 알 수 있다.

단지 세 개의 부분합을 취했을 뿐임에도 불구하고, 파형은 푸리에 급수가 나타내는 사각파(rectangular wave)에 근접하기 시작하는 것을 확인할 수 있다.

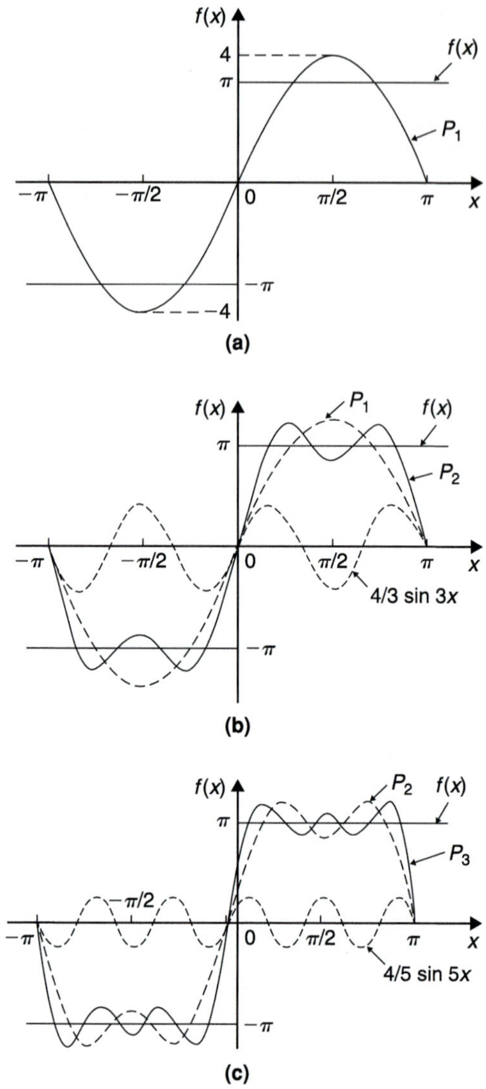

그림 73.4

문제 3. 만약 문제 1에서의 푸리에 급수에서 $k = 1$이라고 할 경우, $x = \frac{\pi}{2}$인 지점에서 $\frac{\pi}{4}$에 해당하는 급수를 추론해 보시오.

문제 1의 푸리에 급수에서 만약 $k = 1$이라면,

$$f(x) = \frac{4}{\pi}\left(\sin x + \frac{1}{3}\sin 3x + \frac{1}{5}\sin 5x + \cdots\right)$$

$$\text{이 때 } x = \frac{\pi}{2},\ f(x) = 1,$$
$$\sin x = \sin\frac{\pi}{2} = 1,$$
$$\sin 3x = \sin\frac{3\pi}{2} = -1,$$
$$\sin 5x = \sin\frac{5\pi}{2} = 1,\ \cdots$$

그러므로, $1 = \frac{4}{\pi}\left[1 + \frac{1}{3}(-1) + \frac{1}{5}(1) + \frac{1}{7}(-1) + \cdots\right]$

즉, $\boldsymbol{\frac{\pi}{4} = 1 - \frac{1}{3} + \frac{1}{5} - \frac{1}{7} + \cdots}$

문제 4. 그림 73.5에 그려진 전파 정류된 사인파(full wave rectified sine wave) $i = 5\sin\frac{\theta}{2}$에 대한 푸리에 급수를 결정하시오.

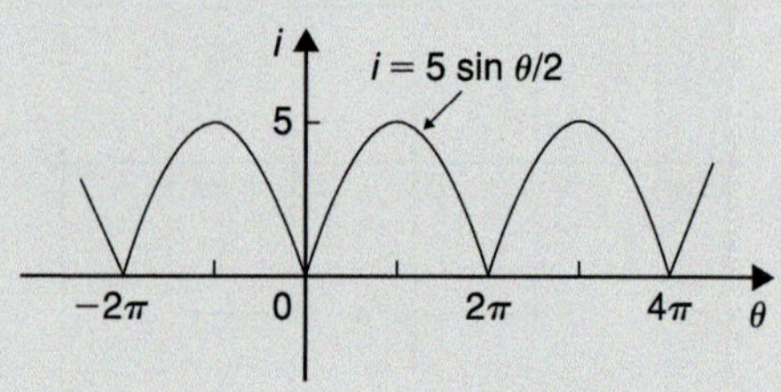

그림 73.5

$i = 5\sin\frac{\theta}{2}$는 주기 2π의 주기함수이기 때문에,

$$i = f(\theta) = a_0 + \sum_{n=1}^{\infty}(a_n \cos n\theta + b_n \sin n\theta)$$

0에서 2π의 구간에서 연속적인 파형을 보이기 때문에, $-\pi$에서 π의 범위보다 0에서 2π의 범위를 선택하는 것이 유리하다.

$$a_0 = \frac{1}{2\pi}\int_0^{2\pi} f(\theta)\,d\theta = \frac{1}{2\pi}\int_0^{2\pi} 5\sin\frac{\theta}{2}\,d\theta$$

$$= \frac{5}{2\pi}\left[-2\cos\frac{\theta}{2}\right]_0^{2\pi}$$

$$= \frac{5}{\pi}\left[\left(-\cos\frac{2\pi}{2}\right) - (-\cos 0)\right]$$

$$= \frac{5}{\pi}[(1) - (-1)] = \frac{10}{\pi}$$

$$a_n = \frac{1}{\pi}\int_0^{2\pi} 5\sin\frac{\theta}{2}\cos n\theta\,d\theta$$

$$= \frac{5}{\pi}\int_0^{2\pi}\frac{1}{2}\left\{\sin\left(\frac{\theta}{2}+n\theta\right) + \sin\left(\frac{\theta}{2}-n\theta\right)\right\}d\theta$$

(42장 참조)

$$= \frac{5}{2\pi}\left[\frac{-\cos\left[\theta\left(\frac{1}{2}+n\right)\right]}{\left(\frac{1}{2}+n\right)} - \frac{\cos\left[\theta\left(\frac{1}{2}-n\right)\right]}{\left(\frac{1}{2}-n\right)}\right]_0^{2\pi}$$

$$= \frac{5}{2\pi}\left\{\left[\frac{-\cos\left[2\pi\left(\frac{1}{2}+n\right)\right]}{\left(\frac{1}{2}+n\right)} - \frac{\cos\left[2\pi\left(\frac{1}{2}-n\right)\right]}{\left(\frac{1}{2}-n\right)}\right] - \left[\frac{-\cos 0}{\left(\frac{1}{2}+n\right)} - \frac{\cos 0}{\left(\frac{1}{2}-n\right)}\right]\right\}$$

n이 홀수 혹은 짝수인 경우에 상관없이,

$$a_n = \frac{5}{2\pi}\left\{\left[\frac{1}{\left(\frac{1}{2}+n\right)} + \frac{1}{\left(\frac{1}{2}-n\right)}\right] - \left[\frac{-1}{\left(\frac{1}{2}+n\right)} - \frac{1}{\left(\frac{1}{2}-n\right)}\right]\right\}$$

$$= \frac{5}{2\pi}\left\{\frac{2}{\left(\frac{1}{2}+n\right)} + \frac{2}{\left(\frac{1}{2}-n\right)}\right\}$$

$$= \frac{5}{\pi}\left\{\frac{1}{\left(\frac{1}{2}+n\right)} + \frac{1}{\left(\frac{1}{2}-n\right)}\right\}$$

그 결과,

$$a_1 = \frac{5}{\pi}\left[\frac{1}{\frac{3}{2}} + \frac{1}{-\frac{1}{2}}\right] = \frac{5}{\pi}\left[\frac{2}{3} - \frac{2}{1}\right] = \frac{-20}{3\pi}$$

$$a_2 = \frac{5}{\pi}\left[\frac{1}{\frac{5}{2}} + \frac{1}{-\frac{3}{2}}\right] = \frac{5}{\pi}\left[\frac{2}{5} - \frac{2}{3}\right] = \frac{-20}{(3)(5)\pi}$$

$$a_3 = \frac{5}{\pi}\left[\frac{1}{\frac{7}{2}} + \frac{1}{-\frac{5}{2}}\right] = \frac{5}{\pi}\left[\frac{2}{7} - \frac{2}{5}\right] = \frac{-20}{(5)(7)\pi}$$

(42장 참조)

$$b_n = \frac{1}{\pi}\int_0^{2\pi} 5\sin\frac{\theta}{2}\sin n\theta\,d\theta$$

$$= \frac{5}{\pi}\int_0^{2\pi} -\frac{1}{2}\left\{\cos\left[\theta\left(\frac{1}{2}+n\right)\right] - \cos\left[\theta\left(\frac{1}{2}-n\right)\right]\right\}d\theta$$

(42장 참조)

$$= \frac{5}{2\pi}\left[\frac{\sin\left[\theta\left(\frac{1}{2}-n\right)\right]}{\left(\frac{1}{2}-n\right)} - \frac{\sin\left[\theta\left(\frac{1}{2}+n\right)\right]}{\left(\frac{1}{2}+n\right)}\right]_0^{2\pi}$$

$$= \frac{5}{2\pi}\left\{\left[\frac{\sin 2\pi\left(\frac{1}{2}-n\right)}{\left(\frac{1}{2}-n\right)} - \frac{\sin 2\pi\left(\frac{1}{2}+n\right)}{\left(\frac{1}{2}+n\right)}\right] - \left[\frac{\sin 0}{\left(\frac{1}{2}-n\right)} - \frac{\sin 0}{\left(\frac{1}{2}+n\right)}\right]\right\}$$

n이 홀수 혹은 짝수에 상관없이, $b_n = 0$이기 때문에 $\sin(-\pi)$, $\sin 0$, $\sin\pi$, $\sin 3\pi, \cdots$은 모두 0의 값을 가진다. 그러므로 전파 정류된 사인파(full wave rectified sine wave) $i = 5\sin\frac{\theta}{2}$의 푸리에 급수는 다음과 같이 결정된다.

$$f(\theta) = a_0 + \sum_{n=1}^{\infty}(a_n\cos n\theta + b_n\sin n\theta)$$

$$i = f(\theta) = \frac{10}{\pi} - \frac{20}{3\pi}\cos\theta - \frac{20}{(3)(5)\pi}\cos 2\theta - \frac{20}{(5)(7)\pi}\cos 3\theta - \cdots$$

즉, $\boldsymbol{i = \frac{20}{\pi}\left(\frac{1}{2} - \frac{\cos\theta}{(3)} - \frac{\cos 2\theta}{(3)(5)} - \frac{\cos 3\theta}{(5)(7)} - \cdots\right)}$

+ 이제 다음의 예제들을 풀어보시오.

연습 문제 259 주기가 2π인 주기함수에 대한 푸리에 급수

1. 다음과 같이 정의되는 주기함수의 푸리에 급수를 결정하시오.

$$f(x) = \begin{cases} -2, & \text{when} \quad -\pi < x < 0 \\ +2, & \text{when} \quad 0 < x < \pi \end{cases}$$

이때 해당 범위를 벗어나는 영역에서 주기 2π를 가진다.

2. 문제 1번의 푸리에 급수에서 $x = \dfrac{\pi}{2}$ 지점에서의 $\dfrac{\pi}{4}$에 해당하는 푸리에 급수를 추론하시오.
3. 그림 73.6에 나타난 파형(waveform)을 참고하여 (a) 해당 함수에 해당하는 푸리에 급수, (b) 불연속점들에서의 푸리에 급수의 합을 각각 구하시오.

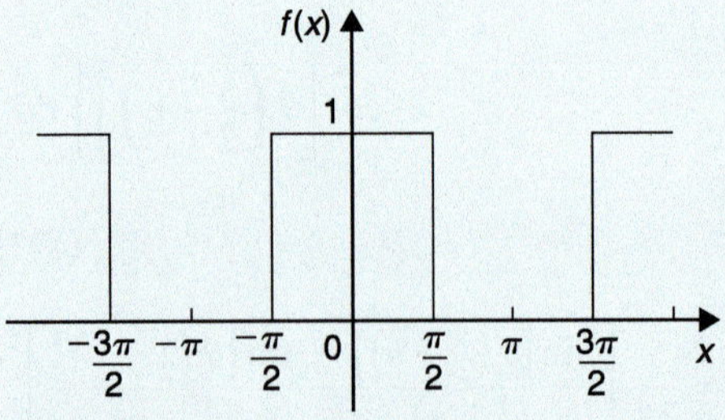

문제 73.6

4. 문제 3에서, 푸리에 급수에서의 첫 세 개의 부분합을 그래프로 나타내고, 부분합의 항의 개수가 증가할수록 실제 함수의 값에 근접하는 것을 보이시오.
5. 주기 2π를 가지는 다음 주기함수에서 3차 고조파(the third harmonic)를 나타내는 항을 찾으시오.

$$f(x) = \begin{cases} 0, & \text{when} \quad -\pi < x < 0 \\ 1, & \text{when} \quad 0 < x < \pi \end{cases}$$

6. 주기 2π를 가지는 다음 주기함수의 푸리에 급수를 결정하시오.

$$f(t) = \begin{cases} 0, & \text{when} \quad -\pi < t < 0 \\ 1, & \text{when} \quad 0 < t < \dfrac{\pi}{2} \\ -1, & \text{when} \quad \dfrac{\pi}{2} < t < \pi \end{cases}$$

7. 주기 2π를 가지는 다음 주기함수의 푸리에 급수가 아래와 같이 결정되는 과정을 보이시오.

$$f(\theta) = \begin{cases} 0, & \text{when} \quad -\pi < \theta < 0 \\ \sin\theta, & \text{when} \quad 0 < \theta < \pi \end{cases}$$

$$f(\theta) = \frac{2}{\pi}\left(\frac{1}{2} - \frac{\cos 2\theta}{(3)} - \frac{\cos 4\theta}{(3)(5)} - \frac{\cos 6\theta}{(5)(7)} - \cdots\right)$$

Chapter 74

주기가 2π를 넘어서는 비주기함수에 대한 푸리에 급수

주기가 2π를 넘어서는 비주기함수에 대한 푸리에 급수를 이해하는 것이 왜 중요한가?

73장에서 서술한 바와 같이, 푸리에 급수는 다양한 과학 및 공학 분야에서 실용적으로 사용되고 있다. 푸리에 급수는 음파(sound wave)를 그들의 다양한 파장에 대하여 해석하는 데 실질적으로 사용될 수 있는데, 그 중 대표적인 예로는 MP3 플레이어, 이동통신 및 Wi–Fi, 컴퓨터 그래픽 및 이미지 프로세싱, 날씨 변화 거동, 파도 거동 등이 있다. 이 장에서는 비주기함수를 위한 푸리에 급수에 대해 설명한다.

이 장에서는 다음 사항에 대해 공부한다.

- 비주기함수에 대한 푸리에 급수의 전개에는 한계 조건이 있음을 이해
- 주기가 2π를 넘어서는 비주기함수에 대한 푸리에 급수를 결정

74.1 서론

만약 함수 $f(x)$가 비주기함수라면, **모든** x 값에 대한 푸리에 급수를 전개할 수는 없다. 하지만 주기가 2π를 넘어서는 함수의 경우에 한해 푸리에 급수를 이용한 표현이 가능하다. 주어진 비주기함수에 대하여, 한정된 구간에서 $f(x)$의 값들을 취하고, 이러한 과정을 주기 2π를 넘어서는 영역에서 반복함으로써, 새로운 함수의 설계가 가능해진다. 이러한 과정을 통하여 재설계된 함수는 주기 2π를 가지게 됨으로써 모든 x 값에 대하여 푸리에 급수를 전개할 수 있다. 예를 들면, 함수 $f(x) = x$의 경우 주기함수가 아니다. 하지만, 해당 함수에 대한 푸리에 급수가 필요한 경우, 해당 영역 밖에서 함수의 재설계를 통해 그림 74.1에서 파선으로 나타낸 것과 같이 2π의 주기성을 가지게 됨을 확인할 수 있다. $f(x) = x$와 같은 비주기함수의 경우, 주어진 구간에서 모든 푸리에 급수의 합은 $f(x)$와 동일한 값을 가지게 되지만, 해당 구간 밖에서는 $f(x)$와 동일하지 않게 된다.

주기가 2π를 넘어서는 비주기함수에 대한 푸리에 급수를 결정하기 위해서는, 73.3절(i)에서 소개한 푸리에 계수(Fourier coefficient)를 구하기 위한 공식을 사용해야 한다.

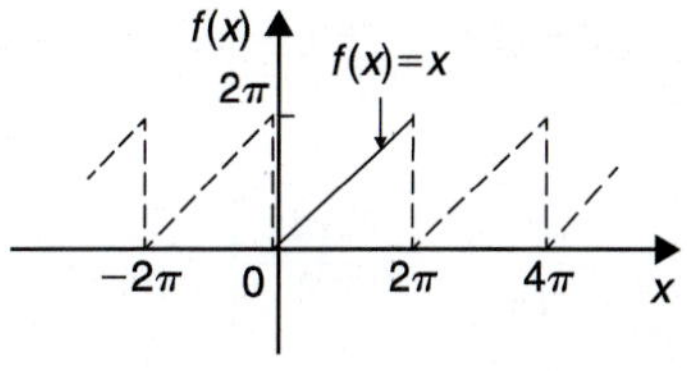

문제 74.1

74.2 연습 문제

문제 1. $-\pi$에서 π의 구간에서 $f(x) = 2x$인 함수에 해당하는 푸리에 급수를 구하시오.

함수 $f(x) = 2x$의 경우 비주기함수이다. 구간 $-\pi$에서 π에 해당하는 함수의 개형을 그림 74.2에 나타내었다. 주어진 구간 이외의 구간에서는 파선으로 나타낸 것과 같이 주기 2π를 가지는 톱니파(sawtooth waveform)를 형성하는 것을 확인할 수 있다.

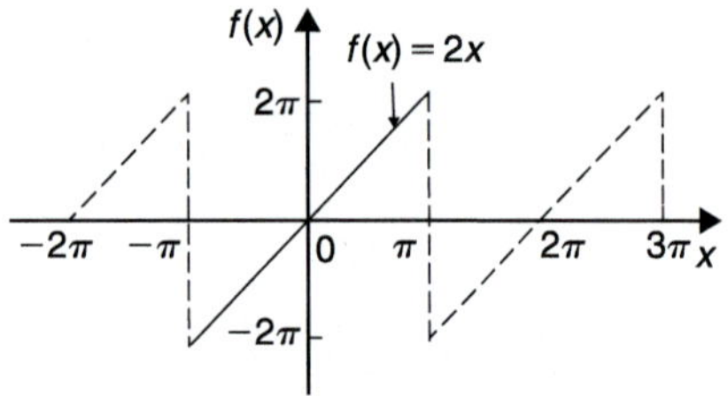

그림 74.2

푸리에 급수의 경우,

$$f(x) = a_0 + \sum_{n=1}^{\infty}(a_n \cos nx + b_n \sin nx)$$

73.3절 (i)로부터,

$$a_0 = \frac{1}{2\pi}\int_{-\pi}^{\pi} f(x)\,dx$$

$$= \frac{1}{2\pi}\int_{-\pi}^{\pi} 2x\,dx = \frac{2}{2\pi}\left[\frac{x^2}{2}\right]_{-\pi}^{\pi} = 0$$

$$a_n = \frac{1}{\pi}\int_{-\pi}^{\pi} f(x)\cos nx\,dx = \frac{1}{\pi}\int_{-\pi}^{\pi} 2x\cos nx\,dx$$

$$= \frac{2}{\pi}\left[\frac{x\sin nx}{n} - \int \frac{\sin nx}{n}\,dx\right]_{-\pi}^{\pi}$$

(45장 내용 참조)

$$= \frac{2}{\pi}\left[\frac{x\sin nx}{n} + \frac{\cos nx}{n^2}\right]_{-\pi}^{\pi}$$

$$= \frac{2}{\pi}\left[\left(0 + \frac{\cos n\pi}{n^2}\right) - \left(0 + \frac{\cos n(-\pi)}{n^2}\right)\right] = 0$$

$$b_n = \frac{1}{\pi}\int_{-\pi}^{\pi} f(x)\sin nx\,dx = \frac{1}{\pi}\int_{-\pi}^{\pi} 2x\sin nx\,dx$$

$$= \frac{2}{\pi}\left[\frac{-x\cos nx}{n} - \int\left(\frac{-\cos nx}{n}\right)dx\right]_{-\pi}^{\pi}$$

$$= \frac{2}{\pi}\left[\frac{-x\cos nx}{n} + \frac{\sin nx}{n^2}\right]_{-\pi}^{\pi}$$

$$= \frac{2}{\pi}\left[\left(\frac{-\pi\cos n\pi}{n} + \frac{\sin n\pi}{n^2}\right) - \left(\frac{-(-\pi)\cos n(-\pi)}{n} + \frac{\sin n(-\pi)}{n^2}\right)\right]$$

$$= \frac{2}{\pi}\left[\frac{-\pi\cos n\pi}{n} - \frac{\pi\cos(-n\pi)}{n}\right] = \frac{-4}{n}\cos n\pi$$

n이 홀수인 경우, $b_n = \frac{4}{n}$. 그 결과 $b_1 = 4, b_3 = \frac{4}{3}, b_5 = \frac{4}{5}, \cdots$

n이 짝수인 경우, $b_n = \frac{-4}{n}$. 그 결과 $b_2 = -\frac{4}{2}, b_4 = -\frac{4}{4}, b_6 = -\frac{4}{6}, \cdots$

그러므로
$$f(x) = 2x = 4\sin x - \frac{4}{2}\sin 2x + \frac{4}{3}\sin 3x - \frac{4}{4}\sin 4x + \frac{4}{5}\sin 5x - \frac{4}{6}\sin 6x + \cdots$$

즉, 구간 $-\pi$에서 π에 대하여 아래와 같은 값을 가지게 된다.

$$\mathbf{2x = 4\left(\sin x - \frac{1}{2}\sin 2x + \frac{1}{3}\sin 3x - \frac{1}{4}\sin 4x + \frac{1}{5}\sin 5x - \frac{1}{6}\sin 6x + \cdots\right)} \quad (1)$$

구간 $-\pi$에서 π에 이외 구간의 모든 값들에 대해서는 푸리에 급수의 모든 합은 $f(x)$와 동일하지 않다.

문제 2. 문제 1번의 푸리에 급수에 대하여, $x = \pi/2$로 가정하였을 경우 $\pi/4$에 대한 급수를 추론하시오.

그림 74.2에 볼 수 있는 바와 같이, $x = \pi/2$인 경우 $f(x) = \pi$ 값을 가진다.

식 (1)에 표현된 푸리에 급수를 고려하면,

$$2\left(\frac{\pi}{2}\right) = 4\left(\sin\frac{\pi}{2} - \frac{1}{2}\sin\frac{2\pi}{2} + \frac{1}{3}\sin\frac{3\pi}{2} - \frac{1}{4}\sin\frac{4\pi}{2} + \frac{1}{5}\sin\frac{5\pi}{2} - \frac{1}{6}\sin\frac{6\pi}{2} + \cdots\right)$$

$$\pi = 4\left(1 - 0 - \frac{1}{3} - 0 + \frac{1}{5} - 0 - \frac{1}{7} - \cdots\right)$$

즉, $\mathbf{\frac{\pi}{4} = 1 - \frac{1}{3} + \frac{1}{5} - \frac{1}{7} + \cdots}$

문제 3. 다음과 같이 정의되는 함수에 대한 푸리에 급수를 결정하시오.

$$f(x) = \begin{cases} x, & \text{when } 0 < x < \pi \\ 0, & \text{when } \pi < x < 2\pi \end{cases}$$

해당 함수는 구간 0에서 2π에서 그림 74.3과 같이 실선으로 표현될 수 있다. 해당 영역 외의 구간에서는 그림 74.3 내의 파선으로 표현된 것과 같이 주기 2π를 가지는 주기함수가 된다.

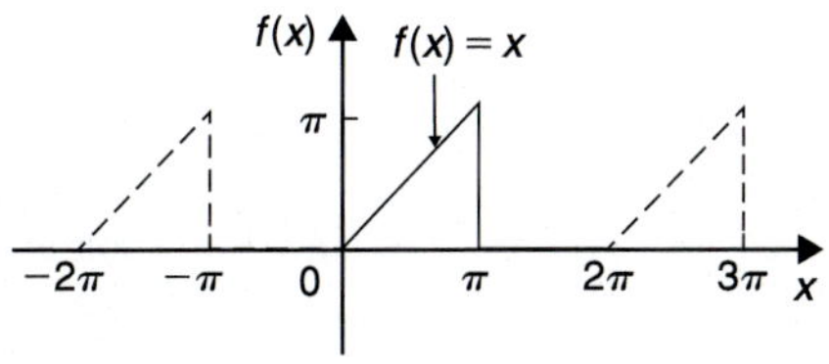

그림 74.3

푸리에 급수의 경우,

$$f(x) = a_0 + \sum_{n=1}^{\infty}(a_n \cos nx + b_n \sin nx)$$

이 문제의 경우, 제한 구간을 $-\pi$에서 π 보다 0에서 2π로 정하는 것이 계산에 용이하다. 푸리에 계수(Fourier coefficient)들은 이러한 구간 변경에 의해 영향 받지 않는다.

$$a_0 = \frac{1}{2\pi}\int_0^{2\pi} f(x)\,\mathrm{d}x = \frac{1}{2\pi}\left[\int_0^{\pi} x\,\mathrm{d}x + \int_{\pi}^{2\pi} 0\,\mathrm{d}x\right]$$

$$= \frac{1}{2\pi}\left[\frac{x^2}{2}\right]_0^{\pi} = \frac{1}{2\pi}\left(\frac{\pi^2}{2}\right) = \frac{\pi}{4}$$

$$a_n = \frac{1}{\pi}\int_0^{2\pi} f(x)\cos nx\,\mathrm{d}x$$

$$= \frac{1}{\pi}\left[\int_0^{\pi} x\cos nx\,\mathrm{d}x + \int_{\pi}^{2\pi} 0\,\mathrm{d}x\right]$$

$$= \frac{1}{\pi}\left[\frac{x\sin nx}{n} + \frac{\cos nx}{n^2}\right]_0^{\pi}$$

(문제 1번을 활용하면)

$$= \frac{1}{\pi}\left\{\left[\frac{\pi\sin n\pi}{n} + \frac{\cos n\pi}{n^2}\right] - \left[0 + \frac{\cos 0}{n^2}\right]\right\}$$

$$= \frac{1}{\pi n^2}(\cos n\pi - 1)$$

만약 n이 짝수인 경우, $a_n = 0$
만약 n이 홀수인 경우, $a_n = \dfrac{-2}{\pi n^2}$

그 결과 $a_1 = \dfrac{-2}{\pi}$, $a_3 = \dfrac{-2}{3^2\pi}$, $a_5 = \dfrac{-2}{5^2\pi}$, $\cdots$

$$b_n = \frac{1}{\pi}\int_0^{2\pi} f(x)\sin nx\,\mathrm{d}x$$

$$= \frac{1}{\pi}\left[\int_0^{\pi} x\sin nx\,\mathrm{d}x - \int_{\pi}^{2\pi} 0\,\mathrm{d}x\right]$$

$$= \frac{1}{\pi}\left[\frac{-x\cos nx}{n} + \frac{\sin nx}{n^2}\right]_0^{\pi}$$

(문제 1번을 활용하면)

$$= \frac{1}{\pi}\left\{\left[\frac{-\pi\cos n\pi}{n} + \frac{\sin n\pi}{n^2}\right] - \left[0 + \frac{\sin 0}{n^2}\right]\right\}$$

$$= \frac{1}{\pi}\left[\frac{-\pi\cos n\pi}{n}\right] = \frac{-\cos n\pi}{n}$$

$$b_1 = -\cos\pi = 1,\ b_2 = -\frac{1}{2},\ b_3 = \frac{1}{3},\ \cdots$$

종합하면, 푸리에 급수는 다음과 같이 표현될 수 있다.

$$f(x) = a_0 + \sum_{n=1}^{\infty}(a_n \cos nx + b_n \sin nx)$$

$$f(x) = \frac{\pi}{4} - \frac{2}{\pi}\cos x - \frac{2}{3^2\pi}\cos 3x - \frac{2}{5^2\pi}\cos 5x - \cdots + \sin x - \frac{1}{2}\sin 2x + \frac{1}{3}\sin 3x - \cdots$$

$$\mathbf{f(x) = \frac{\pi}{4} - \frac{2}{\pi}\left(\cos x + \frac{\cos 3x}{3^2} + \frac{\cos 5x}{5^2} + \cdots\right) + \left(\sin x - \frac{1}{2}\sin 2x + \frac{1}{3}\sin 3x - \cdots\right)}$$

문제 4. 문제 3의 푸리에 급수의 경우, (a) 비연속점($x = \pi$와 같은 지점)에서의 급수의 합, 그리고 (b) 3차 고조파(the third harmonic)에서의 진폭(amplitude) 및 위상각(phase angle)을 구하시오. (c) $x = 0$라 한다면, $\pi^2/8$의 값에 대한 급수를 구하시오.

(a) 비연속점에서의 푸리에 급수의 합은 비연속점 x의 양방향에서 수렴하는 두 함수값 $f(x)$의 산술평균값으로 구할 수 있다. 그러므로 $x = \pi$에서의 급수의 합은

$$\frac{\pi - 0}{2} = \boldsymbol{\frac{\pi}{2}}$$

(b) 푸리에 급수의 3차 고조파의 항은

$$\left(-\frac{2}{3^2\pi}\cos 3x + \frac{1}{3}\sin 3x\right)$$

그리고 이 항은 $c\ \sin(3x + \alpha)$의 형태로 다시 나타낼 수 있다.
이때, 진폭 c의 값은

$$= \sqrt{\left[\left(\frac{-2}{3^2\pi}\right)^2 + \left(\frac{1}{3}\right)^2\right]}$$

$$= \mathbf{0.341}$$

위상각은

$$\alpha = \tan^{-1}\left(\frac{\frac{-2}{3^2\pi}}{\frac{1}{3}}\right)$$

$$= \mathbf{-11.98^\circ} \text{ or } \mathbf{-0.209\,radians}$$

상기 결과를 고려하면, 3차 고조파는 **0.341 sin(3x − 0.209)**로 표현할 수 있다.

(c) $x = 0, f(x) = 0$인 경우(그림 74.3 참조)

푸리에 급수로부터,

$$0 = \frac{\pi}{4} - \frac{2}{\pi}\left(\cos 0 + \frac{1}{3^2}\cos 0 + \frac{1}{5^2}\cos 0 + \cdots\right) + (0)$$

즉, $-\frac{\pi}{4} = -\frac{2}{\pi}\left(1 + \frac{1}{3^2} + \frac{1}{5^2} + \frac{1}{7^2} + \cdots\right)$

$$\boldsymbol{\frac{\pi^2}{8} = 1 + \frac{1}{3^2} + \frac{1}{5^2} + \frac{1}{7^2} + \cdots}$$

문제 5. 구간 0부터 2π에서 $f(\theta) = \theta^2$의 함수에 대한 푸리에 급수를 구하시오.

구간 0부터 2π에 대한 $f(\theta) = \theta^2$ 함수의 개형을 그림 74.4에 나타내었다. 그림에서 알 수 있는 바와 같이 해당 함수는 주기성을 가지고 있지 않지만, 해당 구간 밖의 영역의 점선을 고려하면 2π의 주기로 반복성을 가지고 있음을 확인할 수 있다.

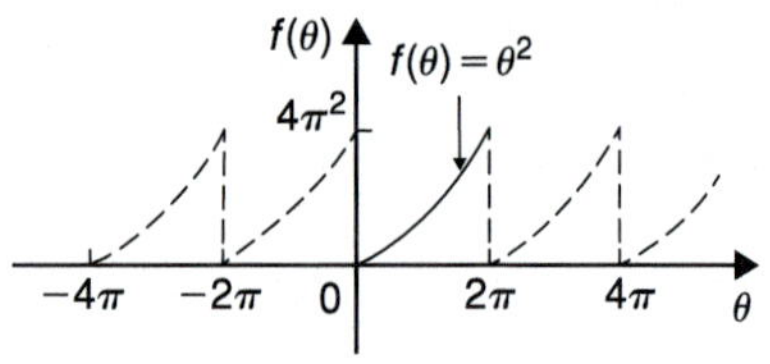

그림 74.4

푸리에 급수의 경우,

$$f(x) = a_0 + \sum_{n=1}^{\infty}(a_n \cos nx + b_n \sin nx)$$

$$a_0 = \frac{1}{2\pi}\int_0^{2\pi} f(\theta)\,d\theta = \frac{1}{2\pi}\int_0^{2\pi} \theta^2\,d\theta$$

$$= \frac{1}{2\pi}\left[\frac{\theta^3}{3}\right]_0^{2\pi} = \frac{1}{2\pi}\left[\frac{8\pi^3}{3} - 0\right] = \frac{4\pi^2}{3}$$

$$a_n = \frac{1}{\pi}\int_0^{2\pi} f(\theta)\cos n\theta\,d\theta$$

$$= \frac{1}{\pi}\int_0^{2\pi} \theta^2 \cos n\theta\,d\theta$$

$$= \frac{1}{\pi}\left[\frac{\theta^2 \sin n\theta}{n} + \frac{2\theta\cos n\theta}{n^2} - \frac{2\sin n\theta}{n^3}\right]_0^{2\pi}$$

$$= \frac{1}{\pi}\left[\left(0 + \frac{4\pi\cos 2\pi n}{n^2} - 0\right) - (0)\right]$$

$$= \frac{4}{n^2}\cos 2\pi n = \frac{4}{n^2} \text{ when } n = 1, 2, 3, \ldots$$

그러므로 $a_1 = \frac{4}{1^2}, a_2 = \frac{4}{2^2}, a_3 = \frac{4}{3^2}, \ldots$

$$b_n = \frac{1}{\pi}\int_0^{2\pi} f(\theta)\sin n\theta\,d\theta = \frac{1}{\pi}\int_0^{2\pi}\theta^2 \sin n\theta\,d\theta$$

$$= \frac{1}{\pi}\left[\frac{-\theta^2\cos n\theta}{n} + \frac{2\theta\sin n\theta}{n^2} + \frac{2\cos n\theta}{n^3}\right]_0^{2\pi}$$

$$= \frac{1}{\pi}\left[\left(\frac{-4\pi^2\cos 2\pi n}{n} + 0 + \frac{2\cos 2\pi n}{n^3}\right) - \left(0 + 0 + \frac{2\cos 0}{n^3}\right)\right]$$

$$= \frac{1}{\pi}\left[\frac{-4\pi^2}{n} + \frac{2}{n^3} - \frac{2}{n^3}\right] = \frac{-4\pi}{n}$$

그러므로 $b_1 = \frac{-4\pi}{1}, b_2 = \frac{-4\pi}{2}, b_3 = \frac{-4\pi}{3}, \ldots$

종합하면, $f(\theta) = \theta^2$

$$= \frac{4\pi^2}{3} + \sum_{n=1}^{\infty}\left(\frac{4}{n^2}\cos n\theta - \frac{4\pi}{n}\sin n\theta\right)$$

즉, 0과 2π 사이의 모든 θ 값들에 대하여

$$\boldsymbol{\theta^2 = \frac{4\pi^2}{3} + 4\left(\cos\theta + \frac{1}{2^2}\cos 2\theta + \frac{1}{3^2}\cos 3\theta + \cdots\right) - 4\pi\left(\sin\theta + \frac{1}{2}\sin 2\theta + \frac{1}{3}\sin 3\theta + \cdots\right)}$$

문제 6. 문제 5의 푸리에 급수에서 $\theta = \pi$로 정하였을 때 $\frac{\pi^2}{12}$에 대한 급수를 결정하시오.

$\theta = \pi$ 인 경우, $f(\theta) = \pi^2$

그러므로

$$\pi^2 = \frac{4\pi^2}{3} + 4\left(\cos\pi + \frac{1}{4}\cos 2\pi + \frac{1}{9}\cos 3\pi + \frac{1}{16}\cos 4\pi + \cdots\right) - 4\pi\left(\sin\pi + \frac{1}{2}\sin 2\pi + \frac{1}{3}\sin 3\pi + \cdots\right)$$

즉, $\pi^2 - \frac{4\pi^2}{3} = 4\left(-1 + \frac{1}{4} - \frac{1}{9} + \frac{1}{16} - \cdots\right) - 4\pi(0)$

$$-\frac{\pi^2}{3} = 4\left(-1 + \frac{1}{4} - \frac{1}{9} + \frac{1}{16} - \cdots\right)$$

$$\frac{\pi^2}{3} = 4\left(1 - \frac{1}{4} + \frac{1}{9} - \frac{1}{16} + \cdots\right)$$

그렇기 때문에,

$$\frac{\pi^2}{12} = 1 - \frac{1}{4} + \frac{1}{9} - \frac{1}{16} + \cdots$$

혹은

$$\frac{\pi^2}{12} = 1 - \frac{1}{2^2} + \frac{1}{3^2} - \frac{1}{4^2} + \cdots$$

+ 이제 다음의 예제들을 풀어보시오.

연습 문제 260 비주기 함수의 주기 2π 푸리에 급수 전개

1. $x = 0$에서 $x = 2\pi$ 영역에서의 함수 $f(x) = x$가 아래와 같은 푸리에 급수의 형태를 가지게 되는 과정을 서술하시오.

$$f(x) = \pi - 2\left(\sin x + \frac{1}{2}\sin 2x + \frac{1}{3}\sin 3x + \frac{1}{4}\sin 4x + \ldots\right)$$

2. 아래와 같이 정의되는 함수에 대한 푸리에 급수를 구하시오.

$$f(t) = \begin{cases} 1 - t, & \text{when } -\pi < t < 0 \\ 1 + t, & \text{when } 0 < t < \pi \end{cases}$$

주어진 구간 내외에 대한 함수의 그래프를 그리시오.

3. 구간 $-\pi < x < \pi$에서의 함수 $f(x) = x + \pi$에 대한 푸리에 급수를 구하시오.

4. 주어진 함수에 대하여 3차 조화(the third harmonic)까지의 푸리에 급수, 그리고 3차 조화를 포함하는 푸리에 급수를 구하시오.

$$f(x) = \begin{cases} x, & \text{when } 0 < x < \pi \\ 2\pi - x, & \text{when } \pi < x < 2\pi \end{cases}$$

주기를 2π로 가정하여, 주어진 구간 내외에 대한 함수의 그래프를 그리시오.

5. 구간 $-\pi < \theta < \pi$에서의 함수 $f(\theta) = \theta^2$에 대한 푸리에 급수를 전개하시오.

주어진 구간 내외에 대한 함수의 그래프를 그리시오.

6. 문제 5에서 얻어진 푸리에 급수에서 $\theta = \pi$라 할 경우, $\sum_{n=1}^{\infty} \frac{1}{n^2}$에 대한 급수를 추론하시오.

7. 아래 주어진 함수의 파형을 그리시오.

$$f(x) = \begin{cases} 1 + \frac{2x}{\pi}, & \text{when } -\pi < t < 0 \\ 1 - \frac{2x}{\pi}, & \text{when } 0 < t < \pi \end{cases}$$

해당 영역에서의 푸리에 급수를 결정하시오.

8. 문제 7번에서 얻어진 푸리에 급수에서 $\frac{\pi^2}{8}$에 대한 급수를 추론하시오.

Chapter 75

우함수, 기함수, 그리고 반구간 푸리에 급수

우함수, 기함수, 그리고 반구간 푸리에 급수를 이해하는 것이 왜 중요한가?

이미 이전 장들에서 언급한 바와 같이, 푸리에 급수는 매우 유용한 수단임에 틀림없다. 푸리에 급수는 공학, 응용수학, 화학 등과 같이 다양한 응용 분야에 적용이 가능한데, 사실상 사인파를 사용하는 모든 자연과학 분야에 적용이 가능하다. 교류 전류에서의 고조파 성분(harmonic component)을 결정하는 전기공학 분야, 음향, 광학, 신호처리, 이미지 처리, 진동해석 분야, 양자역학 분야 등이 대표적인 응용 분야이다. 만약 주어진 함수가 우함수 혹은 기함수인 경우, 푸리에 급수를 결정하는 것은 매우 용이해진다. 이 장에서는 해당 현상에 대한 이유를 반구간 푸리에 급수를 통해 설명한다.

이 장에서는 다음 사항에 대해 공부한다.

- 우함수 혹은 기함수의 정의
- 푸리에 코사인 급수(Fourier cosine series)와 푸리에 사인 급수(Fourier sine series)의 결정
- 반구간 푸리에 코사인 급수와 반구간 푸리에 사인 급수의 결정

75.1 우함수(even function)와 기함수(odd function)

우함수

만약 모든 구간의 x 값에 대해, $f(-x) = f(x)$의 조건을 만족한다면 함수 $f(x)$는 우함수라고 한다. 우함수에 대한 그래프는 항상 ***y*축 대칭**(거울상)을 보인다. 우함수에 대한 두 가지 예($y = x^2$과 $y = \cos x$)를 각각 그림 20.25에 나타내었다.

기함수

만약 모든 구간의 x 값에 대해, $f(-x) = -f(x)$의 조건을 만족한다면, 함수 $f(x)$는 기함수라고 한다. 기함수에 대한 그래프는 항상 **원점에 대한 대칭**을 보인다. 기함수에 대한 두 가지 예($y = x^3$과 $y = \sin x$)를 각각 그림 20.26에 나타내었다.

많은 함수들이 우함수 혹은 기함수 모두에 해당되지 않을 수도 있다. 해당 함수에 대한 두 가지 예를 그림 20.27에 나타내었다.

20장의 문제 3과 문제 4를 참고하시오.

75.2 푸리에 코사인 및 푸리에 사인 급수

(a) 푸리에 코사인 급수

주기 2π를 가지는 주기적인 우함수 $f(x)$의 푸리에 급수는 오직 코사인 항과 상수 항만을 포함하고 있다(사인 항을 포함하고 있지 않다).

즉, $$f(x) = a_0 + \sum_{n=1}^{\infty} a_n \cos nx$$

이때, $$a_0 = \frac{1}{2\pi}\int_{-\pi}^{\pi} f(x)\,dx$$

$$= \frac{1}{\pi}\int_0^{\pi} f(x)\,dx$$

(대칭 특성으로 인하여)

그리고, $a_n = \frac{1}{\pi}\int_{-\pi}^{\pi} f(x)\cos nx\,dx$

$$= \frac{2}{\pi}\int_0^{\pi} f(x)\cos nx\,dx$$

(b) 푸리에 사인 급수

주기 2π를 가지는 주기적인 기함수 $f(x)$의 푸리에 급수는 오직 사인 항만을 포함하고 있다(코사인 항과 상수 항을 포함하고 있지 않다).

즉, $f(x) = \sum_{n=1}^{\infty} b_n \sin nx$

이때, $b_n = \frac{1}{\pi}\int_{-\pi}^{\pi} f(x)\sin nx\,dx$

$$= \frac{2}{\pi}\int_0^{\pi} f(x)\sin nx\,dx$$

문제 1. 다음과 같이 정의되는 주기함수의 푸리에 급수를 구하시오.

$$f(x) = \begin{cases} -2, & \text{when } -\pi < x < -\frac{\pi}{2} \\ 2, & \text{when } -\frac{\pi}{2} < x < \frac{\pi}{2} \\ -2, & \text{when } \frac{\pi}{2} < x < \pi \end{cases}$$

(주기 2π를 가짐)

사각파(square wave)는 그림 75.1에 나타낸 바와 같이 $f(x)$ 축에 대해 대칭성을 가지는 우함수이다.

(a)절의 설명을 고려하여, 푸리에 급수는 다음과 같이 구할 수 있다.

$$f(x) = a_0 + \sum_{n=1}^{\infty} a_n \cos nx$$

또한

$$a_0 = \frac{1}{\pi}\int_0^{\pi} f(x)\,dx$$

$$= \frac{1}{\pi}\left\{\int_0^{\pi/2} 2\,dx + \int_{\pi/2}^{\pi} -2\,dx\right\}$$

$$= \frac{1}{\pi}\left\{[2x]_0^{\pi/2} + [-2x]_{\pi/2}^{\pi}\right\}$$

$$= \frac{1}{\pi}[(\pi) + [(-2\pi) - (-\pi)] = 0$$

$$a_n = \frac{2}{\pi}\int_0^{\pi} f(x)\cos nx\,dx$$

$$= \frac{2}{\pi}\left\{\int_0^{\pi/2} 2\cos nx\,dx + \int_{\pi/2}^{\pi} -2\cos nx\,dx\right\}$$

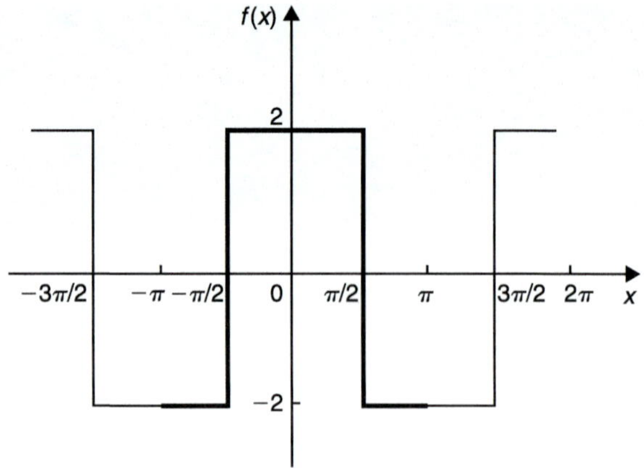

그림 75.1

$$= \frac{4}{\pi}\left\{\left[\frac{\sin nx}{n}\right]_0^{\pi/2} + \left[\frac{-\sin nx}{n}\right]_{\pi/2}^{\pi}\right\}$$

$$= \frac{4}{\pi}\left\{\left(\frac{\sin(\pi/2)n}{n} - 0\right) + \left(0 - \frac{-\sin(\pi/2)n}{n}\right)\right\}$$

$$= \frac{4}{\pi}\left(\frac{2\sin(\pi/2)n}{n}\right) = \frac{8}{\pi n}\left(\sin\frac{n\pi}{2}\right)$$

n이 짝수인 경우, $a_n = 0$

n이 홀수인 경우, $n = 1, 5, 9, \ldots$에 대하여 $a_n = \frac{8}{\pi n}$

$n = 3, 7, 11, \ldots$에 대하여 $a_n = \frac{-8}{\pi n}$

그러므로 $a_1 = \frac{8}{\pi}$, $a_3 = \frac{-8}{3\pi}$, $a_5 = \frac{8}{5\pi}$ 등의 관계가 성립된다.

종합하면, 그림 75.1의 파형에 해당하는 푸리에 급수는 다음과 같이 주어진다.

$$f(x) = \frac{8}{\pi}\left(\cos x - \frac{1}{3}\cos 3x + \frac{1}{5}\cos 5x - \frac{1}{7}\cos 7x + \cdots\right)$$

문제 2. 문제 1의 푸리에 급수에서 $x = 0$으로 두고 $\pi/4$에 대한 푸리에 급수를 추론하시오.

$x = 0$인 경우, $f(x) = 2$(그림 75.1 참조)

문제 1의 푸리에 급수에 적용하면,

$$2 = \frac{8}{\pi}\left(\cos 0 - \frac{1}{3}\cos 0 + \frac{1}{5}\cos 0 - \frac{1}{7}\cos 0 + \cdots\right)$$

정리하면, $\frac{2\pi}{8} = 1 - \frac{1}{3} + \frac{1}{5} - \frac{1}{7} + \cdots$

즉, $\frac{\pi}{4}=1-\frac{1}{3}+\frac{1}{5}-\frac{1}{7}+\cdots$

문제 3. 그림 75.2에 그려진 사각파(square wave)에 대한 푸리에 급수를 구하시오.

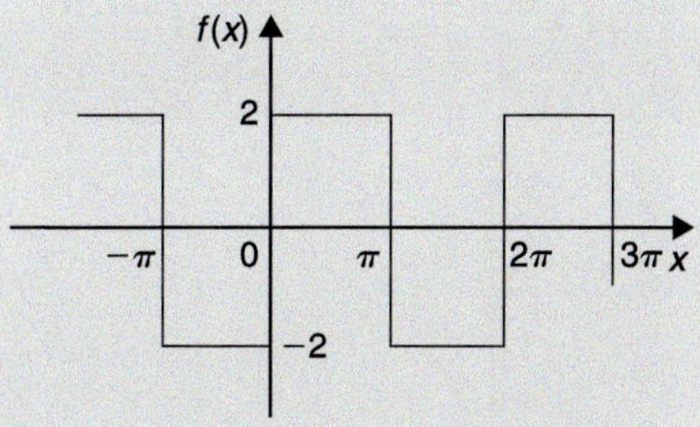

그림 75.2

그림 75.2에 주어진 사각파는 원점에 대해 대칭 형태를 가지기 때문에 기함수(odd function)이다.
(b)절의 설명을 고려하여, 푸리에 급수는 다음과 같이 결정된다.

$$f(x)=\sum_{n=1}^{\infty} b_n \sin nx$$

해당 함수는 아래와 같이 정의된다.

$$f(x)=\begin{cases} -2, & \text{when } -\pi<x<0 \\ 2, & \text{when } 0<x<\pi \end{cases}$$

(b)절의 설명을 고려하면,

$$\begin{aligned} b_n &= \frac{2}{\pi}\int_0^{\pi} f(x)\sin nx\,dx \\ &= \frac{2}{\pi}\int_0^{\pi} 2\sin nx\,dx \\ &= \frac{4}{\pi}\left[\frac{-\cos nx}{n}\right]_0^{\pi} \\ &= \frac{4}{\pi}\left[\left(\frac{-\cos n\pi}{n}\right)-\left(-\frac{1}{n}\right)\right] \\ &= \frac{4}{\pi n}(1-\cos n\pi) \end{aligned}$$

만약 n이 짝수이면, $b_n=0$

만약 n이 홀수이면, $b_n=\frac{4}{\pi n}(1-(-1))=\frac{8}{\pi n}$

즉, $b_1=\frac{8}{\pi},\ b_3=\frac{8}{3\pi},\ b_5=\frac{8}{5\pi},$

푸리에 급수는 다음과 같이 결정된다.

$$f(x)=\frac{8}{\pi}\left(\sin x+\frac{1}{3}\sin 3x+\frac{1}{5}\sin 5x+\frac{1}{7}\sin 7x+\cdots\right)$$

문제 4. 구간 $-\pi<\theta<\pi$에서의 함수 $f(\theta)=\theta^2$에 대한 푸리에 급수를 결정하시오(함수의 주기는 2π).

함수 $f(\theta)=\theta^2$를 그림 75.3에 나타내었다. 해당 함수는 $f(\theta)$ 축에 대해 대칭이기 때문에 우함수(even function)이다. 그러므로 푸리에 급수는 아래와 같은 형식을 가지게 된다.

$$f(\theta)=a_0+\sum_{n=1}^{\infty} a_n\cos n\theta$$

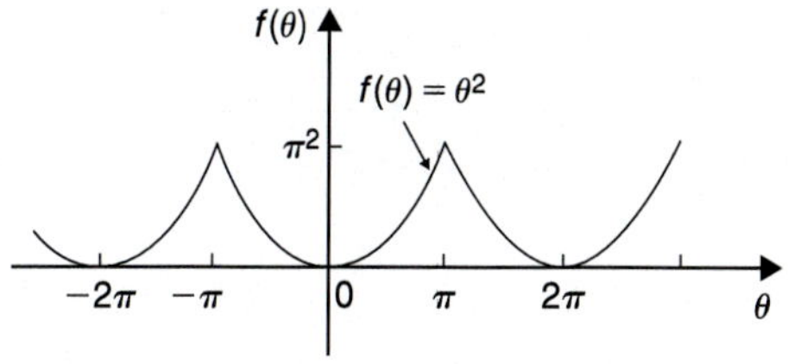

그림 75.3

(a)절의 설명을 고려하여,

$$\begin{aligned} a_0 &= \frac{1}{\pi}\int_0^{\pi} f(\theta)d\theta=\frac{1}{\pi}\int_0^{\pi}\theta^2\,d\theta \\ &= \frac{1}{\pi}\left[\frac{\theta^3}{3}\right]_0^{\pi}=\frac{\pi^2}{3} \end{aligned}$$

그리고
$$\begin{aligned} a_n &= \frac{2}{\pi}\int_0^{\pi} f(\theta)\cos n\theta\,d\theta \\ &= \frac{2}{\pi}\int_0^{\pi}\theta^2\cos n\theta\,d\theta \\ &= \frac{2}{\pi}\left[\frac{\theta^2\sin n\theta}{n}+\frac{2\theta\cos n\theta}{n^2}-\frac{2\sin n\theta}{n^3}\right]_0^{\pi} \\ &= \frac{2}{\pi}\left[\left(0+\frac{2\pi\cos n\pi}{n^2}-0\right)-(0)\right] \\ &= \frac{4}{n^2}\cos n\pi \end{aligned}$$

n이 홀수인 경우, $a_n=\frac{-4}{n^2}$

$a_1=\frac{-4}{1^2}, a_3=\frac{-4}{3^2}, a_5=\frac{-4}{5^2}$,...의 관계를 만족한다.

n이 짝수인 경우, $a_n=\frac{4}{n^2}$

$a_2=\frac{4}{2^2}, a_4=\frac{4}{4^2}$,...의 관계를 만족한다.

종합하면, 푸리에 급수는 다음과 같이 결정된다.

$$f(\theta)=\theta^2=\frac{\pi^2}{3}-4\left(\cos\theta-\frac{1}{2^2}\cos 2\theta+\frac{1}{3^2}\cos 3\theta-\frac{1}{4^2}\cos 4\theta+\frac{1}{5^2}\cos 5\theta-\cdots\right)$$

문제 5. 문제 4번의 푸리에 급수에서 $\theta=\pi$일 경우 $\sum_{n=1}^{\infty}\frac{1}{n^2}=\frac{\pi^2}{6}$임을 보이시오.

$\theta=\pi$인 경우, $f(\theta)=\pi^2$(그림 75.3 참조). 이를 푸리에 급수에 반영하면,

$$\pi^2=\frac{\pi^2}{3}-4\left(\cos\pi-\frac{1}{2^2}\cos 2\pi+\frac{1}{3^2}\cos 3\pi-\frac{1}{4^2}\cos 4\pi+\frac{1}{5^2}\cos 5\pi-\cdots\right)$$

즉, $\pi^2-\frac{\pi^2}{3}=-4\left(-1-\frac{1}{2^2}-\frac{1}{3^2}-\frac{1}{4^2}-\frac{1}{5^2}-\cdots\right)$

$$\frac{2\pi^2}{3}=4\left(1+\frac{1}{2^2}+\frac{1}{3^2}+\frac{1}{4^2}+\frac{1}{5^2}+\cdots\right)$$

정리하면,

$$\sum_{n=1}^{\infty}\frac{1}{n^2}=\frac{\pi^2}{6}$$

+ 이제 다음의 예제들을 풀어보시오.

연습 문제 261 푸리에 코사인 및 푸리에 사인 급수

1. 다음과 같이 정의되는 함수에 대한 푸리에 급수를 구하시오. 제한된 구간 이외에도 해당 함수는 주기성을 가진다.

$$f(x)=\begin{cases}-1, & -\pi<x<-\frac{\pi}{2}\\ 1, & -\frac{\pi}{2}<x<\frac{\pi}{2}\\ -1, & \frac{\pi}{2}<x<\pi\end{cases}$$

2. 다음과 같이 정의되는 함수에 대한 푸리에 급수를 구하시오. 제한된 구간 이외에도 해당 함수는 주기성을 가진다. 그리고 해당 함수를 그래프로 나타내시오.

$$f(t)=\begin{cases}t+\pi, & -\pi<t<0\\ t-\pi, & 0<t<\pi\end{cases}$$

3. 다음과 같이 정의되는 함수에 대한 푸리에 급수를 구하시오. 함수는 주기 2π의 주기성을 가진다.

$$f(x)=\begin{cases}1-x, & -\pi<x<0\\ 1+x, & 0<x<\pi\end{cases}$$

4. 문제 3에서 결정된 푸리에 급수에서, $x=0$인 경우 $\pi^2/8$에 대한 급수를 추론하시오.

5. 그림 75.4에서 보인 삼각파(triangular waveform)에 대한 푸리에 급수가 아래와 같이 정의되는 과정을 보이시오. 함수는 주기 2π의 주기성을 가진다.

$$y=\frac{8}{\pi^2}\left(\sin\theta-\frac{1}{3^2}\sin 3\theta+\frac{1}{5^2}\sin 5\theta-\frac{1}{7^2}\sin 7\theta+\ldots\right)$$

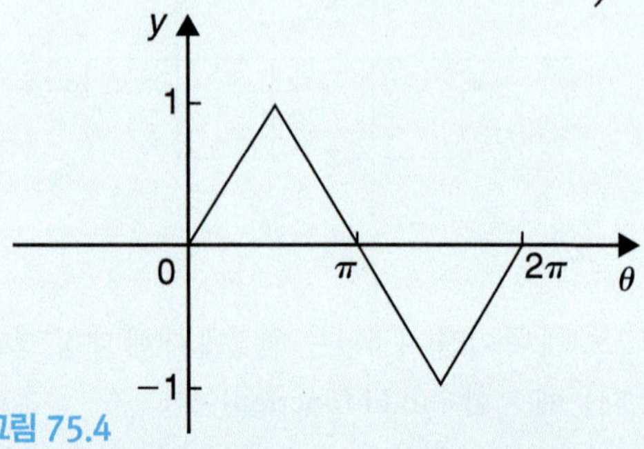

그림 75.4

75.3 반구간 푸리에 급수 (Half-range Fourier series)

(a) 만약 주어진 함수가 0부터 2π의 구간에서가 아니라 0에서 π의 구간에서 정의될 경우, 오직 사인 혹은 코사인만으로 구성된 급수로 전개될 수 있다. 이러한 형태의 급수를 **반구간 푸리에 급수**라 명칭한다.

(b) 만약 0에서 π의 구간에서 함수 $f(x)=x$에 대한 **반구간 코사인 급수**를 구하기 위해서는 주기적인 우함수가 필요하다. 그림 75.5에 구간 0에서 π에 대한 $f(x)=x$의 함수를 도시하였다. 우함수는 $f(x)$ 축에 대칭성을 가지기 때문에, 그래프에서 표시된 바와 같이 직선 AB를 도시할 수 있다. 만약 형성된 삼각파(triangular waveform)가 해당 구간 이외의 구간에서도 주기 2π를 가진다면, 그림 75.5에서 보인 바와 같은 형태의 파형이 완성된다. 반구간 코사인 급수가 필요한 경우, 푸리에 계수(a_0 및 a_n)는 앞서 75.2절(a)에 설명한 방식으로 계산 가능하다. 즉,

$$f(x)=a_0+\sum_{n=1}^{\infty}a_n\cos nx$$

이때,

$$a_0=\frac{1}{\pi}\int_0^{\pi}f(x)\,dx$$

$$a_n=\frac{2}{\pi}\int_0^{\pi}f(x)\cos nx\,dx$$

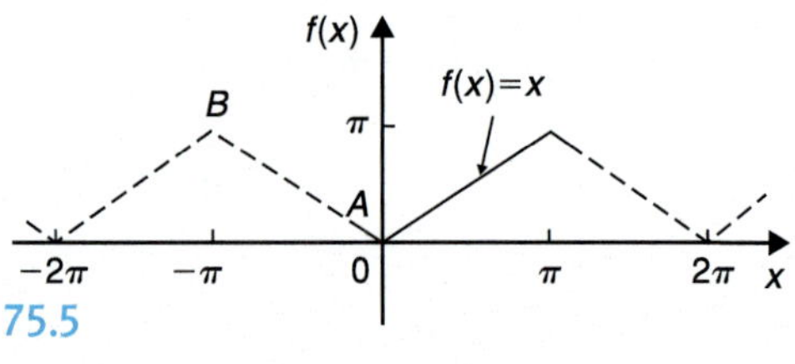

그림 75.5

(c) 만약 0에서 π의 구간에서 함수 $f(x)=x$에 대한 반구간 사인 급수를 구하기 위해서는 주기적인 기함수가 필요하다. 그림 75.6에 구간 0에서 π에 대한 $f(x)=x$의 함수를 도시하였다. 기함수는 원점에 대하여 대칭성을 가지기 때문에, 그래프에서 표시된 바와 같이 직선 CD를 도시할 수 있다. 만약 형성된 톱니파(sawtooth waveform)가 해당 구간 이외의 구간에서도 주기 2π를 가진다면, 그림 75.6에서 보인 바와 같은 형태의 파형이 완성된다. 반구간 사인 급수가 필요한 경우, 푸리에 계수(b_n)는 앞서 75.2절(b)에 설명한 방식으로 계산 가능하다. 즉,

$$f(x)=\sum_{n=1}^{\infty} b_n \sin nx$$

이때,

$$b_n=\frac{2}{\pi}\int_0^{\pi} f(x)\sin nx\,dx$$

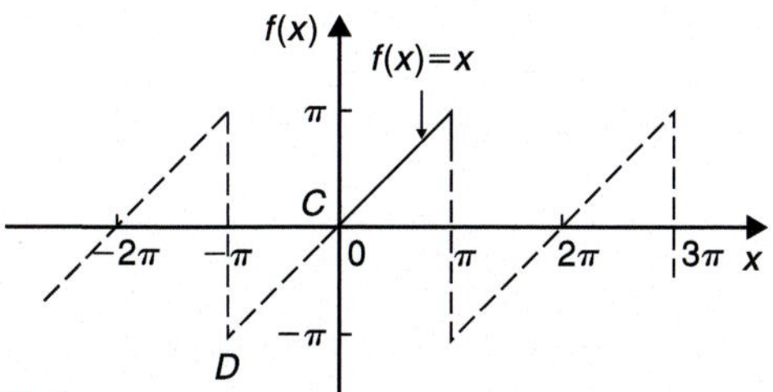

그림 75.6

문제 6. 구간 $0 \le x \le \pi$에서 함수 $f(x)=3x$를 표현할 수 있는 반구간 푸리에 코사인 급수를 결정하시오.

(b)절의 내용을 참조하면, 반구간 코사인 급수는 다음과 같이 정의된다.

$$f(x)=a_0+\sum_{n=1}^{\infty} a_n \cos nx$$

$f(x)=3x$인 경우,

$$a_0=\frac{1}{\pi}\int_0^{\pi} f(x)dx=\frac{1}{\pi}\int_0^{\pi} 3x\,dx$$

$$=\frac{3}{\pi}\left[\frac{x^2}{2}\right]_0^{\pi}=\frac{3\pi}{2}$$

$$a_n=\frac{2}{\pi}\int_0^{\pi} f(x)\cos nx\,dx$$

$$=\frac{2}{\pi}\int_0^{\pi} 3x\cos nx\,dx$$

$$=\frac{6}{\pi}\left[\frac{x\sin nx}{n}+\frac{\cos nx}{n^2}\right]_0^{\pi}$$

$$=\frac{6}{\pi}\left[\left(\frac{\pi\sin n\pi}{n}+\frac{\cos n\pi}{n^2}\right)-\left(0+\frac{\cos 0}{n^2}\right)\right]$$

$$=\frac{6}{\pi}\left(0+\frac{\cos n\pi}{n^2}-\frac{\cos 0}{n^2}\right)$$

$$=\frac{6}{\pi n^2}(\cos n\pi-1)$$

n이 짝수인 경우, $a_n=0$

n이 홀수인 경우, $a_n=\frac{6}{\pi n^2}(-1-1)=\frac{-12}{\pi n^2}$

$$a_1=\frac{-12}{\pi},\ a_3=\frac{-12}{\pi 3^2},\ a_5=\frac{-12}{\pi 5^2},\ \cdots$$

그러므로 반구간 푸리에 코사인 급수는 아래와 같이 결정된다.

$$f(x)=3x=\frac{3\pi}{2}-\frac{12}{\pi}\left(\cos x+\frac{1}{3^2}\cos 3x+\frac{1}{5^2}\cos 5x+\cdots\right)$$

문제 7. 구간 $0 \le x \le \pi$에서 함수 $f(x)=3x$를 표현할 수 있는 반구간 푸리에 사인 급수를 결정하시오.

(c)절의 내용을 참조하면, 반구간 사인 급수는 다음과 같이 정의된다.

$$f(x)=\sum_{n=1}^{\infty} b_n \sin nx$$

$f(x)=3x$인 경우,

$$b_n=\frac{2}{\pi}\int_0^{\pi} f(x)\sin nx\,dx=\frac{2}{\pi}\int_0^{\pi} 3x\sin nx\,dx$$

$$=\frac{6}{\pi}\left[\frac{-x\cos nx}{n}+\frac{\sin nx}{n^2}\right]_0^{\pi} \quad \text{by parts}$$

$$=\frac{6}{\pi}\left[\left(\frac{-\pi\cos n\pi}{n}+\frac{\sin n\pi}{n^2}\right)-(0+0)\right]$$

$$=-\frac{6}{n}\cos n\pi$$

n이 홀수인 경우, $b_n=\frac{6}{n}$

$$b_1=\frac{6}{1},\ b_3=\frac{6}{3},\ b_5=\frac{6}{5},\ \cdots$$

n이 짝수인 경우, $b_n=-\frac{6}{n}$

$$b_2=-\frac{6}{2},\ b_4=-\frac{6}{4},\ b_6=-\frac{6}{6},\cdots$$

그러므로 반구간 푸리에 사인 급수는 다음과 같이 결정된다.

$$f(x)=3x=6\left(\sin x-\frac{1}{2}\sin 2x+\frac{1}{3}\sin 3x-\frac{1}{4}\sin 4x+\frac{1}{5}\sin 5x-\cdots\right)$$

문제 8. 구간 $0 \le x \le \pi$에서 함수 $f(x)=\cos x$를 반구간 푸리에 사인 급수로 표현하고, 해당 함수를 그래프에 도식하시오.

반구간 사인 급수가 필요한 경우, 원점에 대해 대칭을 가지는 우함수를 이용하면 된다. 구간 $0 \le x \le \pi$에 한정되는 함수 $y = \cos x$에 대한 그래프를 그림 75.7에 나타내었다. 함수 $\cos x$는 원점에 대해 대칭성을 가지기 때문에, 해당 구간 이외의 영역에서는 그림 75.7의 파선과 같이 표현될 수 있다.

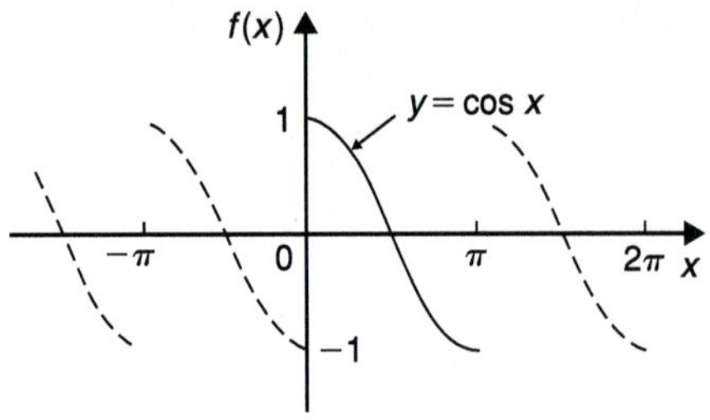

그림 75.7

(c)절의 내용을 참조하면, 반구간 푸리에 사인 급수는 다음과 같이 정의된다.

$$f(x) = \sum_{n=1}^{\infty} b_n \sin nx \, dx$$

$$b_n = \frac{2}{\pi}\int_0^{\pi} f(x)\sin nx \, dx$$

$$= \frac{2}{\pi}\int_0^{\pi} \cos x \sin nx \, dx$$

$$= \frac{2}{\pi}\int_0^{\pi} \frac{1}{2}[\sin(x+nx) - \sin(x-nx)]\,dx$$

$$= \frac{1}{\pi}\left[\frac{-\cos[x(1+n)]}{(1+n)} + \frac{\cos[x(1-n)]}{(1-n)}\right]_0^{\pi}$$

$$= \frac{1}{\pi}\left[\left(\frac{-\cos[\pi(1+n)]}{(1+n)} + \frac{\cos[\pi(1-n)]}{(1-n)}\right) - \left(\frac{-\cos 0}{(1+n)} + \frac{\cos 0}{(1-n)}\right)\right]$$

n이 홀수인 경우,

$$b_n = \frac{1}{\pi}\left[\left(\frac{-1}{(1+n)} + \frac{1}{(1-n)}\right) - \left(\frac{-1}{(1+n)} + \frac{1}{(1-n)}\right)\right] = 0$$

n이 짝수인 경우,

$$b_n = \frac{1}{\pi}\left[\left(\frac{1}{(1+n)} - \frac{1}{(1-n)}\right) - \left(\frac{-1}{(1+n)} + \frac{1}{(1-n)}\right)\right]$$

$$= \frac{1}{\pi}\left(\frac{2}{(1+n)} - \frac{2}{(1-n)}\right)$$

$$= \frac{1}{\pi}\left(\frac{2(1-n) - 2(1+n)}{1-n^2}\right)$$

$$= \frac{1}{\pi}\left(\frac{-4n}{1-n^2}\right) = \frac{4n}{\pi(n^2-1)}$$

즉, $b_2 = \frac{8}{3\pi}$, $b_4 = \frac{16}{15\pi}$, $b_6 = \frac{24}{35\pi}$, $\cdots$

이를 반영하면, 구간 $0 \le x \le \pi$에서의 함수 $f(x)$의 반구간 푸리에 사인 급수는 다음과 같이 결정된다.

$$f(x) = \frac{8}{3\pi}\sin 2x + \frac{16}{15\pi}\sin 4x + \frac{24}{35\pi}\sin 6x + \cdots$$

또는

$$\boldsymbol{f(x) = \frac{8}{\pi}\left(\frac{1}{3}\sin 2x + \frac{2}{(3)(5)}\sin 4x + \frac{3}{(5)(7)}\sin 6x + \cdots\right)}$$

+ 이제 다음의 예제들을 풀어보시오.

연습 문제 262 반구간 푸리에 급수

1. 다음과 같이 정의되는 함수에 대한 반구간 사인 급수를 결정하시오.

$$f(x) = \begin{cases} x, & 0 < x < \frac{\pi}{2} \\ 0, & \frac{\pi}{2} < x < \pi \end{cases}$$

2. 다음과 같이 정의되는 함수에 대해 (a) 반구간 코사인 급수 및 (b) 반구간 사인 급수를 구하시오.

$$f(t) = \begin{cases} 0, & 0 < t < \frac{\pi}{2} \\ 1, & \frac{\pi}{2} < t < \pi \end{cases}$$

3. 구간 $0 \le x \le \pi$에 대한 함수 $f(x) = \sin^2 x$의 반구간 푸리에 사인 급수를 구하고, 모든 구간에 대한 함수를 그래프에 도식하시오.

4. 다음과 같이 정의되는 함수에 대하여 $x = 0$에서부터 $x = \pi$에 이르는 구간에 대한 반구간 푸리에 코사인 급수를 결정하시오.

$$f(x) = \begin{cases} x, & 0 < x < \frac{\pi}{2} \\ (\pi - x), & \frac{\pi}{2} < x < \pi \end{cases}$$

Chapter 76

임의의 구간에서의 푸리에 급수

임의의 구간에서의 푸리에 급수를 이해하는 것이 왜 중요한가?

앞에서 언급된 바와 같이, 푸리에 급수는 다양한 분야에 응용이 가능하다. 실제로, 공학, 응용수학, 화학 등 사인파 신호를 사용하는 자연과학의 어떤 분야든지 푸리에 급수를 응용할 수 있다. 통신 분야에서는 신호가 필터, 증폭기 및 통신채널들을 통과할 때 어떤 동작을 하는지 이해하는 데에 푸리에 급수가 필수적이다. 천문학에서는 행성지도를 그리기 위해 레이더와 디지털 신호처리를 하는 과정에 푸리에 분석이 사용된다. 지질학 분야에서는 지진연구에, 광학분야에서는 빛의 회절현상에 대해 푸리에 분석이 사용된다. 이 장에서는 임의의 구간에서 주기함수의 푸리에 급수를 어떻게 결정하는지를 설명한다.

이 장에서는 다음 사항에 대해 공부한다.

- 주기가 L인 주기함수의 푸리에 급수를 이해
- 주기가 L인 주기함수의 푸리에 급수를 결정
- 주기가 L인 주기함수의 반구간 푸리에 급수를 결정

76.1 주기가 L인 주기함수의 전개

(a) 주기가 L인 주기함수 $f(x)$는 x가 L만큼 증가할 때 스스로 반복하며, 이를 $f(x+L)=f(x)$로 나타낼 수 있다. 앞에서 다룬 주기가 2π인 함수에서 주기가 L인 함수로 전환하는 것은 변수를 바꿔서 쉽게 유도할 수 있다.

(b) 구간 $-\frac{L}{2}\le x\le\frac{L}{2}$에서 함수 $f(x)$에 대한 푸리에 급수를 구하기 위해, $f(x)$를 주기가 2π인 u의 함수로 대체할 수 있는 새로운 변수 u를 도입한다. 만일 $u=\frac{2\pi x}{L}$라면, $x=-\frac{L}{2}$일 때 $u=-\pi$이고, $x=\frac{L}{2}$일 때 $u=+\pi$이다. 또한 $f(x)=f\left(\frac{Lu}{2\pi}\right)=F(u)$로 놓을 수 있다. $F(u)$에 대한 푸리에 급수는 다음과 같이 정리된다.

$$F(u)=a_0+\sum_{n=1}^{\infty}(a_n\cos nu+b_n\sin nu),$$

여기서, $a_0=\frac{1}{2\pi}\int_{-\pi}^{\pi}F(u)\,du,$

$$a_n=\frac{1}{\pi}\int_{-\pi}^{\pi}F(u)\cos nu\,du$$

그리고 $b_n=\frac{1}{\pi}\int_{-\pi}^{\pi}F(u)\sin nu\,du$

(c) 앞의 (b)항의 식은 x에 대한 식으로 변형하는 것이 보다 일반적이다. $u=\frac{2\pi x}{L}$이므로, $du=\frac{2\pi}{L}dx$이고, $-\pi$에서 $+\pi$까지였던 적분 구간은 $-\frac{L}{2}$에서 $+\frac{L}{2}$까지로 대체된다. 그러면 x의 항으로 전개된 푸리에 급수는 다음과 같다.

$$f(x)=a_0+\sum_{n=1}^{\infty}\left[a_n\cos\left(\frac{2\pi nx}{L}\right)+b_n\sin\left(\frac{2\pi nx}{L}\right)\right]$$

여기서, $-\frac{L}{2}$부터 $+\frac{L}{2}$까지의 구간에서

$$a_0=\frac{1}{L}\int_{-\frac{L}{2}}^{\frac{L}{2}}f(x)\,dx,$$

$$a_n=\frac{2}{L}\int_{-\frac{L}{2}}^{\frac{L}{2}}f(x)\cos\left(\frac{2\pi nx}{L}\right)dx$$

그리고 $$b_n=\frac{2}{L}\int_{-\frac{L}{2}}^{\frac{L}{2}}f(x)\sin\left(\frac{2\pi nx}{L}\right)dx$$

적분의 극한은, 예를 들면 0부터 L까지와 같이, 길이가 L인 어떤 간격으로든 치환될 수 있다.

문제 1. 사각파 발생기로부터의 전압이 다음과 같은 형태를 나타낸다.

$$v(t)=\begin{cases}0, & -4<t<0\\ 10, & 0<t<4\end{cases}$$

그리고 8 ms의 주기를 가진다.
이 주기함수에 대한 푸리에 급수를 구하시오.

사각파는 그림 76.1에 나타낸다. (c)항의 식으로부터 이 문제의 푸리에 급수는 다음과 같이 나타낼 수 있다.

$$v(t)=a_0+\sum_{n=1}^{\infty}\left[a_n\cos\left(\frac{2\pi nt}{L}\right)+b_n\sin\left(\frac{2\pi nt}{L}\right)\right]$$

$$a_0=\frac{1}{L}\int_{-\frac{L}{2}}^{\frac{L}{2}}v(t)\,dt=\frac{1}{8}\int_{-4}^{4}v(t)\,dt$$

$$=\frac{1}{8}\left\{\int_{-4}^{0}0\,dt+\int_{0}^{4}10\,dt\right\}=\frac{1}{8}[10t]_0^4=5$$

$$a_n=\frac{2}{L}\int_{-\frac{L}{2}}^{\frac{L}{2}}v(t)\cos\left(\frac{2\pi nt}{L}\right)dt$$

$$=\frac{2}{8}\int_{-4}^{4}v(t)\cos\left(\frac{2\pi nt}{8}\right)dt$$

$$=\frac{1}{4}\left\{\int_{-4}^{0}0\cos\left(\frac{\pi nt}{4}\right)dt+\int_{0}^{4}10\cos\left(\frac{\pi nt}{4}\right)dt\right\}$$

$$=\frac{1}{4}\left[\frac{10\sin\left(\frac{\pi nt}{4}\right)}{\left(\frac{\pi n}{4}\right)}\right]_0^4=\frac{10}{\pi n}[\sin\pi n-\sin 0]$$

$$=0 \text{ for } n=1,2,3,\ldots$$

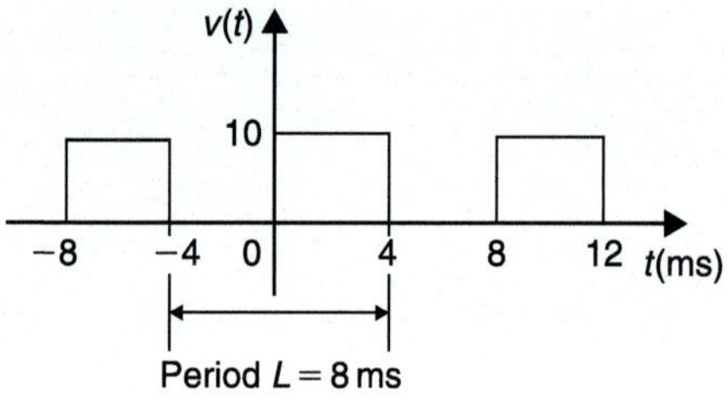

그림 76.1

$$b_n=\frac{2}{L}\int_{-\frac{L}{2}}^{\frac{L}{2}}v(t)\sin\left(\frac{2\pi nt}{L}\right)dt$$

$$=\frac{2}{8}\int_{-4}^{4}v(t)\sin\left(\frac{2\pi nt}{8}\right)dt$$

$$=\frac{1}{4}\left\{\int_{-4}^{0}0\sin\left(\frac{\pi nt}{4}\right)dt+\int_{0}^{4}10\sin\left(\frac{\pi nt}{4}\right)dt\right\}$$

$$=\frac{1}{4}\left[\frac{-10\cos\left(\frac{\pi nt}{4}\right)}{\left(\frac{\pi n}{4}\right)}\right]_0^4$$

$$=\frac{-10}{\pi n}[\cos\pi n-\cos 0]$$

n이 짝수일 때, $b_n=0$이고

n이 홀수일 때, $b_1=\frac{-10}{\pi}(-1-1)=\frac{20}{\pi}$,

$$b_3=\frac{-10}{3\pi}(-1-1)=\frac{20}{3\pi},$$

$b_5=\frac{20}{5\pi}$ 등이다.

그러므로 함수 $v(t)$에 대한 푸리에 급수는 다음과 같다.

$$v(t)=5+\frac{20}{\pi}\left[\sin\left(\frac{\pi t}{4}\right)+\frac{1}{3}\sin\left(\frac{3\pi t}{4}\right)+\frac{1}{5}\sin\left(\frac{5\pi t}{4}\right)+\cdots\right]$$

문제 2. 다음과 같이 정의된 함수의 푸리에 급수를 구하시오.

$$f(x)=\begin{cases}0, & \text{when } -2<x<-1\\ 5, & \text{when } -1<x<1\\ 0, & \text{when } 1<x<2\end{cases}$$

이 함수는 주기가 4인 위의 구간 밖에서도 주기적이다.

함수 $f(x)$를 그림 76.2에 나타내며, 여기서 주기 $L=4$이다. 이 함수는 $f(x)$축에서 대칭이므로 우함수(even function)이고 푸리에 급수에 sine 항은 포함되지 않는다(즉 $b_n=0$).

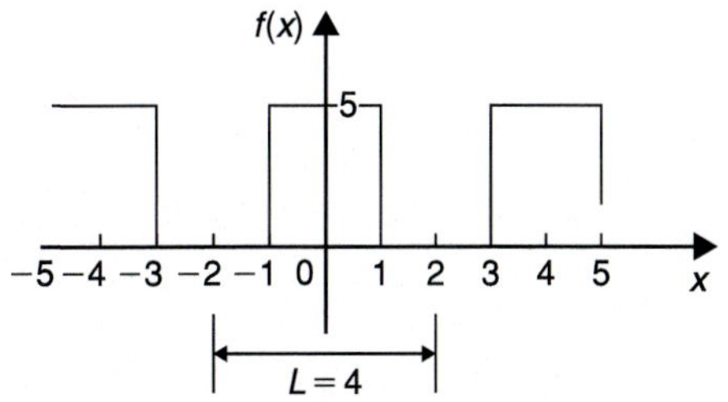

그림 76.2

그러므로 (c)항에서

$$f(x) = a_0 + \sum_{n=1}^{\infty} a_n \cos\left(\frac{2\pi nx}{L}\right)$$

$$a_0 = \frac{1}{L}\int_{\frac{-L}{2}}^{\frac{L}{2}} f(x)\,dx = \frac{1}{4}\int_{-2}^{2} f(x)\,dx$$

$$= \frac{1}{4}\left\{\int_{-2}^{-1} 0\,dx + \int_{-1}^{1} 5\,dx + \int_{1}^{2} 0\,dx\right\}$$

$$= \frac{1}{4}[5x]_{-1}^{1} = \frac{1}{4}[(5) - (-5)] = \frac{10}{4} = \frac{5}{2}$$

$$a_n = \frac{2}{L}\int_{\frac{-L}{2}}^{\frac{L}{2}} f(x)\cos\left(\frac{2\pi nx}{L}\right)dx$$

$$= \frac{2}{4}\int_{-2}^{2} f(x)\cos\left(\frac{2\pi nx}{4}\right)dx$$

$$= \frac{1}{2}\left\{\int_{-2}^{-1} 0\cos\left(\frac{\pi nx}{2}\right)dx + \int_{-1}^{1} 5\cos\left(\frac{\pi nx}{2}\right)dx + \int_{1}^{2} 0\cos\left(\frac{\pi nx}{2}\right)dx\right\}$$

$$= \frac{5}{2}\left[\frac{\sin\frac{\pi nx}{2}}{\frac{\pi n}{2}}\right]_{-1}^{1}$$

$$= \frac{5}{\pi n}\left[\sin\left(\frac{\pi n}{2}\right) - \sin\left(\frac{-\pi n}{2}\right)\right]$$

n이 짝수일 때, $a_n = 0$이고
n이 홀수일 때,

$$a_1 = \frac{5}{\pi}(1 - (-1)) = \frac{10}{\pi}$$

$$a_3 = \frac{5}{3\pi}(-1 - 1) = \frac{-10}{3\pi}$$

$$a_5 = \frac{5}{5\pi}(1 - (-1)) = \frac{10}{5\pi} \text{ 등이다.}$$

그러므로 함수 $f(x)$에 대한 푸리에 급수는 다음과 같다.

$$\mathbf{f(x) = \frac{5}{2} + \frac{10}{\pi}\left[\cos\left(\frac{\pi x}{2}\right) - \frac{1}{3}\cos\left(\frac{3\pi x}{2}\right) + \frac{1}{5}\cos\left(\frac{5\pi x}{2}\right) - \frac{1}{7}\cos\left(\frac{7\pi x}{2}\right) + \cdots\right]}$$

문제 3. $t = 0$부터 $t = 3$까지 구간에서 $f(t) = t$인 함수에 대한 푸리에 급수를 구하시오.

0부터 3 사이에서 함수 $f(t) = t$는 그림 76.3에 나타낸다. 비록 이 함수가 주기적이지는 않지만, 그림 76.3의 점선으로 나타낸 것처럼 주어진 구간 밖에서 주기가 3인 주기함수로 구성될 수 있다.

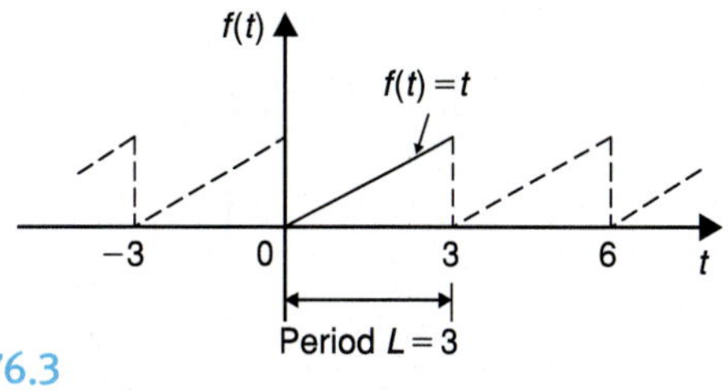

그림 76.3

(c)항에서 푸리에 급수는 다음과 같이 주어진다.

$$f(t) = a_0 + \sum_{n=1}^{\infty}\left[a_n\cos\left(\frac{2\pi nt}{L}\right) + b_n\sin\left(\frac{2\pi nt}{L}\right)\right]$$

$$a_0 = \frac{1}{L}\int_{\frac{-L}{2}}^{\frac{L}{2}} f(t)\,dx = \frac{1}{L}\int_{0}^{L} f(t)\,dx$$

$$= \frac{1}{3}\int_0^3 t\,dt = \frac{1}{3}\left[\frac{t^2}{2}\right]_0^3 = \frac{3}{2}$$

$$a_n = \frac{2}{L}\int_{\frac{-L}{2}}^{\frac{L}{2}} f(t)\cos\left(\frac{2\pi nt}{L}\right)dt$$

$$= \frac{2}{L}\int_0^L t\cos\left(\frac{2\pi nt}{L}\right)dt$$

$$= \frac{2}{3}\int_0^3 t\cos\left(\frac{2\pi nt}{3}\right)dt$$

$$= \frac{2}{3}\left[\frac{t\sin\left(\frac{2\pi nt}{3}\right)}{\left(\frac{2\pi n}{3}\right)} + \frac{\cos\left(\frac{2\pi nt}{3}\right)}{\left(\frac{2\pi n}{3}\right)^2}\right]_0^3$$

$$= \frac{2}{3}\left[\left\{\frac{3\sin 2\pi n}{\left(\frac{2\pi n}{3}\right)} + \frac{\cos 2\pi n}{\left(\frac{2\pi n}{3}\right)^2}\right\} - \left\{0 + \frac{\cos 0}{\left(\frac{2\pi n}{3}\right)^2}\right\}\right] = 0$$

$$b_n = \frac{2}{L}\int_{\frac{-L}{2}}^{\frac{L}{2}} f(t)\sin\left(\frac{2\pi nt}{L}\right)dt$$
$$= \frac{2}{L}\int_0^L t\sin\left(\frac{2\pi nt}{L}\right)dt$$
$$= \frac{2}{3}\int_0^3 t\sin\left(\frac{2\pi nt}{3}\right)dt$$
$$= \frac{2}{3}\left[\frac{-t\cos\left(\frac{2\pi nt}{3}\right)}{\left(\frac{2\pi n}{3}\right)} + \frac{\sin\left(\frac{2\pi nt}{3}\right)}{\left(\frac{2\pi n}{3}\right)^2}\right]_0^3$$
$$= \frac{2}{3}\left[\left\{\frac{-3\cos 2\pi n}{\left(\frac{2\pi n}{3}\right)} + \frac{\sin 2\pi n}{\left(\frac{2\pi n}{3}\right)^2}\right\} - \left\{0 + \frac{\sin 0}{\left(\frac{2\pi n}{3}\right)^2}\right\}\right]$$
$$= \frac{2}{3}\left[\frac{-3\cos 2\pi n}{\left(\frac{2\pi n}{3}\right)}\right] = \frac{-3}{\pi n}\cos 2\pi n = \frac{-3}{\pi n}$$

그러므로 $b_1 = \frac{-3}{\pi}$, $b_2 = \frac{-3}{2\pi}$, $b_3 = \frac{-3}{3\pi}$ 등이 된다.

따라서 0부터 3까지 구간에서 함수 $f(t)$의 푸리에 급수는 다음과 같다.

$$\boldsymbol{f(t) = \frac{3}{2} - \frac{3}{\pi}\left[\sin\left(\frac{2\pi t}{3}\right) + \frac{1}{2}\sin\left(\frac{4\pi t}{3}\right) + \frac{1}{3}\sin\left(\frac{6\pi t}{3}\right) + \cdots\right]}$$

+ 이제 다음의 예제들을 풀어보시오.

연습 문제 263 임의의 구간 L에서의 푸리에 급수

1. 사각파 발생기로부터의 전압이 다음과 같은 형태이고,

$$v(t) = \begin{cases} 0, & -10 < t < 0 \\ 5, & 0 < t < 10 \end{cases}$$

주기가 20인 주기함수이다. 이 함수의 푸리에 급수가 다음과 같이 유도됨을 증명하시오.

$$v(t) = \frac{5}{2} + \frac{10}{\pi}\left[\sin\left(\frac{\pi t}{10}\right) + \frac{1}{3}\sin\left(\frac{3\pi t}{10}\right) + \frac{1}{5}\sin\left(\frac{5\pi t}{10}\right) + \cdots\right]$$

2. $x = 0$에서 $x = 5$까지의 구간에서 $f(x) = x$에 대한 푸리에 급수를 구하시오.
3. 주기가 4인 주기함수가 다음과 같이 정의된다.

$$f(x) = \begin{cases} -3, & -2 < x < 0 \\ +3, & 0 < x < 2 \end{cases}$$

이 함수의 개략도를 그리고 푸리에 급수를 구하시오.

4. 다음과 같은 반파장의 정류된 사인파 전압 $V\sin t$의 푸리에 급수를 구하시오.

$$f(t) = \begin{cases} V\sin t, & 0 < t < \pi \\ 0, & \pi < t < 2\pi \end{cases}$$

이 함수의 주기는 2π이다.

76.2 구간 L에서 정의된 함수에 대한 반구간 푸리에 급수

(a) $u = \frac{\pi x}{L}$로 치환하면, $x = 0$부터 $x = L$까지의 구간은 $u = 0$부터 $u = \pi$까지의 구간으로 대체된다(76.1절 참조). 그러므로 이런 함수는 코사인 항 또는 사인 항 중의 하나만의 항으로 전개될 수 있으며, 이는 즉 **반구간 푸리에 급수**라고 한다.

(b) 0부터 L까지의 구간에서 **반구간 코사인 급수**는 다음과 같이 전개할 수 있다.

$$f(x) = a_0 + \sum_{n=1}^{\infty} a_n \cos\left(\frac{n\pi x}{L}\right)$$

여기서, $a_0 = \frac{1}{L}\int_0^L f(x)dx$

$$a_n = \frac{2}{L}\int_0^L f(x)\cos\left(\frac{n\pi x}{L}\right)dx$$

(c) 0부터 L까지의 구간에서 **반구간 사인 급수**는 다음과 같이 전개할 수 있다.

$$f(x) = \sum_{n=1}^{\infty} b_n \sin\left(\frac{n\pi x}{L}\right)$$

여기서, $b_n = \frac{2}{L}\int_0^L f(x)\sin\left(\frac{n\pi x}{L}\right)dx$

문제 4. 구간 $0 \le x \le 2$에서 함수 $f(x) = x$에 대한 반구간 푸리에 코사인 급수를 구하시오. 주어진 구간의 내부와 외부에서의 함수를 그리시오.

반구간 푸리에 코사인 급수는 우함수이다. 0부터 2까지의 구간에서 $f(x) = x$의 그래프는 그림 76.4에 나타냈으며,

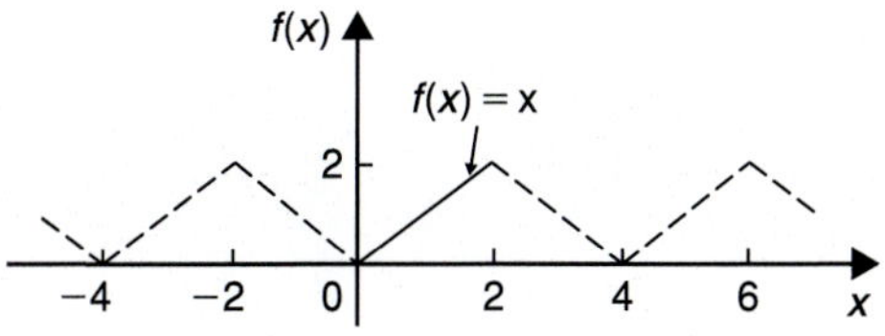

그림 76.4

그림의 점선으로 나타낸 것처럼 $f(x)$ 축에 대해 대칭으로 이 구간 밖으로 확장된다.

(b)항으로부터, 반구간 코사인 급수는

$$f(x) = a_0 + \sum_{n=1}^{\infty} a_n \cos\left(\frac{n\pi x}{L}\right)$$

$$a_0 = \frac{1}{L}\int_0^L f(x)\,dx = \frac{1}{2}\int_0^2 x\,dx$$

$$= \frac{1}{2}\left[\frac{x^2}{2}\right]_0^2 = 1$$

$$a_n = \frac{2}{L}\int_0^L f(x)\cos\left(\frac{n\pi x}{L}\right)dx$$

$$= \frac{2}{2}\int_0^2 x\cos\left(\frac{n\pi x}{2}\right)dx$$

$$= \left[\frac{x\sin\left(\frac{n\pi x}{2}\right)}{\left(\frac{n\pi}{2}\right)} + \frac{\cos\left(\frac{n\pi x}{2}\right)}{\left(\frac{n\pi}{2}\right)^2}\right]_0^2$$

$$= \left[\left(\frac{2\sin n\pi}{\left(\frac{n\pi}{2}\right)} + \frac{\cos n\pi}{\left(\frac{n\pi}{2}\right)^2}\right) - \left(0 + \frac{\cos 0}{\left(\frac{n\pi}{2}\right)^2}\right)\right]$$

$$= \left[\frac{\cos n\pi}{\left(\frac{n\pi}{2}\right)^2} - \frac{1}{\left(\frac{n\pi}{2}\right)^2}\right]$$

$$= \left(\frac{2}{\pi n}\right)^2(\cos n\pi - 1)$$

n이 짝수일 때, $a_n = 0$

$$a_1 = \frac{-8}{\pi^2},\ a_3 = \frac{-8}{\pi^2 3^2},\ a_5 = \frac{-8}{\pi^2 5^2},\ \cdots$$

그러므로 0부터 2까지의 구간에서 $f(x)$에 대한 반구간 푸리에 코사인 급수는 다음과 같다.

$$\boldsymbol{f(x) = 1 - \frac{8}{\pi^2}\left[\cos\left(\frac{\pi x}{2}\right) + \frac{1}{3^2}\cos\left(\frac{3\pi x}{2}\right) + \frac{1}{5^2}\cos\left(\frac{5\pi x}{2}\right) + \cdots\right]}$$

문제 5. 구간 $0 \le x \le 2$에서 함수 $f(x) = x$에 대한 반구간 푸리에 사인 급수를 구하시오. 주어진 구간의 내부와 외부에서의 함수를 그리시오.

반구간 푸리에 사인 급수는 기함수이다. 0부터 2까지의 구간에서 $f(x) = x$의 그래프는 그림 76.5에 나타냈으며, 그림의 점선으로 나타낸 것처럼 원점에 대해 대칭으로 이 구간 밖으로 확장된다.

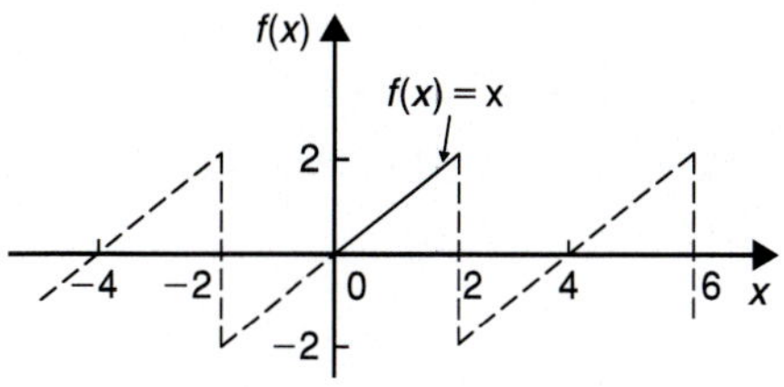

그림 76.5

(c)항으로부터, 반구간 사인 급수는

$$f(x) = \sum_{n=1}^{\infty} b_n \sin\left(\frac{n\pi x}{L}\right)$$

$$b_n = \frac{2}{L}\int_0^L f(x)\sin\left(\frac{n\pi x}{L}\right)dx$$

$$= \frac{2}{2}\int_0^2 x\sin\left(\frac{n\pi x}{L}\right)dx$$

$$= \left[\frac{-x\cos\left(\frac{n\pi x}{2}\right)}{\left(\frac{n\pi}{2}\right)} + \frac{\sin\left(\frac{n\pi x}{2}\right)}{\left(\frac{n\pi}{2}\right)^2}\right]_0^2$$

$$= \left[\left(\frac{-2\cos n\pi}{\left(\frac{n\pi}{2}\right)} + \frac{\sin n\pi}{\left(\frac{n\pi}{2}\right)^2}\right) - \left(0 + \frac{\sin 0}{\left(\frac{n\pi}{2}\right)^2}\right)\right]$$

$$= \frac{-2\cos n\pi}{\frac{n\pi}{2}} = \frac{-4}{n\pi}\cos n\pi$$

따라서 $b_1 = \frac{-4}{\pi}(-1) = \frac{4}{\pi}$

$$b_2 = \frac{-4}{2\pi}(1) = \frac{-4}{2\pi}$$

$$b_3 = \frac{-4}{3\pi}(-1) = \frac{4}{3\pi}$$ 등이다.

그러므로 0부터 2까지의 구간에서 반구간 푸리에 사인 급수는 다음과 같다.

$$\boldsymbol{f(x) = \frac{4}{\pi}\left[\sin\left(\frac{\pi x}{2}\right) - \frac{1}{2}\sin\left(\frac{2\pi x}{2}\right) + \frac{1}{3}\sin\left(\frac{3\pi x}{2}\right) - \frac{1}{4}\sin\left(\frac{4\pi x}{2}\right) + \cdots\right]}$$

✚ 이제 다음의 예제들을 풀어보시오.

연습 문제 264 구간 L에서의 반구간 푸리에 급수

1. 구간 $0 \le x \le 3$에서 함수 $f(x) = x$에 대한 반구간 푸리에 코사인 급수를 구하시오. 주어진 구간의 내부와 외부에서의 함수를 그리시오.
2. 구간 $0 \le x \le 3$에서 함수 $f(x) = x$에 대한 반구간 푸리에 사인 급수를 구하시오. 주어진 구간의 내부와 외부에서의 함수를 그리시오.
3. 다음과 같이 정의된 함수에 대하여 반구간 푸리에 사인 급수를 구하시오.

$$f(t) = \begin{cases} t, & 0 < t < 1 \\ (2-t), & 1 < t < 2 \end{cases}$$

4. 구간 $0 \le x \le 4$에서 함수 $f(\theta) = \theta^2$에 대한 반구간 푸리에 코사인 급수가 다음과 같음을 증명하시오.

$$f(\theta) = \frac{16}{3} - \frac{64}{\pi^2}\left(\cos\left(\frac{\pi\theta}{4}\right) - \frac{1}{2^2}\cos\left(\frac{2\pi\theta}{4}\right) + \frac{1}{3^2}\cos\left(\frac{3\pi\theta}{4}\right) - \cdots\right)$$

주어진 구간의 내부와 외부에서의 함수를 그리시오.

Chapter 77

고조파해석의 수치기법

고조파해석의 수치기법을 이해하는 것이 왜 중요한가?

음악에서, 어떤 음이 주파수 f를 가진다면, 그 주파수의 정수배인 $2f$, $3f$, $4f$ 등은 고조파(harmonics)라고 알려져 있다. 결과적으로, 중복파의 수학적인 연구를 고조파해석(Harmonic analysis)이라고 한다. 신호처리, 의학 화상(medical imaging), 천문학, 광학, 양자역학 등은 고조파해석을 적극적으로 활용하는 분야이다. 이 장에서는 사다리꼴 법칙을 사용하는 고조파해석의 간단한 방법을 설명한다.

이 장에서는 다음 사항에 대해 공부한다.

- 고조파해석의 정의
- 표나 그래프 형태의 데이터에 대한 고조파해석
- 복합파형에 대한 고조파해석의 작업을 간단히 하는 방법

77.1 서론

많은 실제 파형들을 간단한 수학식으로 나타낼 수 있으며, 73장부터 76장에서 설명된 것처럼 그 파형들의 고조파성분의 크기는 푸리에 급수에 의해 결정된다. 이 영역에 들지 않는 파형들에 대해서는 수치기법에 의해서 분석을 할 수 있다. **고조파해석**은 오름차순 주파수의 정현파에 들어있는 주기성이 있는 비정현적 양을 푸는 과정이다.

77.2 표나 그래프의 형태로 주어진 데이터에 대한 고조파해석

73장부터 76장까지 사용된 푸리에 계수 a_0, a_n, b_n은 함수들의 적분에 모두 필요하다. 즉,

$$a_0 = \frac{1}{2\pi}\int_{-\pi}^{\pi} f(x)\mathrm{d}x = \frac{1}{2\pi}\int_{0}^{2\pi} f(x)\,\mathrm{d}x$$

$= -\pi$부터 π 또는 0부터 2π의 구간에서 $f(x)$의 평균값

$$a_n = \frac{1}{\pi}\int_{-\pi}^{\pi} f(x)\cos nx\,\mathrm{d}x$$

$$= \frac{1}{\pi}\int_{0}^{2\pi} f(x)\cos nx\,\mathrm{d}x$$

= 0부터 2π의 구간에서 $f(x)\cos nx$의 평균값의 2배

$$b_n = \frac{1}{\pi}\int_{-\pi}^{\pi} f(x)\sin nx\,\mathrm{d}x$$

$$= \frac{1}{\pi}\int_{0}^{2\pi} f(x)\sin nx\,\mathrm{d}x$$

=0부터 2π의 구간에서 $f(x)\sin nx$의 평균값의 2배

그렇지만, 불규칙적인 파형은 통상 수학공식으로 정의되지 않으며, 그래서 푸리에 계수는 미적분학으로 결정될 수

없다. 이런 경우에는, 푸리에 계수를 계산하기 위해 **사다리꼴 법칙**과 같은 근사법을 사용할 수 있다.

분석된 대부분의 실제 파형은 주기성이 있다. 파형의 주기를 2π로 놓고, 그림 77.1과 같이 p개의 부분으로 분할한다. 따라서 각 부분의 간격은 $\frac{2\pi}{p}$이다. 각 부분의 세로축 좌표를 $y_0, y_1, y_2, \ldots\, y_p$로 표시한다($y_0 = y_p$ 임에 주의하시오). 사다리꼴 법칙은 다음과 같다.

$$\text{면적} = (\text{간격의 폭})\left[\frac{1}{2}(\text{처음} + \text{마지막 세로축 좌표}) + \text{남은 세로축 좌표의 합}\right]$$

$$\approx \frac{2\pi}{p}\left[\frac{1}{2}(y_0 + y_p) + y_1 + y_2 + y_3 + \cdots\right]$$

$y_0 = y_p$이므로, $\frac{1}{2}(y_0 + y_p) = y_0 = y_p$

그러므로 면적 $\approx \frac{2\pi}{p}\sum_{k=1}^{p} y_k$

$$\text{평균값} = \frac{\text{면적}}{\text{밑변의 길이}}$$

$$\approx \frac{1}{2\pi}\left(\frac{2\pi}{p}\right)\sum_{k=1}^{p} y_k \approx \frac{1}{p}\sum_{k=1}^{p} y_k$$

a_0는 0부터 2π의 구간에서 $f(x)$의 평균값이고,

따라서 $$\boldsymbol{a_0 \approx \frac{1}{p}\sum_{k=1}^{p} y_k} \qquad (1)$$

유사하게, a_n은 0부터 2π의 구간에서 $f(x)\cos nx$의 평균값의 두 배이고,

따라서 $$\boldsymbol{a_n \approx \frac{2}{p}\sum_{k=1}^{p} y_k \cos nx_k} \qquad (2)$$

그리고, b_n은 0부터 2π의 구간에서 $f(x)\sin nx$의 평균값의 두 배이고,

따라서 $$\boldsymbol{b_n \approx \frac{2}{p}\sum_{k=1}^{p} y_k \sin nx_k} \qquad (3)$$

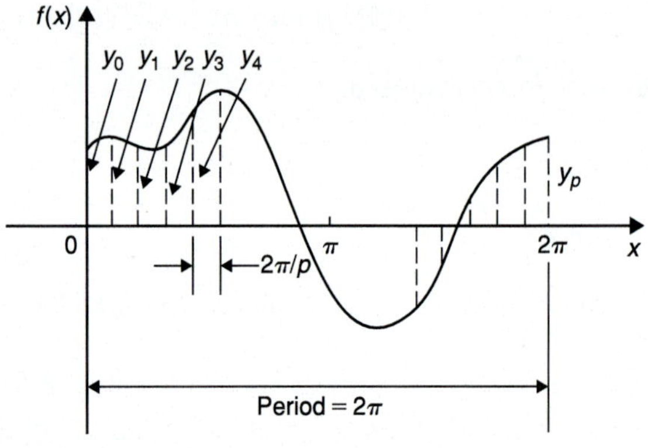

그림 77.1

문제 1. 한 주기 내에서 시간에 따라 변하는 전압 값이 다음과 같다.

$\theta°$ (degrees)	V (volts)	$\theta°$ (degrees)	V (volts)
30	62	210	−28
60	35	240	24
90	−38	270	80
120	−64	300	96
150	−63	330	90
180	−52	360	70

각도 θ에 대한 전압 V의 그래프를 그리고 처음 3개의 고조파 항으로 분석하시오. 각 계수는 소수점 이하 두 자리까지 계산하시오.

각도 θ에 대한 전압 V의 그래프는 그림 77.2에 나타냈다. 0부터 2π의 구간은 12개의 같은 간격으로 나뉘므로 각 간격은 $\frac{2\pi}{12}$, 즉 $\frac{\pi}{6}$ rad 또는 30°이다. 표에 나타낸 바와 같이 세로축 좌표의 값 $y_1, y_2, y_3, \ldots$는 62, 35, −38, ...이다. 만일 더 많은 간격을 사용하면 더 높은 정확도를 얻을 수 있다. 계수 값을 계산하기 위해 필요한 데이터는 표 77.1에 나타낸다.

식 (1)에서, $p = 12$이므로

$$a_0 \approx \frac{1}{p}\sum_{k=1}^{p} y_k = \frac{1}{12}(212)$$

$$= 17.67$$

식 (2)에서, $a_n \approx \frac{2}{p}\sum_{k=1}^{p} y_k \cos nx_k$이므로

$$a_1 \approx \frac{2}{12}(417.94) = 69.66$$

$$a_2 \approx \frac{2}{12}(-39) = -6.50$$

$$a_3 \approx \frac{2}{12}(-49) = -8.17$$

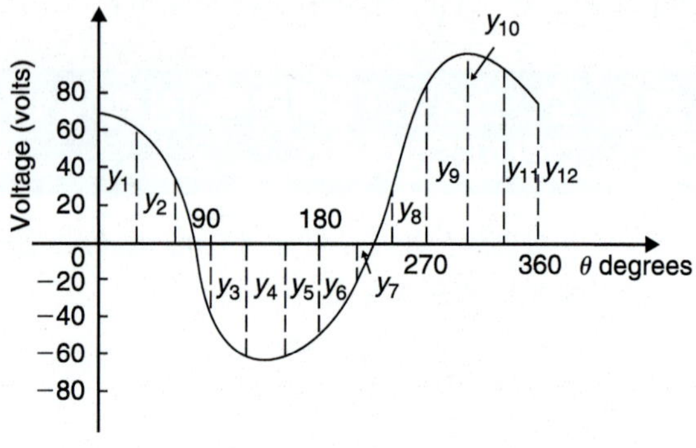

그림 77.2

표 77.1

Ordinates	$\theta°$	V	$\cos\theta$	$V\cos\theta$	$\sin\theta$	$V\sin\theta$	$\cos 2\theta$	$V\cos 2\theta$	$\sin 2\theta$	$V\sin 2\theta$	$\cos 3\theta$	$V\cos 3\theta$	$\sin 3\theta$	$V\sin 3\theta$
y_1	30	62	0.866	53.69	0.5	31	0.5	31	0.866	53.69	0	0	1	62
y_2	60	35	0.5	17.5	0.866	30.31	−0.5	−17.5	0.866	30.31	−1	−35	0	0
y_3	90	−38	0	0	1	−38	−1	38	0	0	0	0	−1	38
y_4	120	−64	−0.5	32	0.866	−55.42	−0.5	32	−0.866	55.42	1	−64	0	0
y_5	150	−63	−0.866	54.56	0.5	−31.5	0.5	−31.5	−0.866	54.56	0	0	1	−63
y_6	180	−52	−1	52	0	0	1	−52	0	0	−1	52	0	0
y_7	210	−28	−0.866	24.25	−0.5	14	0.5	−14	0.866	−24.25	0	0	−1	28
y_8	240	24	−0.5	−12	−0.866	−20.78	−0.5	−12	0.866	20.78	1	24	0	0
y_9	270	80	0	0	−1	−80	−1	−80	0	0	0	0	1	80
y_{10}	300	96	0.5	48	−0.866	−83.14	−0.5	−48	−0.866	−83.14	−1	−96	0	0
y_{11}	330	90	0.866	77.94	−0.5	−45	0.5	45	−0.866	−77.94	0	0	−1	−90
y_{12}	360	70	1	70	0	0	1	70	0	0	1	70	0	0
$\sum_{k=1}^{12} y_k = (212)$			$\sum_{k=1}^{12} y_k \cos\theta_k = 417.94$		$\sum_{k=1}^{12} y_k \sin\theta_k = -278.53$		$\sum_{k=1}^{12} y_k \cos 2\theta_k = -39$		$\sum_{k=1}^{12} y_k \sin 2\theta_k = 29.43$		$\sum_{k=1}^{12} y_k \cos 3\theta_k = -49$		$\sum_{k=1}^{12} y_k \sin 3\theta_k = 55$	

식 (3)에서, $b_n \approx \frac{2}{p}\sum_{k=1}^{p} y_k \sin nx_k$이므로

$$b_1 \approx \frac{2}{12}(-278.53) = -46.42$$

$$b_2 \approx \frac{2}{12}(29.43) = 4.91$$

$$b_3 \approx \frac{2}{12}(55) = 9.17$$

이 값들을 푸리에 급수에 대입하면:

$$f(x) = a_0 + \sum_{n=1}^{\infty}(a_n \cos nx + b_n \sin nx)$$

다음과 같다.

$$\begin{aligned} V = 17.67 + 69.66\cos\theta - 6.50\cos 2\theta \\ -8.17\cos 3\theta + \cdots - 46.42\sin\theta \\ +4.91\sin 2\theta + 9.17\sin 3\theta + \cdots \end{aligned} \quad (4)$$

식 (4)에서 $(-46.42\sin\theta + 69.66\cos\theta)$는 기본 항을 구성하고, $(4.91\sin 2\theta - 6.50\cos 2\theta)$가 2차 고조파 항, 그리고 $(9.17\sin 3\theta \ -8.17\cos 3\theta)$가 3차 고조파 항을 구성한다.

19장에 나타낸 다음의 식에서:

$$a\sin\omega t + b\cos\omega t = R\sin(\omega t + \alpha)$$

여기서, $a = R\cos\alpha$, $b = R\sin\alpha$, $R = \sqrt{a^2+b^2}$

그리고 $\alpha = \tan^{-1}\frac{b}{a}$이다.

기본 항에 대해서 $R = \sqrt{(-46.42)^2 + (69.66)^2}$

$= 83.71$

만일 $a = R\cos\alpha$이면, $\cos\alpha = \frac{a}{R} = \frac{-46.42}{83.71}$로 음수이고,

만일 $b = R\sin\alpha$이면, $\sin\alpha = \frac{b}{R} = \frac{69.66}{83.71}$로 양수이다.

$\cos\alpha$가 음수이고 $\sin\alpha$가 양수인 유일한 사분면은 두 번째 사분면이다.

따라서 $\alpha = \tan^{-1}\frac{b}{a} = \tan^{-1}\frac{69.66}{-46.42}$

$= 123.68°$ 또는 2.16 rad

그러므로

$$(-46.42\sin\theta + 69.66\cos\theta) = 83.71\sin(\theta + 2.16)$$

같은 방법으로 2차 고조파 항은

$$(4.91\sin 2\theta - 6.50\cos 2\theta) = 8.15\sin(2\theta - 0.92)$$

그리고 3차 고조파 항은

$$(9.17\sin 3\theta - 8.17\cos 3\theta) = 12.28\sin(3\theta - 0.73)$$

그러므로 식 (4)를 다시 정리하면

$$\begin{aligned} V = 17.67 + 83.71\sin(\theta + 2.16) \\ +8.15\sin(2\theta - 0.92) \\ +12.28\sin(3\theta - 0.73)\ \text{volts} \end{aligned}$$

이 식은 복합파형으로 27장에 사용된 형태와 같다.

+ 이제 다음의 예제들을 풀어보시오.

연습 문제 265 수치적인 고조파해석

문제 1부터 3까지 표에 나타낸 값으로 주기함수를 나타내기 위한 푸리에 급수를 결정하시오. 3차 고조파 항까지, 각 계수는 소수점 이하 두 자리까지 구하시오. 각각 12개의 세로축 좌표를 사용하시오.

1.

Angle $\theta°$	30	60	90	120	150	180
Displacement y	40	43	38	30	23	17

Angle $\theta°$	210	240	270	300	330	360
Displacement y	11	9	10	13	21	32

2.

Angle $\theta°$	0	30	60	90	120	150
Voltage v	−5.0	−1.5	6.0	12.5	16.0	16.5

Angle $\theta°$	180	210	240	270	300	330
Voltage v	15.0	12.5	6.5	−4.0	−7.0	−7.5

3.

Angle $\theta°$	30	60	90	120	150	180
Current i	0	−1.4	−1.8	−1.9	−1.8	−1.3

Angle $\theta°$	210	240	270	300	330	360
Current i	0	2.2	3.8	3.9	3.5	2.5

77.3 복합파형 고찰

경우에 따라 특정 파형 특성 검사로 파형의 고조파 구성성분을 예측할 수 있다.

(i) 만일 주기적 파형이 가로축 상부의 면적이 하부의 면적과 같다면 평균값은 0이 된다. 따라서 $a_0 = 0$ (그림 77.3(a))

(ii) **우함수**는 세로축에 대해 대칭이고 **sine 항을 포함하지 않는다**(그림 77.3(b)).

(iii) **기함수**는 원점에 대해 대칭이고 **cosine 항을 포함하지 않는다**(그림 77.3(c)).

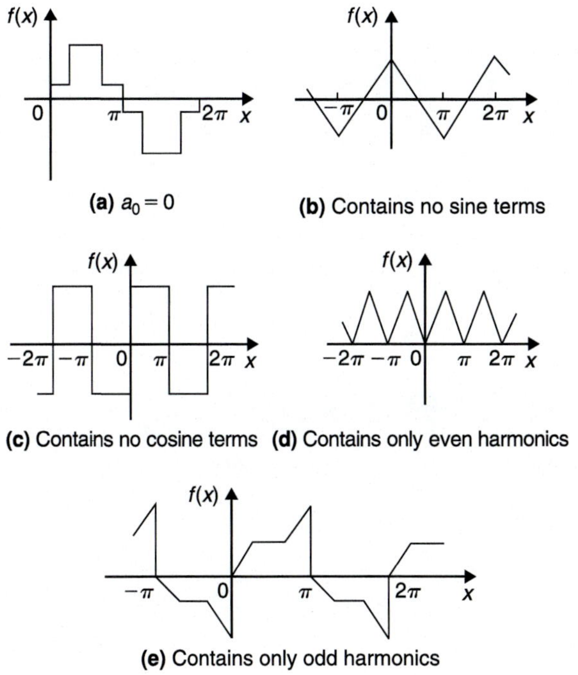

그림 77.3

(iv) $f(x) = f(x+\pi)$와 같은 식은 반 사이클마다 반복되고 **우수고조파**만 존재한다(그림 77.3(d)).

(v) $f(x) = -f(x+\pi)$와 같은 식은 같은 모양의 양과 음의 사이클을 가지는 파형을 나타내며 **기수고조파**만 존재한다(그림 77.3(e)).

문제 2. 그림 77.4에 나타낸 파형이 어떤 고조파(harmonics)인지 푸리에 계수는 계산하지 말고 설명하시오.

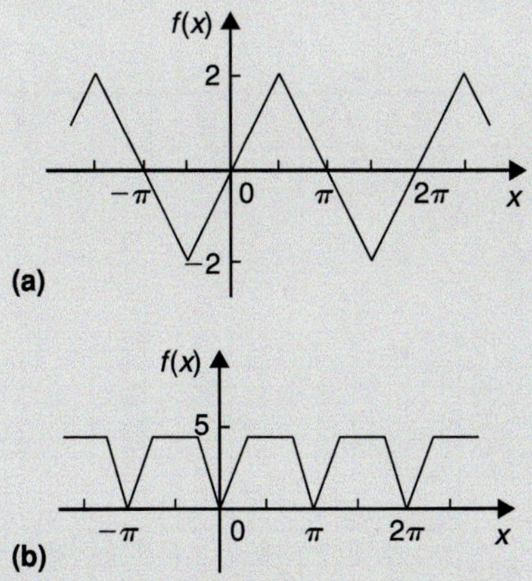

그림 77.4

(a) 77.4(a)에 나타낸 파형은 원점에 대해 대칭이고 따라서 기함수이다. 기함수는 cosine 항을 포함하지 않는다. 또한, 이 파형은 $f(x) = -f(x+\pi)$와 같은 식의 특성, 즉 양과 음의 반 사이클이 동일한 모양이다. 이러한 파형에서는 기수고조파만 나타날 수 있다. 그러므로 그림 77.4(a)에 나타낸 파형은 **기수의 sine 항만을 포함한다.** x축의 상부와 하부의 면적이 같으므로 $a_0 = 0$이다.

(b) 그림 77.4(b)에 나타낸 파형은 $f(x)$ 축에 대해 대칭이고 따라서 우함수이다. 우함수는 sine 항을 포함하지 않는다. 또한, 이 파형은 $f(x) = -f(x+\pi)$와 같은 식의 특성, 즉 반 사이클마다 반복된다. 이러한 파형에서는 우수고조파만 나타날 수 있다. 그러므로 그림 77.4(b)에 나타낸 파형은 상수항 a_0와 **우수의 cosine 항만을 포함한다.**

문제 3. 그림 77.5에 교류전류 i 암페어를 나타낸다. 이 파형을 5차 고조파 항까지 포함하는 범위에서 분석하시오. 간격은 30°로 하고 소수점 이하 두 자리까지 계산하시오.

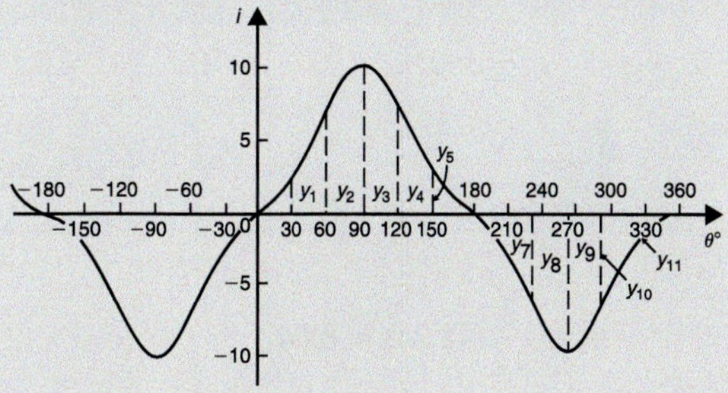

그림 77.5

그림 77.5에 대하여 다음의 특성을 알 수 있다.

(i) θ축에 대하여 상부와 하부의 면적이 같으므로 평균값은 0이다. 따라서 상수항, 또는 직류 구성요소, $a_0 = 0$이다.

(ii) 파형이 원점에 대해 대칭이므로 함수 i는 기함수이며, 이는 푸리에 급수에 cosine 항이 존재하지 않는다는 것을 의미한다.

(iii) 파형은 $f(\theta) = -f(\theta+\pi)$의 형태로 기수고조파만 존재한다는 것을 의미한다.

파형 특성을 검토하는 것은 불필요한 계산을 피하게 해준다. 이 경우 푸리에 급수는 기수의 sine 항만 존재하므로,

$$i = b_1 \sin\theta + b_3 \sin 3\theta + b_5 \sin 5\theta + \cdots$$

표 77.1과 같은 계산을 할 때 cosine 항을 계산한 열, 우수의 sine 항을 계산한 열을 제외할 수 있으며, 표 77.2에 5차 고조파 항까지 포함하는 계산 값을 나타낸다. 이 값을 사용하여 푸리에 계수 b_1, b_3, b_5를 결정할 수 있다. y_1, y_2, y_3, … y_{12}로 표시한 12개의 좌표를 그림 77.5에 나타낸다. 식 (3)에서,

$$b_n = \frac{2}{p}\sum_{k=1}^{p} i_k \sin n\theta_k,\ \text{여기서 } p = 12$$

표 77.2

Ordinate	θ	i	$\sin\theta$	$i\sin\theta$	$\sin 3\theta$	$i\sin 3\theta$	$\sin 5\theta$	$i\sin 5\theta$
y_1	30	2	0.5	1	1	2	0.5	1
y_2	60	7	0.866	6.06	0	0	−0.866	−6.06
y_3	90	10	1	10	−1	−10	1	10
y_4	120	7	0.866	6.06	0	0	−0.866	−6.06
y_5	150	2	0.5	1	1	2	0.5	1
y_6	180	0	0	0	0	0	0	0
y_7	210	−2	−0.5	1	−1	2	−0.5	1
y_8	240	−7	−0.866	6.06	0	0	0.866	−6.06
y_9	270	−10	−1	10	1	−10	−1	10
y_{10}	300	−7	−0.866	6.06	0	0	0.866	−6.06
y_{11}	330	−2	−0.5	1	−1	2	−0.5	1
y_{12}	360	0	0	0	0	0	0	0
			$\sum_{k=1}^{12} y_k \sin\theta_k = 48.24$		$\sum_{k=1}^{12} y_k \sin 3\theta_k = -12$		$\sum_{k=1}^{12} y_k \sin 5\theta_k = -0.24$	

따라서 $b_1 \approx \dfrac{2}{12}(48.24) = 8.04,$

$b_3 \approx \dfrac{2}{12}(-12) = -2.00,$

그리고 $b_5 \approx \dfrac{2}{12}(-0.24) = -0.04$

그러므로 전류 i에 대한 푸리에 급수는 다음과 같다.

$$\boldsymbol{i = 8.04 \sin\theta - 2.00 \sin 3\theta - 0.04 \sin 5\theta}$$

+ **이제 다음의 예제들을 풀어보시오.**

연습 문제 266 고조파해석 수치기법

1. 계산은 하지 말고, 그림 77.6에 나타낸 파형에 어떤 조파가 존재하는지 서술하시오.

2. 3차 고조파 항을 포함하는 범위까지 그 구성조파에 대하여 30° 간격으로 그림 77.7(a)의 각도 θ에 대한 변위 y의 주기적 파형을 분석하시오.

3. 그림 77.7(b)에 나타낸 전류의 파형에 대하여 푸리에 급수에 왜 직류 구성요소와 우수 cosine 항만 존재할 것인지 설명하고, $\pi/6$ rad의 간격으로 6차 고조파 항까지 포함하는 급수를 결정하시오.

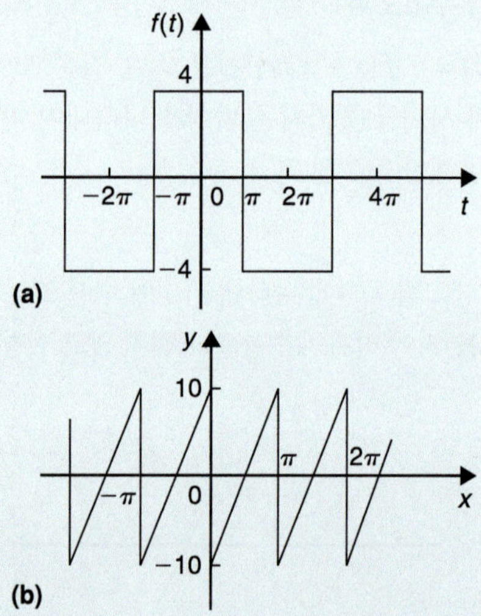

그림 77.6

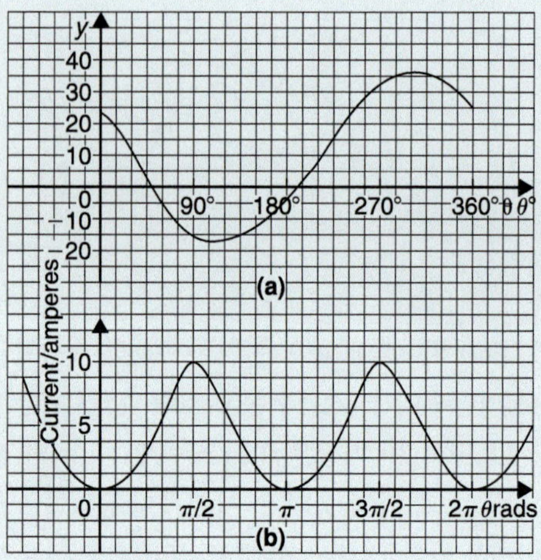

그림 77.7

4. 그림 77.8의 파형으로 주어진 주기함수 y를 표현하는 3차 고조파 항까지의 푸리에 급수를 결정하시오. 파형분석에는 12개의 간격을 취하시오.

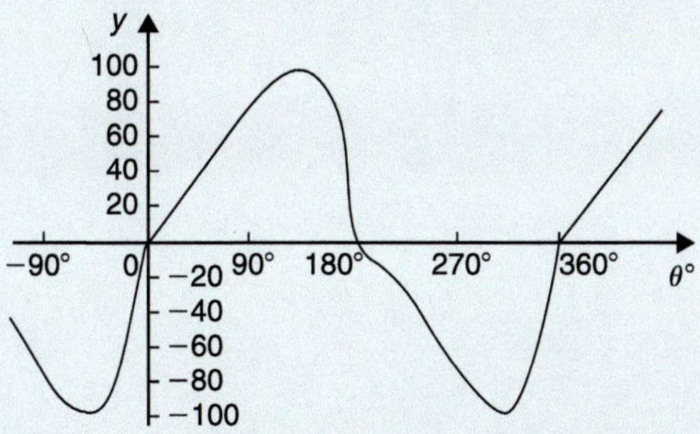

그림 77.8

Chapter 78

복소수 또는 지수형식의 푸리에 급수

조화해석의 복소수 또는 지수형식의 푸리에 급수를 이해하는 것이 왜 중요한가?

푸리에 급수는 앞의 장에 나타낸 것과 같은 사인과 코사인의 합으로서 뿐만 아니라 복소지수의 합으로도 표현될 수도 있다. 복소지수는 삼각함수 형태보다 더 편리하고 간편하게 푸리에 급수를 표현하는 방법을 제공한다. 이것은 또한 크기와 위상응답을 쉽게 계산할 수 있도록 한다. 예를 들면, 이 형식은 회로이론과 제어이론에서 공학자들이 널리 사용한다. 이 장에서는 삼각함수와 지수함수가 어떻게 등가가 되는가를 설명한다.

이 장에서는 다음 사항에 대해 공부한다.

- 지수 또는 복소수형식의 푸리에 급수의 유도
- 푸리에 급수를 위한 복소수 계수의 유도
- 주어진 함수에 대한 복소수 푸리에 급수의 결정
- 복소수 계수 대칭관계의 추론
- 파형의 주파수 스펙트럼의 이해
- 다양한 정현전압에 대하여 지수함수 형태로 페이저(Phasor)의 결정

78.1 서론

73장부터 77장까지의 푸리에 급수에 사용된 형식은 코사인과 사인 항으로 구성되었다. 그러나 일반적으로 사용되는 다른 형식이 있다. 그것은 직접적으로 주파수 스펙트럼에서의 진폭 항을 제공하며, 페이저(Phasor) 표기법과 관련이 있다. 이 형식은 복소수 항을 포함한다(22장, 23장을 보라). 이것을 **지수** 또는 **복소수형식**의 푸리에 급수라고 한다.

78.2 지수 또는 복소수 표기법

23.4절에 나타낸 식 (4)와 (5)에서

$$e^{j\theta} = \cos\theta + j\sin\theta \qquad (1)$$

그리고 $$e^{-j\theta} = \cos\theta - j\sin\theta \qquad (2)$$

식 (1)과 (2)를 더하면

$$e^{j\theta} + e^{-j\theta} = 2\cos\theta$$

여기서, $$\cos\theta = \frac{e^{j\theta} + e^{-j\theta}}{2} \qquad (3)$$

마찬가지로, 식 (1) − 식 (2)는

$$e^{j\theta} - e^{-j\theta} = 2j\sin\theta$$

여기서, $$\sin\theta = \frac{e^{j\theta} - e^{-j\theta}}{2j} \qquad (4)$$

따라서, 76.1절의 임의의 구간 L에서의 푸리에 급수 $f(x)$는

$$f(x)=a_0+\sum_{n=1}^{\infty}\left[a_n\cos\left(\frac{2\pi nx}{L}\right)+b_n\sin\left(\frac{2\pi nx}{L}\right)\right]$$

다음과 같이 변형될 수 있다.

$$f(x)=a_0+\sum_{n=1}^{\infty}\left[a_n\left(\frac{e^{j\frac{2\pi nx}{L}}+e^{-j\frac{2\pi nx}{L}}}{2}\right)+b_n\left(\frac{e^{j\frac{2\pi nx}{L}}-e^{-j\frac{2\pi nx}{L}}}{2j}\right)\right]$$

b_n 항의 분자 분모에 $-j$를 곱하면 ($j^2=-1$임에 주의하시오)

$$f(x)=a_0+\sum_{n=1}^{\infty}\left[a_n\left(\frac{e^{j\frac{2\pi nx}{L}}+e^{-j\frac{2\pi nx}{L}}}{2}\right)-jb_n\left(\frac{e^{j\frac{2\pi nx}{L}}-e^{-j\frac{2\pi nx}{L}}}{2}\right)\right]$$

위 식을 다시 정렬하면

$$f(x)=a_0+\sum_{n=1}^{\infty}\left[\left(\frac{a_n-jb_n}{2}\right)e^{j\frac{2\pi nx}{L}}+\left(\frac{a_n+jb_n}{2}\right)e^{-j\frac{2\pi nx}{L}}\right] \quad (5)$$

푸리에 계수 a_0, a_n, b_n은 다음과 같은 복소수 계수 c_0, c_n, c_{-n}으로 치환할 수 있다.

$$c_0=a_0 \quad (6)$$

$$c_n=\frac{a_n-jb_n}{2} \quad (7)$$

그리고 $$c_{-n}=\frac{a_n+jb_n}{2} \quad (8)$$

여기서 c_{-n}은 c_n의 켤레복소수(complex conjugate)를 나타낸다.

그러므로 식 (5)는 다음과 같이 고쳐 쓸 수 있다.

$$f(x)=c_0+\sum_{n=1}^{\infty}c_n e^{j\frac{2\pi nx}{L}}+\sum_{n=1}^{\infty}c_{-n}e^{-j\frac{2\pi nx}{L}} \quad (9)$$

$e^0=1$ 이므로, c_0 항은 $n=0$ 일 때 c_n 항의 적산에 추가되는 하나의 항이 되므로 적산 항 안으로 흡수될 수 있다. 따라서

$$f(x)=\sum_{n=0}^{\infty}c_n e^{j\frac{2\pi nx}{L}}+\sum_{n=1}^{\infty}c_{-n}e^{-j\frac{2\pi nx}{L}} \quad (10)$$

c_{-n} 항은 $n=1$ 부터 $n=\infty$까지인 적산 한계를 $n=-1$ 부터 $n=-\infty$까지로 바꿔 쓸 수 있다. n이 음수이므로 지수 항은 $e^{j\frac{2\pi nx}{L}}$, 그리고 c_{-n}은 c_n이 된다. 따라서

$$f(x)=\sum_{n=0}^{\infty}c_n e^{j\frac{2\pi nx}{L}}+\sum_{n=-1}^{-\infty}c_n e^{j\frac{2\pi nx}{L}}$$

적산 범위가 $-\infty$부터 -1, 그리고 0부터 $+\infty$까지로 확장되었으므로, 식 (10)은 다음과 같이 정리된다.

$$f(x)=\sum_{n=-\infty}^{\infty}c_n e^{j\frac{2\pi nx}{L}} \quad (11)$$

식 (11)은 **복소수** 또는 **지수형식**의 푸리에 급수이다.

78.3 복소수 계수

식 (7)에서, 복소수 계수 c_n은 다음과 같이 정의되었다.

$$c_n=\frac{a_n-jb_n}{2}$$

그러나 a_n과 b_n은 다음과 같이 정의된다.

$$a_n=\frac{2}{L}\int_{-\frac{L}{2}}^{\frac{L}{2}}f(x)\cos\left(\frac{2\pi nx}{L}\right)dx$$

$$b_n=\frac{2}{L}\int_{-\frac{L}{2}}^{\frac{L}{2}}f(x)\sin\left(\frac{2\pi nx}{L}\right)dx$$

그러므로, $$c_n=\frac{\left(\frac{2}{L}\int_{-\frac{L}{2}}^{\frac{L}{2}}f(x)\cos\left(\frac{2\pi nx}{L}\right)dx-j\frac{2}{L}\int_{-\frac{L}{2}}^{\frac{L}{2}}f(x)\sin\left(\frac{2\pi nx}{L}\right)dx\right)}{2}$$

$$=\frac{1}{L}\int_{-\frac{L}{2}}^{\frac{L}{2}}f(x)\cos\left(\frac{2\pi nx}{L}\right)dx-j\frac{1}{L}\int_{-\frac{L}{2}}^{\frac{L}{2}}f(x)\sin\left(\frac{2\pi nx}{L}\right)dx$$

식 (3)과 (4)에서,

$$c_n=\frac{1}{L}\int_{-\frac{L}{2}}^{\frac{L}{2}}f(x)\left(\frac{e^{j\frac{2\pi nx}{L}}+e^{-j\frac{2\pi nx}{L}}}{2}\right)dx-j\frac{1}{L}\int_{-\frac{L}{2}}^{\frac{L}{2}}f(x)\left(\frac{e^{j\frac{2\pi nx}{L}}-e^{-j\frac{2\pi nx}{L}}}{2j}\right)dx$$

이 식은,

$$c_n=\frac{1}{L}\int_{-\frac{L}{2}}^{\frac{L}{2}}f(x)\left(\frac{e^{j\frac{2\pi nx}{L}}+e^{-j\frac{2\pi nx}{L}}}{2}\right)dx-\frac{1}{L}\int_{-\frac{L}{2}}^{\frac{L}{2}}f(x)\left(\frac{e^{j\frac{2\pi nx}{L}}-e^{-j\frac{2\pi nx}{L}}}{2}\right)dx$$

즉, $$c_n=\frac{1}{L}\int_{-\frac{L}{2}}^{\frac{L}{2}}f(x)e^{-j\frac{2\pi nx}{L}}dx \quad (12)$$

c_0를 결정할 때는 주의가 필요하다. 만일 n이 전개되는 식의 분모에 있으면, $n=0$일 때는 유효하지 못할 수 있다. 그런 경우에는 c_0를 구하는 것은 일반적으로 다음의 관계식으로 단순화한다.

$$c_0 = a_0 = \frac{1}{L}\int_{-\frac{L}{2}}^{\frac{L}{2}} f(x)\mathrm{d}x \qquad (13)$$

문제 1. 다음과 같이 정의된 함수의 복소수 푸리에 급수를 구하시오.

$$f(x) = \begin{cases} 0, & \text{when } -2 \le x \le -1 \\ 5, & \text{when } -1 \le x \le 1 \\ 0, & \text{when } \ \ 1 \le x \le 2 \end{cases}$$

이 함수는 주기가 4인 주어진 구간 밖에서도 주기적이다.

이 문제는 76장의 문제 2와 같은 문제이고, 이 문제로 푸리에 급수의 두 가지 형태가 동일하다는 것을 알 수 있을 것이다.

이 함수 $f(x)$는 그림 78.1에 나타냈으며, 주기 $L = 4$이다. 식 (11)에서 복소수 푸리에 급수는 다음과 같다.

$$f(x) = \sum_{n=-\infty}^{\infty} c_n \mathrm{e}^{j\frac{2\pi nx}{L}}$$

여기서 c_n은 다음과 같다.

$$c_n = \frac{1}{L}\int_{-\frac{L}{2}}^{\frac{L}{2}} f(x)\,\mathrm{e}^{-j\frac{2\pi nx}{L}}\mathrm{d}x \quad \text{(식 (12)에서)}$$

그림 78.1을 참고로, $L = 4$ 일 때,

$$\begin{aligned} c_n &= \frac{1}{4}\left\{\int_{-2}^{-1} 0\,\mathrm{d}x + \int_{-1}^{1} 5\mathrm{e}^{-j\frac{2\pi nx}{4}}\mathrm{d}x + \int_{1}^{2} 0\,\mathrm{d}x\right\} \\ &= \frac{1}{4}\int_{-1}^{1} 5\mathrm{e}^{-\frac{j\pi nx}{2}}\mathrm{d}x = \frac{5}{4}\left[\frac{\mathrm{e}^{-\frac{j\pi nx}{2}}}{-\frac{j\pi n}{2}}\right]_{-1}^{1} \\ &= \frac{-5}{j2\pi n}\left[\mathrm{e}^{-\frac{j\pi nx}{2}}\right]_{-1}^{1} = \frac{-5}{j2\pi n}\left(\mathrm{e}^{-\frac{j\pi n}{2}} - \mathrm{e}^{\frac{j\pi n}{2}}\right) \\ &= \frac{5}{\pi n}\left(\frac{\mathrm{e}^{j\frac{\pi n}{2}} - \mathrm{e}^{-j\frac{\pi n}{2}}}{2j}\right) \\ &= \frac{5}{\pi n}\sin\frac{\pi n}{2} \quad \text{(식 (4)에서)} \end{aligned}$$

그러므로 식 (11)에서 **복소수형식의 푸리에 급수**는 다음과 같다.

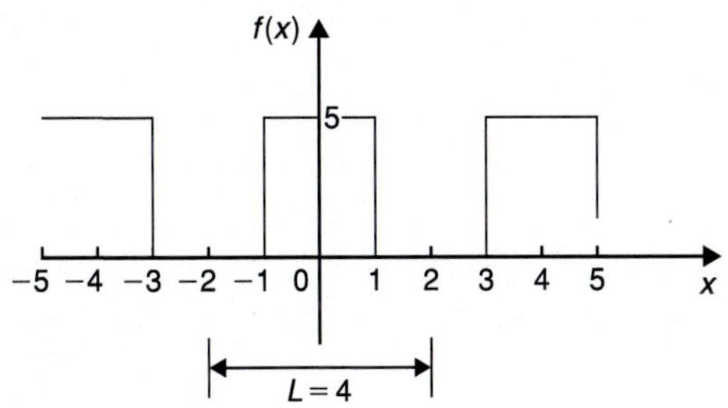

그림 78.1

$$f(x) = \sum_{n=-\infty}^{\infty} c_n \mathrm{e}^{j\frac{2\pi nx}{L}} = \sum_{n=-\infty}^{\infty} \frac{5}{\pi n}\sin\frac{\pi n}{2}\,\mathrm{e}^{j\frac{\pi nx}{2}} \qquad (14)$$

이 결과가 76장 문제 2에서 유도된 사인과 코사인 항을 포함하는 결과와 어떻게 동일한지 확인해 보자. 식 (13)에서,

$$\begin{aligned} c_0 = a_0 &= \frac{1}{L}\int_{-\frac{L}{2}}^{\frac{L}{2}} f(x)\mathrm{d}x = \frac{1}{4}\int_{-1}^{1} 5\,\mathrm{d}x \\ &= \frac{5}{4}[x]_{-1}^{1} = \frac{5}{4}[1-(-1)] = \frac{5}{2} \end{aligned}$$

$$c_n = \frac{5}{\pi n}\sin\frac{\pi n}{2} \quad \text{이므로,}$$

$$c_1 = \frac{5}{\pi}\sin\frac{\pi}{2} = \frac{5}{\pi}$$

$$c_2 = \frac{5}{2\pi}\sin\pi = 0$$

(실제로, $\sin n\pi = 0$이므로 **모든 짝수 항**은 0이 될 것이다.)

$$c_3 = \frac{5}{\pi n}\sin\frac{\pi n}{2} = \frac{5}{3\pi}\sin\frac{3\pi}{2} = -\frac{5}{3\pi}$$

마찬가지로 대입하면,

$$c_5 = \frac{5}{5\pi} \qquad c_7 = -\frac{5}{7\pi} \text{ 등이 된다.}$$

마찬가지로

$$c_{-1} = \frac{5}{-\pi}\sin\frac{-\pi}{2} = \frac{5}{\pi}$$

$$c_{-2} = -\frac{5}{2\pi}\sin\frac{-2\pi}{2} = 0 = c_{-4} = c_{-6} \text{ 등}$$

$$c_{-3} = -\frac{5}{3\pi}\sin\frac{-3\pi}{2} = -\frac{5}{3\pi}$$

$$c_{-5} = -\frac{5}{5\pi}\sin\frac{-5\pi}{2} = \frac{5}{5\pi} \text{ 등}$$

그러므로 식 (14)에 나타낸 복소수 형태로 전개된 푸리에 급수는:

$$\begin{aligned} f(x) = {} & \frac{5}{2} + \frac{5}{\pi}\mathrm{e}^{j\frac{\pi x}{2}} - \frac{5}{3\pi}\mathrm{e}^{j\frac{3\pi x}{2}} + \frac{5}{5\pi}\mathrm{e}^{j\frac{5\pi x}{2}} \\ & - \frac{5}{7\pi}\mathrm{e}^{j\frac{7\pi x}{2}} + \cdots + \frac{5}{\pi}\mathrm{e}^{-j\frac{\pi x}{2}} \\ & - \frac{5}{3\pi}\mathrm{e}^{-j\frac{3\pi x}{2}} + \frac{5}{5\pi}\mathrm{e}^{-j\frac{5\pi x}{2}} \\ & - \frac{5}{7\pi}\mathrm{e}^{-j\frac{7\pi x}{2}} + \cdots \\ = {} & \frac{5}{2} + \frac{5}{\pi}\left(\mathrm{e}^{j\frac{\pi x}{2}} + \mathrm{e}^{-j\frac{\pi x}{2}}\right) \\ & - \frac{5}{3\pi}\left(\mathrm{e}^{j\frac{3\pi x}{2}} + \mathrm{e}^{-j\frac{3\pi x}{2}}\right) \\ & + \frac{5}{5\pi}\left(\mathrm{e}^{\frac{5\pi x}{2}} + \mathrm{e}^{-j\frac{5\pi x}{2}}\right) - \cdots \end{aligned}$$

$$= \frac{5}{2} + \frac{5}{\pi}(2)\left(\frac{e^{j\frac{\pi x}{2}} + e^{-j\frac{\pi x}{2}}}{2}\right) - \frac{5}{3\pi}(2)\left(\frac{e^{j\frac{3\pi x}{2}} + e^{-j\frac{3\pi x}{2}}}{2}\right) + \frac{5}{5\pi}(2)\left(\frac{e^{j\frac{5\pi x}{2}} + e^{-j\frac{5\pi x}{2}}}{2}\right) - \cdots$$

$$= \frac{5}{2} + \frac{10}{\pi}\cos\left(\frac{\pi x}{2}\right) - \frac{10}{3\pi}\cos\left(\frac{3\pi x}{2}\right) + \frac{10}{5\pi}\cos\left(\frac{5\pi x}{2}\right) - \cdots$$

(식 (3)에서)

즉, $\boldsymbol{f(x) = \frac{5}{2} + \frac{10}{\pi}\left[\cos\left(\frac{\pi x}{2}\right) - \frac{1}{3}\cos\left(\frac{3\pi x}{2}\right) + \frac{1}{5}\cos\left(\frac{5\pi x}{2}\right) - \cdots\right]}$

이것은 76장의 문제 2에서 유도된 식과 동일하다.

따라서 $\boldsymbol{\sum_{n=-\infty}^{\infty} \frac{5}{\pi n}\sin\frac{n\pi}{2}\, e^{j\frac{\pi n x}{2}}}$는 다음과 같다.

$$\boldsymbol{\frac{5}{2} + \frac{10}{\pi}\left[\cos\left(\frac{\pi x}{2}\right) - \frac{1}{3}\cos\left(\frac{3\pi x}{2}\right) + \frac{1}{5}\cos\left(\frac{5\pi x}{2}\right) - \cdots\right]}$$

문제 2. $t = 0$부터 $t = 1$까지의 구간에서 주기가 1인 함수 $f(t) = t$에 대한 복소수 푸리에 급수가 다음과 같음을 증명하시오.

$$f(t) = \frac{1}{2} + \frac{j}{2\pi}\sum_{n=-\infty}^{\infty} \frac{e^{j2\pi nt}}{n}$$

톱니 모양의 파형을 그림 78.2에 나타낸다.

식 (11)에서, 복소수 푸리에 급수는 다음과 같다.

$$f(t) = \sum_{n=-\infty}^{\infty} c_n e^{j\frac{2\pi nt}{L}}$$

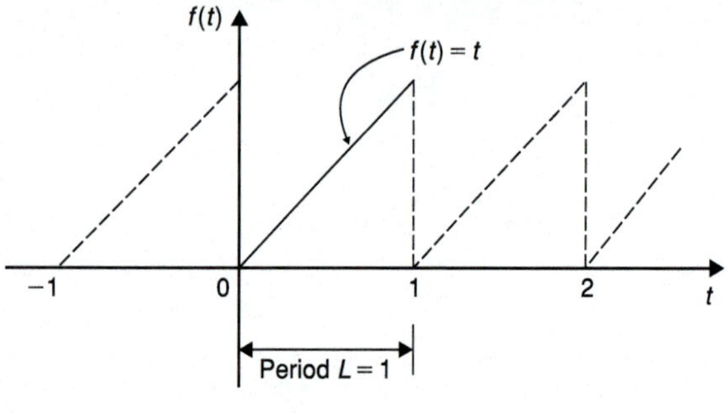

그림 78.2

그리고 주기 $L = 1$ 이므로,

$$f(t) = \sum_{n=-\infty}^{\infty} c_n e^{j2\pi nt}$$

식 (12)에서,

$$c_n = \frac{1}{L}\int_{-\frac{L}{2}}^{\frac{L}{2}} f(t) e^{-j\frac{2\pi nt}{L}} dt = \frac{1}{L}\int_0^L f(t) e^{-j\frac{2\pi nt}{L}} dt$$

그리고 $L = 1, f(t) = t$이므로,

$$c_n = \frac{1}{1}\int_0^1 t e^{-j\frac{2\pi nt}{1}} dt = \int_0^1 t e^{-j2\pi nt} dt$$

부분적분법(45장 참조)을 적용하며, $u = t$로 놓으면, $\frac{du}{dt} = 1$, $dt = du$이고, $dv = e^{-j2\pi nt}$로 놓으면,

$$v = \int e^{-j2\pi nt} dt = \frac{e^{-j2\pi nt}}{-j2\pi n}$$

따라서 $c_n = \int_0^1 t e^{-j2\pi nt} = uv - \int v\, du$

$$= \left[t \frac{e^{-j2\pi nt}}{-j2\pi n}\right]_0^1 - \int_0^1 \frac{e^{-j2\pi nt}}{-j2\pi n} dt$$

$$= \left[t \frac{e^{-j2\pi nt}}{-j2\pi n} - \frac{e^{-j2\pi nt}}{(-j2\pi n)^2}\right]_0^1$$

$$= \left(\frac{e^{-j2\pi n}}{-j2\pi n} - \frac{e^{-j2\pi n}}{(-j2\pi n)^2}\right) - \left(0 - \frac{e^0}{(-j2\pi n)^2}\right)$$

식 (2)에서,

$$c_n = \left(\frac{\cos 2\pi n - j\sin 2\pi n}{-j2\pi n} - \frac{\cos 2\pi n - j\sin 2\pi n}{(-j2\pi n)^2}\right) + \frac{1}{(-j2\pi n)^2}$$

그러나 n의 모든 정수 값에 대하여 $\cos 2\pi n = 1$이고 $\sin 2\pi n = 0$이다.

따라서 $c_n = \frac{1}{-j2\pi n} - \frac{1}{(-j2\pi n)^2} + \frac{1}{(-j2\pi n)^2}$

$$= \frac{1}{-j2\pi n} = \frac{1(j)}{-j2\pi n(j)}$$

즉, $\boldsymbol{c_n = \frac{j}{2\pi n}}$

식 (13)에서,

$$\boldsymbol{c_0} = a_0 = \frac{1}{L}\int_{-\frac{L}{2}}^{\frac{L}{2}} f(t)\,dt = \frac{1}{L}\int_0^L f(t)\,dt = \frac{1}{1}\int_0^1 t\,dt = \left[\frac{t^2}{2}\right]_0^1 = \left[\frac{1}{2} - 0\right] = \boldsymbol{\frac{1}{2}}$$

따라서 주어진 복소수 푸리에 급수는:

$$f(t)=\sum_{n=-\infty}^{\infty} c_n e^{j\frac{2\pi nt}{L}} \quad (\text{식 (11)에서})$$

즉, $f(t)=\dfrac{1}{2}+\displaystyle\sum_{n=-\infty}^{\infty}\frac{j}{2\pi n}e^{j2\pi nt}$

$$=\frac{1}{2}+\frac{j}{2\pi}\sum_{n=-\infty}^{\infty}\frac{e^{j2\pi nt}}{n}$$

문제 3. 다음과 같이 주기가 8인 파형이 있다.

$$f(x)=\begin{cases}0 & \text{when } -4\le x\le 0\\ 10 & \text{when } \ \ 0\le x\le 4\end{cases}$$

이 파형의 지수형 푸리에 급수가 다음과 같음을 증명하시오.

$$f(x)=\sum_{n=-\infty}^{\infty}\frac{5j}{n\pi}(\cos n\pi-1)\,e^{j\frac{n\pi x}{4}}$$

식 (12)에서,

$$c_n=\frac{1}{L}\int_{-\frac{L}{2}}^{\frac{L}{2}} f(x)e^{-j\frac{2\pi nx}{L}}dx$$

$$=\frac{1}{8}\left[\int_{-4}^{0}0e^{-j\frac{\pi nx}{4}}dx+\int_{0}^{4}10e^{-j\frac{\pi nx}{4}}dx\right]$$

$$=\frac{10}{8}\left[\frac{e^{-j\frac{\pi nt}{4}}}{-j\frac{\pi n}{4}}\right]_0^4=\frac{10}{8}\left(\frac{4}{-j\pi n}\right)\left[e^{-j\pi n}-1\right]$$

$$=\frac{5j}{-j^2\pi n}\left(e^{-j\pi n}-1\right)=\frac{5j}{\pi n}\left(e^{-j\pi n}-1\right)$$

식 (2)에서, $e^{-j\theta}=\cos\theta-j\sin\theta$이므로 n의 모든 정수 값에 대하여 $e^{-j\pi n}=\cos\pi n-j\sin\pi n=\cos\pi n$이다. 따라서

$$c_n=\frac{5j}{\pi n}\left(e^{-j\pi n}-1\right)=\frac{5j}{\pi n}(\cos n\pi-1)$$

식 (11)에서, 지수형 푸리에 급수는 다음과 같다.

$$f(x)=\sum_{n=-\infty}^{\infty}c_n e^{j\frac{2\pi nx}{L}}$$

$$=\sum_{n=-\infty}^{\infty}\frac{5j}{n\pi}(\cos n\pi-1)e^{j\frac{n\pi x}{4}}$$

+ 이제 다음의 예제들을 풀어보시오.

연습 문제 267 복소수형 푸리에 급수

1. 다음과 같이 정의된 함수에 대한 복소수 푸리에 급수를 결정하시오.

$$f(t)=\begin{cases}0, & \text{when } -\pi\le t\le 0\\ 2, & \text{when } \ \ 0\le t\le\pi\end{cases}$$

이 함수는 주기가 2π인 구간 밖에서도 주기적이다.

2. 그림 78.3에 나타낸 주기가 2인 파형의 복소수 푸리에 급수가 다음과 같음을 증명하시오.

$$f(t)=2+\sum_{\substack{n=-\infty\\(n\neq 0)}}^{\infty}\frac{j2}{\pi n}(\cos n\pi-1)e^{j\pi nt}$$

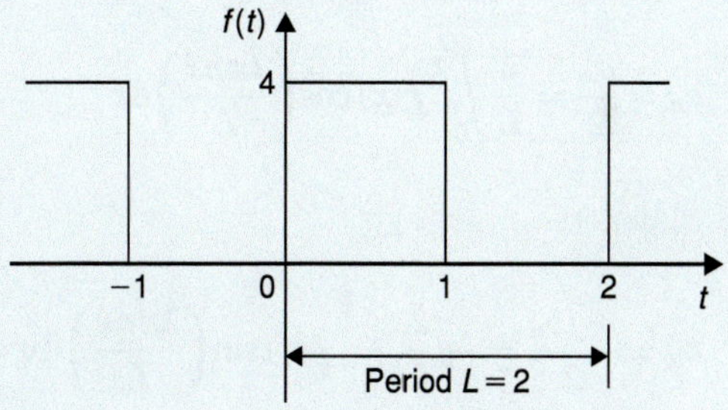

그림 78.3

3. 문제 2의 복소수 푸리에 급수가 다음과 같음을 증명하시오.

$$f(t)=2+\frac{8}{\pi}\left(\sin\pi t+\frac{1}{3}\sin 3\pi t+\frac{1}{5}\sin 5\pi t+\cdots\right)$$

4. 다음과 같은 함수에 대한 지수형 푸리에 급수를 결정하시오: $-1<t<1$의 구간과 주기가 2인 함수 $f(t)=e^{2t}$

78.4 대칭관계

만일 어떤 함수에 짝수 또는 홀수 대칭이 있으면, 계수를 결정하는 데에 시간을 절약할 수 있다.

복소수 푸리에 급수 형태에 있는 푸리에 계수는 대칭에 영향을 받는다. 앞에서 설명된 내용을 요약하면:

우함수는 세로축에 대해 대칭이고 사인 항을 포함하지 않으므로, $b_n=0$ 이다.

짝수 대칭에서,

$$a_0=\frac{1}{L}\int_0^L f(x)dx$$

$$a_n = \frac{2}{L}\int_0^L f(x)\cos\left(\frac{2\pi nx}{L}\right)dx$$
$$= \frac{4}{L}\int_0^{\frac{L}{2}} f(x)\cos\left(\frac{2\pi nx}{L}\right)dx$$

기함수는 원점에 대해 대칭이고 코사인 항을 포함하지 않으므로, $a_0 = a_n = 0$이다.
홀수 대칭에서,

$$b_n = \frac{2}{L}\int_0^L f(x)\sin\left(\frac{2\pi nx}{L}\right)dx$$
$$= \frac{4}{L}\int_0^{\frac{L}{2}} f(x)\sin\left(\frac{2\pi nx}{L}\right)dx$$

78.2절의 식 (7)에서, $c_n = \dfrac{a_n - jb_n}{2}$

그러므로 **짝수 대칭**에서, $b_n = 0$이고

$$\boldsymbol{c_n = \frac{a_n}{2} = \frac{2}{L}\int_0^{\frac{L}{2}} f(x)\cos\left(\frac{2\pi nx}{L}\right)dx} \quad (15)$$

홀수 대칭에서는 $a_n = 0$이고

$$\boldsymbol{c_n = \frac{-jb_n}{2} = -j\frac{2}{L}\int_0^{\frac{L}{2}} f(x)\sin\left(\frac{2\pi nx}{L}\right)dx} \quad (16)$$

예를 들면, 78장의 문제 1에서, 함수 $f(x)$는 우함수이며, 파형은 $f(x)$ 축에 대하여 대칭이다. 그러므로 식 (15)를 사용하여 다음과 같이 정리할 수 있다.

$$c_n = \frac{2}{L}\int_0^{\frac{L}{2}} f(x)\cos\left(\frac{2\pi nx}{L}\right)dx$$
$$= \frac{2}{4}\int_0^2 f(x)\cos\left(\frac{2\pi nx}{4}\right)dx$$
$$= \frac{1}{2}\left\{\int_0^1 5\cos\left(\frac{\pi nx}{2}\right)dx + \int_1^2 0\,dx\right\}$$
$$= \frac{5}{2}\left[\frac{\sin\left(\frac{\pi nx}{2}\right)}{\frac{\pi n}{2}}\right]_0^1 = \frac{5}{2}\left(\frac{2}{\pi n}\right)\left(\sin\frac{n\pi}{2} - 0\right)$$
$$= \boldsymbol{\frac{5}{\pi n}\sin\frac{n\pi}{2}}$$

이것은 문제 1에서의 답과 같지만, 우함수에 대한 정리를 사용하면 계수를 더 빨리 계산할 수 있다.

문제 4. 그림 78.4에 나타낸 사각파에 대하여 복소수 형태로 푸리에 급수를 구하시오.

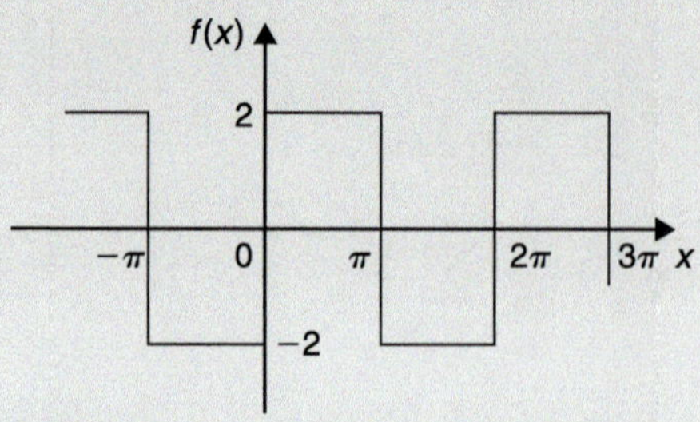

그림 78.4

방법 A

그림 78.4에 나타낸 방형파는 원점에 대칭이므로 **기함수**이다.
파형의 주기는 $L = 2\pi$이다.
그러므로 식 (16)을 사용하면:

$$c_n = -j\frac{2}{L}\int_0^{\frac{L}{2}} f(x)\sin\left(\frac{2\pi nx}{L}\right)dx$$
$$= -j\frac{2}{2\pi}\int_0^{\pi} 2\sin\left(\frac{2\pi nx}{2\pi}\right)dx$$
$$= -j\frac{2}{\pi}\int_0^{\pi}\sin nx\,dx = -j\frac{2}{\pi}\left[\frac{-\cos nx}{n}\right]_0^{\pi}$$
$$= -j\frac{2}{\pi n}\Big((-\cos\pi n) - (-\cos 0)\Big)$$

즉, $$\boldsymbol{c_n = -j\frac{2}{\pi n}[1 - \cos\pi n]} \quad (17)$$

방법 B

만일 이 함수가 기함수라는 것을 알 수 없다면, 식 (12)를 사용할 것이며, 즉

$$c_n = \frac{1}{L}\int_{-\frac{L}{2}}^{\frac{L}{2}} f(x)e^{-j\frac{2\pi nx}{L}}dx$$
$$= \frac{1}{2\pi}\int_{-\pi}^{\pi} f(x)e^{-j\frac{2\pi nx}{2\pi}}dx$$
$$= \frac{1}{2\pi}\left\{\int_{-\pi}^{0} -2e^{-jnx}dx + \int_0^{\pi} 2e^{-jnx}dx\right\}$$
$$= \frac{1}{2\pi}\left\{\left[\frac{-2e^{-jnx}}{-jn}\right]_{-\pi}^{0} + \left[\frac{2e^{-jnx}}{-jn}\right]_0^{\pi}\right\}$$
$$= \frac{1}{2\pi}\left(\frac{2}{jn}\right)\left\{\left[e^{-jnx}\right]_{-\pi}^{0} - \left[e^{-jnx}\right]_0^{\pi}\right\}$$
$$= \frac{1}{2\pi}\left(\frac{2}{jn}\right)\left\{\left[e^0 - e^{+jn\pi}\right] - \left[e^{-jn\pi} - e^0\right]\right\}$$

$$= \frac{1}{j\pi n}\left\{1 - e^{jn\pi} - e^{-jn\pi} + 1\right\}$$

$$= \frac{1}{jn\pi}\left\{2 - 2\left(\frac{e^{jn\pi} + e^{-jn\pi}}{2}\right)\right\}$$

정리하면,

$$= \frac{2}{jn\pi}\left\{1 - \left(\frac{e^{jn\pi} + e^{-jn\pi}}{2}\right)\right\}$$

$$= \frac{2}{jn\pi}\{1 - \cos n\pi\} \qquad \text{식(3)에서}$$

$$= \frac{-j2}{-j(jn\pi)}\{1 - \cos n\pi\}$$

분자, 분모에 $-j$를 곱하면,

$$\boldsymbol{c_n = -j\frac{2}{n\pi}(1 - \cos n\pi)} \qquad (17)$$

두 가지 방법 중에 A의 방법이 확실히 간단하다는 것은 명백하다.

식 (11)에서, 복소수 푸리에 급수는 다음과 같다.

$$\boldsymbol{f(x) = \sum_{n=-\infty}^{\infty} c_n e^{j\frac{2\pi nx}{L}}}$$

$$\boldsymbol{= \sum_{n=-\infty}^{\infty} -j\frac{2}{n\pi}(1 - \cos n\pi)e^{jnx}} \qquad (18)$$

문제 5. 문제 4에서 구한 복소수 푸리에 급수가 다음과 같음을 증명하시오.

$$f(x) = \frac{8}{\pi}\left(\sin x + \frac{1}{3}\sin 3x + \frac{1}{5}\sin 5x + \frac{1}{7}\sin 7x + \cdots\right)$$

(이것은 75장의 문제 3에서 사인, 코사인 항으로 구한 푸리에 급수이다.)

식 (17)에서, $c_n = -j\frac{2}{n\pi}(1 - \cos n\pi)$

$n = 1$ 일 때,

$$c_1 = -j\frac{2}{(1)\pi}(1 - \cos \pi) = -j\frac{2}{\pi}\Big(1 - (-1)\Big) = -\frac{j4}{\pi}$$

$n = 2$ 일 때,

$$c_2 = -j\frac{2}{2\pi}(1 - \cos 2\pi) = 0;$$

실제로 c_n의 모든 짝수 값은 0이다.

$n = 3$ 일 때,

$$c_3 = -j\frac{2}{3\pi}(1 - \cos 3\pi) = -j\frac{2}{3\pi}(1 - (-1)) = -\frac{j4}{3\pi}$$

비슷한 이유로,

$$c_5 = -\frac{j4}{5\pi},\ c_7 = -\frac{j4}{7\pi} \text{ 등}$$

$n = -1$ 일 때,

$$c_{-1} = -j\frac{2}{(-1)\pi}(1 - \cos(-\pi)) = +j\frac{2}{\pi}(1 - (-1)) = +\frac{j4}{\pi}$$

$n = -3$ 일 때

$$c_{-3} = -j\frac{2}{(-3)\pi}(1 - \cos(-3\pi)) = +j\frac{2}{3\pi}(1 - (-1)) = +\frac{j4}{3\pi}$$

비슷한 이유로,

$$c_{-5} = +\frac{j4}{5\pi},\ c_{-7} = +\frac{j4}{7\pi} \text{ 등}$$

홀수 파형이므로, $c_0 = a_0 = 0$

식 (18)에서,

$$f(x) = \sum_{n=-\infty}^{\infty} -j\frac{2}{n\pi}(1 - \cos n\pi)e^{jnx}$$

그러므로

$$f(x) = -\frac{j4}{\pi}e^{jx} - \frac{j4}{3\pi}e^{j3x} - \frac{j4}{5\pi}e^{j5x} - \frac{j4}{7\pi}e^{j7x} - \cdots + \frac{j4}{\pi}e^{-jx} + \frac{j4}{3\pi}e^{-j3x} + \frac{j4}{5\pi}e^{-j5x} + \frac{j4}{7\pi}e^{-j7x} + \cdots$$

$$= \left(-\frac{j4}{\pi}e^{jx} + \frac{j4}{\pi}e^{-jx}\right) + \left(-\frac{j4}{3\pi}e^{3x} + \frac{j4}{3\pi}e^{-3x}\right) + \left(-\frac{j4}{5\pi}e^{5x} + \frac{j4}{5\pi}e^{-5x}\right) + \cdots$$

$$= -\frac{j4}{\pi}\left(e^{jx} - e^{-jx}\right) - \frac{j4}{3\pi}\left(e^{3x} - e^{-3x}\right) - \frac{j4}{5\pi}\left(e^{5x} - e^{-5x}\right) + \cdots$$

$$= \frac{4}{j\pi}\left(e^{jx} - e^{-jx}\right) + \frac{4}{j3\pi}\left(e^{3x} - e^{-3x}\right) + \frac{4}{j5\pi}\left(e^{5x} - e^{-5x}\right) + \cdots$$

분자, 분모에 j를 곱하면,

$$= \frac{8}{\pi}\left(\frac{e^{jx} - e^{-jx}}{2j}\right) + \frac{8}{3\pi}\left(\frac{e^{j3x} - e^{-j3}}{2j}\right) + \frac{8}{5\pi}\left(\frac{e^{j5x} - e^{-j5x}}{2j}\right) + \cdots$$

정리하면,

$$= \frac{8}{\pi}\sin x + \frac{8}{3\pi}\sin 3x + \frac{8}{3x}\sin 5x + \cdots$$

78.2절의 식 (4)에서

즉,

$$f(x) = \frac{8}{\pi}\left(\sin x + \frac{1}{3}\sin 3x + \frac{1}{5}\sin 5x + \frac{1}{7}\sin 7x + \cdots\right)$$

그러므로

$$f(x) = \sum_{n=-\infty}^{\infty} -j\frac{2}{n\pi}(1-\cos n\pi)\,e^{jnx}$$
$$\equiv \frac{8}{\pi}\left(\sin x + \frac{1}{3}\sin 3x + \frac{1}{5}\sin 5x + \frac{1}{7}\sin 7x + \cdots\right)$$

+ 이제 다음의 예제들을 풀어보시오.

연습 문제 268 대칭관계

1. 다음과 같이 정의된 주기함수에 대한 지수형태의 푸리에 급수를 결정하시오.

$$f(x) = \begin{cases} -2, \text{ when } -\pi \le x \le -\frac{\pi}{2} \\ 2, \text{ when } -\frac{\pi}{2} \le x \le +\frac{\pi}{2} \\ -2, \text{ when } +\frac{\pi}{2} \le x \le +\pi \end{cases}$$

주기는 2π이다.

2. 위의 문제 1에서의 지수형태의 푸리에 급수가 다음과 같음을 증명하시오.

$$f(x) = \frac{8}{\pi}\left(\cos x - \frac{1}{3}\cos 3x + \frac{1}{5}\cos 5x - \frac{1}{7}\cos 7x + \cdots\right)$$

3. $-\pi$부터 $+\pi$까지 구간에서 함수 $f(t) = 2t$를 나타내는 복소수 푸리에 급수를 결정하시오.

4. 위의 문제 3에서의 복소수 푸리에 급수가 다음과 같음을 증명하시오.

$$f(t) = 4\left(\sin t - \frac{1}{2}\sin 2t + \frac{1}{3}\sin 3t - \frac{1}{4}\sin 4t + \cdots\right)$$

78.5 주파수 스펙트럼

이전 장에 나타낸 주기적 파형의 푸리에 분석에서, 파형이 시간영역 안에 물리적으로 존재하지만, 다양한 주파수 성분으로 구성된 것으로 간주될 수 있다. 이런 성분들의 진폭과 위상은 푸리에 계수 a_n과 b_n에서 구할 수 있으며, 이는 **주파수영역**으로 알려져 있다. 진폭/주파수, 위상/주파수의 도면은 파형의 **스펙트럼**으로 알려져 있다. 다음의 문제 6에 간단한 예제를 제시한다.

문제 6. 높이 20, 폭 2의 펄스가 주기 10을 가진다. 파형의 스펙트럼을 그려보시오.

펄스 신호는 그림 78.5에 나타낸다.

식 (12)에 의해 복소수 계수는 다음과 같다.

$$c_n = \frac{1}{L}\int_{-\frac{L}{2}}^{\frac{L}{2}} f(t)e^{-j\frac{2\pi nt}{L}}dt$$
$$= \frac{1}{10}\int_{-1}^{1} 20e^{-j\frac{2\pi nt}{10}}dt = \frac{20}{10}\left[\frac{e^{-j\frac{\pi nt}{5}}}{\frac{-j\pi n}{5}}\right]_{-1}^{1}$$
$$= \frac{20}{10}\left(\frac{5}{-j\pi n}\right)\left[e^{-j\frac{\pi n}{5}} - e^{j\frac{\pi n}{5}}\right]$$
$$= \frac{20}{\pi n}\left[\frac{e^{j\frac{\pi n}{5}} - e^{-j\frac{\pi n}{5}}}{2j}\right]$$

즉, $\boldsymbol{c_n = \frac{20}{\pi n}\sin\frac{n\pi}{5}}$ 78.2절의 식 (4)

식 (13)에서,

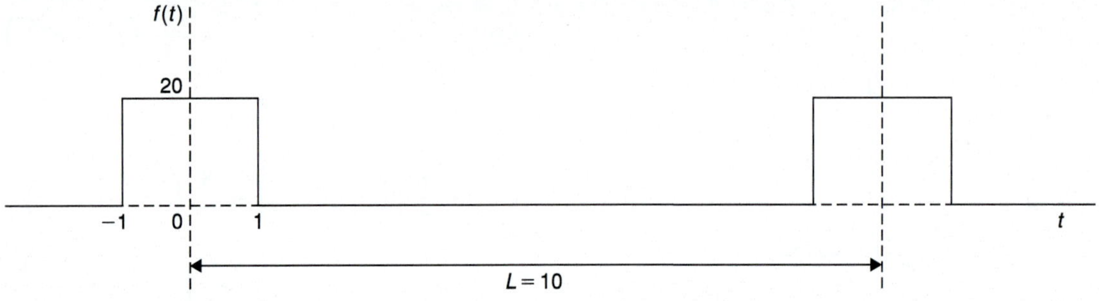

그림 78.5

$$c_0 = \frac{1}{L}\int_{-\frac{L}{2}}^{\frac{L}{2}} f(x)\,dx = \frac{1}{10}\int_{-1}^{1} 20\,dt$$
$$= \frac{1}{10}[20t]_{-1}^{1} = \frac{1}{10}[20-(-20)] = \mathbf{4}$$
$$c_1 = \frac{20}{\pi}\sin\frac{\pi}{5} = \mathbf{3.74}$$
$$c_{-1} = -\frac{20}{\pi}\sin\left(-\frac{\pi}{5}\right) = \mathbf{3.74}$$

$n = 10$까지 c_n과 c_{-n}에 대한 값을 계산하여 다음의 표에 나타낸다.

n	c_n	c_{-n}
0	4	4
1	3.74	3.74
2	3.03	3.03
3	2.02	2.02
4	0.94	0.94
5	0	0
6	−0.62	−0.62
7	−0.86	−0.86
8	−0.76	−0.76
9	−0.42	−0.42
10	0	0

조화 항 n에 대하여 그린 $|c_n|$의 그래프는 그림 78.6에 나타낸다.

그림 78.7은 n에 대한 c_n의 상응하는 도면을 보여준다.

c_n은 실수(j 항이 없는)이므로 위상은 0° 또는 그림 78.8과 같이 사인의 부호에 따라 ±180°가 되어야 한다.

c_n이 양수일 때, 즉 $n = -4$에서 $n = +4$ 사이에서, 각도 $a_n = 0°$이다.

c_n이 음수일 때, $a_n = \pm 180°$; $n = +6$에서 $n = +9$ 사이에서 a_n은 +180°, 그리고 $n = -6$에서 $n = -9$ 사이에서 a_n은 −180°이다.

그림 78.6에서 78.8은 함께 그림 78.5에 나타낸 파형의 스펙트럼을 형성한다.

78.6 페이저(Phasors)

전기공학자는 특히 교류회로, 즉 정현파 입력과 회로에 생기는 정현전류와 전압을 포함하는 회로를 분석할 필요가 있다. 일반적인 정현파 전압 함수가 다음과 같음은 15장에 나타냈다.

$$v = V_m \sin(\omega t + \alpha)\ \text{volts} \tag{19}$$

여기서 V_m은 최대 전압 또는 전압 v의 진폭이고, ω는 각속도(= $2\pi f$, f는 주파수), α는 $v = V_m \sin\omega t$ 대비 위상각이다. 유사하게, 다음과 같이 코사인 항으로 정현파 식을 나타낼 수도 있다.

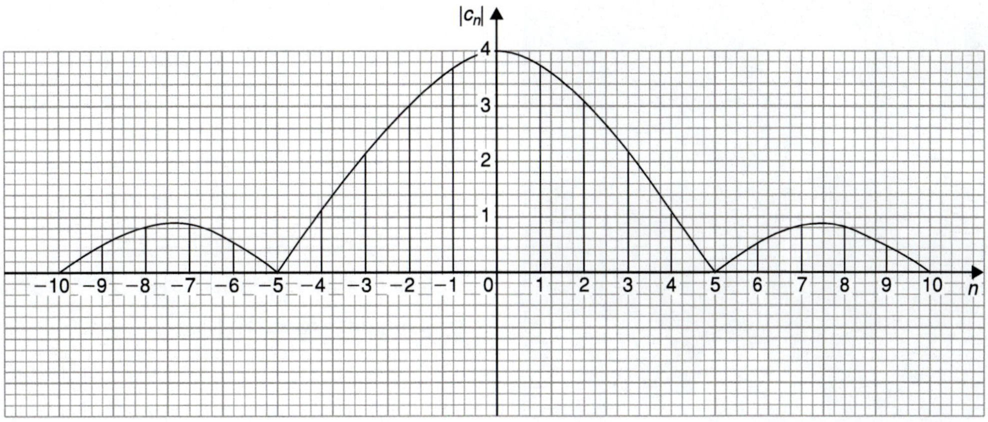

그림 78.6

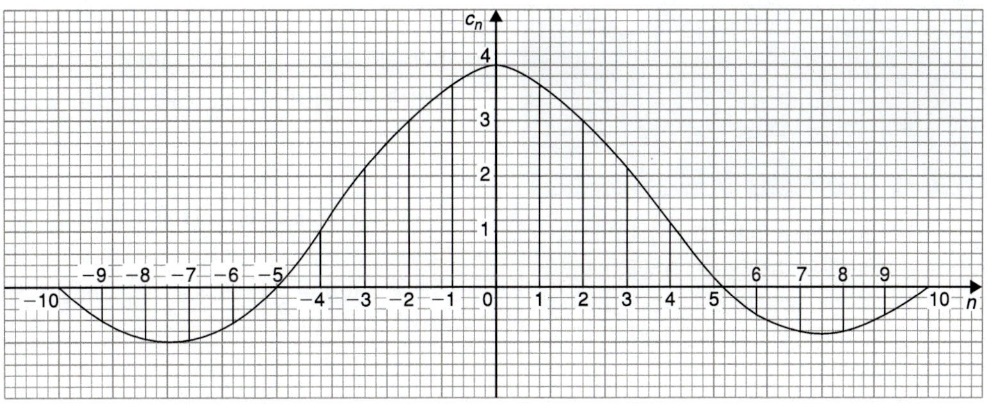

그림 78.7

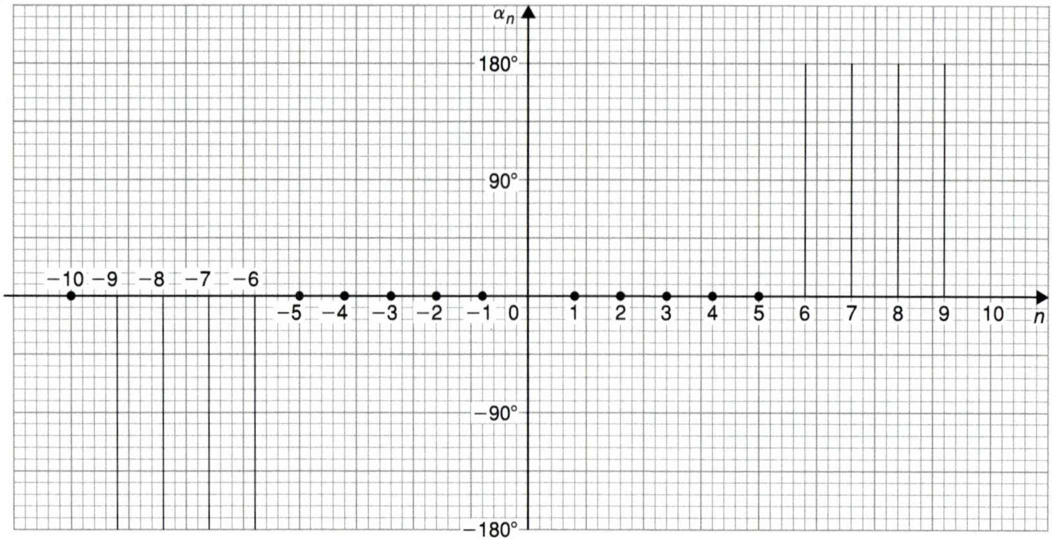

그림 78.8

$$v = V_m \cos(\omega t + \alpha)\,\text{volts} \tag{20}$$

식 (19)와 (20)의 형태를 시간영역에서 사칙연산하는 것은 매우 복잡하다. 파형을 분석하는 대체수단으로 **페이저(Phasor)**가 사용된다. 페이저는 크기와 각도 두 개의 부분으로 구별된다. 예를 들면, 복소수의 극좌표, $5\angle\pi/6$과 같이 페이저를 나타낼 수 있다. 여기서 5는 크기 또는 모듈러스이고, $\pi/6$ 라디안은 각도 또는 편각이다. 또한 23.4절에 나타낸 것처럼 $5\angle\pi/6$는 지수 형태로 $5\,e^{j\pi/6}$과 같이 나타낼 수 있다.

* 오일러는 누구인가? **Leonhard Euler**(1707년 4월 15일 – 1783년 9월 18일)는 미적분학과 그래프이론에서 중요한 발견을 한 선구적인 스위스 수학자이며 물리학자였다. 그는 또한 근대적인 수학 용어와 표기법을 도입하였다. 더 자세한 내용은 **www.routledge.com/cw/bird** 참조

23.4절의 식 (4)는 다음과 같다.

$$e^{j\theta} = \cos\theta + j\sin\theta \tag{21}$$

이 식은 **오일러*방정식**으로 알려져 있다.

식 (21)에서,

$$e^{j(\omega t+\alpha)} = \cos(\omega t + \alpha) + j\sin(\omega t + \alpha)$$

그리고 $V_m e^{j(\omega t+\alpha)} = V_m\cos(\omega t + \alpha) + jV_m\sin(\omega t + \alpha)$

따라서 식 (19) 또는 (20)과 같이 정현파로 변하는 전압은 코사인 함수 또는 사인 함수에 따라서 $V_m\,e^{j(\omega t+\alpha)}$의 실수부 또는 허수부로 고려할 수 있다.

$V_m\,e^{j(\omega t+\alpha)}$는 지수법칙에 따라 $a^{m+n} = a^m \times a^n$이므로 $V_m\,e^{j\omega t}e^{j\alpha}$로 쓸 수 있다.

$e^{j\omega t}$ 항은 반경이 각속도 ω에 따라 회전한다는 사실로부터 고려할 수 있으며, α는 시간 $t = 0$에서 반경이 회전하기 시작하는 각도이다(15.5절을 보아라).

그러므로 $V_m e^{j\omega t}e^{j\alpha}$는 **페이저**를 정의한다. 특정 회로에서 각속도 ω는 모든 성분에 대해 같으며, 그러므로 페이저는 위에 제안된 것처럼 $V_m\angle\alpha$로 충분히 묘사될 수 있다.

그렇지 않으면, 만일

$$v = V_m\cos(\omega t + \alpha)\,\text{volts}$$

그리고 $\cos\theta = \frac{1}{2}\left(e^{j\theta} + e^{-j\theta}\right)$ 78.2절 식 (3)에서

그러면 $v = V_m\left[\frac{1}{2}\left(e^{j(\omega t+\alpha)} + e^{-j(\omega t+\alpha)}\right)\right]$

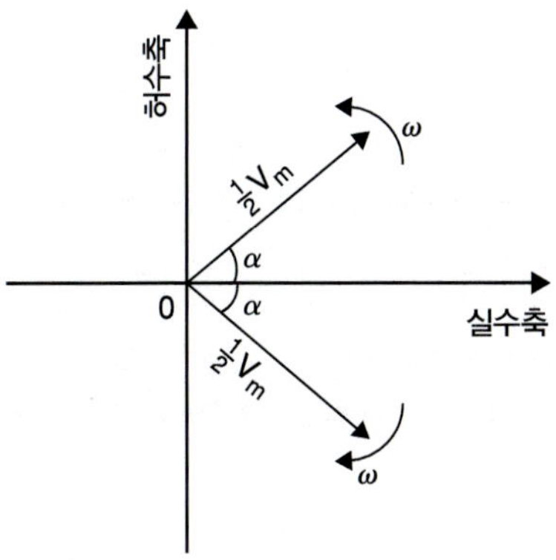

그림 78.9

즉, $$v = \frac{1}{2}V_m e^{j\omega t} e^{j\alpha} + \frac{1}{2}V_m e^{-j\omega t} e^{-j\alpha}$$

그러므로 v는 각각 절반의 크기를 가지는 두 페이저의 합이다. 여기서 그림 78.9에 나타낸 것처럼 하나는 양의 각속도 값을 가지며 (즉, 반시계방향으로 회전) 양의 α값을 가지고, 다른 하나는 음의 각속도 값을 가지며 (즉, 시계방향으로 회전) 음의 α값을 가진다.

두 페이저는 $\frac{1}{2}V_m \angle\alpha$와 $\frac{1}{2}V_m \angle-\alpha$이다.

78.2절의 식 (11)에서, 복소수 형태의 파형의 푸리에 방정식은:

양의 n 값에 대하여 $c_n e^{j\frac{2\pi nt}{L}} = c_n e^{j\omega nt}$ $\left(\omega = \frac{2\pi}{L}\right.$ 이므로$\left.\right)$
그리고 음의 n 값에 대하여 $c_n e^{-j\omega nt}$이다.

그러므로 이 항들은, 양의 각속도(반시계방향)로 회전하는 **페이저**인 양의 힘을 가지는 것과 음의 각속도(시계방향)로 회전하는 페이저인 음의 힘을 가지는 페이저를 나타내는 것으로 고려될 수 있다.
위의 식에서,

$n = 0$은 $e^0 = 1$이므로 무회전 성분을 나타내며, $n = 1$은 각속도가 1ω인 회전 성분을 나타내고, $n = 2$는 각속도가 2ω 등인 회전성분을 나타낸다.

따라서 어떤 순간에 그 순간의 파형의 크기를 제공하는 대수합으로 페이저의 조합을 얻을 수 있다.

문제 7. 다음의 전압으로 표현될 수 있는 페이저의 쌍을 결정하시오.
(a) $v = 8\cos 2t$ (b) $v = 8\cos(2t - 1.5)$

(a) 78.2절의 식 (3)에서,

$$\cos\theta = \frac{1}{2}(e^{j\theta} + e^{-j\theta})$$

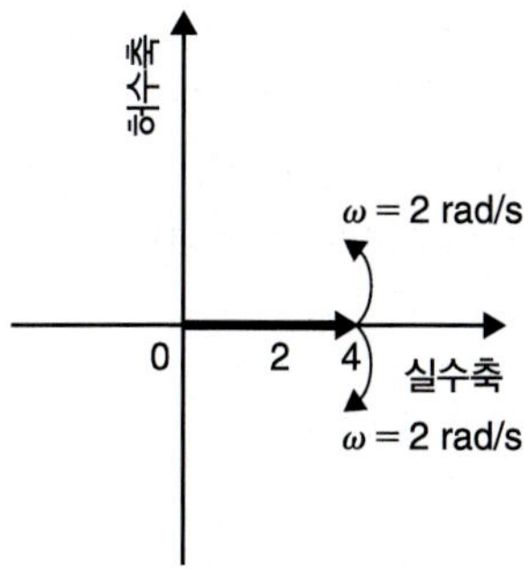

그림 78.10

그러므로

$$v = 8\cos 2t = 8\left[\frac{1}{2}\left(e^{j2t} + e^{-j2t}\right)\right]$$

$$= 4e^{j2t} + 4e^{-j2t}$$

이 식은 각속도 2 rad/s로 반시계방향(즉, 양의 방향)으로 회전하는 길이 4의 페이저와 각속도 2 rad/s로 시계방향(즉, 음의 방향)으로 회전하는 또 하나의 페이저를 나타낸다. 양쪽 페이저의 위상각은 0°이다.
이 두 페이저를 그림 78.10에 나타낸다.

(b) 78.2절의 식 (3)에서,

$$\cos\theta = \frac{1}{2}\left(e^{j\theta} + e^{-j\theta}\right)$$

그러므로 $v = 8\cos(2t - 1.5)$

$$= 8\left[\frac{1}{2}\left(e^{j(2t-1.5)} + e^{-j(2t-1.5)}\right)\right]$$

$$= 4e^{j(2t-1.5)} + 4e^{-j(2t-1.5)}$$

즉 $$v = 4e^{2t}e^{-j1.5} + 4e^{-j2t}e^{j1.5}$$

이 식은 각속도 2 rad/s로 반시계방향(즉, 양의 방향)으로 회전하는 길이가 4이고 위상각이 −1.5 rad인 페이저와 각속도 2 rad/s로 시계방향(즉, 음의 방향)으로 회전하는 길이가 4이고 위상각이 +1.5 rad인 또 하나의 페이저를 나타낸다.
이 두 페이저를 그림 78.11에 나타낸다.

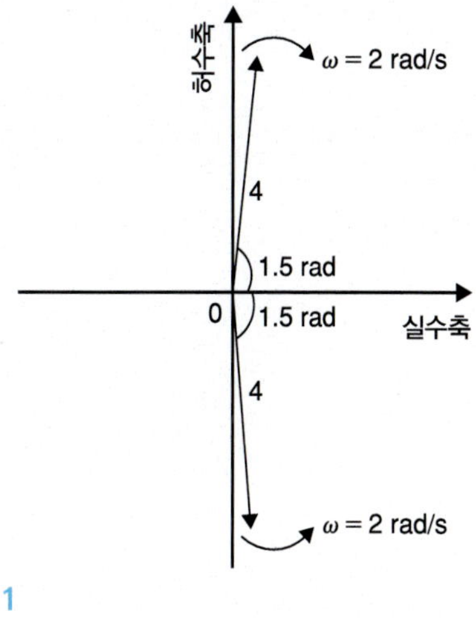

그림 78.11

문제 8. 3차 조화 항으로 표현될 수 있는 페이저의 쌍을 결정하시오.

$$v = 8\cos 3t - 20\sin 3t$$

78.2절에서 $\cos t = \frac{1}{2}\left(e^{jt} + e^{-jt}\right)$과

$\sin t = \frac{1}{2j}(e^{jt} - e^{-jt})$을 사용하면,

다음과 같이:

$$\begin{aligned} v &= 8\cos 3t - 20\sin 3t \\ &= 8\left[\frac{1}{2}\left(e^{j3t} + e^{-j3t}\right)\right] \\ &\qquad - 20\left[\frac{1}{2j}\left(e^{j3t} - e^{-j3t}\right)\right] \\ &= 4e^{j3t} + 4e^{-j3t} - \frac{10}{j}e^{j3t} + \frac{10}{j}e^{-j3t} \\ &= 4e^{j3t} + 4e^{-j3t} - \frac{10(j)}{j(j)}e^{j3t} + \frac{10(j)}{j(j)}e^{-j3t} \\ &= 4e^{j3t} + 4e^{-j3t} + 10je^{j3t} - 10je^{-j3t} \end{aligned}$$

$j^2 = -1$ 이므로

$$= (4 + j10)e^{j3t} + (4 - j10)e^{-j3t}$$

$$\begin{aligned} (4 + j10) &= \sqrt{4^2 + 10^2}\angle\tan^{-1}\left(\frac{10}{4}\right) \\ &= 10.77\angle 1.19 \end{aligned}$$

그리고 $(4 - j10)$

$$= 10.77\angle -1.19$$

따라서 $\boldsymbol{v = 10.77\angle 1.19 + 10.77\angle -1.19}$

그러므로 v는 각속도 3 rad/s로 반시계방향으로 회전하는 페이저 $10.77\angle 1.19$, 그리고 각속도 3 rad/s로 시계방향으로 회전하는 페이저 $10.77\angle -1.19$로 구성된다.

+ 이제 다음의 예제들을 풀어보시오.

연습 문제 269 페이저

1. 다음의 전압으로 표현될 수 있는 페이저의 쌍을 결정하시오.

   (a) $v = 4\cos 4t$ (b) $v = 4\cos(4t + \pi/2)$

2. 다음에 나타낸 조화 항을 표현할 수 있는 페이저의 쌍을 결정하시오.

   $$v = 10\cos 2t - 12\sin 2t$$

3. 기본파 전류 $i = 6\sin t + 4\cos t$를 나타낼 수 있는 페이저의 쌍을 구하시오.

복습 테스트 20 푸리에 급수

이 복습 테스트는 73장부터 78장에서 다룬 내용을 포함한다. 각 문제의 배점은 각 식의 마지막 괄호 안에 나타낸다.

1. 다음과 같이 정의된 주기함수 $f(x)$에 대한 푸리에 급수를 구하시오.

$$f(x) = \begin{cases} -1, & \text{when } -\pi \le x \le 0 \\ 1, & \text{when } \quad 0 \le x \le \pi \end{cases}$$

이 함수는 주기 2π인 구간 밖에서도 주기적이다. (13)

2. $-\pi$에서 $+\pi$까지의 구간에서 $f(t) = t$를 나타내는 푸리에 급수를 구하시오. (13)

3. 구간 $0 \le \theta \le \pi$에서 함수 $f(\theta) = \theta$를 (a) 반 구간 코사인 급수, (b) 반 구간 사인 급수로 전개하시오. (18)

4. (a) 다음과 같이 정의된 파형을 그리시오.

$$f(x) = \begin{cases} 0, & \text{when } -4 \le x \le -2 \\ 3, & \text{when } -2 \le x \le 2 \\ 0, & \text{when } \quad 2 \le x \le 4 \end{cases}$$

그리고 주기가 8인 이 구간 밖에서도 주기적이다.

(b) (a)의 파형이 홀수인지, 짝수인지 아니면 어느 쪽도 아닌지 명시하시오.

(c) (a)에서 정의된 함수에 대한 푸리에 급수를 유도하시오. (15)

5. 각도 θ로 회전하는 도르래의 변위 y가 다음과 같다.

θ	y
30	3.99
60	4.01
90	3.60
120	2.84
150	1.84
180	0.88
210	0.27
240	0.13
270	0.45
300	1.25
330	2.37
360	3.41

파형을 그리고, 3차 고조파 항까지 푸리에 급수를 구성하시오. (23)

6. 그림 RT20.1에 나타낸 것과 같은 직각의 파형이 있다.

(a) 이 파형이 기함수인지 우함수인지 밝히시오.

(b) 복소수 형태로 이 파형에 대한 푸리에 급수를 구하시오.

(c) (b)에서의 복소수 푸리에 급수가 다음과 같음을 증명하시오.

$$f(x) = \frac{20}{\pi}\left(\sin x + \frac{1}{3}\sin 3x + \frac{1}{5}\sin 5x + \frac{1}{7}\sin 7x + \cdots\right)$$

(18)

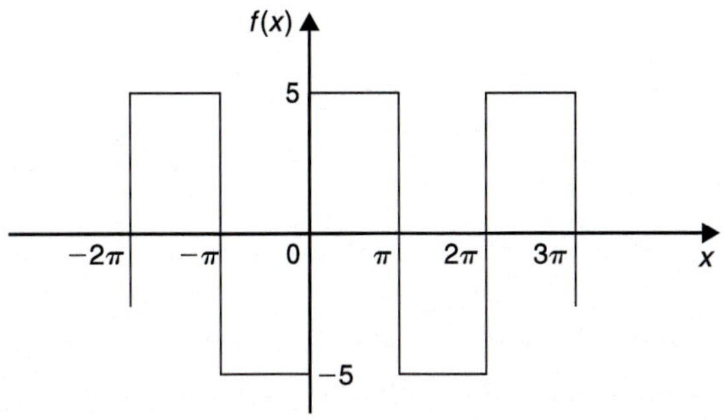

그림 RT20.1

Essential formulae

중요한 공식

수와 대수학

지수 법칙:

$a^m \times a^n = a^{m+n}$ $\quad \dfrac{a^m}{a^n} = a^{m-n}$ $\quad (a^m)^n = a^{mn}$

$a^{\frac{m}{n}} = \sqrt[n]{a^m}$ $\quad a^{-n} = \dfrac{1}{a^n}$ $\quad a^0 = 1$

근의 공식

$ax^2 + bx + c = 0$ 이면 $x = \dfrac{-b \pm \sqrt{b^2 - 4ac}}{2a}$

인수 공식

$x = a$가 방정식 $f(x) = 0$의 근이면, $(x - a)$는 $f(x)$의 인수이다.

나머지 정리

$(ax^2 + bx + c)$가 $(x - p)$에 의하여 나누어지면 나머지는 아래와 같다.

$ap^2 + bp + c$

또는 $(ax^3 + bx^2 + cx + d)$가 $(x - p)$로 나누어 지면 나머지는 아래와 같다.

$ap^3 + bp^2 + cp + d$

부분 분수

분모 $f(x)$의 차수가 연관되는 분자의 차수보다 작으면, 다음과 항등식은 전형적인 부분 분수가 사용된 예제이다:

$$\frac{f(x)}{(x+a)(x+b)(x+c)} \equiv \frac{A}{(x+a)} + \frac{B}{(x+b)} + \frac{C}{(x+c)}$$

$$\frac{f(x)}{(x+a)^3(x+b)} \equiv \frac{A}{(x+a)} + \frac{B}{(x+a)^2} + \frac{C}{(x+a)^3} + \frac{D}{(x+b)}$$

$$\frac{f(x)}{(ax^2+bx+c)(x+d)} \equiv \frac{Ax+B}{(ax^2+bx+c)} + \frac{C}{(x+d)}$$

로그 정의

$y = a^x$이면 $x = \log_a y$

로그 법칙

$$\log(A \times B) = \log A + \log B$$

$$\log\left(\frac{A}{B}\right) = \log A - \log B$$

$$\log A^n = n \times \log A$$

지수 급수

$$e^x = 1 + x + \frac{x^2}{2!} + \frac{x^3}{3!} + \cdots$$

(모든 x값에 대하여 유효함.)

쌍곡선 함수

$\sinh x = \dfrac{e^x - e^{-x}}{2}$ $\quad \operatorname{cosech} x = \dfrac{1}{\sinh x} = \dfrac{2}{e^x - e^{-x}}$

$\cosh x = \dfrac{e^x + e^{-x}}{2}$ $\quad \operatorname{sech} x = \dfrac{1}{\cosh x} = \dfrac{2}{e^x + e^{-x}}$

$\tanh x = \dfrac{e^x - e^{-x}}{e^x + e^{-x}}$ $\quad \coth x = \dfrac{1}{\tanh x} = \dfrac{e^x + e^{-x}}{e^x - e^{-x}}$

$\cosh^2 x - \sinh^2 = 1$ $\quad 1 - \tanh^2 x = \operatorname{sech}^2 x$

$\coth^2 x - 1 = \operatorname{cosech}^2 x$

등차 급수

a가 첫 번째 항이고 d가 공차이며 급수 전개는 아래와 같다.

$a, a+d, a+2d, \ldots$

n번째 항: $a + (n-1)d$

n개항의 합산, $S_n = \frac{n}{2}[2a+(n-1)d]$

등비 급수

첫 번째 항의 값이 a 그리고 공비가 r이면 등비 급수는 아래와 같다.

$a, ar, ar^2, \ldots$

n개 항의 합산, $S_n = \frac{a(1-r^n)}{(1-r)}$ 또는 $\frac{a(r^n-1)}{(r-1)}$

만약 r값의 범위가 $-1 < r < 1$이면

$-1 < r < 1,\ S_\infty = \frac{a}{(1-r)}$이다.

이항 급수

$$(a+b)^n = a^n + na^{n-1}b + \frac{n(n-1)}{2!}a^{n-2}b^2 + \frac{n(n-1)(n-2)}{3!}a^{n-3}b^3 + \cdots$$

$$(1+x)^n = 1 + nx + \frac{n(n-1)}{2!}x^2 + \frac{n(n-1)(n-2)}{3!}x^3 + \cdots$$

맥클로린 급수

$$f(x) = f(0) + x\,f'(0) + \frac{x^2}{2!}f''(0) + \frac{x^3}{3!}f'''(0) + \cdots$$

뉴튼-랩슨 반복 방법

r_1이 방정식 $f(x) = 0$의 근사적인 실수 근이면, 좀 더 근접한 근사해 r_2는 다음과 같이 주어진다.

$$r_2 = r_1 - \frac{f(r_1)}{f'(r_1)}$$

부울 대수

부울 대수의 법칙과 규칙

교환 법칙: $A + B = B + A$

$A \cdot B = B \cdot A$

결합 법칙: $A+B+C=(A+B)+C$

$A \cdot B \cdot C = (A \cdot B) \cdot C$

분배 법칙: $A \cdot (B+C) = A \cdot B + A \cdot C$

$A + (B \cdot C) = (A+B) \cdot (A+C)$

합의 법칙: $A + \overline{A} = 1$

$A + 1 = 1$

$A + 0 = A$

$A + A = A$

곱의 법칙: $A \cdot \overline{A} = 0$

$A \cdot 0 = 0$

$A \cdot 1 = A$

$A \cdot A = A$

병합 법칙: $A + A \cdot B = A$

$A \cdot (A+B) = A$

$A + \overline{A} \cdot B = A + B$

드모르간의 법칙: $\overline{A+B} = \overline{A} \cdot \overline{B}$

$\overline{A \cdot B} = \overline{A} + \overline{B}$

기하와 삼각법

피타고라스 정리

$b^2 = a^2 + c^2$

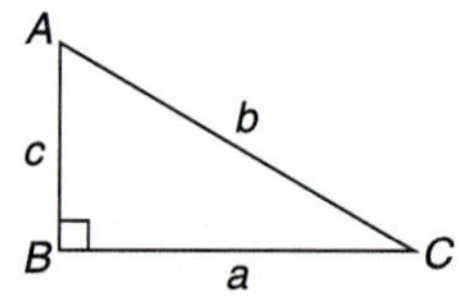

그림 FA1

항등식

$\sec\theta = \frac{1}{\cos\theta}$ $\operatorname{cosec}\theta = \frac{1}{\sin\theta}$

$\cot\theta = \frac{1}{\tan\theta}$ $\tan\theta = \frac{\sin\theta}{\cos\theta}$

$\cos^2\theta + \sin^2\theta = 1$ $1 + \tan^2\theta = \sec^2\theta$

$\cot^2\theta + 1 = \operatorname{cosec}^2\theta$

삼각형 공식

그림 FA2를 참고하면

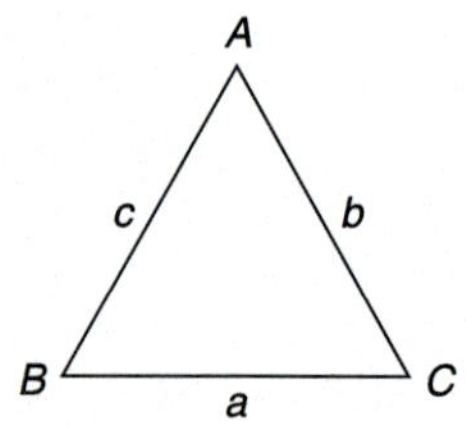

그림 FA1

사인 법칙 $\dfrac{a}{\sin A}=\dfrac{b}{\sin B}=\dfrac{c}{\sin C}$

코사인 법칙 $a^2=b^2+c^2-2bc\cos A$

삼각형의 넓이

(i) $\frac{1}{2}\times$ 밑변 TIMES 높이#

(ii) $\frac{1}{2}ab\sin C$ 또는 $\frac{1}{2}ac\sin B$ 또는 $\frac{1}{2}bc\sin A$

(iii) $\sqrt{[s(s-a)(s-b)(s-c)]}$ 여기서 $s=\dfrac{a+b+c}{2}$

합성된 각의 법칙

$$\sin(A\pm B)=\sin A\cos B\pm\cos A\sin B$$

$$\cos(A\pm B)=\cos A\cos B\mp\sin A\sin B$$

$$\tan(A\pm B)=\frac{\tan A\pm\tan B}{1\mp\tan A\tan B}$$

$\boldsymbol{R\sin(\omega t+\alpha)=a\sin\omega t+b\cos\omega t}$ 이면

$$a=R\cos\alpha,\quad b=R\sin\alpha,$$

$$R=\sqrt{(a^2+b^2)}\quad \text{그리고}\quad \alpha=\tan^{-1}\frac{b}{a}$$

두배 각의 법칙

$$\sin 2A=2\sin A\cos A$$

$$\cos 2A=\cos^2 A-\sin^2 A=2\cos^2 A-1$$

$$=1-2\sin^2 A$$

$$\tan 2A=\frac{2\tan A}{1-\tan^2 A}$$

사인과 코사인의 곱의 형태를 합 또는 차로 변환하기

$$\sin A\cos B=\tfrac{1}{2}[\sin(A+B)+\sin(A-B)]$$

$$\cos A\sin B=\tfrac{1}{2}[\sin(A+B)-\sin(A-B)]$$

$$\cos A\cos B=\tfrac{1}{2}[\cos(A+B)+\cos(A-B)]$$

$$\sin A\sin B=-\tfrac{1}{2}[\cos(A+B)-\cos(A-B)]$$

사인과 코사인의 합 또는 차를 곱하기 형태로 변환하기

$$\sin x+\sin y=2\sin\left(\frac{x+y}{2}\right)\cos\left(\frac{x-y}{2}\right)$$

$$\sin x-\sin y=2\cos\left(\frac{x+y}{2}\right)\sin\left(\frac{x-y}{2}\right)$$

$$\cos x+\cos y=2\cos\left(\frac{x+y}{2}\right)\cos\left(\frac{x-y}{2}\right)$$

$$\cos x-\cos y=-2\sin\left(\frac{x+y}{2}\right)\sin\left(\frac{x-y}{2}\right)$$

아래와 같은 **일반적인 삼각 함수**에 대하여
$\boldsymbol{y=A\sin(\omega t\pm\alpha)}$에서

$A=$ 크기

$\omega=$ 각속도 $=2\pi f$ rad/s

$\dfrac{2\pi}{\omega}=$ 주기 시간 T sec

$\dfrac{\omega}{2\pi}=$ 주파수, f hertz

$\alpha=$ 앞서거나 또는 뒤쳐진 각도 (기준은 $y=A\sin\omega t$)

직교 좌표와 극 좌표

좌표 $(x,y)=(r,\theta)$이면 $r=\sqrt{x^2+y^2}$ 그리고 $\theta=\tan^{-1}\dfrac{y}{x}$

좌표 $(r,\theta)=(x,y)$이면 $x=r\cos\theta$ 그리고 $y=r\sin\theta$

원

그림 FA3.

면적 $=\pi r^2$ 원주 $=2\pi r$

π 라디안 $=180°$

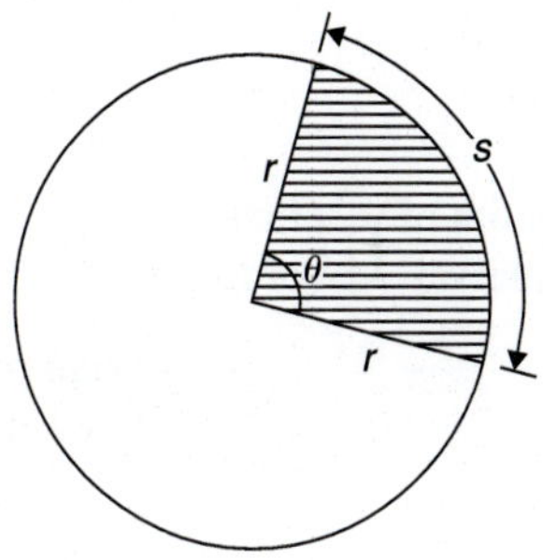

그림 FA3

원의 섹터:

$$s=r\theta\quad(\theta\text{ 단위: radian})$$

빗금 부분 면적 $=\frac{1}{2}r^2\theta$ (θ 단위: radian)

원의 방정식, 중심 좌표 (a, b), 반지름 r인 경우:

$$(x-a)^2+(y-b)^2=r^2$$

선형 그리고 각 속도

$v=$ 선형 속도 (m/s), $s=$ 변위 (m), $t=$ 시간 (s),
$n=$ 회전 속도 (rev/s), $\theta=$ 각도 (rad), $\omega=$ 각 속도 (rad/s)
$r=$ 원의 반지름 (m)이면;

$$v=\frac{s}{t}\quad \omega=\frac{\theta}{t}=2\pi n\quad v=\omega r$$

$$\textbf{구심력(centripetal force)}=\frac{mv^2}{r}$$

여기서 $m=$ 회전체의 질량

그래프

직선의 방정식: $y = mx + c$

포물선 방정식: $y = ax^2 + bx + c$

원, 중심 좌표 (a, b), 반지름 r: $(x-a)^2 + (y-b)^2 = r^2$

타원의 방정식, 중심은 원점, 부 축은 a 그리고 b

$$\frac{x^2}{a^2} + \frac{y^2}{b^2} = 1$$

쌍곡선의 방정식: $\frac{x^2}{a^2} - \frac{y^2}{b^2} = 1$

직각 쌍곡선의 방정식: $xy = c^2$

불규칙한 영역

사다리꼴 규칙

$$\text{Area} \approx \begin{pmatrix}\text{width of}\\ \text{interval}\end{pmatrix}\left[\frac{1}{2}\begin{pmatrix}\text{first + last}\\ \text{ordinates}\end{pmatrix} + \begin{pmatrix}\text{sum of remaining}\\ \text{ordinates}\end{pmatrix}\right]$$

중간 좌표 규칙

$$\text{Area} \approx \begin{pmatrix}\text{width of}\\ \text{interval}\end{pmatrix}\begin{pmatrix}\text{sum of}\\ \text{mid-ordinates}\end{pmatrix}$$

심슨의 규칙

$$\text{Area} \approx \frac{1}{3}\begin{pmatrix}\text{width of}\\ \text{interval}\end{pmatrix}\left[\begin{pmatrix}\text{first + last}\\ \text{ordinate}\end{pmatrix} + 4\begin{pmatrix}\text{sum of even}\\ \text{ordinates}\end{pmatrix} + 2\begin{pmatrix}\text{sum of remaining}\\ \text{odd ordinates}\end{pmatrix}\right]$$

Vector geometry

$\mathbf{a} = a_1\mathbf{i} + a_2\mathbf{j} + a_3\mathbf{k}$ and $b = b_1\mathbf{i} + b_2\mathbf{j} + b_3\mathbf{k}$

$$\mathbf{a}\cdot\mathbf{b} = a_1b_1 + a_2b_2 + a_3b_3$$

$$|a| = \sqrt{a_1^2 + a_2^2 + a_3^2} \quad \cos\theta = \frac{a\cdot b}{|a|\,|b|}$$

$$\mathbf{a}\times\mathbf{b} = \begin{vmatrix} i & j & k \\ a_1 & a_2 & a_3 \\ b_1 & b_2 & b_3 \end{vmatrix}$$

$$|a\times b| = \sqrt{[(a\cdot a)(b\cdot b) - (a\cdot b)^2]}$$

복소수

$z = a + jb = r(\cos\theta + j\sin\theta) = r\angle\theta = re^{j\theta}$ 여기서

$j^2 = -1$

크기 $r = |z| = \sqrt{(a^2 + b^2)}$

각 $\theta = \arg z = \tan^{-1}\frac{b}{a}$

더하기: $(a + jb) + (c + jd) = (a + c) + j(b + d)$

빼기: $(a + jb) - (c + jd) = (a - c) + j(b - d)$

복소수 방정식: $m + jn = p + jq$이면 $m = p$ 그리고 $n = q$

곱하기: $z_1\, z_2 = r_1\, r_2\angle(\theta_1 + \theta_2)$

나누기: $\frac{z_1}{z_2} = \frac{r_1}{r_2}\angle(\theta_1 - \theta_2)$

드므브루와의 정리:

$[r\angle\theta]^n = r^n\angle n\theta = r^n(\cos n\theta + j\sin n\theta) = re^{j\theta}$

행렬과 행렬식

행렬:

$A = \begin{pmatrix} a & b \\ c & d \end{pmatrix}$ 그리고 $B = \begin{pmatrix} e & f \\ g & h \end{pmatrix}$이면

$$A + B = \begin{pmatrix} a+e & b+f \\ c+g & d+h \end{pmatrix}$$

$$A - B = \begin{pmatrix} a-e & b-f \\ c-g & d-h \end{pmatrix}$$

$$A \times B = \begin{pmatrix} ae+bg & af+bh \\ ce+dg & cf+dh \end{pmatrix}$$

$$A^{-1} = \frac{1}{ad-bc}\begin{pmatrix} d & -b \\ -c & a \end{pmatrix}$$

$A = \begin{pmatrix} a_1 & b_1 & c_1 \\ a_2 & b_2 & c_2 \\ a_3 & b_3 & c_3 \end{pmatrix}$이면 $A^{-1} = \frac{B^T}{|A|}$이며

B^T = 행렬 A의 cofactor의 전치 행렬

행렬식

$$\begin{vmatrix} a & b \\ c & d \end{vmatrix} = ad - bc$$

$$\begin{vmatrix} a_1 & b_1 & c_1 \\ a_2 & b_2 & c_2 \\ a_3 & b_3 & c_3 \end{vmatrix} = a_1\begin{vmatrix} b_2 & c_2 \\ b_3 & c_3 \end{vmatrix} - b_1\begin{vmatrix} a_2 & c_2 \\ a_3 & c_3 \end{vmatrix} + c_1\begin{vmatrix} a_2 & b_2 \\ a_3 & b_3 \end{vmatrix}$$

미분 계산법

표준 미분 방법

y or $f(x)$	$\frac{dy}{dx}$ or $f'(x)$
ax^n	anx^{n-1}
$\sin ax$	$a\cos ax$
$\cos ax$	$-a\sin ax$
$\tan ax$	$a\sec^2 ax$
$\sec ax$	$a\sec ax\tan ax$
$\mathrm{cosec}\, ax$	$-a\,\mathrm{cosec}\, ax\cot ax$
$\cot ax$	$-a\,\mathrm{cosec}^2 ax$
e^{ax}	ae^{ax}
$\ln ax$	$\frac{1}{x}$
$\sinh ax$	$a\cosh ax$
$\cosh ax$	$a\sinh ax$
$\tanh ax$	$a\,\mathrm{sech}^2 ax$
$\mathrm{sech}\, ax$	$-a\,\mathrm{sech}\, ax\tanh ax$
$\mathrm{cosech}\, ax$	$-a\,\mathrm{cosech}\, ax\coth ax$
$\coth ax$	$-a\,\mathrm{cosech}^2 ax$
$\sin^{-1}\frac{x}{a}$	$\frac{1}{\sqrt{a^2-x^2}}$
$\sin^{-1} f(x)$	$\frac{f'(x)}{\sqrt{1-[f(x)]^2}}$
$\cos^{-1}\frac{x}{a}$	$\frac{-1}{\sqrt{a^2-x^2}}$
$\cos^{-1} f(x)$	$\frac{-f'(x)}{\sqrt{1-[f(x)]^2}}$
$\tan^{-1}\frac{x}{a}$	$\frac{a}{a^2+x^2}$
$\tan^{-1} f(x)$	$\frac{f'(x)}{1+[f(x)]^2}$
$\sec^{-1}\frac{x}{a}$	$\frac{a}{x\sqrt{x^2-a^2}}$
$\sec^{-1} f(x)$	$\frac{f'(x)}{f(x)\sqrt{[f(x)]^2-1}}$
$\mathrm{cosec}^{-1}\frac{x}{a}$	$\frac{-a}{x\sqrt{x^2-a^2}}$
$\mathrm{cosec}^{-1} f(x)$	$\frac{-f'(x)}{f(x)\sqrt{[f(x)]^2-1}}$
$\cot^{-1}\frac{x}{a}$	$\frac{-a}{a^2+x^2}$
$\cot^{-1} f(x)$	$\frac{-f'(x)}{1+[f(x)]^2}$
$\sinh^{-1}\frac{x}{a}$	$\frac{1}{\sqrt{x^2+a^2}}$
$\sinh^{-1} f(x)$	$\frac{f'(x)}{\sqrt{[f(x)]^2+1}}$
$\cosh^{-1}\frac{x}{a}$	$\frac{1}{\sqrt{x^2-a^2}}$
$\cosh^{-1} f(x)$	$\frac{f'(x)}{\sqrt{[f(x)]^2-1}}$
$\tanh^{-1}\frac{x}{a}$	$\frac{a}{a^2-x^2}$
$\tanh^{-1} f(x)$	$\frac{f'(x)}{1-[f(x)]^2}$
$\mathrm{sech}^{-1}\frac{x}{a}$	$\frac{-a}{x\sqrt{a^2-x^2}}$
$\mathrm{sech}^{-1} f(x)$	$\frac{-f'(x)}{f(x)\sqrt{1-[f(x)]^2}}$
$\mathrm{cosech}^{-1}\frac{x}{a}$	$\frac{-a}{x\sqrt{x^2+a^2}}$
$\mathrm{cosech}^{-1} f(x)$	$\frac{-f'(x)}{f(x)\sqrt{[f(x)]^2+1}}$
$\coth^{-1}\frac{x}{a}$	$\frac{a}{a^2-x^2}$
$\coth^{-1} f(x)$	$\frac{f'(x)}{1-[f(x)]^2}$

곱의 법칙

$y=uv$이고 u와 v는 x의 함수이면:

$$\frac{dy}{dx}=u\frac{dv}{dx}+v\frac{du}{dx}$$

나누기 법칙

$y=\frac{u}{v}$이고 u와 v는 x의 함수이면:

$$\frac{dy}{dx}=\frac{v\frac{du}{dx}-u\frac{dv}{dx}}{v^2}$$

합성 함수

u가 x의 함수이면:

$$\frac{dy}{dx} = \frac{dy}{du} \times \frac{du}{dx}$$

매개 함수 미분

x와 y가 모두 θ의 함수이면:

$$\frac{dy}{dx} = \frac{\frac{dy}{d\theta}}{\frac{dx}{d\theta}} \text{ 그리고 } \frac{d^2y}{dx^2} = \frac{\frac{d}{d\theta}\left(\frac{dy}{dx}\right)}{\frac{dx}{d\theta}}$$

음함수

$$\frac{d}{dx}[f(y)] = \frac{d}{dy}[f(y)] \times \frac{dy}{dx}$$

최대값 그리고 최소값

$y = f(x)$이며 $\frac{dy}{dx} = 0$는 안정한 점이다.

$\frac{dy}{dx} = 0$의 해를 $x = a$라고 하자; 만약

$\frac{d^2y}{dx^2}$이 $x = a$에서: 양수이면, 해당점은 최소점

음수이면, 해당점은 최대점

속도 그리고 가속도

거리 $x = f(t)$일 때

속도 $v = f'(t)$ 또는 $\frac{dx}{dt}$ 그리고

가속도 $a = f''(t)$ 또는 $\frac{d^2x}{dt^2}$

접선 그리고 법선

곡선 $y = f(x)$의 접선 방정식은 좌표 (x_1, y_1)에서:

$$y - y_1 = m(x - x_1)$$

m = 곡선의 좌표 (x_1, y_1)에서의 경도

곡선 $y = f(x)$의 법선 방정식은 좌표 (x_1, y_1)에서:

$$y - y_1 = -\frac{1}{m}(x - x_1)$$

편미분

전미분

$z = f(u, v, \ldots)$이면, 전 미분은,

$$dz = \frac{\partial z}{\partial u}du + \frac{\partial z}{\partial v}dv + \ldots.$$

변화율

$z = f(u, v, \ldots)$이고 $\frac{du}{dt}, \frac{dv}{dt}, \ldots$가 개별적으로 $u, v, \ldots$의 변화율이면 z의 변화율은

$$\frac{dz}{dt} = \frac{\partial z}{\partial u} \cdot \frac{du}{dt} + \frac{\partial z}{\partial v} \cdot \frac{dv}{dt} + \ldots$$

미소 변화

$z = f(u, v, \ldots)$ 그리고 $\delta x, \delta y, \ldots$가 $x, y, \ldots$의 개별적인 미소 변화를 의미하면, z의 변화는 아래와 같다.

$$\delta z \approx \frac{\partial z}{\partial x}\delta x + \frac{\partial z}{\partial y}\delta y + \ldots.$$

최대값, 최소값 그리고 안장점을 이 변수 함수에 대하여 결정하기: 주어진 함수 $z = f(x, y)$.

(i) $\frac{\partial z}{\partial x}$ 그리고 $\frac{\partial z}{\partial y}$를 구하시오.

(ii) 극점에서 $\frac{\partial z}{\partial x} = 0$ 그리고 $\frac{\partial z}{\partial y} = 0$이다.

(iii) 연립 방정식 $\frac{\partial z}{\partial x} = 0$ 그리고 $\frac{\partial z}{\partial y} = 0$을 풀어서 x 그리고 y를 구하며, 이는 안정점의 좌표를 준다.

(iv) $\frac{\partial^2 z}{\partial x^2}, \frac{\partial^2 z}{\partial y^2}$ 그리고 $\frac{\partial^2 z}{\partial x \partial y}$를 구하시오.

(v) 개별적인 안정점의 좌표값 x 그리고 y를 $\frac{\partial^2 z}{\partial x^2}, \frac{\partial^2 z}{\partial y^2}$, 그리고 $\frac{\partial^2 z}{\partial x \partial y}$에 대입하여 이들에 대한 값을 구하시오.

(vi) $\left(\frac{\partial^2 z}{\partial x \partial y}\right)^2$를 개별 안장점에서 구하시오.

(vii) $\frac{\partial^2 z}{\partial x^2}, \frac{\partial^2 z}{\partial y^2}$ 그리고 $\frac{\partial^2 z}{\partial x \partial y}$의 값 대입을 방정식 $\Delta = \left(\frac{\partial^2 z}{\partial x \partial y}\right)^2 - \left(\frac{\partial^2 z}{\partial x^2}\right)\left(\frac{\partial^2 z}{\partial y^2}\right)$에 하여 값을 구하여라.

(viii) (a) $\Delta > 0$이면 안정점은 **안장점**이다.

(b) $\Delta < 0$ 그리고 $\frac{\partial^2 z}{\partial x^2} < 0$이면, 안정점은 **최대점** 그리고

(c) $\Delta < 0$ 그리고 $\frac{\partial^2 z}{\partial x^2} > 0$이면, 안정점은 최소점이다.

적분 계산법

표준 적분들

y	$\int y\,dx$
ax^n	$a\dfrac{x^{n+1}}{n+1}+c$ (except where $n=-1$)
$\cos ax$	$\dfrac{1}{a}\sin ax+c$
$\sin ax$	$-\dfrac{1}{a}\cos ax+c$
$\sec^2 ax$	$\dfrac{1}{a}\tan ax+c$
$\operatorname{cosec}^2 ax$	$-\dfrac{1}{a}\cot ax+c$
$\operatorname{cosec} ax\cot ax$	$-\dfrac{1}{a}\operatorname{cosec} ax+c$
$\sec ax\tan ax$	$\dfrac{1}{a}\sec ax+c$
e^{ax}	$\dfrac{1}{a}e^{ax}+c$
$\dfrac{1}{x}$	$\ln x+c$
$\tan ax$	$\dfrac{1}{a}\ln(\sec ax)+c$
$\cos^2 x$	$\dfrac{1}{2}\left(x+\dfrac{\sin 2x}{2}\right)+c$
$\sin^2 x$	$\dfrac{1}{2}\left(x-\dfrac{\sin 2x}{2}\right)+c$
$\tan^2 x$	$\tan x-x+c$
$\cot^2 x$	$-\cot x-x+c$
$\dfrac{1}{\sqrt{(a^2-x^2)}}$	$\sin^{-1}\dfrac{x}{a}+c$
$\sqrt{(a^2-x^2)}$	$\dfrac{a^2}{2}\sin^{-1}\dfrac{x}{a}+\dfrac{x}{2}\sqrt{(a^2-x^2)}+c$
$\dfrac{1}{(a^2+x^2)}$	$\dfrac{1}{a}\tan^{-1}\dfrac{x}{a}+c$
$\dfrac{1}{\sqrt{(x^2+a^2)}}$	$\sinh^{-1}\dfrac{x}{a}+c$ or $\ln\left[\dfrac{x+\sqrt{(x^2+a^2)}}{a}\right]+c$
$\sqrt{(x^2+a^2)}$	$\dfrac{a^2}{2}\sinh^{-1}\dfrac{x}{a}+\dfrac{x}{2}\sqrt{(x^2+a^2)}+c$
$\dfrac{1}{\sqrt{(x^2-a^2)}}$	$\cosh^{-1}\dfrac{x}{a}+c$ or $\ln\left[\dfrac{x+\sqrt{(x^2-a^2)}}{a}\right]+c$
$\sqrt{(x^2-a^2)}$	$\dfrac{x}{2}\sqrt{(x^2-a^2)}-\dfrac{a^2}{1}\cosh^{-1}\dfrac{x}{a}+c$

$t=\tan\dfrac{\theta}{2}$를 대입

적분 $\int \dfrac{1}{a\cos\theta+b\sin\theta+c}d\theta$을 구하기 위하여 아래와 같이 대입한다.

$$\sin\theta=\frac{2t}{(1+t^2)}\quad \cos\theta=\frac{1-t^2}{1+t^2}\ \text{그리고}$$

$$d\theta=\frac{2\,dt}{(1+t^2)}$$

부분 적분

u와 v가 x의 함수이면

$$\int u\frac{dv}{dx}dx=uv-\int v\frac{du}{dx}dx$$

축소 공식

$$\int x^n e^x\,dx=I_n=x^n e^x-nI_{n-1}$$

$$\int x^n\cos x\,dx=I_n=x^n\sin x+nx^{n-1}\cos x-n(n-1)I_{n-2}$$

$$\int_0^\pi x^n\cos x\,dx=I_n=-n\pi^{n-1}-n(n-1)I_{n-2}$$

$$\int x^n\sin x\,dx=I_n=-x^n\cos x+nx^{n-1}\sin x-n(n-1)I_{n-2}$$

$$\int \sin^n x\,dx=I_n=-\frac{1}{n}\sin^{n-1}x\cos x+\frac{n-1}{n}I_{n-2}$$

$$\int \cos^n x\,dx=I_n=\frac{1}{n}\cos^{n-1}\sin x+\frac{n-1}{n}I_{n-2}$$

$$\int_0^{\pi/2}\sin^n x\,dx=\int_0^{\pi/2}\cos^n x\,dx=I_n=\frac{n-1}{n}I_{n-2}$$

$$\int \tan^n x\,dx=I_n=\frac{\tan^{n-1}x}{n-1}-I_{n-2}$$

$$\int (\ln x)^n\,dx=I_n=x(\ln x)^n-nI_{n-1}$$

그림 FA4를 기준으로 하면

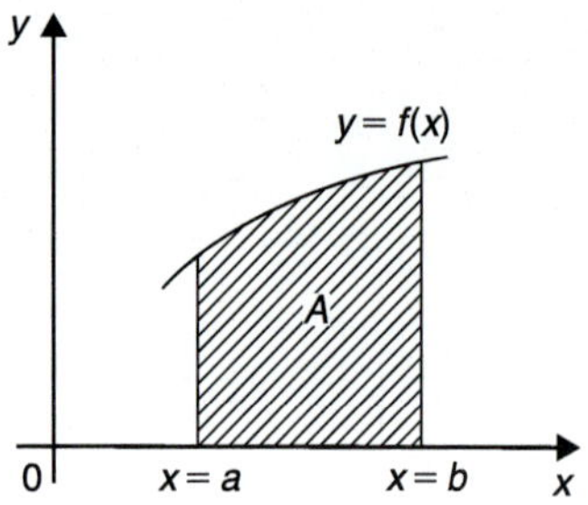

그림 FA4

곡선 밑 부분의 면적

$$\text{면적 } A = \int_a^b y\,\mathrm{d}x$$

평균값

$$\text{평균값} = \frac{1}{b-a}\int_a^b y\,\mathrm{d}x$$

실효값

$$\text{실효값} = \sqrt{\left\{\frac{1}{b-a}\int_a^b y^2\,\mathrm{d}x\right\}}$$

회전체의 체적

$$\text{체적} = \int_a^b \pi y^2 \ (x\text{축을 중심으로 회전})$$

무게 중심

그림 FA5를 기준으로 하면:

$$\bar{x} = \frac{\int_a^b xy\,\mathrm{d}x}{\int_a^b y\,\mathrm{d}x} \ \text{그리고}\ \bar{y} = \frac{\frac{1}{2}\int_a^b y^2\,\mathrm{d}x}{\int_a^b y\,\mathrm{d}x}$$

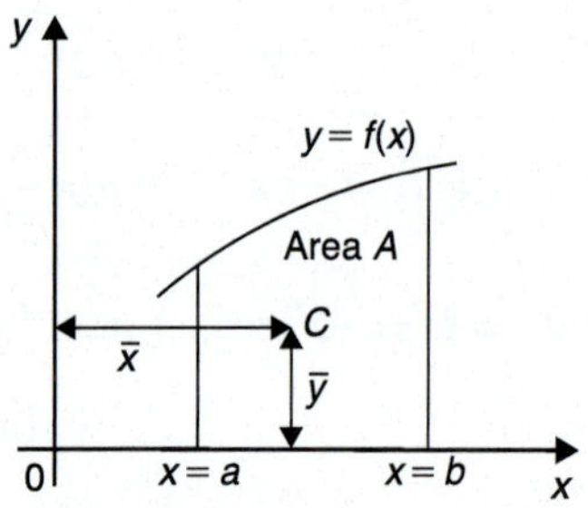

그림 FA5

파푸스의 정리

그림 FA5를 사용하면, 커브를 x축을 중심으로 회전 시키며 범위는 $x = a$ 그리고 $x = b$로 하면 발생하는 체적은 : $\boldsymbol{V = 2\pi A\bar{y}}$

평행축 이론

C가 면적 A (그림 FA6)의 무게 중심이면

$$Ak_{BB}^2 = Ak_{GG}^2 + Ad^2 \text{ or } k_{BB}^2 = k_{GG}^2 + d^2$$

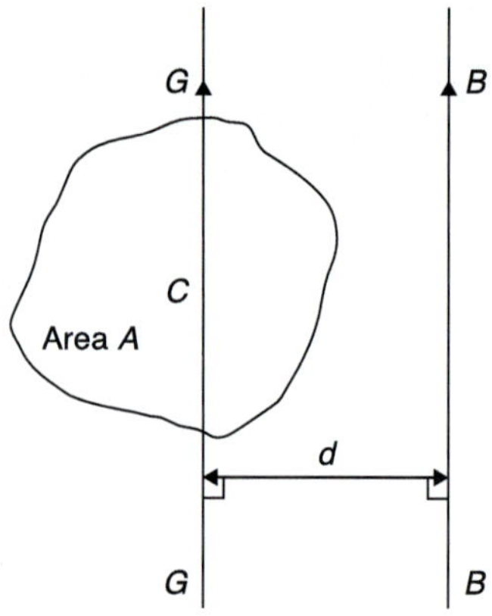

그림 FA6

직교 축 정리

OX와 OY가 그림 FA7에 있는 면적 A 평면 내에 있으면

$$Ak_{OZ}^2 = Ak_{OX}^2 + Ak_{OY}^2 \text{ 또는 } k_{OZ}^2 = k_{OX}^2 + k_{OY}^2$$

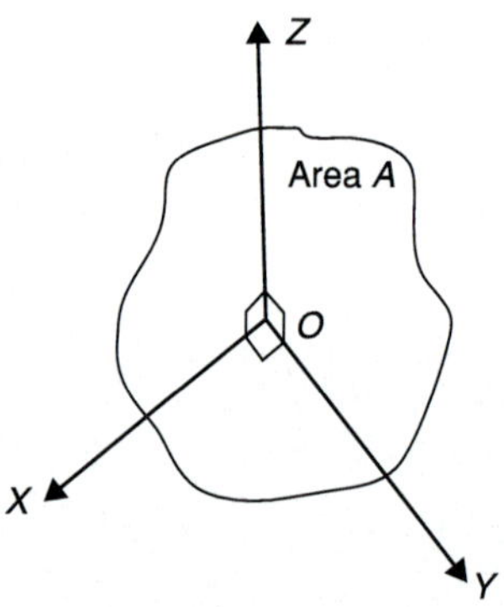

그림 FA7

수치 적분

Trapezoidal 규칙

$$\int y\,\mathrm{d}x \approx \begin{pmatrix}\text{width of}\\ \text{interval}\end{pmatrix}\left[\frac{1}{2}\begin{pmatrix}\text{first + last}\\ \text{ordinates}\end{pmatrix} + \begin{pmatrix}\text{sum of remaining}\\ \text{ordinates}\end{pmatrix}\right]$$

중간 좌표 규칙

$$\int y\,\mathrm{d}x \approx \begin{pmatrix}\text{width of}\\ \text{interval}\end{pmatrix}\begin{pmatrix}\text{sum of}\\ \text{mid-ordinates}\end{pmatrix}$$

이차 모멘텀 그리고 회전 반경

Shape	Position of axis	Second moment of area, I	Radius of gyration, k
Rectangle length l breadth b	(1) Coinciding with b	$\frac{bl^3}{3}$	$\frac{1}{\sqrt{3}}$
	(2) Coinciding with l	$\frac{lb^3}{3}$	$\frac{b}{\sqrt{3}}$
	(3) Through centroid, parallel to b	$\frac{bl^3}{12}$	$\frac{1}{\sqrt{12}}$
	(4) Through centroid, parallel to l	$\frac{lb^3}{12}$	$\frac{b}{\sqrt{12}}$
Triangle Perpendicular height h base b	(1) Coinciding with b	$\frac{bh^3}{12}$	$\frac{h}{\sqrt{6}}$
	(2) Through centroid, parallel to base	$\frac{bh^3}{36}$	$\frac{h}{\sqrt{18}}$
	(3) Through vertex, parallel to base	$\frac{bh^3}{4}$	$\frac{h}{\sqrt{2}}$
Circle radius r	(1) Through centre, perpendicular to plane (i.e. polar axis)	$\frac{\pi r^4}{2}$	$\frac{r}{\sqrt{2}}$
	(2) Coinciding with diameter	$\frac{\pi r^4}{4}$	$\frac{r}{2}$
	(3) About a tangent	$\frac{5\pi r^4}{4}$	$\frac{\sqrt{5}}{2}r$
Semicircle radius r	Coinciding with diameter	$\frac{\pi r^4}{8}$	$\frac{r}{2}$

심프슨 규칙

$$\int y\,dx \approx \frac{1}{3}\binom{\text{width of}}{\text{interval}}\left[\binom{\text{first}+\text{last}}{\text{ordinate}} + 4\binom{\text{sum of even}}{\text{ordinates}} + 2\binom{\text{sum of remaining}}{\text{odd ordinates}}\right]$$

미분 방정식

일차 미분 방정식

변수 분리

$\frac{dy}{dx}=f(x)$이면 $y=\int f(x)\,dx$

$\frac{dy}{dx}=f(y)$이면 $\int dx=\int\frac{dy}{f(y)}$

$\frac{dy}{dx}=f(x)\cdot f(y)$이면 $\int\frac{dy}{f(y)}=\int f(x)\,dx$

제차 방정식

$P\frac{dy}{dx}=Q$, 여기서 P 그리고 Q는 x와 y의 함수이며 차수는 동차(즉 제차 일차 미분 방정식)이다:

(i) $P\frac{dy}{dx}=Q$를 정돈하여 형태 $\frac{dy}{dx}=\frac{Q}{P}$로 변환한다.

(ii) 치환 $y=vx$를 적용하면 (여기서 v는 x의 함수이다) 곱의 규칙에 의하면,

$$\frac{dy}{dx}=v(1)+x\frac{dv}{dx}$$

(iii) 방정식에 있는 y 그리고 $\frac{dy}{dx}$에 대하여 치환을 수행하면

$$\frac{dy}{dx}=\frac{Q}{P}$$

(iv) 단순화를 위하여 소거 그리고 변수 분리를 취하고 $\frac{dy}{dx}=f(x)\cdot f(y)$ 방법을 사용하여 해를 구하시오.

(v) 치환 $v=\frac{y}{x}$를 수행하여 원래의 변수항에 의한 해를 구한다.

선형 일차

$\frac{dy}{dx}+Py=Q$, 여기서 P 그리고 Q는 x만의 함수이면 (즉 선형 일차 미분 방정식),

(i) 적분 인자 $e^{\int P\,dx}$를 결정한다.

(ii) 적분 인자 (I.F.)를 방정식에 대체한다.

$$y\,(\text{I.F.})=\int(\text{I.F.})\,Q\,dx$$

(iii) 적분 $\int(\text{I.F.})Q\,dx$을 구한다.

일차 미분 방정식의 수치해

오일러 방법: $y_1=y_0+h(y')_0$

오일러–코시 방법: $y_{P_1}=y_0+h(y')_0$

그리고 $y_{C_1}=y_0+\frac{1}{2}h[(y')_0+f(x_1,y_{p_1})]$

룽게–쿠타 방법:

미분 방정식 $\frac{dy}{dx}=f(x,y)$를 주어진 초기 조건 $x=x_0$일 때 $y=y_0$이며 x의 범위는 $x=x_0(h)x_n$이다:

1. x_0, y_0 그리고 h를 확인하고 $x_1, x_2, x_3, \ldots$ 값들을 파악하시오.
2. $k_1=f(x_n,y_n)$값을 $n=0$를 시작으로 계산하시오.
3. $k_2=f\left(x_n+\frac{h}{2},y_n+\frac{h}{2}k_1\right)$의 값을 구하시오.
4. $k_3=f\left(x_n+\frac{h}{2},y_n+\frac{h}{2}k_2\right)$의 값을 구하시오.
5. $k_4=f(x_n+h,y_n+hk_3)$의 값을 구하시오.
6. 단계 2에서 5에서 결정된 값들을 사용하여 다음을 계산하시오:

$$y_{n+1}=y_n+\frac{h}{6}\{k_1+2k_2+2k_3+k_4\}$$

7. 단계 2에서 6을 반복하여 $n=1, 2, 3, \ldots$에 대하여 수행하시오.

이차 미분 방정식

$a\frac{d^2y}{dx^2}+b\frac{dy}{dx}+cy=0$(여기서$a$,$b$그리고$c$는상수)이면:

(i) 미분 방정식을 $(aD^2+bD+c)y=0$로 표현하자.

(ii) m으로 D를 대체하여 아래의 보조 방정식의 해를 구하시오.

$am^2+bm+c=0$

(iii) 보조 방정식의 해가:

(a) **실수이며 서로 값이 다르면** 즉 $m=\alpha$ 그리고 $m=\beta$이면 일반해는 아래와 같다.

$$y=Ae^{\alpha x}+Be^{\beta x}$$

(b) 실수이며 중근이면 즉 $m=\alpha$가 반복되면 일반해는 아래와 같다.

$$y=(Ax+B)e^{\alpha x}$$

(c) 복소수인 경우 즉 $m=\alpha\pm j\beta$이면 일반해는 아래와 같다.

$$y=e^{\alpha x}(A\cos\beta x+B\sin\beta x)$$

(iv) 경계 조건이 주어지면, 상수 A와 B 결정할 수 있으며 특별해를 구하였다.

만약 $a\frac{d^2y}{dx^2}+b\frac{dy}{dx}+cy=f(x)$이면

(i) 미분 방정식을 아래와 같이 표현한다.
$(aD^2+bD+c)y=0$

(ii) m을 D에 대하여 대체하고 아래 보조 방정식의 해를 구한다.

(iii) 보조함수 (C.F.), u를 (iii)에 대하여 얻는다.

(iv) 특이 적분 를 구하기 위하여, 일차적으로 를 참고하여 예측할 수 있는 특이 적분을 가정하며, 미 지정 계수(표 54.1, 58쪽 참조)를 포함하여야 한다.

(v) 제시한 특이 적분을 원래의 미분방정식에 대입하고, 관련되는 계수들을 등식으로 표현하여 미 지정 상수 값을 찾는다.

(vi) 일반해는 $y=u+v$로 주어진다.

(vii) 주어진 경계 조건을 사용하여 C.F.의 상수값을 결정하여 특이해를 결정한다.

고차 미분

y	$y^{(n)}$
e^{ax}	$a^n e^{ax}$
$\sin ax$	$a^n\sin\left(ax+\frac{n\pi}{2}\right)$
$\cos ax$	$a^n\cos\left(ax+\frac{n\pi}{2}\right)$
x^a	$\frac{a!}{(a-n)!}x^{a-n}$

y	$y^{(n)}$
$\sinh ax$	$\frac{a^n}{2}\{[1+(-1)^n]\sinh ax + [1-(-1)^n]\cosh ax\}$
$\cosh ax$	$\frac{a^n}{2}\{[1-(-1)^n]\sinh ax + [1+(-1)^n]\cosh ax\}$
$\ln ax$	$(-1)^{n-1}\frac{(n-1)!}{x^n}$

라이프니츠의 정리

n차 미분을 곱의 형태 $y = uv$에 대하여 구하면:

$$y^{(n)} = (uv)^{(n)} = u^{(n)}v + nu^{(n-1)}v^{(1)} + \frac{n(n-1)}{2!}u^{(n-2)}v^{(2)} + \frac{n(n-1)(n-2)}{3!}u^{(n-3)}v^{(3)} + \cdots$$

이차 미분 방정식의 급수 해

(a) **라이프니츠–맥클로린 방법**

(i) 주어진 방정식을 n번 미분하며 이때 라이프니츠 정리를 사용한다.

(ii) 결과를 정리하여 재귀 관계를 $x=0$에서 구한다.

(iii) 미분값을 $x = 0$에서 결정하고 즉 $(y)_0$ 그리고 $(y')_0$를 구하시오.

(iv) 맥클로린 전개를 $y = f(x)$ 대신 대체하시오.

(v) 결과를 가능한 경우 간략화 하고 주어진 경우 경계 조건을 적용하시오.

(b) **프로베니우스 방법**

(i) 시도하는 해 형태를 아래와 같이 가정하자.

$$y = x^c\{a_0 + a_1x + a_2x^2 + a_3x^3 + \cdots + a_rx^r + \cdots\} \qquad a_0 \neq 0$$

(ii) 시도하는 급수를 미분하여 y' 그리고 y''을 찾으시오.

(iii) 결과를 주어진 미분 방정식에 대체하시오.

(iv) 해당 계수를 방정식 양 변의 변수와 등식으로 놓는다: 이는 인덱스 c와 계수 $a_1, a_2, a_3, \ldots$를 시도하는 해에서 결정하도록 해준다.

베셀 방정식

$x^2\frac{d^2y}{dx^2} + x\frac{dy}{dx} + (x^2 - v^2)y = 0$의 해는 아래와 같다:

$$y = Ax^v\left\{1 - \frac{x^2}{2^2(v+1)} + \frac{x^4}{2^4\times 2!(v+1)(v+2)} - \frac{x^6}{2^6\times 3!(v+1)(v+2)(v+3)} + \cdots\right\} + Bx^{-v}\left\{1 + \frac{x^2}{2^2(v-1)} + \frac{x^4}{2^4\times 2!(v-1)(v-2)} + \frac{x^6}{2^6\times 3!(v-1)(v-2)(v-3)} + \cdots\right\}$$

또는 베셀 함수와 감마 함수의 항으로 표현하면:

$$y = AJ_v(x) + BJ_{-v}(x) = A\left(\frac{x}{2}\right)^v\left\{\frac{1}{\Gamma(v+1)} - \frac{x^2}{2^2(1!)\Gamma(v+2)} + \frac{x^4}{2^4(2!)\Gamma(v+4)} - \cdots\right\} + B\left(\frac{x}{2}\right)^{-v}\left\{\frac{1}{\Gamma(1-v)} - \frac{x^2}{2^2(1!)\Gamma(2-v)} + \frac{x^4}{2^4(2!)\Gamma(3-v)} - \cdots\right\}$$

일반항은 :

$$J_v(x) = \left(\frac{x}{2}\right)^v \sum_{k=0}^{\infty} \frac{(-1)^k x^{2k}}{2^{2k}(k!)\Gamma(v+k+1)}$$

$$J_{-v}(x) = \left(\frac{x}{2}\right)^{-v} \sum_{k=0}^{\infty} \frac{(-1)^k x^{2k}}{2^{2k}(k!)\Gamma(k-v+1)}$$

특히

$$J_n(x) = \left(\frac{x}{2}\right)^n\left\{\frac{1}{n!} - \frac{1}{(n+1)!}\left(\frac{x}{2}\right)^2 + \frac{1}{(2!)(n+2)!}\left(\frac{x}{2}\right)^4 - \cdots\right\}$$

$$J_0(x) = 1 - \frac{x^2}{2^2(1!)^2} + \frac{x^4}{2^4(2!)^2} - \frac{x^6}{2^6(3!)^2} + \cdots$$

$$J_1(x) = \frac{x}{2} - \frac{x^3}{2^3(1!)(2!)} + \frac{x^5}{2^5(2!)(3!)} - \frac{x^7}{2^7(3!)(4!)} + \cdots$$

르장드르 방정식

$(1-x^2)\dfrac{d^2y}{dx^2}-2x\dfrac{dy}{dx}+k(k+1)y=0$의 해는 아래와 같다.

$$y=a_0\left\{1-\frac{k(k+1)}{2!}x^2+\frac{k(k+1)(k-2)(k+3)}{4!}x^4-\cdots\right\}+a_1\left\{x-\frac{(k-1)(k+2)}{3!}x^3+\frac{(k-1)(k-3)(k+2)(k+4)}{5!}x^5-\cdots\right\}$$

로드리게스 공식

$$P_n(x)=\frac{1}{2^n n!}\frac{d^n(x^2-1)^n}{dx^n}$$

통계와 확률

평균값, 중앙값, 최빈값 그리고 표준 편차

x = 변량 그리고 f = 빈도이면:

$$\text{평균값 } \bar{x}=\frac{\sum fx}{\sum f}$$

중앙값은 순위를 갖는 데이터 집합에서 가운데 항이다.
최빈값은 가장 자주 발생하는 데이터 집합 내의 값이다.

표준 편차

$$\sigma=\sqrt{\left[\frac{\sum\{f(x-\bar{x})^2\}}{\sum f}\right]}\text{(모집단에 대한)}$$

이항 확률 분포

n은 샘플에 있는 개수이고, p는 사건 발생 확률 그리고 $q=1-p$일 때 0, 1, 2, 3, … 번 사건이 발생 할 확률은 아래와 같다:

$$q^n,\quad nq^{n-1}p,\quad \frac{n(n-1)}{2!}q^{n-2}p^2,\quad \frac{n(n-1)(n-2)}{3!}q^{n-3}p^3,\ldots$$

(즉 $(q+p)^n$ 전개의 연속되는 항들이다.)

이항 분포의 정규 근사화

평균값 $= np$ 표준 편차 $\sigma=\sqrt{(npq)}$

푸아송 분포

λ가 사건 발생의 기댓값이면 0, 1, 2, 3, … 번 발생할 확률은 아래와 같다:

$$e^{-\lambda},\quad \lambda e^{-\lambda},\quad \lambda^2\frac{e^{-\lambda}}{2!},\quad \lambda^3\frac{e^{-\lambda}}{3!},\ldots$$

선형 상관 계수의 곱-모멘트 공식

$$\text{상관 계수 } r=\frac{\sum xy}{\sqrt{[(\sum x^2)(\sum y^2)]}}$$

여기서 $x=X-\overline{X}$ 그리고 $y=Y-\overline{Y}$ 그리고 (X_1, Y_1), (X_2, Y_2), …는 이변수 정규 분포의 랜덤 샘플 그리고 $\overline{X}$와 $\overline{Y}$는 X와 Y의 평균값이다.

정규 확률 분포

정규 표준 곡선의 부분 영역—표 61.1을 참조할 것.

Student's *t* 분포:

자유도 ν를 갖는 Student's t 분포의 백분율 값 t_p — 표64.2

카이-제곱 분포

자유도가 ν인 카이-제곱 분포의 백분율 (χ_p^2)—표66.1을 참조할 것.

$\chi^2=\sum\left\{\dfrac{(o-e)^2}{e}\right\}$ 여기서 o 그리고 e는 관측된 빈도와 기대 빈도이다.

심볼

모집단

모집단에 속하는 개체의 개수 N_p, 평균값 μ, 표준 편차 σ

샘플

샘플을 구성하는 개체의 개수 N, 평균값 $\bar{x}$, 표준 편차 s

샘플링 분포

평균값 샘플링 분포의 평균 $\mu_{\bar{x}}$
평균값의 표준 오차 $\sigma_{\bar{x}}$
표준 편차의 표준 오차 σ_s

평균값들의 표준 오차

샘플 분포의 평균값들 표준 오차, 즉 샘플들의 평균값들의 표준 편차는:

$$\sigma_{\overline{x}} = \frac{\sigma}{\sqrt{N}}\sqrt{\left(\frac{N_p - N}{N_p - 1}\right)}$$

위 공식은 유한한 모집단과 미복원 방식의 샘플링에 해당한다.

그리고

$$\sigma_{\overline{x}} = \frac{\sigma}{\sqrt{N}}$$

은 무한한 모집단과 복원 방식의 샘플링에 해당한다.

샘플 평균과 모집단 평균의 관계

$\mu_{\overline{x}} = \mu$이며 조건은 모집단 크기 N_p에서 가능한 모든 샘플 크기 N을 추출하는 경우

모집단 평균 σ의 추정

커다란 크기 ($N \geq 30$)의 샘플에 대한 신뢰 계수 z_c는 아래와 같다.

Confidence level %	Confidence coefficient z_c
99	2.58
98	2.33
96	2.05
95	1.96
90	1.645
80	1.28
50	0.6745

샘플 데이터에 근거한 모집단 평균의 신뢰 한계는 아래와 같다.

$$\overline{x} \pm \frac{z_c\sigma}{\sqrt{N}}\sqrt{\left(\frac{N_p - N}{N_p - 1}\right)}$$

이는 유한 크기 모집단 Np에 해당하며, 무한한 크기의 모집단 경우는 아래와 같다.

$$\overline{x} \pm \frac{z_c\sigma}{\sqrt{N}}$$

모집단 평균(σ)의 추정

샘플 데이터에 근거한 모집단 평균의 신뢰 한계는:

$$\mu_{\overline{x}} \pm z_c\sigma_{\overline{x}}$$

모집단 표준 편차의 추정

샘플링 데이터에 기반한 모집단 표준 편차의 신뢰 한계는:

$$s \pm z_c\sigma_s$$

작은 크기의 샘플링 데이터에 근거한 모집단 평균값의 추정

작은 샘플 크기 ($N < 30$)에 대한 신뢰 계수 t_c는 표 64.1에서 정한다. 샘플 데이터에 근거한 모집단 평균값의 신뢰 한계는:

$$\overline{x} \pm \frac{t_c s}{\sqrt{(N-1)}}$$

라플라스 변환들

Function $f(t)$	Laplace transforms $\mathcal{L}\{f(t)\} = \int_0^\infty e^{-st} f(t)\,dt$
1	$\frac{1}{s}$
k	$\frac{k}{s}$
e^{at}	$\frac{1}{s-a}$
$\sin at$	$\frac{a}{s^2+a^2}$
$\cos at$	$\frac{s}{s^2+a^2}$
t	$\frac{1}{s^2}$
t^n (n = positve integer)	$\frac{n!}{s^{n+1}}$
$\cosh at$	$\frac{s}{s^2-a^2}$
$\sinh at$	$\frac{a}{s^2-a^2}$
$e^{-at}t^n$	$\frac{n!}{(s+a)^{n+1}}$
$e^{-at}\sin\omega t$	$\frac{\omega}{(s+a)^2+\omega^2}$
$e^{-at}\cos\omega t$	$\frac{s+a}{(s+a)^2+\omega^2}$
$e^{-at}\cosh\omega t$	$\frac{s+a}{(s+a)^2-\omega^2}$
$e^{-at}\sinh\omega t$	$\frac{\omega}{(s+a)^2-\omega^2}$

도함수의 라플라스 변환들

일계 도함수

$$\mathcal{L}\left\{\frac{\mathrm{d}y}{\mathrm{d}x}\right\} = s\mathcal{L}\{y\} - y(0)$$

위에서 $y(0)$는 $x = 0$에서의 y값이다.

이계 도함수

$$\mathcal{L}\left\{\frac{\mathrm{d}y}{\mathrm{d}x}\right\} = s^2\mathcal{L}\{y\} - sy(0) - y'(0)$$

위에서 $y'(0)$는 $x = 0$에서 $\frac{\mathrm{d}y}{\mathrm{d}x}$의 값이다.

푸리에 급수

함수 $f(x)$의 주기가 2π이면 푸리에 급수는 아래와 같다:

$$f(x) = a_0 + \sum_{n=1}^{\infty}(a_n \cos nx + b_n \sin nx)$$

치역 $-\pi$에서 $+\pi$ 구간에서

$$a_0 = \frac{1}{2\pi}\int_{-\pi}^{\pi} f(x)\,\mathrm{d}x$$

$$a_n = \frac{1}{\pi}\int_{-\pi}^{\pi} f(x)\cos nx\,\mathrm{d}x \quad (n = 1, 2, 3, \ldots)$$

$$b_n = \frac{1}{\pi}\int_{-\pi}^{\pi} f(x)\sin nx\,\mathrm{d}x \quad (n = 1, 2, 3, \ldots)$$

이다.

$f(x)$가 주기 L인 주기함수이면 이의 푸리에 급수는 아래와 같다:

$$f(x) = a_0 + \sum_{n=1}^{\infty}\left\{a_n \cos\left(\frac{2\pi nx}{L}\right) + b_n \sin\left(\frac{2\pi nx}{L}\right)\right\}$$

치역 $-\frac{L}{2}$에서 $+\frac{L}{2}$ 구간에서

$$a_0 = \frac{1}{L}\int_{-L/2}^{L/2} f(x)\,\mathrm{d}x$$

$$a_n = \frac{2}{L}\int_{-L/2}^{L/2} f(x)\cos\left(\frac{2\pi nx}{L}\right)\mathrm{d}x \quad (n = 1, 2, 3, \ldots)$$

$$b_n = \frac{2}{L}\int_{-L/2}^{L/2} f(x)\sin\left(\frac{2\pi nx}{L}\right)\mathrm{d}x \quad (n = 1, 2, 3, \ldots)$$

복소수 또는 지수 푸리에 급수

$$f(x) = \sum_{n=-\infty}^{\infty} c_n \mathrm{e}^{j\frac{2\pi nx}{L}}$$

위에서 $c_n = \frac{1}{L}\int_{-\frac{L}{2}}^{\frac{L}{2}} f(x)\mathrm{e}^{-j\frac{2\pi nx}{L}}\mathrm{d}x$

우대칭 경우

$$c_n = \frac{2}{L}\int_0^{\frac{L}{2}} f(x)\cos\left(\frac{2\pi nx}{L}\right)\mathrm{d}x$$

기대칭 경우

$$c_n = -j\frac{2}{L}\int_0^{\frac{L}{2}} f(x)\sin\left(\frac{2\pi nx}{L}\right)\mathrm{d}x$$

Answer

연습문제 해답

Chapter 46

Exercise 183

1. $e^x(x^4 - 4x^3 + 12x^2 - 24x + 24) + c$

2. $e^{2t}\left(\frac{1}{2}t^3 - \frac{3}{4}t^2 + \frac{3}{4}t - \frac{3}{8}\right) + c$ **3.** 6.493

Exercise 184

1. $x^5 \sin x + 5x^4 \cos x - 20x^3 \sin x - 60x^2 \cos x + 120x \sin x + 120 \cos x + c$

2. -134.87

3. $-x^5 \cos x + 5x^4 \sin x + 20x^3 \cos x - 60x^2 \sin x - 120x \cos x + 120 \sin x + c$

4. 62.89

Exercise 185

1. $-\frac{1}{7}\sin^6 x \cos x - \frac{6}{35}\sin^4 x \cos x - \frac{8}{35}\sin^2 x \cos x - \frac{16}{35}\cos x + c$

2. 4

3. $\frac{8}{15}$

4. $\frac{1}{6}\cos^5 x \sin x + \frac{5}{24}\cos^3 x \sin x + \frac{5}{16}\cos x \sin x + \frac{5}{16}x + c$

5. $\frac{16}{35}$

Exercise 186

1. $\frac{8}{105}$ **2.** $\frac{13}{15} - \frac{\pi}{4}$ or 0.08127 **3.** $\frac{8}{315}$

4. $x(\ln x)^4 - 4x(\ln x)^3 + 12x(\ln x)^2 - 24x \ln x + 24x + c$

5. Proof

Chapter 47

Exercise 187

1. 36 **2.** 3.5 **3.** 0.5
4. -174 **5.** 405 **6.** -157.5
7. 15π or 47.12 **8.** 112
9. 5 **10.** 170 cm^4

Exercise 188

1. 15 **2.** 15 **3.** 60 **4.** -8

5. $\frac{\pi^4}{2}$ or 48.70 **6.** -9 **7.** 8 **8.** 18

Chapter 48

Exercise 189

1. 1.569 **2.** 6.979 **3.** 0.672 **4.** 0.843

Exercise 190

1. 3.323 **2.** 0.997 **3.** 0.605 **4.** 0.799

Exercise 191

1. 1.187 **2.** 1.034 **3.** 0.747
4. 0.571 **5.** 1.260
6. (a) 1.875 (b) 2.107 (c) 1.765 (d) 1.916
7. (a) 1.585 (b) 1.588 (c) 1.583 (d) 1.585
8. (a) 10.194 (b) 10.007 (c) 10.070
9. (a) 0.677 (b) 0.674 (c) 0.675
10. 28.8 m **11.** 0.485 m

Chapter 49

Exercise 192

1. Sketches **2.** $y = x^2 + 3x - 1$

Exercise 193

1. $y = \frac{1}{4}\sin 4x - x^2 + c$ **2.** $y = \frac{3}{2}\ln x - \frac{x^3}{6} + c$
3. $y = 3x - \frac{x^2}{2} - \frac{1}{2}$ **4.** $y = \frac{1}{3}\cos\theta + \frac{1}{2}$
5. $y = \frac{1}{6}\left(x^2 - 4x + \frac{2}{e^x} + 4\right)$ **6.** $y = \frac{3}{2}x^2 - \frac{x^3}{6} - 1$
7. $v = u + at$ **8.** 15.9 m

Exercise 194

1. $x = \frac{1}{3}\ln(2+3y) + c$ **2.** $\tan y = 2x + c$
3. $\frac{y^2}{2} + 2\ln y = 5x - 2$ **4.** Proof
5. $x = a\left(1 - e^{-kt}\right)$
6. (a) $Q = Q_0 e^{-\frac{t}{CR}}$ (b) 9.30 C, 5.81 C
7. 273.3 N, 2.31 rad **8.** 8 m 40 s

Exercise 195

1. $\ln y = 2\sin x + c$ **2.** $y^2 - y = x^3 + x$
3. $e^y = \frac{1}{2}e^{2x} + \frac{1}{2}$ **4.** $\ln\left(x^2 y\right) = 2x - y - 1$
5. Proof **6.** $y = \frac{1}{\sqrt{(1-x^2)}}$
7. $y^2 = x^2 - 2\ln x + 3$ **8.** (a) $V = E\left(1 - e^{-\frac{t}{CR}}\right)$ (b) 13.2 V
9. 3

Chapter 50

Exercise 196

1. $-\frac{1}{3}\ln\left(\frac{x^3 - y^3}{x^3}\right) = \ln x + c$
2. $y = x(c - \ln x)$
3. $x^2 = 2y^2\left(\ln y + \frac{1}{2}\right)$
4. $-\frac{1}{2}\ln\left(1 + \frac{2y}{x} - \frac{y^2}{x^2}\right) = \ln x + c$ or $x^2 + 2xy - y^2 = k$
5. $x^2 + xy - y^2 = 1$

Exercise 197

1. $y^4 = 4x^4(\ln x + c)$
2. $\frac{1}{5}\left[\frac{3}{13}\ln\left(\frac{13y - 3x}{x}\right) - \ln\left(\frac{y - x}{x}\right)\right] = \ln x + c$
3. $(x+y)^2 = 4x^3$ **4.** Proof
5. $y^3 = x^3(3\ln x + 64)$ **6.** Proof

Chapter 51

Exercise 198

1. $y = 3 + \frac{c}{x}$ **2.** $y = \frac{1}{2} + ce^{-x^2}$
3. $y = \frac{5t}{2} + \frac{c}{t}$ **4.** $y = \frac{x^3}{5} - \frac{x}{3} + \frac{47}{15x^2}$
5. $y = 1 + ce^{-x^2/2}$ **6.** $y = \frac{1}{2}x + \frac{1}{4} + ce^{2x}$

Exercise 199

1. $y = \frac{1}{2} + \cos^2 x$ **2.** $\theta = \frac{1}{t}(\sin t - \pi\cos t)$
3. Proof **4.** Proof
5. Proof **6.** $v = \frac{b}{a^2} - \frac{bt}{a} + \left(u - \frac{b}{a^2}\right)e^{-at}$
7. Proof
8. $C = \left(\frac{b}{m} + d\right)\left(1 - e^{-\frac{mt}{a}}\right) + c_0 e^{-\frac{mt}{a}}$
9. $v = k\left\{\frac{1}{c} - \frac{e^{-t}}{c-1} + \frac{e^{-ct}}{c(c-1)}\right\}$

Chapter 52

Exercise 200

1.

x	y
1.0	2
1.1	2.1
1.2	2.209091
1.3	2.325000
1.4	2.446154
1.5	2.571429

2.

x	y	$(y')_0$
0	1	0
0.2	1	−0.2
0.4	0.96	−0.368
0.6	0.8864	−0.46368
0.8	0.793664	−0.469824
1.0	0.699692	

3. (a)

x	y
2.0	1
2.1	0.85
2.2	0.709524
2.3	0.577273
2.4	0.452174
2.5	0.333334

(b) 1.206%

4. (a)

x	y
2.0	1
2.2	1.2
2.4	1.421818
2.6	1.664849
2.8	1.928718
3.0	2.213187

(b) 1.596%

Exercise 201

1.

x	y	y'
1.0	2	1
1.1	2.10454546	1.08677686
1.2	2.216666672	1.152777773
1.3	2.33461539	1.204142008
1.4	2.457142859	1.244897958
1.5	2.5883333335	

2. (a) 0.412% (b) 0.000000214%

3. (a)

x	y	y'
0	1	1
0.1	1.11	1.21
0.2	1.24205	1.44205
0.3	1.398465	1.698465
0.4	1.581804	1.981804
0.5	1.794893	

(b) 0.117%

4.

x	y	$(y')_0$
0	1	0
0.2	0.98	−0.192
0.4	0.925472	−0.3403776
0.6	0.84854666	−0.41825599
0.8	0.76433779	−0.42294046
1.0	0.68609380	

Exercise 202

1.

n	x_n	y_n
0	1.0	2.0
1	1.1	2.104545
2	1.2	2.216667
3	1.3	2.334615
4	1.4	2.457143
5	1.5	2.533333

2.

n	x_n	y_n
0	0	1.0
1	0.2	0.980395
2	0.4	0.926072
3	0.6	0.848838
4	0.8	0.763649
5	1.0	0.683952

3. (a)

n	x_n	y_n
0	2.0	1.0
1	2.1	0.854762
2	2.2	0.718182
3	2.3	0.589130
4	2.4	0.466667
5	2.5	0.340000

(b) No error

Chapter 53

Exercise 203

1. $y = Ae^{\frac{2}{3}t} + Be^{-\frac{1}{2}t}$ **2.** $\theta = (At + B)e^{-\frac{1}{2}t}$

3. $y = e^{-x}\{A\cos 2x + B\sin 2x\}$

4. $y = 3e^{\frac{2}{3}x} + 2e^{-\frac{3}{2}x}$ **5.** $y = 4e^{\frac{1}{4}t} - 3e^{t}$

6. $y = 2xe^{-\frac{5}{3}x}$ **7.** $x = 2(1 - 3t)e^{3t}$

8. $y = 2e^{-3x}\{2\cos 2x + 3\sin 2x\}$

9. $\theta = e^{-2.5t}\{3\cos 5t + 2\sin 5t\}$

Exercise 204

1. Proof **2.** $s = c\cos at$

3. $\theta = e^{-2t}\{0.3\cos 6t + 0.1\sin 6t\}$

4. $x = \{s + (u + ns)t\}e^{-nt}$

5. $i = \frac{1}{20}\left(e^{-160t} - e^{-840t}\right)$

6. $s = 4te^{-\frac{3}{2}t}$

Chapter 54

Exercise 205

1. $y = Ae^{\frac{1}{2}x} + Be^{-3x} - 2$

2. $y = Ae^{\frac{1}{3}x} + Be^{-x} - 2 - \frac{3}{2}x$

3. $y = \frac{2}{7}\left(3e^{-\frac{4}{3}x} + 4e^{x}\right) - 2$

4. $y = -\left(2 + \frac{3}{4}x\right)e^{\frac{2}{3}x} + 2 + \frac{3}{4}x$

5. (a) $q = \frac{1}{20} - \left(\frac{5}{2}t + \frac{1}{20}\right)e^{-50t}$

(b) $q = \frac{1}{20}(1 - \cos 50t)$

6. $\theta = 2\left(te^{-2t} + 1\right)$

Exercise 206

1. $y = Ae^{3x} + Be^{-2x} - \frac{1}{3}e^{x}$

2. $y = Ae^{4x} + Be^{-x} - \frac{3}{5}xe^{-x}$

3. $y = A\cos 3x + B\sin 3x + 2e^{2x}$

4. $y = (At + B)e^{\frac{t}{3}} + \frac{2}{3}t^2e^{\frac{t}{3}}$

5. $y = \frac{5}{44}\left(e^{-2x} - e^{\frac{1}{5}x}\right) + \frac{1}{4}e^{x}$

6. $y = 2e^{3t}\left(1 - 3t + t^2\right)$

Exercise 207

1. $y = Ae^{\frac{3}{2}x} + Be^{-x} - \frac{1}{5}(11\sin 2x - 2\cos 2x)$

2. $y = (Ax + B)e^{2x} - \frac{4}{5}\sin x + \frac{3}{5}\cos x$

3. $y = A\cos x + B\sin x + 2x\sin x$

4. $y = \frac{1}{170}\left(6e^{4x} - 51e^{-x}\right) - \frac{1}{34}(15\sin x - 9\cos x)$

5. $y = \frac{k}{\left(n^4 - p^4\right)}\left(p^2\left(\sin pt - \frac{p}{n}\sin nt\right) + n^2(\cos pt - \cos nt)\right)$

6. Proof

7. $q = (10t + 0.01)e^{-1000t} + 0.024\sin 200t - 0.010\cos 200t$

Exercise 208

1. $y = Ae^{\frac{1}{4}x} + Be^{\frac{1}{2}x} + 2x + 12 + \frac{8}{17}(6\cos x - 7\sin x)$

2. $y = Ae^{2\theta} + Be^{\theta} + \frac{1}{2}(\sin 2\theta + \cos 2\theta)$

3. $y = Ae^{x} + Be^{-2x} - \frac{3}{4} - \frac{1}{2}x - \frac{1}{2}x^2 + \frac{1}{4}e^{2x}$

4. $y = e^{t}(A\cos t + B\sin t) - \frac{t}{2}e^{t}\cos t$

5. $y = \frac{4}{3}e^{5x} - \frac{10}{3}e^{2x} - \frac{1}{3}xe^{2x} + 2$

6. $y = 2e^{-\frac{3}{2}x} - 2e^{2x} + \frac{3e^{x}}{29}(3\sin x - 7\cos x)$

Chapter 55

Exercise 209

1. (a) $16e^{2x}$ (b) $\frac{1}{4}e^{\frac{1}{2}t}$

2. (a) $81\sin 3t$ (b) $-1562.5\cos 5\theta$

3. (a) $256\cos 2x$ (b) $-\frac{2^9}{3^8}\sin\frac{2}{3}t$

4. (a) $(9!)x^2$ (b) $630\,t$

5. (a) $32\cosh 2x$ (b) $1458\sinh 3x$

6. (a) $128\sinh 2x$ (b) $729\cosh 3x$

7. (a) $-\frac{12}{\theta^4}$ (b) $\frac{240}{t^7}$

Exercise 210

1. $x^2y^{(n)}+2nxy^{(n-1)}+n(n-1)y^{(n-2)}$
2. $y^{(n)}=e^{2x}2^{n-3}\{8x^3+12nx^2+n(n-1)(6x)+n(n-1)(n-2)\}$
   $y^{(3)}=e^{2x}(8x^3+36x^2+36x+6)$
3. $y^{(4)}=2e^{-x}(x^3-12x^2+36x-24)$
4. $y^{(5)}=(60x-x^3)\sin x+(15x^2-60)\cos x$
5. $y^{(4)}=-4e^{-t}\sin t$ 6. $y^{(3)}=x^2(47+60\ln 2x)$
7. Proof 8. $y^{(5)}=e^{2x}2^4(2x^3+19x^2+50x+35)$

Exercise 211

1. $$y=\left\{1-\frac{x^2}{2!}+\frac{5x^4}{4!}-\frac{5\times 9x^6}{6!}+\frac{5\times 9\times 13x^8}{8!}-\cdots\right\}+2\left\{x-\frac{3x^3}{3!}+\frac{3\times 7x^5}{5!}-\frac{3\times 7\times 11x^7}{7!}+\cdots\right\}$$
2. Proof
3. $$y=1+x+2x^2+\frac{x^3}{3}-\frac{x^5}{8}+\frac{x^7}{16}+\cdots\cdots$$
4. $$y=\left\{1-\frac{1}{2^2}x^2+\frac{1}{2^2\times 4^2}x^4-\frac{1}{2^2\times 4^2\times 6^2}x^6+\cdots\right\}+2\left\{x-\frac{x^3}{3^2}+\frac{x^5}{3^2\times 5^2}-\frac{x^7}{3^2\times 5^2\times 7^2}\cdots\right\}$$

Exercise 212

1. $$y=A\left\{1+x+\frac{x^2}{(2\times 3)}+\frac{x^3}{(2\times 3)(3\times 5)}+\frac{x^4}{(2\times 3\times 4)(3\times 5\times 7)}+\cdots\right\}+Bx^{\frac{1}{2}}\left\{1+\frac{x}{(1\times 3)}+\frac{x^2}{(1\times 2)(3\times 5)}.+\frac{x^3}{(1\times 2\times 3)(3\times 5\times 7)}+\frac{x^4}{(1\times 2\times 3\times 4)(3\times 5\times 7\times 9)}+\cdots\right\}$$
2. $$y=A\left\{1-\frac{x^2}{2!}+\frac{x^4}{4!}-\cdots\right\}+B\left\{x-\frac{x^3}{3!}+\frac{x^5}{5!}-\cdots\right\}$$
   $=P\cos x+Q\sin x$
3. $$y=A\left\{1+\frac{x}{(1\times 4)}+\frac{x^2}{(1\times 2)(4\times 7)}+\frac{x^3}{(1\times 2\times 3)(4\times 7\times 10)}+\cdots\right\}+Bx^{-\frac{1}{3}}\left\{1+\frac{x}{(1\times 2)}+\frac{x^2}{(1\times 2)(2\times 5)}+\frac{x^3}{(1\times 2\times 3)(2\times 5\times 8)}+\cdots\right\}$$
4. Proof

Exercise 213

1. $$y=Ax^2\left\{1-\frac{x^2}{12}+\frac{x^4}{384}-\cdots\right\}$$
   or $$A\left\{x^2-\frac{x^4}{12}+\frac{x^6}{384}-\cdots\right\}$$
2. $$J_3(x)=\left(\frac{x}{2}\right)^3\left\{\frac{1}{\Gamma 4}-\frac{x^2}{2^2\Gamma 5}+\frac{x^4}{2^5\Gamma 6}-\cdots\right\}$$
   or $$\frac{x^3}{8\Gamma 4}-\frac{x^5}{2^5\Gamma 5}+\frac{x^7}{2^8\Gamma 6}-\cdots$$
3. $J_0(x)=0.765$, $J_1(x)=0.440$

Exercise 214

1. (a) $y=a_0+a_1\left(x+\frac{x^3}{3}+\frac{x^5}{5}+\cdots\right)$
   (b) $y=a_0\left(1-3x^2\right)+a_1\left(x-\frac{2}{3}x^3-\frac{1}{5}x^5-\cdots\right)$
2. (a) x
   (b) $\frac{1}{8}\left(35x^4-30x^2+3\right)$ (c) $\frac{1}{8}\left(63x^5-70x^3+15x\right)$

Chapter 56

Exercise 215

1. $u=2ty^2+f(t)$ 2. $u=t^2(\cos\theta-1)+2t$
3. Proof 4. Proof
5. $u=-4e^y\cos 2x-\cos x+4\cos 2x+2y^2-4e^y+4$
6. $u=y\left(\frac{x^4}{3}-\frac{x^2}{2}\right)+x\cos 2y+\sin y$
7. $u=-\sin(x+t)+x+\sin x+2t+\sin t$
8. Proof
9. $u=\sin x\sin y+\frac{x^2}{2}+2\cos y-\frac{\pi^2}{2}$
10. Proof

Exercise 216

1. $T=Ae^{3t}+Be^{-3t}$ 2. $T=A\cos 3t+B\sin 3t$
3. $X=Ae^x+Be^{-x}$ 4. $X=A\cos x+B\sin x$

Exercise 217

1. $u(x,t)=\frac{12}{\pi^2}\sum_{n=1}^{\infty}\frac{1}{n^2}\sin\frac{n\pi}{2}\sin\frac{n\pi x}{40}\cos\frac{3n\pi t}{40}$
2. $u(x,t)=\frac{8}{\pi^2}\sum_{n=1}^{\infty}\frac{1}{n^2}\sin\frac{n\pi}{2}\sin\frac{n\pi x}{80}\cos\frac{n\pi t}{10}$

Exercise 218

1. $u(x,t)=\frac{40}{\pi}\sum_{n(\text{odd})=1}^{\infty}\frac{1}{n}e^{-\frac{n^2\pi^2c^2t}{16}}\sin\frac{n\pi x}{4}$
2. $u(x,t)=\left(\frac{8}{\pi}\right)^3\sum_{n(\text{odd})=1}^{\infty}\frac{1}{n^3}e^{-\frac{n^2\pi^2t}{64}}\sin\frac{n\pi x}{8}$
3. $u(x,t)=\frac{320}{\pi^2}\sum_{n(\text{odd})=1}^{\infty}\frac{1}{n^2}\sin\frac{n\pi}{2}\sin\frac{n\pi x}{20}e^{-\left(\frac{n^2\pi^2t}{400}\right)}$

Exercise 219

1. $u(x,y)=\frac{20}{\pi}\sum_{n(\text{odd}))=1}^{\infty}\frac{1}{n}\text{cosech}\,n\pi\,\sin n\pi x\,\sinh n\pi(y-2)$
2. $u(x,y)=\frac{216}{\pi^3}\sum_{n(\text{odd}))=1}^{\infty}\frac{1}{n^3}\text{cosech}\frac{2n\pi}{3}\sin\frac{n\pi x}{3}\sinh\frac{n\pi}{3}(2-y)$

Chapter 57

Exercise 220

1. (a) continuous (b) continuous (c) discrete (d) continuous
2. (a) discrete (b) continuous (c) discrete (d) discrete

Exercise 221

1. If one symbol is used to represent ten vehicles, working correct to the nearest five vehicles, gives 3.5, 4.5, 6, 7, 5 and 4 symbols respectively.
2. If one symbol represents 200 components, working correct to the nearest 100 components gives: Mon 8, Tues 11, Wed 9, Thurs 12 and Fri 6.5
3. Six equally spaced horizontal rectangles, whose lengths are proportional to 35, 44, 62, 68, 49 and 41 respectively
4. Five equally spaced horizontal rectangles, whose lengths are proportional to 1580, 2190, 1840, 2385 and 1280 units, respectively
5. Six equally spaced vertical rectangles, whose heights are proportional to 35, 44, 62, 68, 49 and 41 units, respectively
6. Six equally spaced vertical rectangles, whose heights are proportional to 1580, 2190, 1840, 2385 and 1280 units, respectively
7. Three rectangles of equal height, subdivided in the percentages shown; P increases by 20% at the expense of Q and R
8. Four rectangles of equal heights, subdivided as follows: **Week 1**: 18%, 7%, 35%, 12%, 28% **Week 2**: 20%, 8%, 32%, 13%, 27% **Week 3**: 22%, 10%, 29%, 14%, 25% **Week 4**: 20%, 9%, 27%, 19%, 25%. Little change in centres A and B, there is a reduction of around 8% in centre C, an increase of around 7% in centre D and a reduction of about 3% in centre E.
9. A circle of any radius, subdivided into sectors, having angles of 7.5°, 22.5 °, 52.5 °, 167.5 ° and 110 °, respectively.
10. A circle of any radius, subdivided into sectors, having angles of 107°, 156°, 29° and 68°, respectively.
11. (a) £495 (b) 88
12. (a) £16450 (b) 138

Exercise 222

1. There is no unique solution, but one solution is: 39.3 – 39.4 1; 39.5 – 39.6 5; 39.7 – 39.8 9; 39.9 – 40.0 17; 40.1 – 40.2 15; 40.3 – 40.4 7; 40.5 – 40.6 4; 40.7 – 40.8 2;
2. Rectangles, touching one another, having mid-points of 39.35, 39.55, 39.75, 39.95.... and heights of 1, 5, 9, 17,...
3. There is no unique solution, but one solution is: 20.5 – 20.9 3; 21.0 – 21.4 10; 21.5 – 21.9 11; 22.0 – 22.4 13; 22.5 – 22.9 9; 23.0 – 23.4 2
4. There is no unique solution, but one solution is: 1 – 10 3; 11 – 19 7; 20 – 22 12; 23 – 25 11; 26 – 28 10; 29 – 38 5; 39 – 48 2
5. 20.95 3; 21.45 13; 21.95 24; 22.45 37; 22.95 46; 23.45 48
6. Rectangles, touching one another, having mid-points of 5.5, 15, 21, 24, 33.5 and 43.5. The heights of the rectangles (frequency per unit class range) are 0.3, 0.78, 4, 3.67, 3.33, 0.5 and 0.2
7. (10.95 2), (11.45 9), (11.95 19), (12.45 31), (12.95 42), (13.45 50)
8. Ogive
9. (a) There is no unique solution, but one solution is: 2.05 – 2.09 3; 2.10 – 2.14 10; 2.15 – 2.19 11; 2.20 – 2.24 13; 2.25 – 2.29 9; 2.30 – 2.34 2. (b) Rectangles, touching one another, having mid-points of 2.07, 2.12 .... and heights of 3, 10 ... (c) Using the frequency distribution given in the solution to part (a) gives: 2.095 3; 2.145 13; 2.195 24; 2.245 37; 2.295 46; 2.345 48. (d) A graph of cumulative frequency against upper class boundary having the co-ordinates given in part (c).

Chapter 58

Exercise 223

1. Mean $7\frac{1}{3}$, median 8, mode 8
2. Mean 27.25, median 27, mode 26
3. Mean 4.7225, median 4.72, mode 4.72
4. Mean 115.2, median 126.4, no mode

Exercise 224

1. 23.85 kg 2. 171.7 cm
3. Mean 89.5, median 89, mode 88.2
4. Mean 2.02158 cm, median 2.02152 cm, Mode 2.02167 cm

Exercise 225

1. 4.60 2. 2.83 μF
3. Mean 34.53 MPa, standard deviation 0.07474 MPa
4. 0.296 kg 5. 9.394 cm
6. 0.00544 cm

Exercise 226

1. 30, 27.5, 33.5 days 2. 27, 26, 33 faults
3. $Q_1 = 164.5$ cm, $Q_2 = 172.5$ cm, $Q_3 = 179$ cm, 7.25 cm
4. 37 and 38; 40 and 41 5. 40, 40, 41; 50, 51, 51

Chapter 59

Exercise 227

1. (a) $\frac{2}{9}$ or 0.2222 (b) $\frac{7}{9}$ or 0.7778
2. (a) $\frac{23}{139}$ or 0.1655 (b) $\frac{47}{139}$ or 0.3381 (c) $\frac{69}{139}$ or 0.4964
3. (a) $\frac{1}{6}$ (b) $\frac{1}{6}$ (c) $\frac{1}{36}$
4. $\frac{5}{36}$
5. (a) $\frac{2}{5}$ (b) $\frac{1}{5}$ (c) $\frac{4}{15}$ (d) $\frac{13}{15}$
6. (a) $\frac{1}{250}$ (b) $\frac{1}{200}$ (c) $\frac{9}{1000}$ (d) $\frac{1}{50000}$

Exercise 228

1. (a) 0.6 (b) 0.2 (c) 0.15
2. (a) 0.64 (b) 0.32
3. 0.0768
4. (a) 0.4912 (b) 0.4211
5. (a) 89.38% (b) 10.25%
6. (a) 0.0227 (b) 0.0234 (c) 0.0169

Exercise 229

1. (a) 210 (b) 3024 2. (a) 792 (b) 15
3. 210 4. 3003
5. $\frac{10}{^{49}C_6} = \frac{10}{13983816} = \frac{1}{1398382}$ or 715×10^{-9}

Chapter 60

Exercise 230

1. (a) 0.0186 (b) 0.9976
2. (a) 0.2316 (b) 0.1408
3. (a) 0.7514 (b) 0.0019
4. (a) 0.9655 (b) 0.0028
5. Vertical adjacent rectangles, whose heights are proportional to 0.0313, 0.1563, 0.3125, 0.3125, 0.1563 and 0.0313
6. Vertical adjacent rectangles, whose heights are proportional to 0.0280, 0.1306, 0.2613, 0.2903, 0.1935, 0.0774, 0.0172 and 0.0016
7. 0.0574

Exercise 231

1. 0.0613 2. 0.5768
3. (a) 0.1771 (b) 0.5153 4. 0.9856
5. The probabilities of the demand for 0, 1, 2,..... tools are 0.0067, 0.0337, 0.0842, 0.1404, 0.1755, 0.1755, 0.1462, 0.1044, 0.0653, ... This shows that the probability of wanting a tool eight times a day is 0.0653, i.e. less than 10%. Hence seven should be kept in the store
6. Vertical adjacent rectangles having heights proportional to 0.4966, 0.3476, 0.1217, 0.0284, 0.0050 and 0.0007

Chapter 61

Exercise 232

1. 6 2. 22
3. (a) 479 (b) 63 (c) 21 4. 4
5. (a) 131 (b) 553 6. (a) 15 (b) 4
7. (a) 65 (b) 209 (c) 89 8. (a) 1 (b) 85 (c) 13

Exercise 233

1. Graphically, $\bar{x} = 27.1, \sigma = 0.3$; by calculation, $\bar{x} = 27.079, \sigma = 0.3001$;
2. (a) $\bar{x} = 23.5\,\text{kN}, \sigma = 2.9\,\text{kN}$
   (b) $\bar{x} = 23.364\,\text{kN}, \sigma = 2.917\,\text{kN}$

Chapter 62

Exercise 234

1. 0.999 2. −0.916 3. 0.422 4. 0.999
5. −0.962 6. 0.632 7. 0.937

Chapter 63

Exercise 235

1. $Y = -256 + 80.6X$ 2. $Y = 0.0477 + 0.216X$
3. $X = 3.20 + 0.0124Y$ 4. $X = -0.056 + 4.56Y$
5. $Y = 1.142 + 2.268X$ 6. $X = -0.483 + 0.440Y$
7. (a) 7.95 V (b) 17.1 mA 8. $Y = 0.881 - 0.0290X$
9. $X = 30.194 - 34.039Y$ 10. (a) 0.417 s (b) 21.7 N

Chapter 64

Exercise 236

1. $\mu_{\bar{x}} = \mu = 22.4$ cm $\sigma_{\bar{x}} = 0.0080$ cm
2. $\sigma_{\bar{x}} = 0.0079$ cm
3. (a) $\mu_{\bar{x}} = 1.70$ cm, $\sigma_{\bar{x}} = 2.91 \times 10^{-3}$ cm
   (b) $\mu_{\bar{x}} = 1.70$ cm, $\sigma_{\bar{x}} = 2.89 \times 10^{-3}$ cm
4. 0.023
5. 0.497
6. 0.0038
7. (a) 0.0179 (b) 0.740 (c) 0.242

Exercise 237

1. 66.89 and 68.01 mm, 66.72 and 68.18 mm
2. (a) 2.355Mg to 2.445Mg; 2.341Mg to 2.459Mg
   (b) 86%
3. $12.73 \times 10^{-4}\text{m}^\circ\text{C}^{-1}$ to $12.89 \times 10^{-4}\text{m}^\circ\text{C}^{-1}$
4. (a) at least 68 (b) at least 271
5. 10.91t to 11.27t
6. 45.6 seconds

Exercise 238

1. 5.133 MPa to 5.207 MPa
2. 5.125 MPa to 5.215 MPa
3. $1.10\,\Omega\text{m}^{-1}$ to $1.15\,\Omega\text{m}^{-1}$
4. 95%

Chapter 65

Exercise 239

1. (a) 28.1% (b) 4.09% (c) 0.19%
2. (a) 55.2% (b) 4.65% (c) 0.07%
3. (a) 35.3% (b) 18.5% (c) 8.4%
4. (a) 32.3% (b) 20.1% (c) 11.9%

Exercise 240

1. z (sample) $= 3.54$, $z_\alpha = 2.58$, hence hypothesis is rejected, where z_α is the z-value corresponding to a level of significance of α
2. $t_{0.95}, \nu_8 = 1.86$, $|t| = 1.89$, hence null hypothesis rejected
3. z (sample) $= 2.85$, $z_\alpha = \pm 2.58$, hence hypothesis is rejected
4. $\bar{x} = 10.38, s = 0.33, t_{0.95}, \nu_{19} = 1.73$, $|t| = 1.72$, hence hypothesis is accepted
5. $|t| = 3.00$, (a) $t_{0.975}, \nu_9 = 2.26$, hence hypothesis rejected, (b) $t_{0.995}, \nu_9 = 3.25$, hence hypothesis is accepted
6. $|t| = 3.08$, (a) $t_{0.95}, \nu_5 = 2.02$, hence claim supported, (b) $t_{0.99}, \nu_5 = 3.36$, hence claim not supported

Exercise 241

1. Take $\bar{x}$ as 24 + 15, i.e. 39 hours, $z = 1.28$, $z_{0.05}$, one-tailed test $= 1.645$, hence hypothesis is accepted
2. $z = 2.357$, $z_{0.05}$, two-tailed test $= \pm 1.96$, hence hypothesis is rejected
3. $\bar{x}_1 = 23.7, s_1 = 1.73, \sigma_1 = 1.93, x_2 = 25.7$, $s_2 = 2.50, \sigma_2 = 2.80, |t| = 1.32, t_{0.995}, \nu_8 =$ 3.36 hence hypothesis is accepted
4. z (sample) $= 1.99$, (a) $z_{0.05}$, two-tailed test $= \pm 1.96$, no significance, (b) $z_{0.01}$, two-tailed test $= \pm 2.58$, significant difference
5. Assuming null hypothesis of no difference, $\sigma = 0.397$, $|t| = 1.85$, (a) $t_{0.995}, \nu_8 = 2.82$, hypothesis rejected, (b) $t_{0.95}, \nu_{22} = 1.72$, hypothesis accepted
6. $\sigma = 0.571, |t| = 3.32, t_{0.95}, \nu_8 = 1.86$, hence hypothesis is rejected

Chapter 66

Exercise 242

1. 10.2 **2.** 3.16

Exercise 243

1. Expected frequencies: 7, 33, 65, 73, 48, 19, 4, 0; χ^2-value $= 3.62$, $\chi^2_{0.95}, \nu_7 = 14.1$, hence hypothesis accepted. $\chi^2_{0.10}, \nu_7 = 2.83$, hence data is not 'too good'

2. $\lambda = 2.404$; expected frequencies: 11, 27, 33, 26, 16, 8, 3 χ^2-value $= 42.24$; $\chi^2_{0.95}, \nu_6 = 12.6$, hence the data does not fit a Poisson distribution at a level of significance of 0.05

3. $\bar{x} = 1.32, s = 0.0180$; expected frequencies, 6, 17, 36, 55, 65, 55, 36, 17, 6; χ^2-value $= 5.98$; $\chi^2_{0.95}\nu_6 = 12.6$, hence the null hypothesis is accepted, i.e. the data does correspond to a normal distribution

4. $\lambda = 0.896$; expected frequencies are 102, 91, 41, 12, 3, 0, 0; χ^2-value $= 5.10$; $\chi^2_{0.95}, \nu_6 = 12.6$, hence this data fits a Poisson distribution at a level of significance of 0.05

5. $x = 10.09$ MN; $\sigma = 0.733$ MN; expected frequencies, 2, 5, 12, 16, 14, 8, 3, 1; χ^2-value $= 0.563$; $\chi^2_{0.95}, \nu_5 = 11.1$. Hence hypothesis accepted. $\chi^2_{0.05}, \nu_5 = 1.15$, hence the results are 'too good to be true'

Exercise 244

1. $H_0: t = 15\text{h}, H_1: t \neq 15\text{h}$ $S = 7$. From Table 66.3, $S \leq 2$, hence accept H_0

2. $S = 6$. From Table 66.3, $S \leq 4$, hence null hypothesis accepted

3. H_0: mean $A =$ mean B, H_1: mean $A \neq$ mean B, $S = 4$. From Table 66.3, $S \leq 4$, hence H_1 is accepted

Exercise 245

1. $H_0: t = 220\text{h}, H_1: t \neq 220\text{h}, T = 74$. From Table 66.4, $T \leq 29$, hence H_0 is accepted

2. $H_0: s = 150, H_1: s \neq 150, T = 59.5$. From Table 66.4, $T \leq 40$, hence hypothesis H_0 is accepted

3. $H_0: N = R, H_1: N \neq R, T = 5$. From Table 66.4, with $n = 10$ (since two differences are zero), $T \leq 8$, Hence there is a significant difference in the drying times

Exercise 246

1. $H_0: T_A = T_B, H_1: T_A \neq T_B, U = 30$. From Table 66.5, $U \leq 17$, hence accept H_0, i.e. there is no difference between the brands

2. $H_0: B.S._A = B.S._B, H_1: B.S._A \neq B.S._B, \alpha_2 = 10\%$, $U = 28$. From Table 66.5, $U \leq 15$, hence accept H_0, i.e. there is no difference between the processes

3. $H_0: A = B, H_1: A \neq B, \alpha_2 = 5\%, U = 4$. From Table 66.5, $U \leq 8$, hence null hypothesis is rejected, i.e. the two methods are not equally effective

4. $H_0: \text{mean}_A = \text{mean}_B$, $H_1: \text{mean}_A \neq \text{mean}_B$, $\alpha_2 = 5\%$, $U = 90$. From Table 66.5, $U \leq 99$, hence H_0 is rejected and H_1 accepted

Chapter 67

Exercise 247

1. (a) $\frac{2}{s^2} - \frac{3}{s}$ (b) $\frac{10}{s^3} + \frac{4}{s^2} - \frac{3}{s}$

2. (a) $\frac{1}{4s^4} - \frac{3}{s^2} + \frac{2}{s}$ (b) $\frac{8}{s^6} - \frac{48}{s^5} + \frac{1}{s^3}$

3. (a) $\frac{5}{s-3}$ (b) $\frac{2}{s+2}$

4. (a) $\frac{12}{s^2+9}$ (b) $\frac{3s}{s^2+4}$

5. (a) $\frac{7s}{s^2-4}$ (b) $\frac{1}{s^3-9}$

6. (a) $\frac{2(s^2+2)}{s(s^2+4)}$ (b) $\frac{24}{s(s^2+16)}$

7. (a) $\frac{s^2-2}{s(s^2-4)}$ (b) $\frac{16}{s(s^2-16)}$

8. $\frac{4}{s^2+a^2}(a\cos b + s\sin b)$

9. $\frac{3}{s^2+\omega^2}(s\cos\alpha + \omega\sin\alpha)$

10. Proof

Chapter 68

Exercise 248

1. (a) $\frac{2}{(s-2)^2}$ (b) $\frac{2}{(s-1)^3}$

2. (a) $\frac{24}{(s+2)^4}$ (b) $\frac{12}{(s+3)^5}$

3. (a) $\frac{s-1}{s^2-2s+2}$ (b) $\frac{6}{s^2-4s+8}$

4. (a) $\frac{5(s+2)}{s^2+4s+13}$ (b) $\frac{4}{s^2+10s+26}$

5. (a) $\frac{1}{s-1} - \frac{s-1}{s^2-2s+5}$

(b) $\frac{1}{4}\left(\frac{1}{s-3} - \frac{s-3}{s^2-6s+13}\right)$

6. (a) $\frac{1}{s(s-2)}$ (b) $\frac{3(s-2)}{s^2-4s-12}$

7. (a) $\frac{6}{s^2+2s-8}$ (b) $\frac{s+3}{4(s^2+6s+5)}$

8. (a) $\frac{2(s-10)}{s^2-2s+10}$ (b) $\frac{-6(s+1)}{s(s+4)}$

Exercise 249

1. Proof **2.** Proof **3.** Proof **4.** Proof

Exercise 250

1. (a) 3 (b) 16 **2.** (a) 6 (b) –1 **3.** 4 **4.** 0

Chapter 69

Exercise 251

1. (a) 7 (b) $2e^{5t}$

2. (a) $\frac{3}{2}e^{-\frac{1}{2}t}$ (b) $2\cos 2t$

3. (a) $\frac{1}{5}\sin 5t$ (b) $\frac{4}{3}\sin 3t$

4. (a) $\frac{5}{2}\cos 3t$ (b) $6t$

5. (a) $\frac{5}{2}t^2$ (b) $\frac{4}{3}t^3$

6. (a) $6\cosh 4t$ (b) $\frac{7}{4}\sinh 4t$

7. (a) $\frac{5}{3}\sinh 3t$ (b) $2e^t t^2$

8. (a) $\frac{1}{6}e^{-2t}t^3$ (b) $\frac{1}{8}e^{3t}t^4$

9. (a) $e^{-t}\cos 3t$ (b) $\frac{3}{2}e^{-3t}\sin 2t$

10. (a) $2e^{3t}\cos 2t$ (b) $\frac{7}{2}e^{4t}\sinh 2t$

11. (a) $2e^{-2t}\cosh 3t + \frac{1}{3}e^{-2t}\sinh 3t$

(b) $3e^{4t}\cos 3t + \frac{14}{3}e^{4t}\sin 3t$

Exercise 252

1. $2e^{-t} - 5e^{-3t}$

2. $4e^{-t} - 3e^{2t} + e^{-3t}$

3. $2e^{-3t} + 3e^t - 4e^t t$

4. $e^{-3t}(3 - 2t - 3t^2)$

5. $2\cos\sqrt{2}t + \frac{3}{\sqrt{2}}\sin\sqrt{2}t + 5e^{-t}$

6. $2 + t + \sqrt{3}\sin\sqrt{3}t - 4\cos\sqrt{3}t$

7. $2 - 3e^{-2t}\cos 3t - \frac{2}{3}e^{-2t}\sin 3t$

Exercise 253

1. (a) $s = -4$ (b) $s = 0$, $s = -2$, $s = 4 + j3$, $s = 4 - j3$

2. Poles at $s = -3$, $s = 1 + j2$, $s = 1 - j2$, zeros at $s = +1$, $s = -2$

3. Poles at $s = -2$, $s = -1 + j2$, $s = -1 - j2$, zero at $s = 1$

4. Poles at $s = 0$, $s = +j2$, $s = -j2$, zeros at $s = -1$, $s = 6$

Chapter 70

Exercise 254

1. $V(t) = 6(H - 4)$

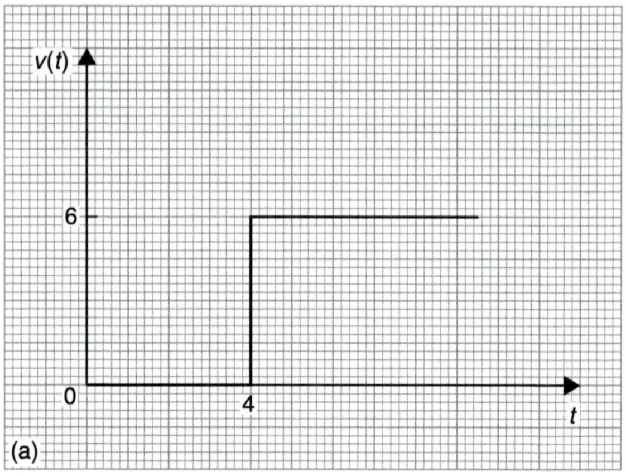

2. $2H(t) - H(t - 5)$

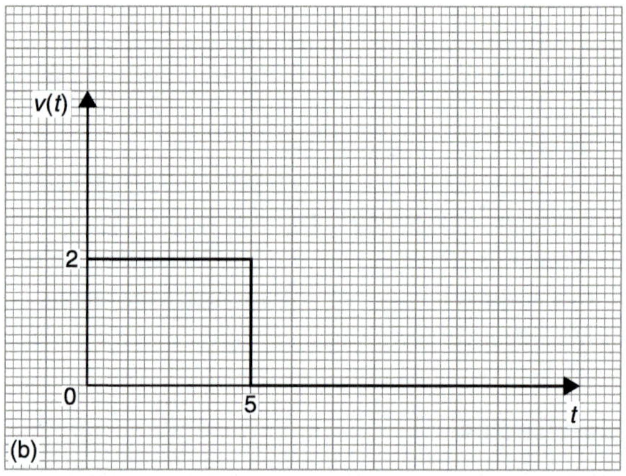

3.

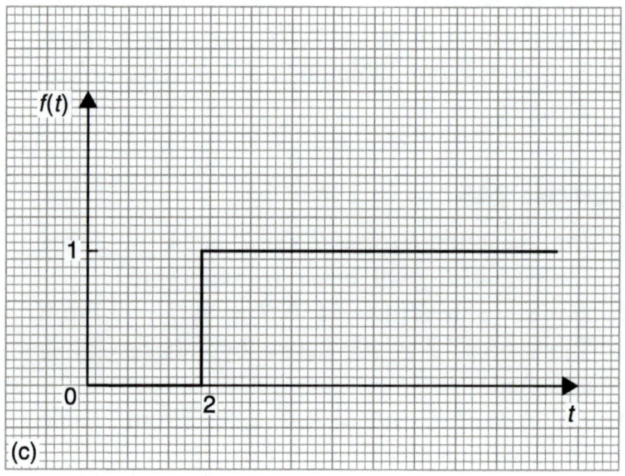

4.

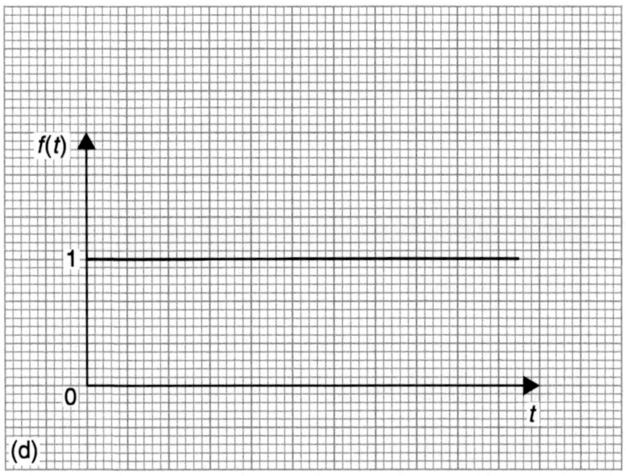
f(t)
1
0
t
(d)

5.

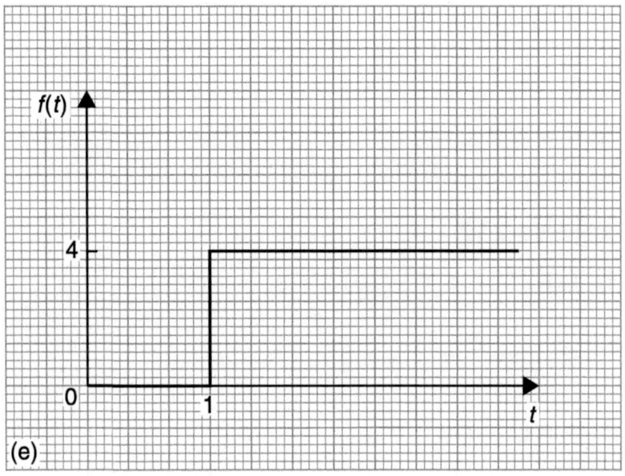
f(t)
4
0
1
t
(e)

6.

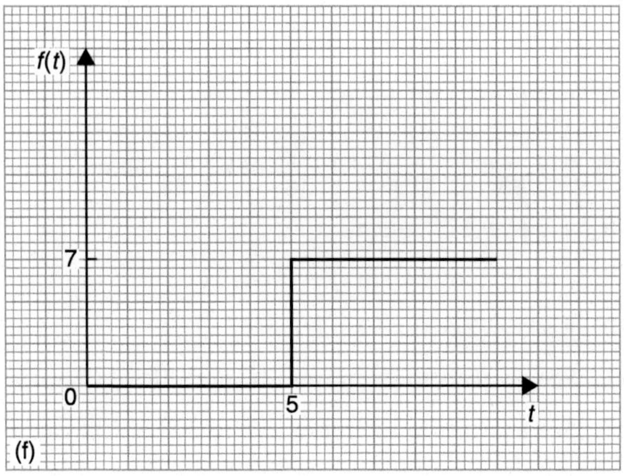
f(t)
7
0
5
t
(f)

7.

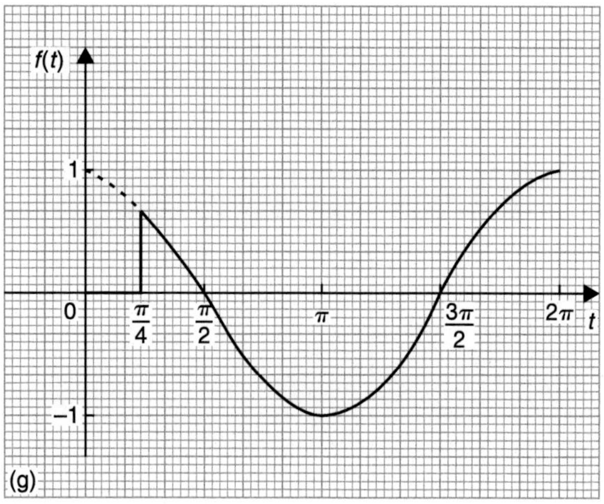
f(t)
1
0
π/4
π/2
π
3π/2
2π
t
−1
(g)

8.

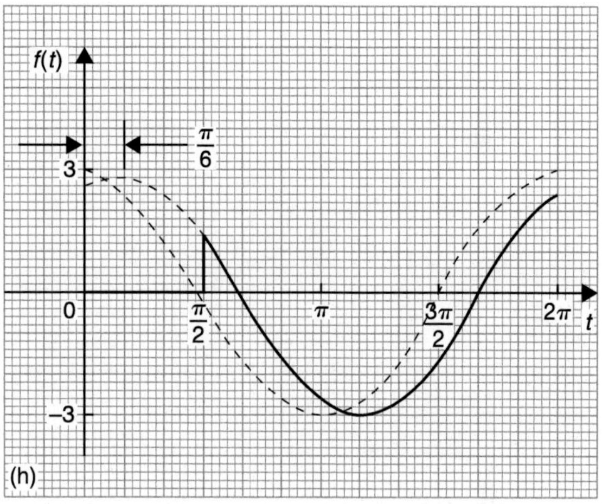
f(t)
π/6
3
0
π/2
π
3π/2
2π
t
−3
(h)

9.

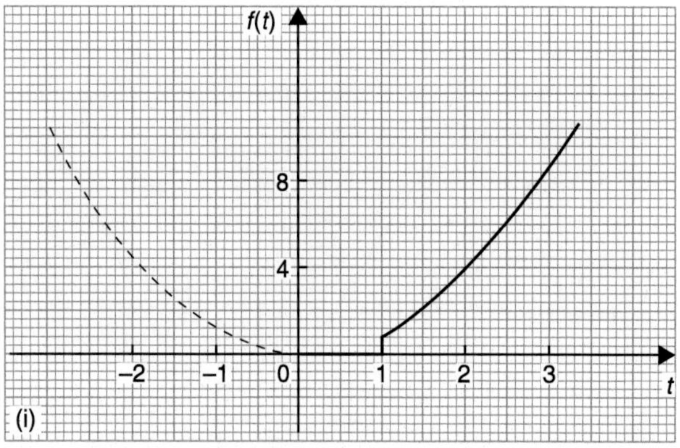
f(t)
8
4
−2
−1
0
1
2
3
t
(i)

10.

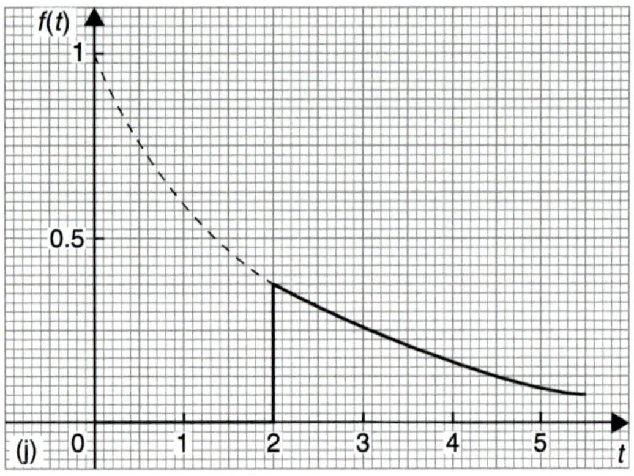

11.

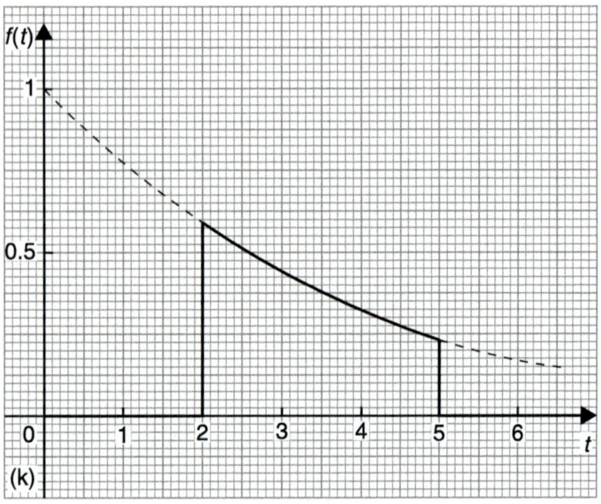

12.

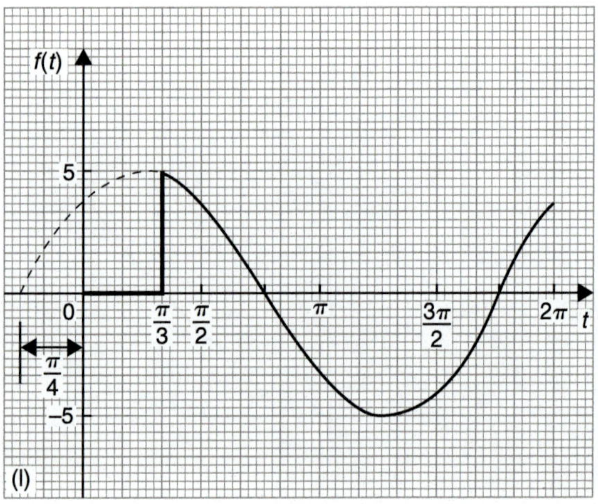

Exercise 255

1. $\frac{e^{-s}}{s}$
2. $\frac{7e^{-3s}}{s}$
3. $\frac{2e^{-2s}}{s^3}$
4. $\frac{e^{-3s}}{s^2+1}$
5. $\frac{e^{-4s}}{s-1}$
6. $\frac{3e^{-5s}}{s^2+9}$
7. $\frac{6e^{-s}}{s^4}$
8. $\frac{se^{-6s}}{s^2+9}$
9. $\frac{10e^{-5s}}{s^2-4}$
10. $\frac{se^{-\frac{\pi}{3}s}}{s^2+4}$
11. $\frac{2e^{-3s}}{s-1}$
12. $\frac{3se^{-2s}}{s^2-1}$

Exercise 256

1. $H(t-9)$
2. $4H(t-3)$
3. $2H(t-2).(t-2)$
4. $5H(t-2).\sin(t-2)$
5. $3H(t-4).\cos 4(t-4)$
6. $6H(t-2).\sinh(t-2)$
7. $1.5H(t-6).(t-6)^2$
8. $2H(t-4).\cosh 4(t-4)$
9. $2H\left(t-\frac{1}{2}\right).\cos\sqrt{5}\left(t-\frac{1}{2}\right)$
10. $4H(t-7).e^{t-7}$

Chapter 71

Exercise 257

1. (a) $2\left(1-e^{-5t}\right)$ (b) $10\left(e^{-3t}-e^{-5t}\right)$

   (c) $i=\frac{5}{2}\left(e^{-5t}+\sin 5t-\cos 5t\right)$
2. $y=(3-t)e^{\frac{4}{3}t}$
3. $x=2\cos 10t$
4. $i=100te^{-500t}$
5. $y=4\left(3e^{-2t}-2e^{-4t}\right)$
6. $y=(4x-1)e^x+\frac{1}{3}e^{4x}$
7. $y=\frac{3}{85}e^{4x}-\frac{3}{10}e^{-x}+\frac{9}{34}\cos x-\frac{15}{34}\sin x$
8. $y=e^x-e^{-2x}+\sin 3x$
9. $y=3e^x(\cos x+\sin x)-e^x\cos 2x$
10. $y=e^{-t}(2\cos 2t+\sin 2t)$
11. See answers to Exercises 203 and 204 of Chapter 53
12. See answers to Exercises 205 to 208 of Chapter 54

Chapter 72

Exercise 258

1. $x=e^t-t-1$ and $y=3e^t+2t-3$
2. $x=5\cos t+5\sin t-e^{2t}-e^t-3$

   and $y=e^{2t}+2e^t-3-5\sin t$
3. $x=3\cos t+\cos\left(\sqrt{3}t\right)$ and $y=3\cos t-\cos\left(\sqrt{3}t\right)$

Chapter 73

Exercise 259

1. $f(x) = \frac{8}{\pi}\left(\sin x + \frac{1}{3}\sin 3x + \frac{1}{5}\sin 5x + \ldots\right)$
2. $\frac{\pi}{4} = 1 - \frac{1}{3} + \frac{1}{5} - \frac{1}{7} + \ldots.$
3. (a) $f(x) = \frac{1}{2} + \frac{2}{\pi}\left(\cos x - \frac{1}{3}\cos 3x + \frac{1}{5}\cos 5x + \ldots\right)$
   (b) $\frac{1}{2}$
4. Graph sketching
5. $\frac{2}{3\pi}\sin 3x$
6. $f(x) = \frac{2}{\pi}\left(\cos t - \frac{1}{3}\cos 3t + \frac{1}{5}\cos 5t - \ldots + \sin 2t + \frac{1}{3}\sin 6t + \frac{1}{5}\sin 10t + \ldots\right)$
7. $f(\theta) = \frac{2}{\pi}\left(\frac{1}{2} - \frac{\cos 2\theta}{(3)} - \frac{\cos 4\theta}{(3)(5)} - \frac{\cos 6\theta}{(5)(7)} - \ldots\right)$

Chapter 74

Exercise 260

1. $f(x) = \pi - 2(\sin x + \frac{1}{2}\sin 2x + \frac{1}{3}\sin 3x + \frac{1}{4}\sin 4x + \frac{1}{5}\sin 5x + \frac{1}{6}\sin 6x + \ldots)$
2. $f(t) = \frac{\pi}{2} + 1 - \frac{4}{\pi}\left(\cos t + \frac{\cos 3t}{3^2} + \frac{\cos 5t}{5^2} + \ldots\right)$
3. $f(x) = \pi + 2(\sin x - \frac{1}{2}\sin 2x + \frac{1}{3}\sin 3x - \frac{1}{4}\sin 4x + \frac{1}{5}\sin 5x - \frac{1}{6}\sin 6x + \ldots)$
4. $f(x) = \frac{\pi}{2} - \frac{4}{\pi}\left(\cos x + \frac{\cos 3x}{3^2} + \frac{\cos 5x}{5^2} + \ldots\right)$
5. $f(\theta) = \frac{\pi^2}{3} - 4\left(\cos\theta - \frac{1}{2^2}\cos 2\theta + \frac{1}{3^2}\cos 3\theta - \cdots\right)$
6. $\sum_{n=1}^{\infty}\frac{1}{n^2} = \frac{\pi^2}{6}$
7. $f(x) = \frac{8}{\pi^2}\left(\cos x + \frac{1}{3^2}\cos 3x + \frac{1}{5^2}\cos 5x + \frac{1}{7^2}\cos 7x + \ldots\right)$
8. $\frac{\pi^2}{8} = 1 + \frac{1}{3^2} + \frac{1}{5^2} + \frac{1}{7^2} + \frac{1}{9^2} + \ldots$

Chapter 75

Exercise 261

1. $f(x) = \frac{4}{\pi}\left(\cos x - \frac{1}{3}\cos 3x + \frac{1}{5}\cos 5x - \frac{1}{7}\cos 7x + \ldots\right)$
2. $f(t) = -2\left(\sin t + \frac{1}{2}\sin 2t + \frac{1}{3}\sin 3t + \frac{1}{4}\sin 4t + \ldots\right)$
3. $f(x) = \frac{\pi}{2} + 1 - \frac{4}{\pi}\left(\cos x + \frac{1}{3^2}\cos 3x + \frac{1}{5^2}\cos 5x + \ldots\right)$
4. $\frac{\pi^2}{8} = 1 + \frac{1}{3^2} + \frac{1}{5^2} + \frac{1}{7^2} + \ldots$
5. $y = \frac{8}{\pi^2}\left(\sin\theta - \frac{1}{3^2}\sin 3\theta + \frac{1}{5^2}\sin 5\theta - \frac{1}{7^2}\sin 7\theta + \ldots\right)$

Exercise 262

1. $f(x) = \frac{2}{\pi}\left(\sin x + \frac{\pi}{4}\sin 2x - \frac{1}{9}\sin 3x - \frac{\pi}{8}\sin 4x + \ldots\right)$
2. (a) $f(t) = \frac{1}{2} - \frac{2}{\pi}\left(\cos t - \frac{1}{3}\cos 3t + \frac{1}{5}\cos 5t - \ldots\right)$
   (b) $f(t) = \frac{2}{\pi}\left(\sin t - \sin 2t + \frac{1}{3}\sin 3t + \frac{1}{5}\sin 5t - \frac{1}{3}\sin 6t + \ldots\right)$
3. $f(x) = \sin^2 x = \frac{8}{\pi}\left(\frac{\sin x}{(1)(3)} - \frac{\sin 3x}{(1)(3)(5)} - \frac{\sin 5x}{(3)(5)(7)} - \frac{\sin 7x}{(5)(7)(9)} - \ldots\right)$
4. $f(x) = \frac{\pi}{4} - \frac{2}{\pi}\left(\cos 2x + \frac{\cos 6x}{3^2} + \frac{\cos 10x}{5^2} + \ldots\right)$

Chapter 76

Exercise 263

1. $v(t) = \frac{5}{2} + \frac{10}{\pi}\left[\sin\left(\frac{\pi t}{10}\right) + \frac{1}{3}\sin\left(\frac{3\pi t}{10}\right) + \frac{1}{5}\sin\left(\frac{5\pi t}{10}\right) + \ldots\right]$

2. $f(x)=\frac{5}{2}-\frac{5}{\pi}\left[\sin\left(\frac{2\pi x}{5}\right)+\frac{1}{2}\sin\left(\frac{4\pi x}{5}\right)+\frac{1}{3}\sin\left(\frac{6\pi x}{5}\right)+\ldots\right]$

3. $f(x)=\frac{12}{\pi}\left\{\sin\left(\frac{\pi x}{2}\right)+\frac{1}{3}\sin\left(\frac{3\pi x}{2}\right)+\frac{1}{5}\sin\left(\frac{5\pi x}{2}\right)+\ldots\right\}$

4. $f(t)=\frac{V}{\pi}+\frac{V}{2}\sin t-\frac{2V}{\pi}\left(\frac{\cos 2t}{(1)(3)}+\frac{\cos 4t}{(3)(5)}+\frac{\cos 6t}{(5)(7)}+\ldots\right)$

Exercise 264

1. $f(x)=\frac{3}{2}-\frac{12}{\pi^2}\left\{\cos\left(\frac{\pi x}{3}\right)+\frac{1}{3^2}\cos\left(\frac{3\pi x}{3}\right)+\frac{1}{5^2}\cos\left(\frac{5\pi x}{3}\right)+\ldots\right\}$

2. $f(x)=\frac{6}{\pi}\left\{\sin\left(\frac{\pi x}{3}\right)-\frac{1}{2}\sin\left(\frac{2\pi x}{3}\right)+\frac{1}{3}\sin\left(\frac{3\pi x}{3}\right)-\frac{1}{4}\sin\left(\frac{4\pi x}{3}\right)+\ldots\right\}$

3. $f(t)=\frac{8}{\pi^2}\left\{\sin\left(\frac{\pi t}{2}\right)-\frac{1}{3^2}\sin\left(\frac{3\pi t}{2}\right)+\frac{1}{5^2}\sin\left(\frac{5\pi t}{2}\right)-\ldots\right\}$

4. $f(\theta)=\frac{16}{3}-\frac{64}{\pi^2}\left\{\cos\left(\frac{\pi\theta}{4}\right)-\frac{1}{2^2}\cos\left(\frac{2\pi\theta}{4}\right)+\frac{1}{3^2}\cos\left(\frac{3\pi\theta}{4}\right)-\ldots\right\}$

Chapter 77

Exercise 265

1. $y=23.92+7.81\cos\theta+14.61\sin\theta+0.17\cos 2\theta+2.31\sin 2\theta-0.33\cos 3\theta+0.50\sin 3\theta$
2. $y=5.00-10.78\cos\theta+6.83\sin\theta+0.13\cos 2\theta+0.79\sin 2\theta+0.58\cos 3\theta-1.08\sin 3\theta$
3. $i=0.64+1.58\cos\theta-2.73\sin\theta-0.23\cos 2\theta-0.42\sin 2\theta+0.27\cos 3\theta+0.05\sin 3\theta$

Exercise 266

1. (a) Only odd cosine terms present (b) Only even sine terms present
2. $y=9.4+13.2\cos\theta-24.1\sin\theta+0.92\cos 2\theta-0.14\sin 2\theta+0.83\cos 3\theta+0.67\sin 3\theta$
3. $i=4.00-4.67\cos 2\theta+1.00\cos 4\theta-0.66\cos 6\theta+\ldots$
4. $y=1.83-25.67\cos\theta+83.89\sin\theta+1.0\cos 2\theta-0.29\sin 2\theta+15.83\cos 3\theta+10.5\sin 3\theta$

Chapter 78

Exercise 267

1. $f(t)=\sum_{n=-\infty}^{\infty}\frac{j}{n\pi}(\cos n\pi-1)e^{jnt}$
$=1-j\frac{2}{\pi}\left(e^{jt}+\frac{1}{3}e^{j3t}+\frac{1}{5}e^{j5t}+\ldots\right)+j\frac{2}{\pi}\left(e^{-jt}+\frac{1}{3}e^{-j3t}+\frac{1}{5}e^{-j5t}+\ldots\right)$
2. Proof
3. Proof
4. $f(t)=\frac{1}{2}\sum_{n=-\infty}^{\infty}\left(\frac{e^{(2-j\pi n)}-e^{-(2-j\pi n)}}{2-j\pi n}\right)e^{j\pi nt}$

Exercise 268

1. $f(x)=\sum_{n=-\infty}^{\infty}\left\{\frac{4}{\pi n}\sin\left(\frac{n\pi}{2}\right)\right\}e^{jnx}$
2. $f(x)=\frac{8}{\pi}\left(\cos x-\frac{1}{3}\cos 3x+\frac{1}{5}\cos 5x-\frac{1}{7}\cos 7x+\ldots\right)$
3. $f(t)=\sum_{n=-\infty}^{\infty}\left(\frac{j2}{n}\cos n\pi\right)e^{jnt}$
4. $f(t)=4\left(\sin t-\frac{1}{2}\sin 2t+\frac{1}{3}\sin 3t-\frac{1}{4}\sin 4t+\ldots\right)$

Exercise 269

1. (a) $2e^{j4t}+2e^{-j4t}$, $2\angle 0^\circ$ anticlockwise, $2\angle 0^\circ$ clockwise, each with $\omega=4$ rad/s (b) $2e^{j4t}e^{j\pi/2}+2e^{-j4t}e^{-j\pi/2}$, $2\angle\pi/2$ anticlockwise, $2\angle-\pi/2$ clockwise, each with $\omega=4$ rad/s
2. $(5+j6)e^{j2t}+(5-j6)e^{-j2t}$, 7.81 $\angle 0.88$ rotating anticlockwise, $7.81\angle-0.88$ rotating clockwise each with $\omega=2$ rad/s
3. $(2-j3)e^{jt}+(2+j3)e^{-jt}$, $3.61\angle-0.98$ rotating anticlockwise, $3.61\angle 0.98$ rotating clockwise, each with $\omega=1$ rad/s

INDEX

찾아보기

한글

역자 소개

강병권	순천향대학교 교수	권순기	호서대학교 교수	김남준	대진대학교 교수
김대식	원주대학교 교수	김상준	순천향대학교 교수	김석규	안동대학교 교수
김신욱	상명대학교 교수	김원태	공주대학교 교수	김장우	호서대학교 교수
김진배	호서대학교 교수	남세현	대구대학교 교수	박헌진	순천향대학교 교수
손경락	한국해양대학교 교수	유명현	한밭대학교 교수	이무연	동아대학교 교수
이용민	한밭대학교 교수	이치원	공주대학교 교수	이태연	원주대학교 교수
전철규	호서대학교 교수	정은태	창원대학교 교수	조영태	창원대학교 교수
주성준	호서대학교 교수	최복록	원주대학교 교수	최호림	동아대학교 교수
현창호	공주대학교 교수				

정가 18,000원

정석 공업수학 II (Higher Engineering Mathematics)

2015년 9월 1일 초판 인쇄
2015년 9월 10일 초판 발행
지은이 : John Bird
옮긴이 : 강병권, 권순기, 김남준, 김대식, 김상준, 김석규, 김신욱, 김원태, 김장우, 김진배, 남세현, 박헌진, 손경락, 유명현, 이무연, 이용민, 이치원, 이태연, 전철규, 정은태, 조영태, 주성준, 최복록, 최호림, 현창호
발행자 : 우명찬 · 송 준
발행처 : 홍릉과학출판사
주 소 : 서울시 강북구 인수봉로 50길 10
01093
등 록 : 1976년 10월 21일 제5-66호
전 화 : (02) 999-2274~5, 903-7037
팩 스 : (02) 905-6729
e-mail: hongpub@hongpub.co.kr
http://www.hongpub.co.kr
ISBN: 979-11-5600-393-9
979-11-5600-374-8(set)